语境

王　一　韩孟臻
张　彤　孔宇航
龙　灏　罗卿平　　编
马　英　虞大鹏
苏剑鸣　翟　辉

8+1+1

— 2015 —

联合毕业设计

2015年8+1+1联合毕业设计作品

中国建筑工业出版社

图书在版编目（CIP）数据

语境——2015年8+1+1联合毕业设计作品／王一等编. 北京：中国建筑工业出版社，2015.12
ISBN 978-7-112-18918-2

Ⅰ. ①语… Ⅱ. ①王… Ⅲ. ①建筑设计－作品集－中国－现代 Ⅳ. ①TU206

中国版本图书馆CIP数据核字（2015）第300165号

本书记录了同济大学、清华大学、东南大学、天津大学、重庆大学、浙江大学、北京建筑大学、中央美术学院、合肥工业大学、昆明理工大学10所院校的毕业设计作品，设计主题是"语境——云南大理古城北水库区城城市更新设计"。本书主要内容是在历史文化名城的更新与发展中，如何通过城市设计与建筑设计，从建筑学的角度对传统古城保护与现代城市发展之间，在区域定位、空间布局、居民生活等方面的诸多矛盾、问题进行思考与反馈。

责任编辑：陈　桦　　杨　琪
责任校对：李美娜　　关　健

语境——2015年8+1+1联合毕业设计作品

王　一　韩孟臻　张　彤　孔宇航　龙　灏　罗卿平　马　英　虞大鹏　苏剑鸣　翟　辉　编

*

中国建筑工业出版社出版、发行（北京西郊百万庄）
各地新华书店、建筑书店经销
北京锋尚制版有限公司制版
北京方嘉彩色印刷有限责任公司印刷

*

开本：880×1230毫米　1/16　印张：15　字数：396千字
2016年3月第一版　2016年3月第一次印刷
定价：108.00元
ISBN 978－7－112－18918－2
（27943）

建筑学本科 2015 年 8+1+1 联合毕业设计作品编委会

2015 年 8+1+1 联合毕业设计全家福

鸣谢：天华建筑设计有限公司

序

时光荏苒，岁月如梭，本次在苍山洱海之间进行的8校联合毕业设计，已经是第9届了，活动规模也由最初的8校，发展到8+1，再到8+1+1，在建筑教育界显现出越来越大的响应度和示范作用。

同济大学建筑与城市规划学院很荣幸地与昆明理工大学建筑与城市规划学院共同承办了本届联合毕业设计的组织与协调工作。学院十分珍惜这次机会，因为我们在教学过程中最为注重的就是尽可能地为不同观念、思路和方法提供面对面交流、碰撞与相互激发的机会，认为这体现了大学教育存在的基本价值和本质意义。

在建筑教学体系中，毕业设计一直被赋予多重定位和意涵：既是实践教学的一个环节，也是设计教学的一个深化过程，更是与后续阶段学习和工作的衔接阶段；既是本科学习成果的阶段总结，也是学生所学所思所获的集中绽放，并充分反映本科教育的理念和水平。然而，由于种种原因，毕业设计尚不能称作建筑教学体系中一个成功的环节。

高等学校建筑学教育专业指导委员会所倡导的8校联合毕业设计，从历届教学过程和成果看，已经在一定程度上提高了参与学校毕业设计的教学质量。这项活动顺应走出校门进行教学交流的国际教育大趋势，把一个设计课程转化为了包括现场调研、学术讲座、中期汇报、终期讲评和设计成果巡展在内的多校公共教学平台，使得毕业设计真正成了学生求学生涯的有效延续，并且构筑起了一个常态化的教学和学术交流网络。

迄今为止，变换的场景，鲜活的课题，丰富的体验，生动的过程，潜在的竞争，已然成为每届8校联合毕业设计的共同特征，而让人最为记忆深刻的，却当属教师与学生、教师与教师、学生与学生之间的互动画面。

作为一个亲历者，笔者期待各校在彼此学习、借鉴，相互促进、共同提高的同时，更多地维系自身在教学上的特点和个性，毕竟，面对日益激烈的国际竞争，中国建筑教育的未来在很大程度上取决于我们是否能够在提升整体水平的同时，形成一个人才培养目标和特色丰富多样、差异鲜明的结构。

再次感谢昆明理工大学在本次联合设计交流活动中的精心组织与安排，使得七彩云南、古城大理成为所有参与师生恒久的美好记忆。

来年相聚鹏城，让我们共同期待！

同济大学建筑与城市规划学院　黄一如

2015年10月1日

目录

作品

教学总结

2015 年“8+1+1”联合毕业设计任务书与指导书

语境——云南大理古城北水库区域城市更新设计

Context—Urban Renew and Architectural Design at Yunnan Dali North Reservoir Area

一、选题意义

大理古城作为我国历史文化名城中的一个代表，在当前的城市化进程中，也不可避免地遇到了传统古城保护与现代城市发展之间，在区域定位、空间布局、居民生活等方面的诸多矛盾。这里就在面对历史文化名城的更新与发展中，如何通过城市设计与建筑设计，来从建筑学的角度对上述问题进行思考与反馈，展开建筑学专业的毕业设计，它对于当代毕业生形成正确的职业价值观，综合检验其理论素养与实践能力，都具有明显的教学价值。

二、选题背景

大理古城处云南省中部偏西，海拔2090m，东邻楚雄州，南靠普洱市、临沧市，西与保山市、怒江州相连，北接丽江市。地跨东经98° 52′～101° 03′，北纬24° 41′～26° 42′之间，东巡洱海，西及点苍山脉，辖大理市和祥云、弥渡、宾川、永平、云龙、洱源、鹤庆、剑川8个县以及漾濞、巍山、南涧3个少数民族自治县，是中国西南边疆开发较早的地区之一。

大理古城简称叶榆，又称紫城，其历史可追溯至唐天宝年间，南诏王阁逻凤筑的羊苴咩城（今城之西三塔附近），为其新都。古城始建于明洪武十五年（公元1382年），方圆十二里，城墙高二丈五尺，厚二丈。东西南北各设一门，均有城楼，四角还有角楼。解放初，城墙均被拆毁。1982年，重修南城门，门头“大理”二字是集郭沫若书法而成。由南城门进城，一条直通北门的复兴路，成了繁华的街市，沿街店铺比肩而设，出售大理石、扎染等民族工艺品及珠宝玉石。街巷间一些老宅，也仍可寻昔日风貌，庭院里花木扶疏，鸟鸣声声，户外溪渠流水淙淙。“三家一眼井，一户几盆花”的景象依然。

古城内东西走向的护国路，被称为“洋人街”。这里一家接一家的中西餐馆、咖啡馆、茶馆及工艺品商店，招牌、广告多用洋文书写，吸引着金发碧眼的“老外”，在这里流连忘返，寻找东方古韵，渐成一道别致的风景。

古城的历史可追溯至唐天宝年间，南诏王阁逻凤筑的羊苴咩城（今城之西三塔附近），为其新都。古城始建于明洪武十五年（公元1382年），方圆十二里。

1982年2月8日，国务院公布大理古城为中国首批24个历史文化名城之一。

设计课题的基地位于大理古城东北角，规划用地约27.02ha，建设区约20.25ha。该基地东临洪武路，西靠叶榆路，南以玉洱路为界，北以中和路为界（见图1）。目前，该基地处于使用状态，每晚举行“希夷之大理”的表演。但表演市场不景气。本基地已进行古城风貌保护规划，本次设计拟从下列方向深入研究古城发展及更新模式。

古城墙遗迹的保护需求的价值研究。古城墙是大理古城文脉的重要线索也是大理旅游发展的另一种语境，甄别古城墙在保护恢复价值，提出保护方法或恢复策略。

希夷之大理项目对基地的影响评估。比较“大理之眼”表演建筑的大体量及现代钢构建筑与北水库生态景观恢复及市民活动公园的矛盾现实。提出“大理之眼”整理策划。

北水库对于居民生活的影响要素。北水库是大理人生活休闲的重要记忆场所。通过对场地及其溯源调研，提出水库设计要点并呈现具体的设计。

现有居民与外来人员的生活现状、业态的调研，整理现状建筑。深入认识民居的细节，通过优化建筑和新建建筑两种模式结合，插入式设计符合旅游语境下的民居设计。

政府控规对其的定位与期许为基础，重视古城历史文化名城的背景与旅游商业的契合，寻找符合传统文化名城保护的开发模式。

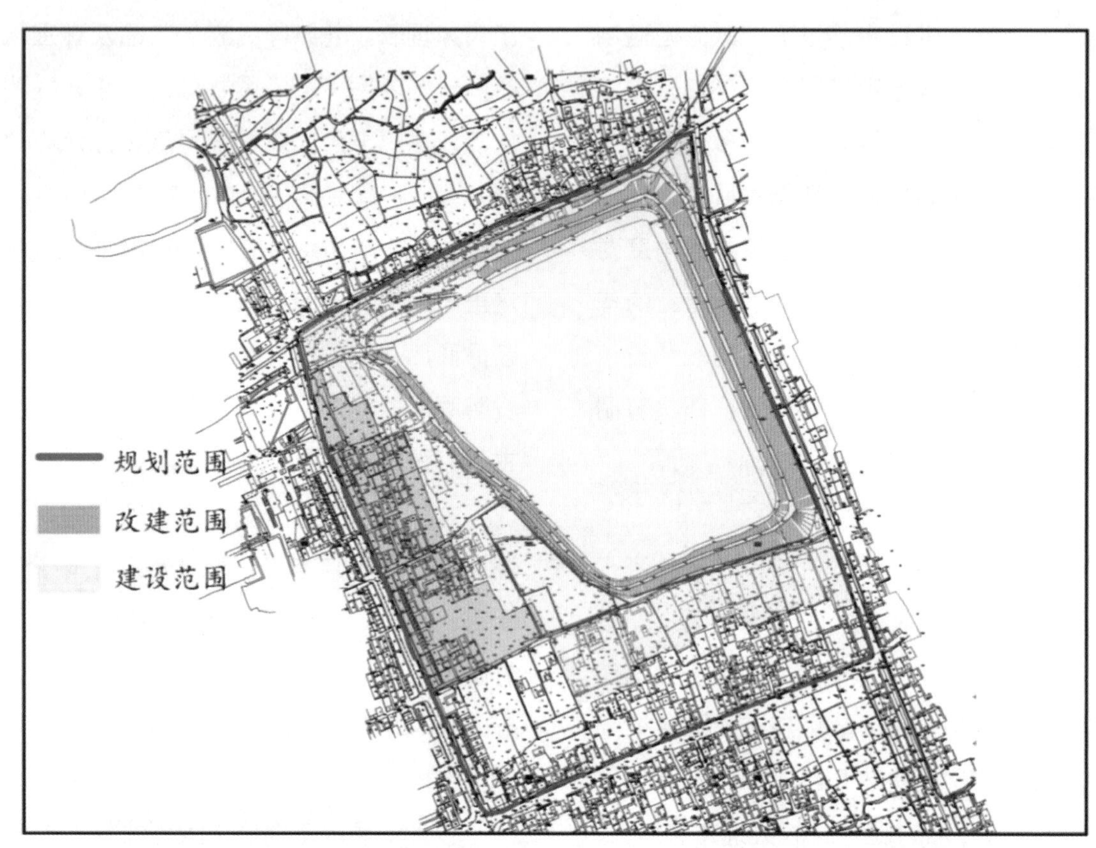

图 1　基地范围示意图

三、教学目标与要点

1. 城市更新策划层面：

学习历史文化名城的保护设计原理与方法，理解历史遗存与城市空间更新利用的关系，理解城市形态与建筑类型的关系，探讨新建筑与传统街区肌理的过渡与衔接手法，思考建设项目中新与旧的关系，理解社区更新与活力复兴的关系。

2. 建筑单体设计层面：

掌握历史文化名城中某种公共建筑的设计原理与规律，探讨扎根于历史文化名城居民鲜活生活的公共建筑设计语言与手法，掌握在周边物质与非物质环境制约下，进行建筑设计创新的方法，加深理解建筑与区域、历史、社会、文化、环境的关联性，掌握建筑尺度与体量的控制方法。

3. 设计方法层面：学习并掌握风土建筑的内涵及要素，提取风土建筑的建造智慧，归纳出其智慧体系。联系大理古城历史文化基础、旅游转型发展意愿、原住民与新住民的互利要素，上下文联系找到符合大理古城肌理发展的新民居、新旅游商业的更新模式。设计重视策划，并通过策划的手段，活化大理古城北水库片区商住活力。最后能提出适用于整个大理古城更新发展的营造模式。

四、设计阶段与内容

1. 预研究：包括文献研究和现场研究。文献研究专题由各校教师根据各自教学思路自行设定。现场研究在大理古城现场开题时，由十所高校随机混编小组进行（现场调研任务书与指导书另提供）。

2. 城市设计：各校学生以小组为单位，在建设范围内，根据自身调研后确立的城市更新策略，完成具有某项侧重的城市设计。并依托该设计，提出今后小组内各位成员的建筑单体选址、规模与具体设计任务书。

3. 建筑设计：以各小组的城市设计为依据，小组成员每人对各自的建筑设计任务展开深化设计。每人设计规模以建筑面积 3000~5000m^2 为宜（具体规模可由各校指导教师灵活掌握）。

五、设计成果要求

1. 设计图纸：

规划设计部分：A1，每小组合作完成 2 ～ 4 张。图纸内容自定，可包含区位分析图、用地现状图、总平面图、鸟瞰图、街景透视图、设计结构分析图、改造措施分析图、用地功能分析图、体量高度分析图、交通流线分析图、开放空间系统分析图、景观绿化系统分析以及设计导则列表、设计说明等。

建筑设计部分：A1，每人完成 4 ～ 6 张。此部分应包含总平面图、各层平面图、主要立面图、主要剖面图、屋顶层剖面图、墙身大样剖面图、透视表现图以及各种分析图、设计说明等。

设计方法部分：传统建构方法在设计中的应用或是运用数字建构手段进行辅助建筑设计过程的展示与分析图等。

2. 实物模型：（各校应统一底盘尺寸，材料不限，要求学生自制，不需外包）

保护性规划设计部分：1：1000

单体建筑设计部分：1：200

3. 设计文本

（根据各校要求排版制作）

4. 展览及出版页面排版文件

（具体细则中期交流时根据展览场地与出版要求十所高校共同商定）

六、时间安排

时间阶段与节点	工作内容	备注
2015.1.15 ～ 2015.3.6	文献及图纸研究	各自学校
3.7 ～ 3.14	开题及现场研究	大理古城（活动日程另提供）
3.15 ～ 4.16	城市设计与建筑概念	各自学校
4.17 ～ 4.19	中期汇报与交流	同济大学
4.20 ～ 6.22	建筑设计与成果制作	各自学校
6.23 ～ 6.25	最终答辩与交流	昆明理工大学

2015.1.15

同济大学

TONGJI UNIVERSITY

李翔宁

张建龙

孙澄宇

彭书勉

姜晗笑

黄嘉萱

沈彬

设计题目:

根植大理

Grounding Dali

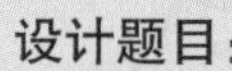

设计题目:

遇见花海

Meet the Flowers

龚运城

常琬悦

程婧瑶

汪晶晶

杜超瑜

林哲涵

王轶

蔡宣皓

设计题目:

点染城池

Sprouting Dots Catalyzing the City

根植大理 Grounding Dali

同济大学

设计：彭书勉 / 姜晗笑 / 黄嘉萱 / 沈彬

指导：孙澄宇 / 李翔宁 / 张建龙

1.1 基地分析 SITE ANALYSIS

1.1.1 大理古城定位　1.1.2 基地范围定位

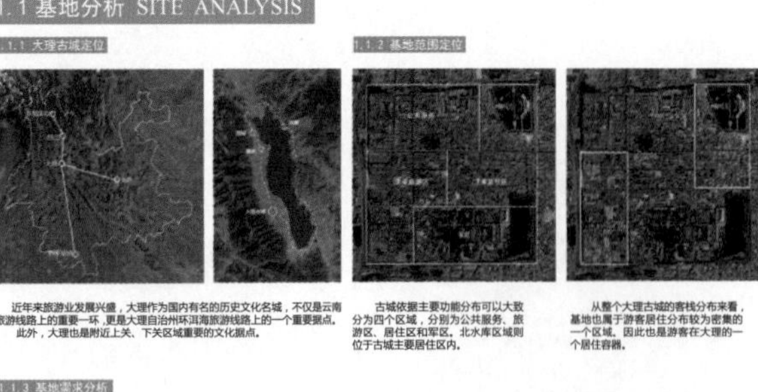

近年来旅游业发展兴盛，大理作为国内有名的历史文化名城，不仅是云南旅游线路上的重要一环，更是大理自治州环洱海旅游线路上的一个重要据点。此外，大理也是附近上关、下关区域重要的文化据点。

古城依据主要功能分布可以大致分为四个区域，分别为公共服务、旅游区、居住区和军区。北水库区域则位于古城主要居住区内。

从整个大理古城的客栈分布来看，基地也属于游客居住分布较为密集的一个区域。因此也是游客在大理的一个居住容器。

1.1.3 基地需求分析

a 居民

外来人口挤压导致资源争夺和空间不能共用的问题。当地居民非常需要属于自己或与游客共用的公共活动空间。白族居民需要独特的文化氛围。

b 游客

游客感兴趣的并不是人民路、复兴路上的无差别复制的商业店铺，也不是所谓的古城风貌，而是本土化、风俗化的体验式游览。

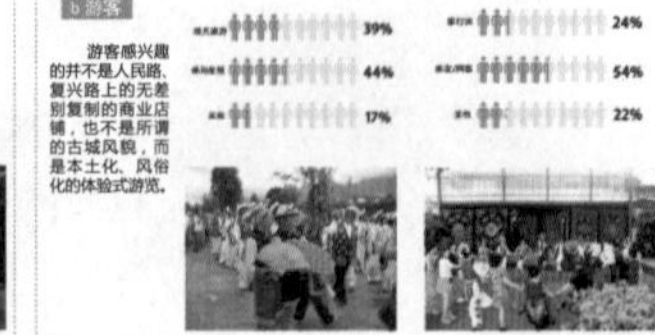

1.1.4 节日文化资源挖掘

1.2 概念生成 CONCEPT

总平面图：

评语：

隙裂丨民居+

设计者结合城市设计中居民流线上的公共空间，分别讨论了在商住模式下的多种新住宅形式。他将剖面设计中的视线交流与商住模式下家庭成员辅助商业管理的诉求进行了对接，从而创造出一系列有特色的商住空间。

城墙博物馆

设计者能够抓住本次设计任务的两大关键因素——城墙与山水景观，结合城市设计中提出的双环流线，提出了能够同时服务游客与本地居民的城墙博物馆设计。整个设计充分体现了设计者对新建筑"依附"与历史遗迹的基本价值观，通过三个层面的空间特质设计，实现了自己的设计目标。设计自身叙事完整，结构清晰，意图明确。

大理特色美食展览馆

设计者结合城市设计对该区域的核心价值定位，提出了游客与本地居民共同使用的特色食材制作、展示、品鉴空间。这回应了调研中她看到的当地社区居民制作食材时对空间的真切需要，社区居民相互交流的精神需要以及游客对于当地美食的渴望商机。建筑设计采用了永久+可变两部分，来对应一年四季中食材制备的变化，形成了具有特色的建筑空间。

社区图书馆

设计者结合城市设计对该区域的核心价值定位，提出了游客与本地居民共用的社区图书馆。建筑空间设计以人流分析模拟的结果为基本假设，通过将当地民居院落的变形处理，形成了对应的公共建筑空间。设计从空间、结构、材料等多方面进行了较为综合的推敲。

1.1.5 节日空间在基地内的适应性分析

1.3 更新策略 RENEWAL STRATEGY

1.3.1 拆除堤坝　1.3.2 城墙　1.3.3 内环

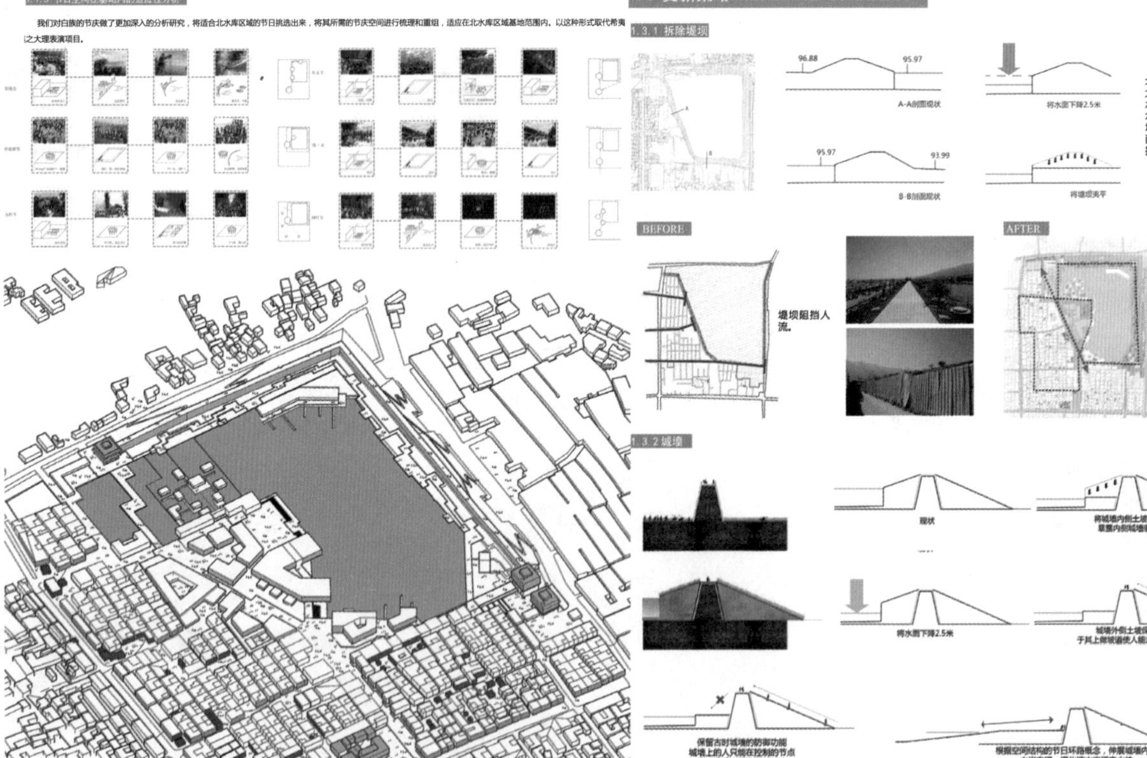

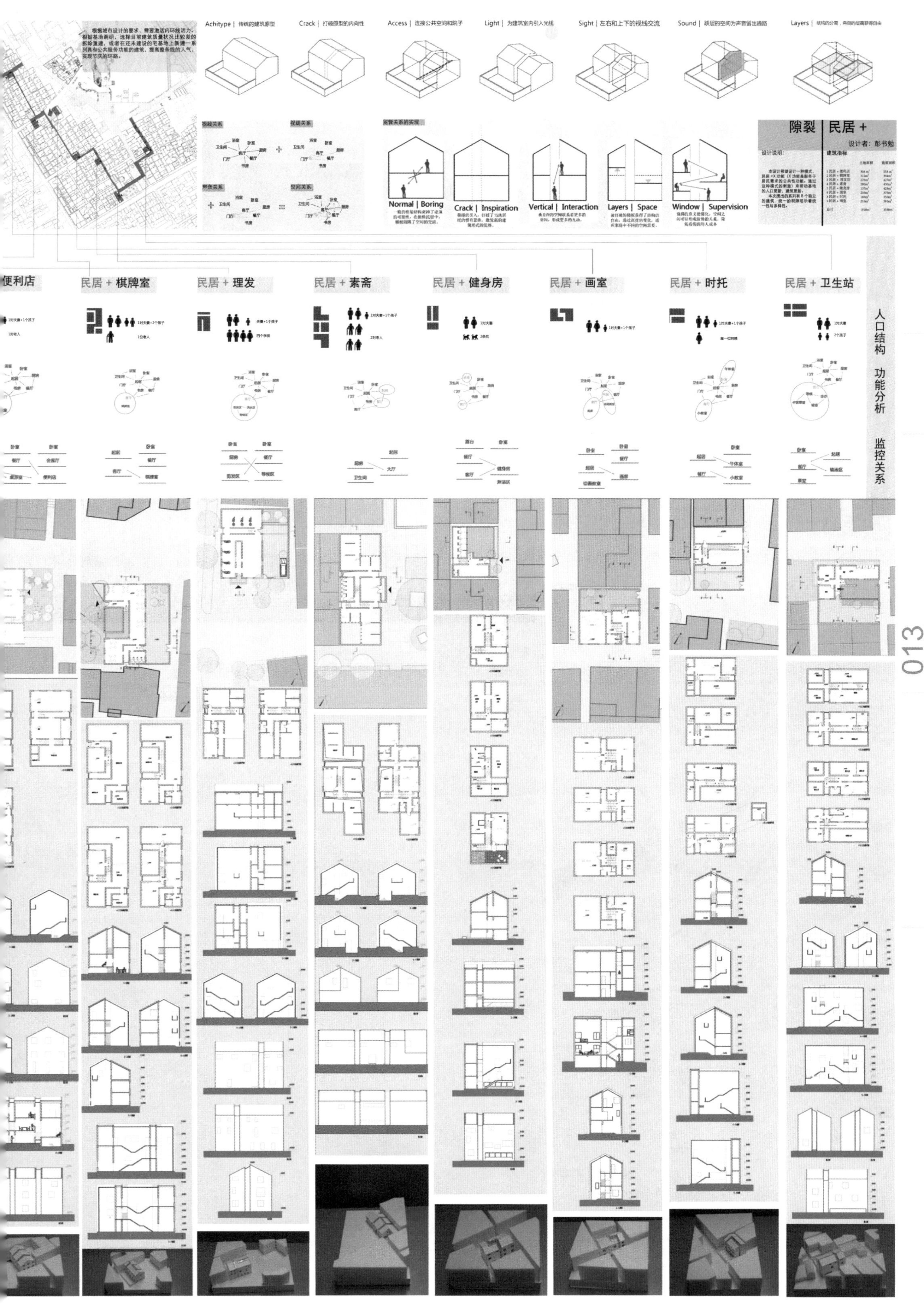

根据城市设计的要求，需要激活内环线活力。根据基地调研，选择目前建筑质量状况比较差的拆除重建，或者在还未建设的宅基地上新建一系列具有公共服务功能的建筑，提高整条线的人气，实现节庆的环路。
Achitype | 传统的建筑原型
Crack | 打破原型的内向性
Access | 连接公共空间和院子
Light | 为建筑室内引入光线
Sight | 左右和上下的视线交流
Sound | 跃层的空间为声音留出通路
Layers | 结构的分离，再创的层高获得自由
隙裂 民居 +
设计者：彭书勉
设计说明：
建筑指标
Normal | Boring
Crack | Inspiration
Vertical | Interaction
Layers | Space
Window | Supervision
便利店
民居 + 棋牌室
民居 + 理发
民居 + 素斋
民居 + 健身房
民居 + 画室
民居 + 时托
民居 + 卫生站
人口结构 功能分析 监控关系

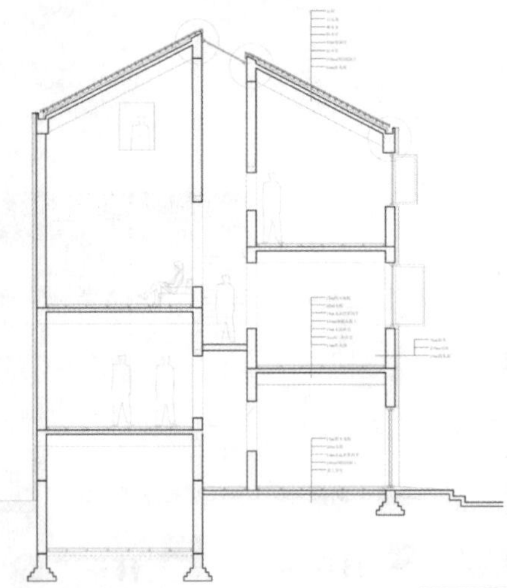

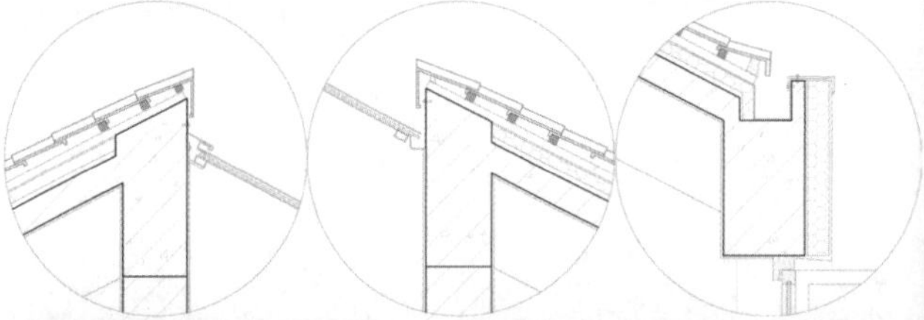

城墙博物馆设计 MUSEUM OF THE WALL

设计者：姜晗笑

设计分析

大理古城城墙遗存现状

大理古城城墙恢复发展情况

从整个大理古城范围来看，北水库区域属于少有的明城墙遗迹尚存的区块，而在大理古城已恢复的明城墙范围内，现有的文化体验景点并不多，多为城墙、城楼一类。因此在古城的东北角，也就是基地城墙范围内修建一座城墙博物馆可以弥补大理古城在此类文化建筑上的缺失。

现状与需求

调研过程中发现大理古城城墙仍有遗迹可寻。北水库区域堤坝下也有遗迹掩埋。恢复古城墙，宣扬城墙历史文化，对大理古城历史保护有重要的意义。

已恢复的南城门成为重要的旅游景点，人气十足。但却缺乏文化交流。

对于居民来说，城墙也是平日一些活动的发生场所。

虽然城墙被恢复，但游览单调，缺乏活动，也缺乏内外和上下的联系。

居民 文化传承

游客 民俗体验

1. 保护

按照城市设计对城墙遗迹加以恢复（水库内侧土坡铲平）。

2. 游客观览

除城墙本身的展示价值，兼顾白族手工艺。设置独立民间展厅，向游客宣扬大理白族文化。

3. 居民游憩

为居民提供平日游走休闲、锻炼的好去处。

4. 消除阻隔，城墙公园

除城墙本身的展示价值，兼顾白族手工艺。设置独立民间展厅。

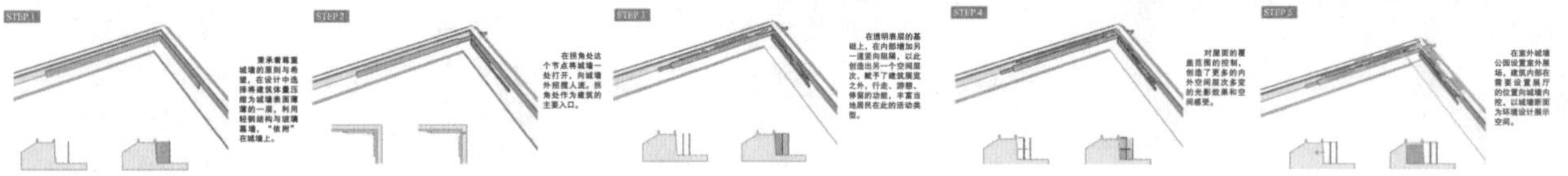

STEP 1

秉承着尊重城墙的原则与希望，在设计中选择将建筑体量压缩为城墙表面薄薄的一层，利用轻钢结构与玻璃幕墙，"依附"在城墙上。

STEP 2

在拐角处这个节点将城墙一处打开，向城墙外招揽人流。拐角处作为建筑的主要入口。

STEP 3

在透明表层的基础上，在内部增加另一道竖向阻隔，以此创造出另一个空间层次，赋予了建筑展览之外，行走、游憩、停留的功能，丰富当地居民在此的活动类型。

STEP 4

对屋面的覆盖范围的控制，创造了更多的内外空间层次多变的光影效果和空间感受。

STEP 5

在室外城墙公园设置室外展场，建筑内部在需要设置展厅的位置向城墙内挖，以城墙断面为环境设计展示空间。

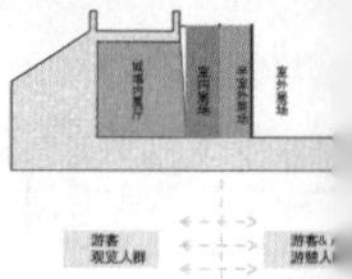

游憩空间

公共服务

半室外展览空间

城墙内部展厅

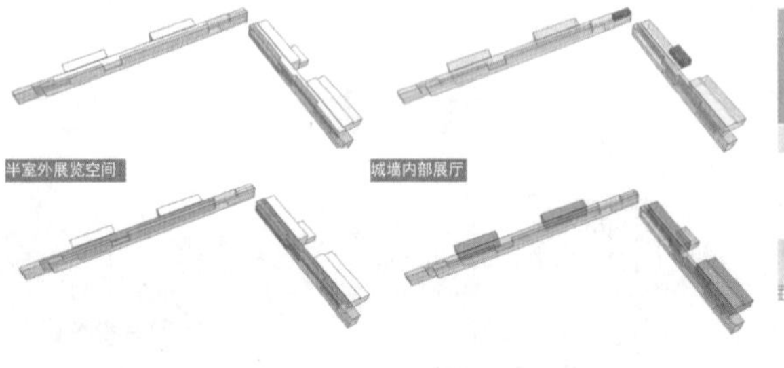

游览流线

游憩流线

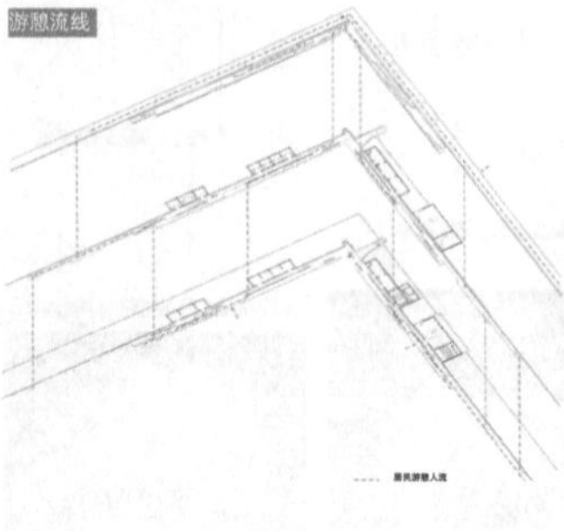

结构与立面

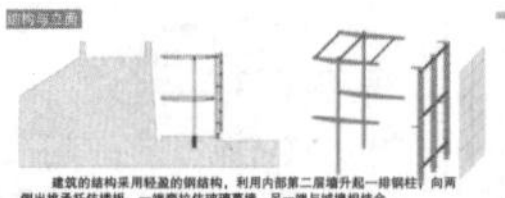

建筑的结构采用轻盈的钢结构，利用内部第二层墙升起一排钢柱，向两侧出挑承托住楼板，一端牵拉住玻璃幕墙，另一端与城墙相结合。

建筑高度

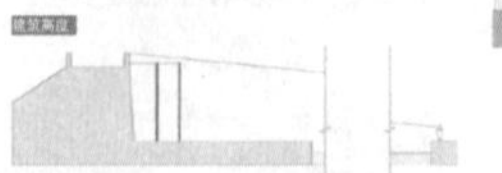

博物馆的高度刚好使对岸的人看到城墙露出一角。

展厅设计

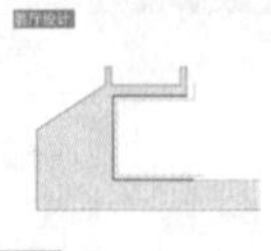

在向城墙内挖的部分，用一个"玻璃盒子"作为展厅，城墙作为展品与背景。

建筑脱离城墙而独立，同时形成丰富的光影效果。

整个博物馆在垂直方向上都是北水库滨水景观公园与城墙的交通连接体，在拐角处人流活跃度最高的地方设置无障碍电梯，并将建筑屋顶向人们打开，提供进入建筑的机会。建筑两端也有栈道延伸出来，在城墙的中段为上下提供联系。

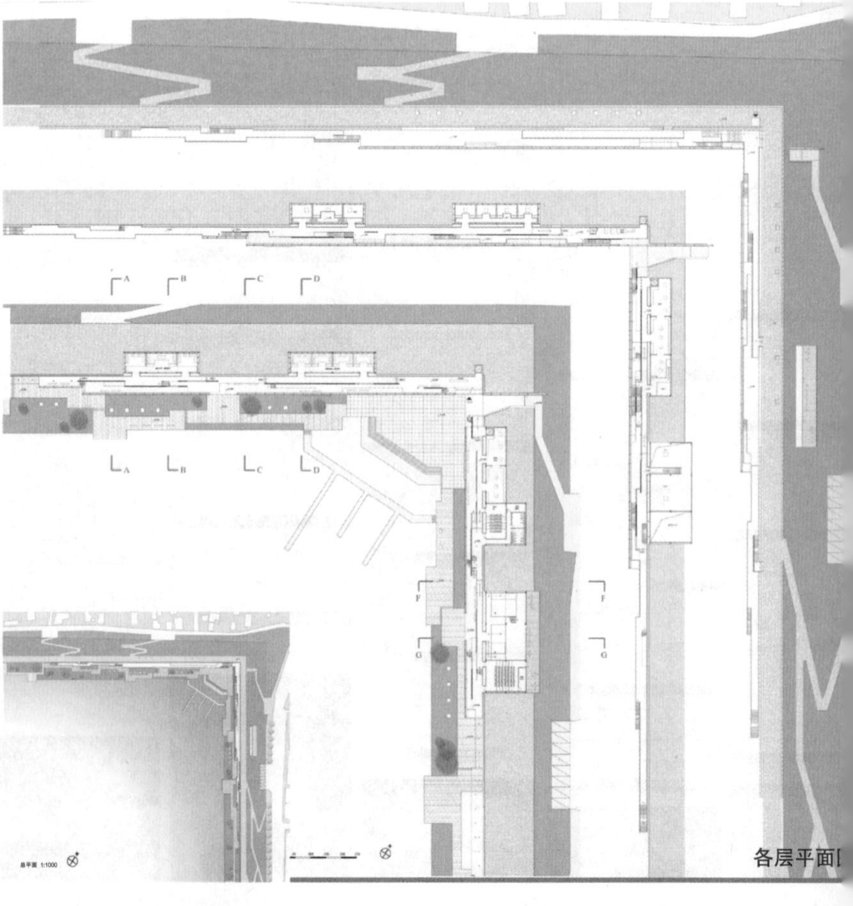

总平面 1:1000

各层平面图

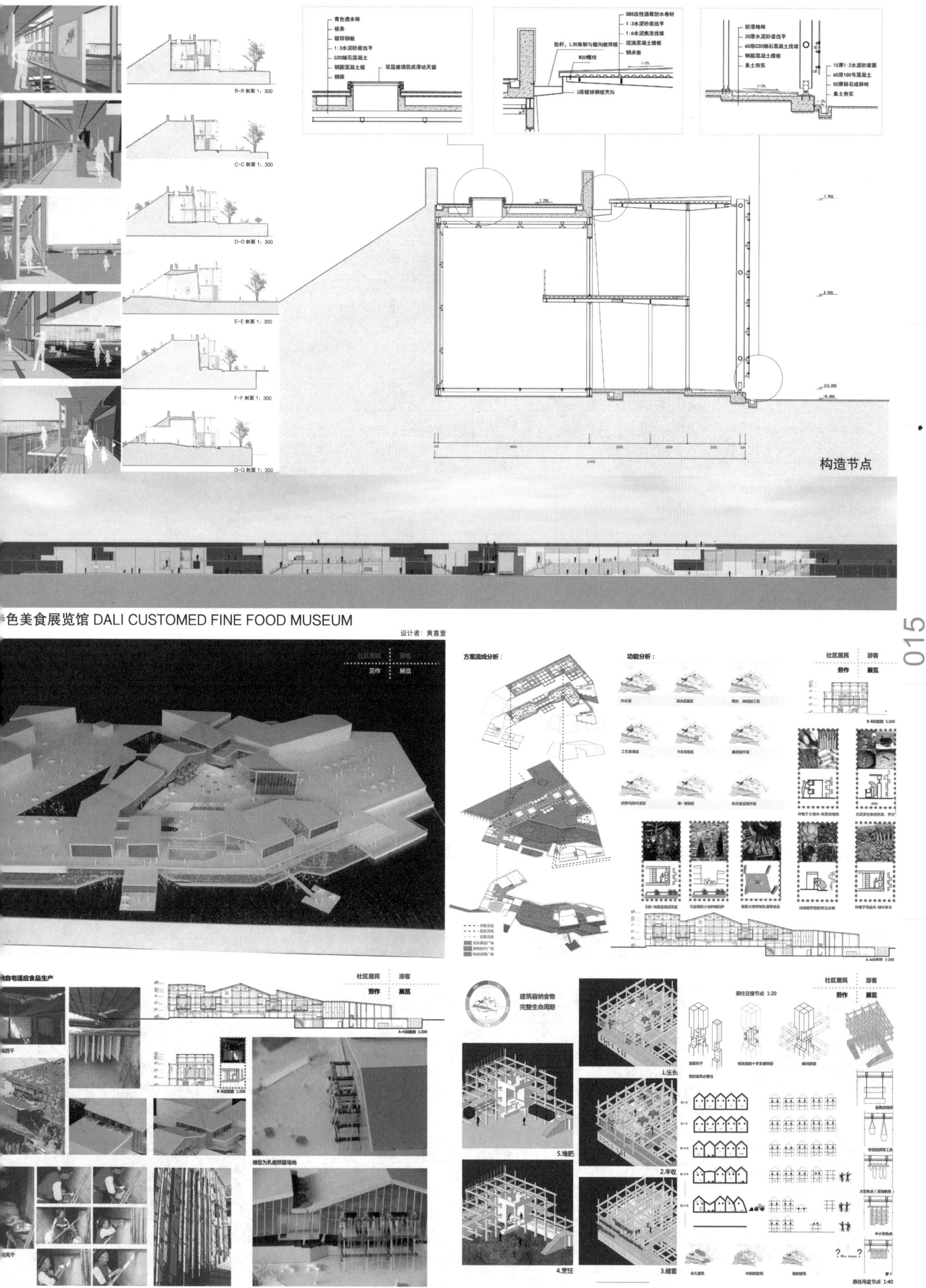
构造节点
B-B 剖面 1：300
C-C 剖面 1：300
D-D 剖面 1：300
E-E 剖面 1：300
F-F 剖面 1：300
G-G 剖面 1：300
色美食展览馆 DALI CUSTOMED FINE FOOD MUSEUM
设计者：黄嘉萱
社区居民
游客
劳作
展览
方案流线分析：
功能分析：
建筑容纳食物
完整生命周期
1.生长
2.丰收
3.储蓄
4.烹饪
5.堆肥
梁柱交接节点 1:20
悬挂吊盘节点 1:40
模型为乳扇预留场地

社区居民 | 游客
劳作 | 展览

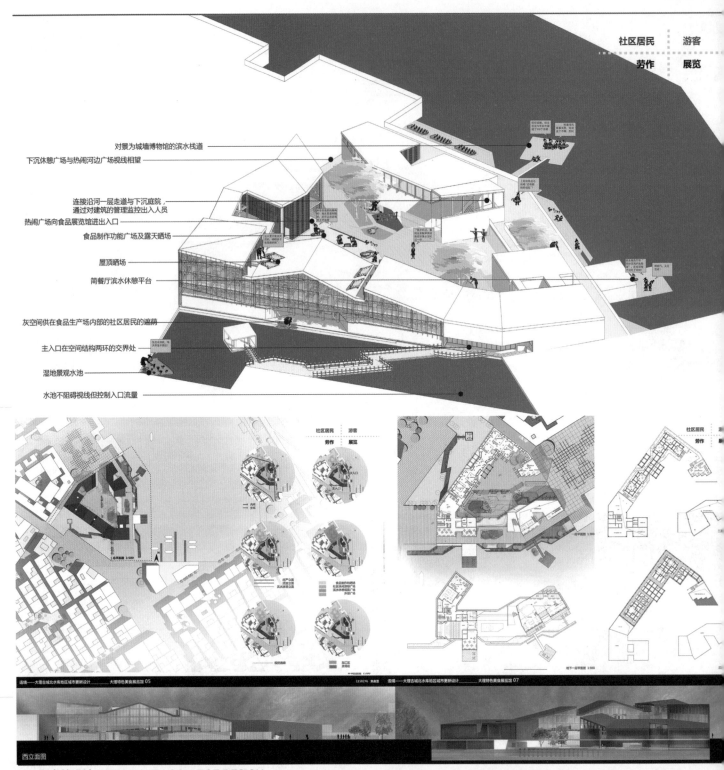

对景为城墙博物馆的滨水栈道
下沉休憩广场与热闹河边广场视线相望
连接沿河一层走道与下沉庭院，
通过对建筑的管理监控出入人员
热闹广场向食品展览馆进出入口
食品制作功能广场及露天晒场
屋顶晒场
简餐厅滨水休憩平台
灰空间供在食品生产场内部的社区居民的遮荫
主入口在空间结构两环的交界处
湿地景观水池
水池不阻碍视线但控制入口流量

社区居民 | 游客
劳作 | 展览

总平面图 1:500

一层平面图 1:300

地下一层平面图 1:300

西立面图

社区图书馆设计 COMMUNITY COLLEGE DESIGN

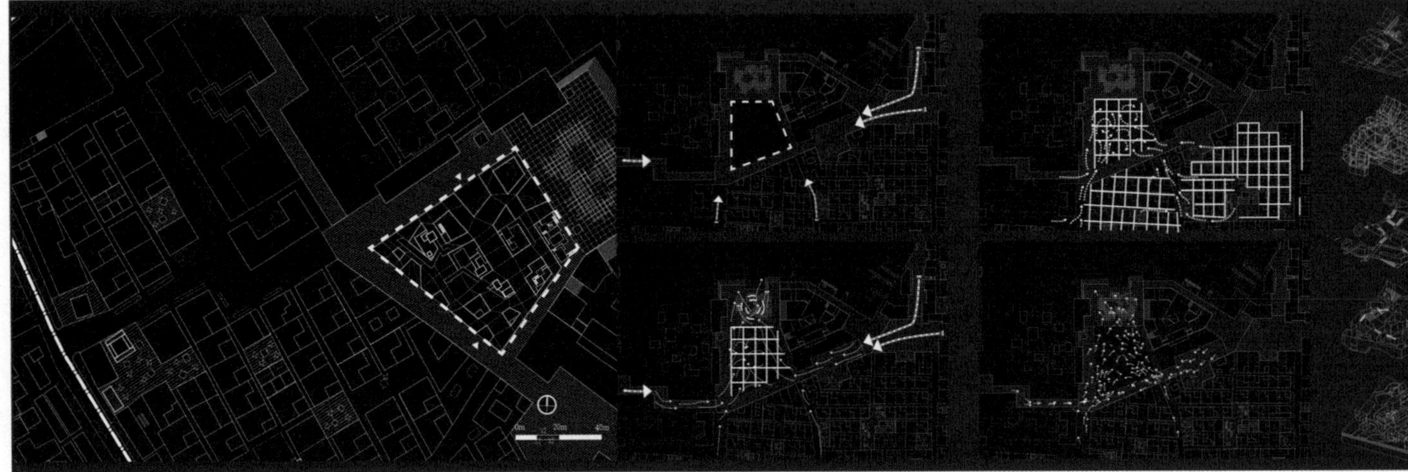

围模拟

围模拟

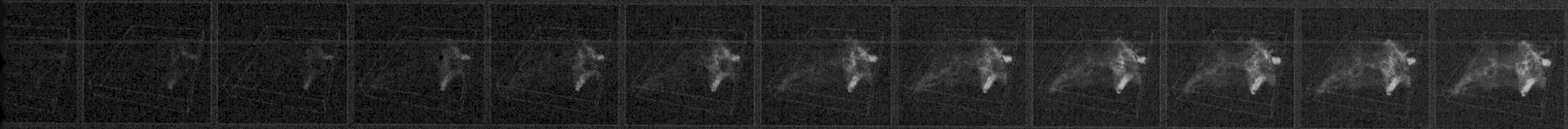

片

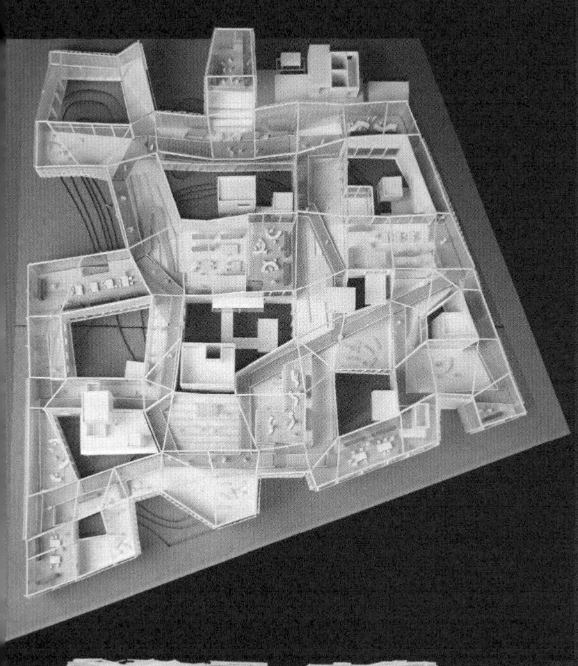

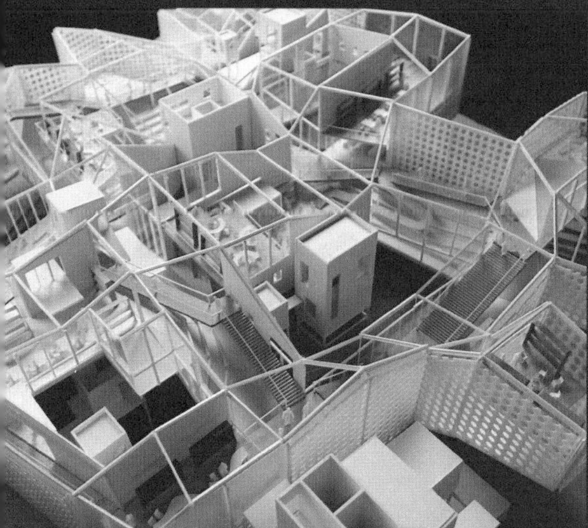

模拟转译

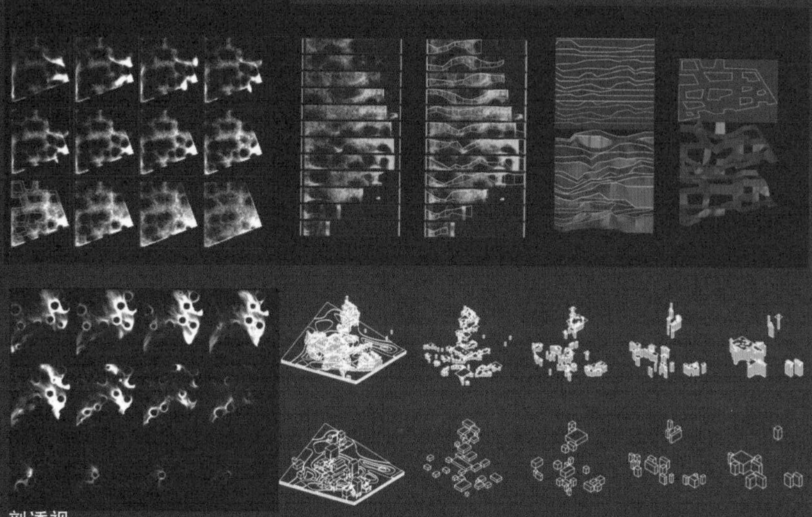

剖透视

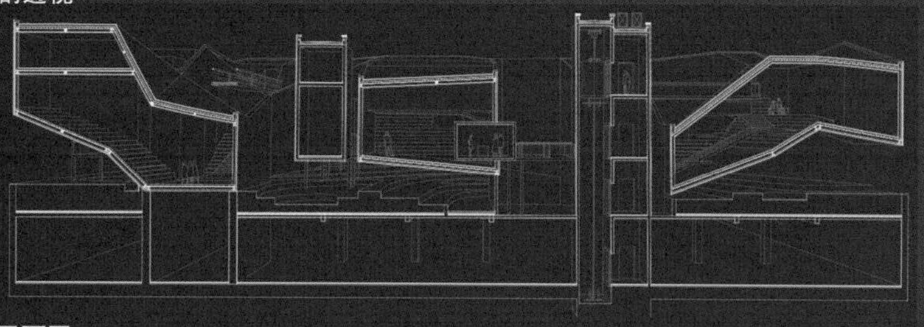

平面图

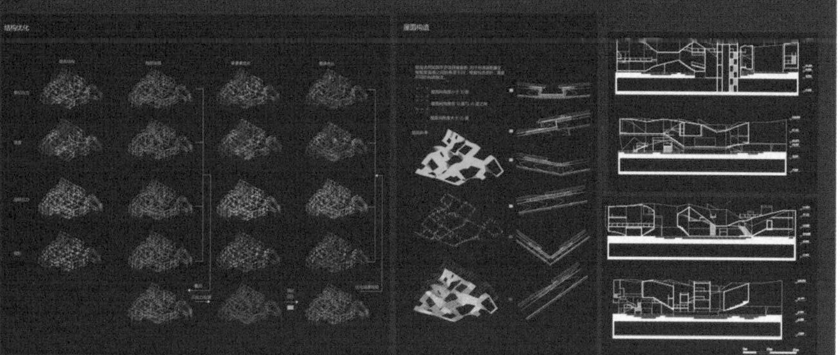

遇见花海 Meet the Flowers

同济大学

设计：龚运城 / 常琬悦 / 程靖瑶 / 汪晶晶

指导：李翔宁 / 孙澄宇 / 张建龙

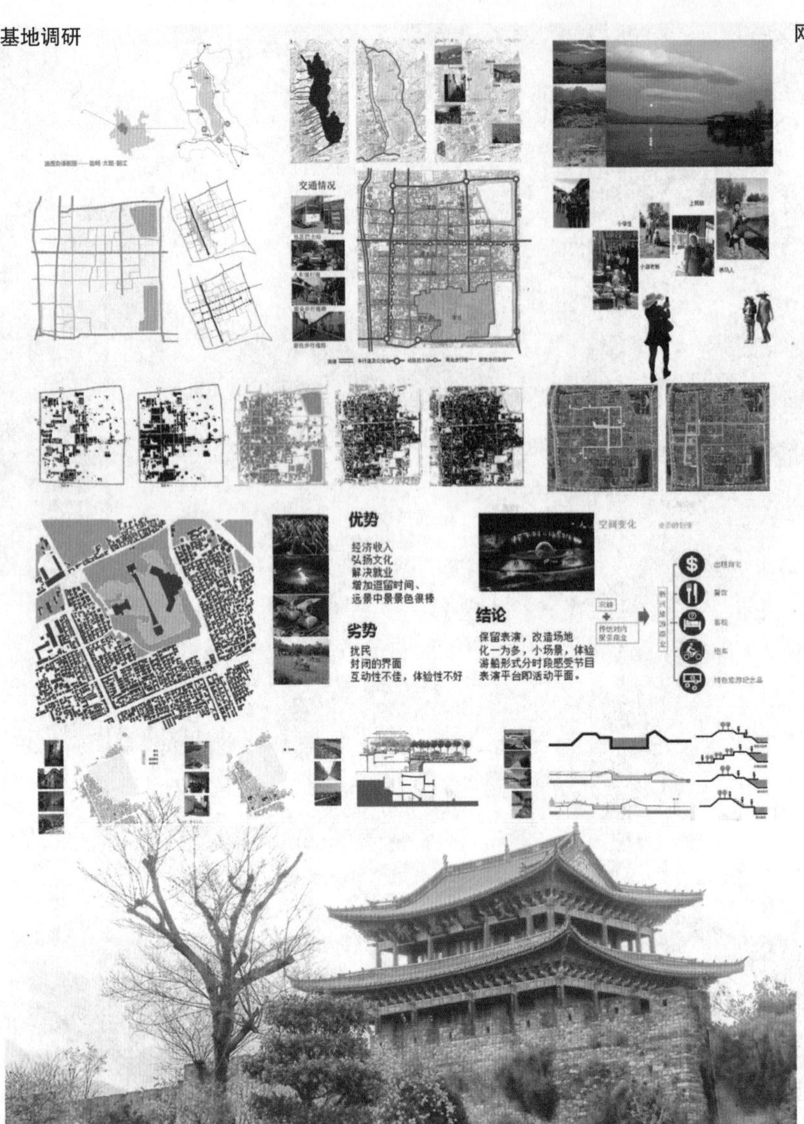

基地调研
交通情况
优势
经济收入
弘扬文化
解决就业
增加逗留时间、
远景中景景色很棒
劣势
扰民
封闭的界面
互动性不佳，体验性不好
结论
保留表演，改造场地
化一为多，小场景，体验
游船形式分时段感受节目
表演平台和活动平面。

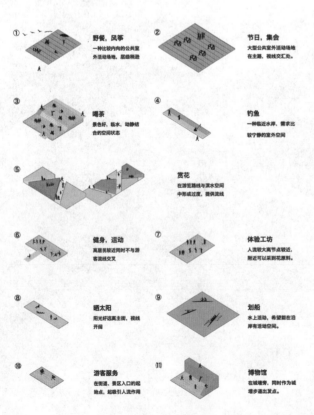

SPACE & ACTIVITIES

① 野餐，风筝
一种比较内向的公共室外活动场地，层级稍逊

② 节日，集会
大型公共室外活动场地在主路，视线交汇处。

③ 喝茶
景色好，临水，动静结合的空间状态

④ 钓鱼
一种临近水岸，需求比较宁静的室外空间

⑤ 赏花
在游览路线与滨水空间中形成过度，提供流线

⑥ 健身，运动
离居民较近同时不与游客流线交叉

⑦ 体验工坊
人流较大离节点较近，附近可以采到花原料。

⑧ 晒太阳
阳光好远离主街，视线开阔

⑨ 划船
水上活动，希望能在沿岸有活动空间。

⑩ 游客服务
在街道，景区入口的起始点，起吸引人流作用

⑪ 博物馆
在城墙旁，同时作为城墙步道出发点。

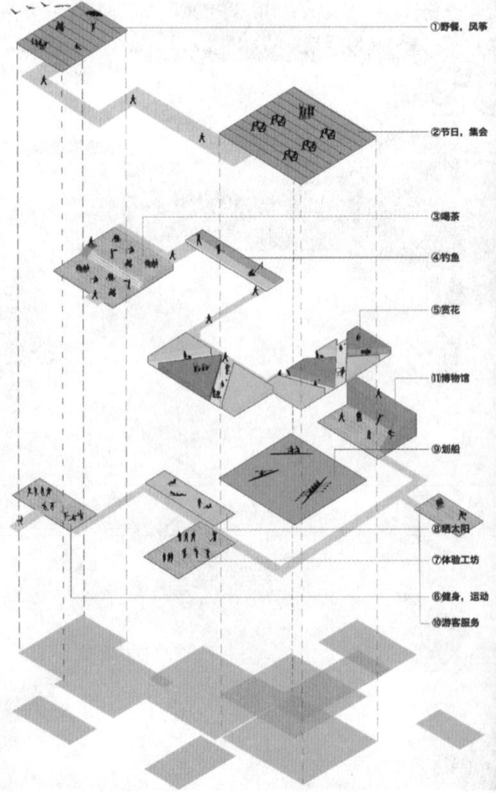

评语：

乡村问题城市化问题在中国愈演愈烈，有着鲜明的地方特色与地域文化，如何在古城内造房子？如何平衡人为改造和原真性保留？建筑与城市的复杂性与矛盾性让简单的延续肌理、仿旧造旧也变得苍白无力，或许景观都市主义是个不错的选择。方案用景观介入，建立一个新的秩序，是复兴是激活；而田园风光再造，恢复原始大理悠然的景观，是追忆是再现。“遇见”街头巷尾的市井生活，“花海”享受家家养花、户户流水的惬意。四个单体设计成为景观秩序的重要节点，以点连线结合水库、水坝形成聚合环。城墙博物馆，道茶缘居茶室旅馆，市井生活社区活动中心和民俗手工艺体验作坊。

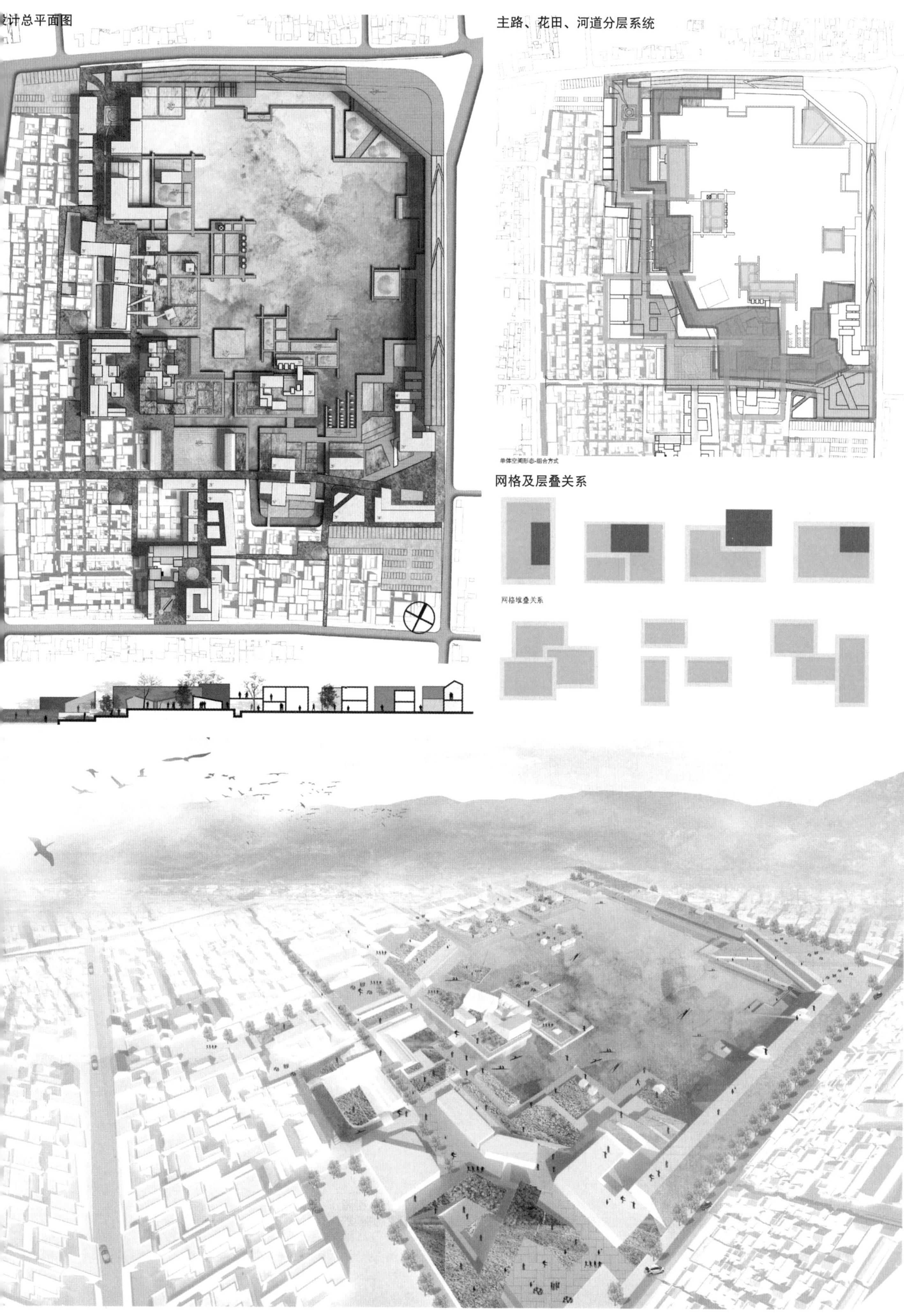

计总平面图
主路、花田、河道分层系统
单体空间形态-组合方式
网格及层叠关系
网格堆叠关系

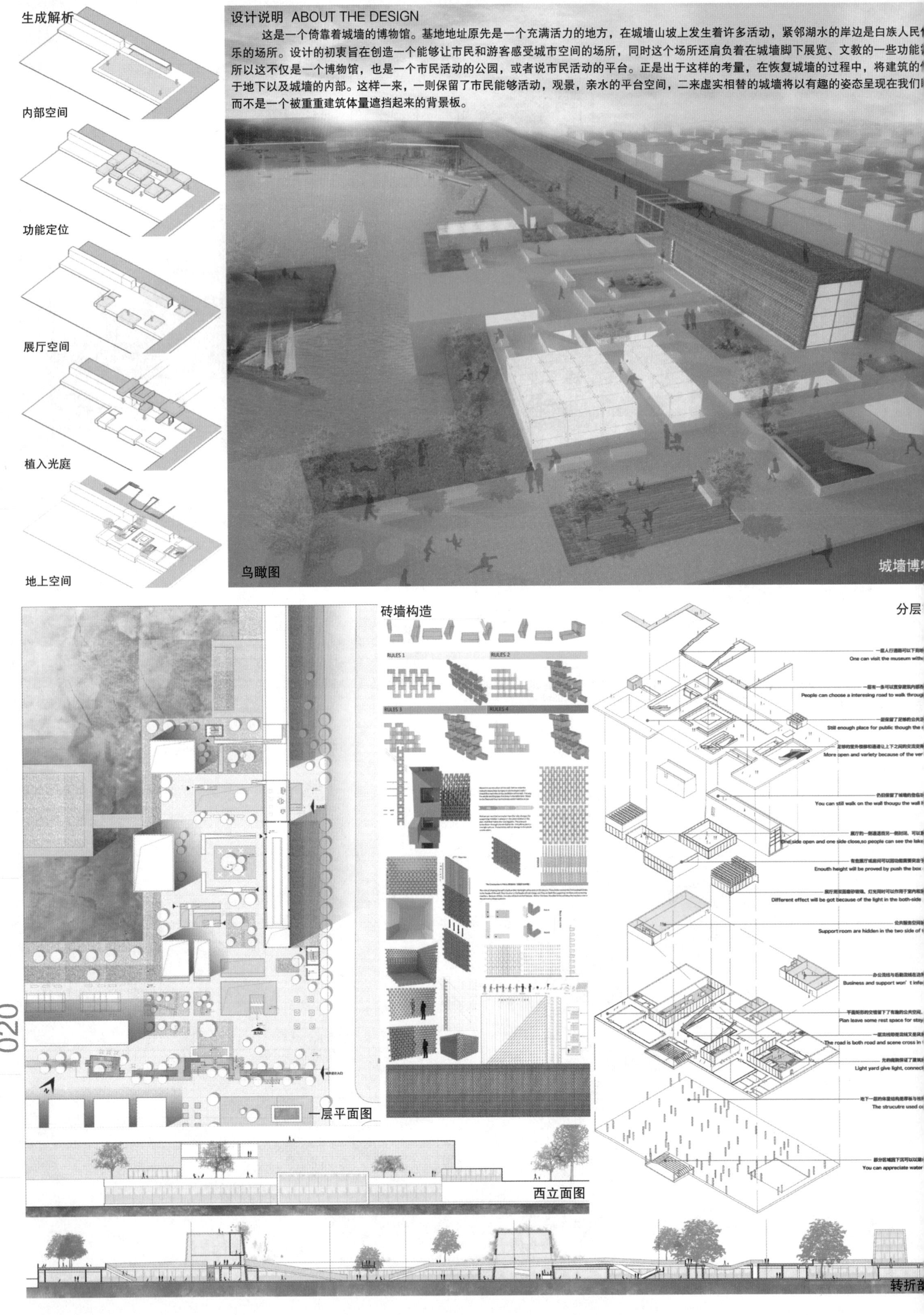
生成解析
内部空间
功能定位
展厅空间
植入光庭
地上空间
设计说明 ABOUT THE DESIGN
这是一个倚靠着城墙的博物馆。基地地址原先是一个充满活力的地方，在城墙山坡上发生着许多活动，紧邻湖水的岸边是白族人民
乐的场所。设计的初衷旨在创造一个能够让市民和游客感受城市空间的场所，同时这个场所还肩负着在城墙脚下展览、文教的一些功能
所以这不仅是一个博物馆，也是一个市民活动的公园，或者说市民活动的平台。正是出于这样的考量，在恢复城墙的过程中，将建筑的
于地下以及城墙的内部。这样一来，一则保留了市民能够活动，观景，亲水的平台空间，二来虚实相替的城墙将以有趣的姿态呈现在我们
而不是一个被重重建筑体量遮挡起来的背景板。
鸟瞰图
城墙博
砖墙构造
RULES 1
RULES 2
RULES 3
RULES 4
分层
One can visit the museum with
People can choose a interesing road to walk throug
Still enough place for public though the
More open and variety because of the ver
You can still walk on the wall thougu the wall
One side open and one side close,so people can see the lake
Enouth height will be proved by push the box
Different effect will be got because of the light in the both-side
Support room are hidden in the two side of
Business and support won't infe
Plan leave some rest space for stay
The road is both road and scene cross in
Light yard give light, connect
The strucutre used c
You can appreciate water
一层平面图
西立面图
转折部

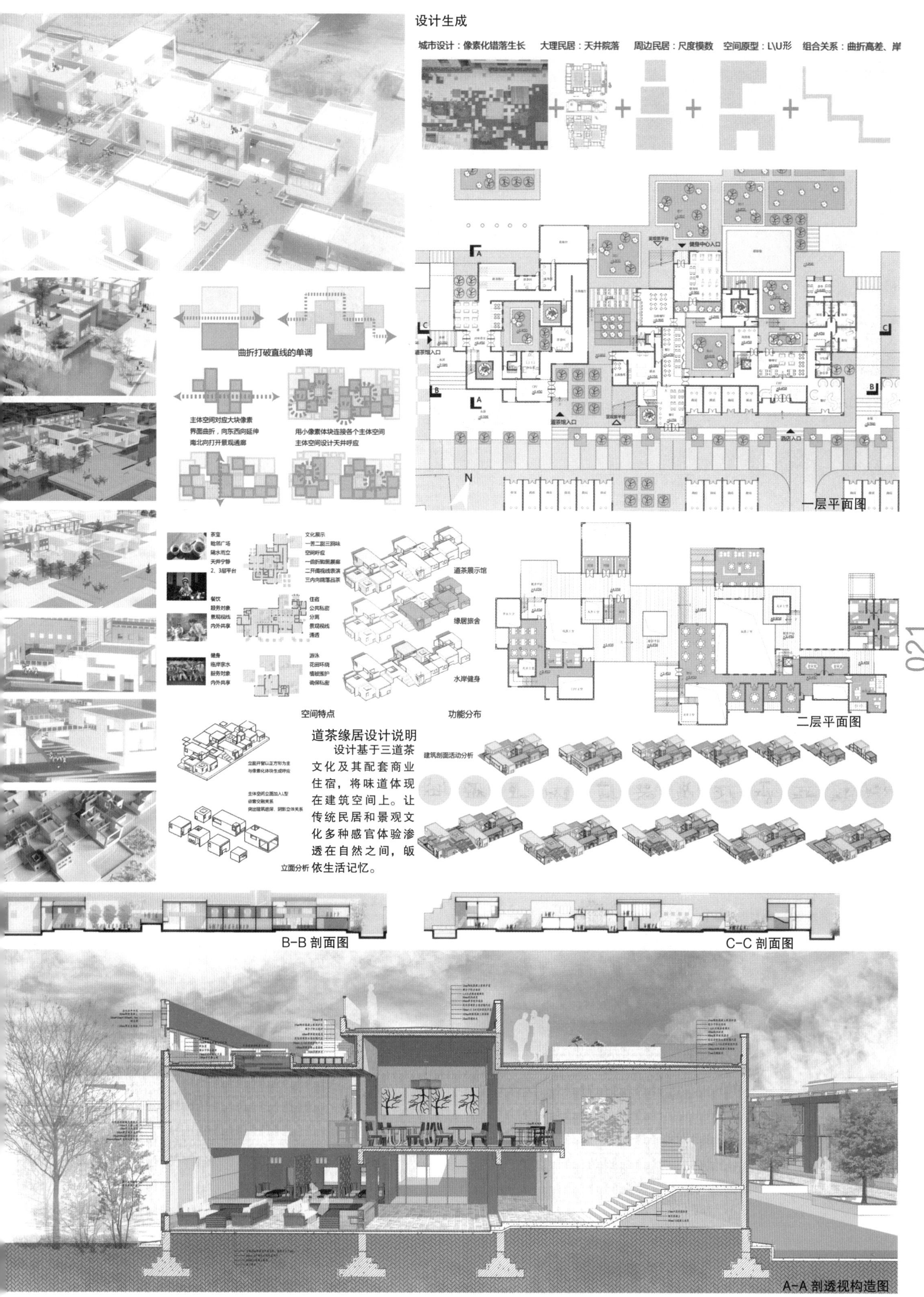

设计生成
城市设计：像素化错落生长
大理民居：天井院落
周边民居：尺度模数
空间原型：L\U形
组合关系：曲折高差、岸
曲折打破直线的单调
主体空间对应大块像素
界面曲折，向东西向延伸
南北向打开景观通廊
用小像素体块连接各个主体空间
主体空间设计天井呼应
道茶馆入口
健身中心入口
酒店入口
N
一层平面图
二层平面图
茶室
文化展示
餐饮
住宿
健身
道茶展示馆
缘居旅舍
水岸健身
空间特点
功能分布
道茶缘居设计说明
设计基于三道茶文化及其配套商业住宿，将味道体现在建筑空间上。让传统民居和景观文化多种感官体验渗透在自然之间，皈依生活记忆。
建筑剖面活动分析
立面分析
B-B 剖面图
C-C 剖面图
A-A 剖透视构造图

市井之间

——大理北水库文化活动中心设计

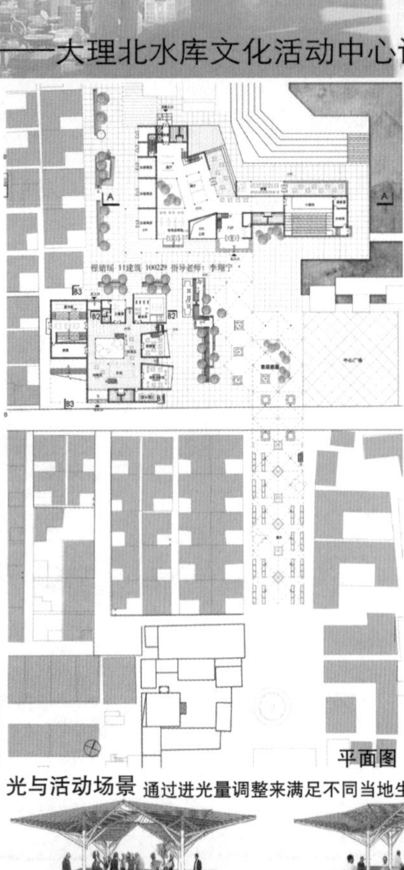

程婧瑶 11建筑 100229 指导老师：李翔宁

生成逻辑

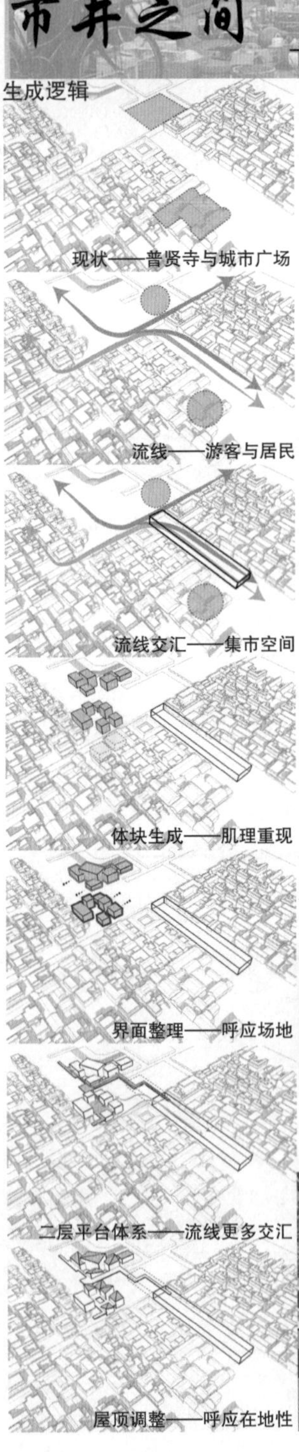

现状——普贤寺与城市广场

流线——游客与居民

流线交汇——集市空间

体块生成——肌理重现

界面整理——呼应场地

二层平台体系——流线更多交汇

屋顶调整——呼应在地性

平面图

生活场景

景观长廊

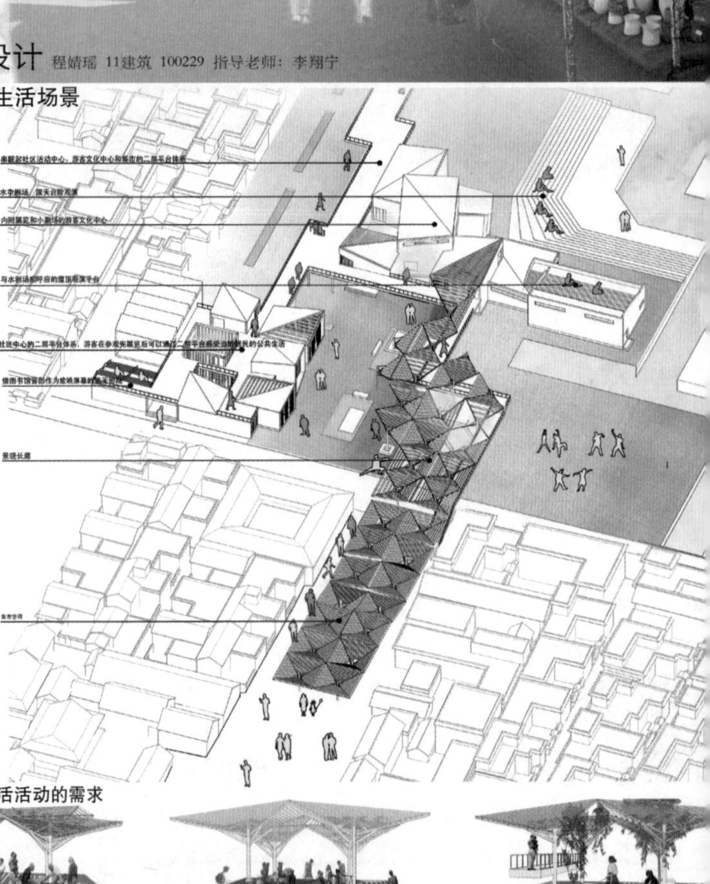

光与活动场景 通过进光量调整来满足不同当地生活活动的需求

节庆

纳凉

集市

景观

节点大样

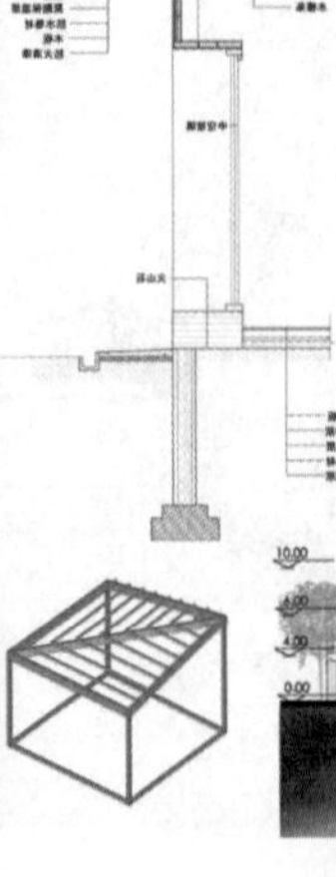

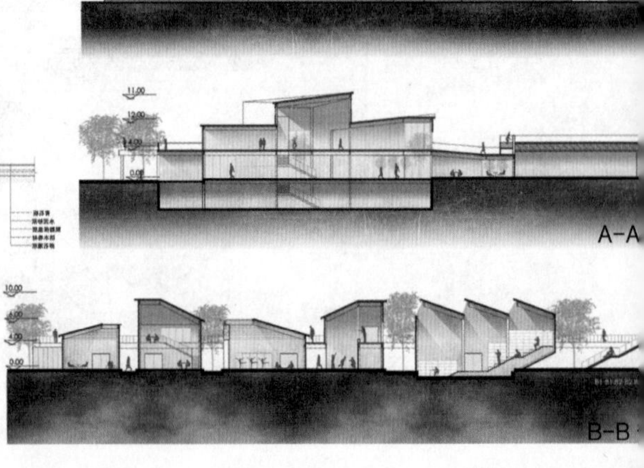

A–A

B–B

古城北水库区域 民俗手工艺作坊设计

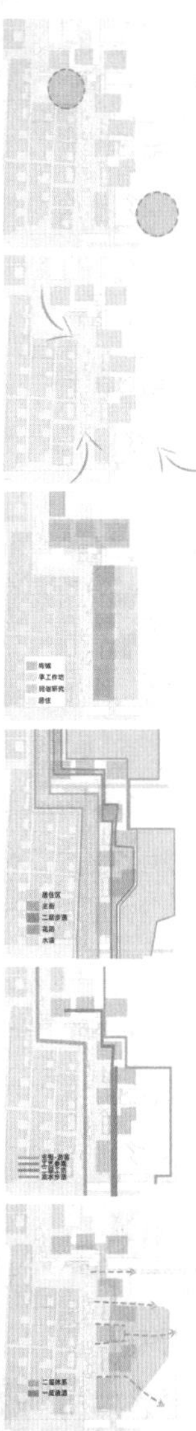

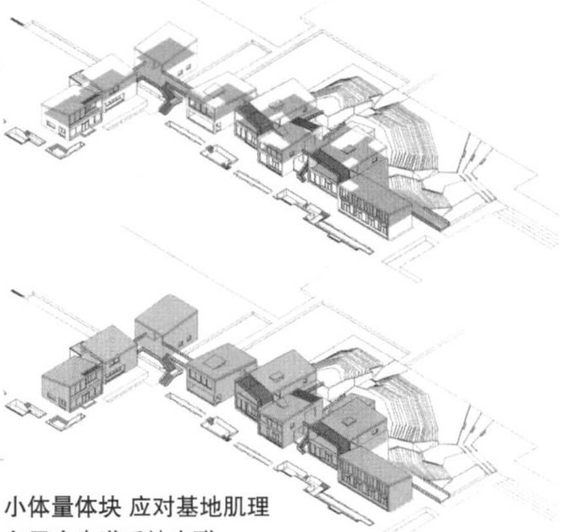

小体量体块 应对基地肌理
多层次步道系统串联

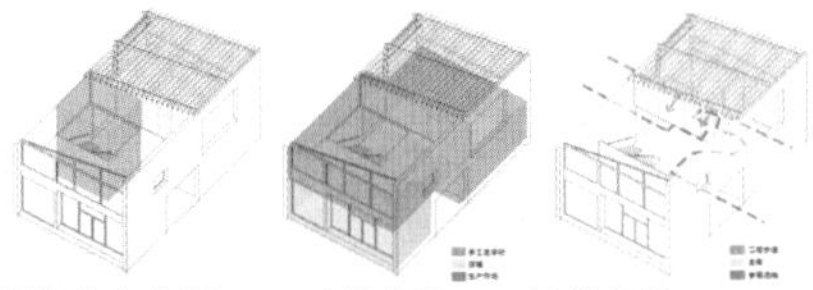

围绕中心空间 功能布局 流线组织
体块单元的功能组织

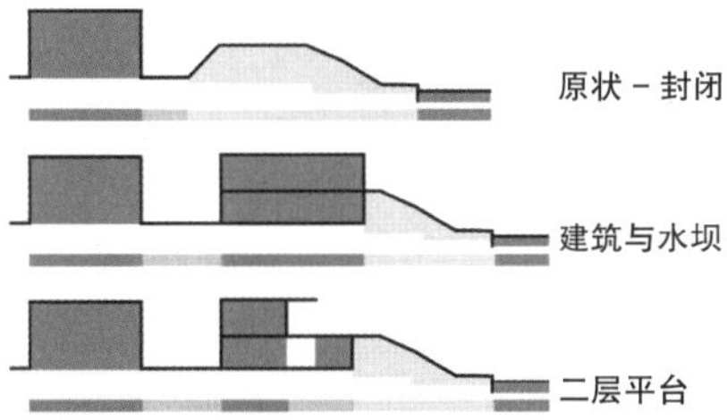

原状 - 封闭
建筑与水坝
二层平台
水坝的处理方式

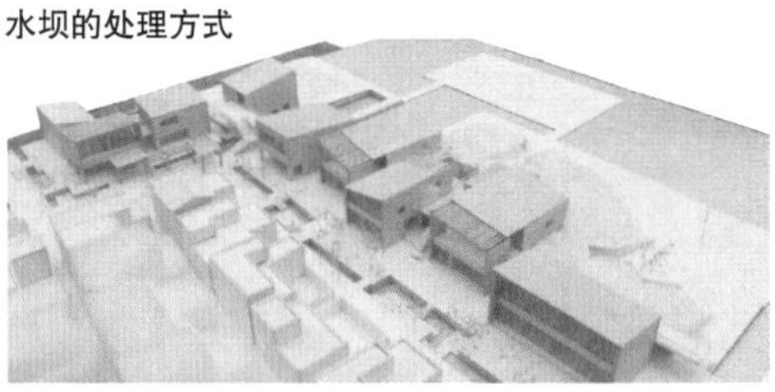

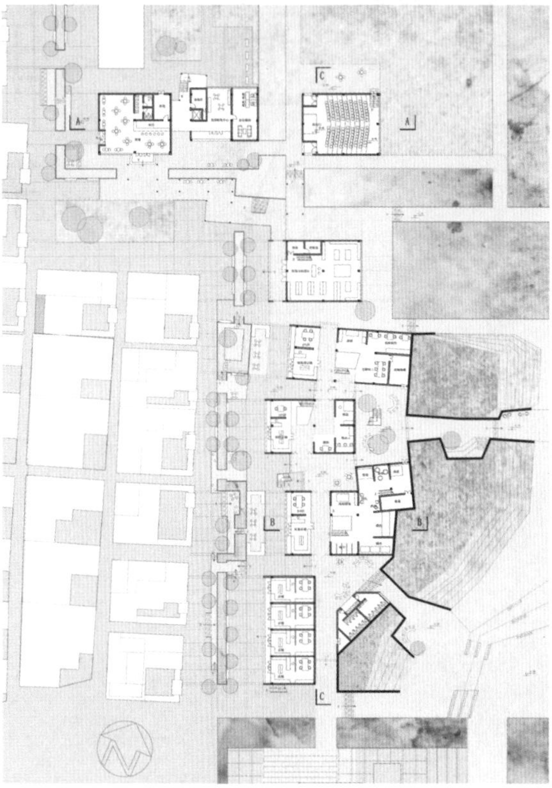

一层平面图

二层平面图

构造详图

A-A 剖面图

B-B 剖面图

C-C 剖面图

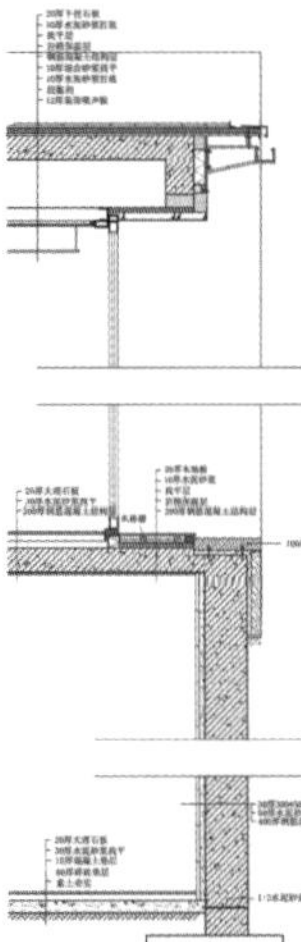

东立面图

西立面图

点染城池

Sprouting Dots Catalyzing the City

同济大学

设计：杜超瑜 / 林哲涵 / 王轶 / 蔡宣皓

指导：张建龙

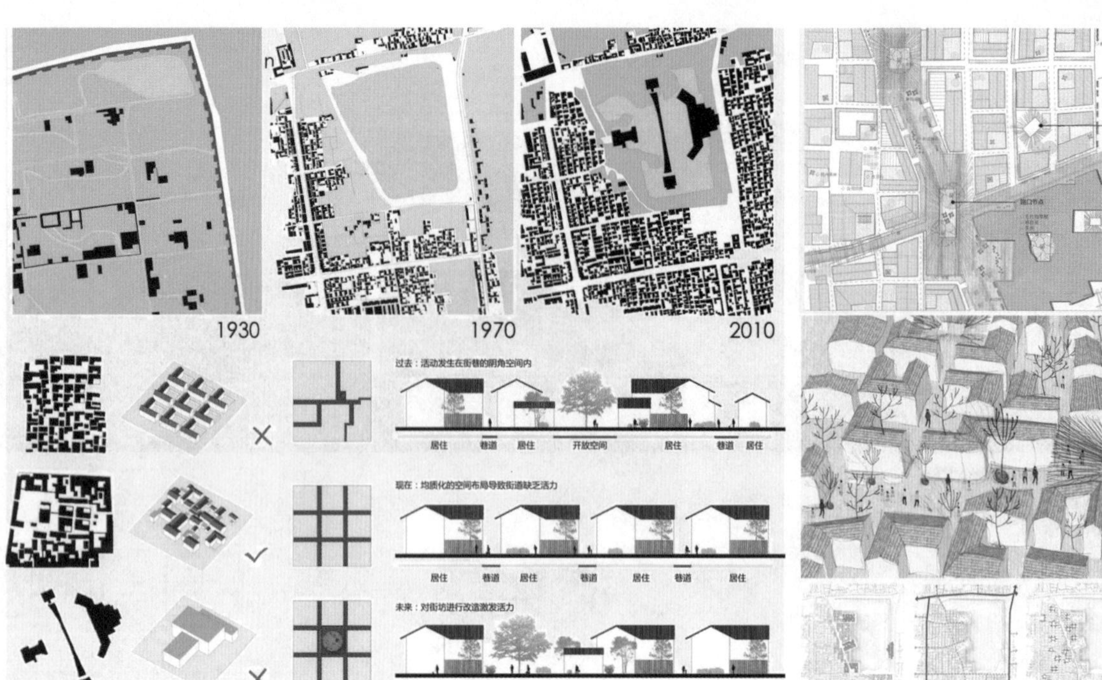

节日时间表

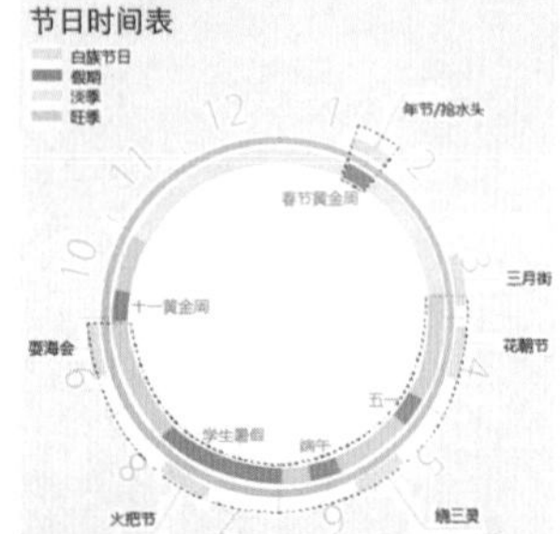

规划策略

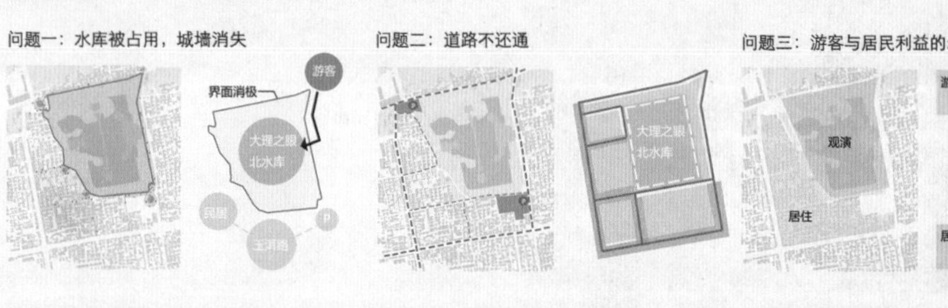

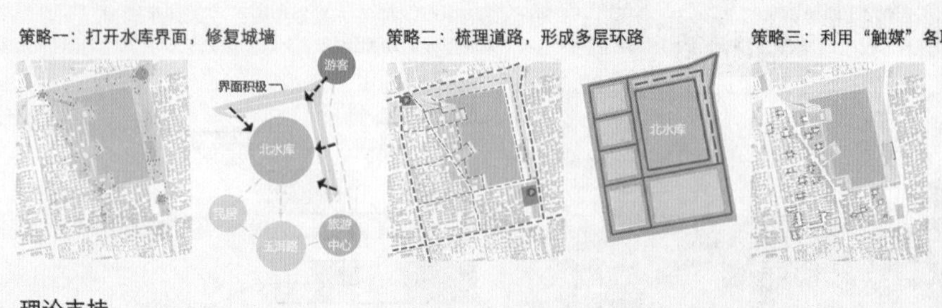

绿化水系

理论支持

触媒理论：建构系统因子，对场所起到一个激活与催化的作用，使得触媒之间的区域得到自主性发展。

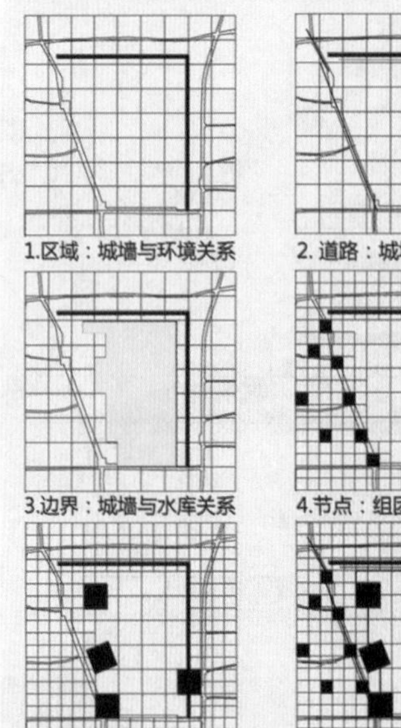

交通节点

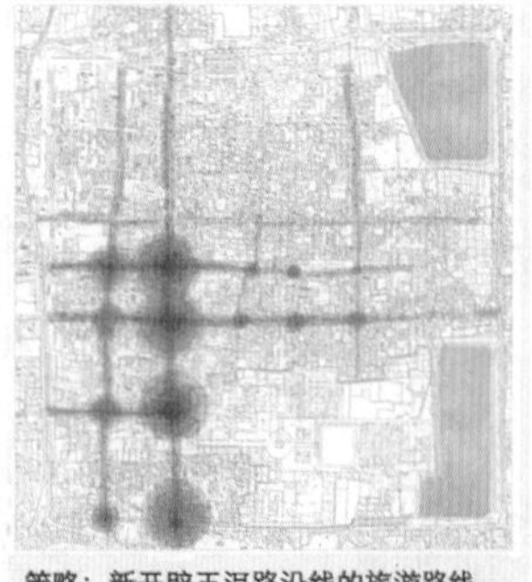

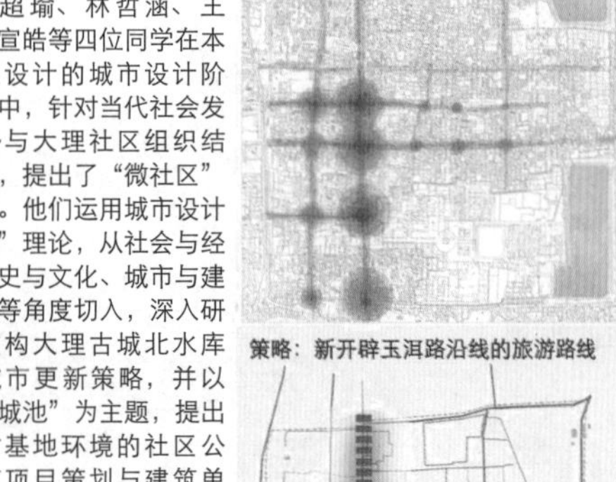

策略：新开辟玉洱路沿线的旅游路线

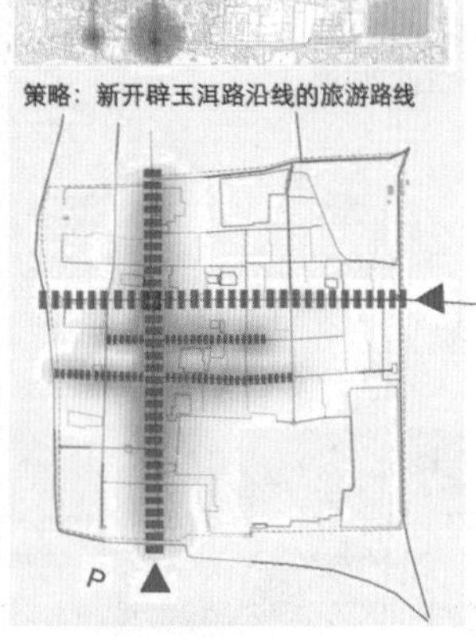

评语：

杜超瑜、林哲涵、王轶、蔡宣皓等四位同学在本次毕业设计的城市设计阶段工作中，针对当代社会发展趋势与大理社区组织结构特点，提出了"微社区"的构想。他们运用城市设计"触媒"理论，从社会与经济、历史与文化、城市与建筑空间等角度切入，深入研究了重构大理古城北水库区域城市更新策略，并以"点染城池"为主题，提出了针对基地环境的社区公共建筑项目策划与建筑单体设计方案。在建筑单体设计阶段，四位同学都将社区公共生活引导建筑空间的逻辑生成。无论是建筑单体的室内外空间环境、还是对建筑技术设计的研究，其设计的整体性体现了他们扎实的建筑设计基础理论知识和综合的建筑设计能力，以及良好的团队合作能力。

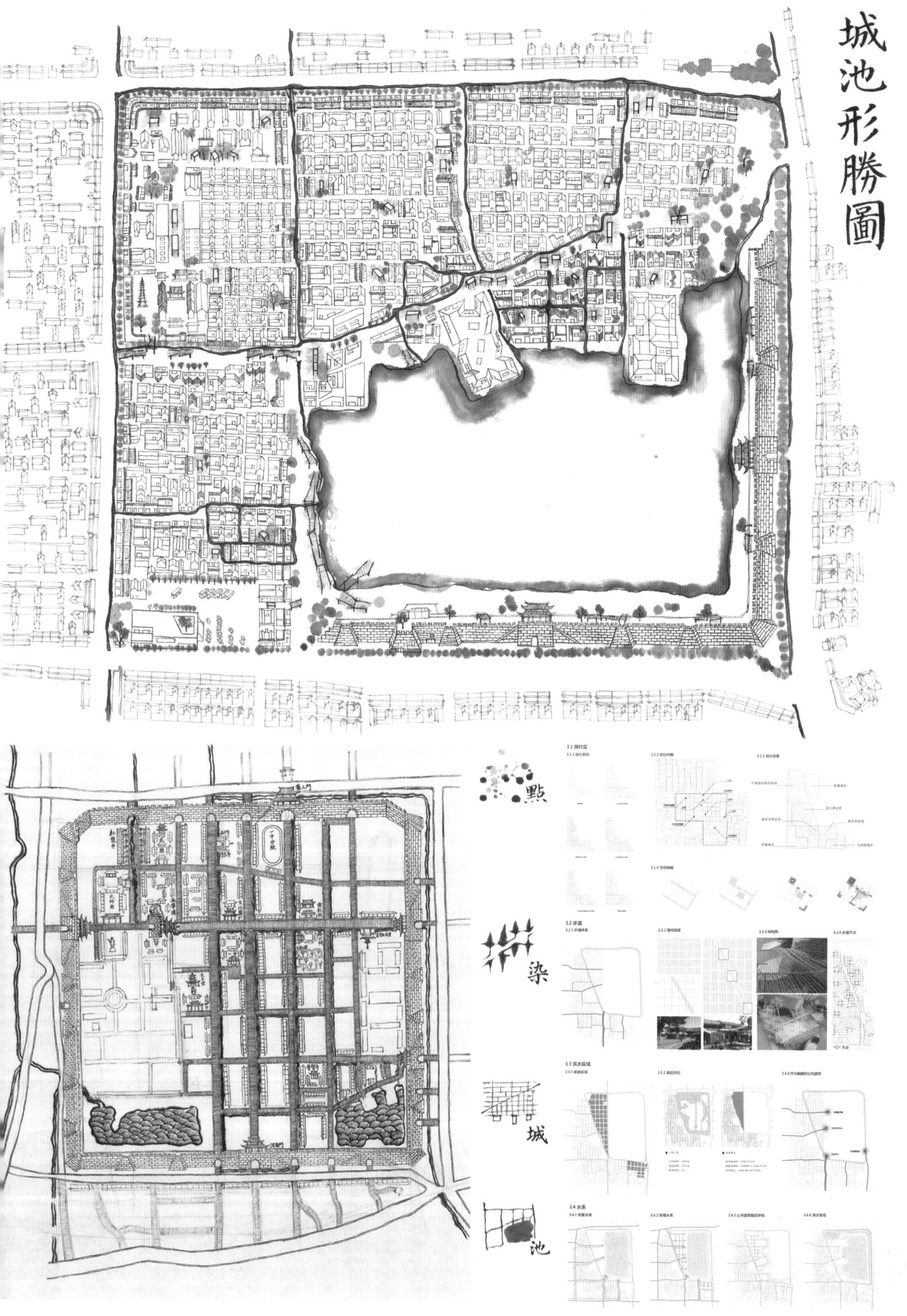

城池形勝圖
點
染
城
池

城墙博物馆设计
形态生成
大理意象分析
设计说明：
建筑位于大理古城北水库这一特定的历史人文环境中。
设计由土坡下的古城墙、坡地环境与大理民居为切入点，
了一条多维度结合城墙的观展路线。同时引入传统街巷、
的概念，在建筑内部形成了一条与展览流线立体交叉的内
并沿街放置科普、教育、休闲等功能，供村民和游客共同
因此，建筑体量宜体现消隐的特点，而流线在沿城墙两端
连续的路径，并在穿越和转折的时空中形成体验的机锋。
一层平面图
总平面图
经济技术指标
项目区位：大理古城北水库东岸
建筑密度：37%
用地面积：6200m²
绿化率：45%
总建筑面积：4700m²
建筑高度：11m
建筑层数：地上两层，地下一层
机动车停车位：13
容积率：0.49
类别：地方遗址博物
地下一层平面图
分解轴测
1-1剖面
2-2剖面
3-3剖面
4-4剖面
5-5剖面
6-6剖面
7-7剖面
8-8剖面
9-9剖面
10-10剖面
11-11剖面
12-12剖面

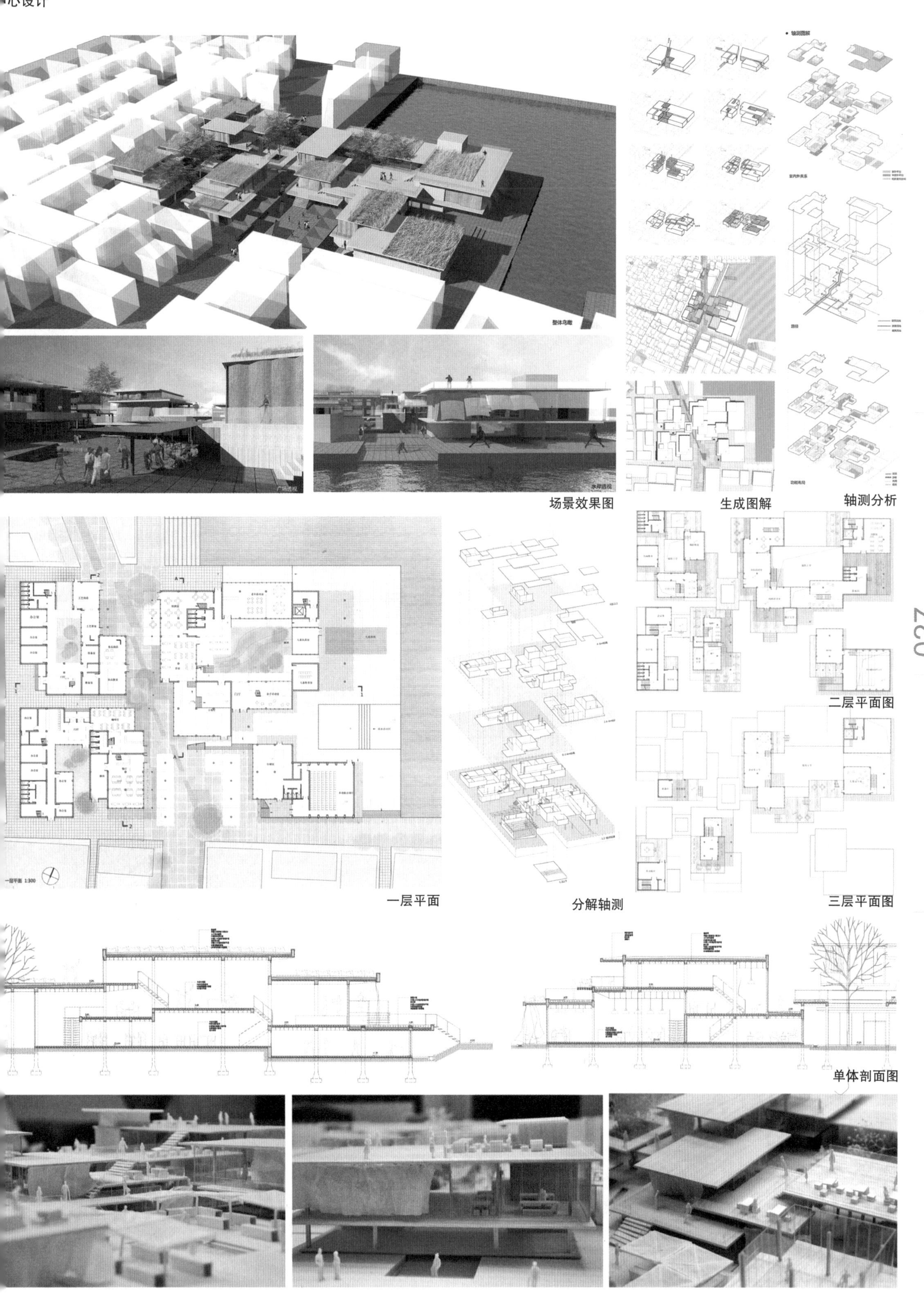
整体鸟瞰
广场透视
水岸透视
场景效果图
生成图解
轴测分析
一层平面
一层平面 1:300
分解轴测
二层平面图
三层平面图
单体剖面图

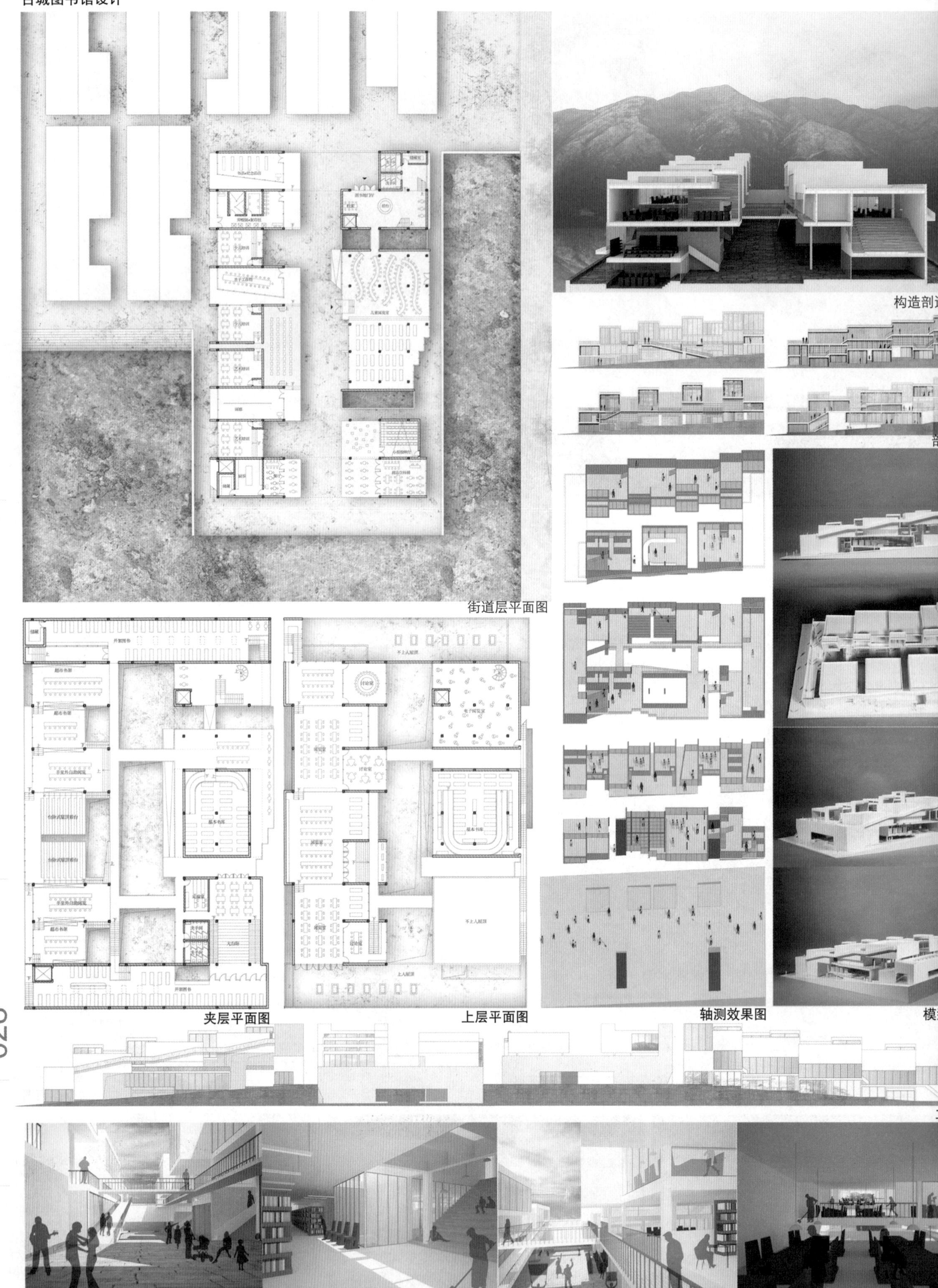
街道层平面图
夹层平面图
上层平面图
构造剖
轴测效果图
模

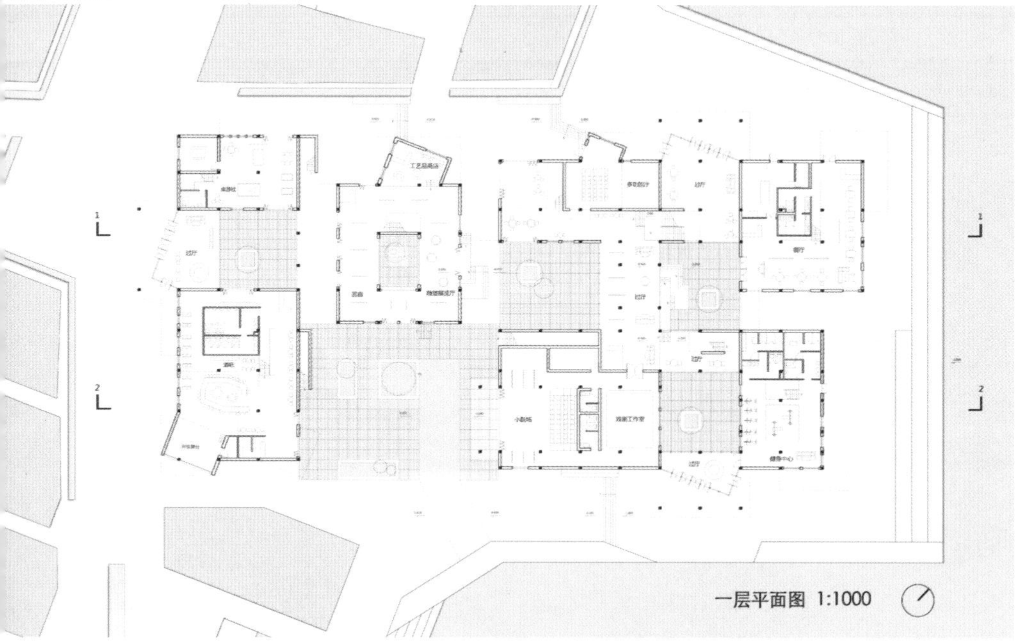

术中心设计

一层平面图 1:1000

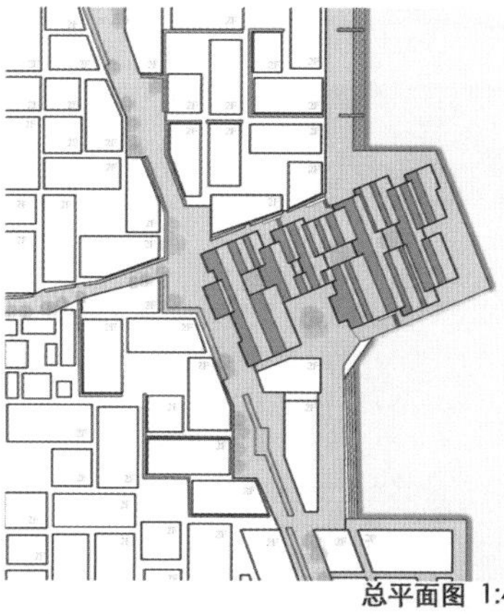

总平面图 1:4000

略：

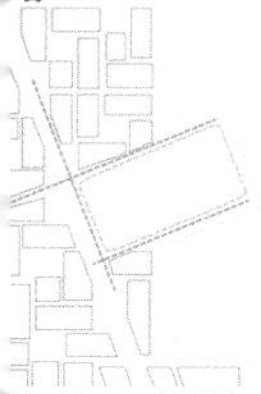

街道界面连续性

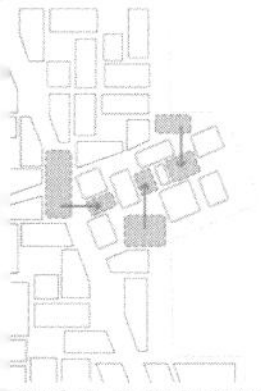

周边公共节点布置院落

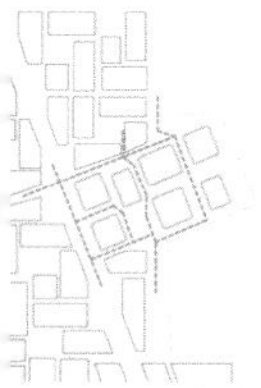

周边尺度，保持巷道的延续

路网轴线交叠产生阴角空间

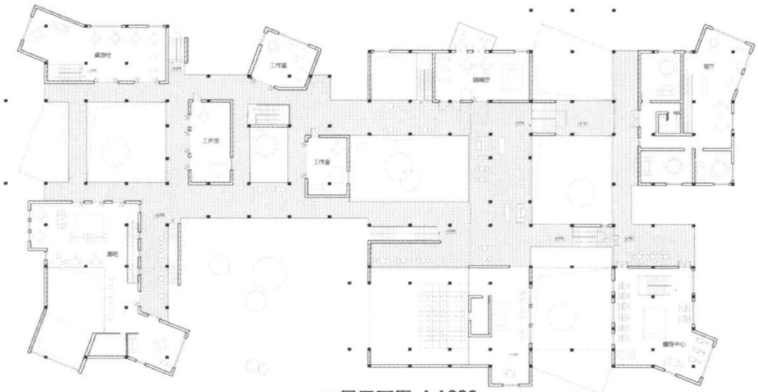

二层平面图 1:1000

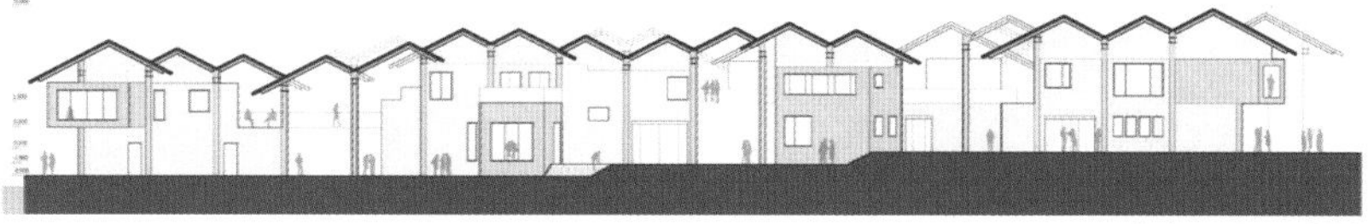

北立面图 1:1000

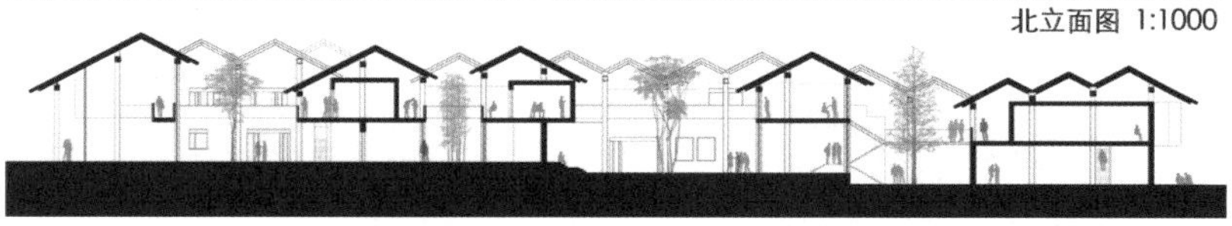

1-1剖面图 1:1000

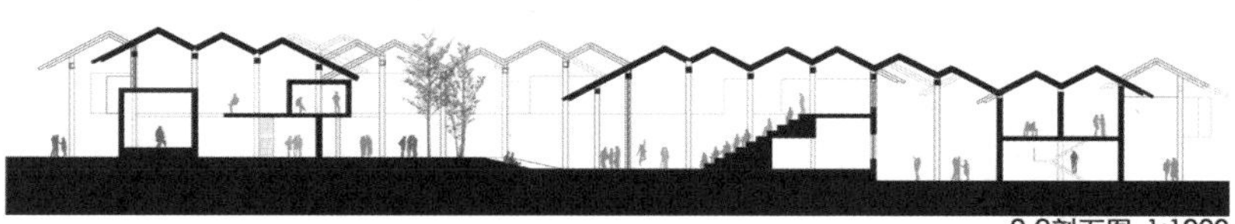

2-2剖面图 1:1000

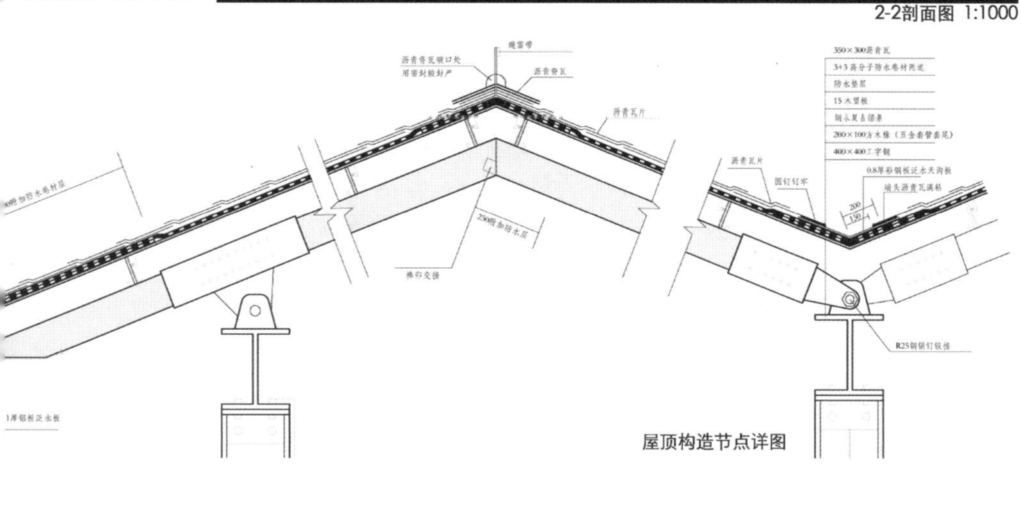

屋顶构造节点详图

清华大学

TSING HUA UNIVERSITY

许懋彦

韩孟臻

丁沐　　齐轶昳　　彭宁

设计题目：

田＋园＋城

Field + Garden + City

设计题目：

自上而下 Vs. 自下而上

Top Down Vs. Bottom Up

祝豪樱　　李同　　陈瑗

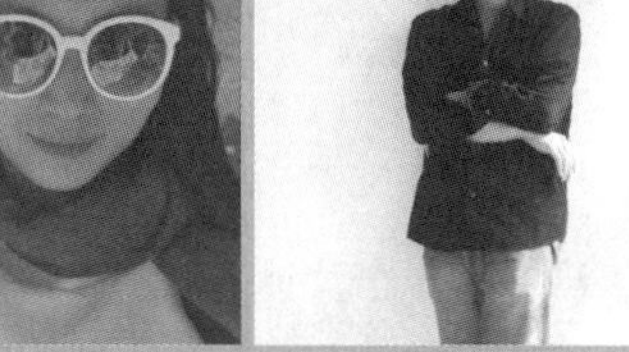

南天　　杨幂　　张璐

设计题目：

古城・印迹

Old City, Historical Trace

王静雯　　仇沛然　　孙广标

设计题目：

设计未来

Design the future

田 + 园 + 城 Field + Garden + City

设计：丁沫 / 齐轶映 / 彭宁 清华大学
指导：许懋彦 / 韩孟臻

区域历史和印象

历史上，大理古城的东北方向一直以农田为主。
如今，唯有北水库还有农田留存，成为古城独有田园。

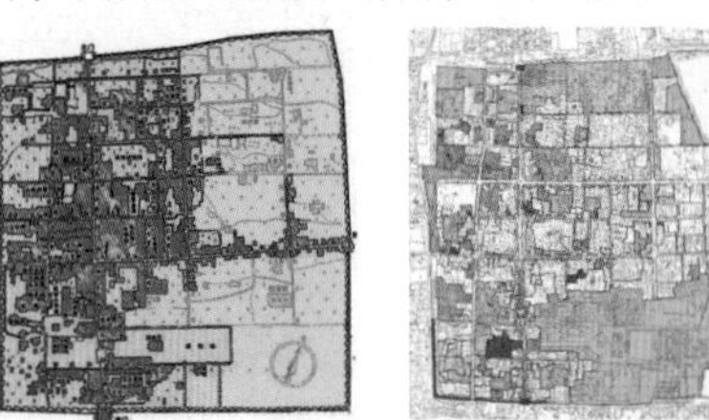

水库构想

场地现状调研照片

基地内的田地　社区之

古城内水系的利用　水库

基地内水井　社区街巷　宗

服务对象人群

总体理念和设计目标

■依托农业的生产性景观，整合一三产业的优势资源。
■将“田”“园”“城”对应的社区功能相互复合，探索城市更新要求下的新型农业村落的可能性。

田 + 园 + 城 = 复合社区

农田/菜地　公园/花圃　古城/社区

开发优势资源
- 改造水库片区
- 扩大农田规模
- 完善一产品牌

丰富产业特色
- 结合第三产业
- 突显本地特色

重塑当地生活
- 增加地区效益
- 提高生活质量
- 继承传统文化

项目 SWOT 分析

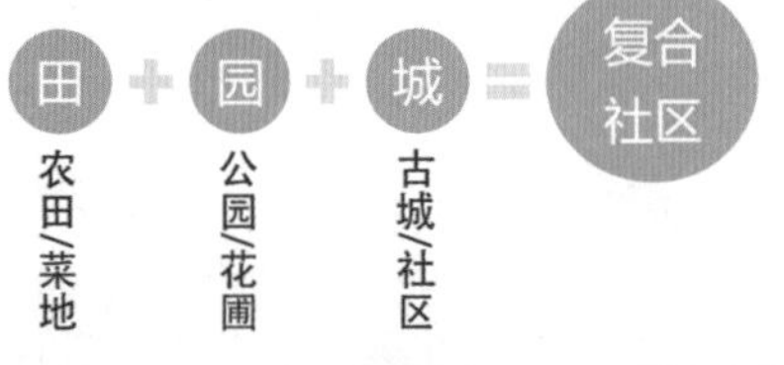

S	W
历史上存在农业耕种 大理气候等农业条件好 部分居民有耕种需求 水库改建满足一定规模 改善本地生活条件	缺少负责耕种的组织 水库改建难以完全到位 社区改造更新资金少 生态技术应用难
O	**T**
形成特色景观 居民和游客的新选择 利用旅游淡季的空闲期 政府可以提供支持	外部农田规模更大 存在不感兴趣的游客 本地居民对社区改造更新不认同

城市格局分析

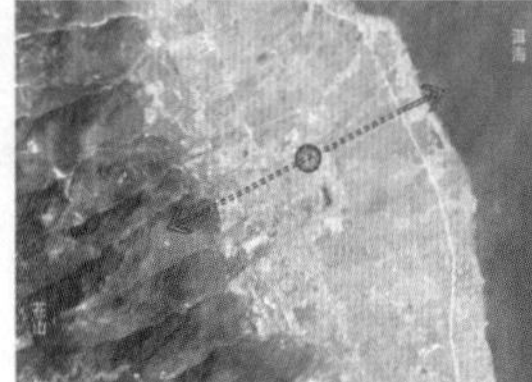
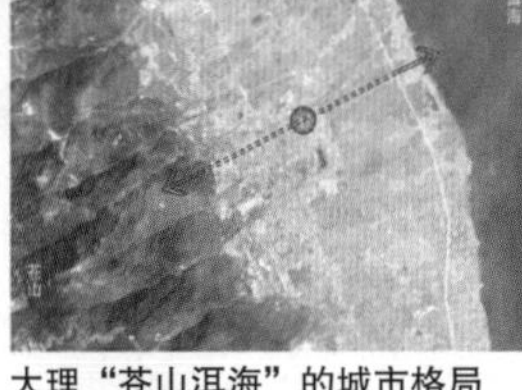
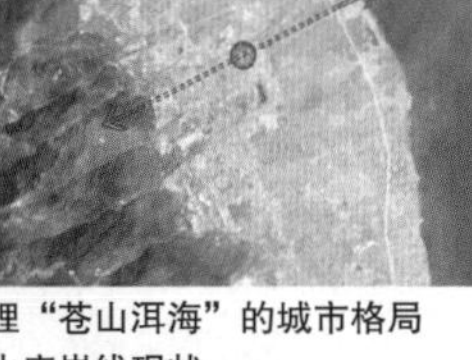

大理“苍山洱海”的城市格局
北水库岸线现状

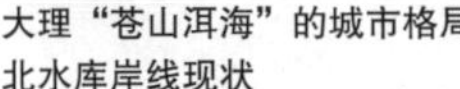

访谈调研——居民诉求

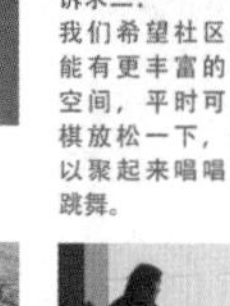

诉求一：
我想要在[...]有一小片[...]蔬菜，可[...]足，多出[...]以拿到集市

诉求二：
我们希望社区附近能有更丰富的公共空间，平时可以下棋放松一下，也可以聚起来唱唱歌跳跳舞。

诉求三：
我希望这[...]活跃一些，[...]栈的效益[...]自然也会[...]商机和就业

场地现状分析

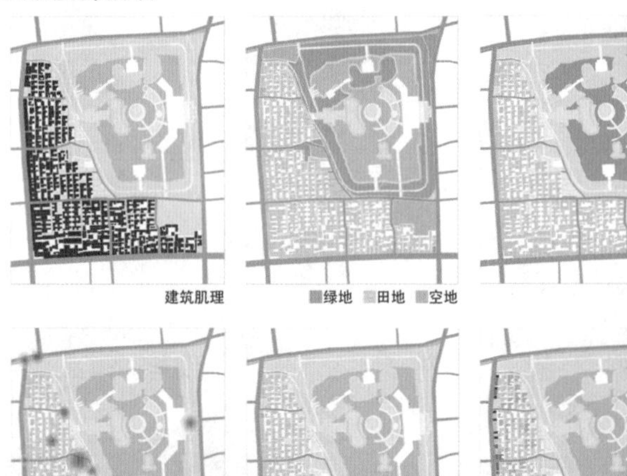
建筑肌理　■绿地 ■田地 ■空地

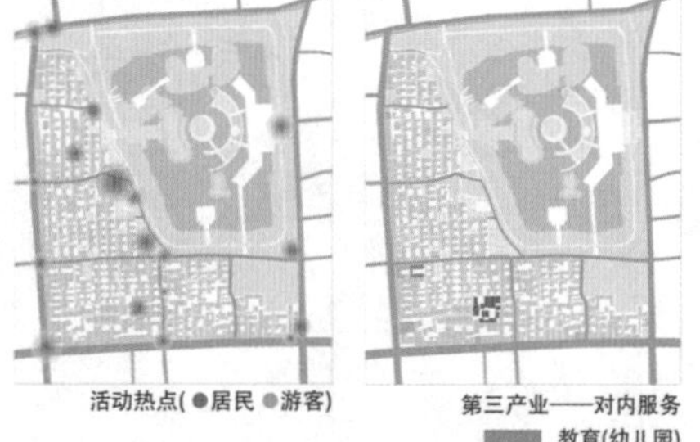
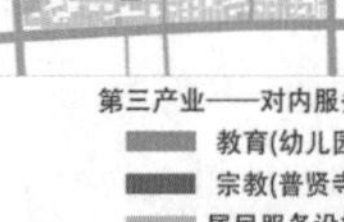

活动热点(●居民 ●游客)　第三产业——对内服务　第三产业——对

教育(幼儿园)
宗教(普贤寺)
居民服务设施

评语：

北水库因农业生产而生，现状仍保有零散农田。方案敏感地提出了结合一产与三产的生产性景观为核心设计理念，最直截了当的处理本区块的焦点问题——北水库再利用。“田 + 园 + 城”的内在基因组合串联起历史、现实与未来，贯彻于从片区城市更新到建筑单体设计各层次的问题解决过程，呈现出富有启发性的设计成果。

麋区域活力的三个阶段

1——
理之眼 + 恢复田地 + 建梯田花卉公园

大理之眼”建筑及水上构筑物及周边围墙。保留东北坝土坡，局部铲除西南两侧的土坡，使水库面向村落依据现有菜地状态恢复历史上北水库区田地状态，引入田并形成养殖鱼塘。依城墙土坡遗址内侧修建梯田。将花卉公园对外开放给古城内外居民共享。

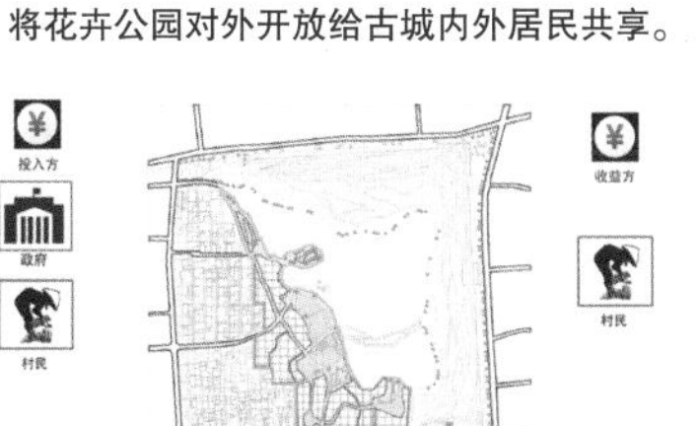

阶段 2——
形成三个中心（村落中心、宗教中心、游客中心）

随着农业生产的扩大，社区整体活力得到提升，从而自发由居民组织建设形成村落活动中心。为社区农业、教育、卫生各方面提供帮助。

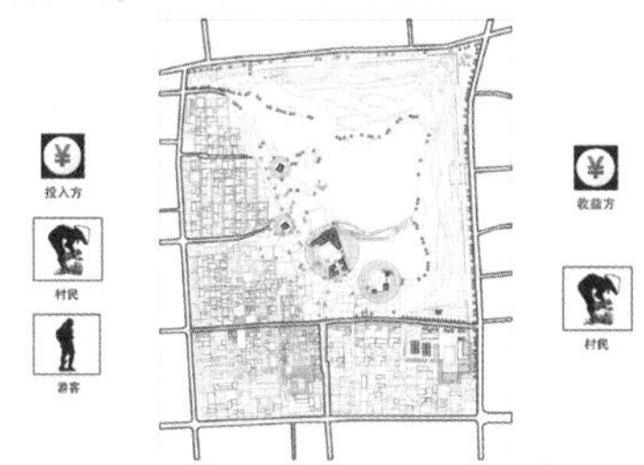

阶段 3——
院落微改造、建设生态社区

围绕普贤寺周边形成素食餐馆和宗教主题展览空间；东南角原停车场处可开发新建结合农业观光的酒店和农贸市集。

规划总平面图

——城墙梯田花卉观光带

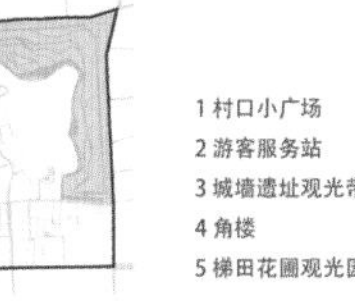

1 村口小广场
2 游客服务站
3 城墙遗址观光带
4 角楼
5 梯田花圃观光园

——农产品特色一条街

6 鲜花饼制作作坊
7 茶叶零售
8 梅干制作作坊
9 特色农产零售
10 农家乐主题小院

——重要设计节点

11 菜地观光采摘园
12 耕读之家社区综合服务中心
13 餐厅

14 有机蔬菜小馆
15 宗教活动中心
16 素斋
17 宗教用品商店
18 颂诗堂

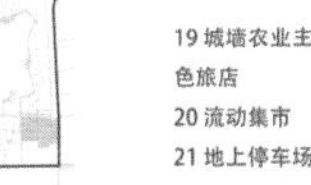

19 城墙农业主题特色旅店
20 流动集市
21 地上停车场

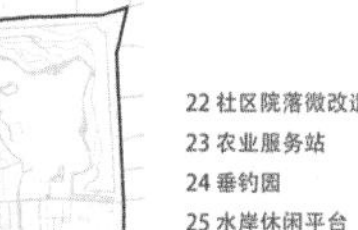

22 社区院落微改造
23 农业服务站
24 垂钓园
25 水岸休闲平台

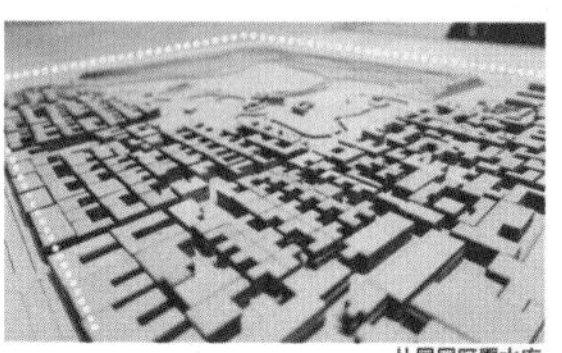
从居民区看水库

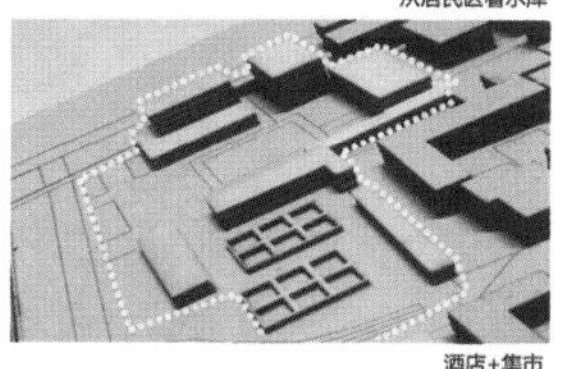
酒店+集市

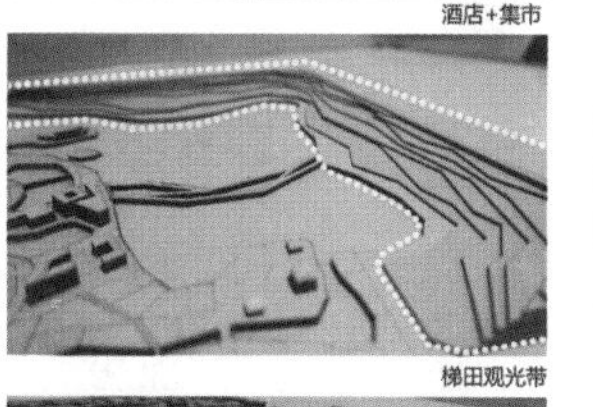
梯田观光带

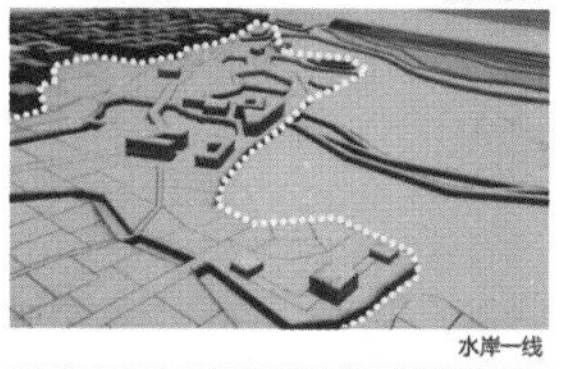
水岸一线

普贤寺宗教改造区

水岸社区中心

结构分析图

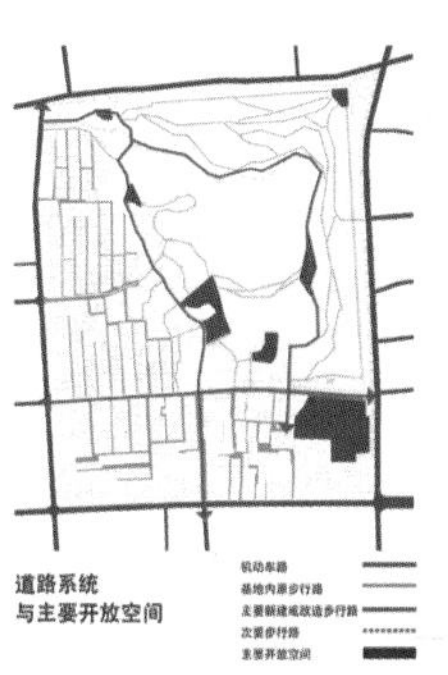
道路系统
与主要开放空间

农田分布

空间结构

业态改变（面向内部）

业态改变（面向外部）

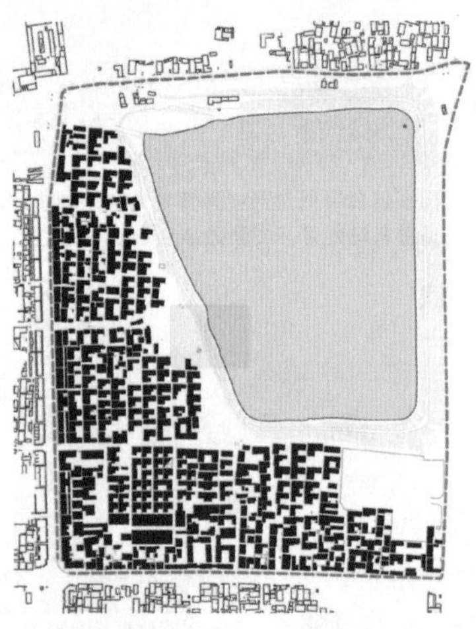

节点壹：

生产性景观 + 社区活动中心

大理古城北水库区域的首要改造对象是现有的“希夷之大理”项目。通过北水库的改造，进一步将其西侧南侧的土坝和水库岸线进行改造，创造出一定规模的生产性景观。在此基础上丰富人的活动，营造社区活动中心作为公共开放的建筑场所。

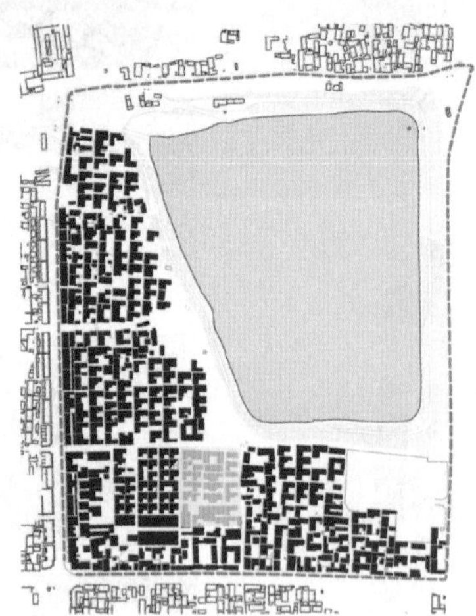

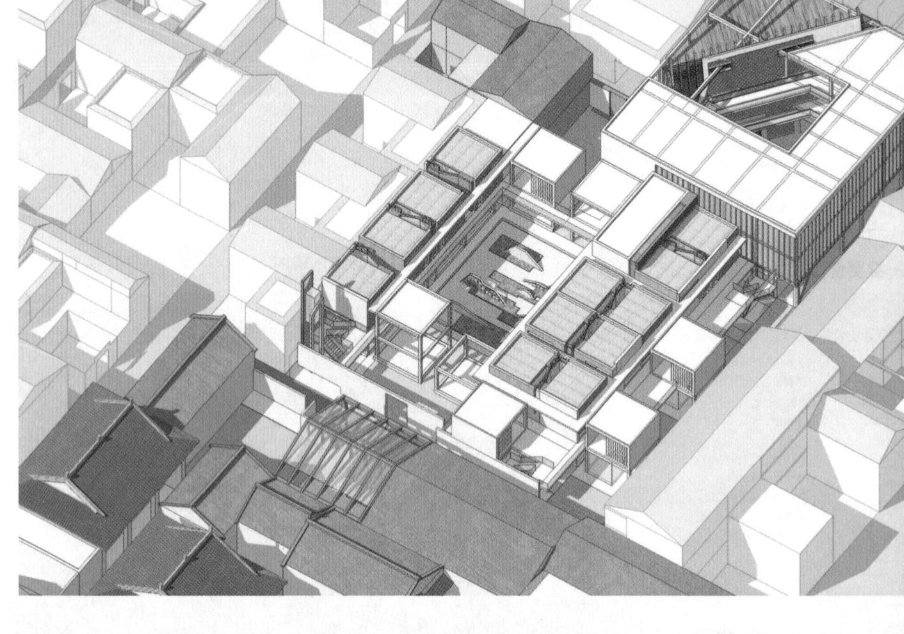

节点贰：

禅修中心 + 素食餐厅 + 宗教主题客栈

建筑设计选址于普贤寺南部街区，如图黄色标注。通过部分改建与重建的方法，将原客栈区更新改造成为以禅修中心为主导功能的宗教客栈区，并设计结合素食餐饮商业与宗教相关商业，进一步带动附近社区的商业活力。

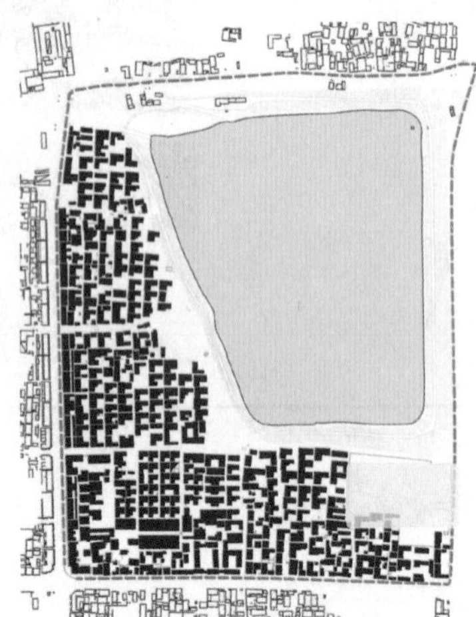

节点叁：

生态酒店 + 农贸集市

地段位于水库片区东南角，场地内原为停车场，但利用率不高。因此，利用这片区域内少有的开放空间新建一酒店与集市综合体，酒店结合生产性景观服务于候鸟型游客，集市则成为周边居民交易农贸产品的中心。

库西岸生产性景观

区活动中心

+滨水休闲带

景观"
、菜地等

1 水上廊亭
2 游船码头
3 叠水景观区
4 稻田景观区
5 绿色功能性景观
6 垂钓休闲区
7 蔬菜自耕区
8 社区活动中心
9 亲水互动区
10 农业观光区
11 滨水栈道
12 休息亭

生产性景观总平面图 1:750

节点壹：
生产性景观 + 社区活动中心

生成 & 结构逻辑

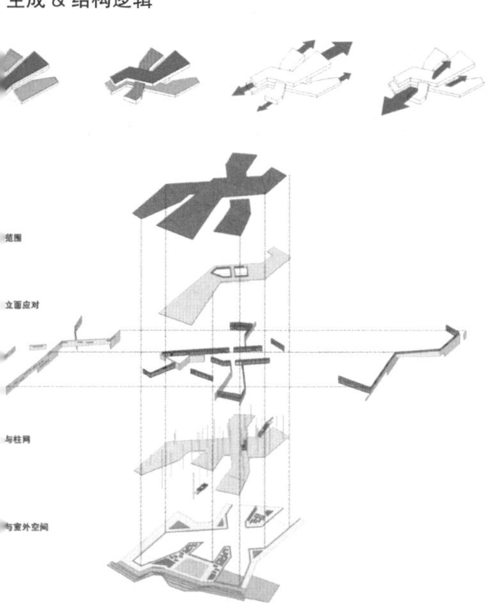

建筑平面图 & 功能构想

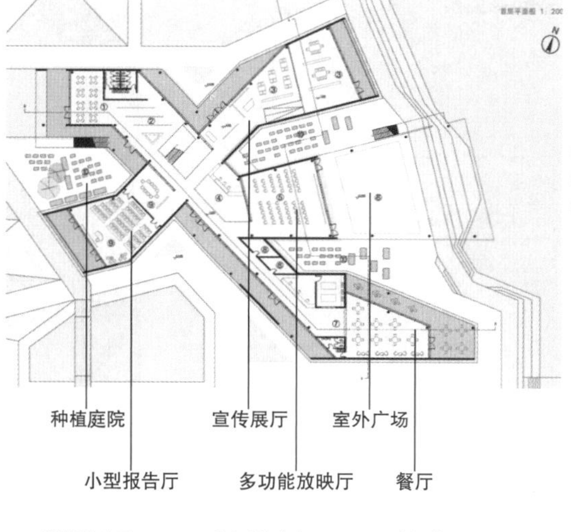

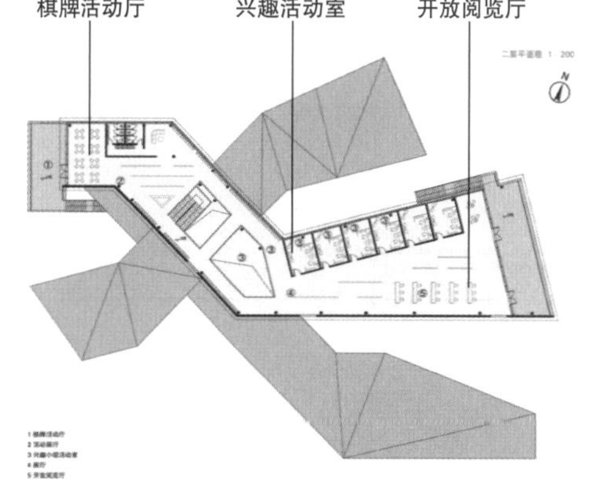

立面图

建筑剖面图

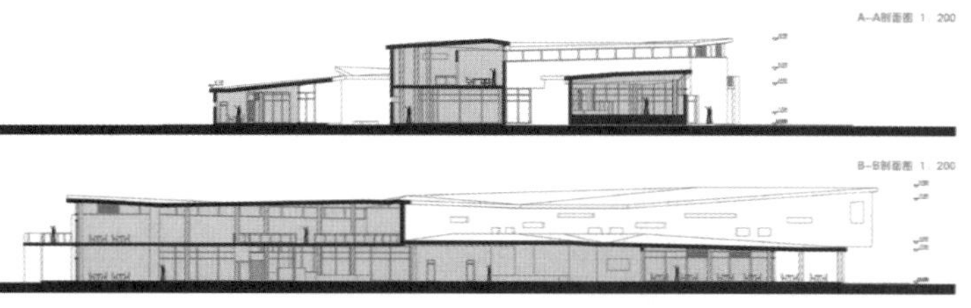

节点贰：
禅修中心 + 素食餐厅 + 宗教主题客栈

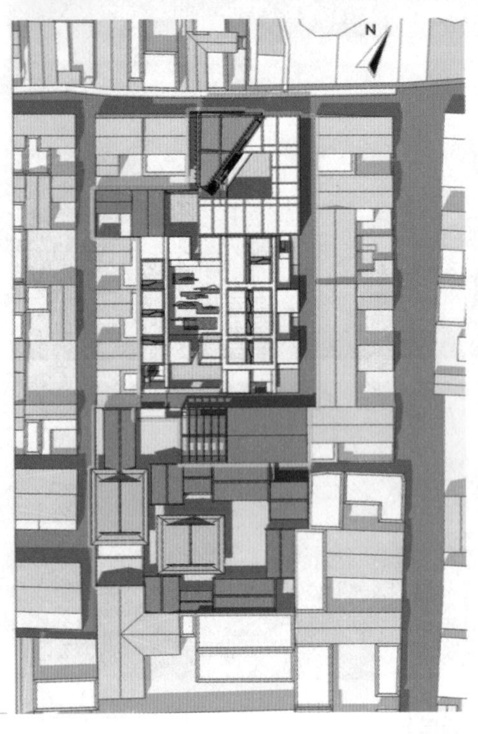

肌理生成

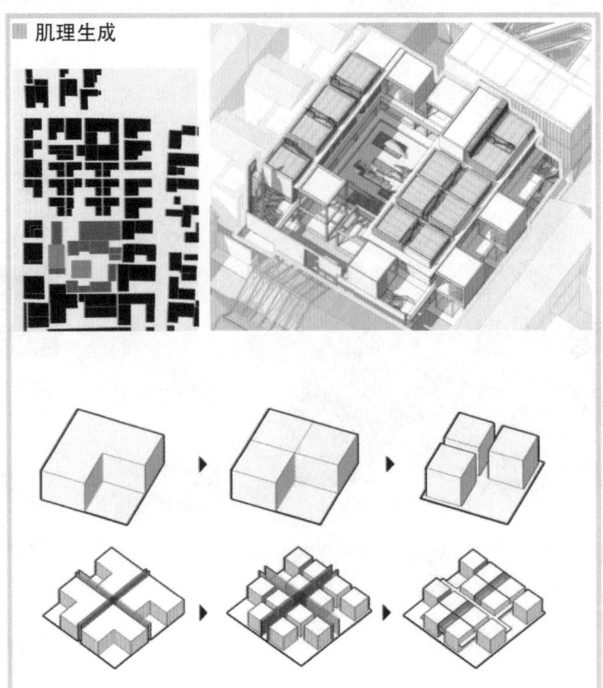

色彩关系

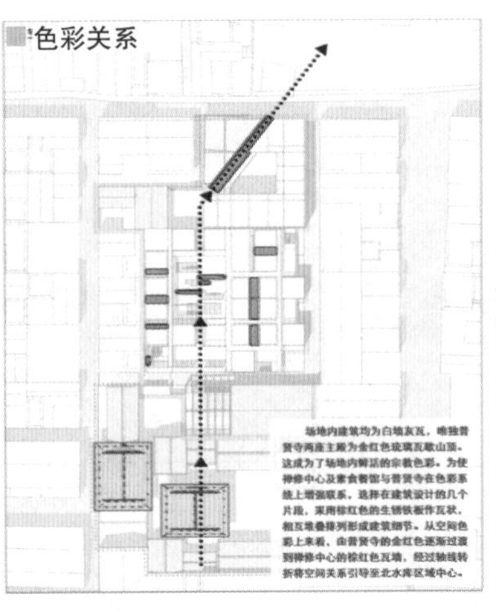

场地内建筑均为白墙灰瓦，唯独普贤寺两座主殿为金红色琉璃瓦歇山顶。这成为了场地内鲜活的宗教色彩。为使禅修中心及素食餐馆与普贤寺在色彩系统上增强联系，选择在建筑设计的几个片段，采用棕红色的生锈铁板作瓦状，相互堆叠排列形成建筑细节。从空间色彩上来看，由普贤寺的金红色逐渐过渡到禅修中心的棕红色瓦墙，经过轴线转折将空间关系引导至北水库区域中心。

二层平面图

首层平面图

■ 堆叠方式A

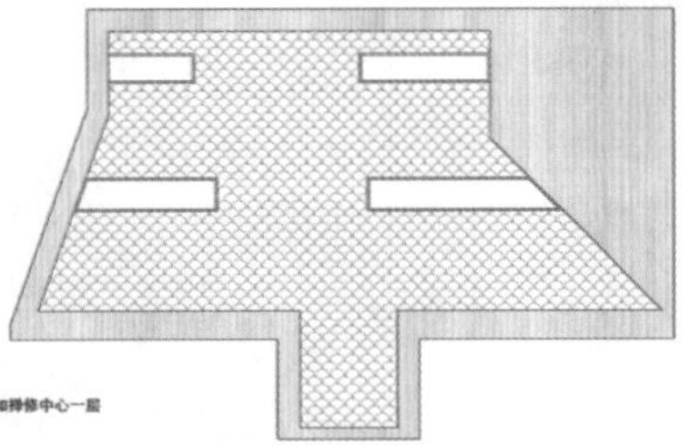

鱼鳞状排列方式。
主要用于面积较大的墙面，形成墙面较虚，透过率高。用于如禅修中心一层片墙、中庭木架墙、餐厅入口灯塔等。

■ 堆叠方式B

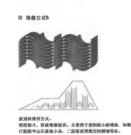

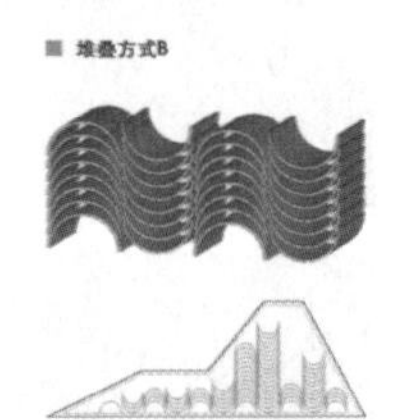

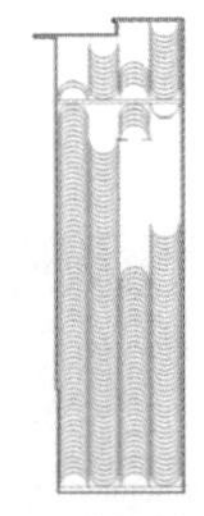

波浪状排列方式。
密度较大，形成墙面较实。主要用于面积较小的墙面，如餐厅庭院中山石意象小品、二层客房冥想空间隔墙等处。

单元分析

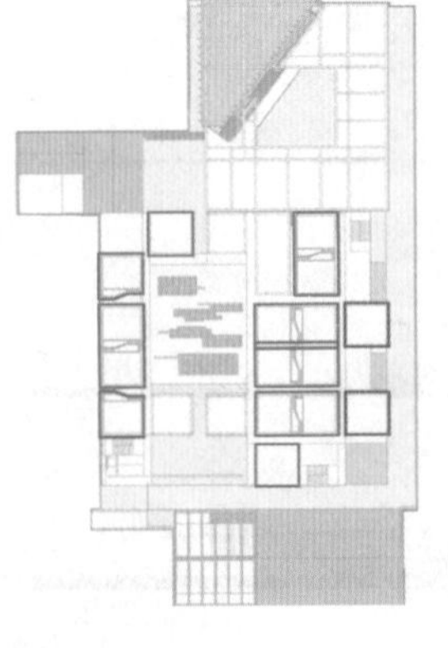

■ 单元构成分析

建筑B区主要由客栈客房与餐厨间组成，其中餐厨间分为A\B两种，以供不同人数需求。将客房与餐厨间相搭配，为人们提供一个将自己亲手采摘或集市买来的蔬果烹饪成日常餐饭的可能，从而更能够感受到“田园城”的质朴宁静的氛围。
客房部分，每标准间包含一个私人冥想空间，供房客自行休憩静坐。

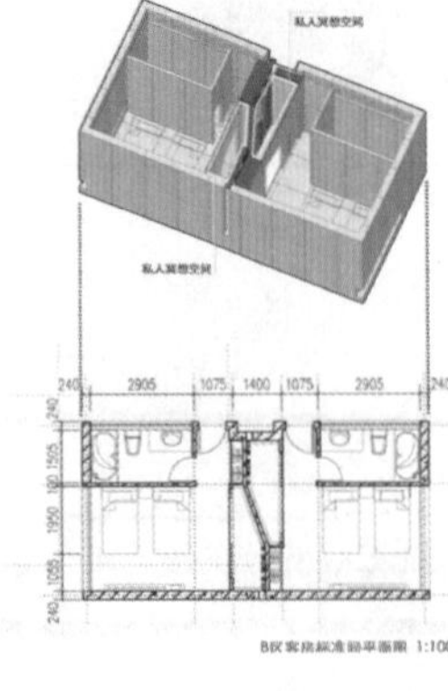

B区客房标准间平面图 1:100

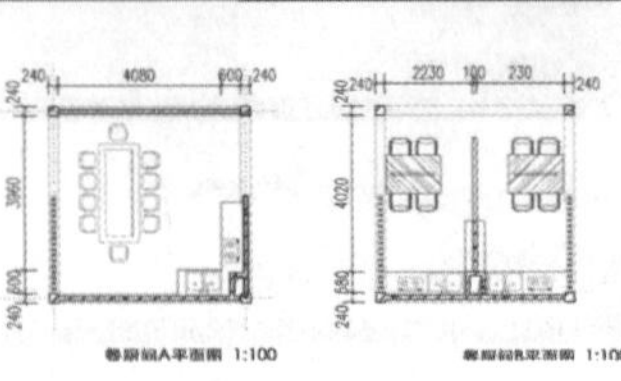

餐厨间A平面图 1:100

餐厨间B平面图 1:100

酒店屋顶种植园

农贸集市

一层平面图

酒店二层平面图

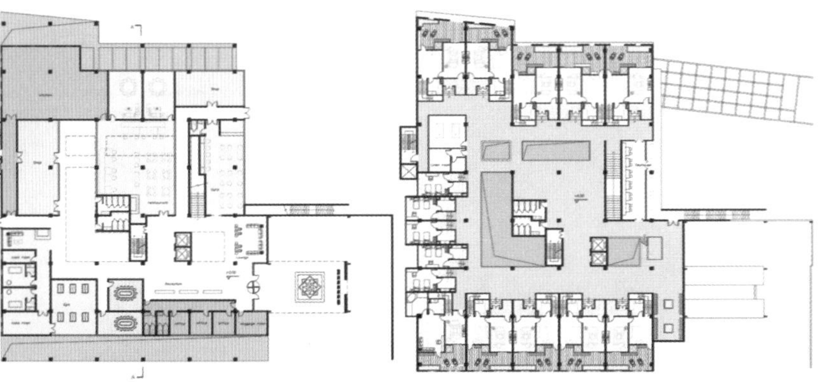

剖面 A-A

酒店+农贸集市立面图

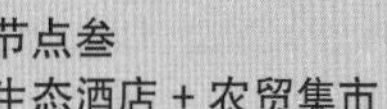

节点叁
生态酒店 + 农贸集市

酒店结构分析

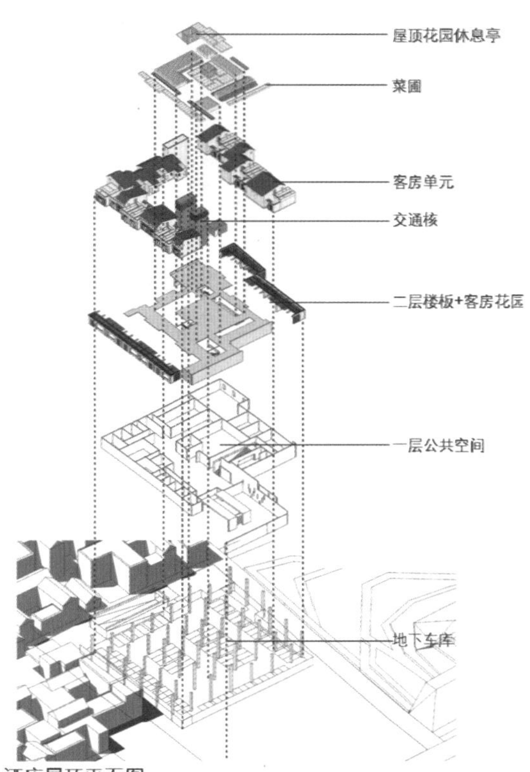

酒店屋顶平面图

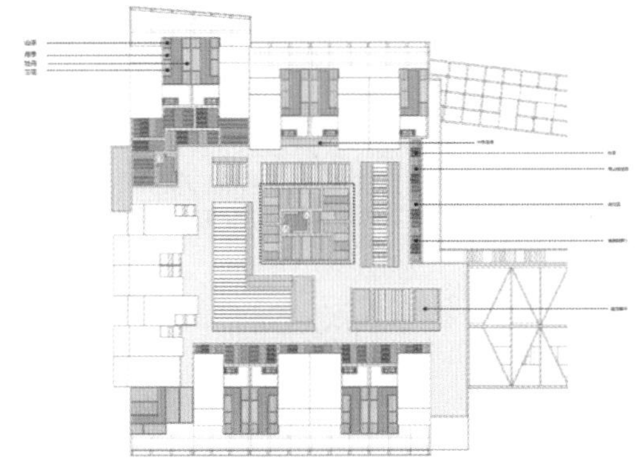

总平面图

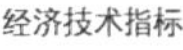

经济技术指标

场地面积：9100 ㎡
总建筑面积：
酒店 8100 ㎡
集市 1350 ㎡
容积率：1.04
绿化率：30%
停车位数目：
地上 29 辆
地下 78 辆

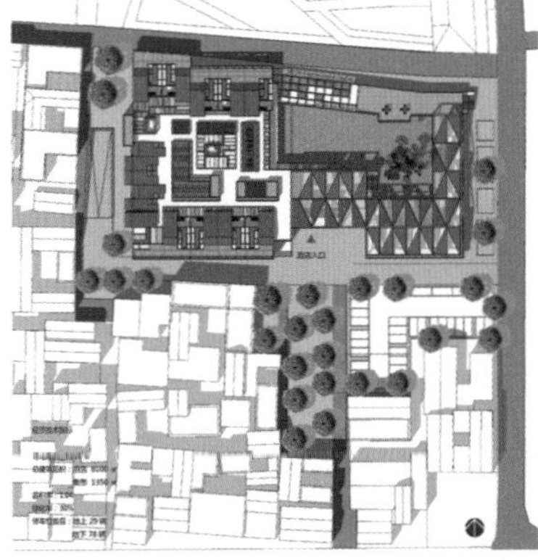

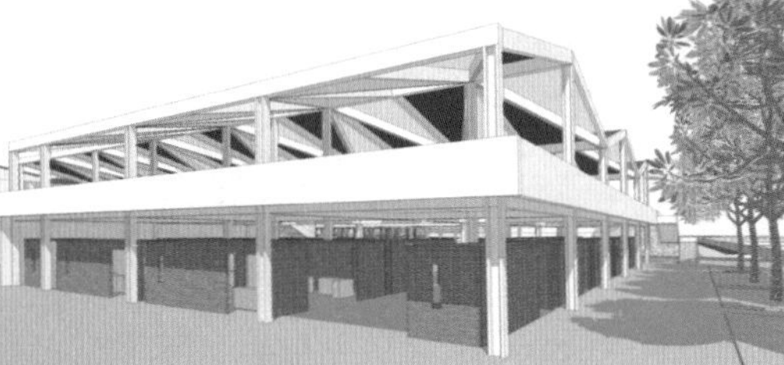

自上而下 Vs. 自下而上 Top Down Vs. Bottom Up

清华大学
设计：祝豪樱 / 李同 / 陈瑷
指导：许懋彦 / 韩孟臻

Top Down Vs. Bottom Up

BOTTOM UP

村集体所有土地多数为已分配的宅基地，以及少数由于形状限制难以分配的空地。宅基地使用权归属于原住民，不能侵犯。基于自上而下的城市改造完成后社区和结构及环境的改变，社区内部原住民或新大理人自主自发地提出期望和要求，在NGU组织的支持和帮助下进行自下而上的社区内部改造。

TOP DOWN

所有权归属于政府的土地，主要组成水库区域及停车场。
旅游性质的大理之眼项目对居住区建无益处，结合本地居民对公共空间、环境的需求，将北水库改造为城市公对民众开放。
从政府的角度，自上而下地对政府所地进行设计，同时通过财政拨款、技持等形式鼓励村集体对其所持空闲土行改造，从而完成整个社区结构的建

现状：居民必需生活动向
向地段外侧边缘聚集

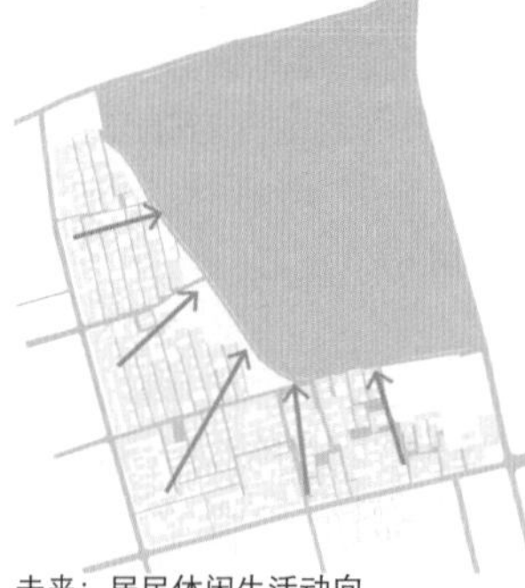

未来：居民休闲生活动向
向北水库公园聚集

设计："L"形生活核心带
在北水库公园沿线聚集多种生活内容

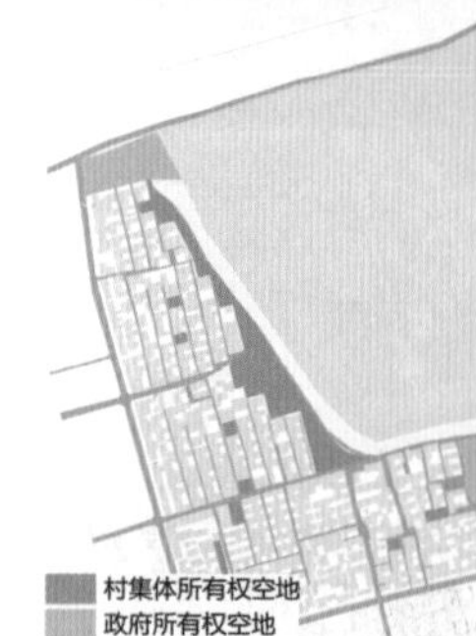

空闲土地分布及所有性质
在北水库公园沿线有大量公有

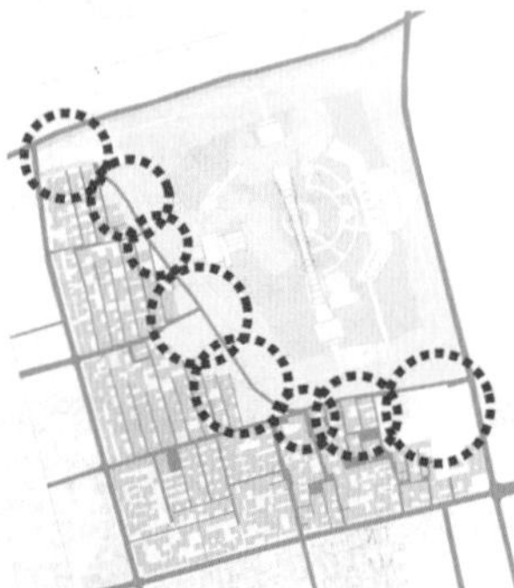

"L"形核心带沿线空间公共节点
充分利用现有空地塑造公共空间

不同区域人群对地段的使用
三条重要支路明显拥有更多样化的人群

"星"形结构
三条重要支路连接起核心带与多个重要公共节点

公共空间
整个地块内 top down 层面的空间营造

评语：

基于区块内土地权属的差异——北水库（属于政府）+ 宅基地（集体所有），方案试图融合由政府、开发商主导的自上而下的城市更新，与由住户自发改造形成的自下而上的城市演变两种路线。该尝试将对建筑本体的设计，拓展至对其基础（客户群、经济利益、操作模式等）的关注。最终生成的成果自然会折射出多面的影响，体现出矛盾、并置、协调的层次感。

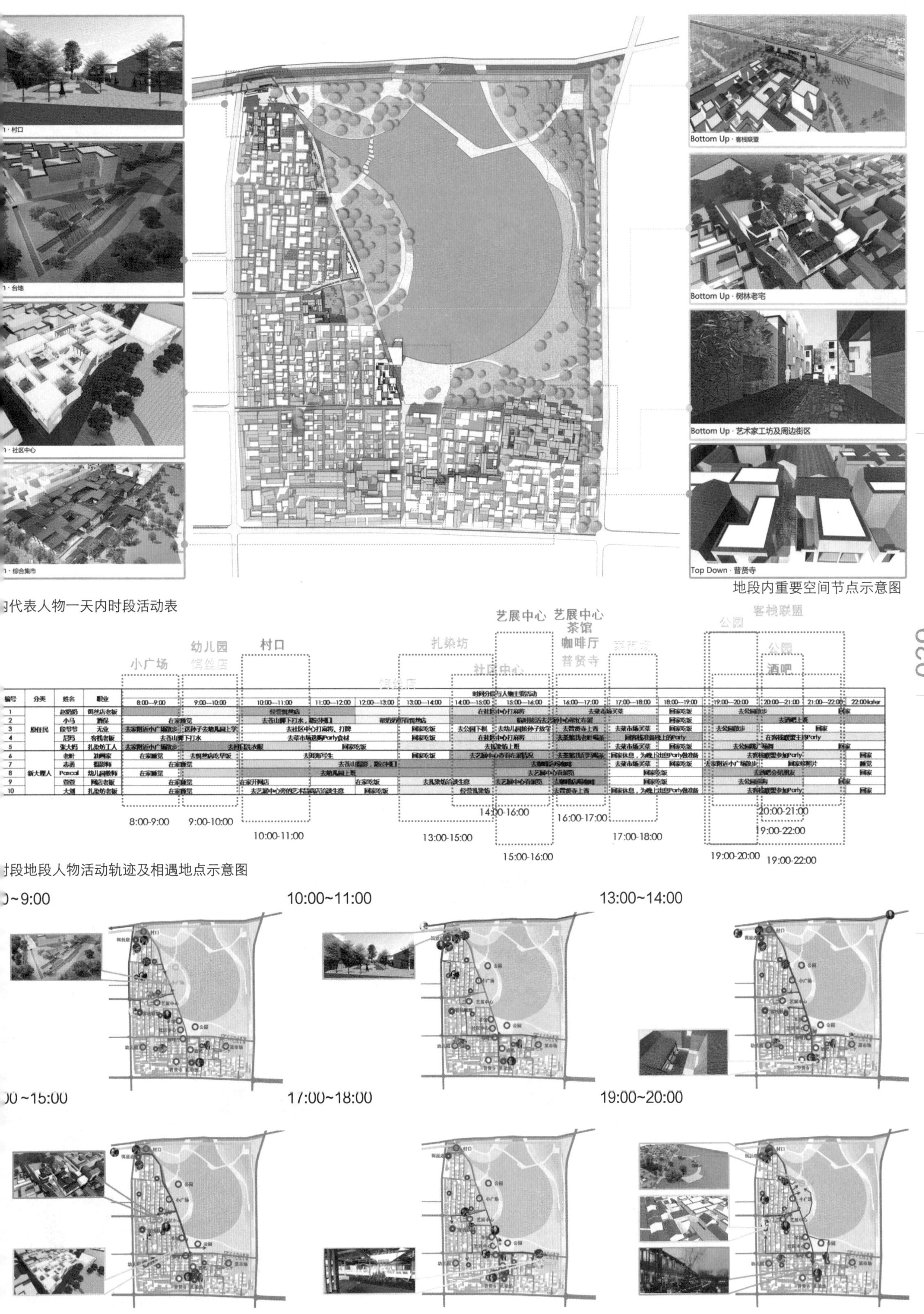
1 · 村口
1 · 台地
1 · 社区中心
1 · 综合集市
Bottom Up · 客栈联盟
Bottom Up · 树林老宅
Bottom Up · 艺术家工坊及周边街区
Top Down · 普贤寺
地段内重要空间节点示意图
代表人物一天内时段活动表
小广场
幼儿园
村口
扎染坊
社区中心
艺展中心
艺展中心
茶馆
咖啡厅
普贤寺
公园
客栈联盟
公园
酒吧
8:00-9:00
9:00-10:00
10:00-11:00
13:00-15:00
14:00-16:00
15:00-16:00
16:00-17:00
17:00-18:00
19:00-20:00
20:00-21:00
19:00-22:00
段地段人物活动轨迹及相遇地点示意图
~9:00
10:00~11:00
13:00~14:00
~15:00
17:00~18:00
19:00~20:00

城墙茶室 VS. 民居改造

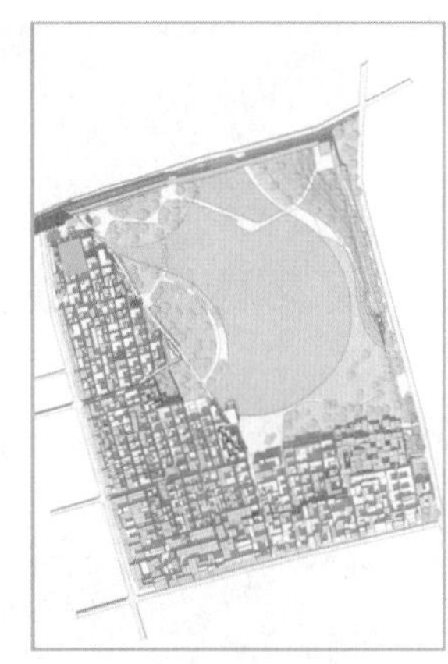

设计说明：

地段位于北水库片区西北角，是城市设计阶段划定的“村口”，是核心活力带的起点，应当具有标志、公共、开放等特质，并契合“多人群混居的生活化住区”主旨。充分利用空间土地资源，利用无用的城墙内部进行公共建筑设计，开放村口广场，增加景观休憩空间，通过提升村口的土地商业价值，推动居民对房屋进行自发改造。

综合集市 VS. 艺术家工作室改造

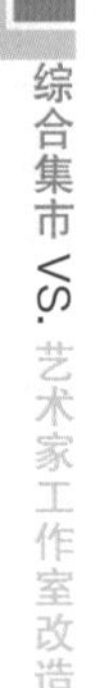

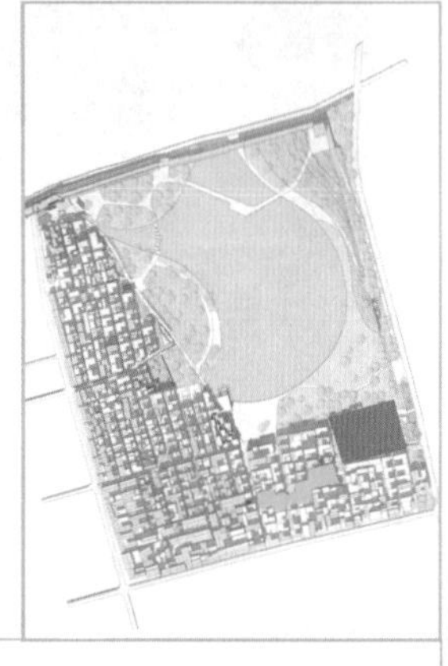

设计说明：

地段位于北水库南侧，临近北村口与北城墙。城墙外为大片居民区，城墙以里地段周边为居民与艺术家的混住社区，同时也旅居少量游客。为使在这个地段居民、艺术家、游客三种人群交汇互动，承载更多的生活性，因此一个多功能的综合集市为场地的功能核心，既服务于生活，又促进于交流。同时以艺术家工作室为中心，辐射周边地区，完成整个街区的改造。

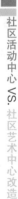

社区活动中心 VS. 社区艺术中心改造

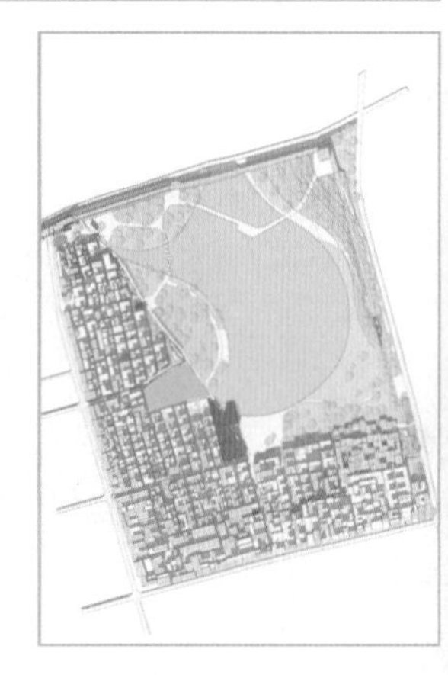

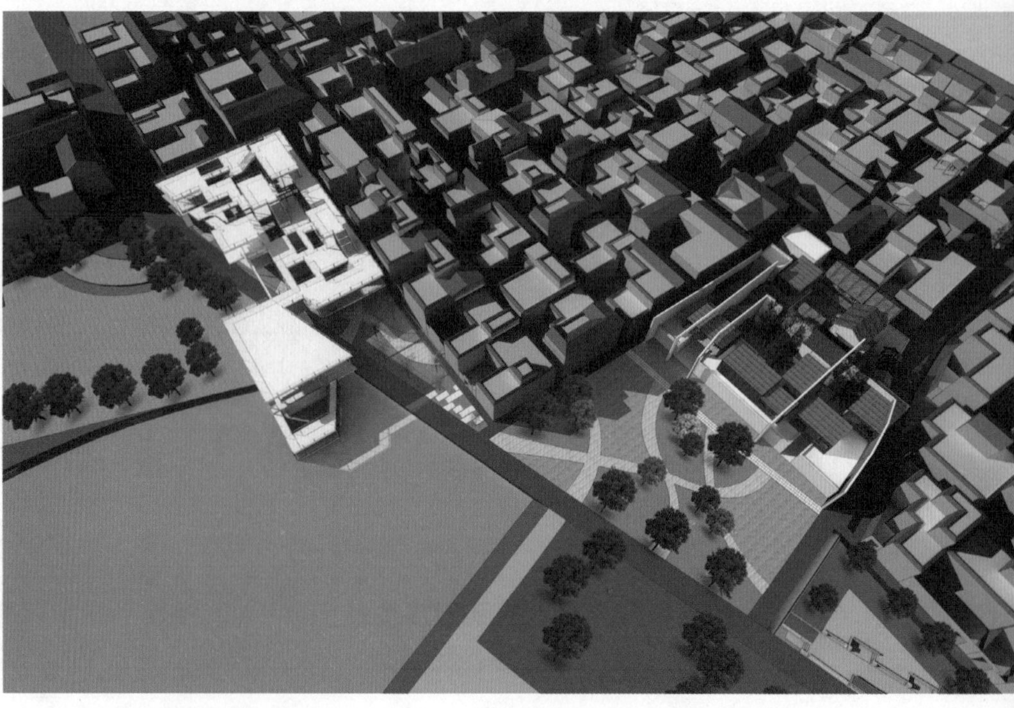

设计说明：

自下而上原则的社区艺术中心位于公园西侧的，由一所有保留价值的百年老宅改造而成。社区艺术中心的建立一方面能够保护传统的大理白族民居，保留人们对老建筑的场所记忆，另一方面也能为社区带来经济效益和活力。自上而下原则的社区活动中心位于两条主轴的交汇处，是整个社区的活动枢纽，具有很强的公共性和开放性，建筑的空间结构参考了“严家大院”的院落空间模式。

Top Down 城墙茶馆

口”的显要位置，基于白族居民日
聊天的习惯，设计一个藏在城墙内
茶室，提高村口的公共性与标识性

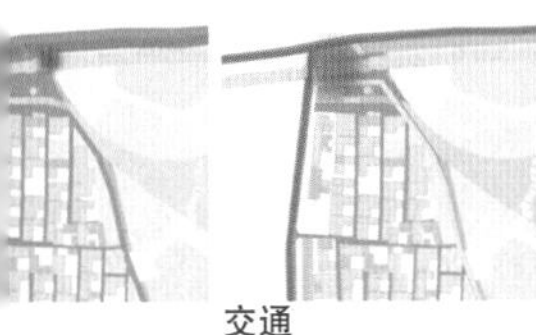

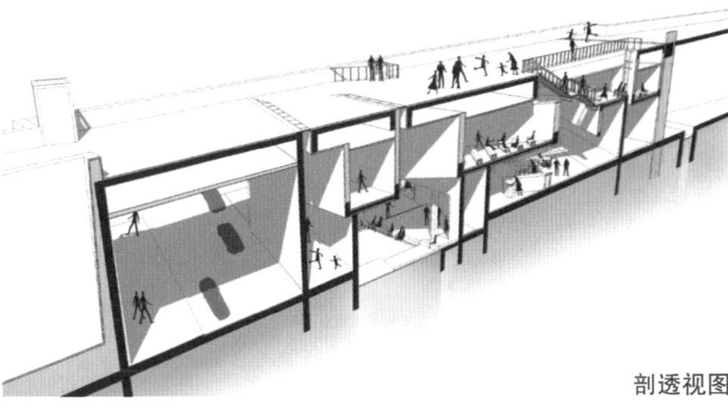

交通

与护城河交汇 城市与区域干道交汇

剖透视图

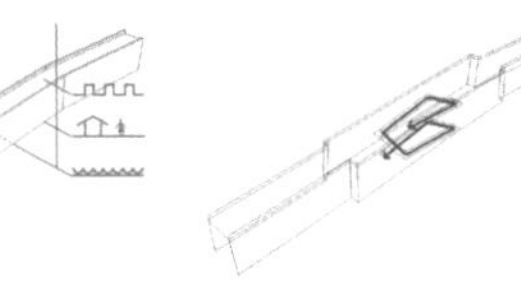
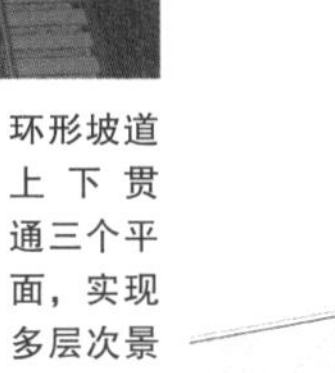

环形坡道上下贯通三个平面，实现多层次景观游赏

城墙－城市－护城河
城市竖直方向上的割裂
——环形坡道串联

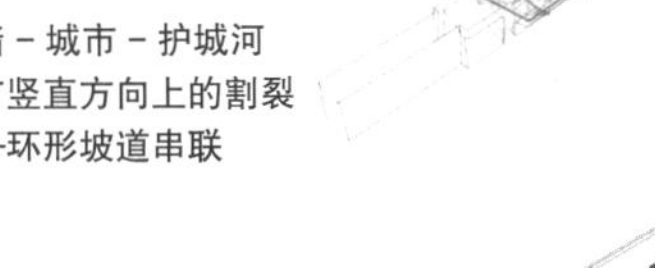

城墙茶馆二层平面图

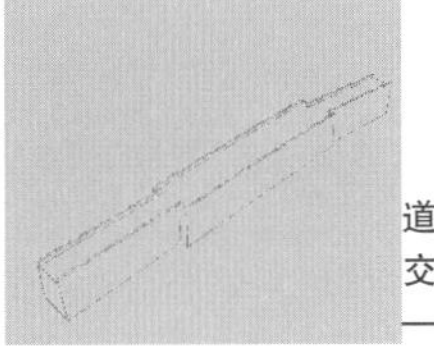
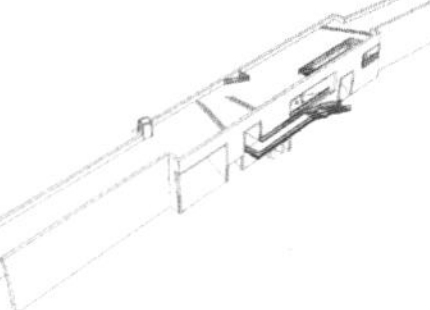

道路－城门楼－城墙
交汇点的特殊建筑形象
——“城门楼”

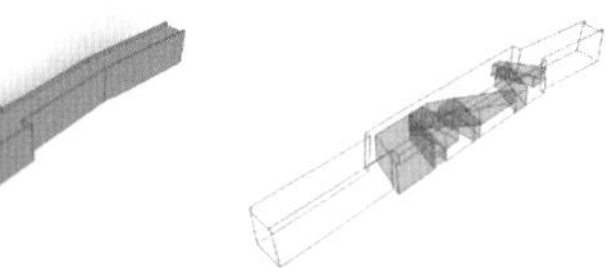

多重“洞”交错，与环道、城市道路、景观有机结合

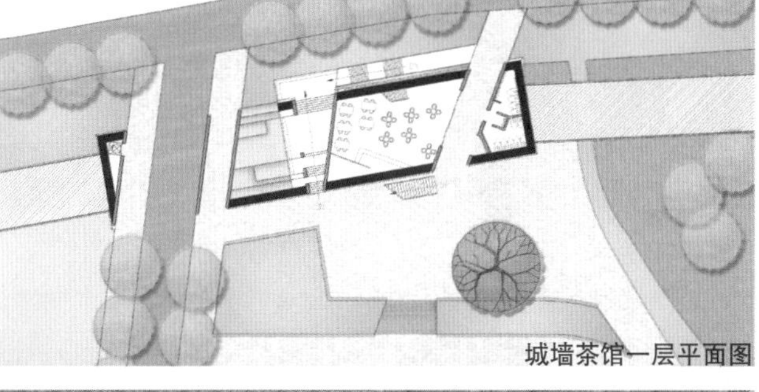

城外－城墙－城内
城市水平方向上的割裂
——“洞”的贯通

城墙茶馆一层平面图

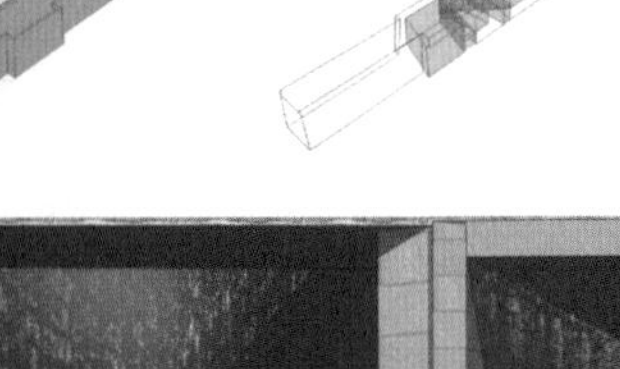

Bottom Up 民居改造

库公共广场空置，村居的商业幅上升，发出原住大理人自自家房屋筑改造、换，此为-up。

业态现状

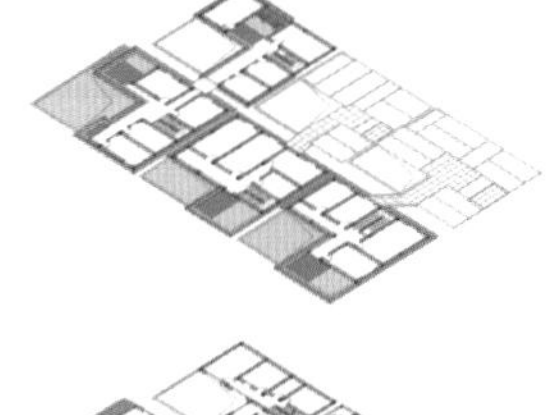
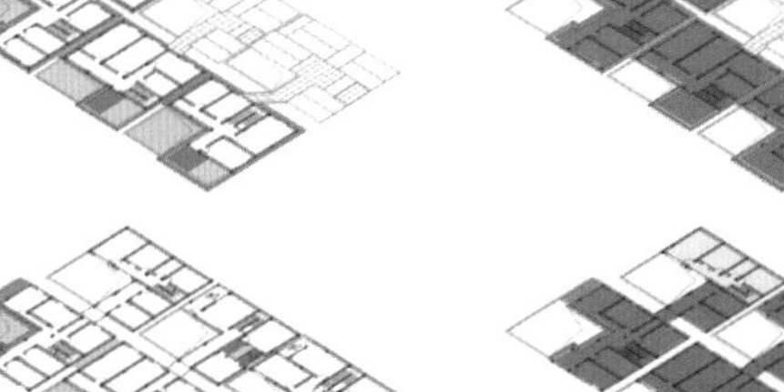
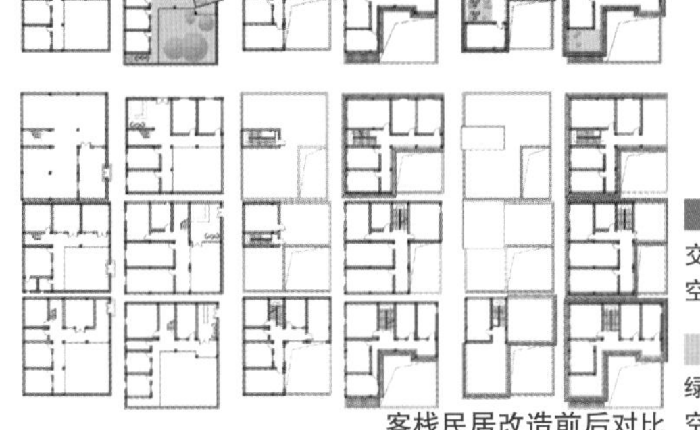

商业价值转变

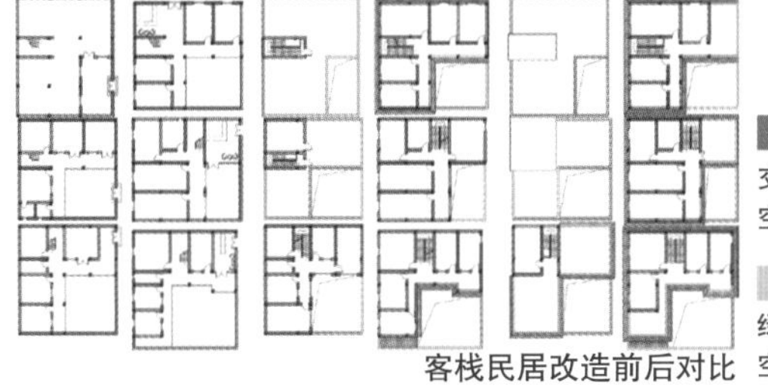

客栈民居改造前后对比

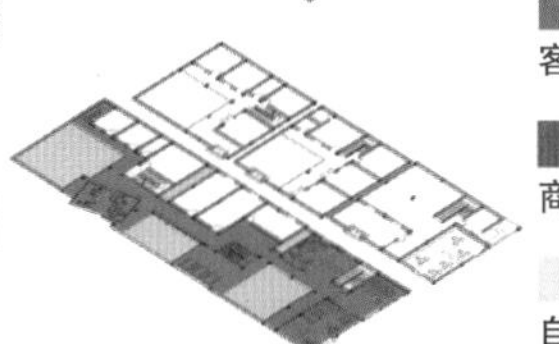
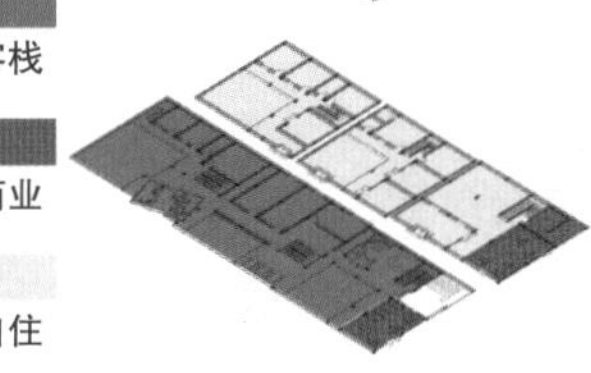

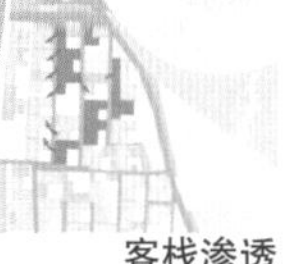

客栈渗透

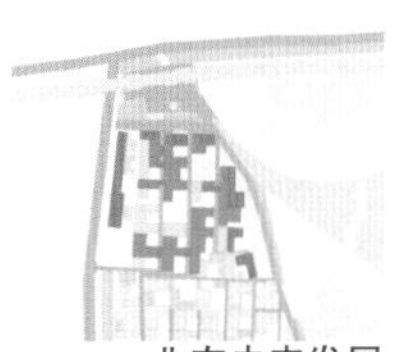

业态未来发展

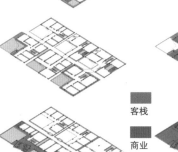

Top Down 综合集市设计

设计说明：

地段周边为居民与艺术家的混住社区，同时也旅居少量游客。为使在这个地段居民、艺术家、游客三种人群交汇互动，承载更多的生活性，因此一个多功能的综合集市为场地的功能核心，既服务于生活，又促进于交流。

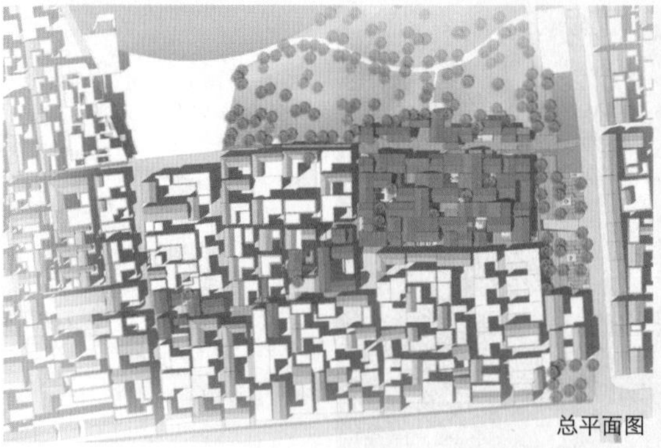

总平面图

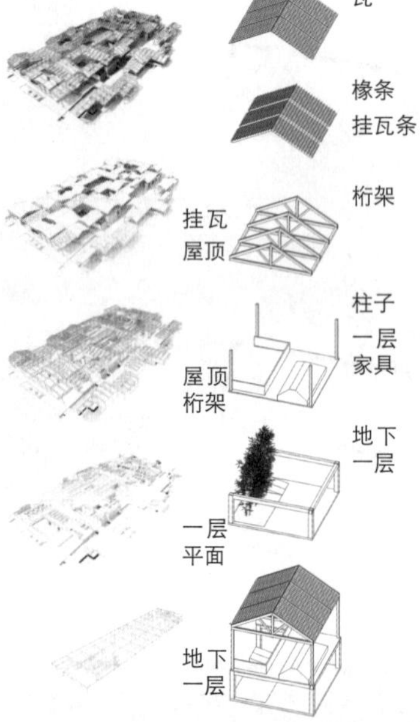

结构分解

单元轴测

瓦

椽条
挂瓦条

桁架

挂瓦
屋顶

柱子
一层
家具

屋顶
桁架

地下
一层

一层
平面

地下
一层

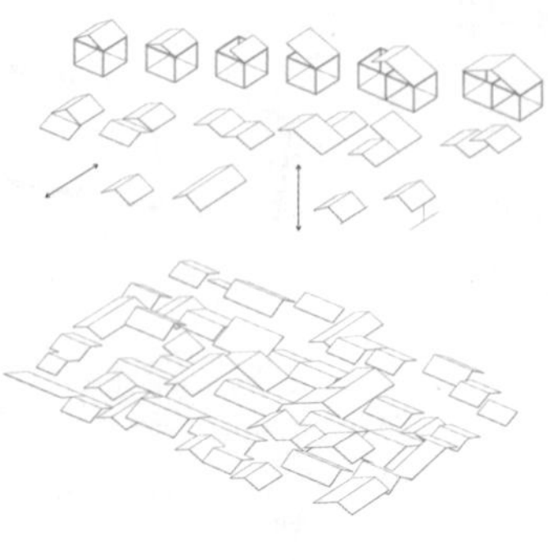

形态生成

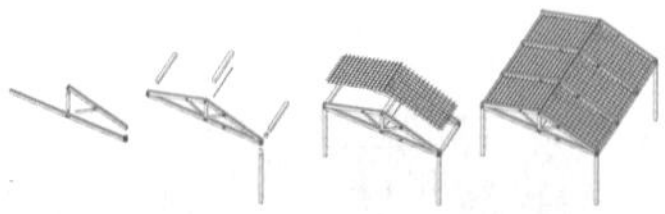

单元轴测

桁架
构件
连接

桁架
连接

屋顶
椽条

东南立面图 1：1500

东北立面图 1：1500

西北立面图 1：1500

西南立面图 1：1500

剖面图

Bottom Up

艺术家工作室及周边街道改造

以艺术家工作室为中心，辐射周边地区，形成从市场到普贤寺的艺术通廊。

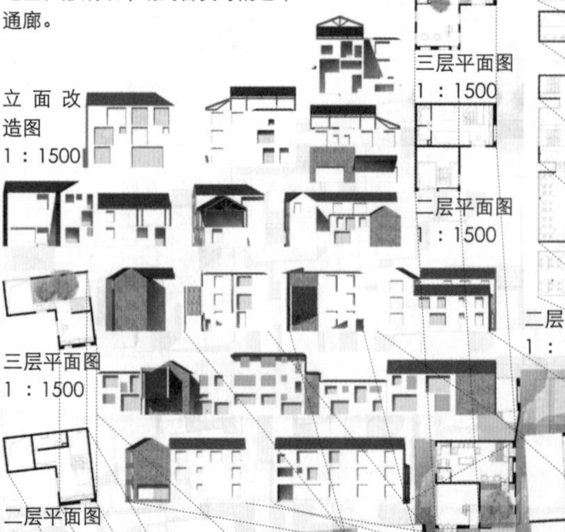

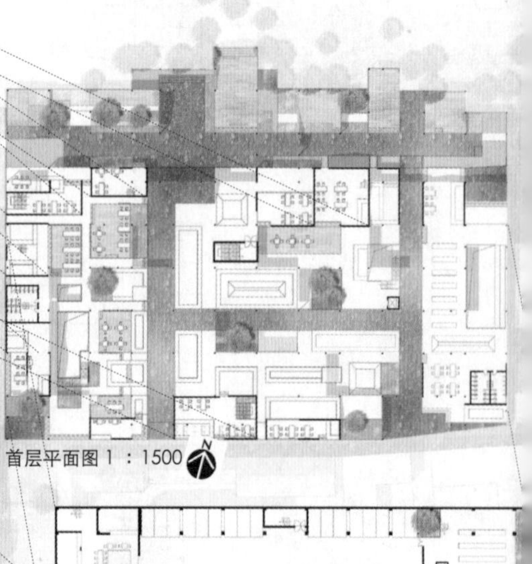

立面改造图 1：1500

三层平面图 1：1500

二层平面图 1：1500

首层平面图 1：1500

三层平面图 1：1500

二层平面图 1：1500

二层平面图 1：1500

首层平面图 1：1500

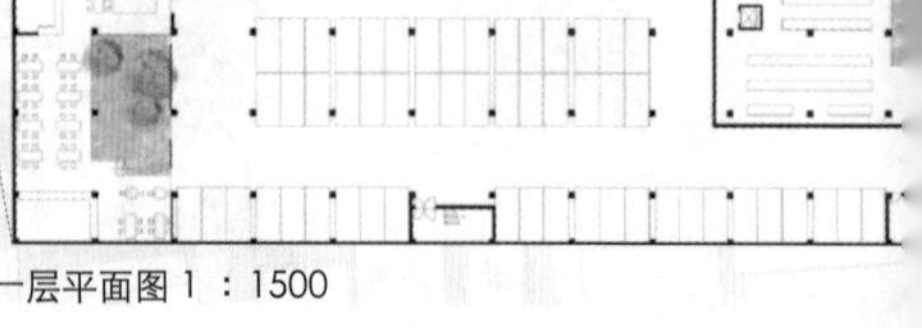

地下一层平面图 1：1500

Top Down 社区活动中心设计

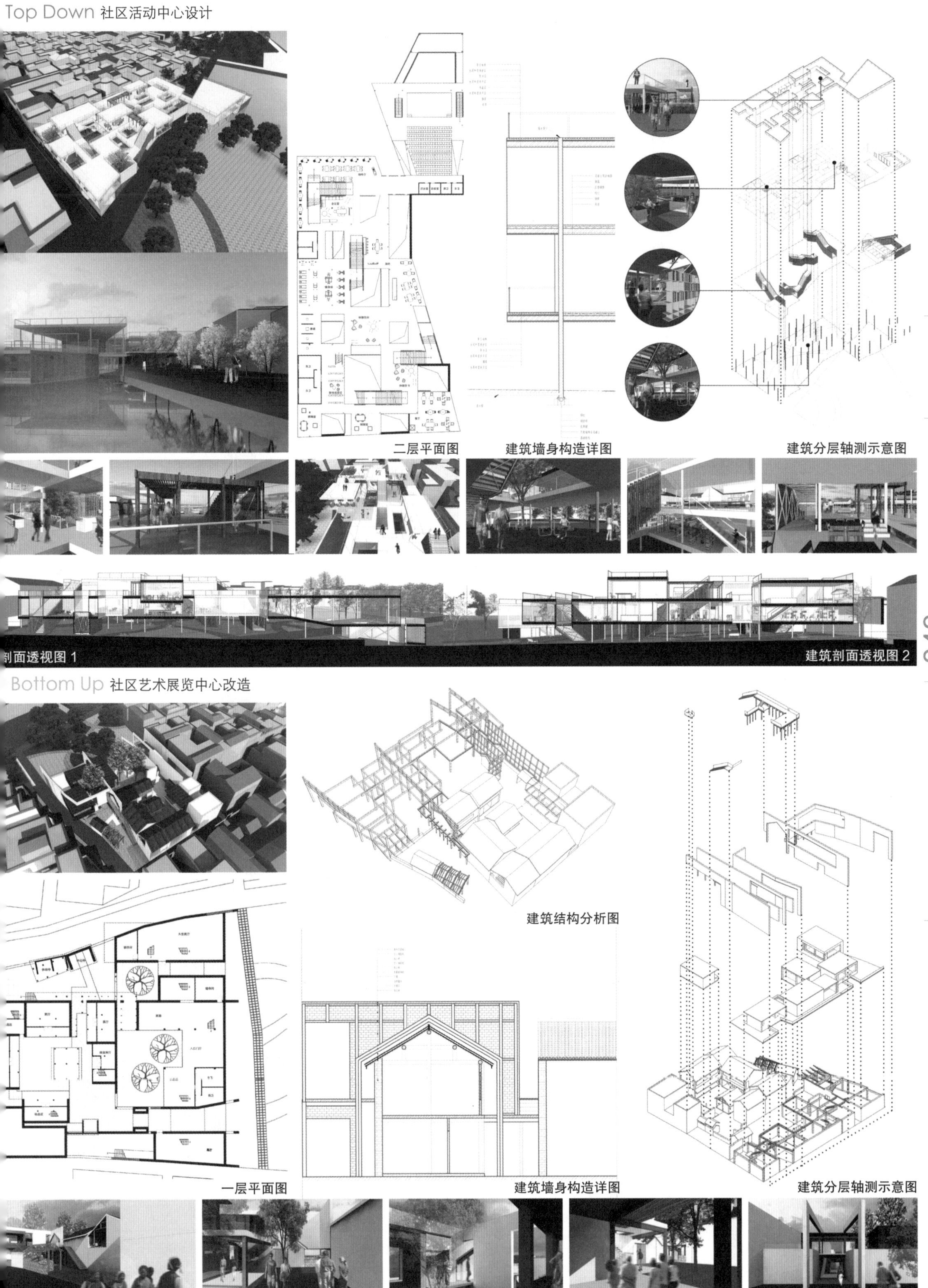

古城印迹

古城 · 印迹

Old City, Historical Trace

清华大学

设计：南天 / 杨昇 / 张璐

指导：许懋彦 / 韩孟臻

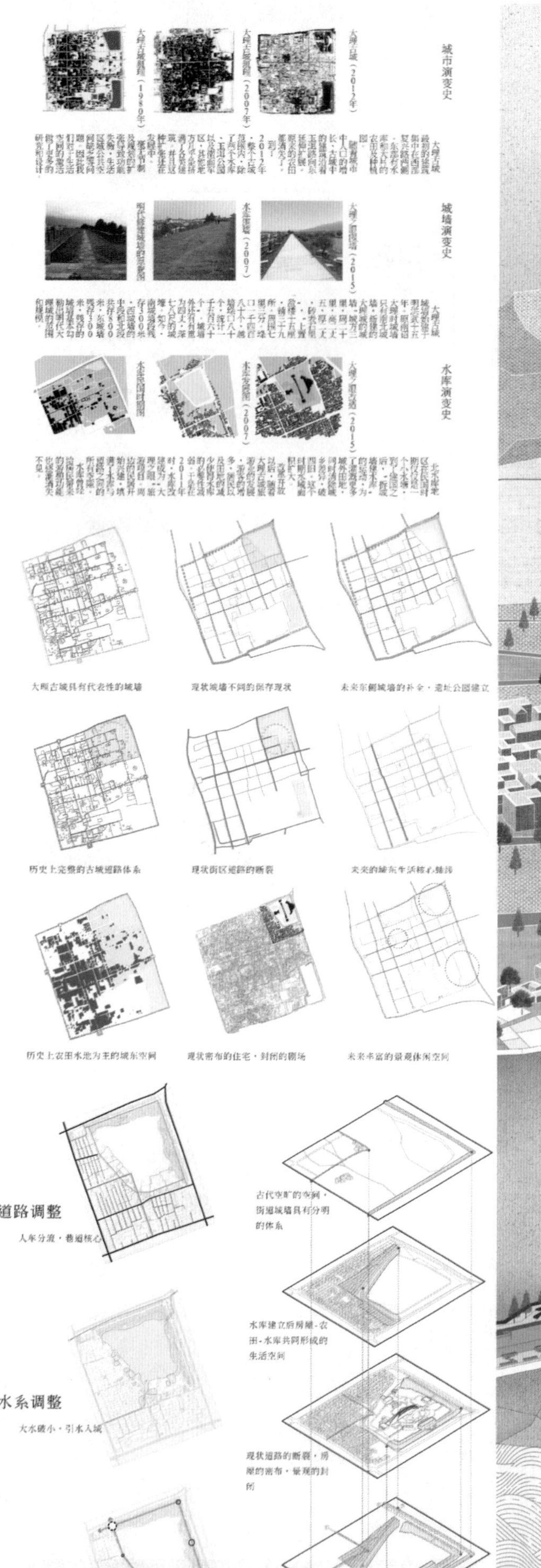

城市演变史
城墙演变史
水库演变史
大明古城具有代表性的城墙
现状城墙不同的保存现状
未来东侧城墙的补全，遗址公园建立
历史上完整的古城道路体系
现状街区道路的断裂
未来的城东生活核心的塑造
历史上农田水池为主的城东空间
现状密布的住宅，封闭的剧场
未来丰富的景观休闲空间
道路调整
人车分流，巷道核心
水系调整
大水缩小，引水入城
节点体系
交点为重，节点均布
古代空旷的空间，街巷城墙具有分明的体系
水库建立后房屋、农田、水库共同形成的生活空间
现状道路的断裂，房屋的密布，景观的封闭
打通历史上三条L形线路后形成的街巷-水景-城墙三位一体的生活休闲一体街区

评语：

方案借助历史视角，通过再现区块内古城历史印迹的努力，尝试将游离于古城文脉之外的北水库区域重新融入古城。设计研究发掘出“城墙”、“街巷”、“水田”三个记录了不同时代，承载着不同生活的折线形态历史印迹。以此为结构骨架，展开了区块层面的城市更新研究，进而在三者交织的重点区域进行了深入的，同样以历史文脉为参考系的建筑单体设计。

水岸阡陌

肌理变迁

肌理生成

街巷人家

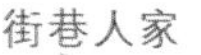

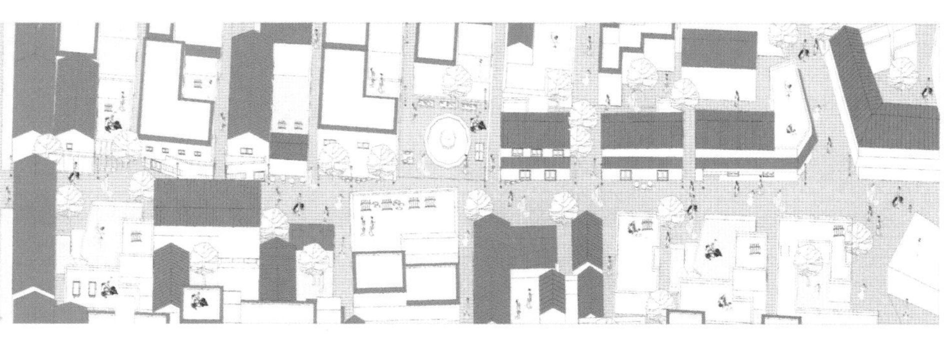

旧墙绿堰

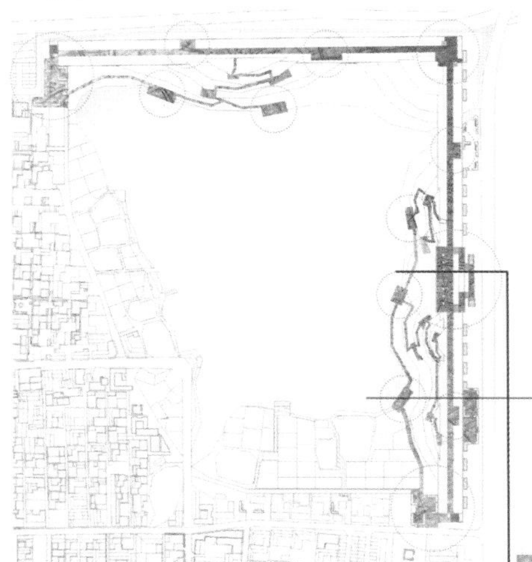

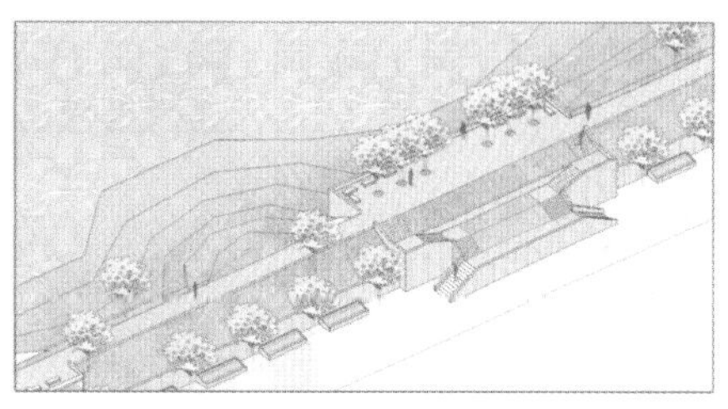

活动中心

设计位于古城中央两条通道的交汇处，功能为居民及游人服务的活动中心。该建筑沿用了云南地区建筑构造的意向。希望在建筑的构造中体现出传统的痕迹。

白色民居

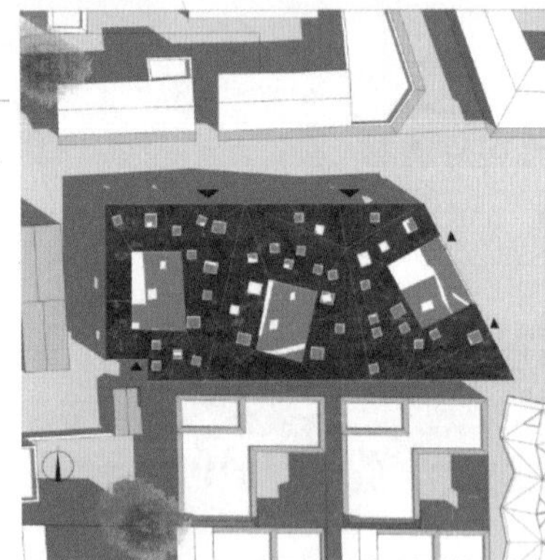

本设计是对云南大理白族传统民居的现代演绎。在对于民居尺度与意向研究的基础上，建筑的一层为廊厦式的传统空间，二层为具有聚落意向，并且可随季节改变而更改用途的灵活居住空间，上方覆盖了以单元变形为基础的木构架屋顶。居住单元具有易建易拆的特点，并利用照壁及屋顶天窗进行采光和通风。外部被封闭白墙围合的情况下，内部创造出了丰富并富有变化的空间。

古城剧院

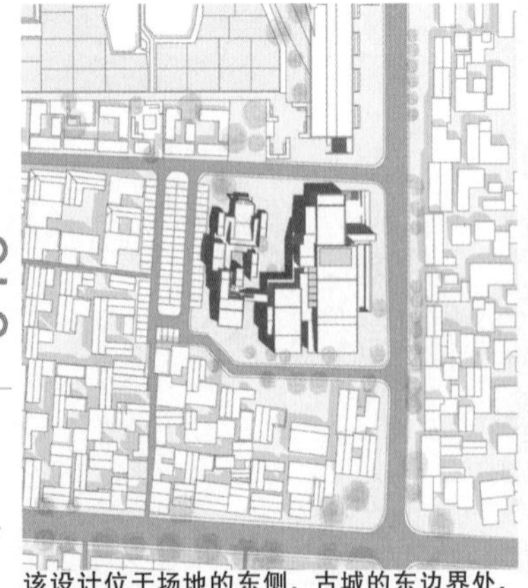

该设计位于场地的东侧，古城的东边界处，原水库的东南角上，功能为剧院和市场综合体。该剧院希望在形式上与古城旧有民居建筑形成一定的呼应，同时在体量上由大化小，以融入古城的场地之中。

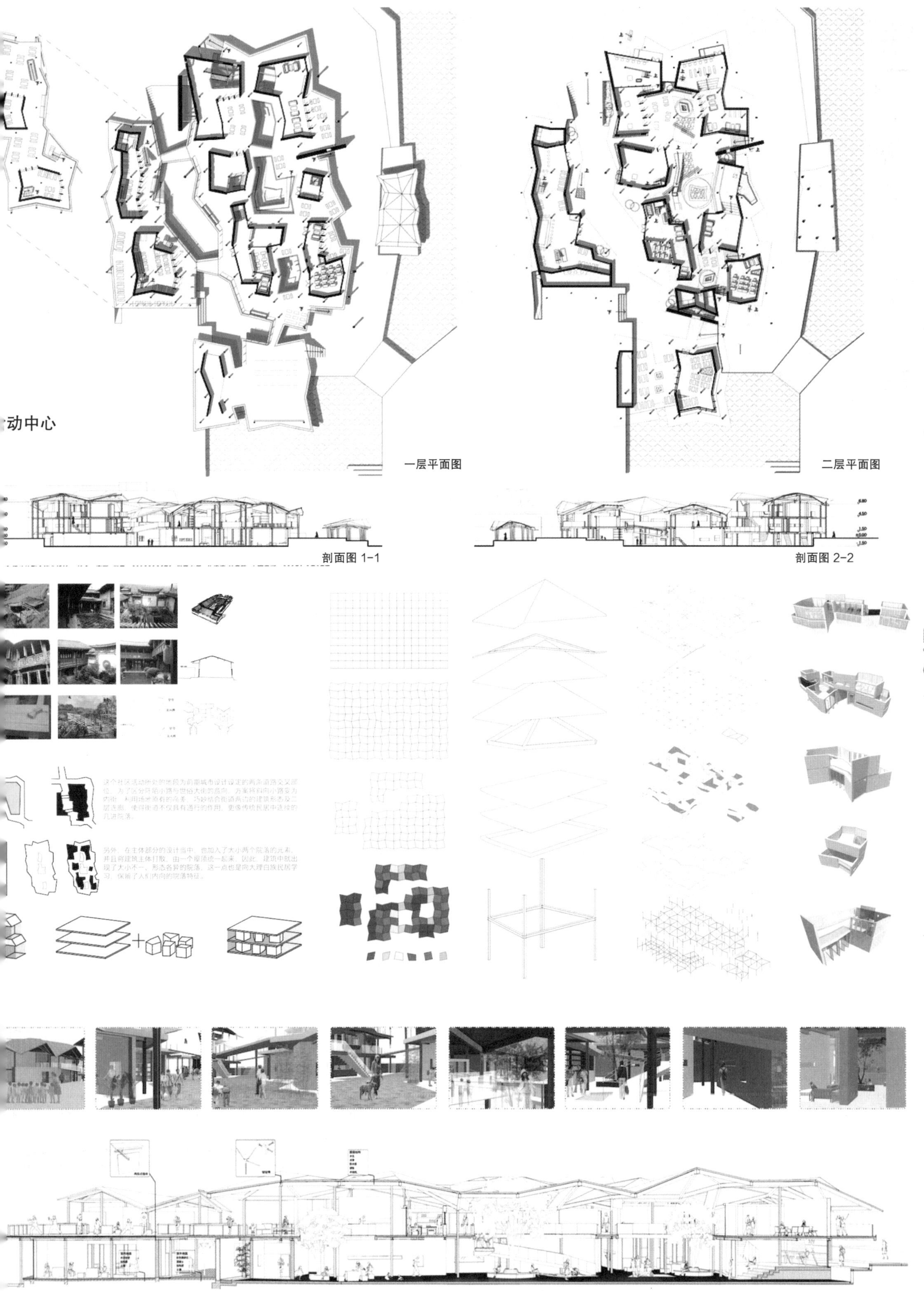
动中心
一层平面图
二层平面图
剖面图 1-1
剖面图 2-2
这个社区活动所处的地段为前期城市设计设定的两条道路交叉部位，为了区分阡陌小路与世俗大街的意向，方案将斜向小路变为内街，利用场地原有的高差，巧妙结合街道两边的建筑形态及二层连廊，使得街道不仅具有通行的作用，更像传统民居中连续的几进院落。
另外，在主体部分的设计当中，也加入了大小两个院落的元素，并且将建筑主体打散，由一个屋顶统一起来，因此，建筑中就出现了大小不一、形态各异的院落，这一点也是向大理白族民居学习，保留了人们内向的院落特征。
剖透视 A-A

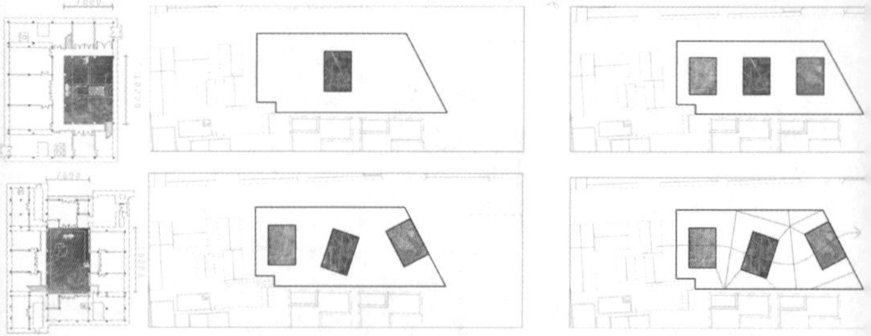

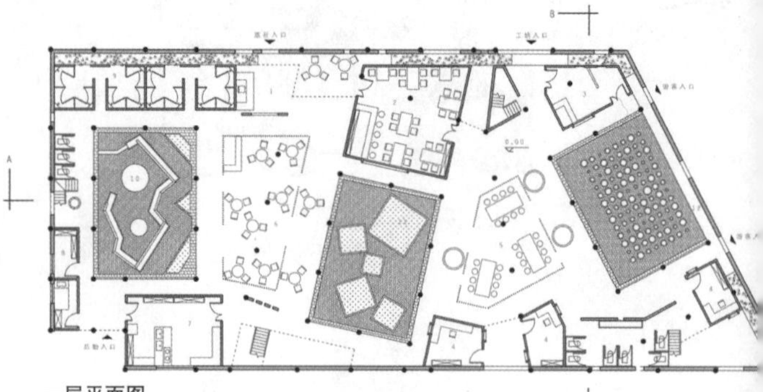

一层平面图

二层平面图

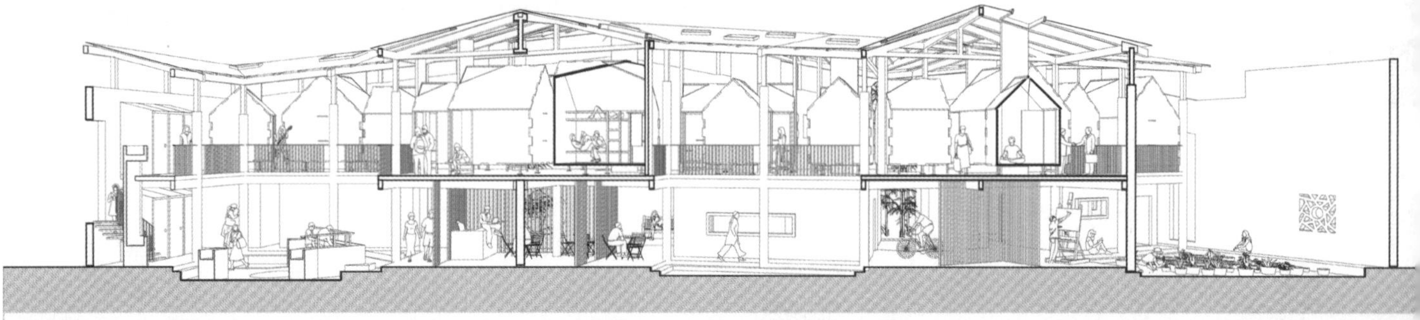

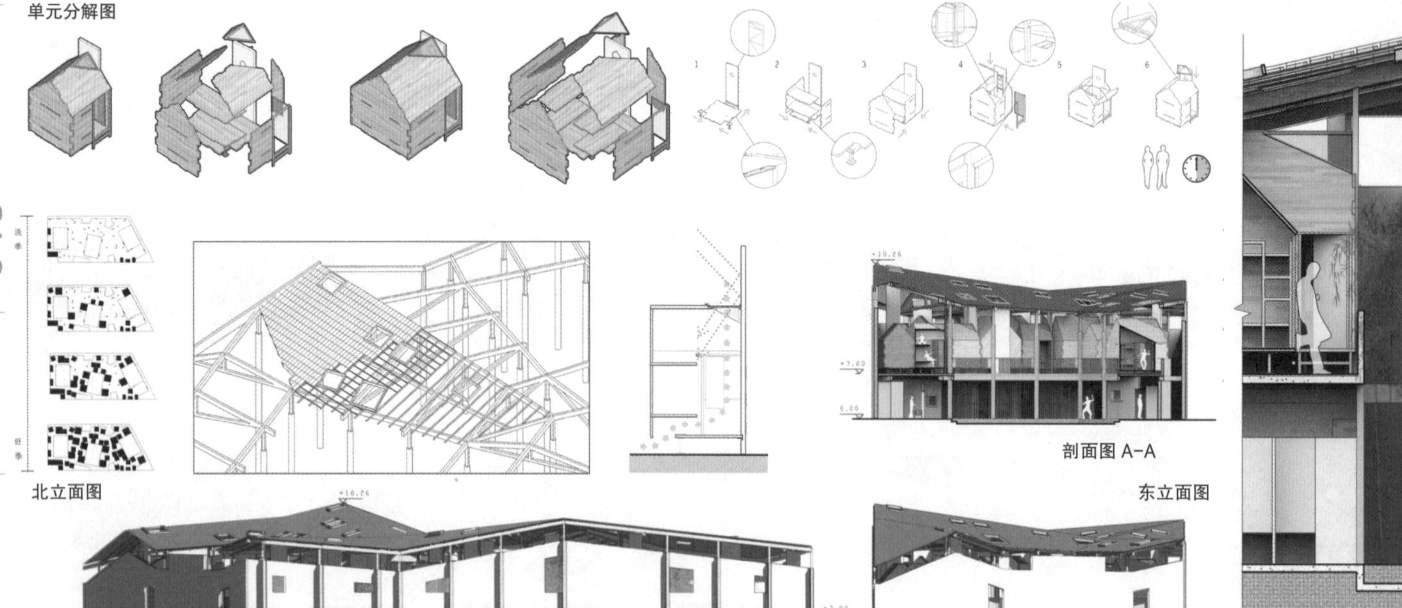

单元分解图

剖面图 A-A

北立面图

东立面图

剧院

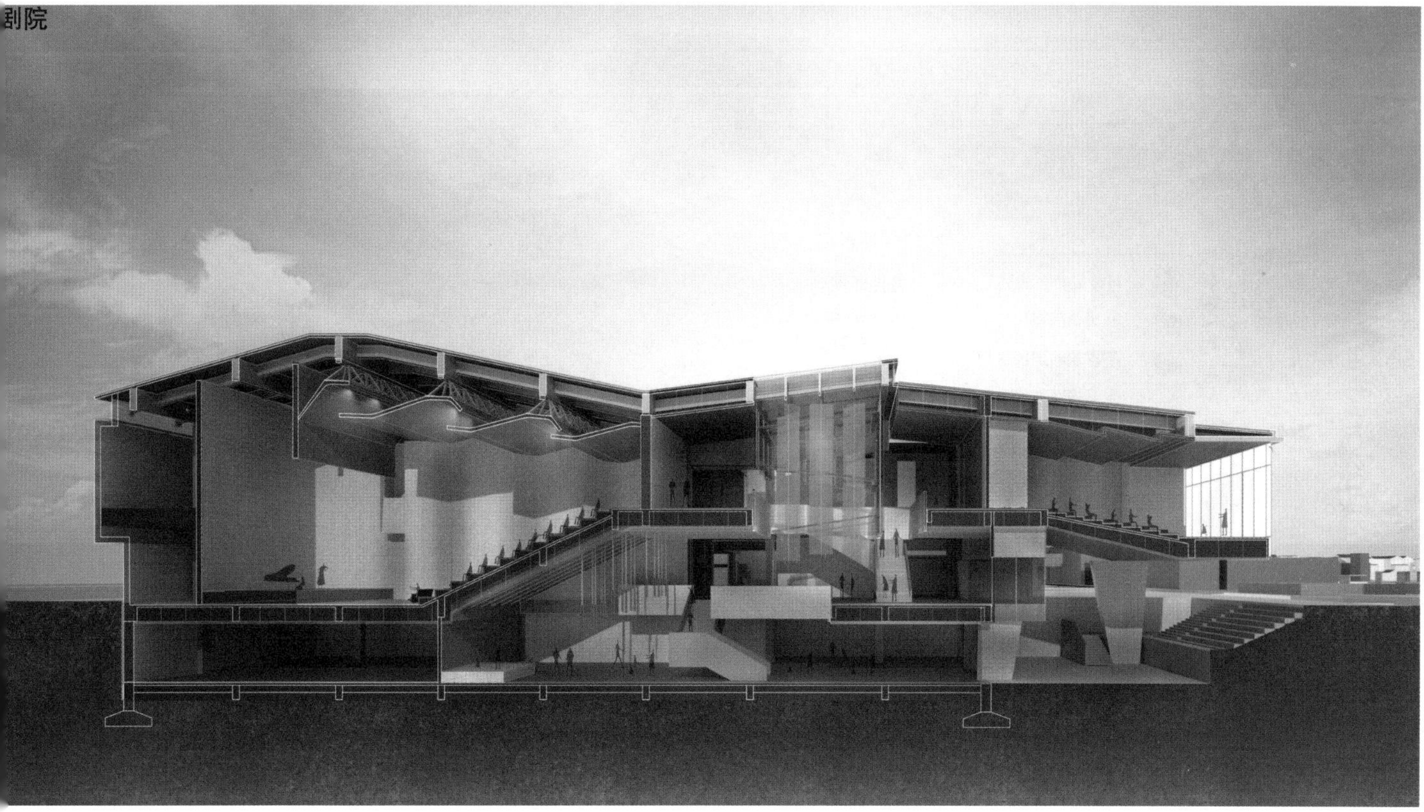

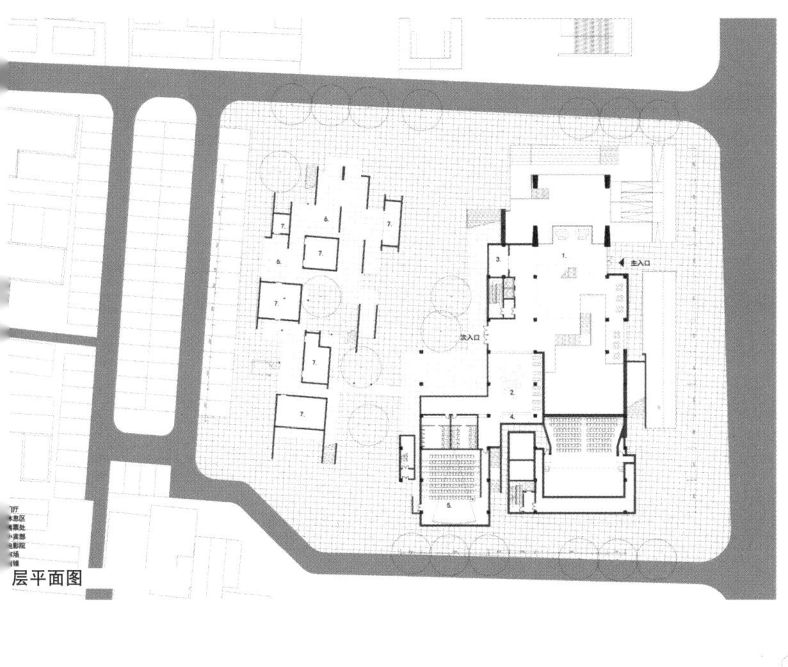

厅
休息区
售票处
小卖部
电影院
市场
商铺

层平面图

1、300人剧场
2、120人剧场
3、咖啡厅
4、放映室
5、舞台操控

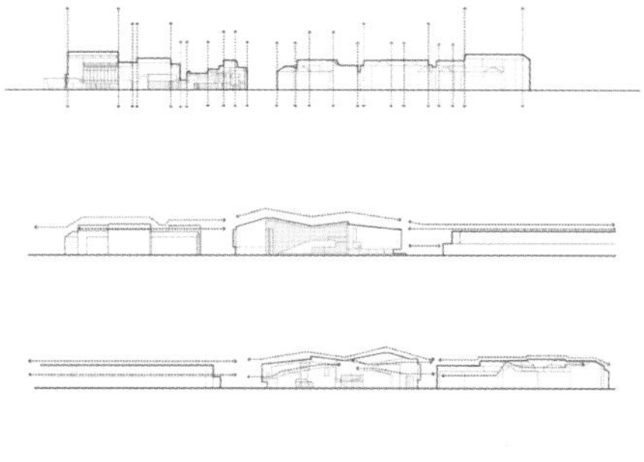

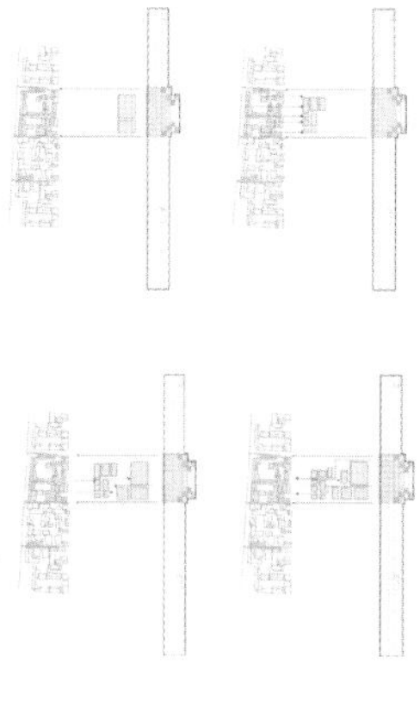

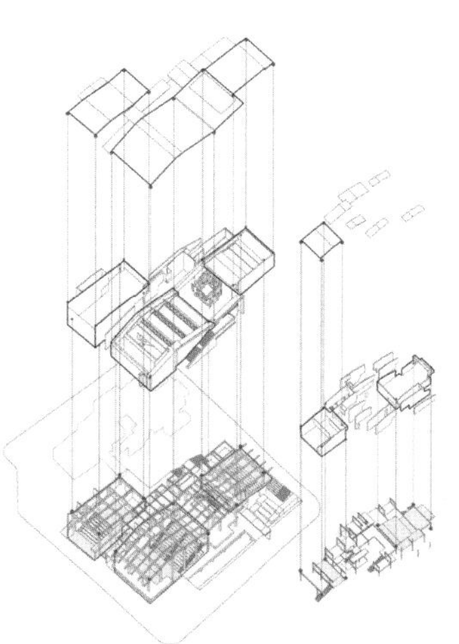

层平面图

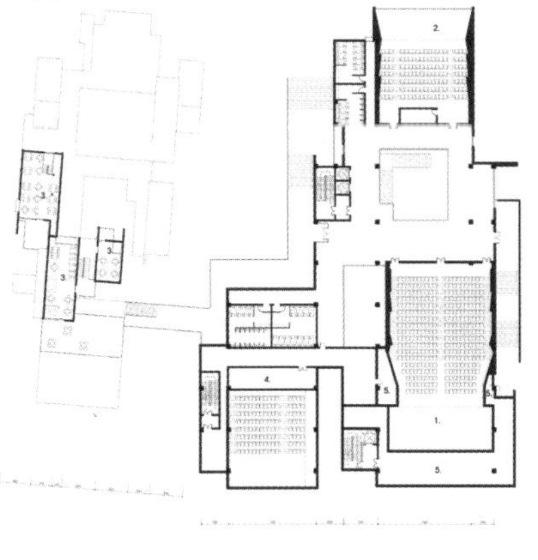

1、下沉庭院
2、纪念品店
3、操作间
4、办公室
5、储藏室
6、排练厅
7、化妆间

三层平面图

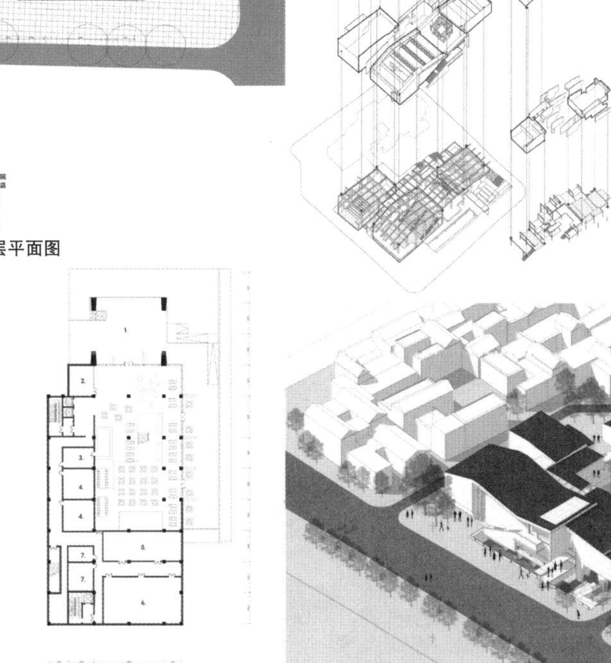

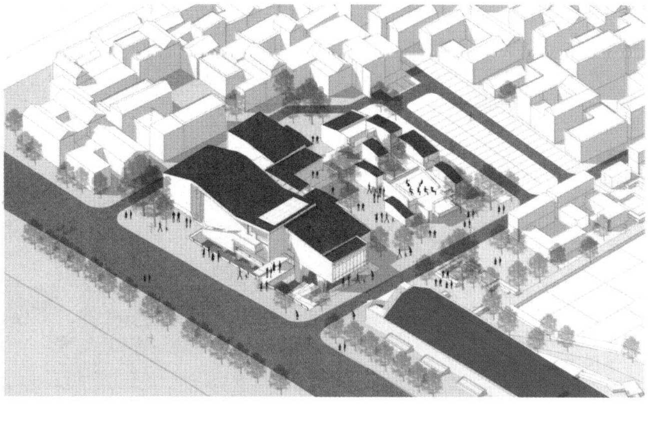

设计未来 Design the future

清华大学
设计：王静雯 / 仇沛然 / 孙广栎
指导：许懋彦 / 韩孟臻

商业模式以客栈为主的北水库区

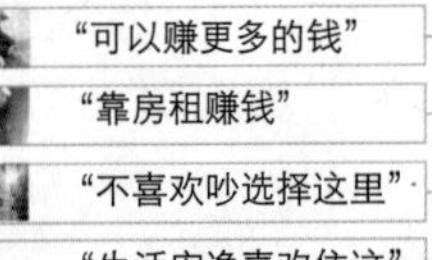

居民对地段内客栈的发展持积极态度

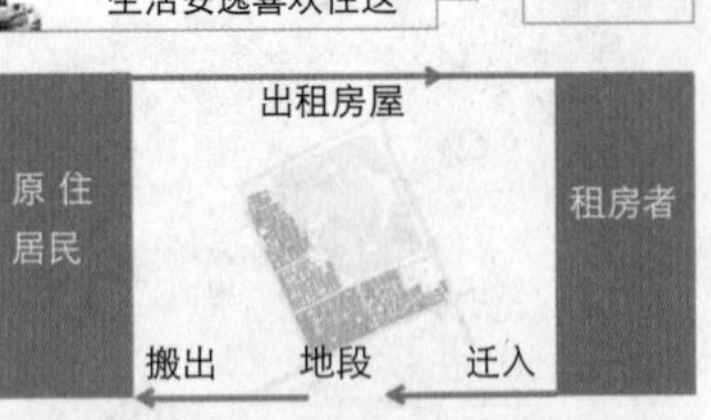

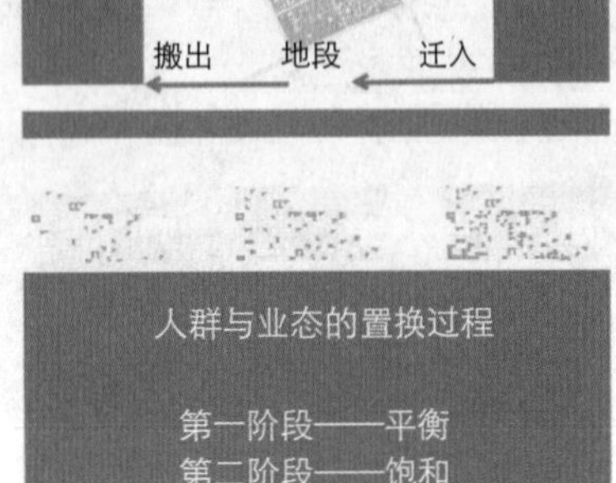

人群与业态的置换过程

第一阶段——平衡
第二阶段——饱和
第三阶段——崩坏

设计目标：维持原有业态，延缓商业化

大理古城客栈分布

北水库地段客栈分布

北水库地段客栈价格

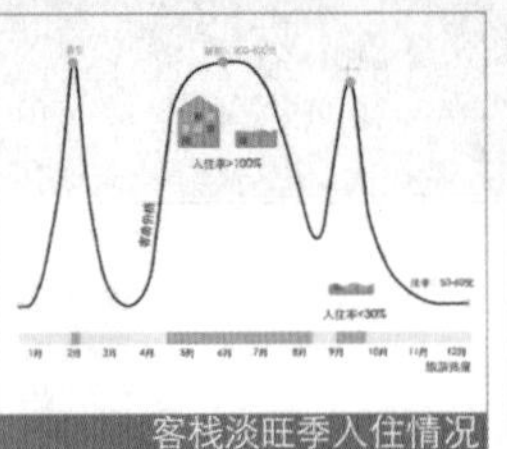

客栈淡旺季入住情况

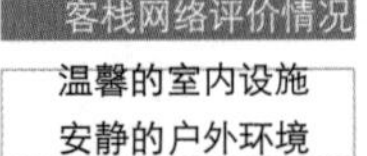

客栈网络评价情况

地段内客栈分散分布
淡旺季运营差距较大

温馨的室内设施
安静的户外环境

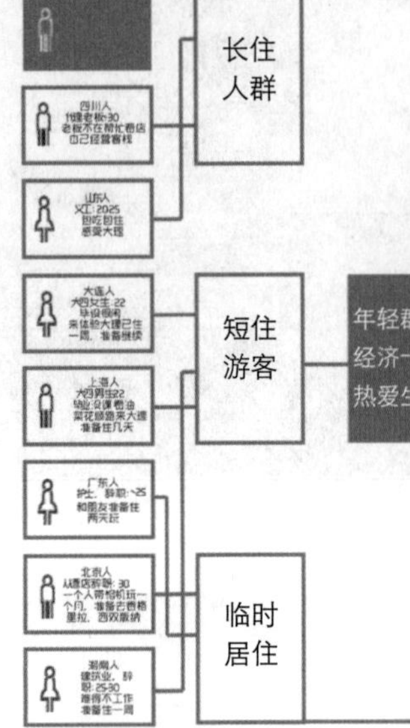

人群特色

当地居民	短住游客	长住游客

不同需求

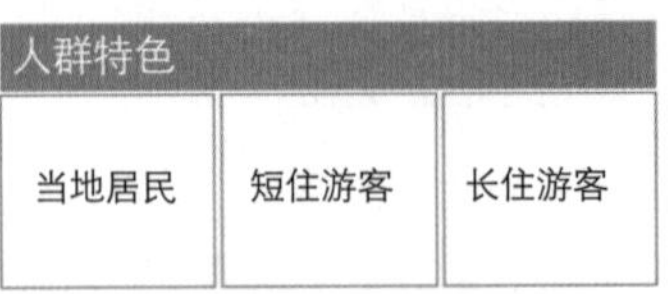

活动路径

商业带动

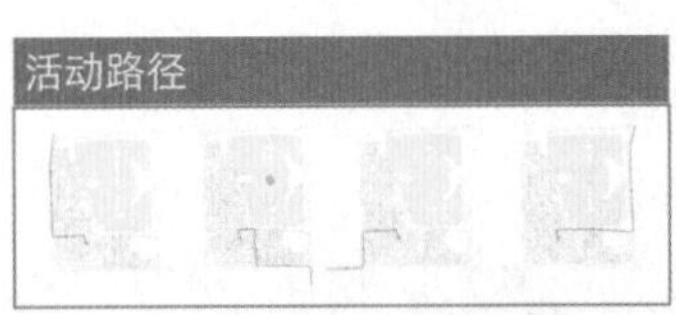

价值模拟

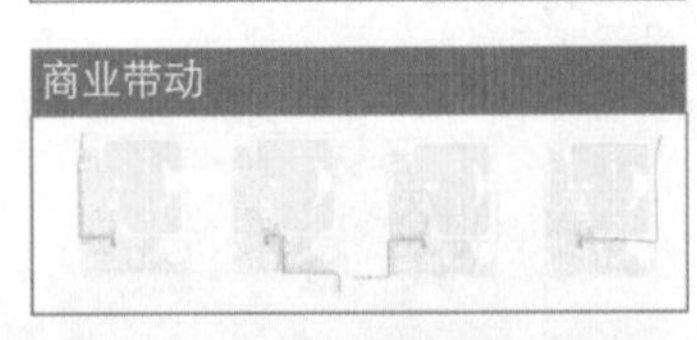

选择发展

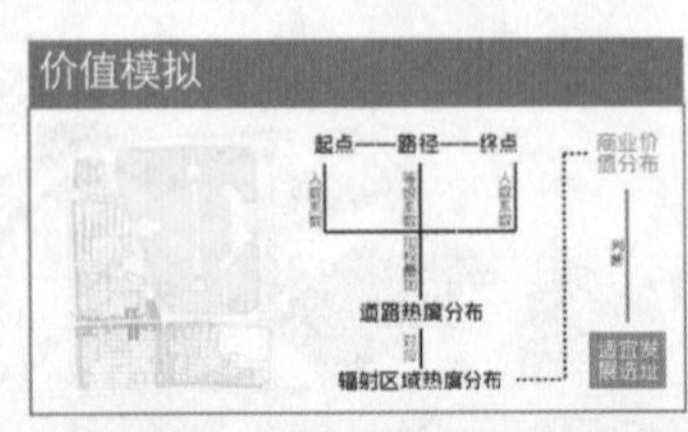

模拟不同区域商业价值，通过评价比较方案选择合适的区域深入发展

初始条件设置

目的地影响因子

起点影响因子

道路等级影响因子

算法设计

最短路径行走方式

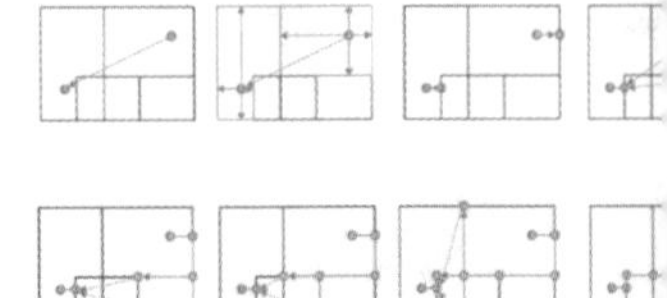

主要路径行走方式

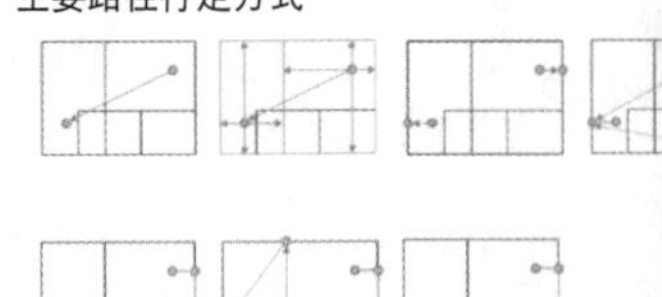

区域热点加权方式

评语：

设计研究在城市更新中引入"评价式计算机模拟"，量化比选出北水库休闲空间、商业街和客栈的布局组合，以期达到商业发展与本地居民生活之间的动态平衡。客栈建筑设计中借助"生成式计算机模拟"获得公共空间与客房单元的空间组合模式。因其依据为包含着当地气候、文化特征的民居的空间关系，大理的独特基因得以在新设计之中继承、延续。

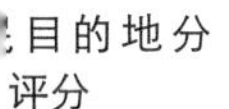

目的地分
评分

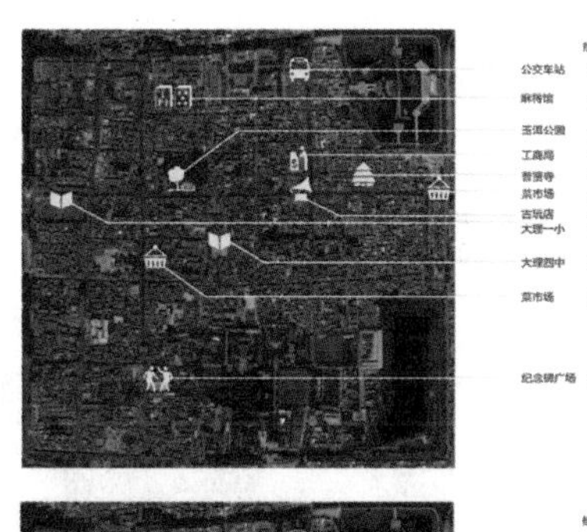

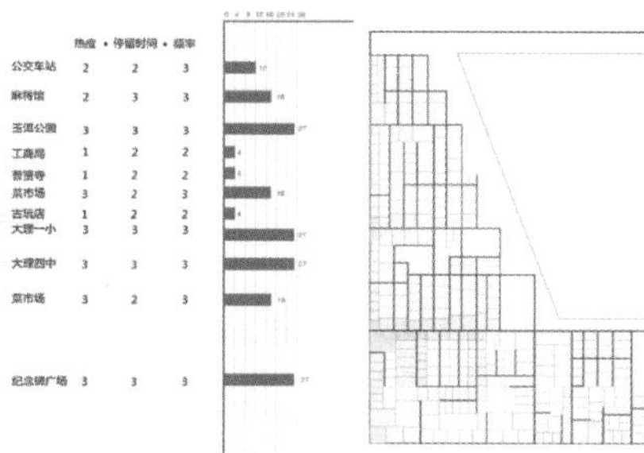

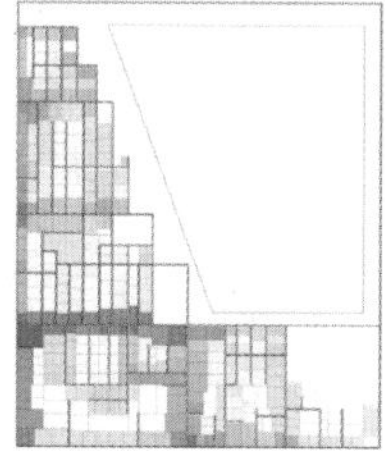

游客目的
布及评分

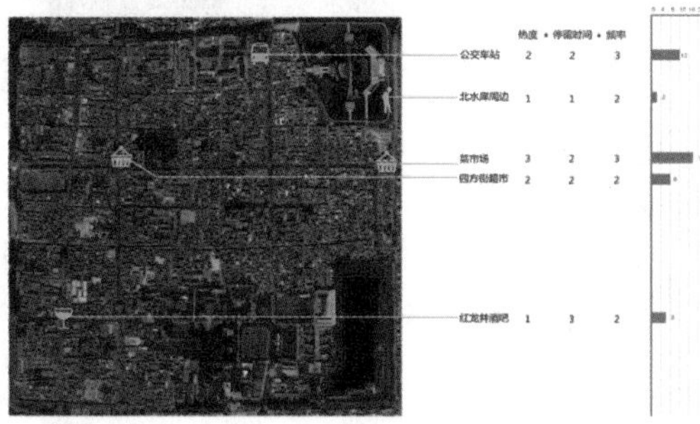

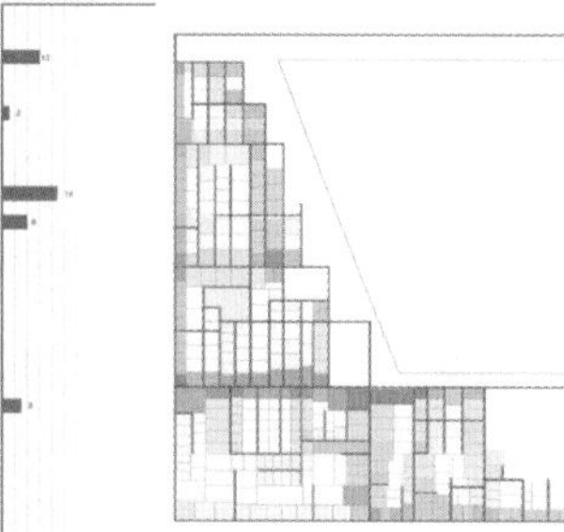

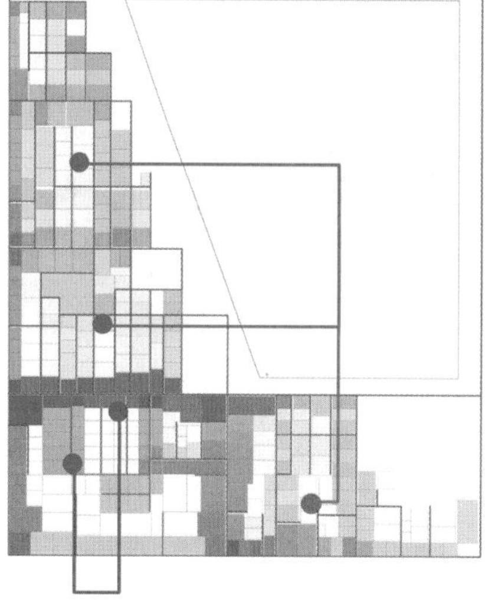

游客目的
布及评分

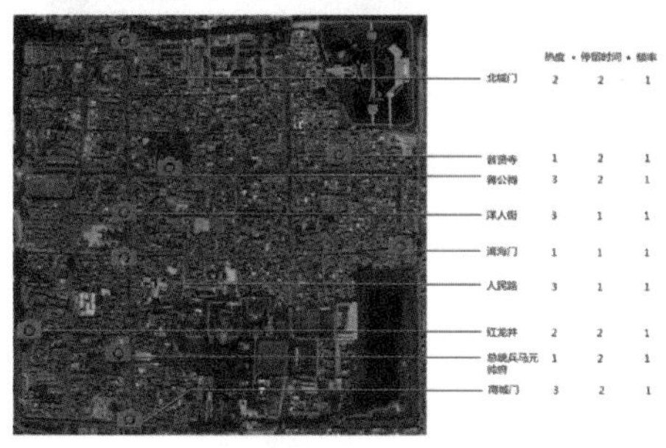

水库周边空
节点选择

主要改造
路段选择

改造路段 A 方案

改造路段 B C 方案

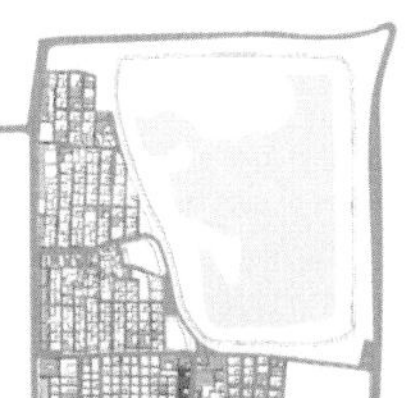

商业空间组织
形式选择

散点式布局

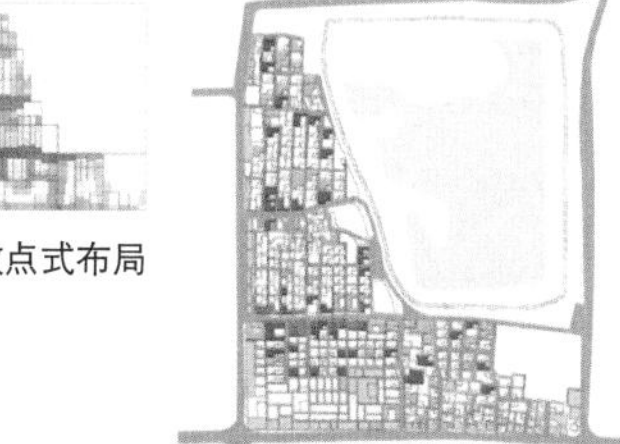

散点 组团布局

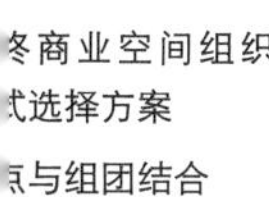

终选点
3、5、7

终道路改造选择
C 方案

终商业空间组织
式选择方案
点与组团结合

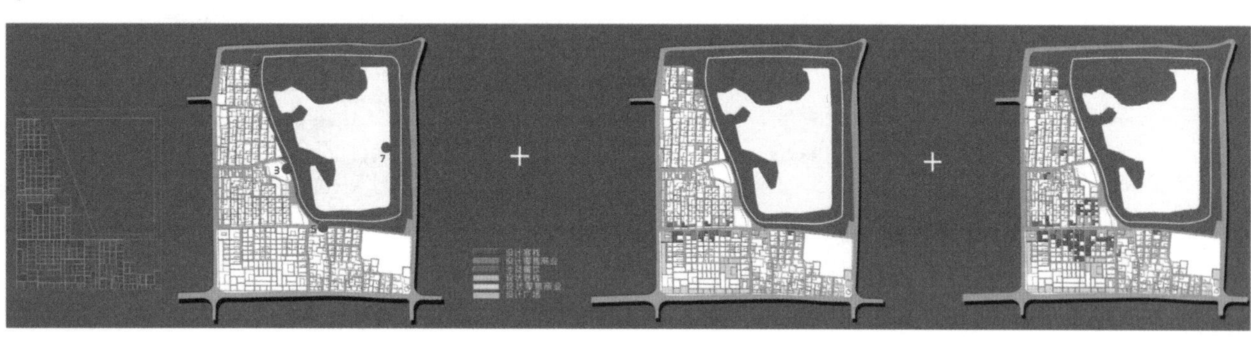

大理北水库地区街区改造方案

综合考虑地段上存在的三种人群：居民、常住游客和一日游游客的不同需求，将商业、客栈和居住融为一体，使得不同人群的生活轨迹既能互不干扰，又可以在特殊的场所产生交流。街区的改造设计为新老文化的融合提供了一个平台，使得多种人群可以相互交融，相互接纳，在大理这片土地上和谐共处。

社区活动及游客中心设计

在因为旅游带动的商业因素的刺激下，大理古城原本居民可能会在商业利益的驱使下出租或搬离原有住址，原有民俗文化受到影响。这种发展模式并不具有可持续性，为“绅士化”发展模式。我们提出对于大理古城北水库地区可持续性的发展方式。本研究试图延续或最大化大理北水库地区平衡发展，遏制“绅士化”现象，保持原有生活系统的多样性与活力。

大理北水库地区客栈设计

设计通过计算机算法的生成式模拟，将大理古城中散布的客栈在一个集中的地段上加以整合，在维持原有居住密度的同时，尽量使每一个居住单元都靠近自然，从城市设计阶段的评价式模拟到建筑设计阶段的生成式模拟产生关联。

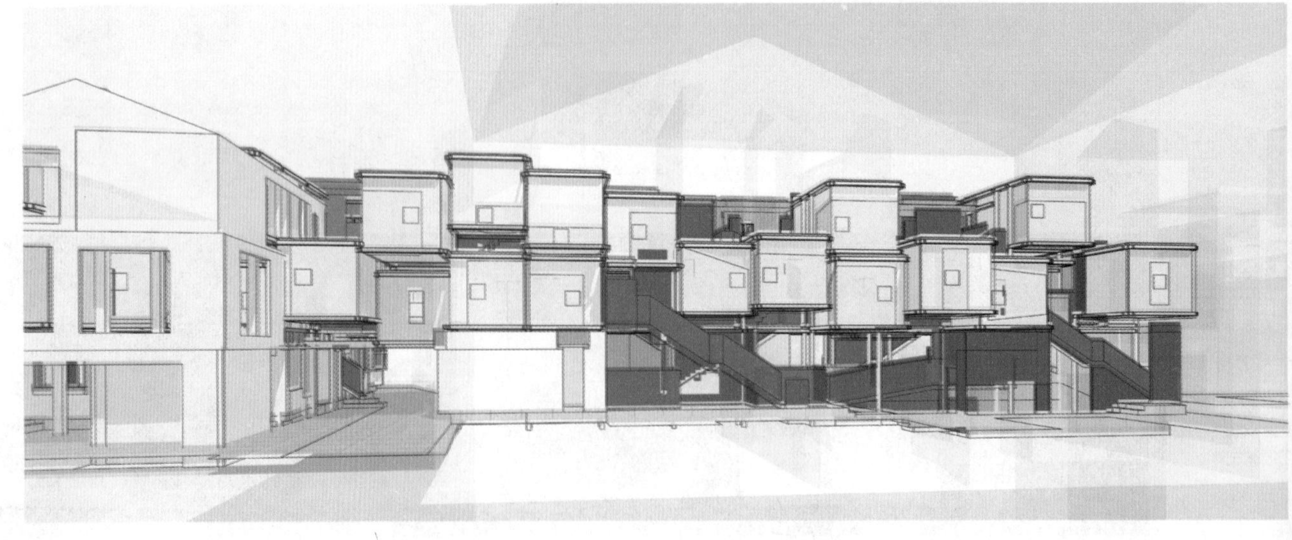

北水库地区街区改造方案

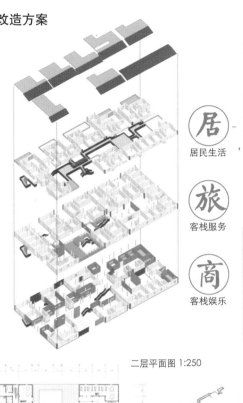

总平面图 1:2000

居

居民生活

旅

客栈服务

商

客栈娱乐

首平面图 1:250

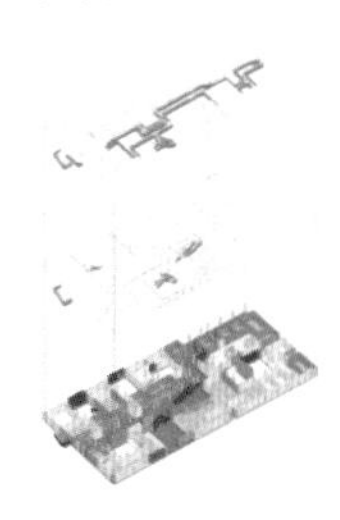

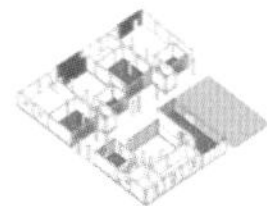

商业部分
改造过程

商

二层平面图 1:250

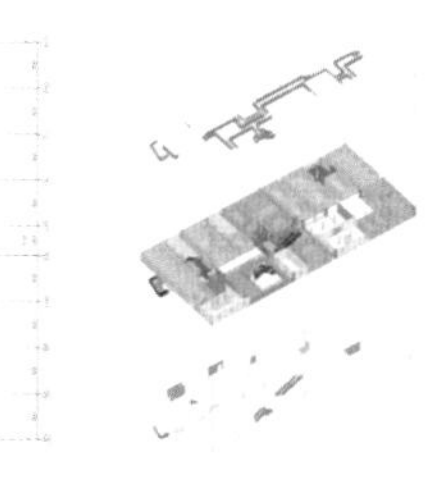

三层平面图 1:250

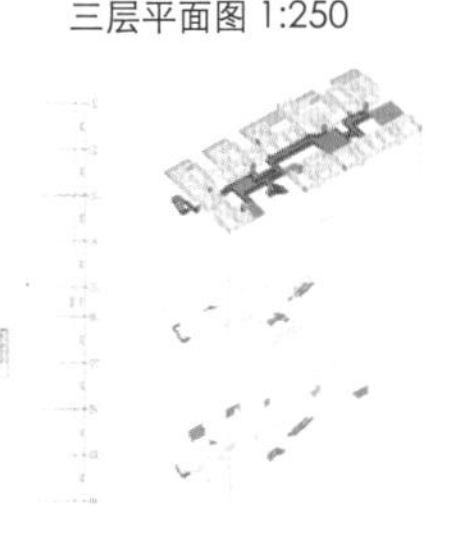

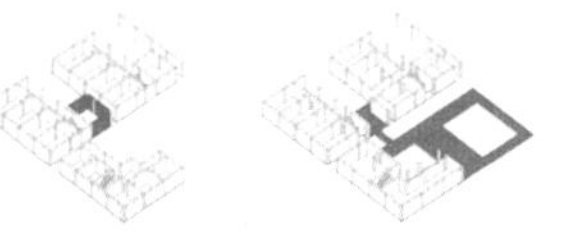

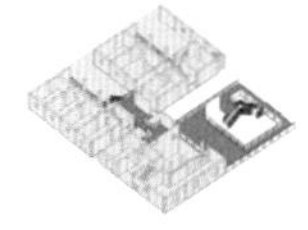

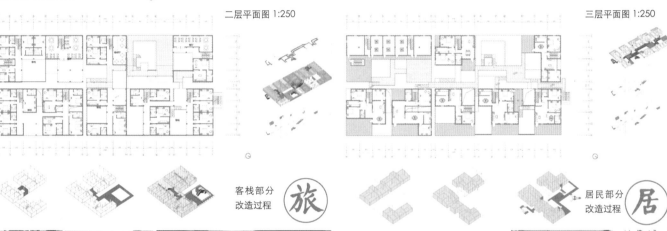

客栈部分
改造过程

旅

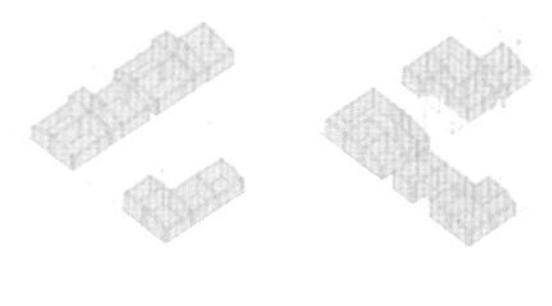

居民部分
改造过程

居

西立面 1:200

剖面 1:200

大理北水库地段客栈设计

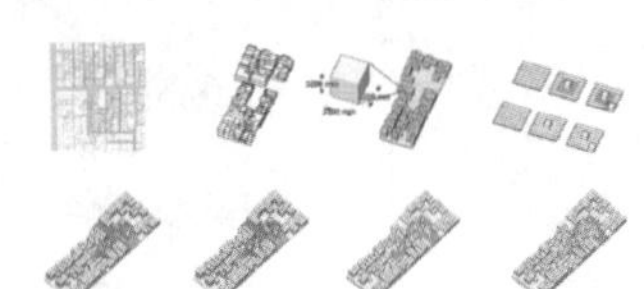

居住单元的生成与模拟分布的方式

生成概率计算方式（首层与二层）

总平面图 1:2000

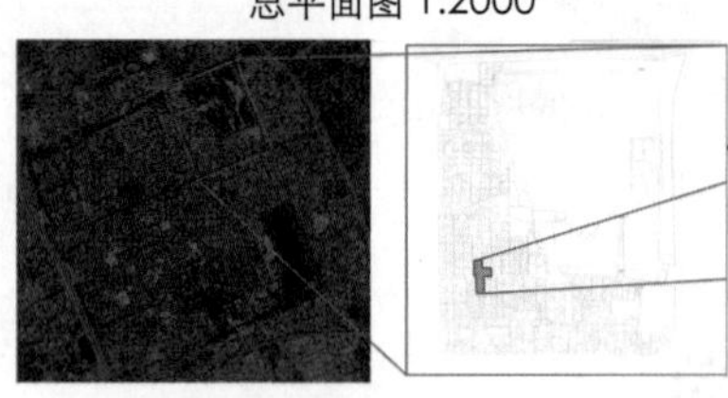

地段在大理北水库地段的位置

模拟过程

结构生成过程

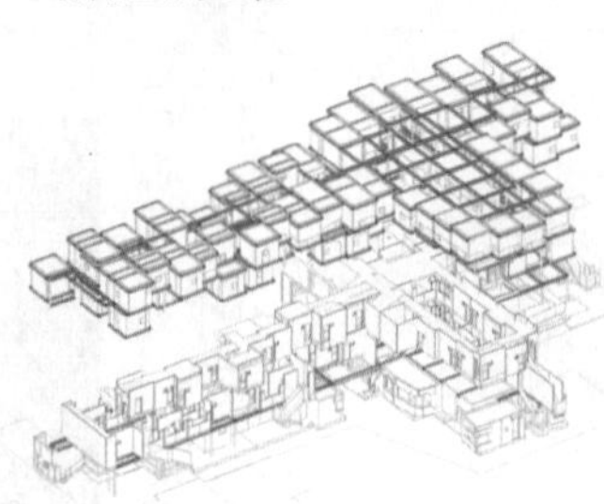

单元扩张方式

最终效果

单元结构

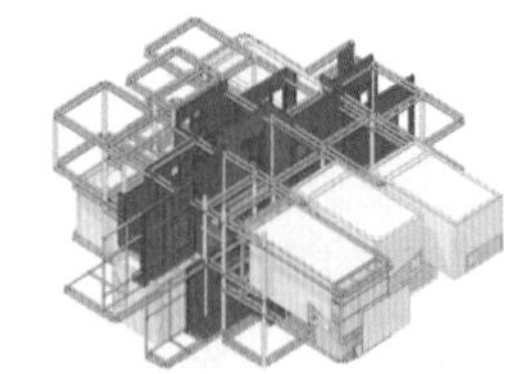

剖面图 1:2000

立面图 1:2000

首层平面图 1:2000

二层平面图 1:2000

三层平面图 1:2000

活动及游客中心设计

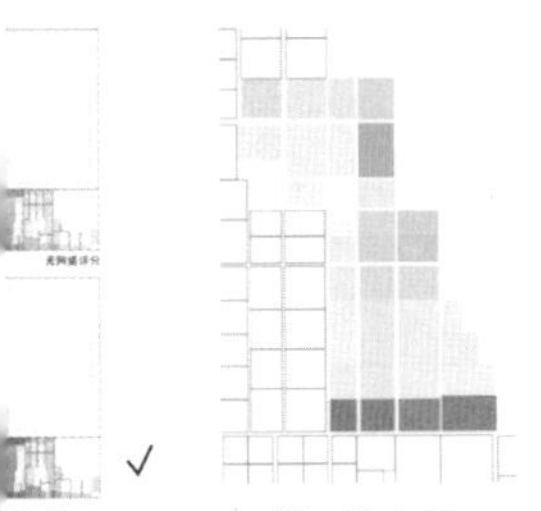
整体区
分析

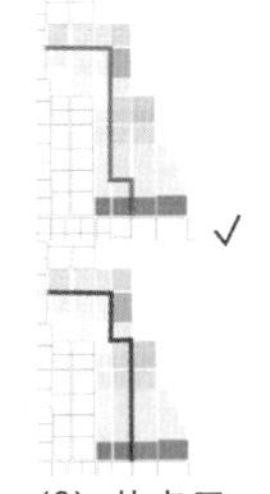
（2）热点区域热度细分

（3）热点区域路径选择

（4）个人地段区域界定

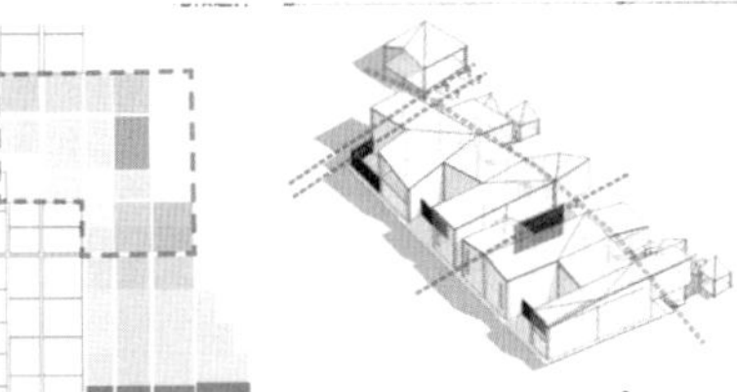
占地面积：2800m²
建筑面积：2540m²
建筑层数：2 层
建筑高度：10m

总平面图 1:2000

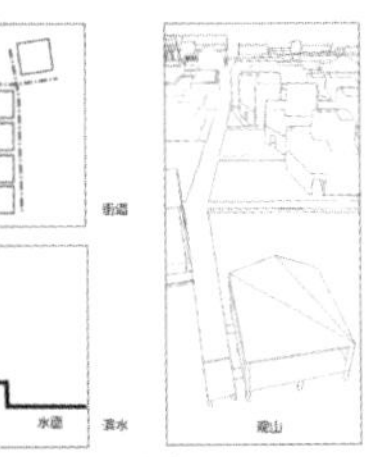
观 街道营造
与游客交流的商业场所

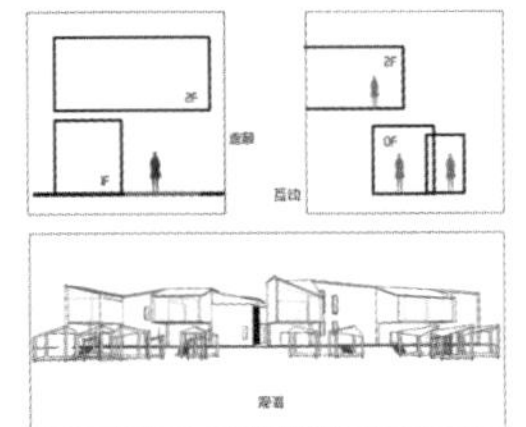
悬挑 遮阴场所
临水的观景平台

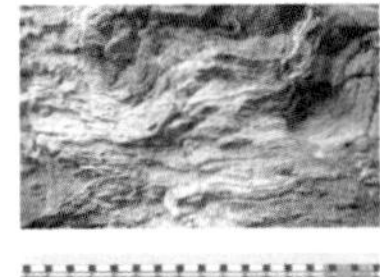
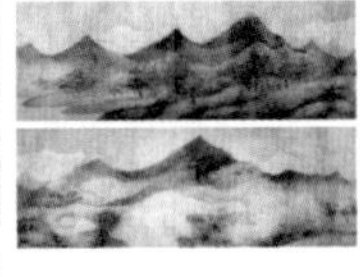

山体层叠状岩石
彩色空心砖 通透 水平

坡屋顶 苍山
方向性一致的起伏

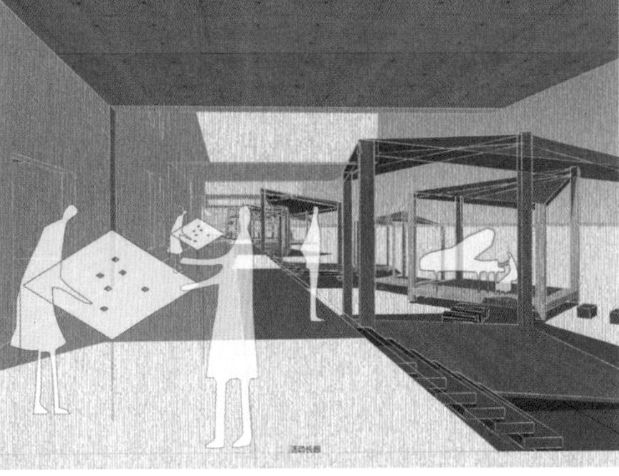

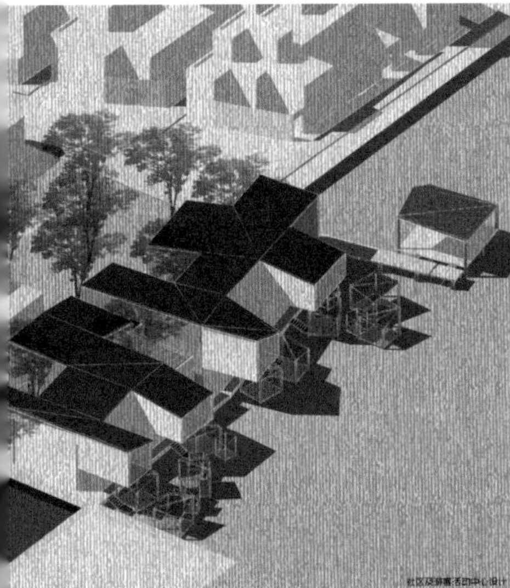
效果图

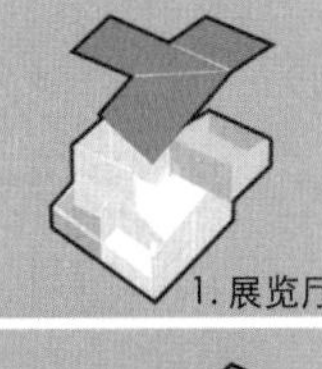

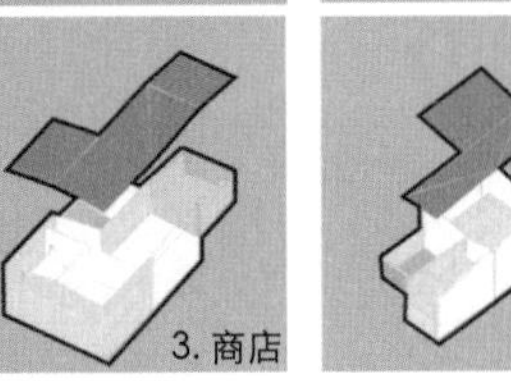

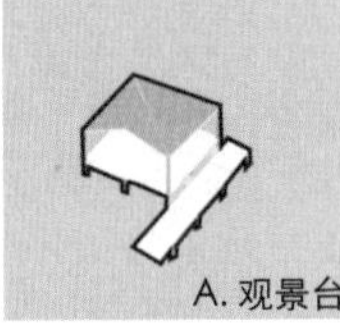
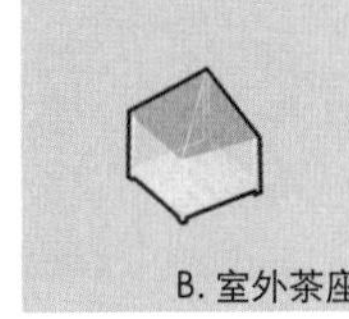
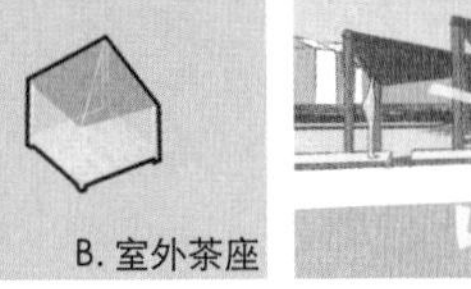

功能体块

局部透视图

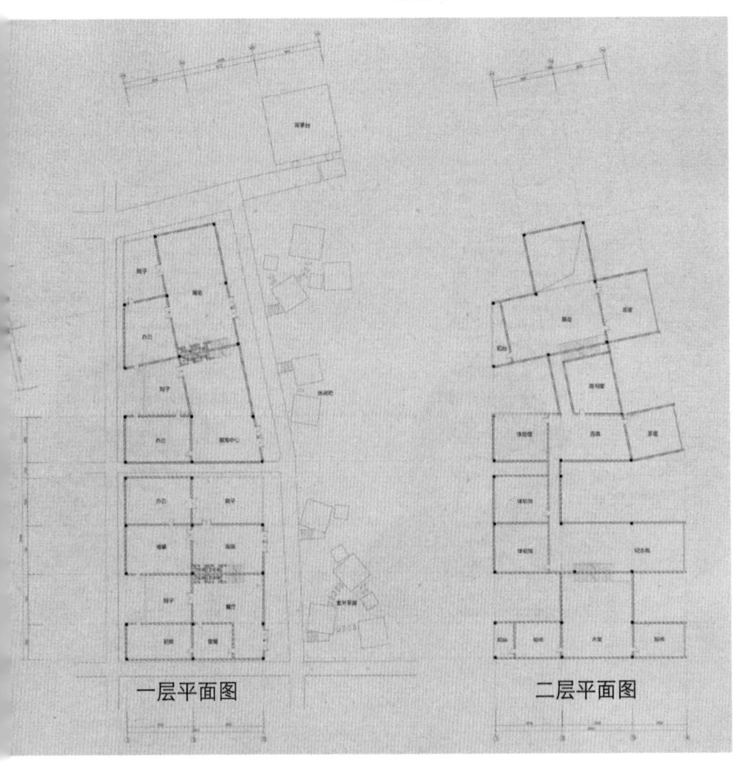

东南大学

SOUTHEAST UNIVERSITY

夏兵

张彤

朱渊

李飚

李哲健 练玲玲 翁金鑫

设计题目：
坊织
Urban Weaving

设计题目：
水脉大理
LIVING ON WATER

王玲平 倪晓筠 孙柏

陈乐 杨洋 唐时月

设计题目：
记忆·场所营造
Memory · Placemaking

冯硕静 倪贤彬 包捷

设计题目：
新日常
Everyday life Renaissance

坊织 Urban Weaving

东南大学
设计：李哲健 / 练玲玲 / 翁金鑫
指导：夏兵 / 张彤 / 李飚 / 朱渊

古城建设范围变化

1914　　1956　　2015

古城旅游扩张

1914　　1956　　2015

古城居民活动空间变化

1914　　1956　　2015

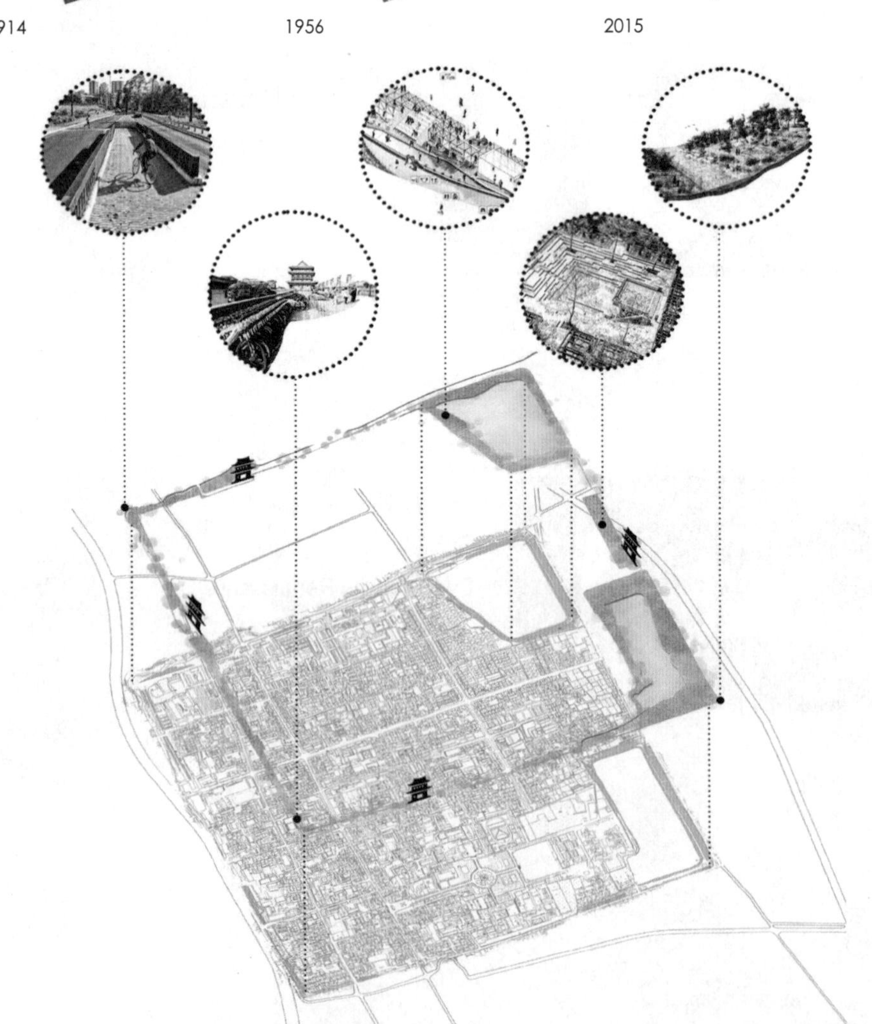

基于城墙遗址风光带，为全城居民创造一条环城公共服务带。

方案生成

1. 飞地内部环境整治

2. 肌理延续，拆除巨构

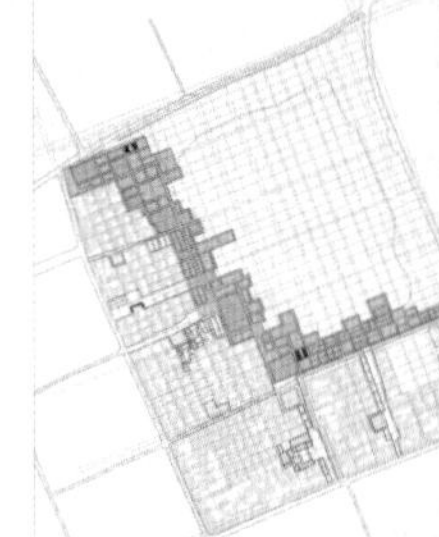

3. 界面整理

4. 梳通巷道，联系公共节点

5. 置入功能

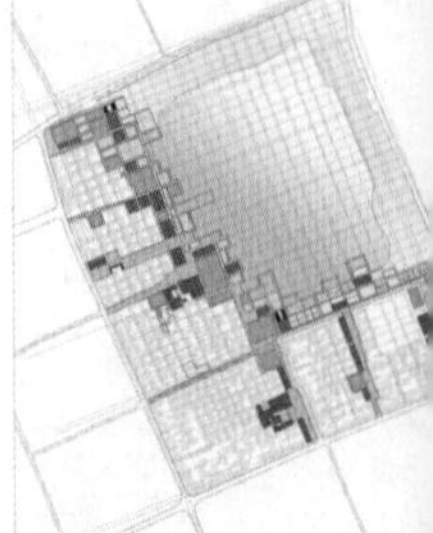

6. 景观融合

评语：

本次设计场地在云南大理古城内，因旅游的介入，古城原有住民呈现边缘化趋势，面对不可逆的局面，结合古城环城历史风光带，我们设置了环城历史风光带，主要为本土居民服务，提供相应的设施。基地北水库片区存在一样的问题，居住与旅游商业项目之间出现断层，拆除违和巨构势在必行，剩下的矛盾集中在人居与自然的巨大尺度的差异，我们用纺织的方式将自然与人文织补起来，置入一条内部的活力带，设置相应的功能来满足场地内部基本功能不足的现状；建筑单体选址于与环城服务带交界的两个端点与内部服务带的中心处，分别打造文化的活力、生活的活力、教育的活力。本次设计从城市和单体两个方面解决问题，不同的尺度提出了不同的要求，需要我们用不同的方法和角度来看待解决问题。

更大的意义在于设计让学习建筑的我们用自己的视角和方式来关注一些社会问题，建筑师的社会责任感就这么培养起来了，不仅仅是这个毕业设计，希望以后能有更多的担当。

N

总平面

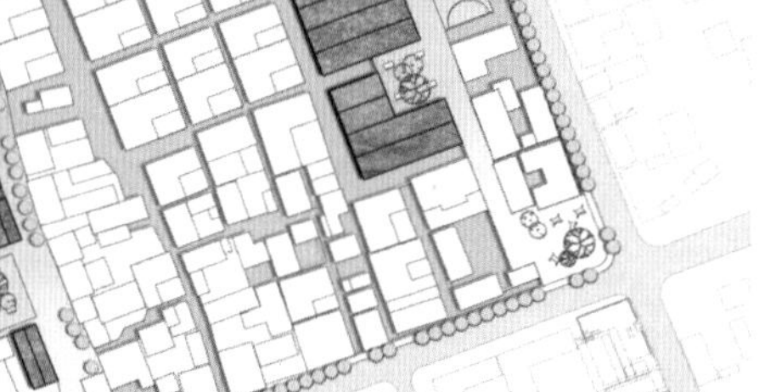

架构·覆盖

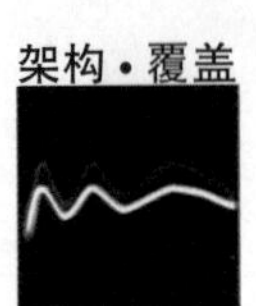

场地原状——空地原为停车场

坡地整改——联系坡地上下

架构覆盖坡地上下——营造诗意顶棚空间

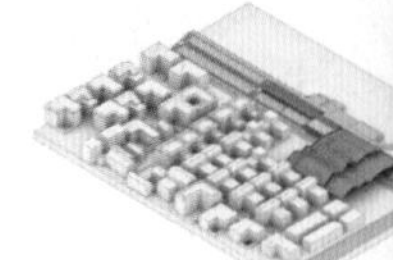

屋顶划分，消解跨度，内光环境

设计说明：本设计旨在环城公共服务带的大节点上创造一个诗意的顶棚空间，容纳食品市场以及坡地游客服务中心，通过对大理古城人文、地理等方面的研究，以公共空间为载体建筑学方法，结合当地材料、建造工艺，试图营造促进游客与当地人交流的城市空间。

一层平面

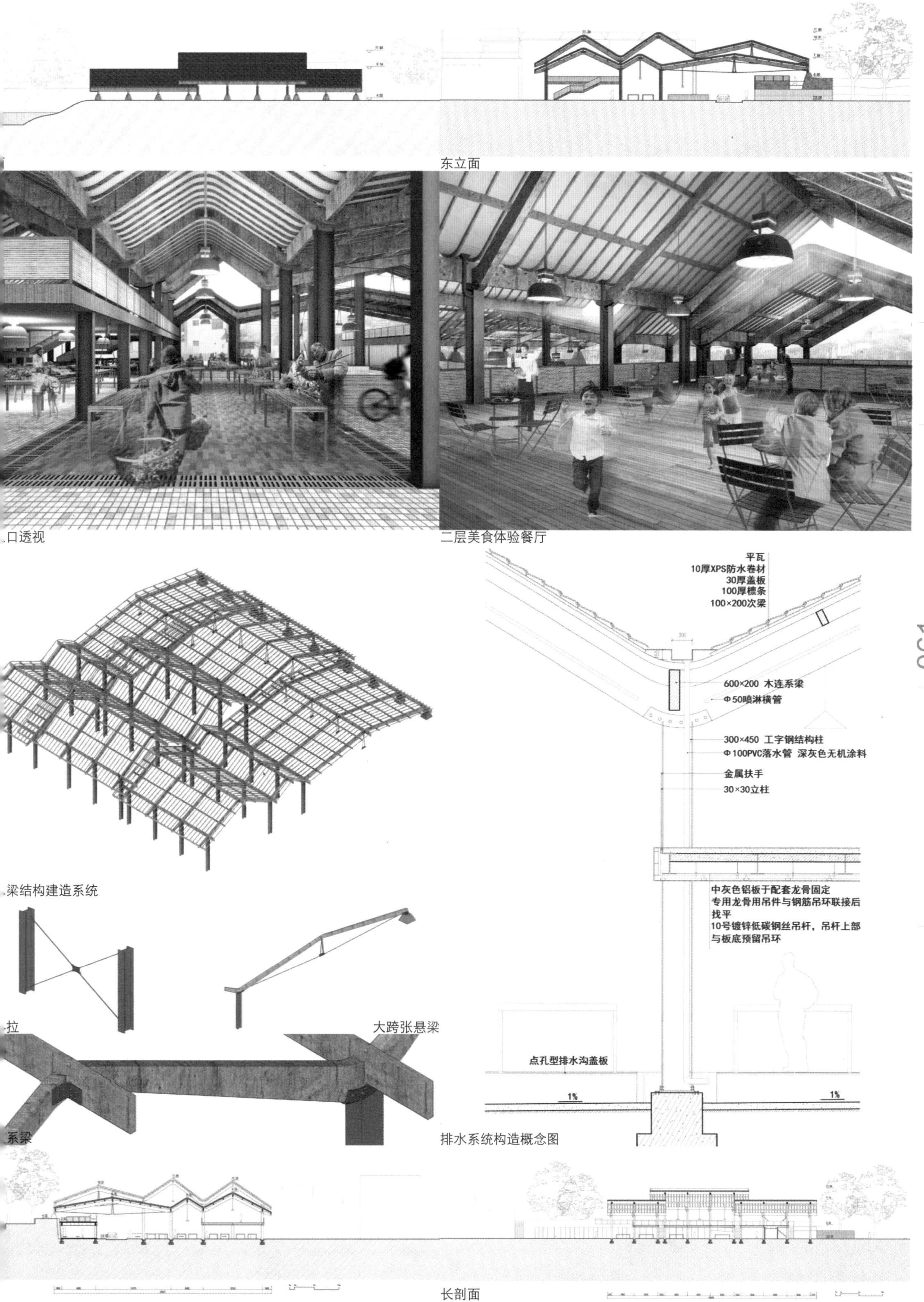

东立面

口透视

二层美食体验餐厅

梁结构建造系统

拉

大跨张悬梁

系梁

排水系统构造概念图

长剖面

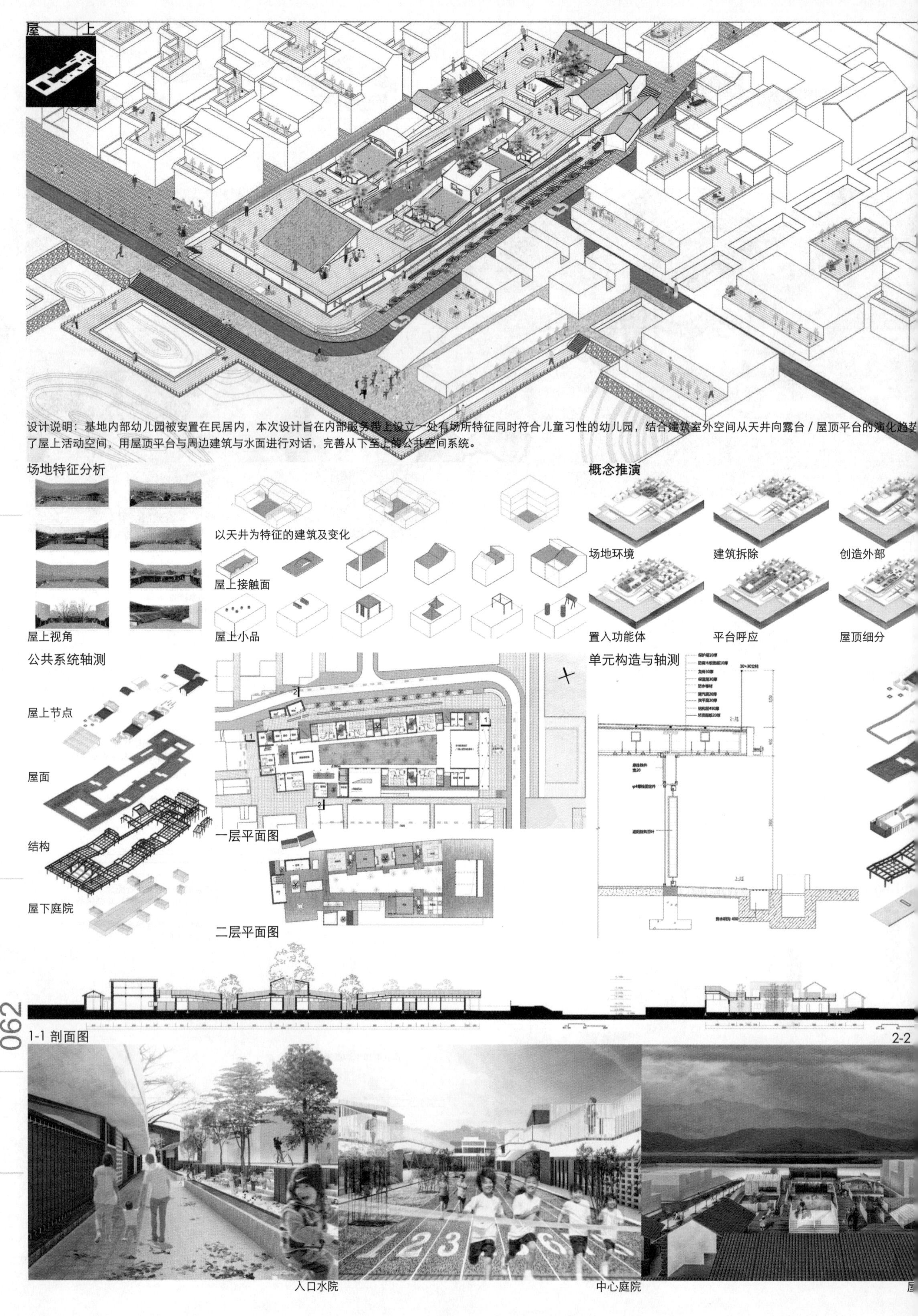
屋 上
设计说明：基地内部幼儿园被安置在民居内，本次设计旨在内部服务带上设立一处有场所特征同时符合儿童习性的幼儿园，结合建筑室外空间从天井向露台 / 屋顶平台的演化趋势
了屋上活动空间，用屋顶平台与周边建筑与水面进行对话，完善从下至上的公共空间系统。
场地特征分析
以天井为特征的建筑及变化
屋上接触面
屋上视角
屋上小品
概念推演
场地环境
建筑拆除
创造外部
置入功能体
平台呼应
屋顶细分
公共系统轴测
屋上节点
屋面
结构
屋下庭院
一层平面图
二层平面图
单元构造与轴测
1-1 剖面图
2-2
入口水院
中心庭院

驿

明：选地在环城服务带与场地活力带的交点，通过流通的文化长廊缔结不同的人流，展示大理文化。上层的青年旅社顺应区域业态更新趋势，“文”与“驿”在这里相得益彰。

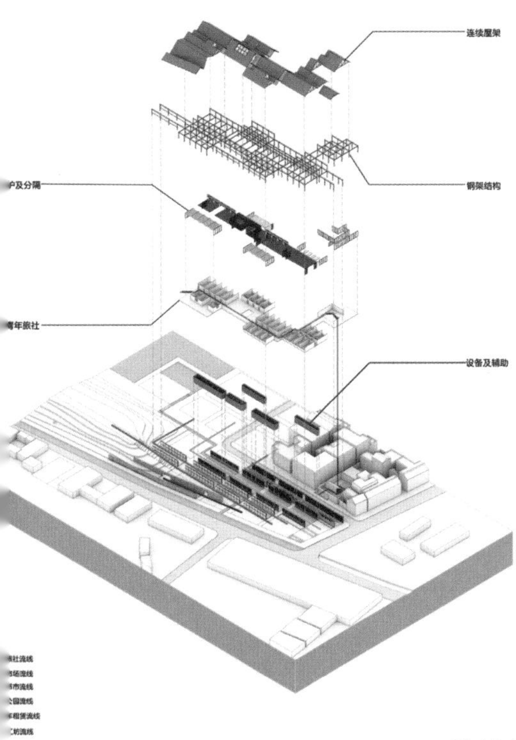

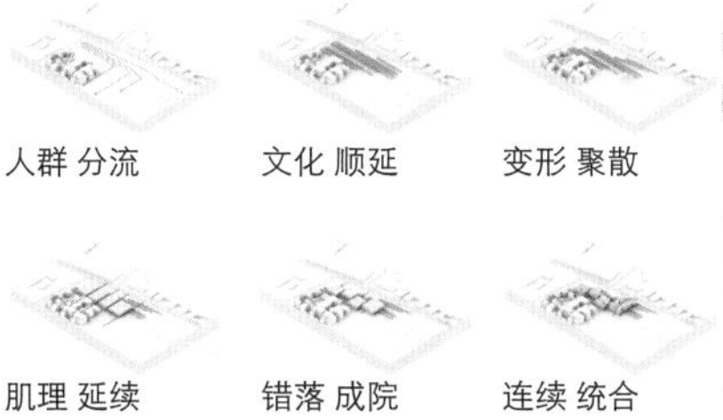

人群 分流　文化 顺延　变形 聚散

肌理 延续　错落 成院　连续 统合

概念推演

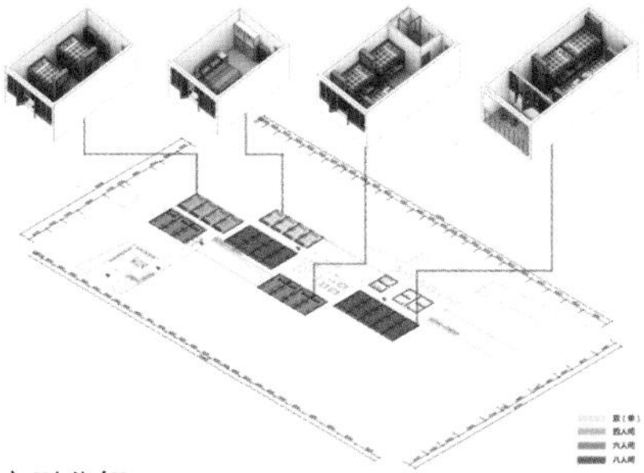

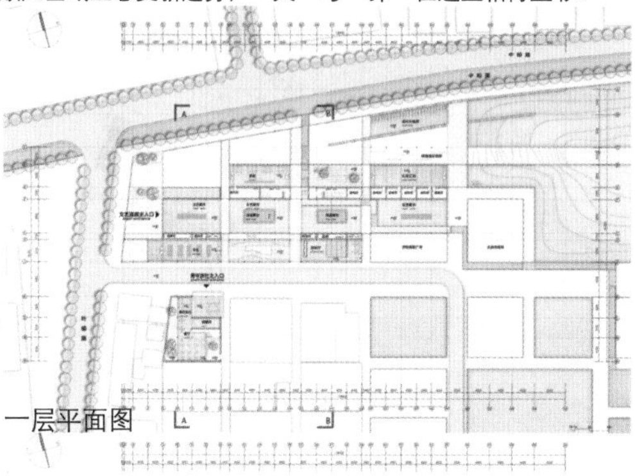

一层平面图

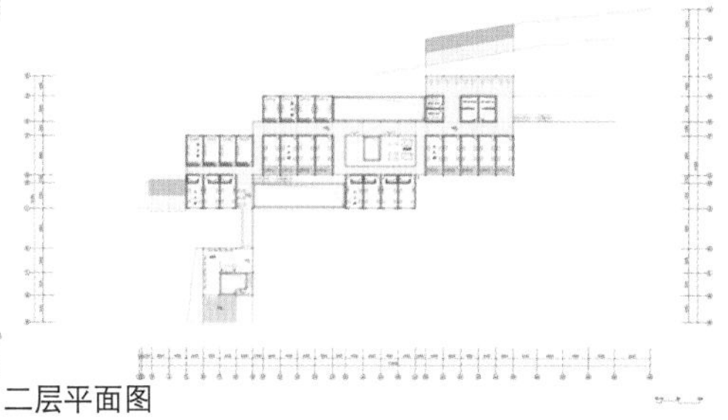

户型分解

二层平面图

轴测分解

A-A 剖面图

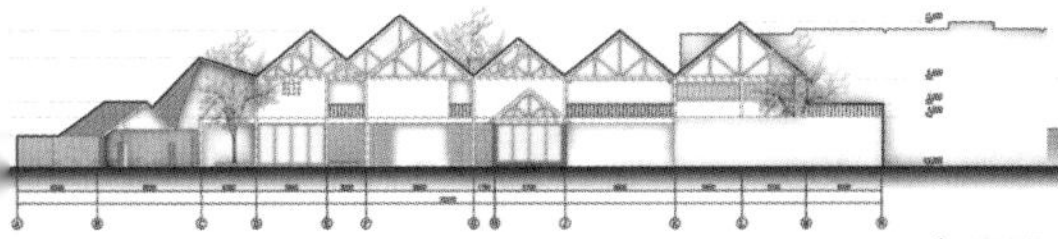

西立面图

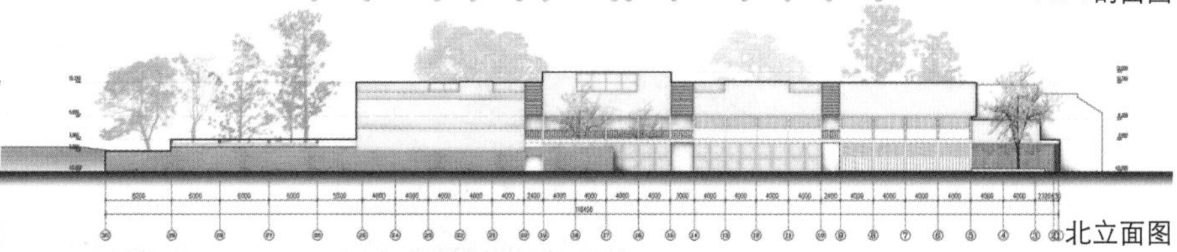

北立面图

扎染工坊　古城书吧　文艺摊市

063

水脉大理
LIVING ON WATER

东南大学
设计：王玲平 / 倪晓筠 / 孙柏
指导：张彤 / 李飚 / 夏兵 / 朱渊

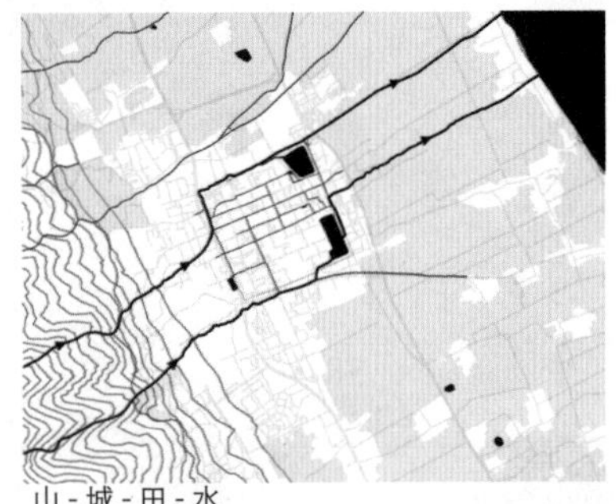

山 - 城 - 田 - 水

大理城址变迁与文物保护范围

现状　规划

一、自然地理

问题：水系、绿化被割裂

目标：修复平衡的可持续自然生态系统；满足居民生活和活动需要

二、社区生活

问题：街巷不通畅，不利于治安和社区居民交流；缺少公共空间

目标：构建健康、开放、连续的社区环境和公共空间系统

三、人文历史

问题：民俗活动无法正常进行

目标：保存历史记忆，保留民族节日活动空间

1. 水系分析

1.1 古城 - 复原水系（2008 年）

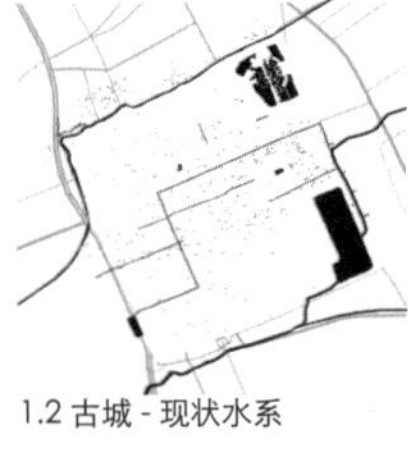

1.2 古城 - 现状水系

2. 绿化分析

2.1 古城 - 绿化分析（2008 年）

2.2 古城 - 现状绿地

3. 公共空间与民俗节日

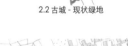

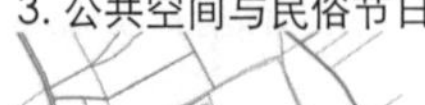

3.1 古城 - 居民公共空间

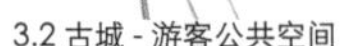
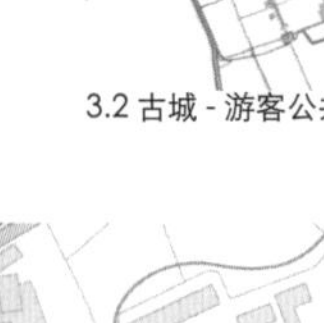

3.2 古城 - 游客公共空间

总平面

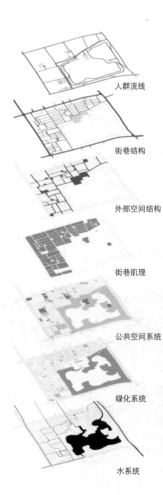

人群流线

街巷结构

外部空间结构

街巷肌理

公共空间系统

绿化系统

水系统

评语：

毕业设计以大理古城北水库地块为研究对象，提出移除“希夷之大理”演出设施后，恢复北水库及其周边水系统生态环境机能的规划设计策略；及保留改造原演出设施，激活水岸公共空间的建筑设计方案。毕业设计系统完整、内容充分、成果扎实；在自然水系统生态恢复与持续利用、旧建筑保留与适应性改造及整体场所环境营造等方面做出有益探索，形成较好成果。

设计：一街三水　　设计者：王玲平

-客栈水院

舍水院

方街

一、空间类型抽象与转化

"四合五天井"：漏角天井和走马回廊是白族民居重要的空间特征。

"四合五天井"

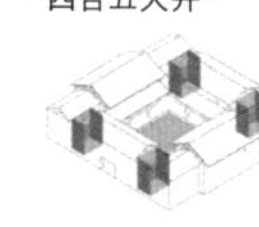

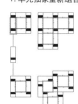

1. 单元抽象重新组合

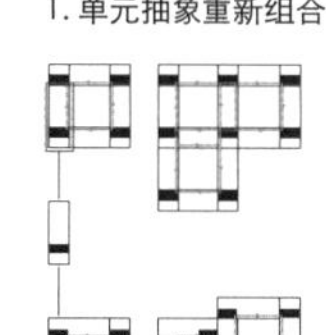

2. 从封闭到开放

抽象转化

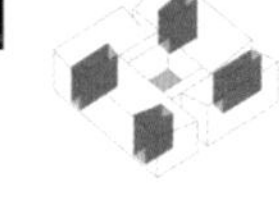

3. 视线与对望

4. 天井与交通空间

二、材料系统

传统白族民居建构方式："下重上轻"；
"骨"——木构架为支撑；
"皮"——土坯为围护。

传统土木结构

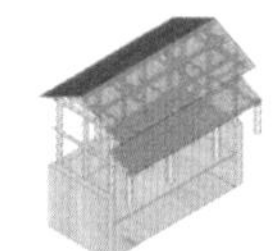

设计采用土木结构
木框架结构为支撑，下部围护墙为夯土，上部围护墙为木材。

设计单元

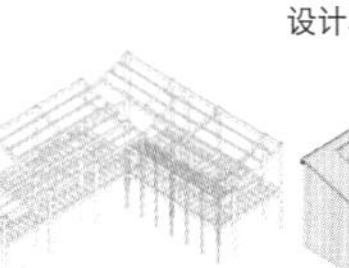
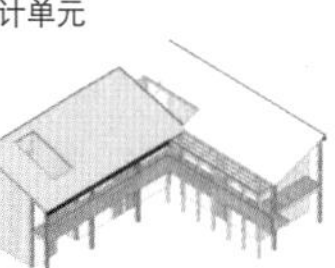

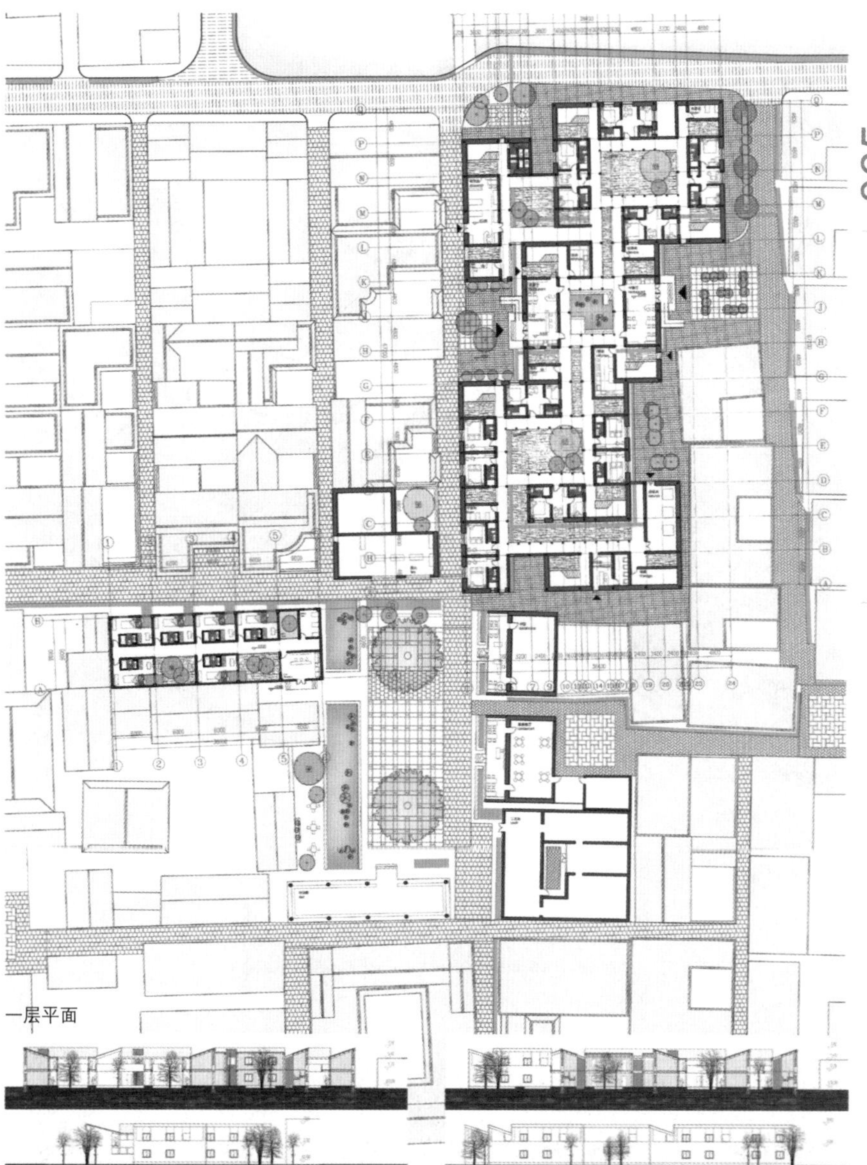

一层平面

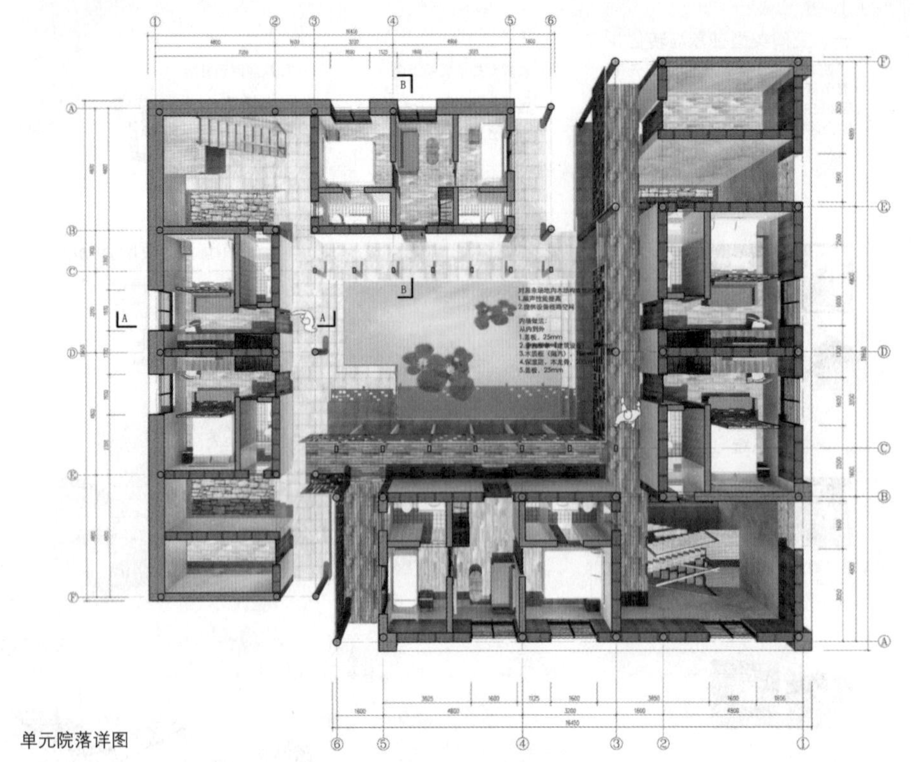
单元院落详图

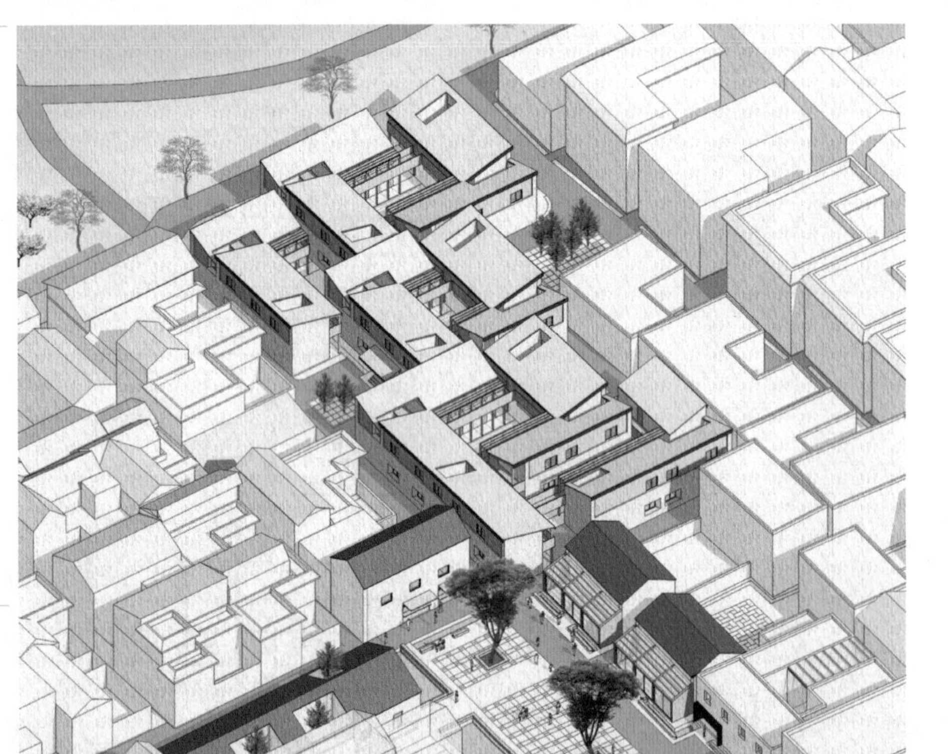
轴测图

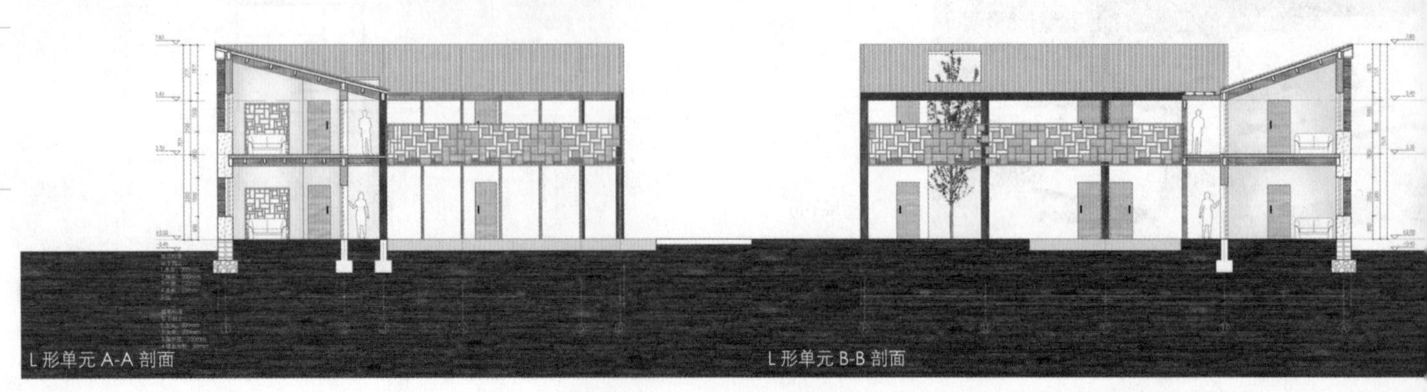
L 形单元 A-A 剖面

L 形单元 B-B 剖面

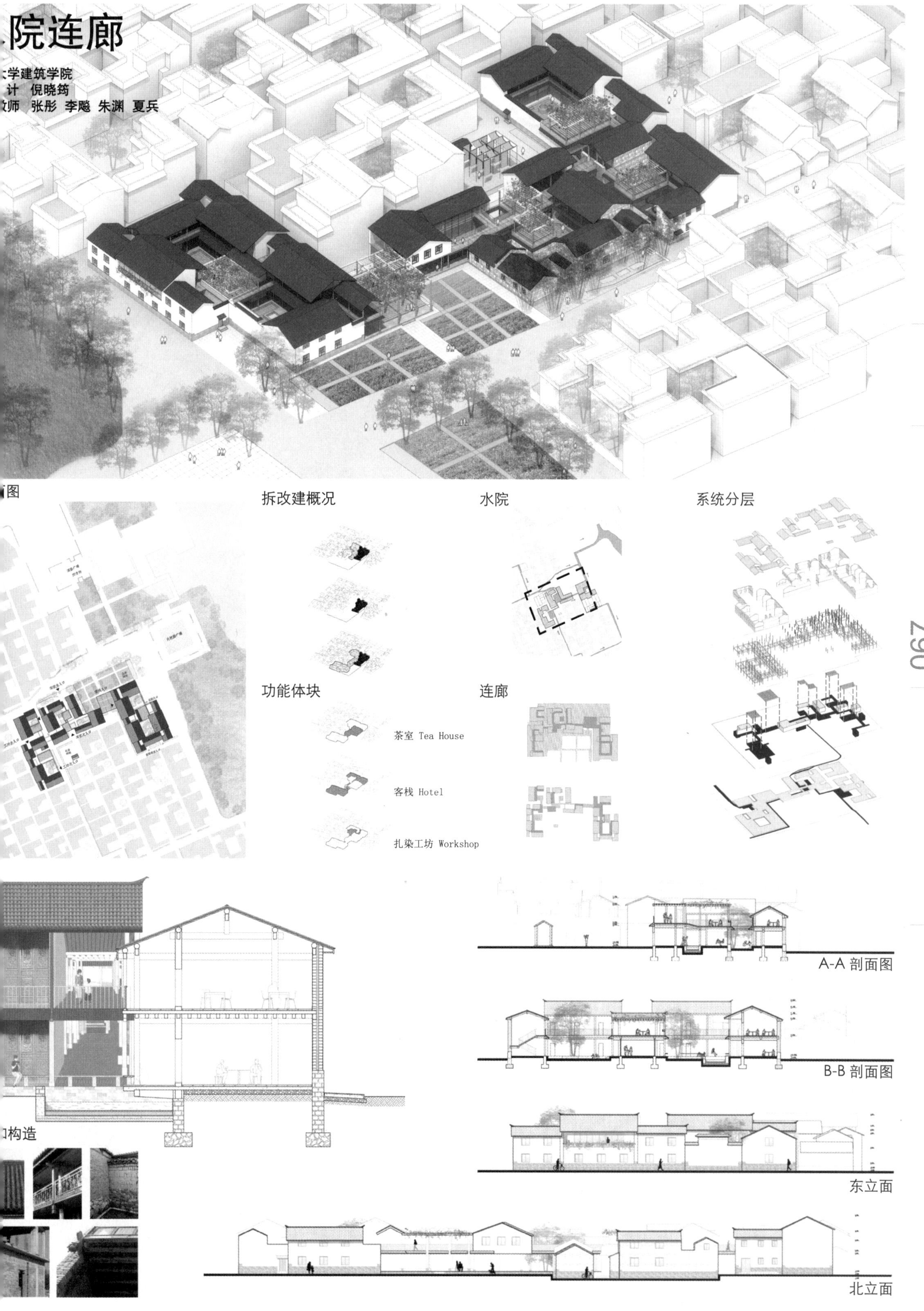

院连廊
大学建筑学院
计 倪晓筠
教师 张彤 李飚 朱渊 夏兵
图
拆改建概况
水院
系统分层
功能体块
连廊
茶室 Tea House
客栈 Hotel
扎染工坊 Workshop
A-A 剖面图
B-B 剖面图
东立面
北立面
构造

一层平面

二层平面

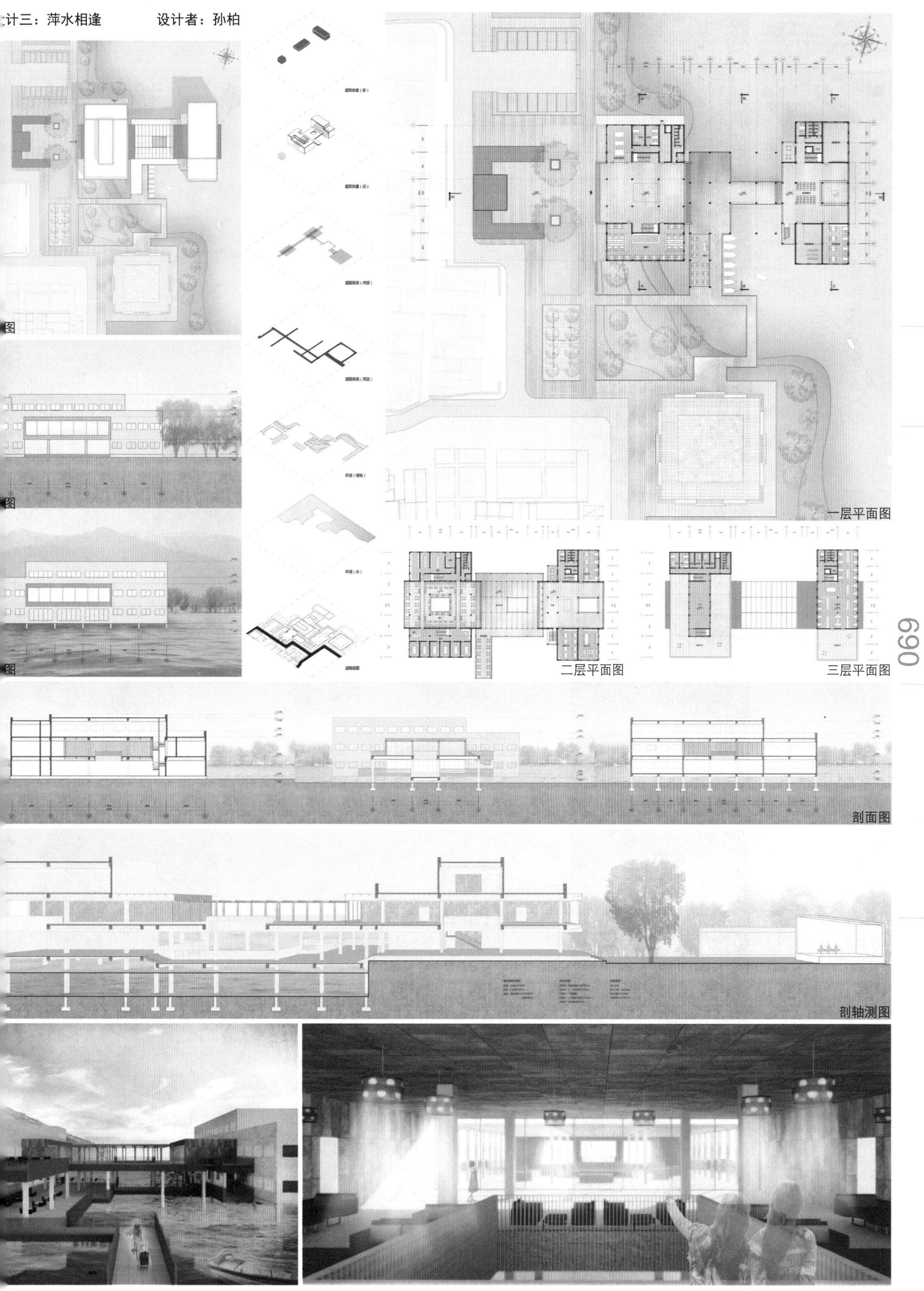
计三：萍水相逢
设计者：孙柏
一层平面图
二层平面图
三层平面图
剖面图
剖轴测图

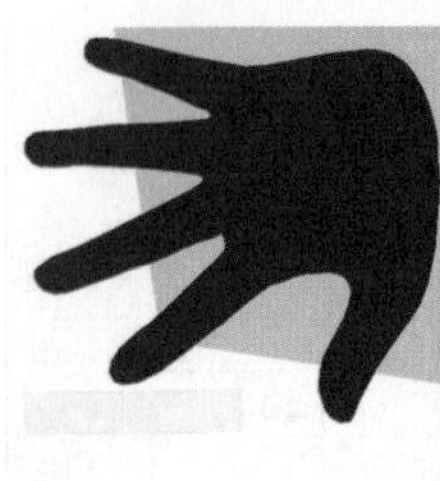

记忆·场所营造 Memory · Placemaking

东南大学
设计：陈乐 / 杨洋 / 唐时月
指导：李飚 / 张彤 / 夏兵 / 朱渊

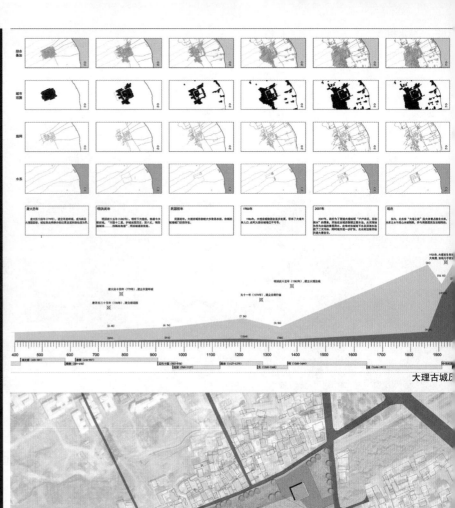

公共空间缺乏

公共设施缺乏

场地的定位：大理古城商业及旅游设施西重东轻，居民区位于北部及东部，是原驻民主要生活空间，同时也是当地文化载体。大理作为旅游城市与丽江不同的是其原驻民的比例高达百分之六十，而由于旅游的挤压，他们的公共活动空间被压缩至南水库区及玉洱园。城市公共空间极少，居民急需改善他们的生活现状。

故我们把目光放至曾经开放的北水库，即希望它服务本土居民，又在一定程度上回应游客的需求，并在场地中营建了不同类型的构筑物希望迎合本土的生活模式，唤起居民对于曾经的乡愁。

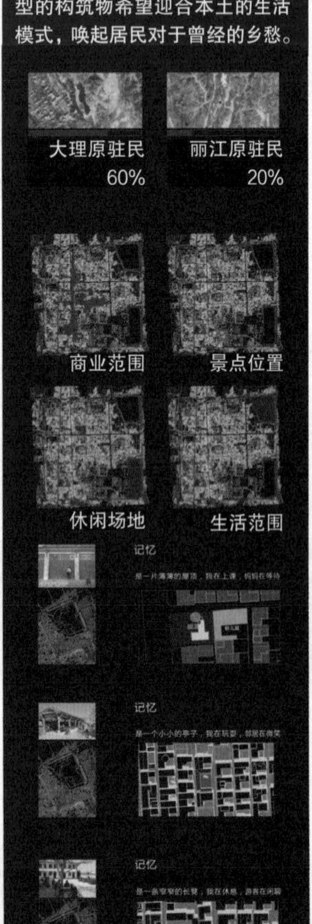

大理古城历

评语：

小组成员基于对大理古城的调研与分析，得出了定位——延续场地居住区的业态，创造适宜的公共活动空间，留住原驻民，找寻场地中留存的场所记忆。

公共空间从最初的极度紧张到规划后系统的有层级的打开。从绿地公园到公共街道到生活性街道，以网络状覆盖整个场地。

新建的构筑物空、轻、小，对环境低调介入，可游、可观、可居，强调公共空间。与此同时，房屋整治，公共空间开辟，水系梳理，为原驻民唤起了那些正在凋零的场所记忆。

业态现状

规划业态

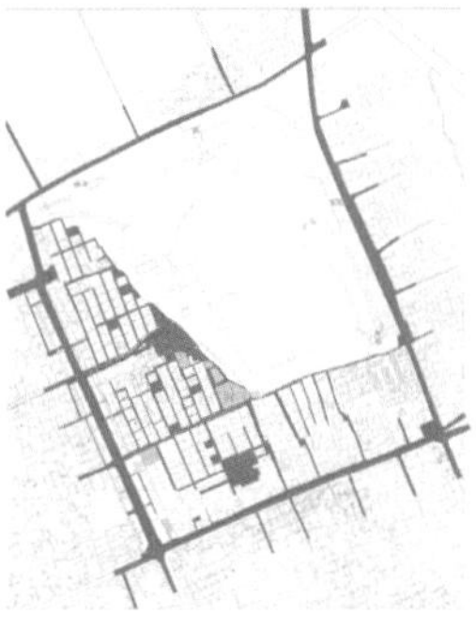

公共空间现状

保留建筑

道路现状

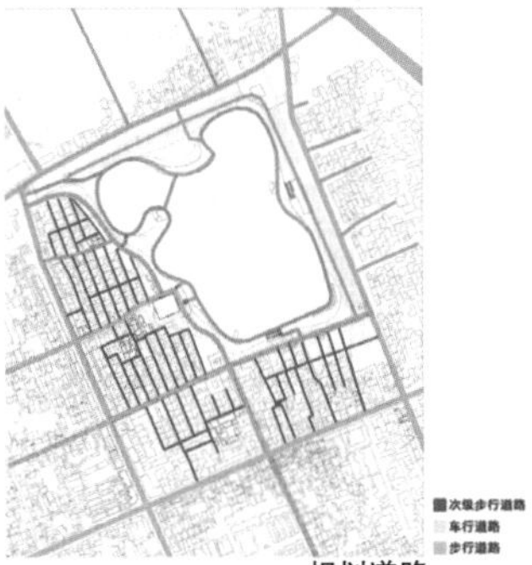

规划道路

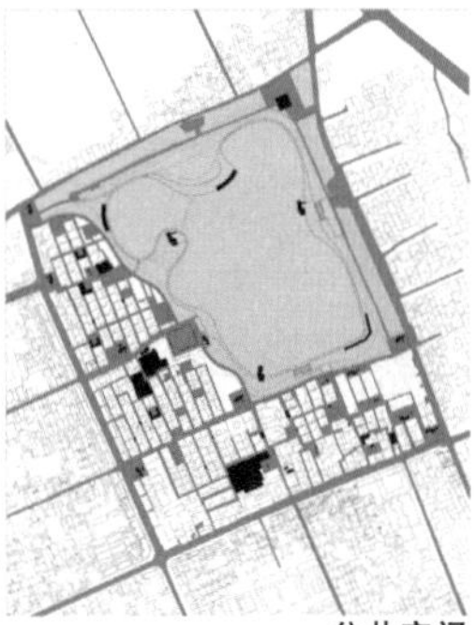

公共空间

拆除建筑

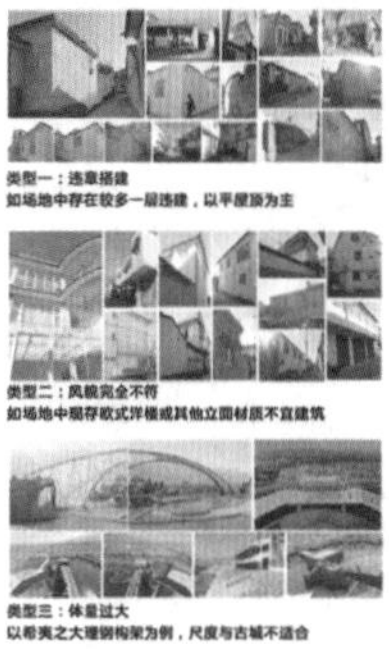

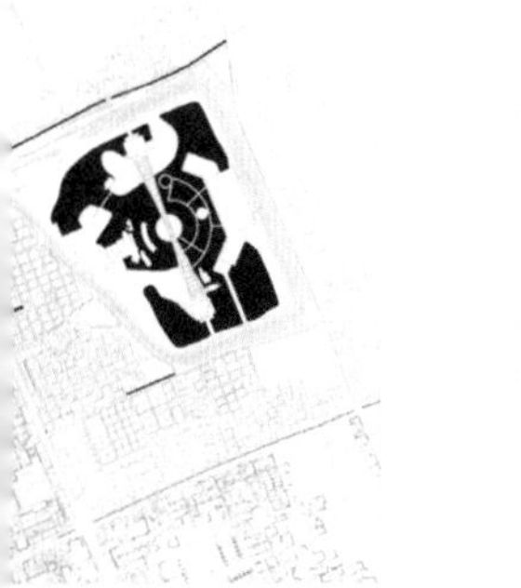

水系现状

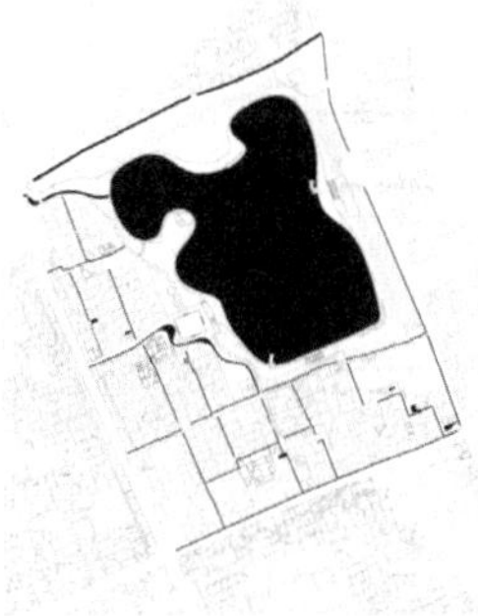

规划水系

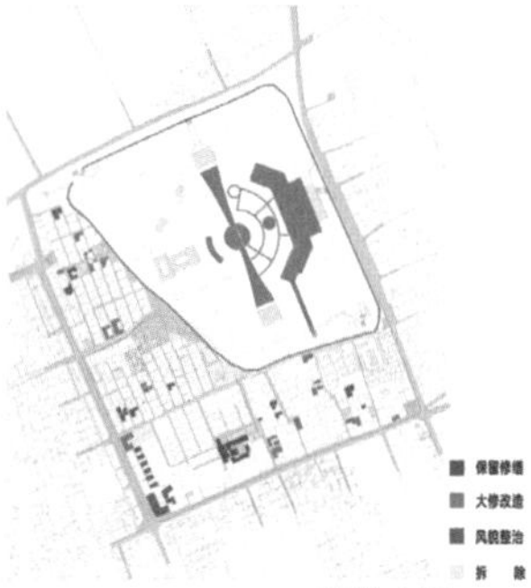

建筑去留

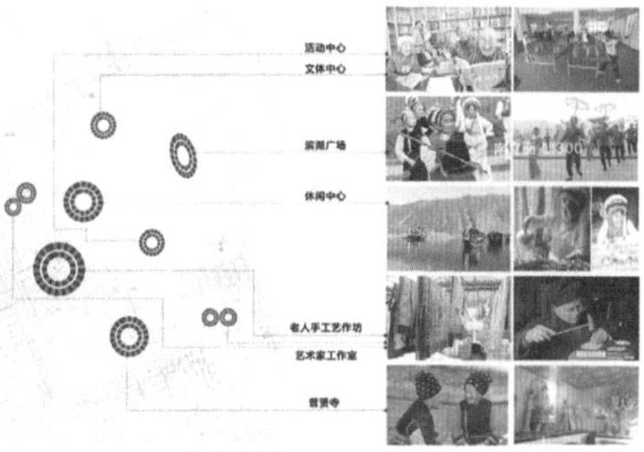

公建类型

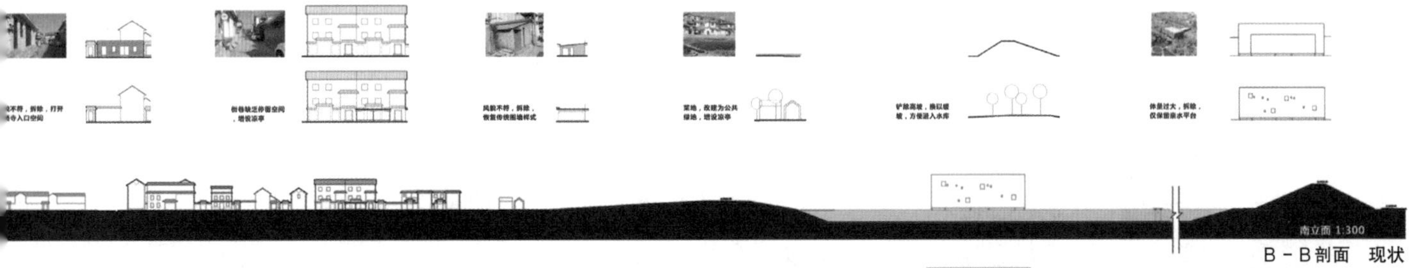

B－B剖面　现状

B－B剖面　整改

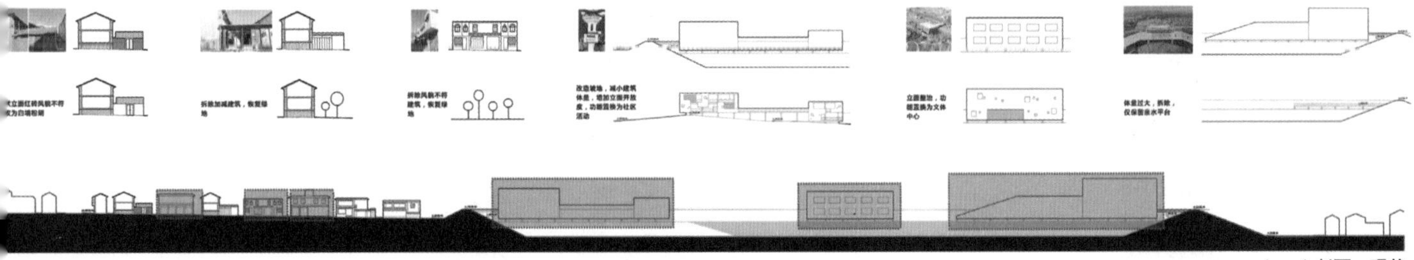

A－A剖面　现状

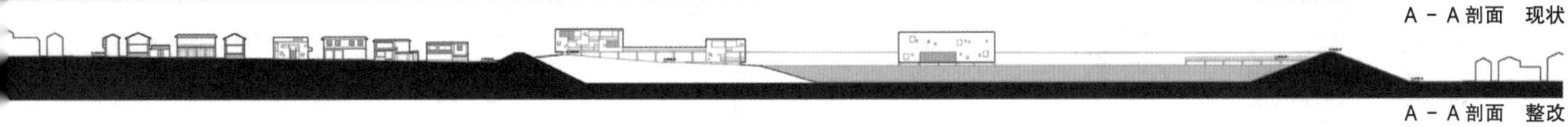

A－A剖面　整改

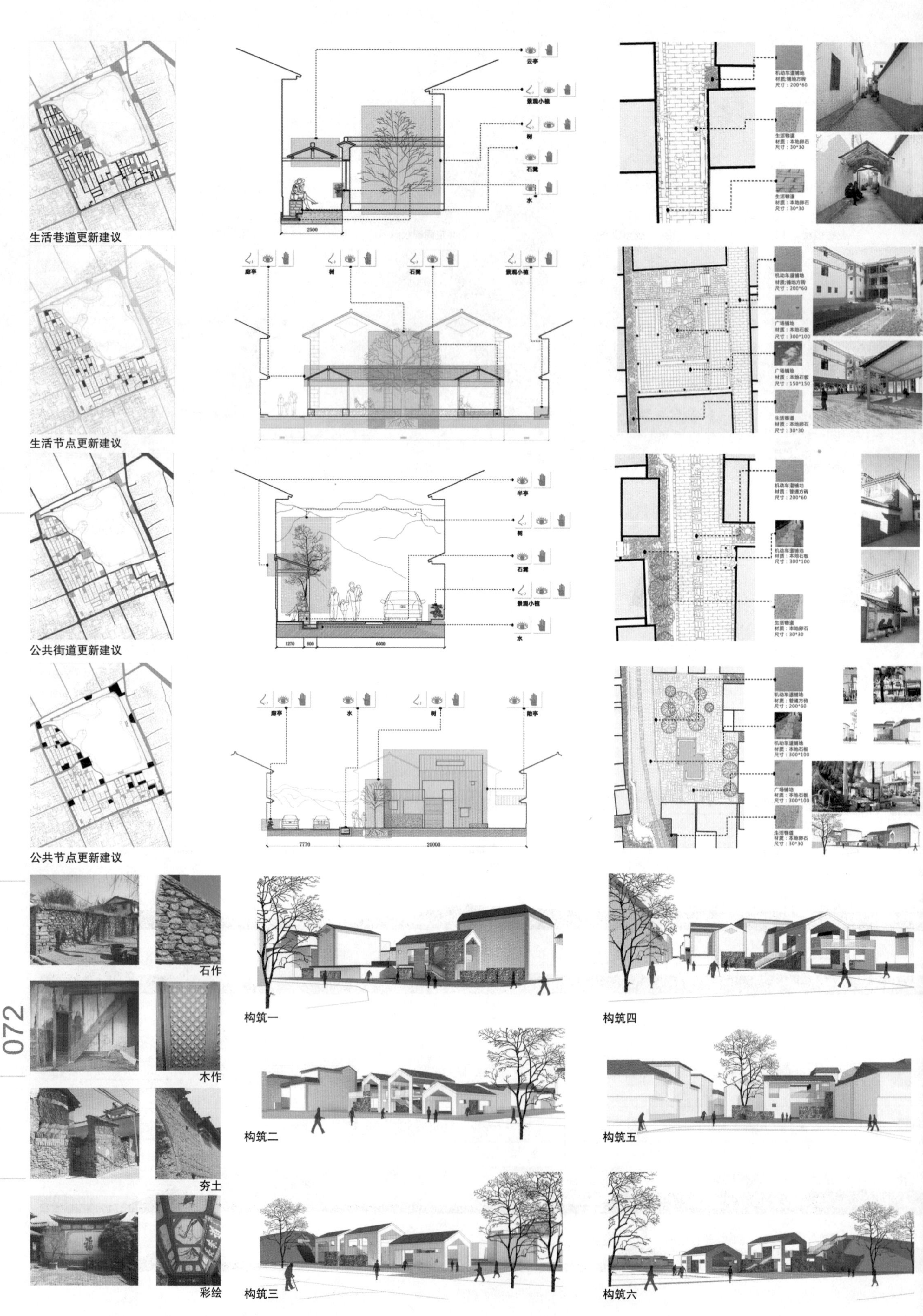
生活巷道更新建议
生活节点更新建议
公共街道更新建议
公共节点更新建议
云亭
景观小植
树
石凳
水
廊亭
半亭
散亭
石作
木作
夯土
彩绘
构筑一
构筑二
构筑三
构筑四
构筑五
构筑六

家

北水库社区托老中心设计

唐时月

说明：基地位于大力北水库希望将社区居民交流和老结合起来，实现三眼井的新建筑为环形，将老建筑连接，构造上则新老脱开。

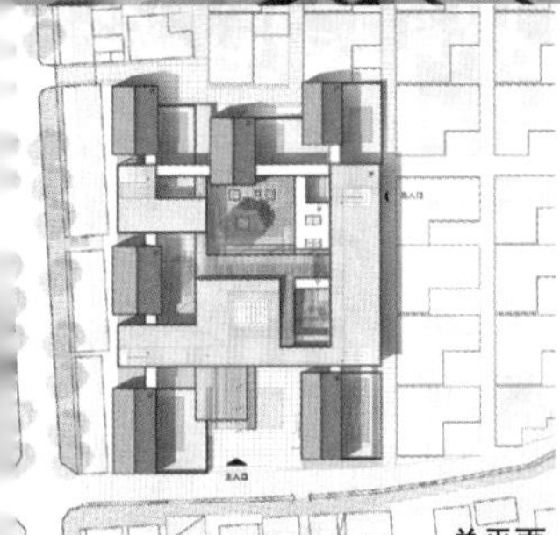

设计背景

场所要素

空间概念

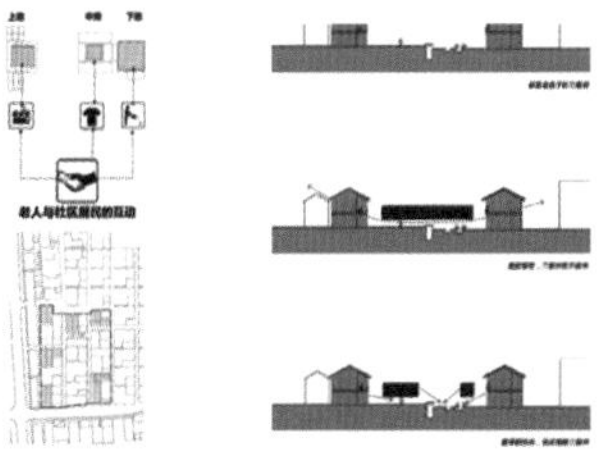

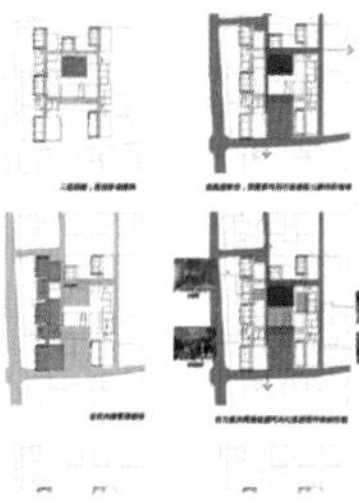

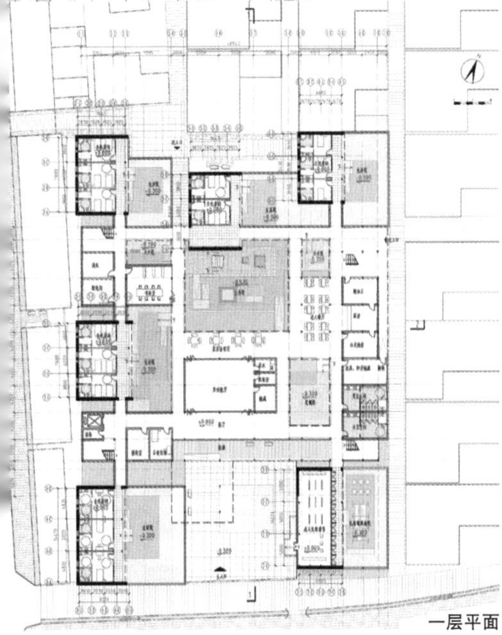

总平面

一层平面

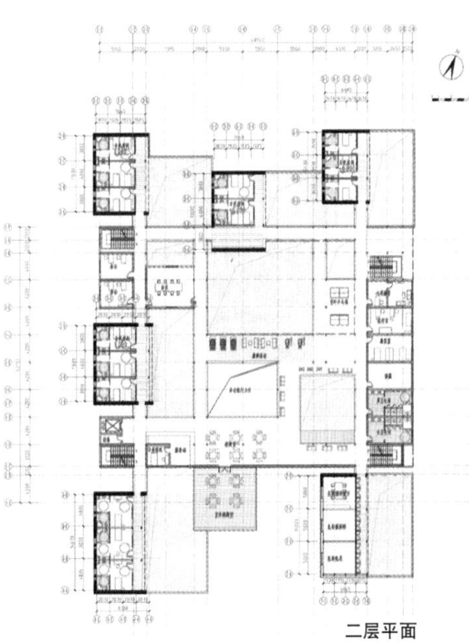

二层平面

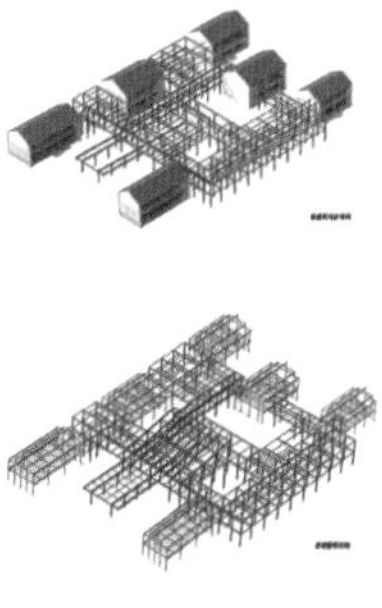

轴测图

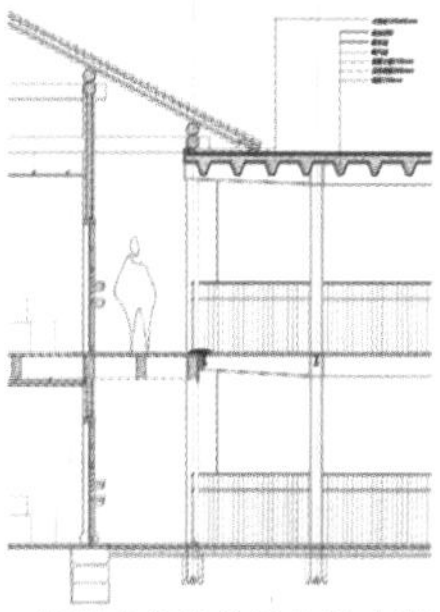

新老建筑连接处构造大样

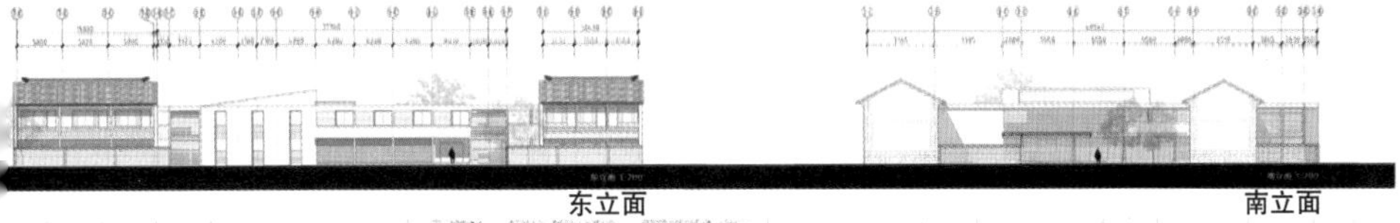

东立面

南立面

剖透视

叠恋

大理北水库居民活动中心设计

设计：杨洋

设计说明：此次设计的概念有二，一是联通水库与广场，使两者之间的联系更加紧密。二是取形态于远处的苍山，借屋顶曲折呼应苍山层叠。

空间形态上通过横向布置的墙体，体现出空间的方向性。同时内部通过传统的院落以及回廊联系，回应大理本土民居的形态。

方案功能为图书阅览区与休闲茶室区，分列南北两区。二层廊桥部分则以灰空间为主，附加一些茶室等休闲功能，体现定位于本土的策略。整体方案希望延续城市构筑的方式，在北水库区营造一个轻巧、舒展、与环境相辅相成的活动中心。

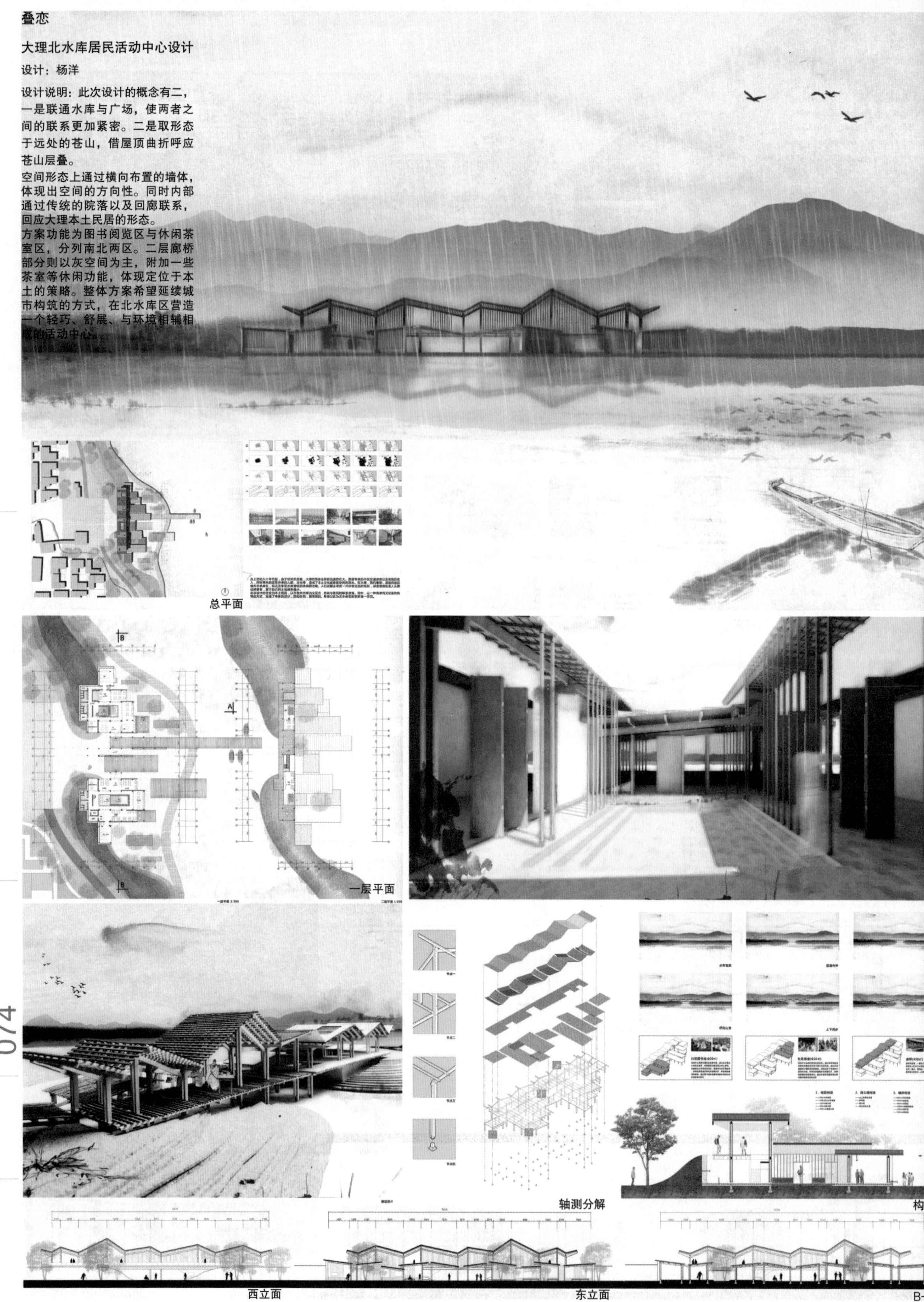

水库南诏古乐中心设计
东乐
明：土库楼作为生活的记
因为无法适应现代居住的
荒废，庄重典雅的南诏古
文化的记忆同样面临发展
设计重点考虑老房子如何
乐排练功能，适应现代的观
？居住区组团包围下如何
放性？
析
略
火把节广场
总平面
一层平面 负一层平面
二层平面
剖面 1-1
剖面 2-2
剖面 3-3
剖面 4-4
剖面 5-5
剖面 6-6
排练室剖立面详图
排练室小院透视

新日常
Everyday life Renaissance

东南大学
设计：冯硕静 / 倪贤彬 / 包捷
指导：朱渊 / 张彤 / 李飚 / 夏兵

调研分析

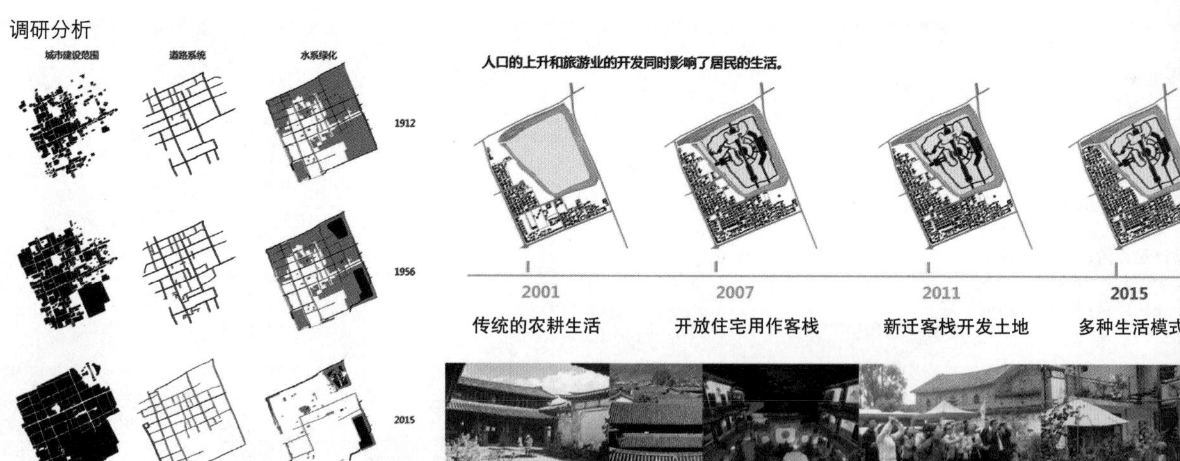

古城变迁

城市交通　旅游节点　景观绿化　公共服务　城市水系

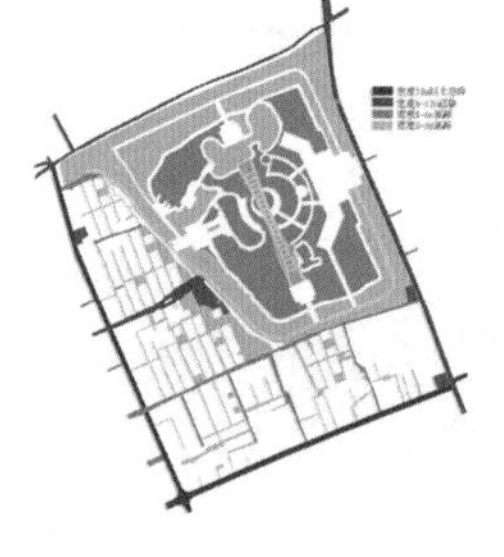
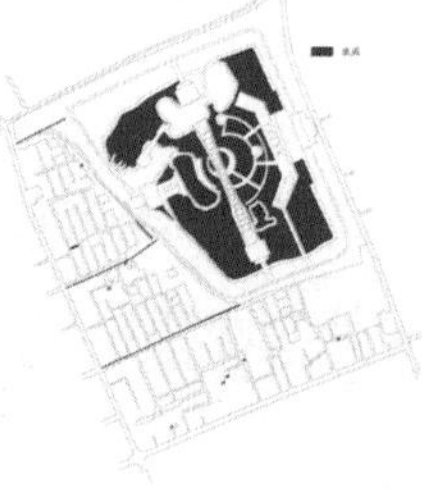
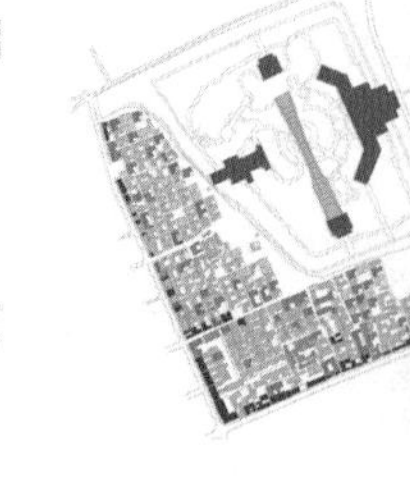

道路分析　人流分布　地块水系　建筑质量　建筑功能

生活模式分类

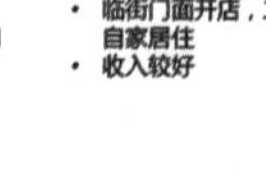
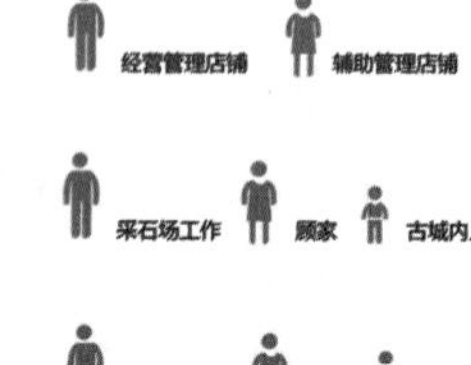

场地内部生活模式分类

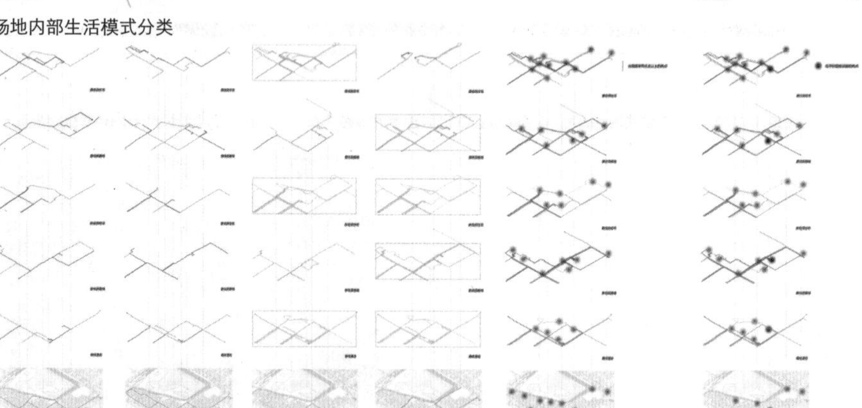

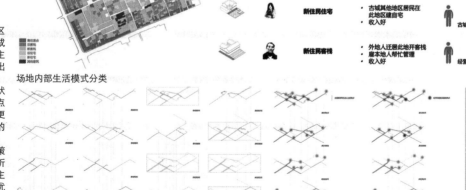

女主轨迹叠加　男主轨迹叠加　游客轨迹叠加　老人轨迹叠加　轨迹和热点的叠加　具有普遍性的热点提取

设计依据图

评语：

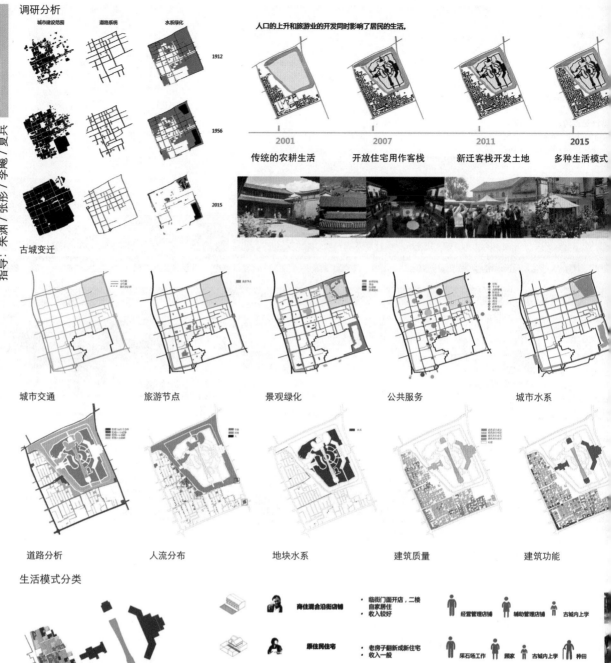

设计从大理北水库地区人们的生活模式出发，形成以新日常为指向的设计主题。从人的日常行为观察出发，在信息整合的基础上，找寻与总结历史街区的现状问题，由此限定研究的重点范围，针对性地提出城市更新的整改策略，以塑造新的日常生活模式与城市环境。

"研究型"的设计策略——设计整体从问题分析入手，展开"发现问题 - 主题引导 - 类型研究 - 分析优化"的设计策略，层层递进，最终实现主题贯穿引导下日常生活模式与使用方式的优化与转变。设计过程以相对科学合理的研究路径，讲究逻辑推理，强调以叙事的方式，更多地展现了日常性、类型化，地域性的叙事逻辑，形成清晰有力的设计成果。

城墙展览馆
城墙遗址
希夷之大理改造后文化中心
北水库
湿地公园
湿地生态菜园
游客中心
普贤寺
过渡带
功能补全
亲水环境
自然系统
沿河节点广场
绿化节点
景观绿化
车道补全
新改造导则
面对街道
面对院落
面对公共空间
面对街道
面对院落
面对公共空间
商铺
废置
造示例
原料获取
材料加工
半成品展示
成品售卖

可变性建筑改造设计
设计：冯硕静
常 · 变
从旅游特性出发，区分淡季和旺季，并由此形成不同时段对建筑的不同使用方式。通过具体建筑构件的可变性设计，来回应建筑在淡季和旺季的不同表现。
居住
R1 R2 R3 R4
客栈
H1 H2 H3
活动中心
A1 A2 A3
分类建筑改造方法
旅游淡季
R1 各自生活
H1 游客使用
A1 邻里交流
R1 各自生活
H1 游客使用
A2 社区活动
旅游旺季
R3 展示售卖
H3 游客服务
A4 展览
R4 展示体验
H3 游客服务
A3 展演活动
改造方法的组合
改造方法
生活场景设定
淡季生活场景
旺季生活
设计方案生成
淡季总平面图及平面布置
景观系统
廊桥连接
公共系统
变化墙体
旺季总平面图及平
变化墙体
公共系统
廊桥连接
景观系统
二层平面图
一层平面图
一层平面图
二层平面
立面图
剖面图
立面图
剖面
设计深化表达
淡季居民生活景象
旺季旅游生

林市

——原西岸设备用房改造设计

设计：倪贤彬

入口场景

树，集市，人群

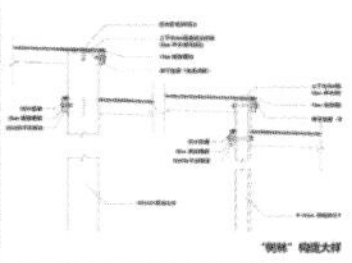

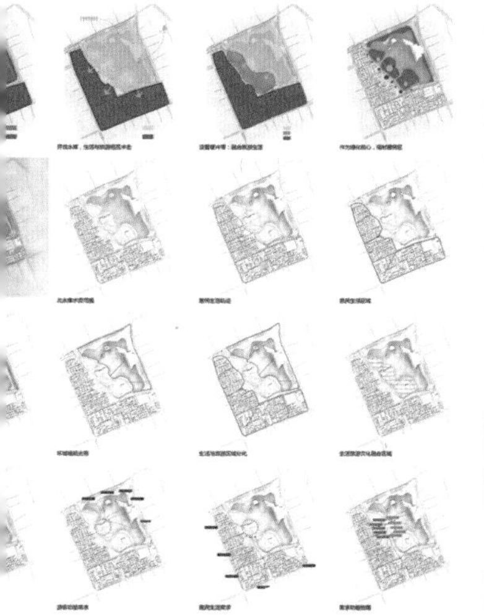

公共空间与场地意向

设计意向

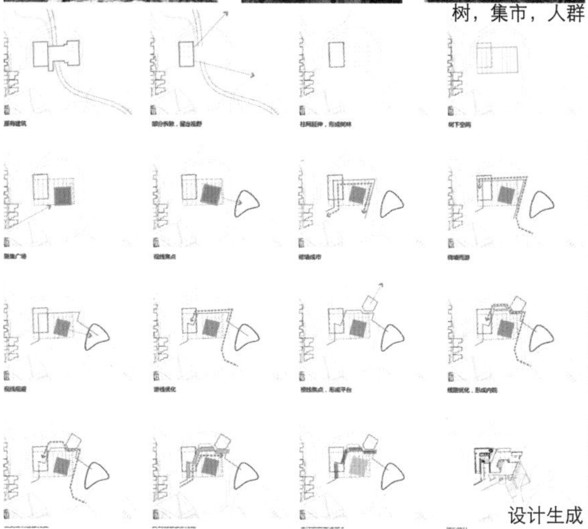

设计生成

空间场景

模型照片

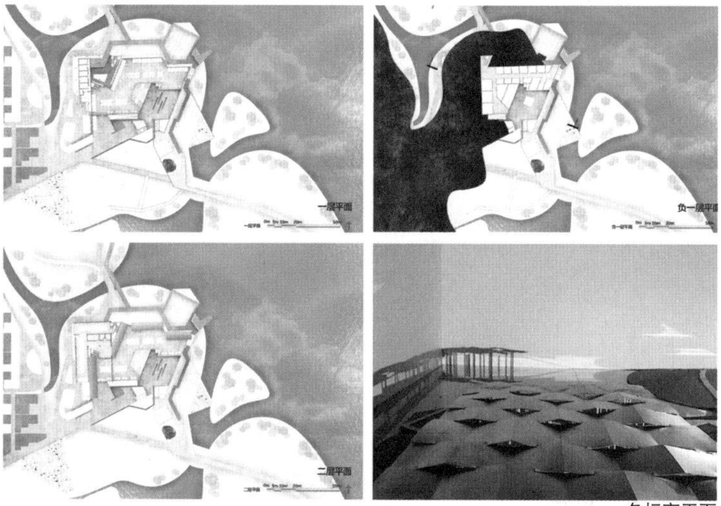

各标高平面

集市场景

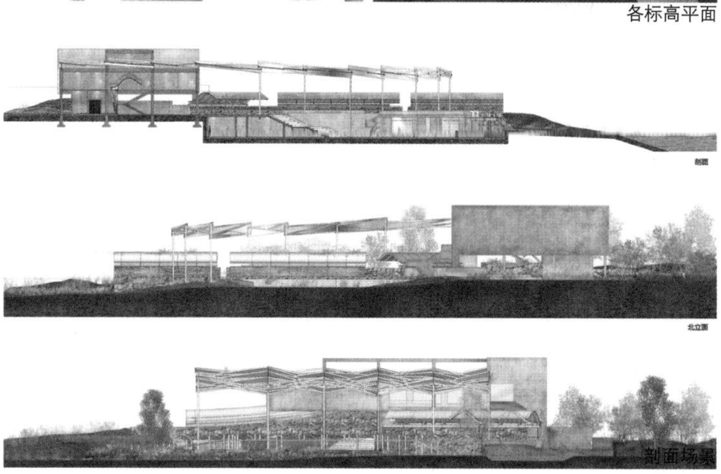

剖面场景

大理之眼角手术

——原希夷之大理梦幻剧场，剧场看台，以及北岸设备用房三者合一改造设计

设计：包捷

建筑设计方面，对于原希夷之大理梦幻剧场，梦幻剧场看台，以及北岸剧场设备用房，进行三者合一的改造设计；从而改善城市和水面的关系，延续古城墙的脉络，形成大理古城内新的聚集地点。

本设计旨在探索旧建筑改造与地景式设计的结合。

	城市客厅					图书阅览								社区活动					民俗展示				
	城市服务				亲子区	书库		阅览			图书办公			休闲活动			社区办公		民俗馆		后勤办公		
[illegible]	[illegible]	[illegible]	[illegible]	[illegible]	[illegible]	[illegible]	[illegible]	[illegible]	[illegible]	[illegible]	[illegible]	[illegible]	编目/技术	[illegible]	[illegible]	[illegible]	办公	[illegible]	[illegible]	[illegible]	[illegible]	[illegible]	办公
[illegible]	1	1	2	4	1	6	7	1	1	1	7	1	8	3	5	1	4	2	2	1	1	2	4
[illegible]	600	350	400	200	150	120	100	100	100	180	90	80	15	30	40	160	25	60	400	100	20	40	15
[illegible]	600	350	800	800	150	720	900	100	1500	180	180	80	120	90	200	160	100	120	800	100	20	80	60
[illegible]	2550				150	1,620		1,780			180			400			220		900		160		
[illegible]	2900					1,780								640						1,060			
[illegible]	12,040																						
[illegible]	10,222																						

功能策划

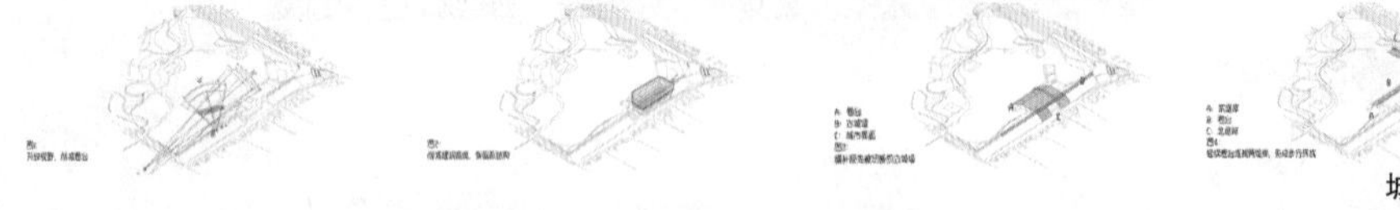

城市层面策略

场地总平面（城墙、屋顶标高平面）

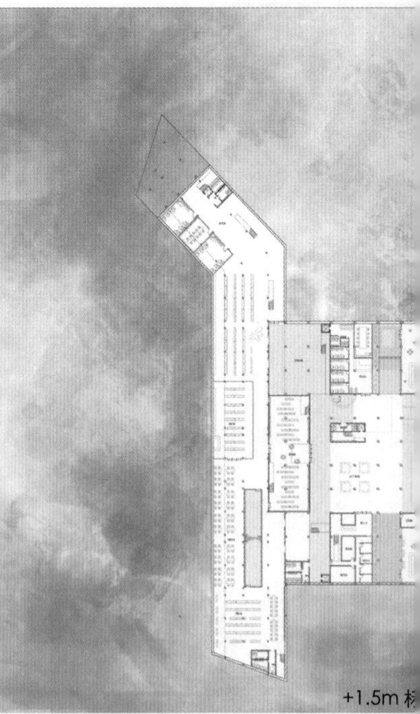

+1.5m

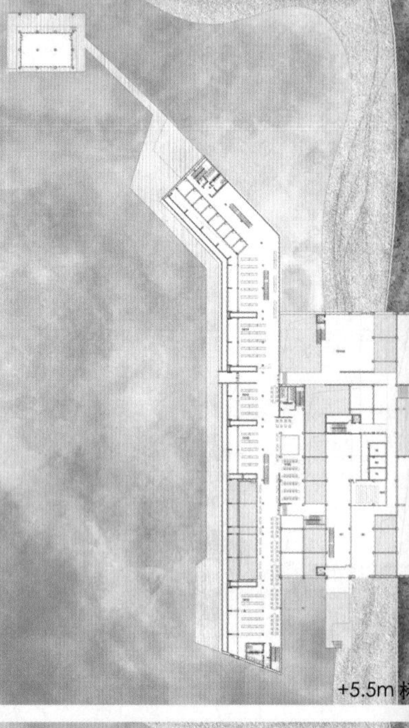

+5.5m

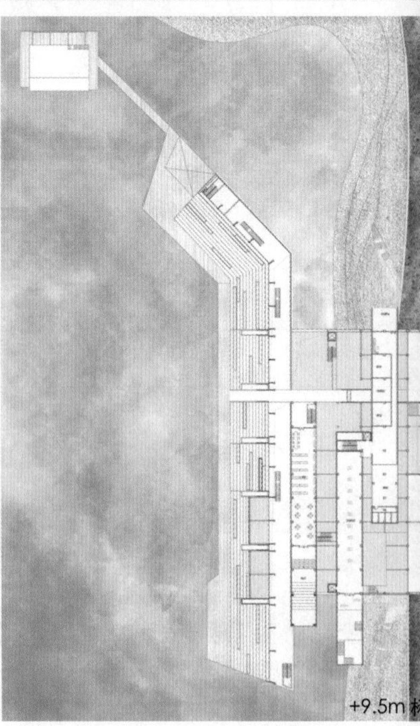

+9.5m

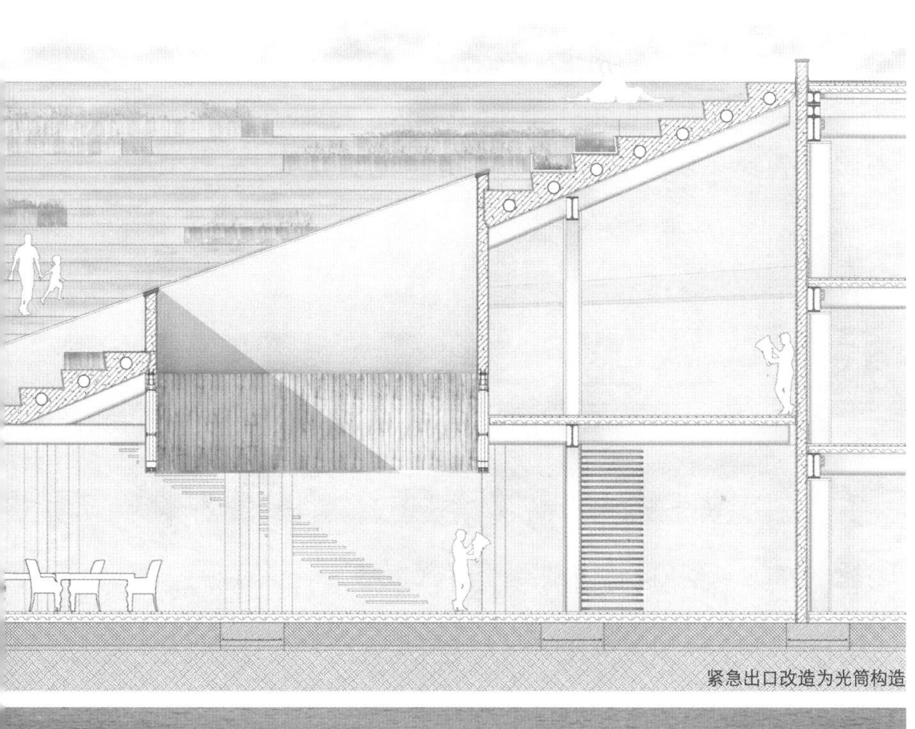

紧急出口改造为光筒构造

空间渲染

城市 - 建筑 - 水面 - 城墙关系

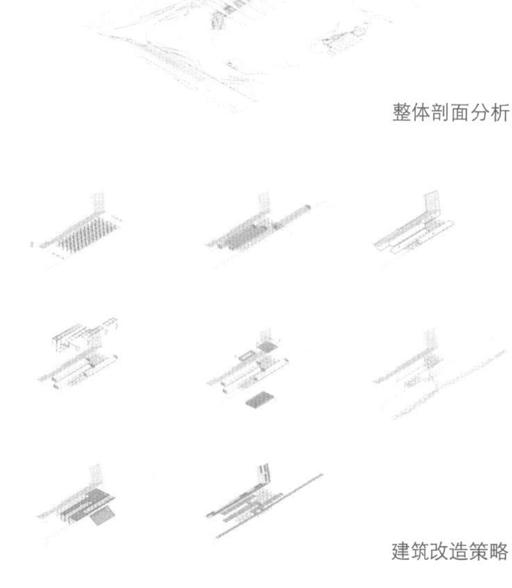

整体剖面分析

建筑改造策略

地景式改造

天津大学

TIANJIN UNIVERSITY

孔宇航

张昕楠

许蓁

曹峻川

刘可

牟玉阳光

设计题目：

落魄者的失乐园

Declasse lost paradise

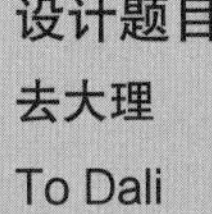

设计题目：

去大理

To Dali

孙宇

谭笑

杨东奇

肖琳

张天翔

闫瑾

设计题目：

渗透

PERMEATE

周平

余啸

石明雨

设计题目：

风水的居所

The Ethics in Dali

落魄者的失乐园
Declasse lost paradise

天津大学
设计：曹峻川 / 刘可 / 牟王阳光
指导：孔宇航 / 张昕楠 / 许蓁

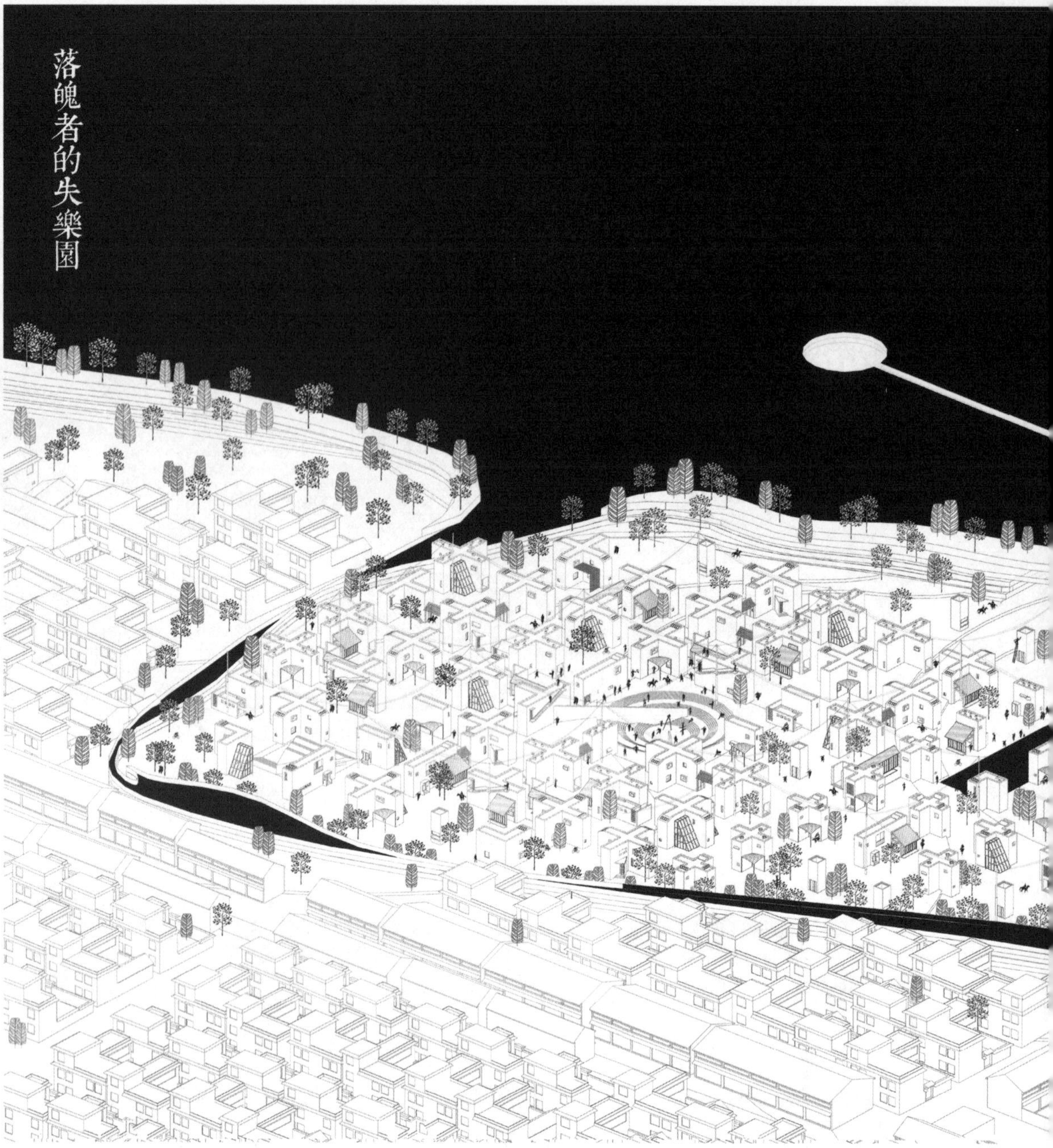

落魄者的失樂園

评语：

建筑能否成为一份宣言？此毕业设计不同于以往纯粹考虑实际条件的建筑设计，其基于场地上真实存在的深层次的思考，对于建筑在当代背景下的社会学意义进行了一次大胆地思考与实践。随着现代性的内在诉求愈渐突出，建筑学不能仅止步于建造一个传统意义上的庇护所，或是行为的容器，其内涵和外延亟须进一步拓展；同时，随着对建筑本质问题的进一步深入，建筑问题已不能仅局限于建筑学范域，诗歌、哲学、社会学、人类学、现象学、符号学。设计过程将偏执批判法运用于建筑设计过程，对传统古城保护与现代城市发展之间存在的冲突，进行深刻的思考和设计探讨；并在单体设计中，延续城市设计对现代主义建筑霸权性和功利性的批判展开探讨，最终通过根植于当地传统性与真实性的建筑设计方法，在满足时代对建筑本质拓展的可能性的同时，使设计成为建筑之于自身真实性建构内在诉求的宣言。

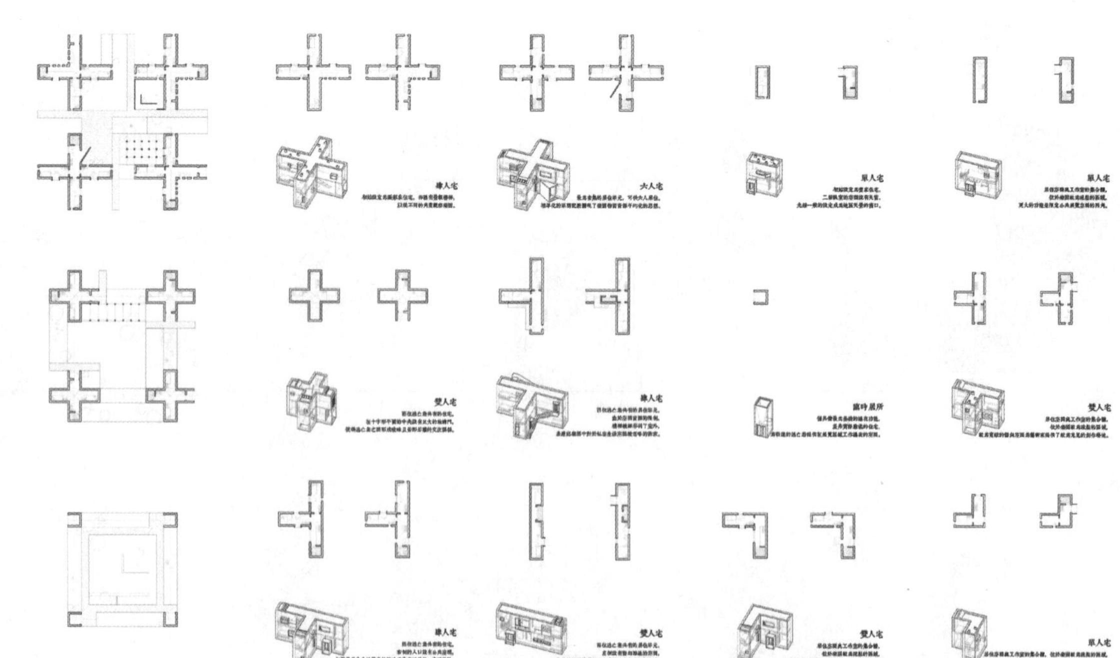

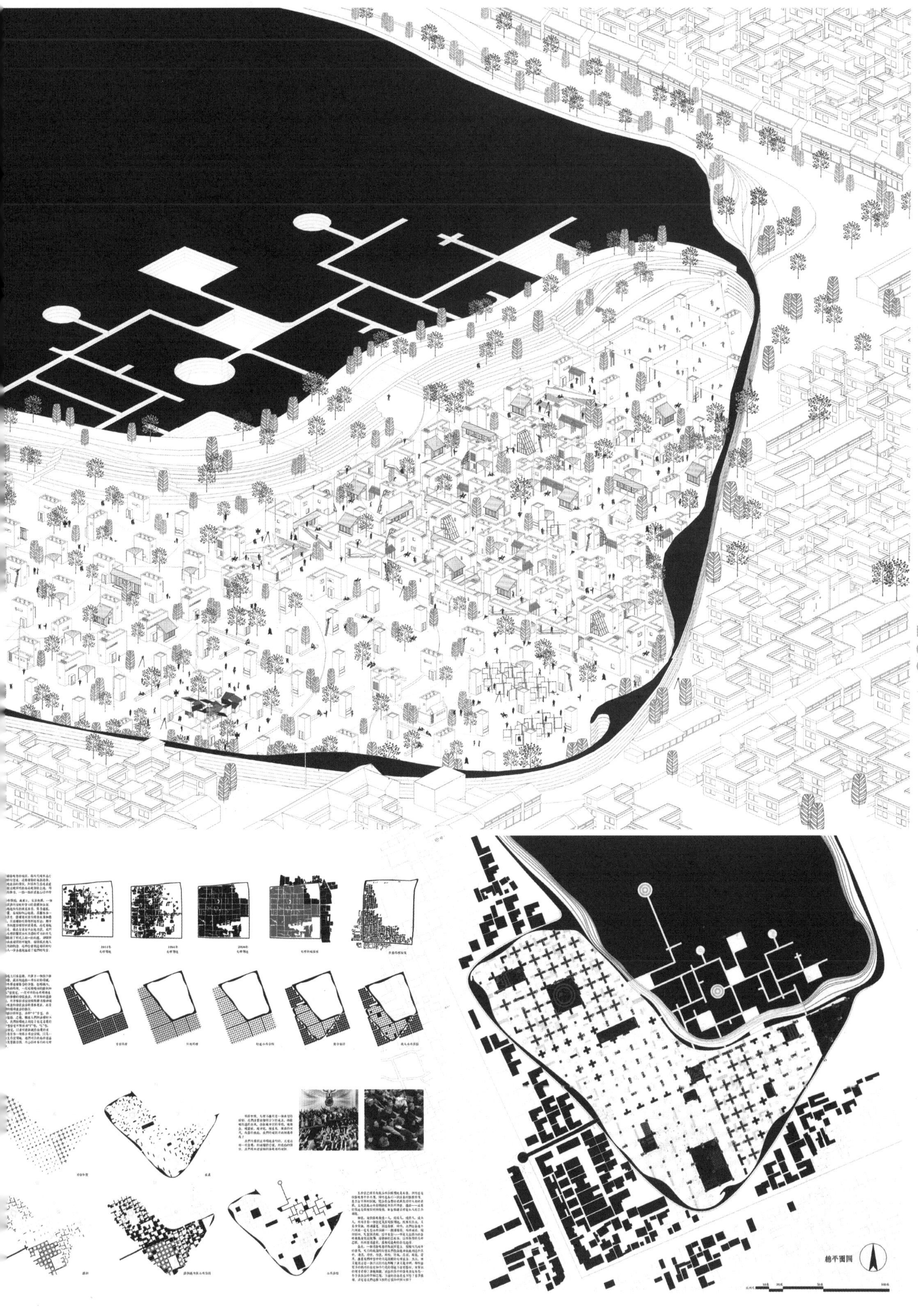

总平面图

失魅中的返魅
An ENCHANTED DISENCHANTMENT

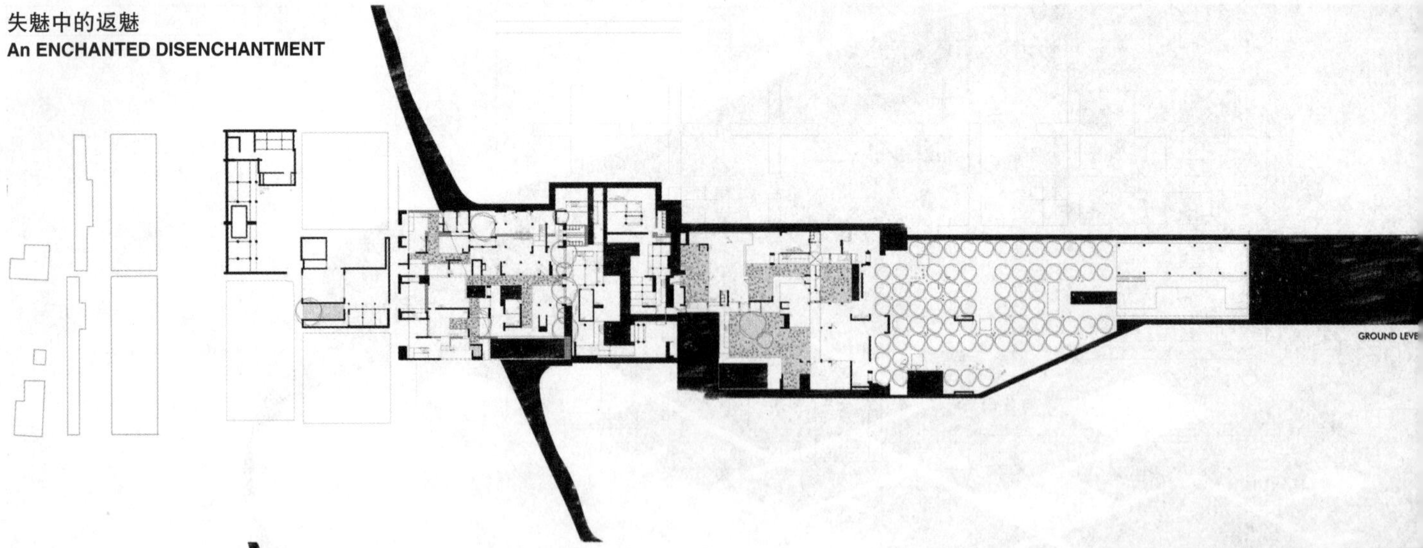

GROUND LEVE

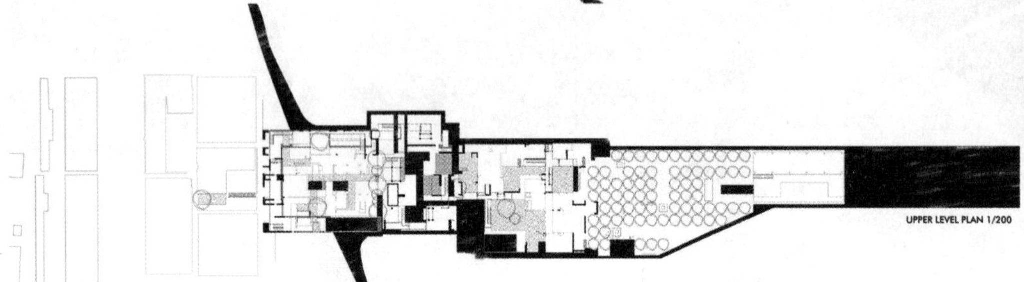

UPPER LEVEL PLAN 1/200

The PROCESS of FLOWER & POEMS

The design was prompted by the idea of an exibition space forming an integral part of the large Kamberović Park alongside the River Bosna, in the centre of the town of Zenica. The concept was based on a deterministic approach to history – as a series of causes and consequences, while avoiding falling into a trap of a pathos-ridden and artificial representation of a part of our national history. The architectural space aspires to create an emotional communication with the user. The entry sequence – disappearing underground as a one-way movement between walls lined with mirrors and then returning to the beginning – at the same point but on a different level, creates a sense of relative space and reveals the time as the content.

EAST-WEST SECTION 1/200

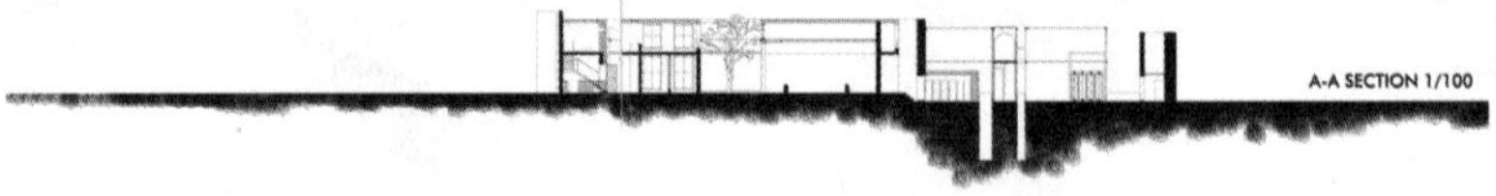

A-A SECTION 1/100

B-B SECTION 1/100

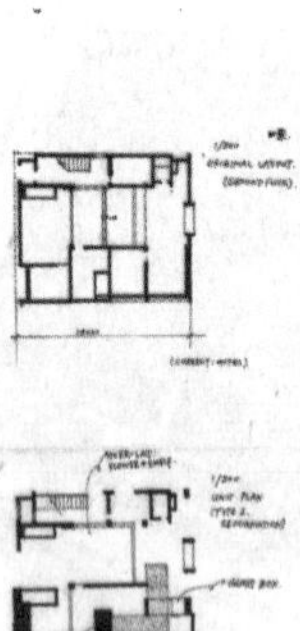

Unit Plan-Phase 1 1/200

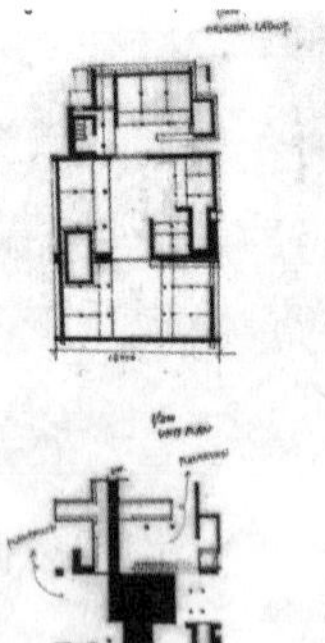

Unit Plan-Phase 2 1/200

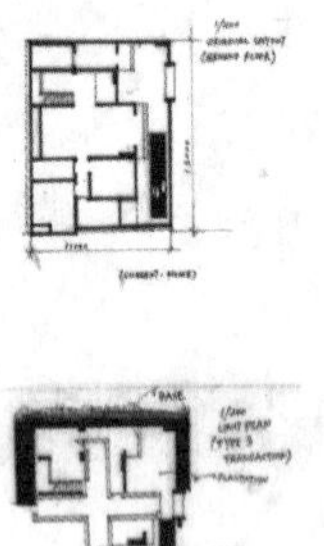

Unit Plan-Phase 3 1/200

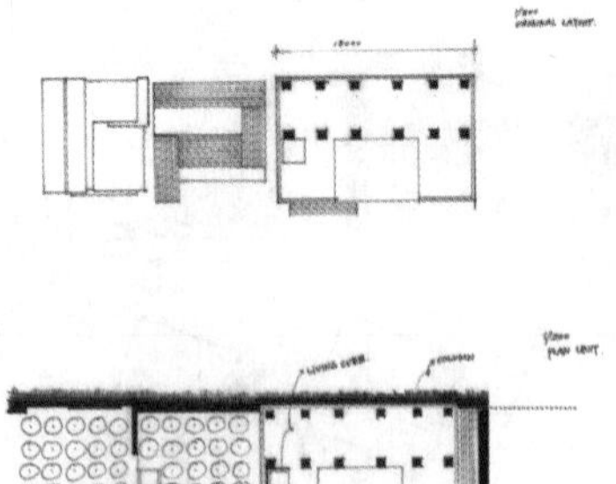

Unit Plan-Phase 4 1/200

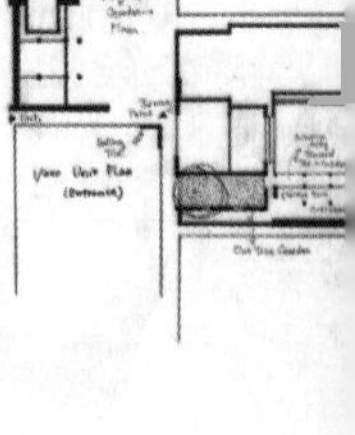

The design was prompted by the idea of an exibition space forming an int
large Kamberović Park alongside the River Bosna, in the centre of the to
concept was based on a deterministic approach to history – as a series of c
quences, while avoiding falling into a trap of a pathos-ridden and artificial
a part of our national history. The architectural space aspires to create a
municat

Perspective-Phase 1 1/200

Recognize the chances in the original neighbourhood to create lighting and passage using plantation as ground-level notice.

Perspective-Phase 2 1/200

Building glass construction beside the original walls, to create new vision of living. Use plantation as ways to improve environmental condition.

Perspective-Phase 3 1/200

Built glass construction become the main functioning space, liberate more open space and public spaces.
Massive activities exploiting the limited indoor space.

Perspective-Phase 4 1/200

The stop of the modern development process and the grand expansion of desire towards liberty.

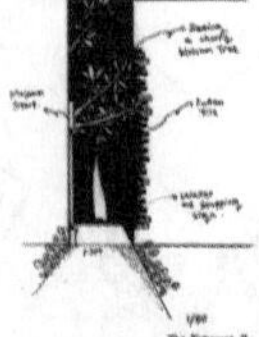

Perspective-Entrance 1/200

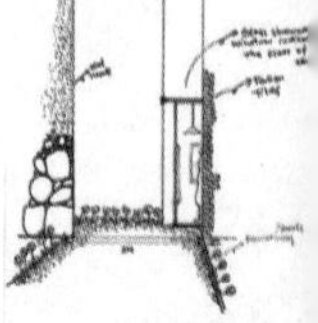

Perspective-Entrance 1/200

Recognize the chances in the original neighbourh
to create lighting and passage using plantation as
notice.

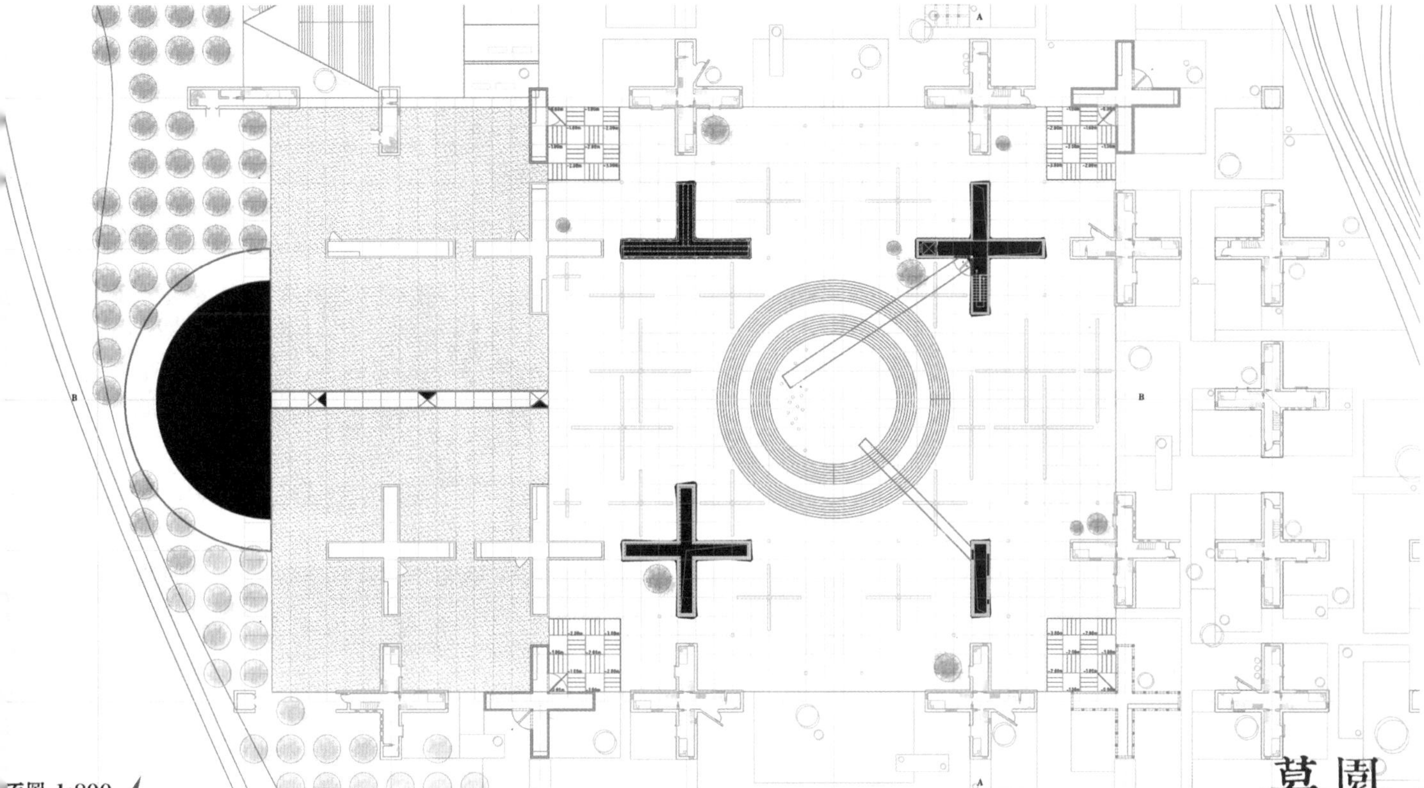

墓園

面圖 1:800

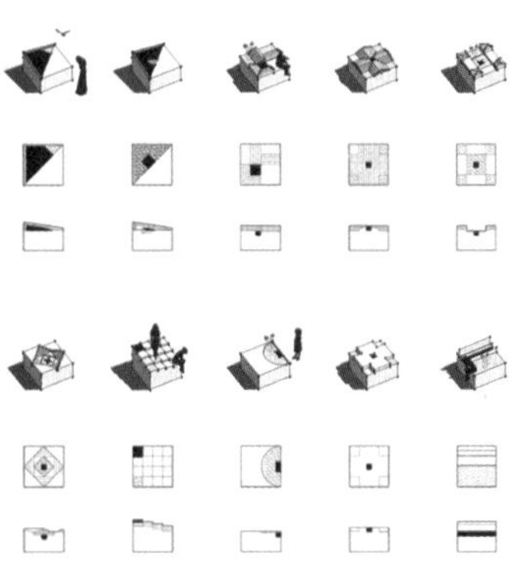

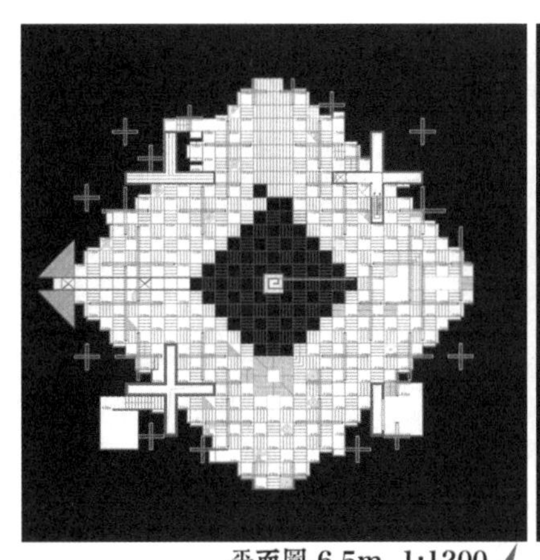

平面圖-6.5m 1:1200

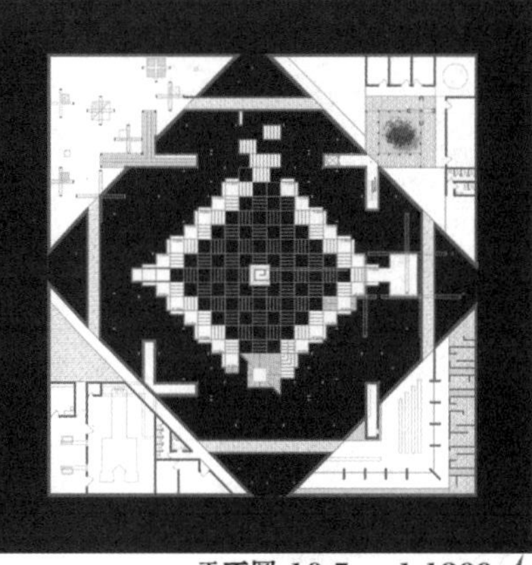

平面圖-10.5m 1:1200

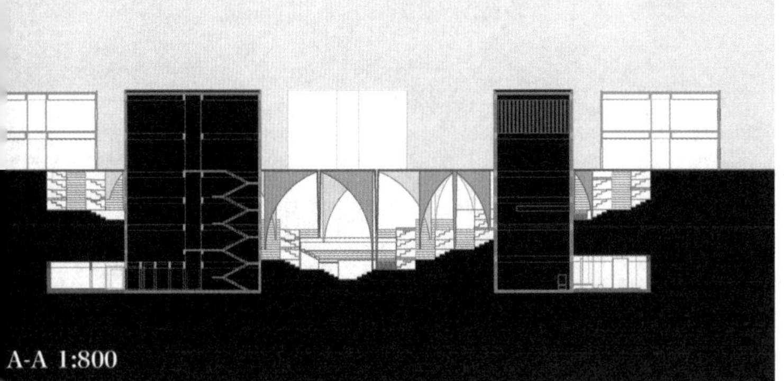

概念

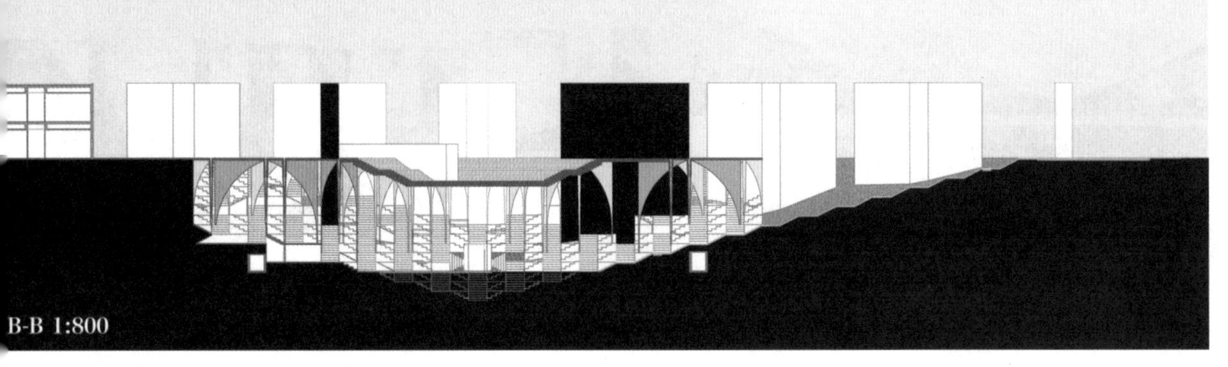

苍山是大理极为重要的地理标志，同时也是白族人对死亡的心理边界。从古至今，白族人将死去的亲人埋葬在苍山上，不言及死亡，而称死去的亲人"到苍山上守山护林去了"。同时，尽管整个守灵与下葬的仪式充满了悲痛的情绪，当死去的亲人入土后，白族人便会脱掉孝服，在坟前唱歌，做饭，立刻进入一种世俗化的生活状态。

因此，我将墓园的选址定在了整个城市设计中世俗性最强的场所——朗读广场——之下，通过极度悲痛与极度世俗——两种截然相对的空间体验——在垂直方向上的并置，配合以混凝土材质粗砺自然的质感，使人于生死之间来回游走，思索，感受，体会生命的张力与时光在生生不息的流转中永恒的静谧。

首先，人們來到朗讀廣場。這裏，他們看見許多人在廣場上自由地讀書，交談，遊戲，曬太陽，沒有死亡和悲痛。接著，人們來到廣場中央的長型通道。通過一道窄門進入儀式過程。通道內兩邊是高高的圍牆，人們只能抬頭，看寂然的天空，雲朵數
飄過。

通道愈漸壓低，人們進入作爲交通筒的“十”字型建築，經由樓梯下至最底層的接待大廳。這是一個列柱圍合的向心空間，中央爲鋪滿了細沙的樹的庭院。穿過通道，人們來到光之告別大廳。

這裏，一組組四根扁平柱圍合出勻質空間中的一個個停留點，斑駁的星點在其間流轉，移動，借著這光，人們告送故人，得到慰藉。又或是，人們穿過反方向的通道，來到昏暗的風之告別大廳，這裏，人們進入中心的“一”字型建築，沒有光亮，沒
有頭頂上的風在作響，這裏，人們不能看，不能言語，只能靜靜聽取內心的一種寂靜。接著，故人被送進火葬空間進行火化處理，人們拿到骨灰後經由接待大廳的交通筒上至祭拜空間。

逼仄的空間霎時間打開，人們看到無窮盡的臺階和平地，以及象徵著山間林木的透光的柱，宏大，而肅穆。人們開始緩步行走，尋找到一個合適的平臺，將骨灰埋入，長久地凝視，端坐，踱步與思索，他們看到許多其他的人，與他們一樣的人，承受
在這廣大的肅穆中隱忍，默然，只是行走，只是感受，只是思索。當然，他們也可能輕聲在墓前歌唱，或是坐下來，邊吃點心邊靜靜地與親人進行久違的交談。

悲痛慢慢撫平，人們注意到通向遠處的長長的階梯，他們拾級而上，慢慢地，光線越來越強，而天空浮現，肅穆的樓梯褪去，象徵新生的草坡湧現，繼續向上走，慢慢地，他們到達地面，一片寂然的水展開，倒映著依舊數千年如一日的天空與雲朵，
旁招展，送來清風，而蒼山，沉默於遠處。回頭，依舊是那片廣場，許多人在廣場上自由地讀書，交談，遊戲，曬太陽。沒有死亡和悲痛的影子。

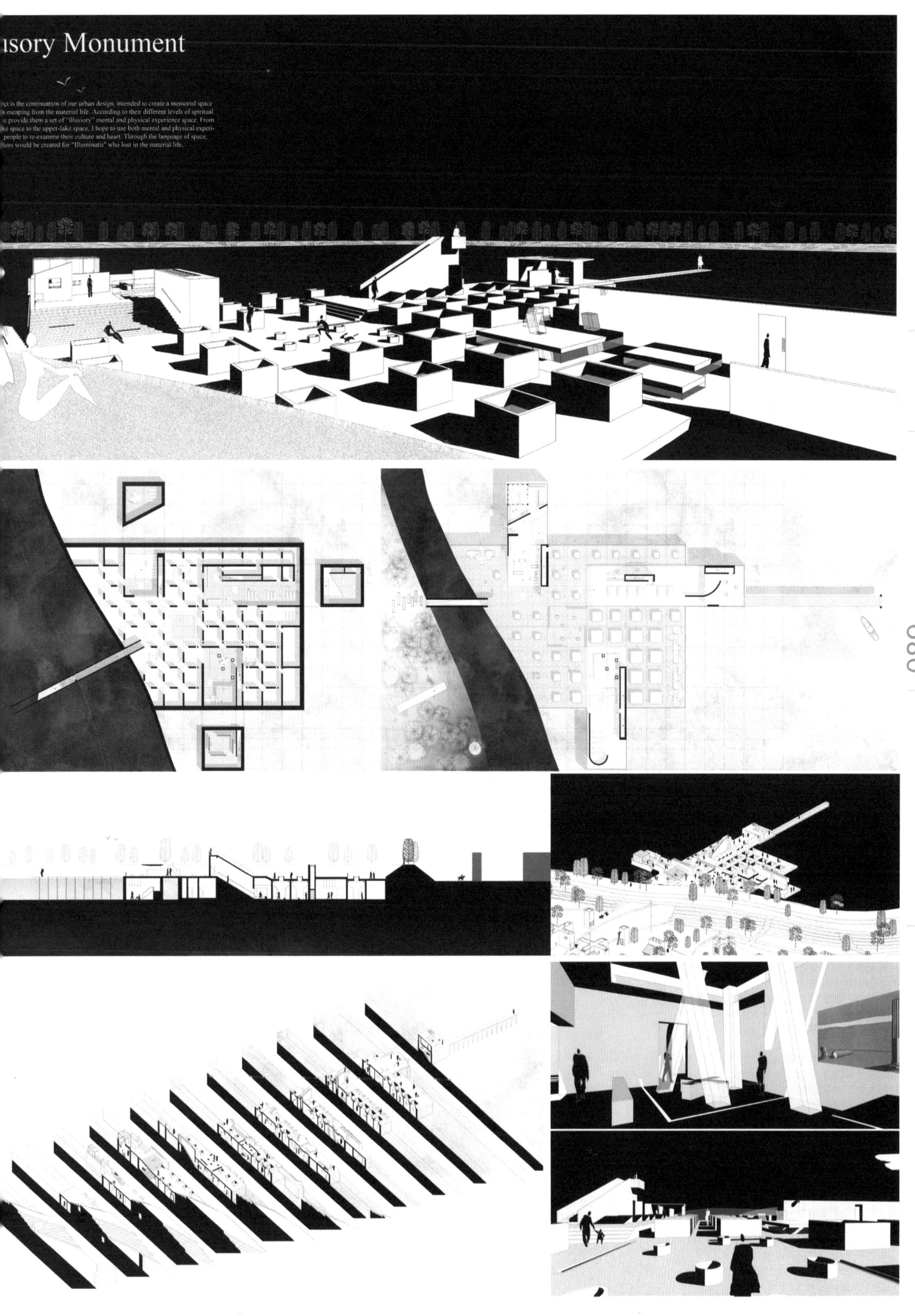
usory Monument
ct is the continuation of our urban design, intended to create a memorial space
s escaping from the material life. According to their different levels of spiritual
o provide them a set of "illusiory" mental and physical experience space. From
ke space to the upper-lake space, I hope to use both mental and physical experi-
people to re-examine their culture and heart. Through the language of space,
hors would be created for "Illuminatis" who lost in the material life.

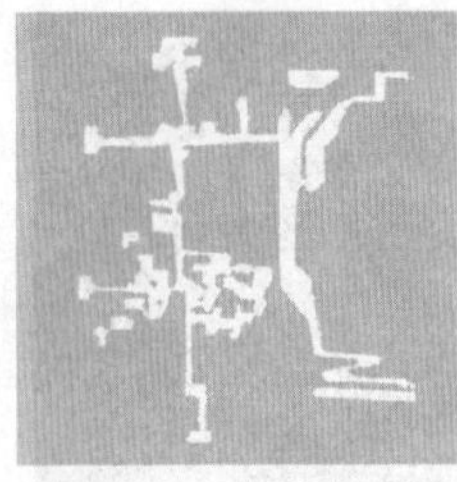

TIME CAPSULING

去大理 To Dali

天津大学

设计：孙宇 / 谭奕 / 杨东奇

指导：许蓁 / 孔宇航 / 张昕楠

场地位于古城东北角，距离古城核心轴人民路两个街区，主要建筑为民居和少量客栈。由于与古城核心并不相接，我们将场地定位为包括以住宅为主，少量客栈、商业和旅行的安静度假空间。大理古城作为一个有机体，内部街道、分区、公共节点都有着连续的继承。公园等城市节点到街坊与街区节点有着分形的控制系统，道路也存在主路、支路、主巷到支巷的分级。近年来，随着旅游业的兴起，道路关系被新住宅淹没、失级。由于基地老建筑是农田时期的空间节点，我们将之提取并组成新的脉络，形成通向湖岸的道路。于是当湖岸打开，原始的路网和景观关系被重塑，“L”形房屋形成城市新的底。

我们一直在场地上用挑剔的目光审视一切，试图发现问题，因为只有这样我们作为城市设计者才有事可做。

但只有卸下作为设计者的心态，以一个人的状态行走在城市里，才会明白一些东西，才会只以一个人的状态感受城市。光线、气味、树木、荫翳、一切感性的东西逐渐明晰起来，它们重现缠绕、覆盖、笼罩在我们脑海中的那些坚固的部分……

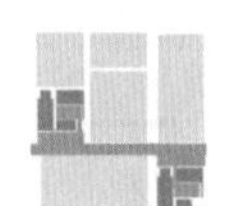
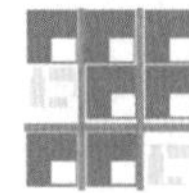

通过老房子重组原有系统

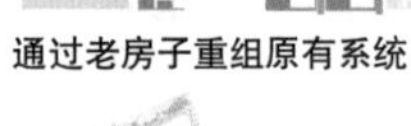
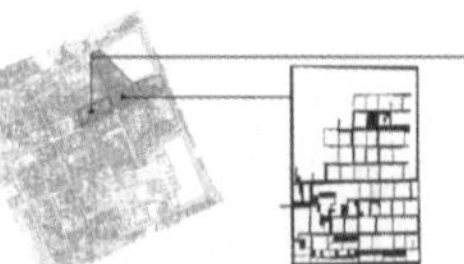

基地路网与自组织路网

空间分形

回迁策略

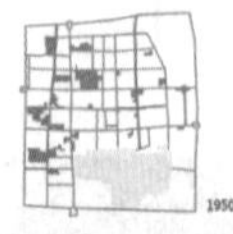

时间演化

生成过程

设计构成

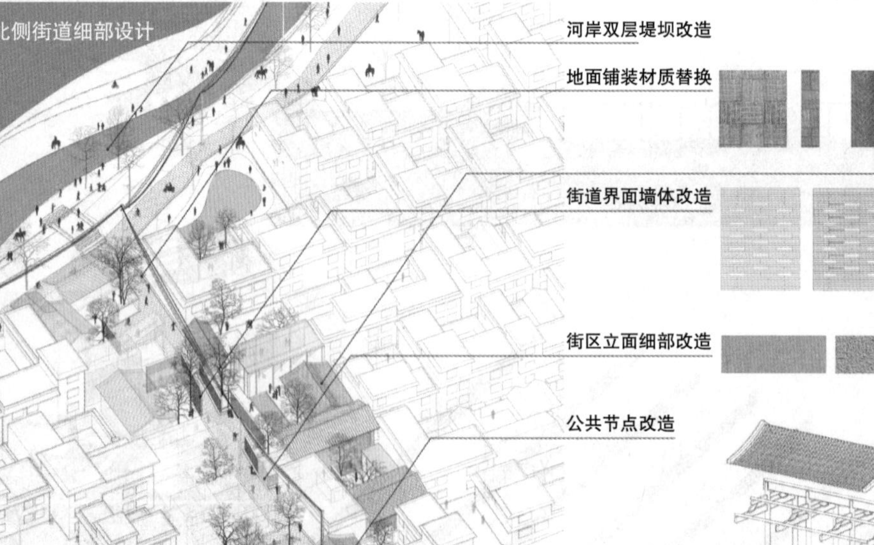

评语：

方案场地的主要矛盾是如何将城市设计的概念融入建筑设计之中，解决大理城市空间和使用层面存在的问题，以适应大理的地域和民族特色，开发旅游资源，创造适宜居住的独特氛围。

这组同学在设计之前对场地进行了认真细致的调研，明确了设计概念和拟解决的问题。该城市设计直接抓住了旧的街道和旧街串联的老院落在城市发展中的骨架体系作用，切入点非常好。对城市的整个历史发展，空间逻辑的分析都很坚实，并且在坚实的分析上设计了细腻的城市旧街道的改造，有一种含蓄的怀旧情绪包裹其中。他们对大理整个城市的城市精神把握的非常独到，从城市真实的生活状态，从大理不同人群真实的生活需求着手进行了城市设计的架构，这一点是非常难得的。城市设计从宏观上的分析到最后具体一条街道的改造细节，包括院墙的改造、和场地上旧建筑对话的引导片墙的设计、不同区域铺地的设计、古建筑的结构改造方法等，整个城市设计既完整又有细节深入。尤其他们从街道感受出发，对细腻的城市空间的设计是非常感人的，是一种对街道巷尾、房前屋下的微妙感受的设计。他们利用视频和手绘把这种在时间中发酵式的感受很好的渲染表达了出来。

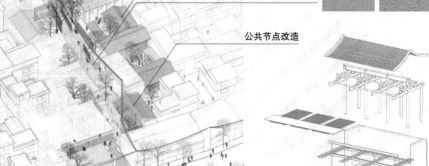

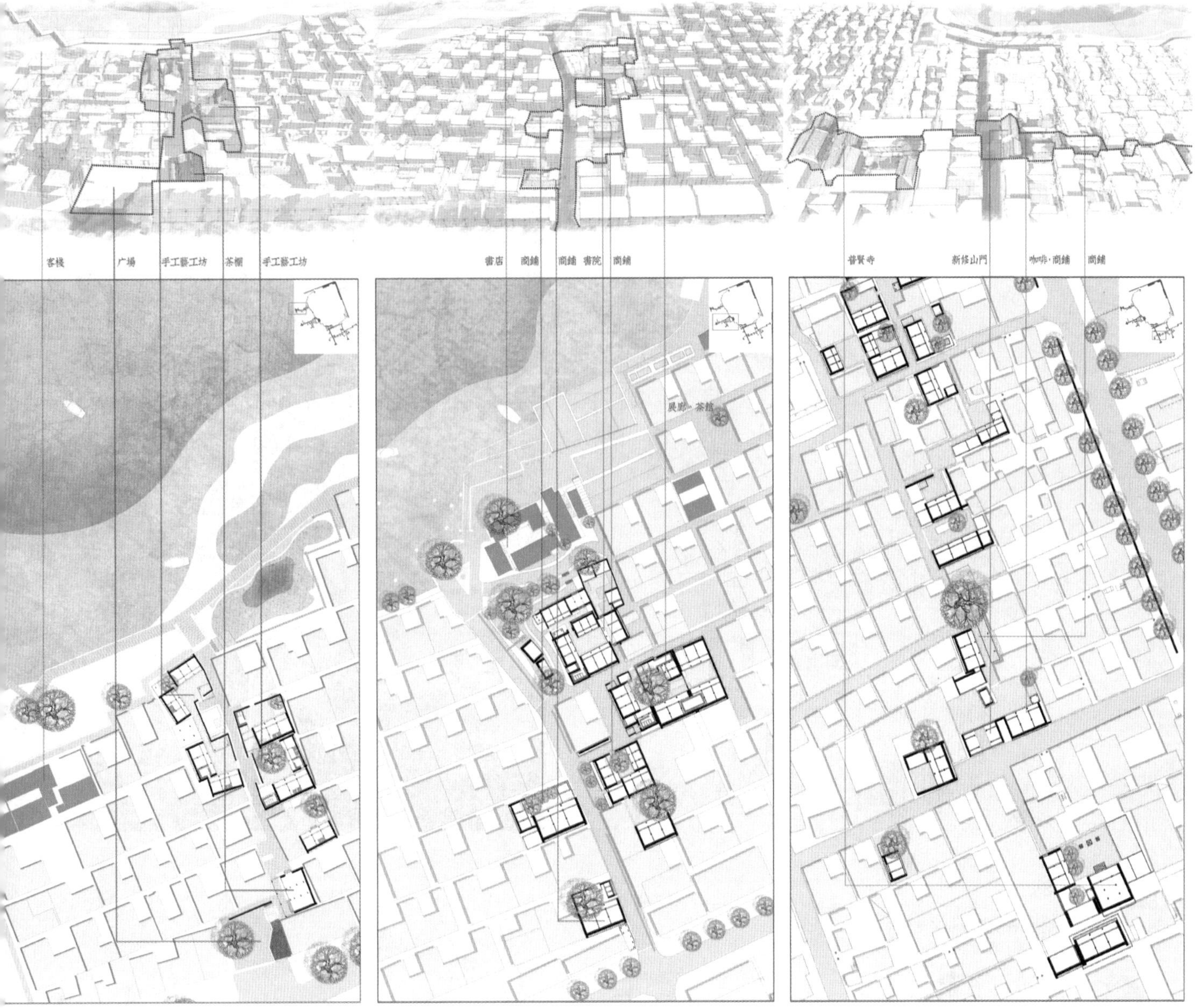

客棧 广場 手工藝工坊 茶棚 手工藝工坊

書店 商鋪 商鋪 書院 商鋪

展廊·茶館

普賢寺 新修山門 咖啡·商鋪 商鋪

事

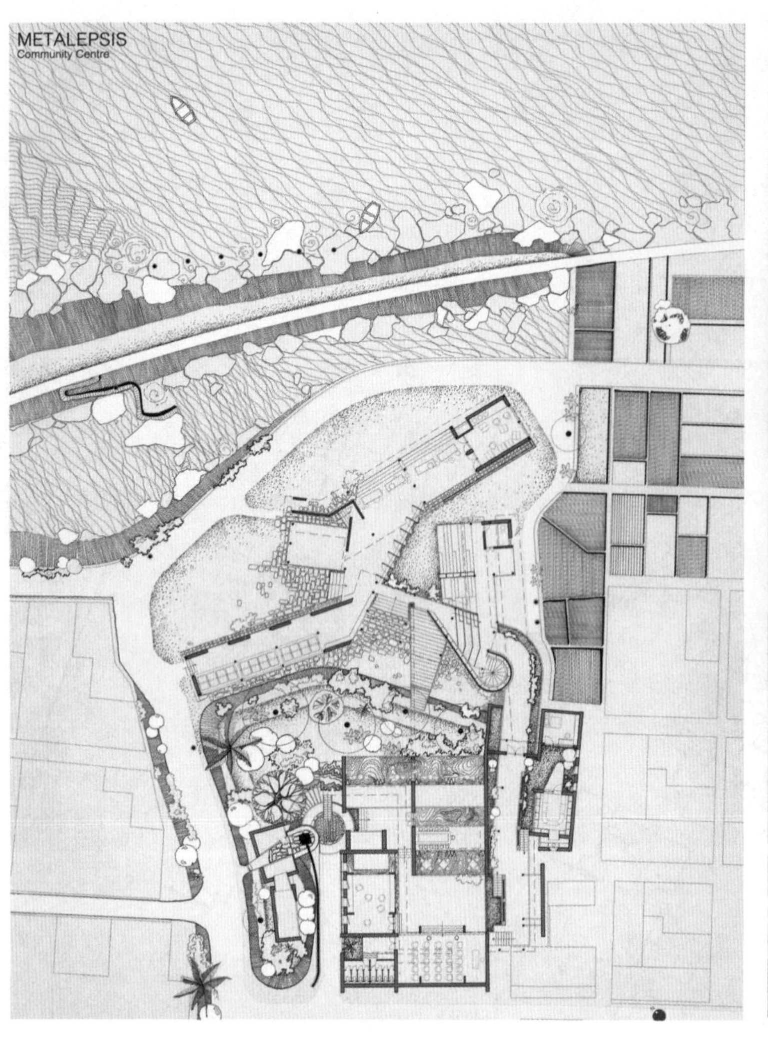

METALEPSIS
Community Centre

通过相互比喻的方式将新建筑和老建筑作为对比，两者位于竹林两侧，具有不同是私密程度。

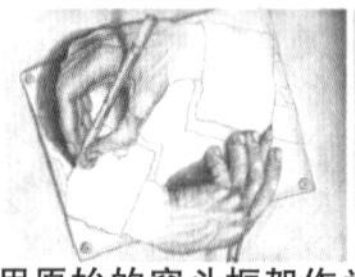

用原始的穿斗框架作为新建筑的内部结构，同时保留原有建筑的石墙，用钢结构作为其内部结构，以取得较大尺度的室内空间。

基地位置处于邻近水库的核心地带，在环湖路和东西向主路交口处，有老建筑竹林和农田。

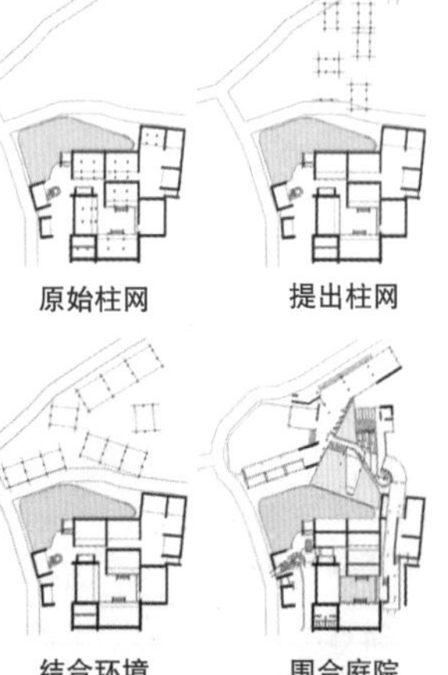

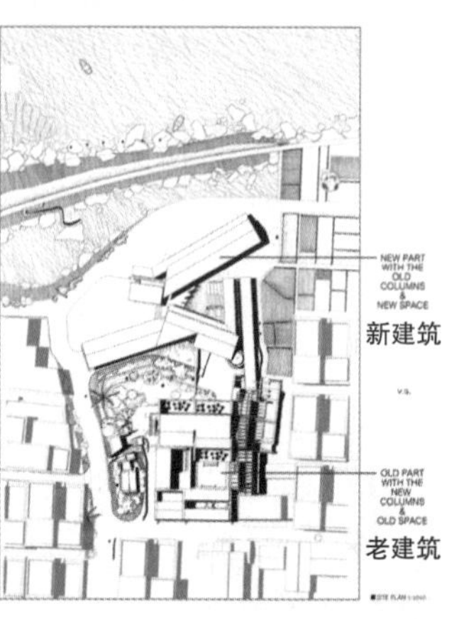

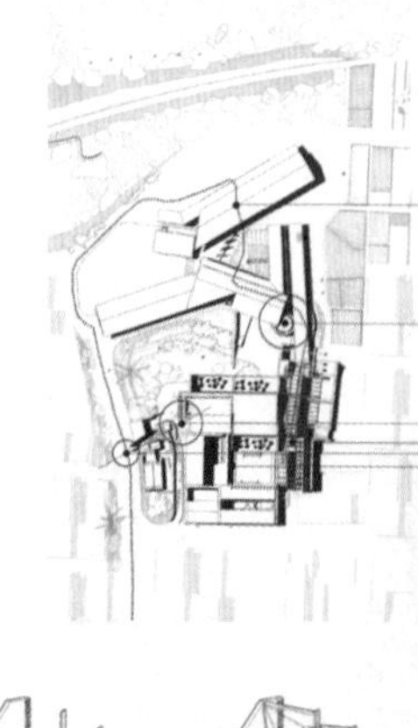

新建筑　老建筑

新结构型

属于大理的生活

优美宜人的自然环境、质朴悠然的小镇生活，大理聚集了一批逃离城市的人。他们受过良好的教育，在城市里打拼多年后明了了初心来到大理，经营着一些不赚钱的店铺、客栈。岁月的沉淀让他们格外珍惜古城的一切。接着，艺术家、手工创业者、学生，这些漂泊着的年轻人也来到大理。他们在大理浇花、遛狗、穿过古城去苍山脚下接水烧茶，整天的喝茶聊天，在街边摆摊唱歌，晚上上天台看星星。去大理的人往往一去就是一个月，有人会留下来好几年慢慢地想将来的事情，也有人一辈子再不离开。

古城包容着这些新居民，而新居民也默默改变着这个古老的城池。客栈主对于生活品质的坚持，把客栈布置的温馨质朴，每家的菜也各有风格。学生和艺术家们把大理变成一座神秘宝藏，漫步在大理古城，深巷里的箫声，路转角墙上的诗，酒吧里排练的民谣乐队与你不期而遇。

我想要做的就是通过对老院落的联通和改造，形成一个客栈和workshop工作坊。为老房子的原房主、来这里的艺术家和临时来这里居住的落魄年轻人提供一个共同居住、工作的场所。

基地上原有的两个老建筑已经被住户拆除了二层和屋顶，只剩下原有的累石墙。我的建筑从这个老建筑的基座上向上生长，保持原有的老院落和建筑的布局关系。建筑一层为延续街道、连接老建筑空间与院落的公共空间，分别是被老的累石墙包裹的小会议室和面向庭院的书库。从二层开始，居住空间相对封闭的向上生长，直至四层瞭望城市，公共空间则一直水平延伸，将独立的、个性化的居住空间连接、包围。

知觉的唤起

空间片段的捕捉

相对于安放在老建筑内的公共活动空间，个人化的居住空间主要是逐层竖向向上生长，形成私密的、光敏感空间。

放着厚厚被褥的有光射入的壁橱，独走廊有一段悬浮在空中，似乎可以到达什么地方，登上一列列车，阳光洒在满是清新衣物的天台，半透明的白被单在风中招摇，可以把饭拉到二楼的滚轴，走过吱吱呀呀的老屋顶去世界的另一端，睡在阁楼上早上呼啦一下推开天窗，鸽哨里的鸽子一瞬间都被惊起，透过很多很多细碎的光线看到天空，看着时间在墙壁上慢慢移动的一天……这是一个非常非常个人化的，大家一起来改造的居住空间，a narrative told in fragments. 坐落在旧的累石墙上的新建筑持续向上增长，重新占领、眺望城市。

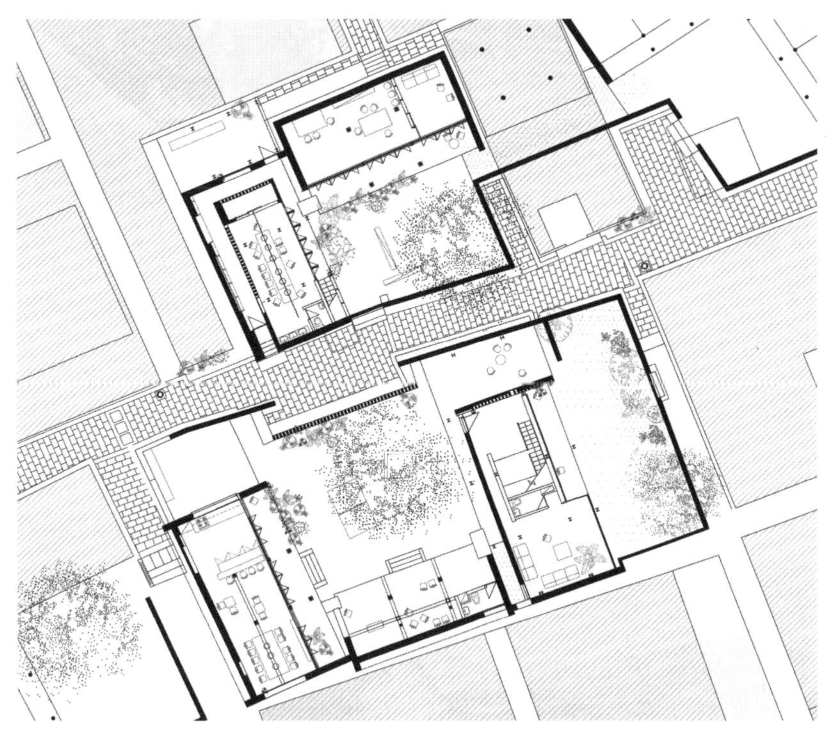

创　　作　　在　　大

Studio In Progr

在城市设计的过程中，大理老宅作为场地的"精魂"所在被我们所强调和继承。从街道设计的角度出发，引用和改进老宅和场地周边房屋的空间格局，最终形成的会是一个具有古城记忆的空间模式。

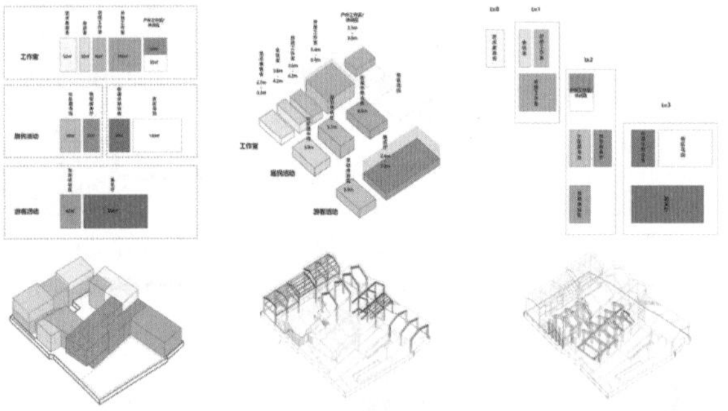

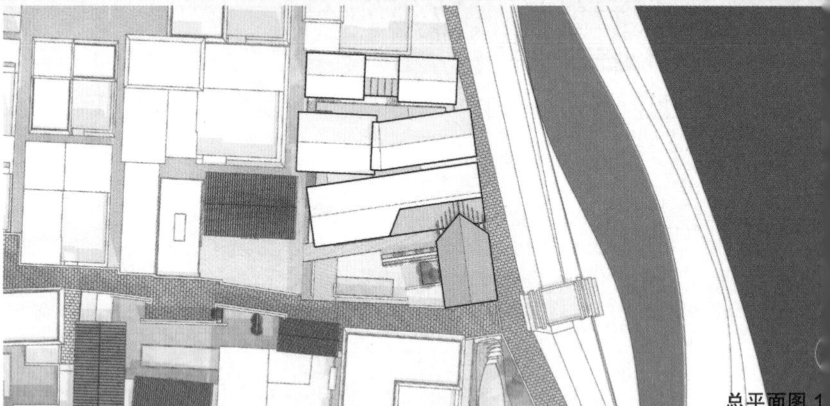

总平面图 1

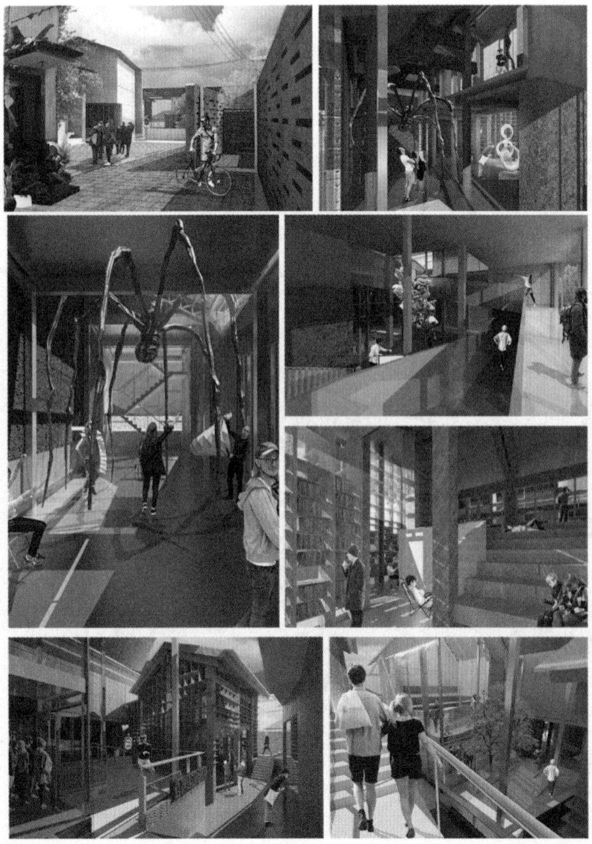

展厅剖面

图书馆、报告厅、互动体验区与宿舍剖面

工作室与会谈室剖面

水库方向立面

一层平面图 1:400
二层平面图 1:400
地下层与二层平面图 1:400
流线剖面图 1:500
流线剖面图 1:500
流线剖面图 1:500
立面 1:500

渗透
PERMEATE

天津大学
设计：肖琳 / 张天翔 / 闫瑾
指导：孔宇航 / 许蓁 / 张昕楠

如今的大理古城北水库地区由于大理之眼而与外界隔绝。在我们的策略中，我们把水库作为整个区域的核心，以其自然的吸引力和活力渗透到周边的区域，以公共空间为城市节点，改变整个区域的隔绝与枯燥单一的状态。

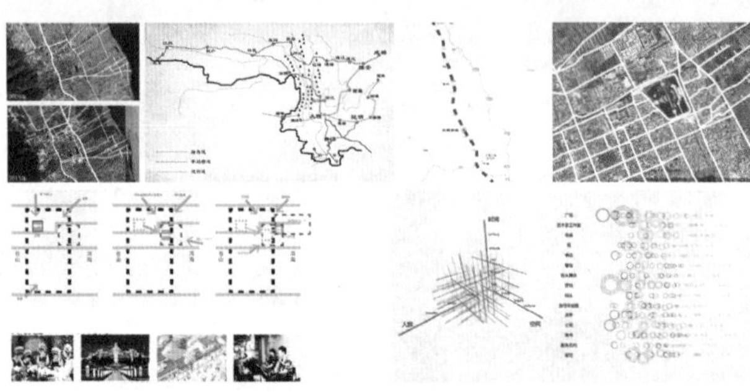

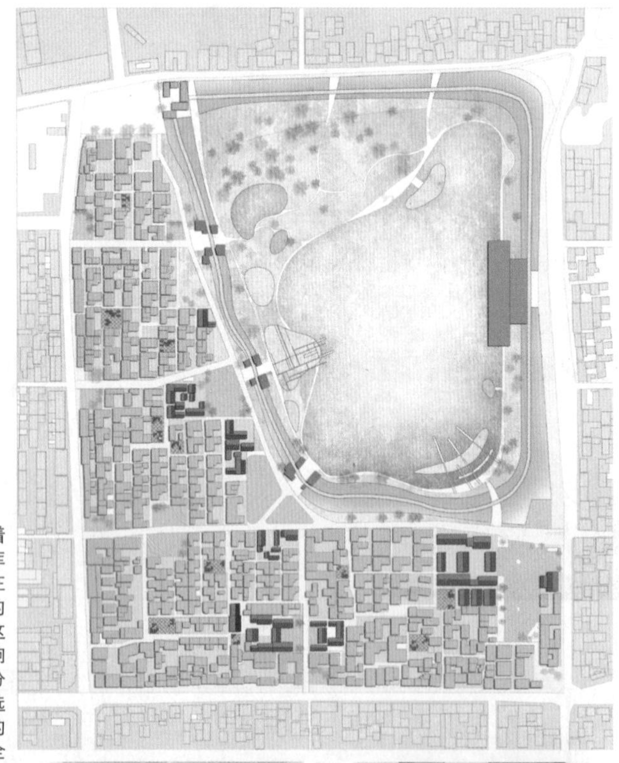

评语：

本组与众不同的主要着眼点在于对大理文化和水库自然资源的分析与利用。在城市设计方式中，"渗透"的主题始终贯穿设计过程。这种通过关键节点的设计影响周边区域的设计方式是十分可行的。几位设计者分别选取了城市设计中不同性质的几个地块进行单体设计，全面表达了他们对于场地的理解，对此地块未来发展的预测和向往。其中对普贤寺的改造设计在尊重传统佛教建筑文化的同时，将大屋顶以现代表达形式重新诠释。在大理当代艺术馆的设计，作者巧妙利用场地特点，将水库自然环境与古城城市进行低调的过渡。

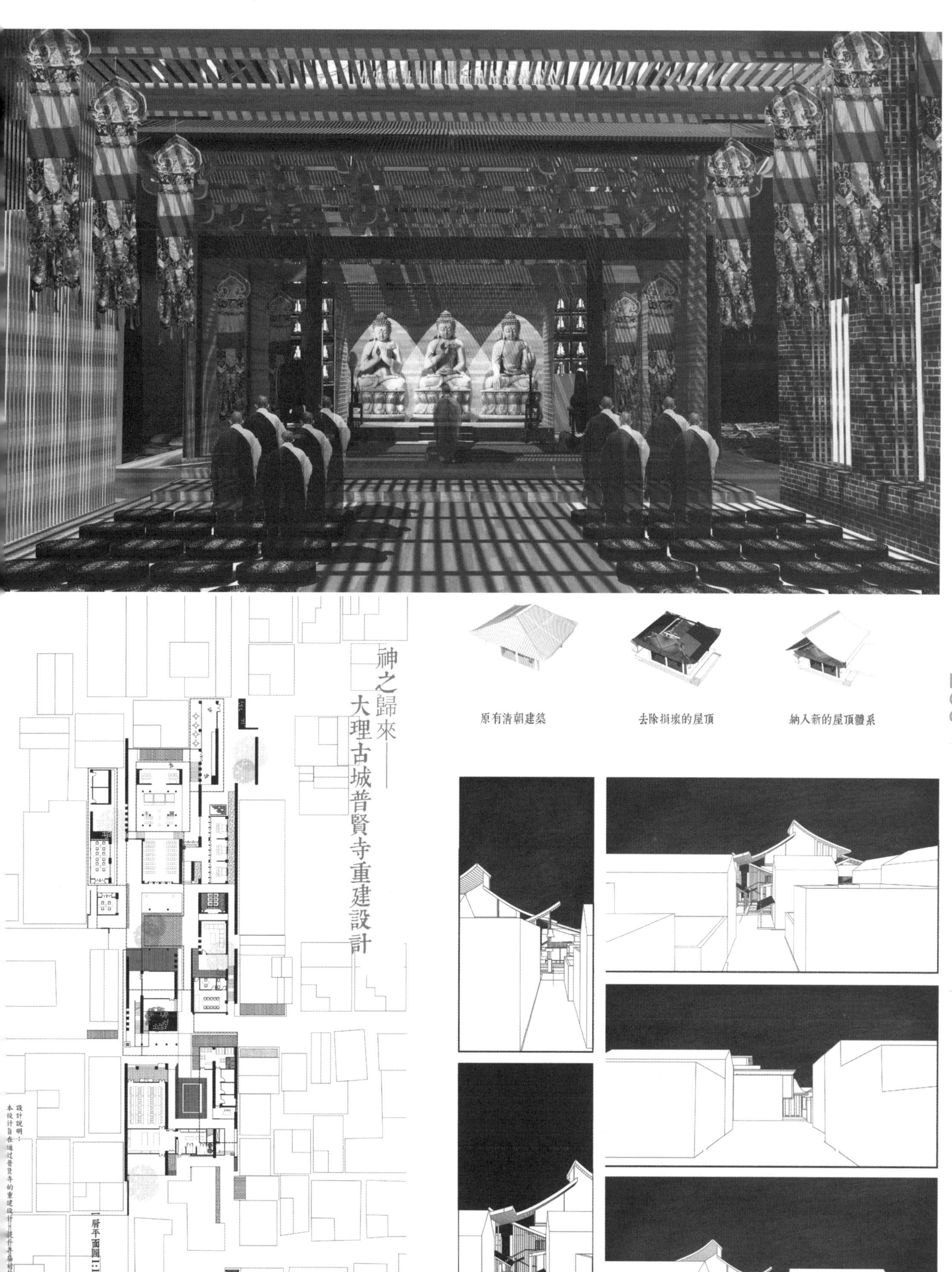
神之歸來——大理古城普賢寺重建設計
原有清朝建築
去除損壞的屋頂
納入新的屋頂體系
一層平面圖1:100
N
設計說明：
本设计旨在通过普贤寺的重建设计，提升寺庙对整个社区的影响力

設計説明：

本设计旨在通过普贤寺的重建设计，提升寺庙对整个社区的影响力。一方面通过流线设计联系寺庙周围的道路和公共空间系统，一方面通过建筑造型表示出场地空间性质的特殊性。把寺庙塑造成周边社区以及外来人口聚集的场所，发挥宗教在社区建设中的积极作用。本设计将寺庙的公共空间完全对外开放，将其纳入城市道路系统的一部分，从而提高寺庙的对人流的吸引力。

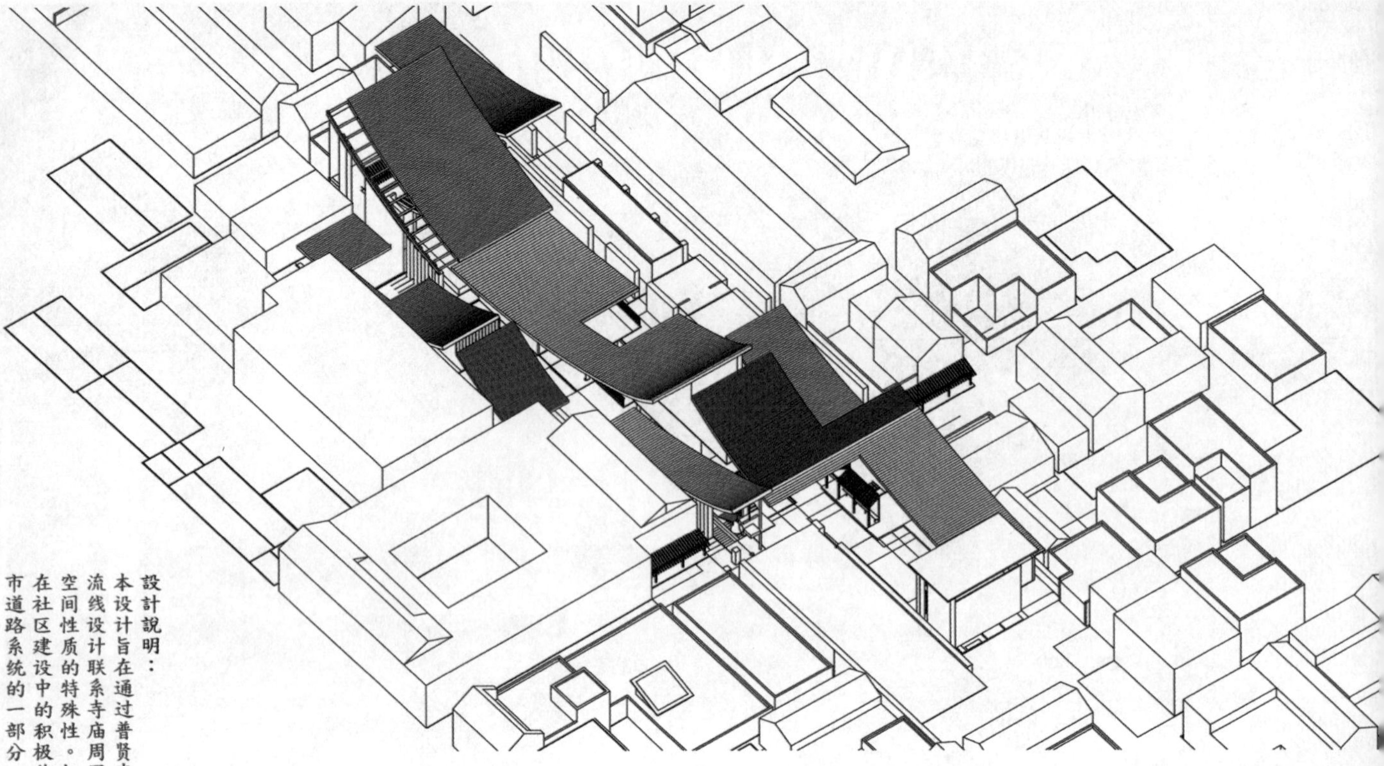

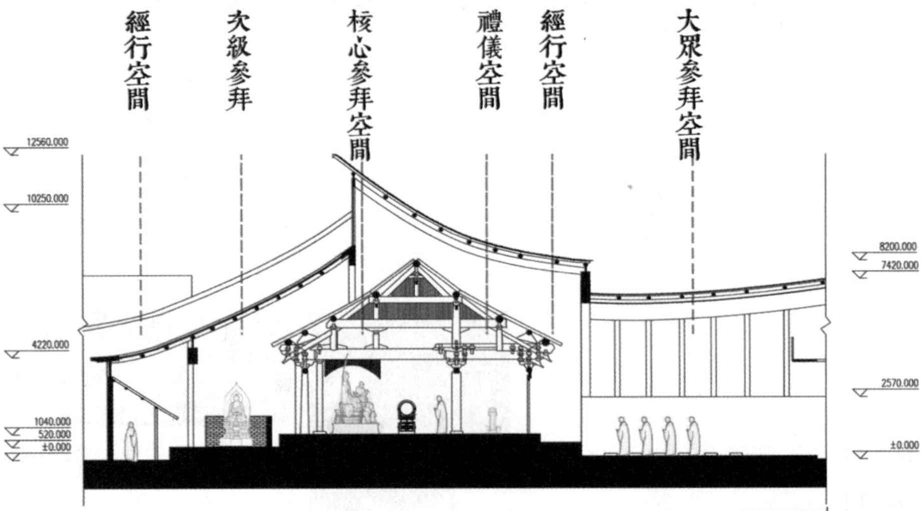

剖面詳圖 1:100

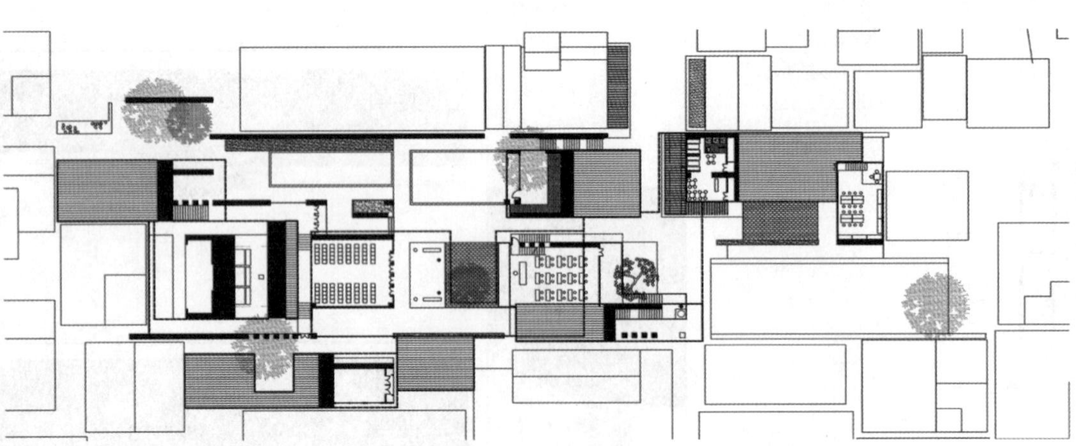

二層平面圖 1:100

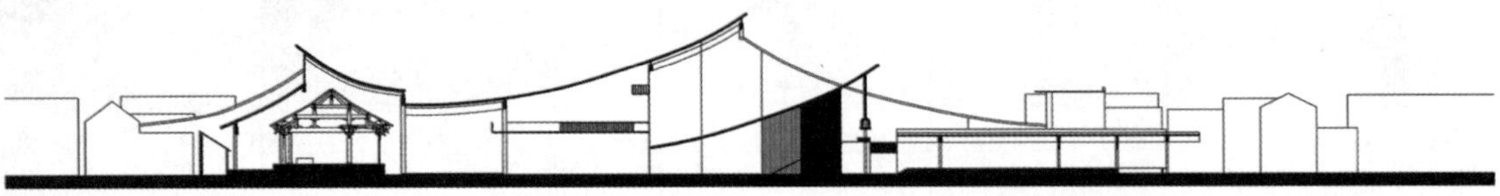

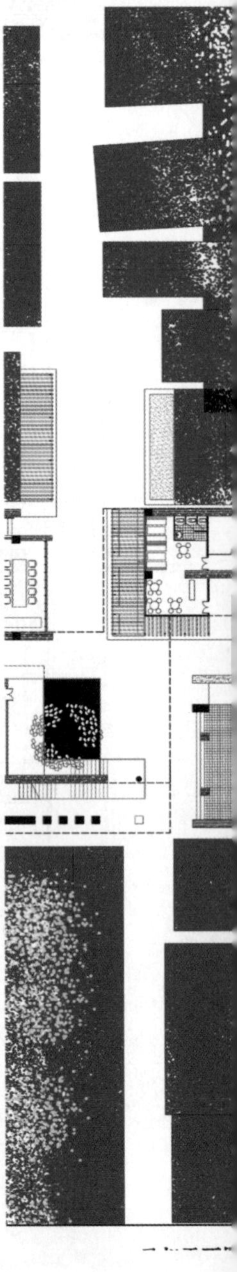

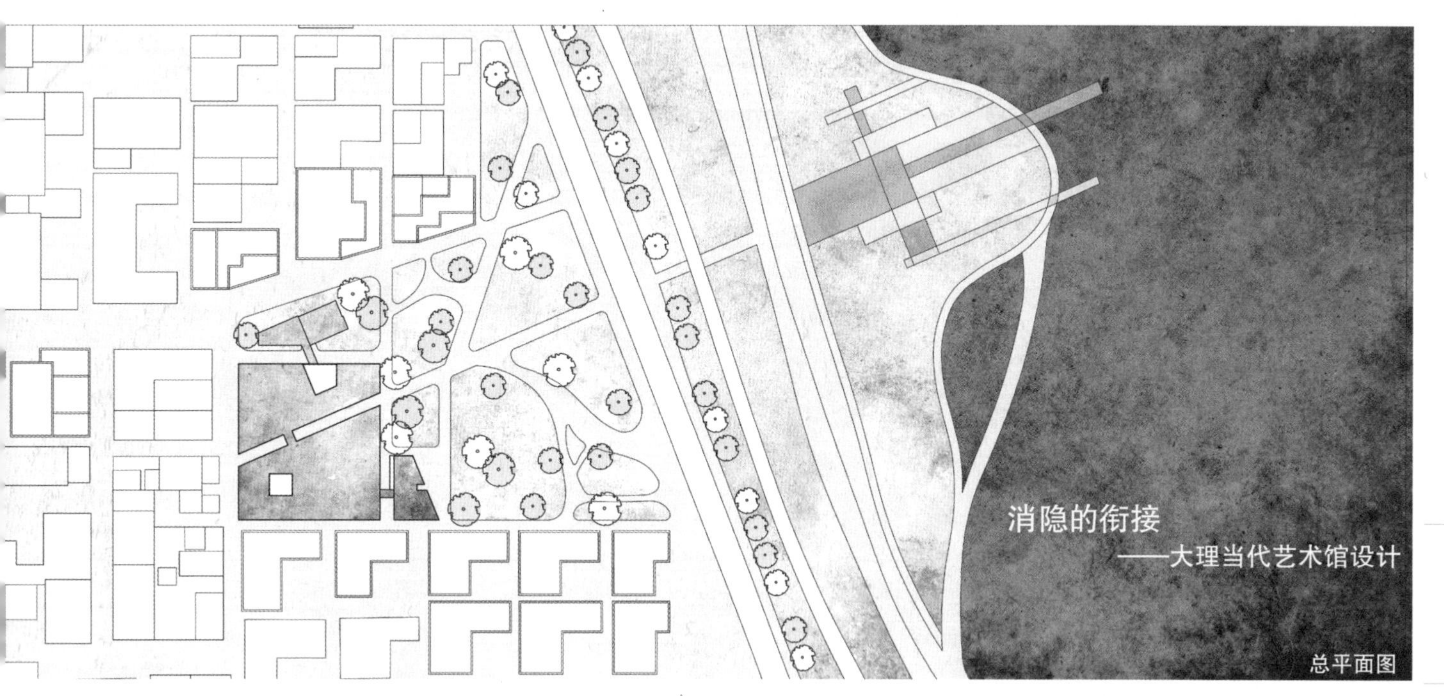

总平面图

文化

现状

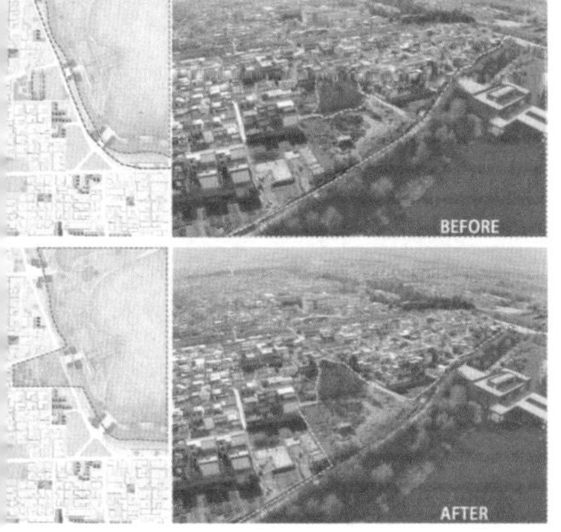

剖透视图

NORTH RESERVOIR BASE BUILDING DES

Artist Studio, Community Center& Art Gallery

Jin YAN, Tianjin U

一层平面图

单体建筑的设计诉求原著居民、新大理人和游客的深入交流，因此开放的公共空间以及面向居民的场所需要同时拥有。所以选择位于蓄水池堤坝中部最大的亲水广场及与之对应的堤坝范围进行设计。

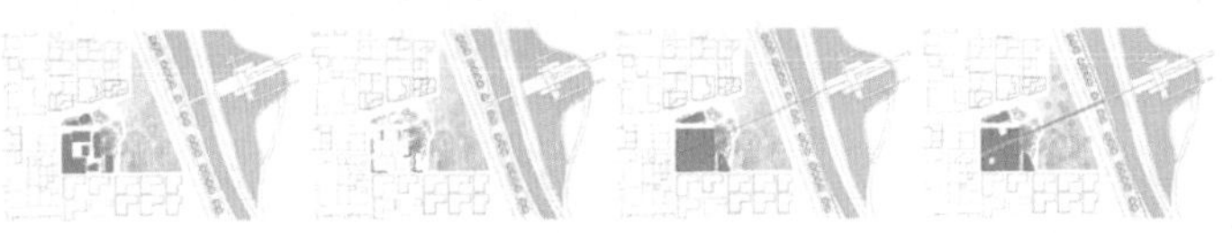

形式生成逻辑

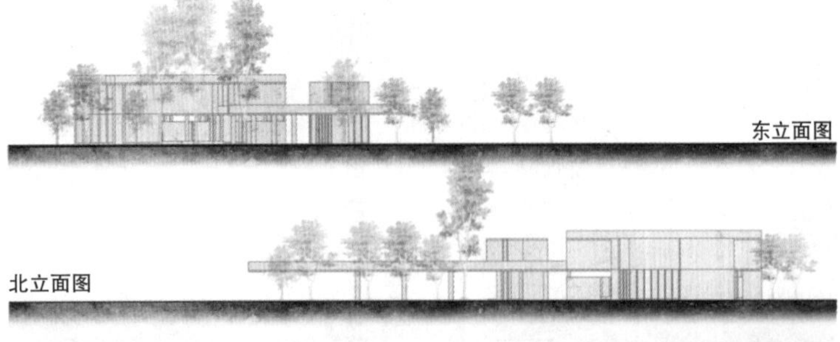

东立面图

北立面图

场地定位分析

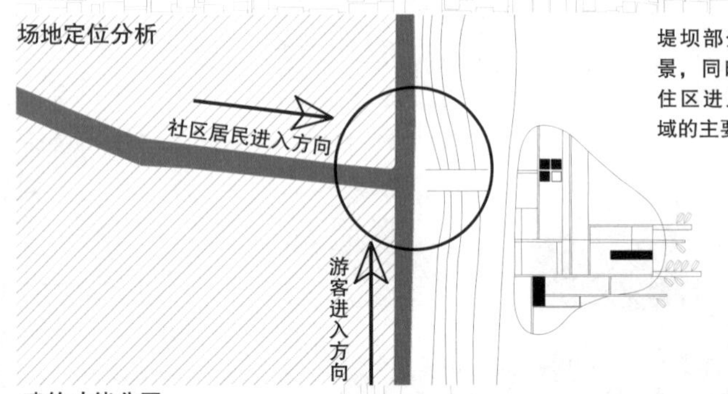

堤坝部分为
景，同时也
住区进入蓄
域的主要入

建筑功能分区

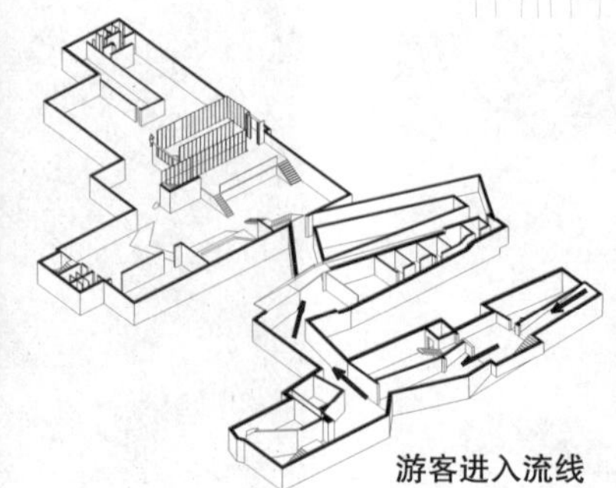

游客进入流线

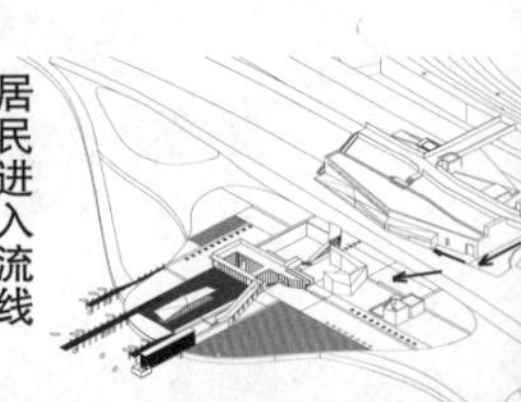

居民进入流线

从主入口穿过堤坝后，居民可以
亲水广场的地面部分或者沿着堤
体量由坡道进入地下展廊。游客
的坡道可以下到地下层，经过三
作室和社区活动中心，进入艺术展

Jin YAN, Tianjin University

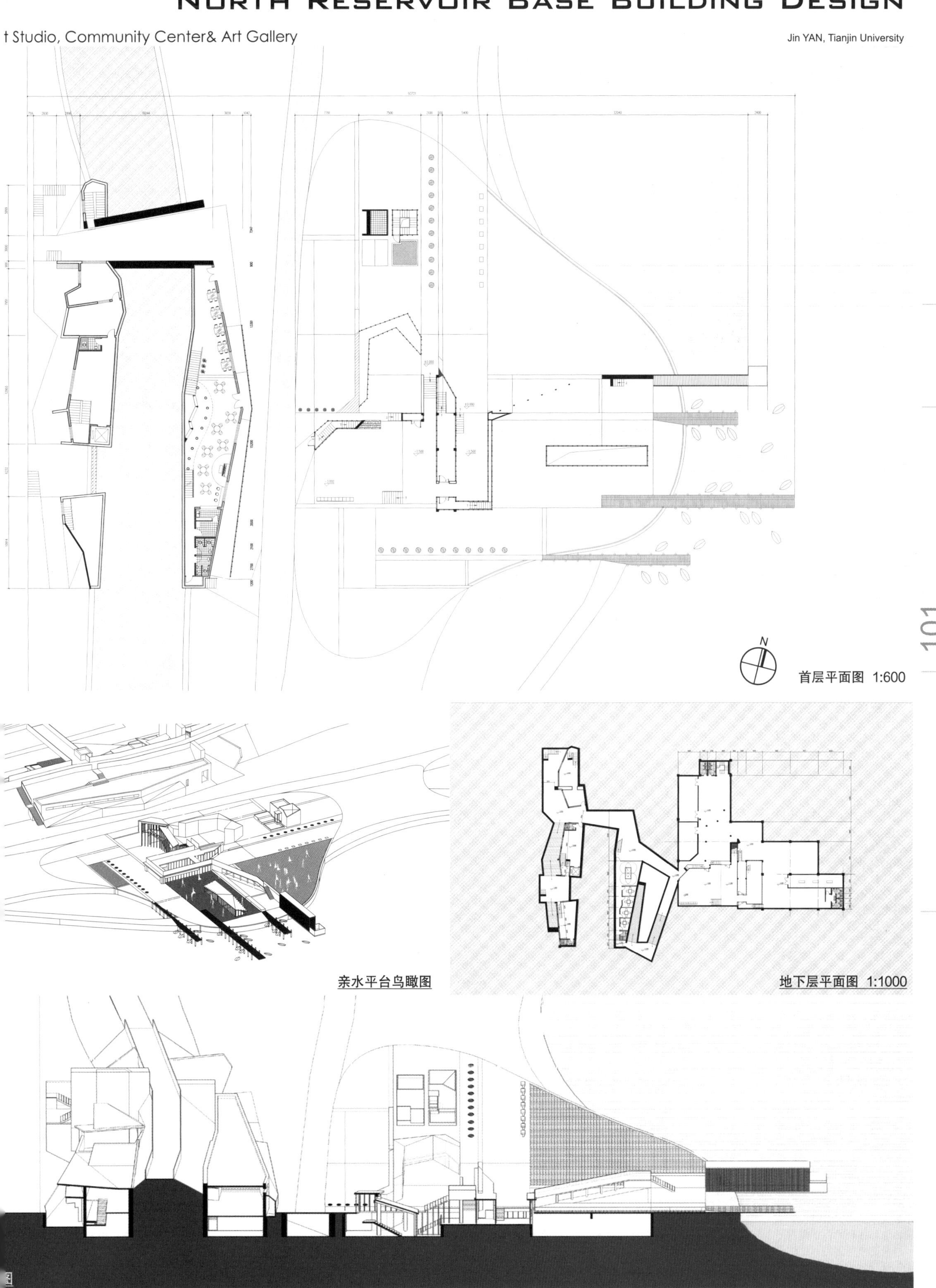

首层平面图 1:600

亲水平台鸟瞰图

地下层平面图 1:1000

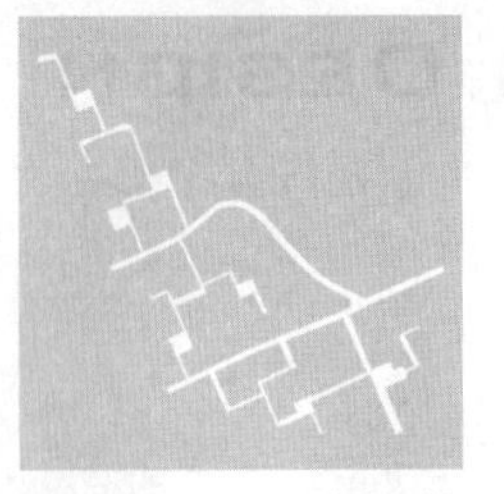

风水的居所 The Ethics in Dali

天津大学
设计：周平／余啸／石明雨
指导：张昕楠／孔宇航／许蓁

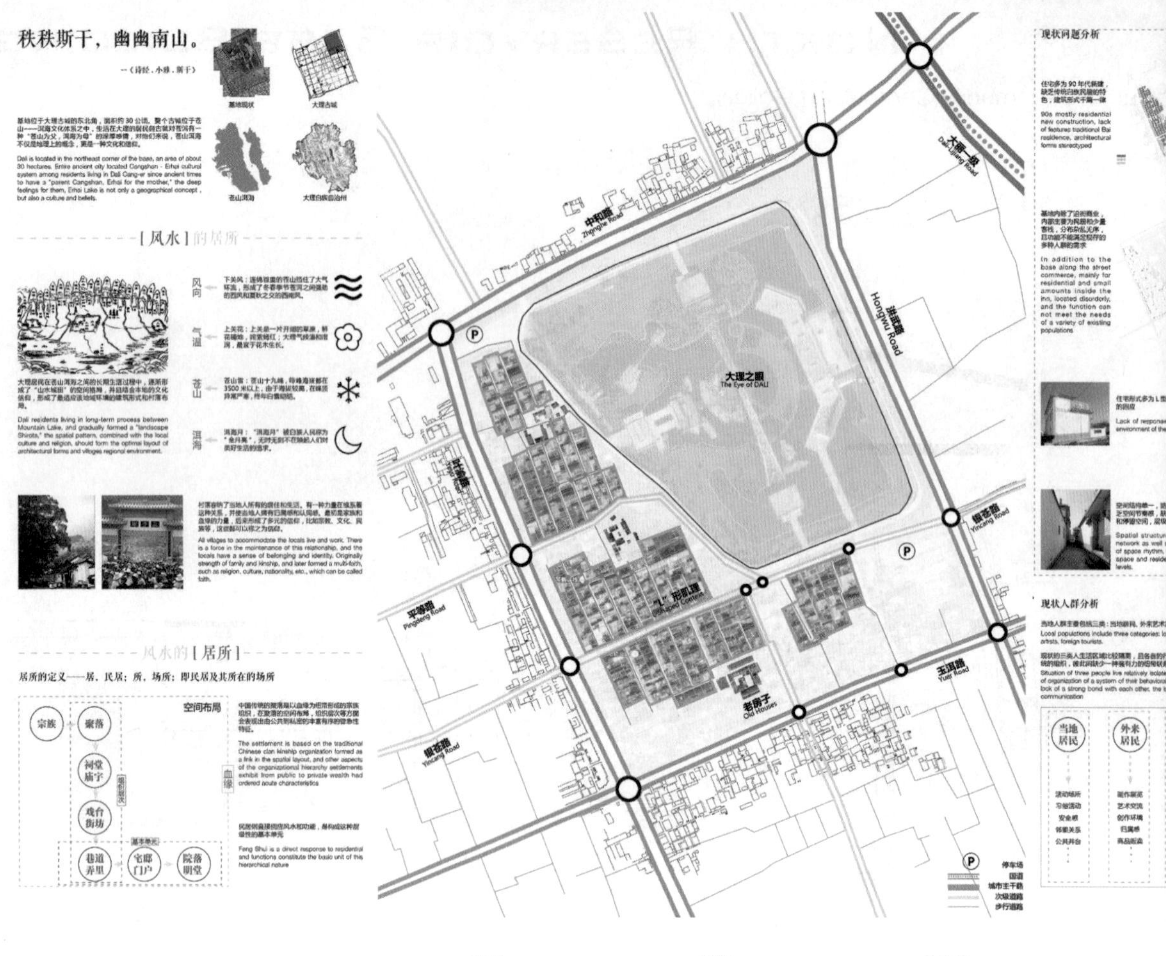

喜洲　　现状　　改造后

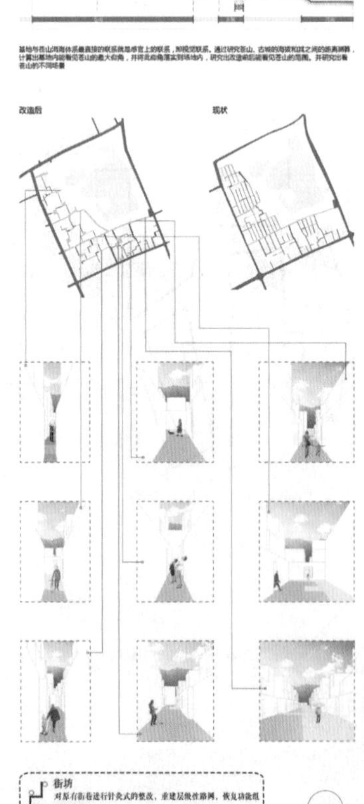

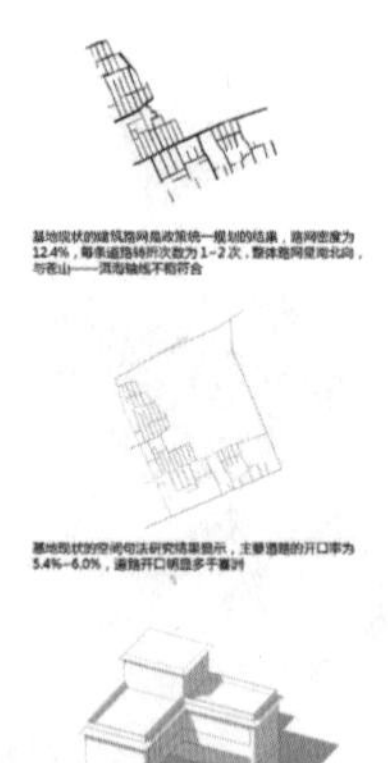

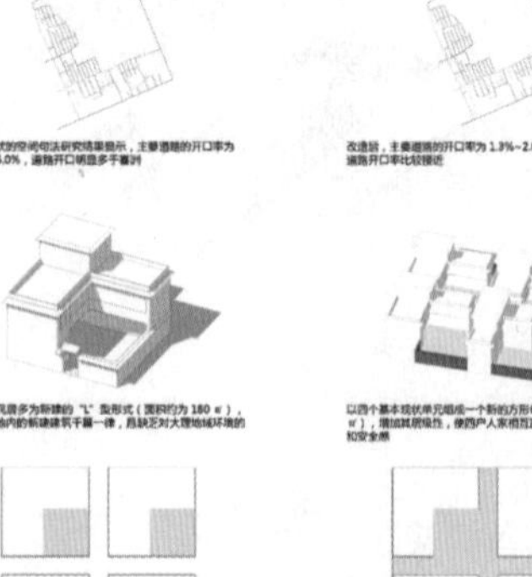

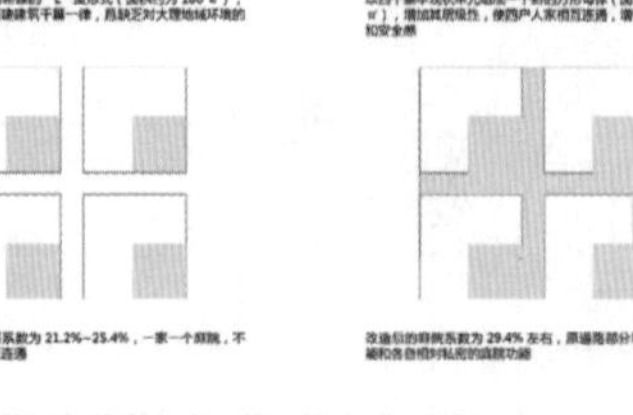

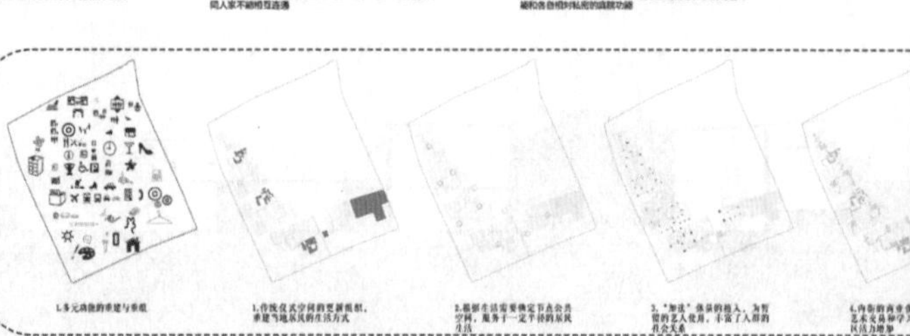

评语：

该组毕业设计的同学在前期大理城市调研期间，对喜洲、周城等古村落的空间形态和层级组织产生了浓厚的兴趣，这种对场所最初的感性认识成为他们对北水库区域进行城市设计的起点。三位同学在详细分析基地现状的基础上，以喜洲为例，研究并总结了大理地区村落组织的地域基因，借以指导城市设计，提出了对基地平均化空间结构的优化模式，同时考虑到基地社会结构的变化，在地者、外来在地者和旅游者三种人群不同的生活需求，相应提出了丰富原来扁平化、一维化交际模式的可能性。

在城市设计之后，为了具体调查三种人群不同的生活内容和需求，捕捉他们之间可能的生活交集，更好地指导城市设计中的单体设计，该组同学赶赴大理基地进行了一次田野调查。三位同学的毕业设计从调研的真实性出发，在尊重大理地域基因的基础上传承传统的层次尺度，并积极适应当代的社会结构的变化，是一份从生活中来又回到生活中去的优秀毕业设计。同时这种从小处入手的设计策略也为中国古城和古村的保护提供了一种新的参考方向，这也是他们在毕业设计中一直思考的问题。

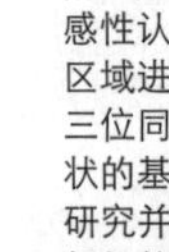

选择肌理

节点

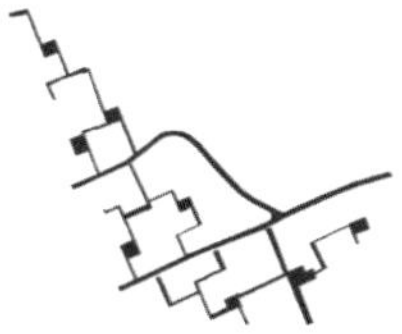

道路系统

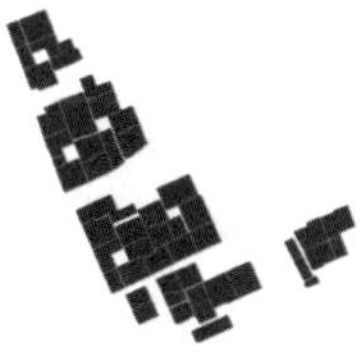

围合

N

SITE PLAN 1:1000

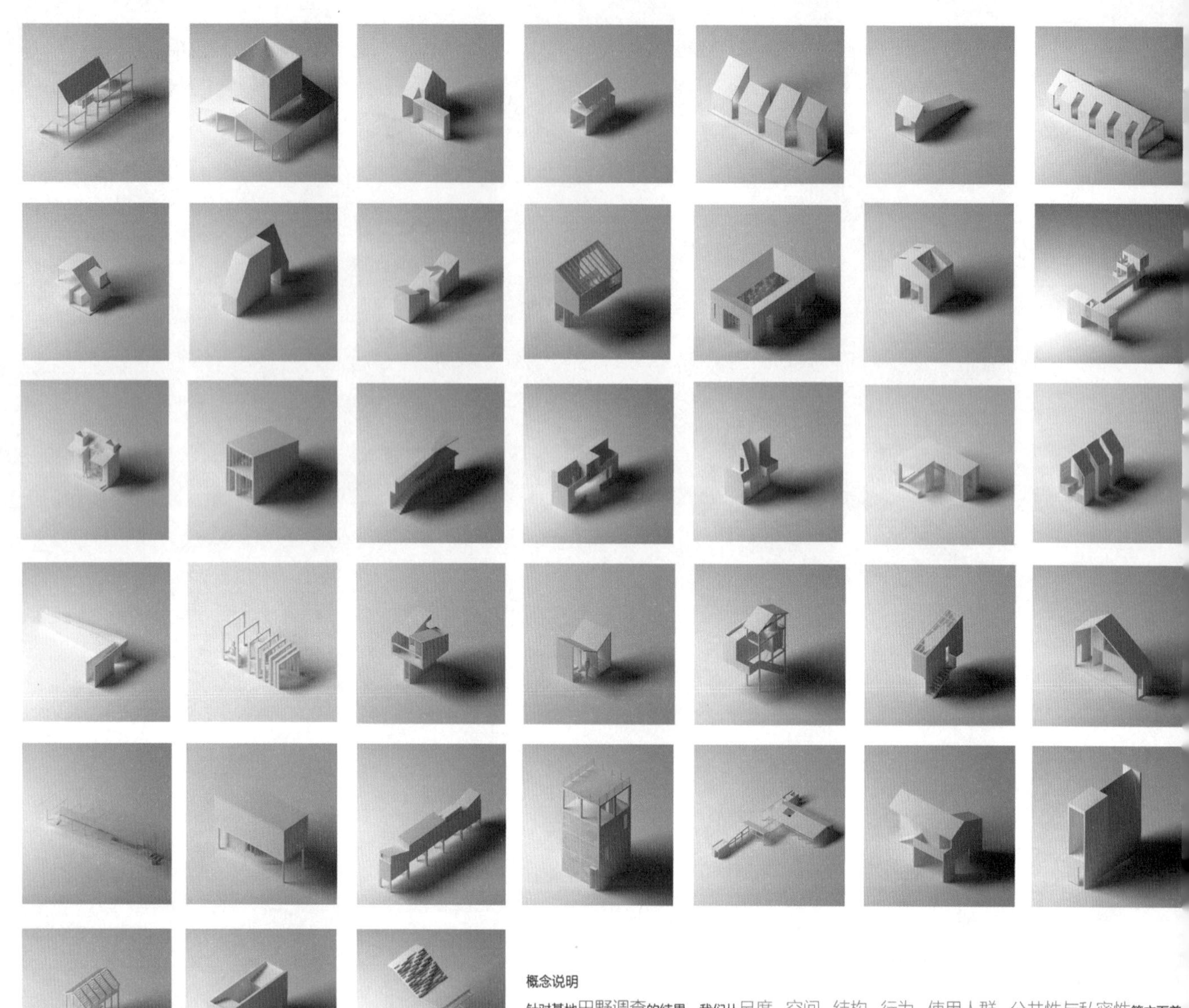

概念说明

针对基地田野调查的结果，我们从尺度、空间，结构、行为、使用人群、公共性与私密性等方面着手考虑了每一个节点处单体的概念设计。这些概念单体设计与我们着重进行设计的几个方案同属于一个大的城市设计系统，在各个位置丰富着社区住户的生活际遇。

No.	Request	Program	Volume	Pu-Pr	Activities	Location
C1-2	三个二年级的小伙伴午饭后在巷子里玩耍，父母干完农活在休息，他们不喜欢午休，因为不知道时间，感觉差不多就去上学了	休憩/玩耍	M	Pr	下棋/读书	
C3	有一个主要的路灯，夜晚可以供周边的人纳凉聊天	照明/纳凉	S	Pu-Pr	喝茶/聊天	
C4-5	周边的几家喜欢看电影，公共客厅的面积不够，[illegible]	以电影为主题的[illegible]	L	Pu-Pr	[illegible]	
C6	近幼儿园，平日里临近放学时路边有很多家长在此等候接孩子	休憩	M	Pu	交流/等候	

No.	Request	Program	Volume	Pu-Pr	Activities	Location
C12	邻近幼儿园，卖一些必需物品的售卖	文具店	S	Pu-Pr		
C14	家里有一个六年级的小男孩，喜欢读书，想拥有一间自己的书屋	书屋	S	Pr		
C13-17	附近的大妈们组织了一个老年活动协会，但没有正式的场地	老年协会	M	Pu		
C16	[illegible]，但这个地方没有路灯，回家不太方便	照明/休憩	S	Pu		

No.	Request	Program	Volume	Pu-Pr	Activities	Location
C7	东西向，可以看到远处的苍山和云的变幻	观山/休憩	S	Pu	喝茶	
C8	老奶奶家门前有一块空地，一般农具都放在家里，取用的时候很费力	储物	M	Pr	休息/晾晒	
C9	周边的老人和当地居民缺乏沟通	公共会议室	M	Pu		
C10	奶奶很喜欢种花，在门口放置了一些花盆	花廊	S	Pr		

No.	Request	Program	Volume	Pu-Pr	Activities	Location
E1	现状为垃圾堆，设计成旧物垃圾处理回收处	垃圾处理	M 5.8X8	公	垃圾处理	
E2	孩子较多，家长很忙无暇照看孩子学业	志愿者辅导作业	M 5X7.5	半公	写作业、辅导	
E3	附近几家人特别喜欢打麻将，但是都不太愿意占用自家地方	麻将、休闲	M 3X8	半公	打麻将	
E4(其实是和E6一起)	可以看到远处的苍山和云的变幻	观山、休憩	M 3X5X2	公	观山、休憩	

No.	Request	Program	Volume	Pu-Pr	Activities	Location
D11	倾听附近的年轻人故事，为他们之间的故事交流提供机会	留言板	M 5.7x7.5	半公	交流、写故事	
D12	附近经常停水，各家水井水位较浅，干旱时吃水困难	公共井台	M 5.7X6.8	公	打水、洗衣服	
D13	正对面为普贤寺，做一个个人的禅修打坐的地方	禅修	M 3.2X4.2	私	静坐	
D14	正对面为普贤寺，做一个个人的禅修打坐的地方	禅修	M 1.5X4.2	私	静坐	

No.	Request	Program	Volume	Pu-Pr	Activities	Location
D1	周边有一个外国老画家，作品没地方展示	画家画室	M 4.2x5.5	半公	作画、展览	
D2	周边人反映没地方吃早点	早点铺子	M 3.2X4.2	公	吃早饭	
D3-4	两家为亲戚，但是中间道路使他们渐渐疏离	连通器	M 3.2X4.2X2	私	吃饭聊天	
D5	地方比较小，可以作为临时驻足点，通过现代设备看苍山	观山器	M 2.5X5.4	公	设备观山	

No.	Request	Program	Volume	Pu-Pr	Activities	Location
D6	东西向，可以看到远处的苍山和云的变幻	观山、休憩	M 4.8X8.4	公	休憩、观山	
D7	该区块缺少一个商店，购物不便	杂货铺	M 3.2x5.5	公	购物	
D8-9	两家为亲戚，但是中间道路使他们渐渐疏离	连通器	M 3.2X4.2X2	私	吃饭聊天	
D10	附近有一卖茶叶的当地居民，没有推广茶叶及品茶的地方	茶室	M 3.2X4.2	半公	喝茶聊天	

No.	Request	Program	Volume	Pu-Pr	Activities	Location
E5	该家在别处开理发店，但是因为租金问题没有店铺了	理发店	M 3X5	公	理发	
E6	该处附近狗比较多，无人管理，随地大小便	狗屋	M 3X5	公	遛狗	
E7	附近几家人特别喜欢打麻将，但是都不太愿意占用自家地方	麻将、休闲	M 3X5	半公	打麻将	
E8	该处青年较多，为年轻人提供一起做饭吃饭的地方	公共厨房	M 3X5	公	一起吃饭做饭	

No.	Request	Program	Volume	Pu-Pr	Activities	Location
A5	附近几家客栈的[illegible]	[illegible]	M	Pu-私	[illegible]	
B1	[illegible]的花	赏花廊	S	Pu	赏花/休息	
B2	[illegible]的人家，乐于与他人分享自家[illegible]的风味	[illegible]	M	Pu-私	品尝/聊天	
B3-7-9	[illegible]	观景器、电影放映	M	Pu	观景/观影/休息	

No.	Request	Program	Volume	Pu-Pr	Activities	Location
B4-5-10	[illegible]	[illegible]	L	Pu-私	[illegible]	
B6-8	[illegible]	[illegible]	M	私	[illegible]	
B11	卖早餐的人家，[illegible]	早餐店	S	Pu-私	卖早餐	
B12	[illegible]	麻将馆	M	Pu	打麻将	

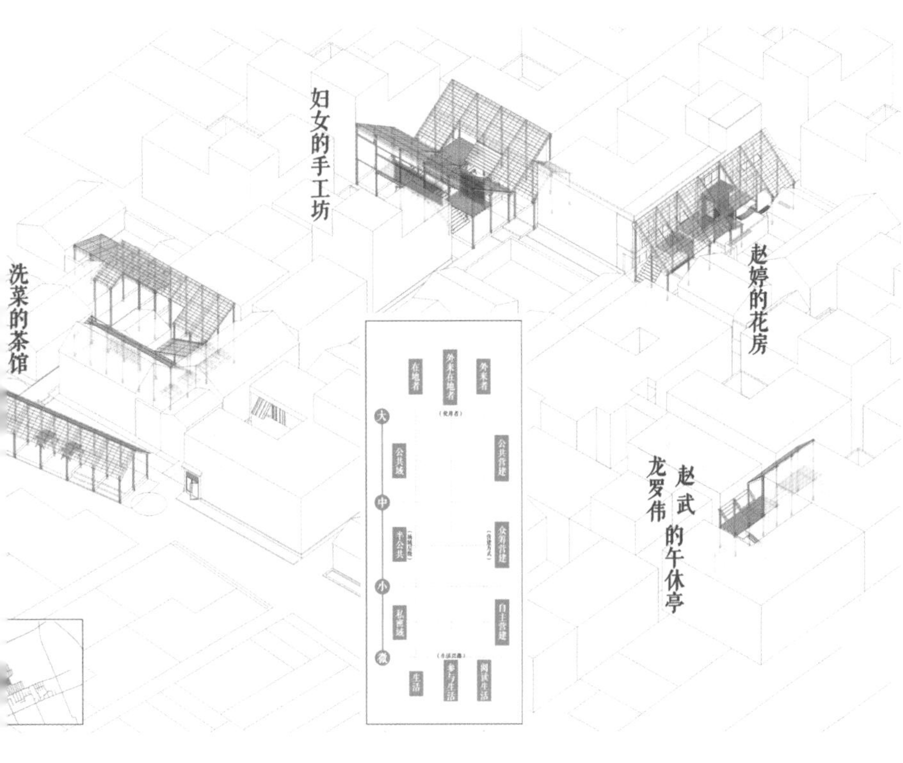

走访

在走访期间，我遇到了在做农活的女孩。她是本地人，21、22岁，年龄与我相仿，但身体看上去要比同龄人羸弱得多。在交谈中她告诉我她家是地地道道的农民，自己读完了初中后就辍学帮助料理家务，妈妈每天要去种地，很辛苦，自己也帮不上太多的忙。她问了我很多关于天津的事，比如天津那个地方好不好"在"啊（我当时并不理解这句话的意思，后来猜测应该是好不好住的意思），天津有人种田么。我问她平时喜欢做些什么呢，她说自己很喜欢养花，家里院子的花花草草都是自己打理。我之后就问她，平时和外来的人说话么？她说和附近客栈的店主见面打打招呼，但不怎么说话。"如果有机会愿意和这些人聊聊么？"她眼里露出了一丝光，"愿意！我特别想了解了解外面的地方，我从小待在古城里没有去过外地。"

这就是我和主人公赵婷第一次会面的场景。

后来我一直在想，这些住在客栈和青旅的人，来自五湖四海，每个人都有着丰富的见闻和经历，如果他们能够有机会把这些故事分享给赵婷他们，一定是一件非常美好的开始。

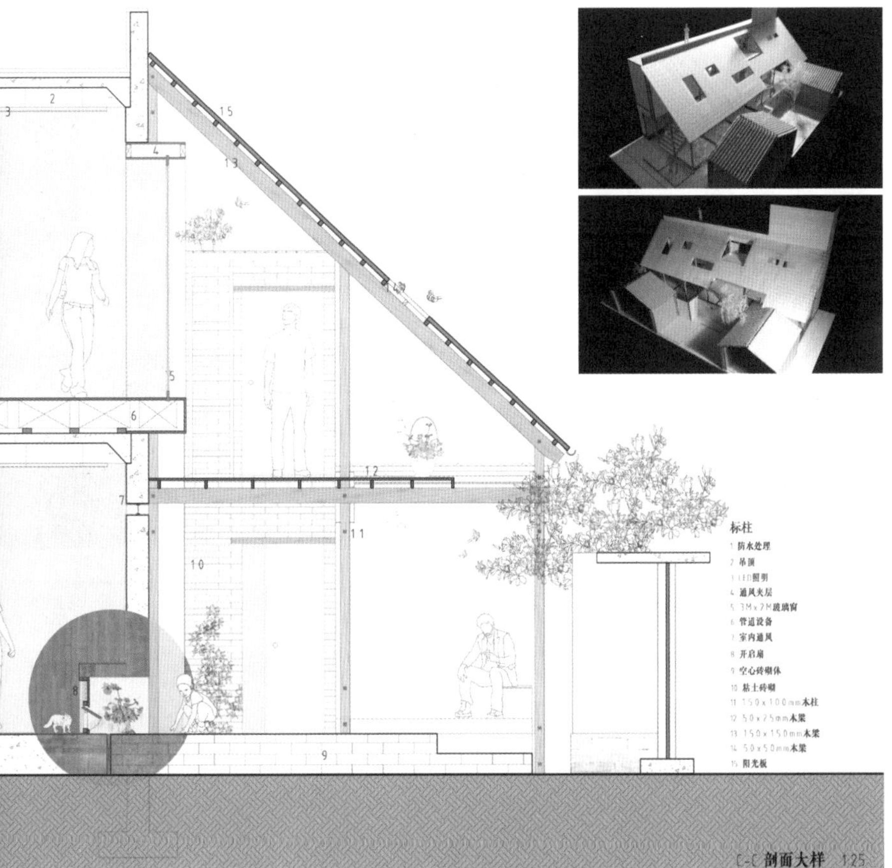

C-C 剖面大样 1:25

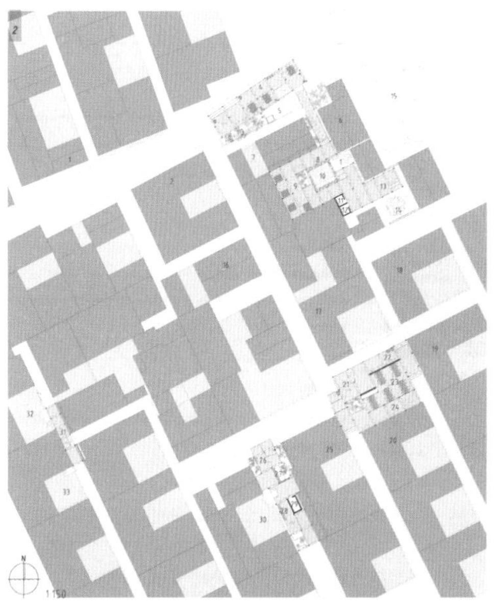

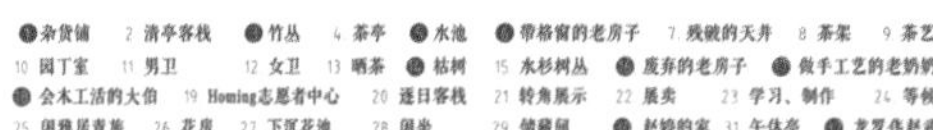

风水的居所

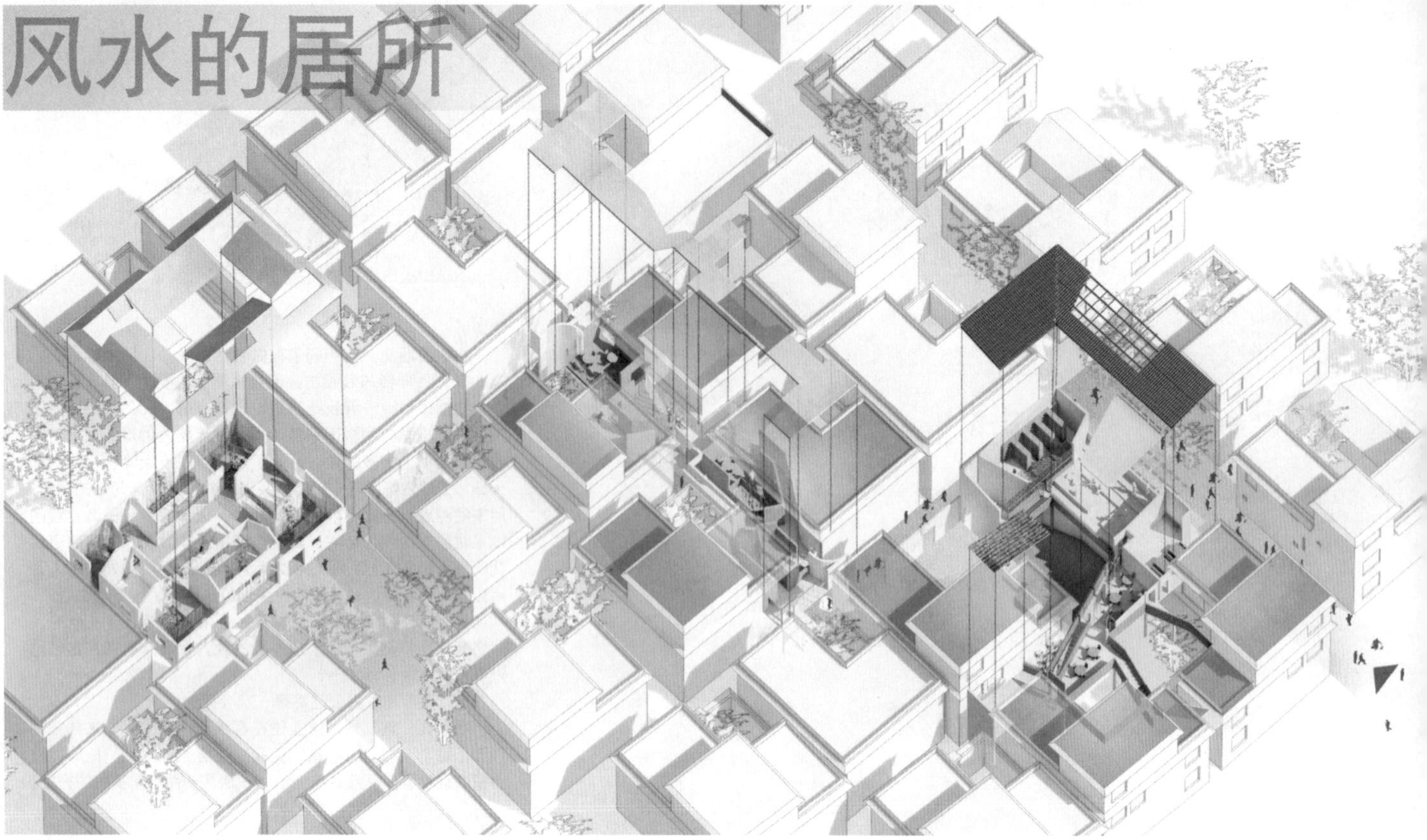

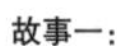

背景环境

故事一：

临近该地块有一家公益的武术学校，免费教附近贫苦的孩子武术和学习，十多年间已经培养了无数的贫苦孩子。但现状由于缺乏场地，他们平时只能在屋顶平台上的狭小空间练武术，使得这所造福大众的公益学校举步维艰。

故事二：

该地块周边有四家相邻的客栈，是年轻人聚集的地方，他们平时都乐意与其他的年轻人交流思想，分享自己的经验，但四家客栈都非常封闭，使得彼此缺乏一个交流的场所。

故事三：

该地块属于当地的一个油画家，家境富裕的画家打算在此建立一个画家工作室，希望周边的邻居都能够欣赏他的画作。

方案一剖面

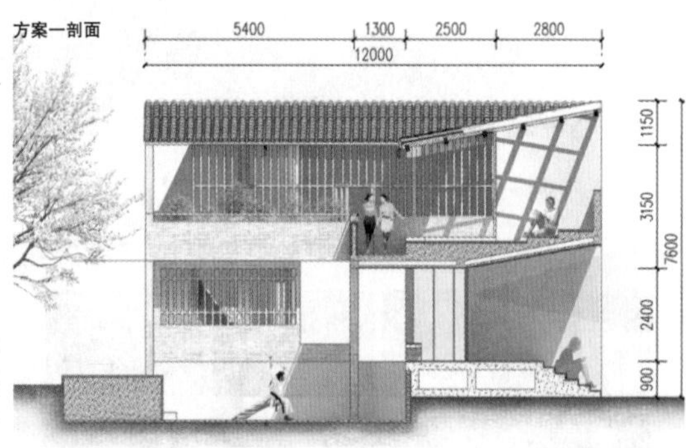

方案二剖面

方案三立面

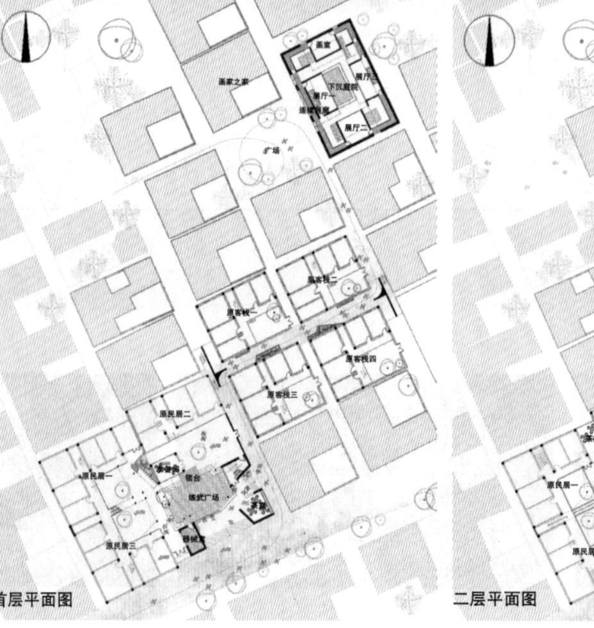

首层平面图

二层平面图

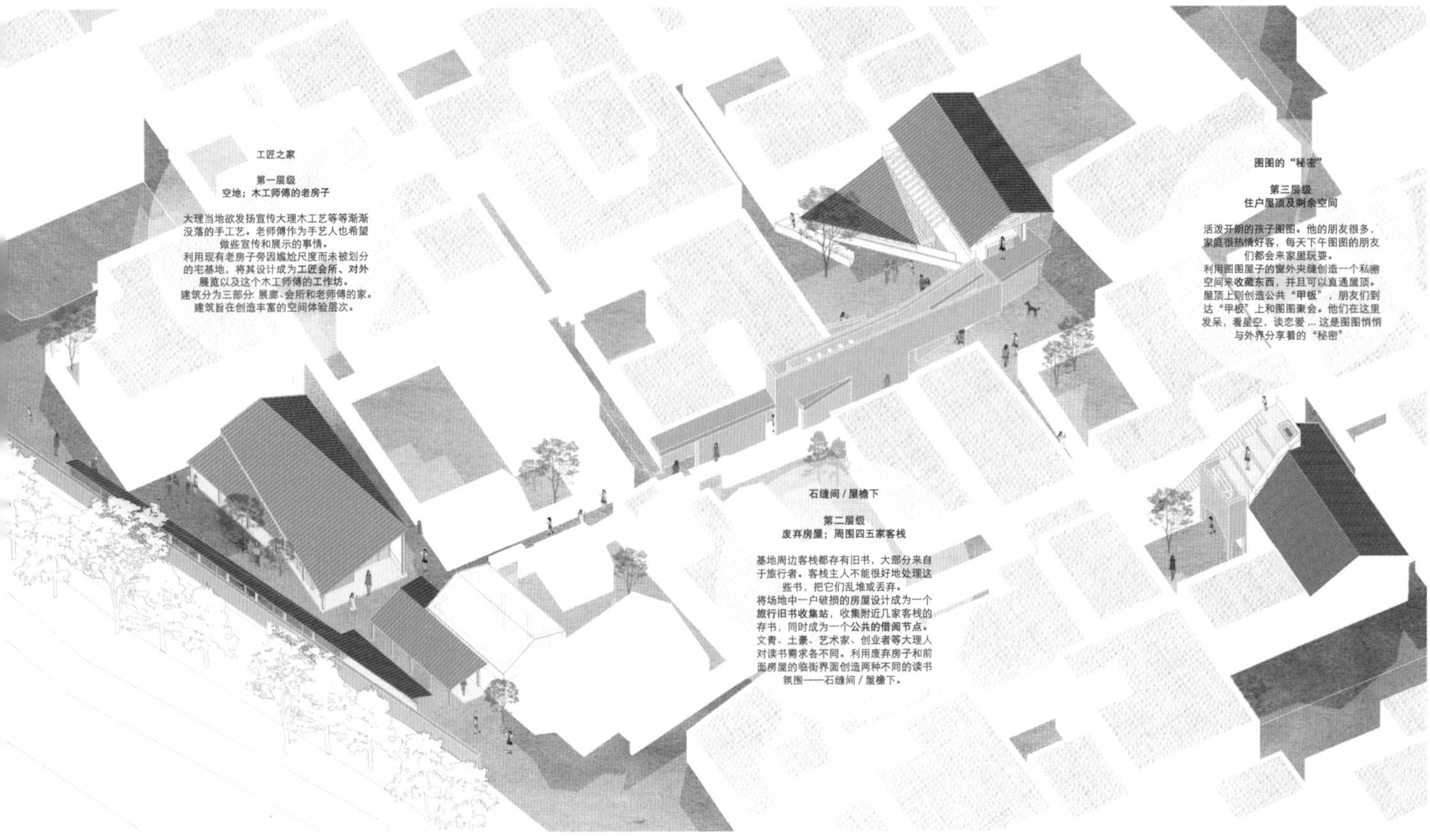

工匠之家

第一层级
空地；木工师傅的老房子

大理当地欲发扬宣传大理木工艺等等渐渐没落的手工艺。老师傅作为手艺人也希望做些宣传和展示的事情。
利用现有老房子旁因尴尬尺度而未被划分的宅基地，将其设计成为工匠会所、对外展览以及这个木工师傅的工作坊。
建筑分为三部分：展廊、会所和老师傅的家。
建筑旨在创造丰富的空间体验层次。

图图的“秘密”

第三层级
住户屋顶及剩余空间

活泼开朗的孩子图图。他的朋友很多，家庭很热情好客，每天下午图图的朋友们都会来家里玩耍。
利用图图屋子的窗外夹缝创造一个私密空间来收藏东西，并且可以直通屋顶。屋顶上则创造公共“甲板”，朋友们到达“甲板”上和图图聚会。他们在这里发呆，看星空，谈恋爱 ... 这是图图悄悄与外界分享着的“秘密”

石缝间 / 屋檐下

第二层级
废弃房屋；周围四五家客栈

基地周边客栈都存有旧书，大部分来自于旅行者。客栈主人不能很好地处理这些书，把它们乱堆或丢弃。
将场地中一户破损的房屋设计成为一个旅行旧书收集站，收集附近几家客栈的存书，同时成为一个公共的借阅节点。
文青、土豪、艺术家、创业者等大理人对读书需求各不同。利用废弃房子和前面房屋的临街界面创造两种不同的读书氛围——石缝间 / 屋檐下。

1st Floor 1:100

Section A-A 1:100

Section B-B 1:100

1st Floor 1:200　　2nd Floor 1:200

Section C-C 1:100

Section D-D 1:100

1st Floor 1:100　　2nd Floor 1:100　　Roof 1:100

Section E-E 1:100

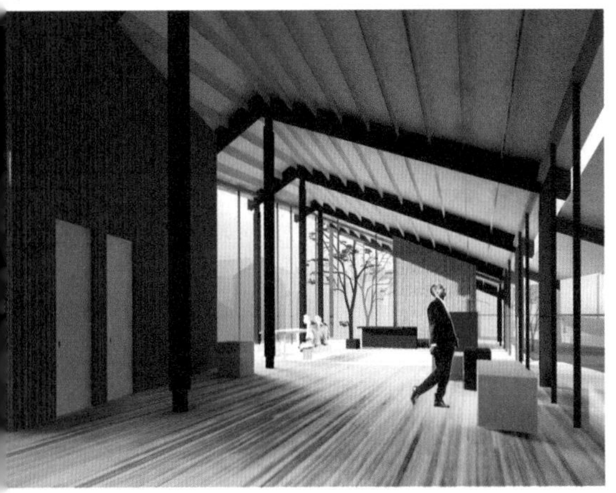

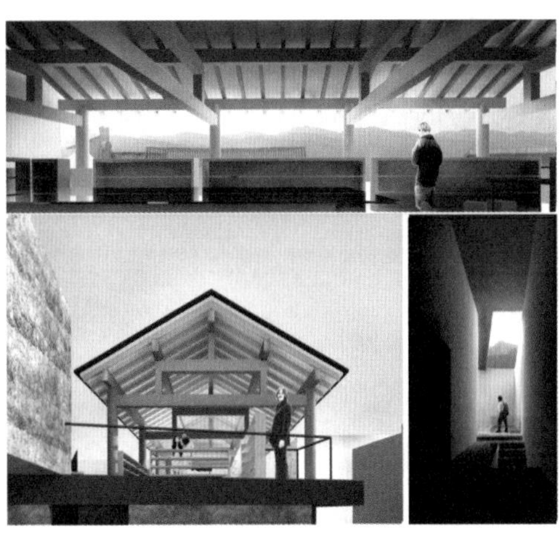

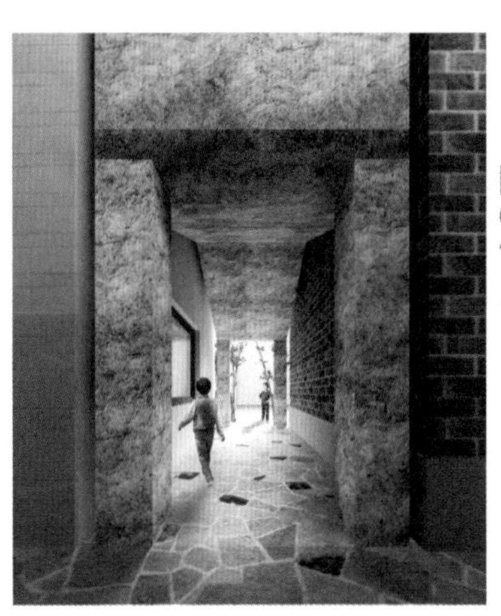

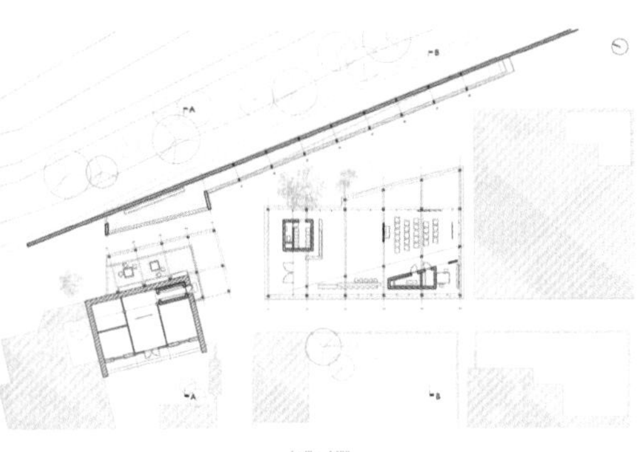

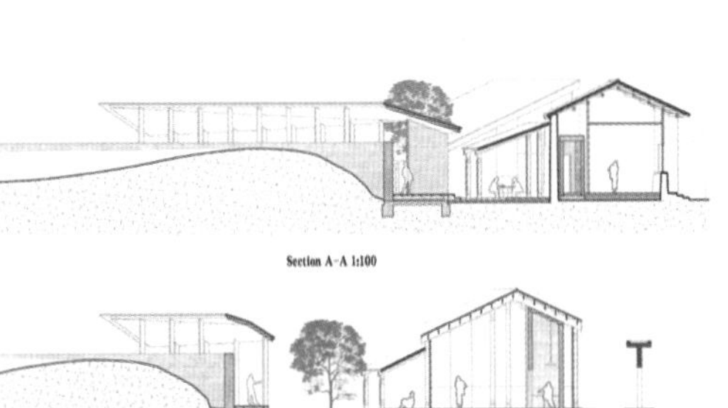

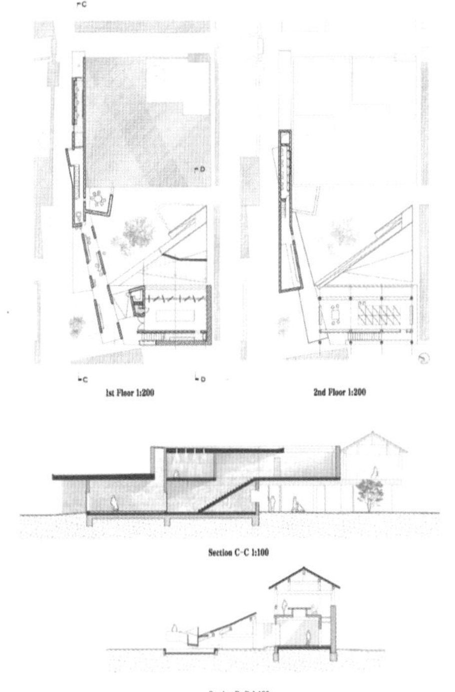

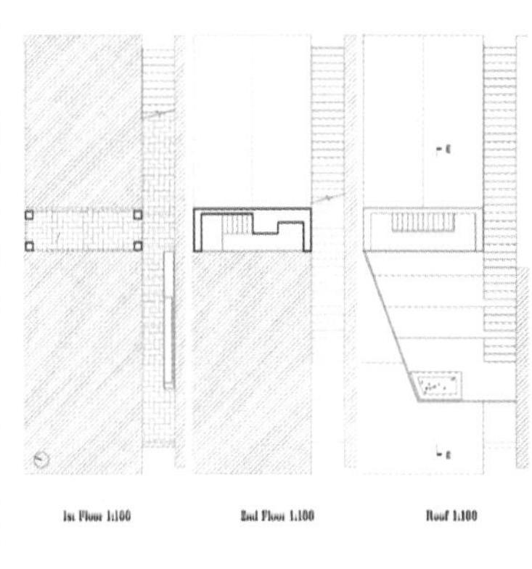

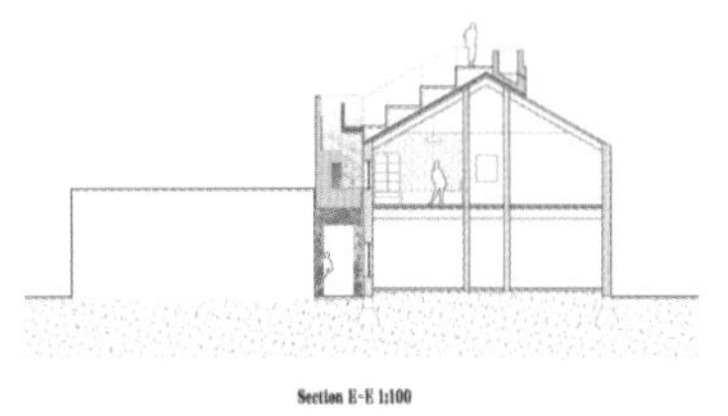

重庆大学
CHONGQING UNIVERSITY

龙灏

高长军

游航

宋璐

设计题目：

居住于边缘

Living in Marginal

设计题目：

记忆重构

Reconstruct Your Memory

肖威

何思琪

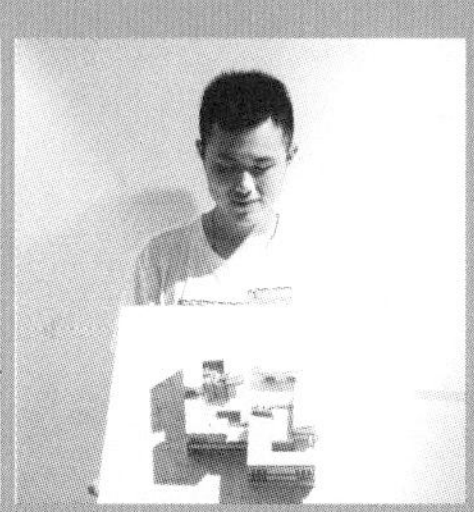
郑苍民

范兴雷

朱丹

李奕阳

设计题目：

风景的容器

Container of Scenery

微

居住于边缘
Living in Marginal

重庆大学
设计：高长军 / 游航 / 宋璐
指导：龙灏

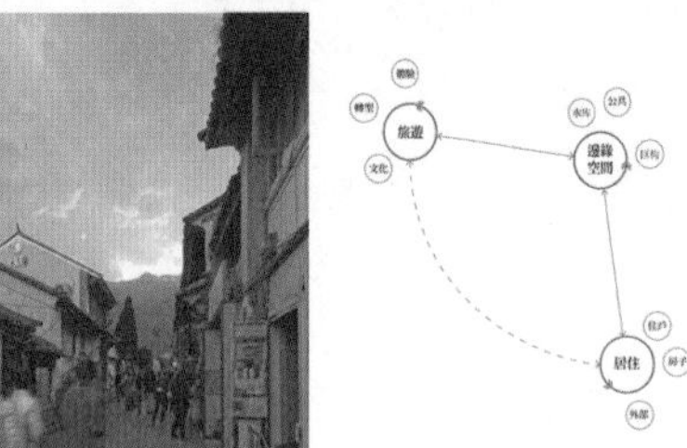

邊緣，是一個綜合的社會現象。
居住，是一個複雜的日常議題。

在明顯的邊緣化背景下，我們曾困惑于這樣的基地應該擁有怎樣的未來。大量前期的計成果其實證明了在當下城市化的進程中，類似的"小"城市和"角"區域，常常所面對著的發展和公平困境。

我們試圖盡可能客觀地找到這個城市最典型的氣質和這個地塊最貼切的脾性，適當地依據看似相對穩定的區域背景條件，做出從策劃定位到空間解題的粗略探索。

"居住于邊緣"設計希望用"居住"的視角，在基地維度下再次思考大理古城的發展可能性，思考原住民與遊客的共生關係。

重慶大學
指導教師——龍灝
設計組——高長軍 游航 宋璐

设计背景和

旅遊地生命週期曲線模型

旅遊發展轉型圖

基地定位和

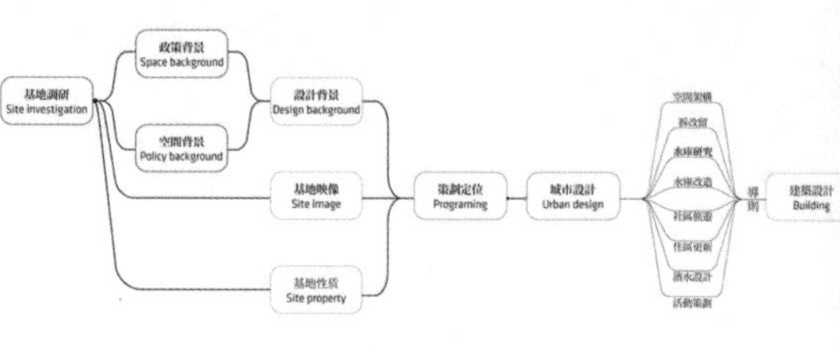

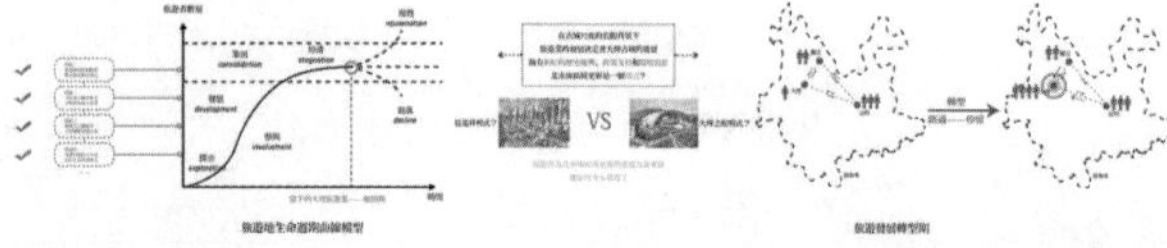

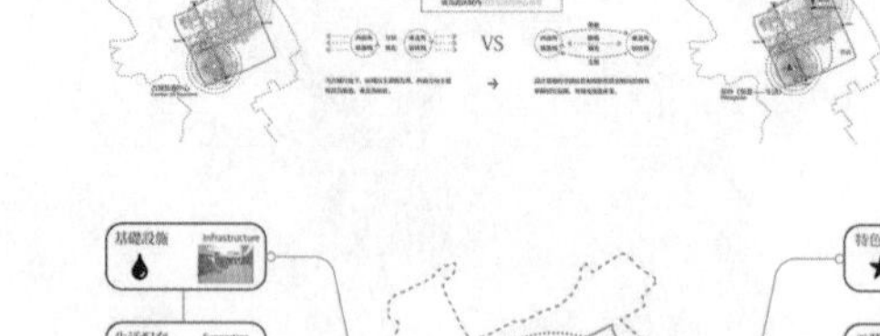

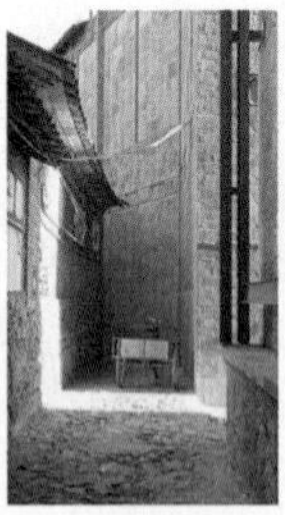

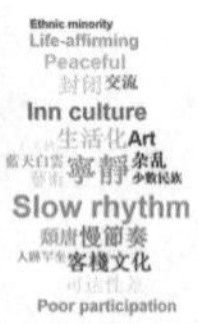

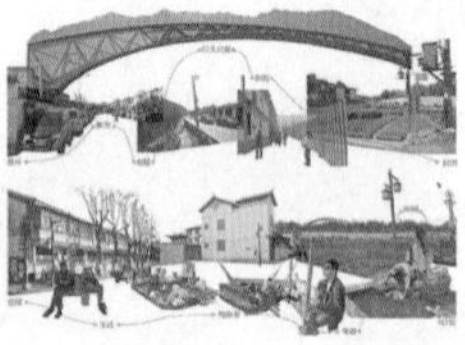

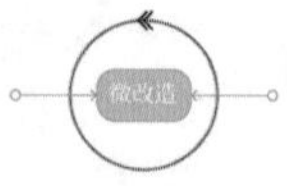

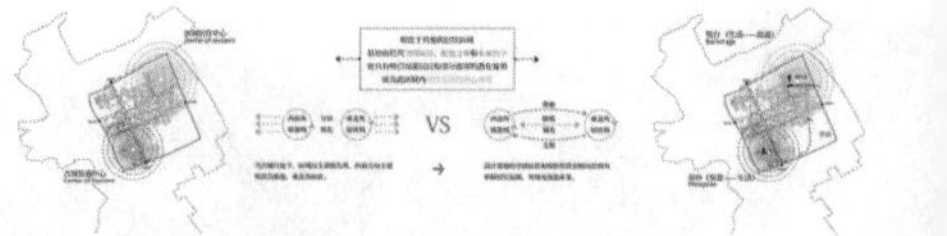

基地隱約體現著80年代到當代的發展情況，儘管鄉野氣息的媒介已經被新的民族風民居所佔據
但這片土地上的人們一直在相似的安逸氣氛中生活著

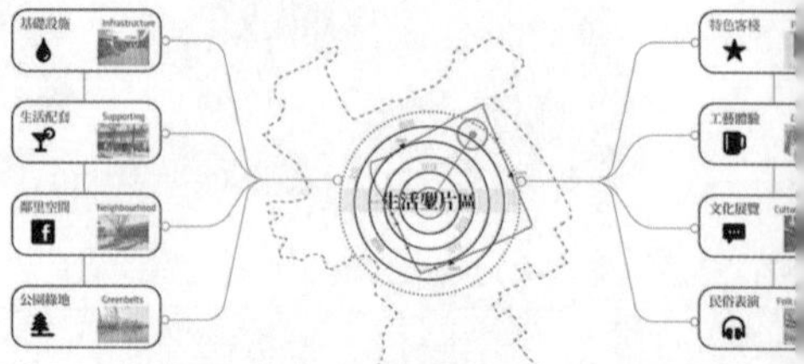

以原住民和候鳥遊客為主導，結合居住、旅遊、文化、創意產業、手工業等多功能為一體
混居型生活、遊憩片區

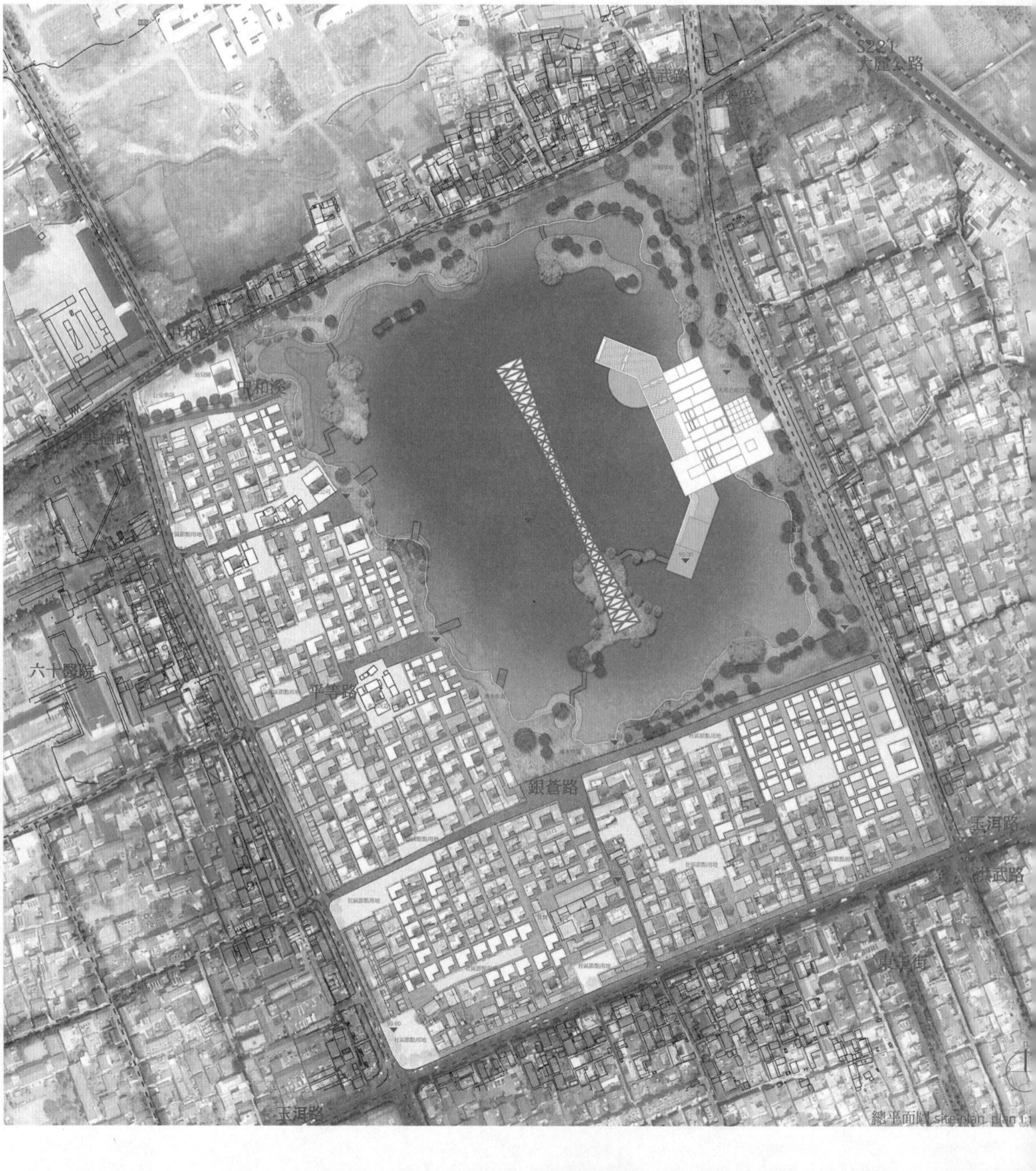

總平面圖 site plan

评语：

本组的城市设计构思从场地周边较大范围的地域与设计场地的关系切入，以"居住在大理"为核心诉求探讨了"边缘"与"中心"的多重含义对城市设计的影响。单体设计类型选择契合城市设计的居住主题，既有以"同一建筑，不同改法"的方式、基于复兴传统建筑材料、建造方式和建造活动而进行的传统民居改造设计，也有针对场地中造型突兀的"大理之眼"现存大体量建筑、以场地的"居住适宜性"为基础而进行的功能与形体、材质与色彩的剧场改造设计，还有积极挖掘"自发性"客栈改造现象在建筑设计过程中的应用、对"强化客栈文化"与"客栈融入社区"两方面问题进行交叉分析与思考的客栈设计。

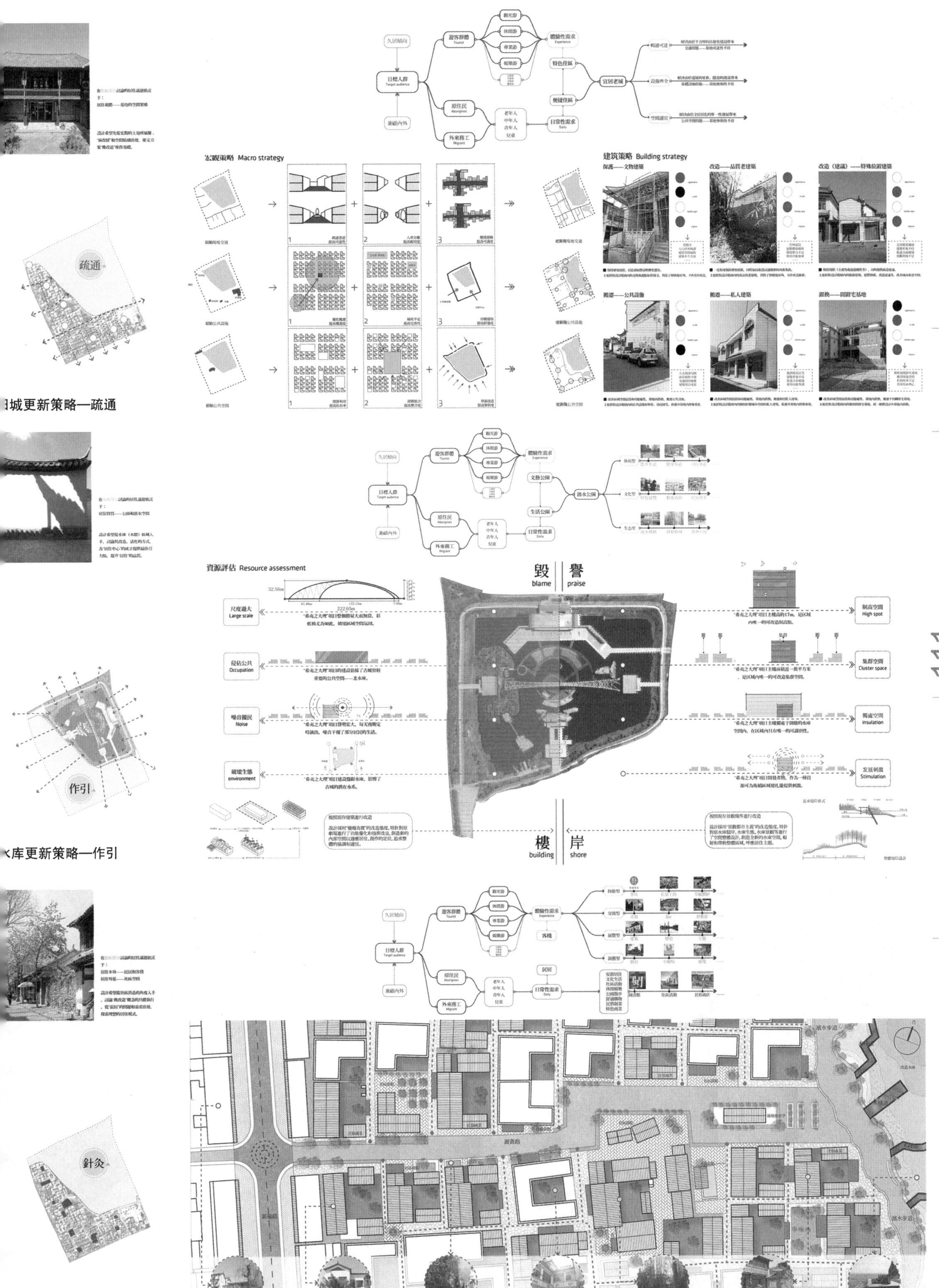

宏觀策略 Macro strategy
建筑策略 Building strategy
城更新策略—疏通
资源評估 Resource assessment
毁 blame
譽 praise
樓 building
岸 shore
尺度過大 Large scale
侵佔公共 Occupation
噪音擾民 Noise
破壞生態 environment
制高空間 High spot
集群空間 Cluster space
獨處空間 insulation
發展刺激 Stimulation
库更新策略—作引
目標人群 Target audience
遊客群體 Tourist
原住民 Aborigines
外來務工 Migrant
體驗性需求 Experience
日常性需求 Daily
社區平面 plan
区更新策略—针灸
疏通
作引
針灸

在社區營造背景下討論的居住議題著眼于：
居住的物質容器——傳統建築
居住的精神認同——傳統構法

設計希望以區域為研究樣本，提倡社區營造的"微開發"方式，更以鼓勵"傳統民居"切入，保有且促進特色氛圍，強化居游關聯。

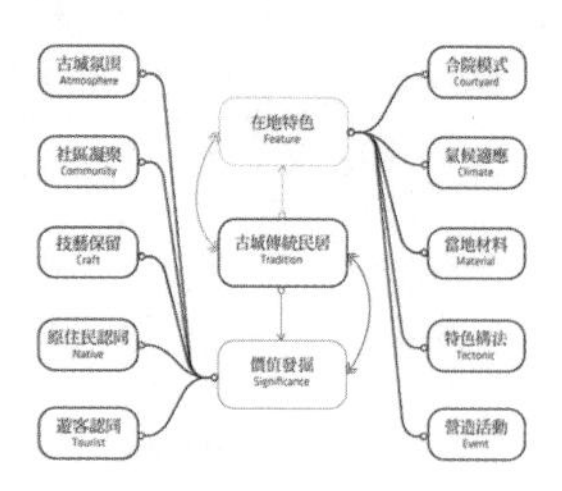

混居型社區 Community
空間提升
社會活動
自發式營建 Spontaneity
民居
客棧
工作室
社區活動
原住民
商業機構
創作單元
政府
更新需求 Demand
更新力量 Participant
空間本體
偏隅方興 Tradition renew
場所認同
工作方法
單體選擇
現狀評估
內外需求
設計建造
驗收反饋
傳統建造
改老建新 Renew and build
當代優化

传统民居改造导则研究—偏隅方兴

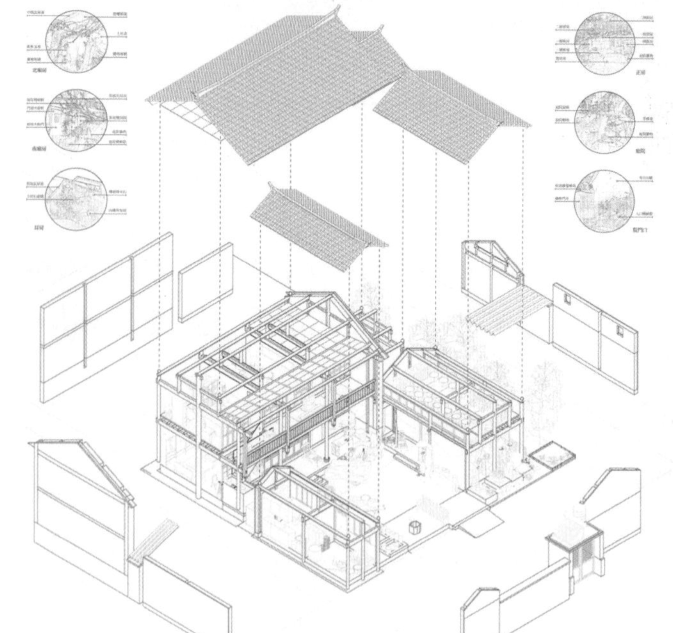
傳統民居原貌 Status quo

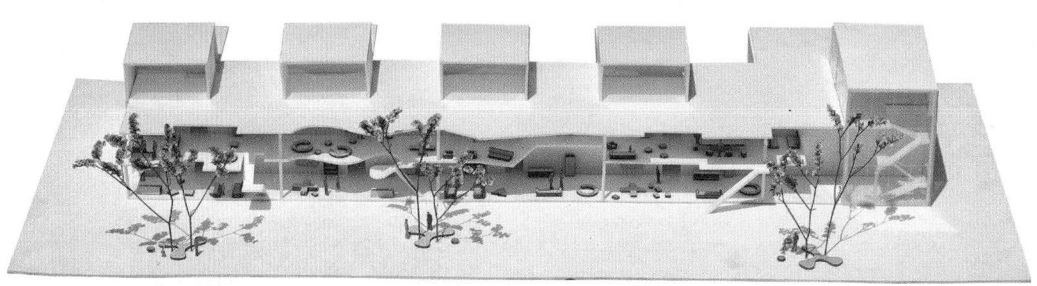

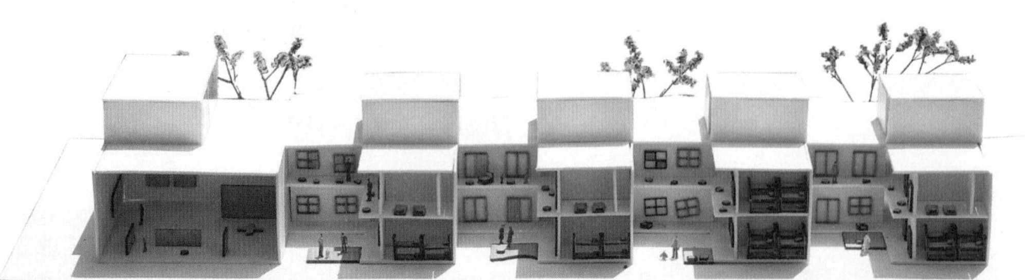

大理古城客栈模式研究—1+1+1+1>4

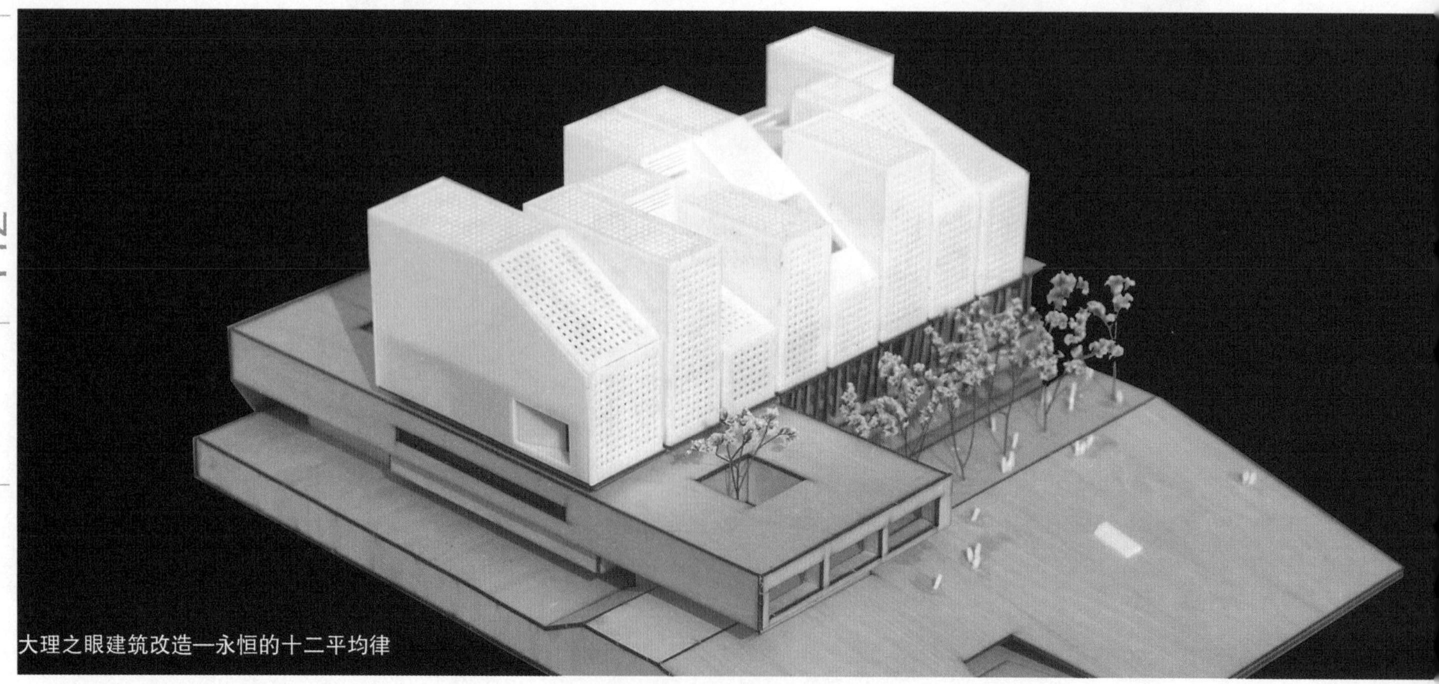
大理之眼建筑改造—永恒的十二平均律

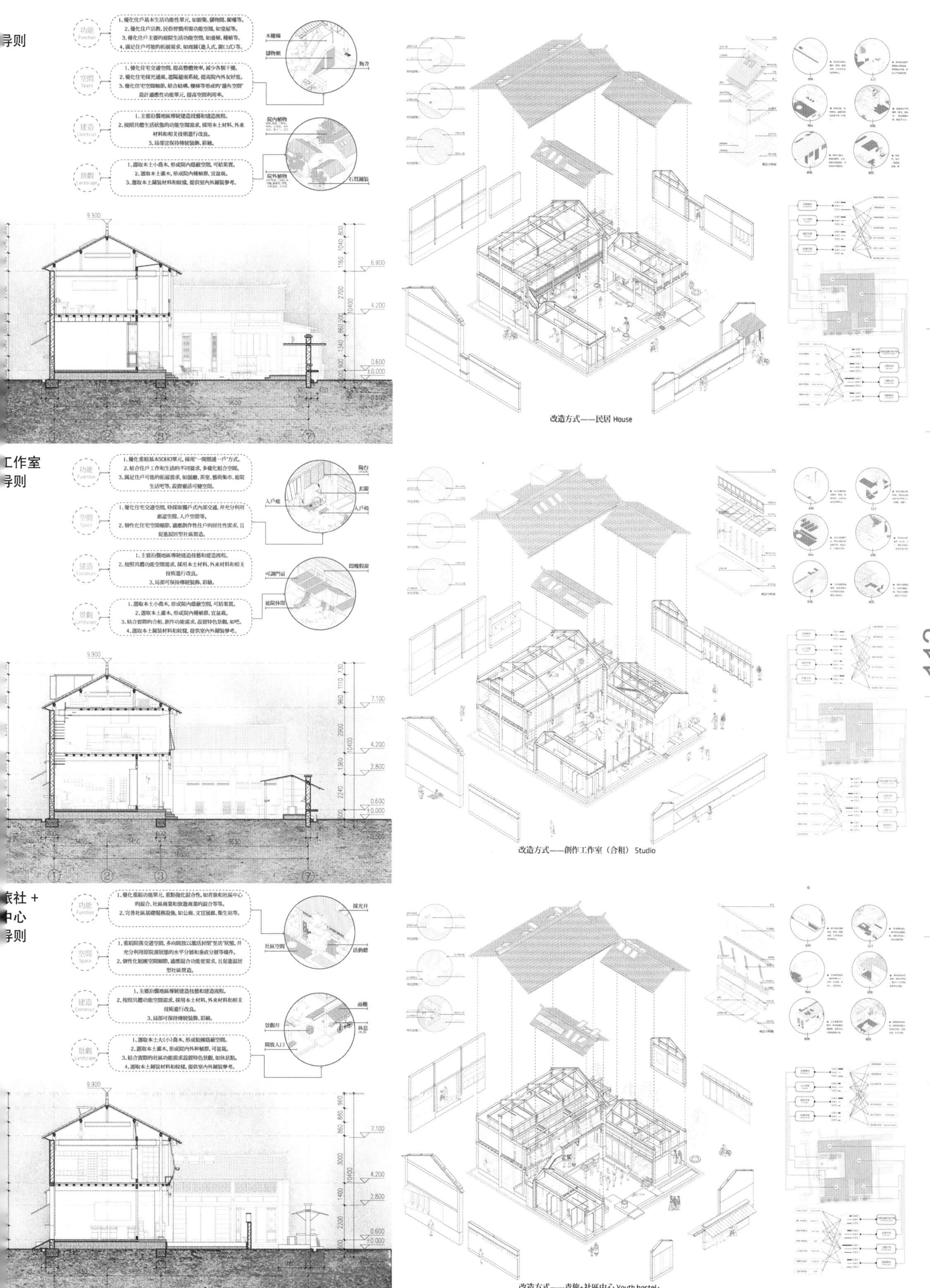

改造方式——民居 House

改造方式——創作工作室（合租） Studio

改造方式——青旅+社區中心 Youth hostel+

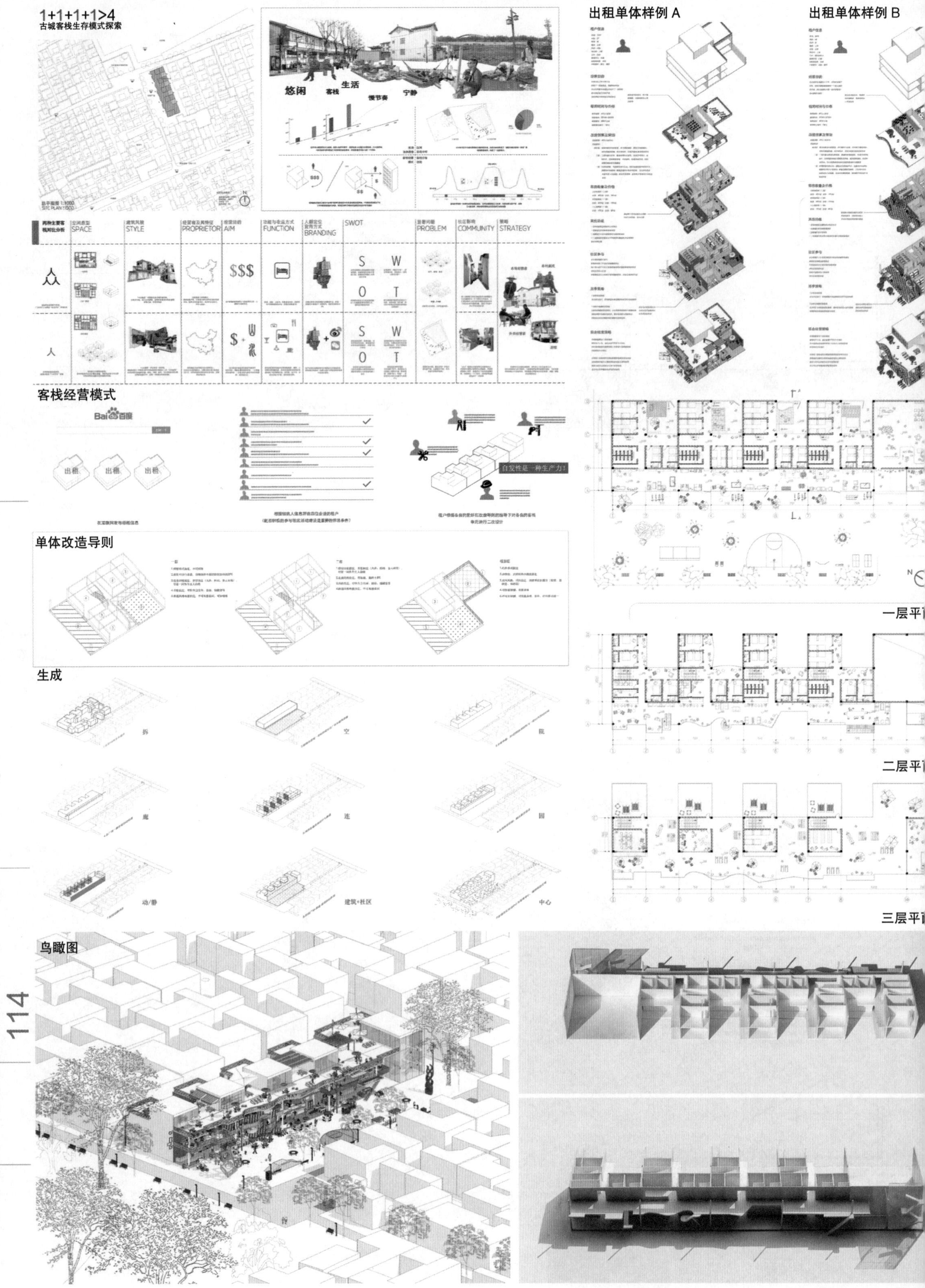
1+1+1+1>4
古城客栈生存模式探索
悠闲
客栈
生活
慢节奏
宁静
出租单体样例 A
出租单体样例 B
SPACE
STYLE
PROPRIETOR
AIM
FUNCTION
BRANDING
SWOT
PROBLEM
COMMUNITY
STRATEGY
客栈经营模式
出租
出租
出租
自发性是一种生产力!
单体改造导则
生成
拆
空
院
廊
连
园
动/静
建筑+社区
中心
一层平面
二层平面
三层平面
鸟瞰图

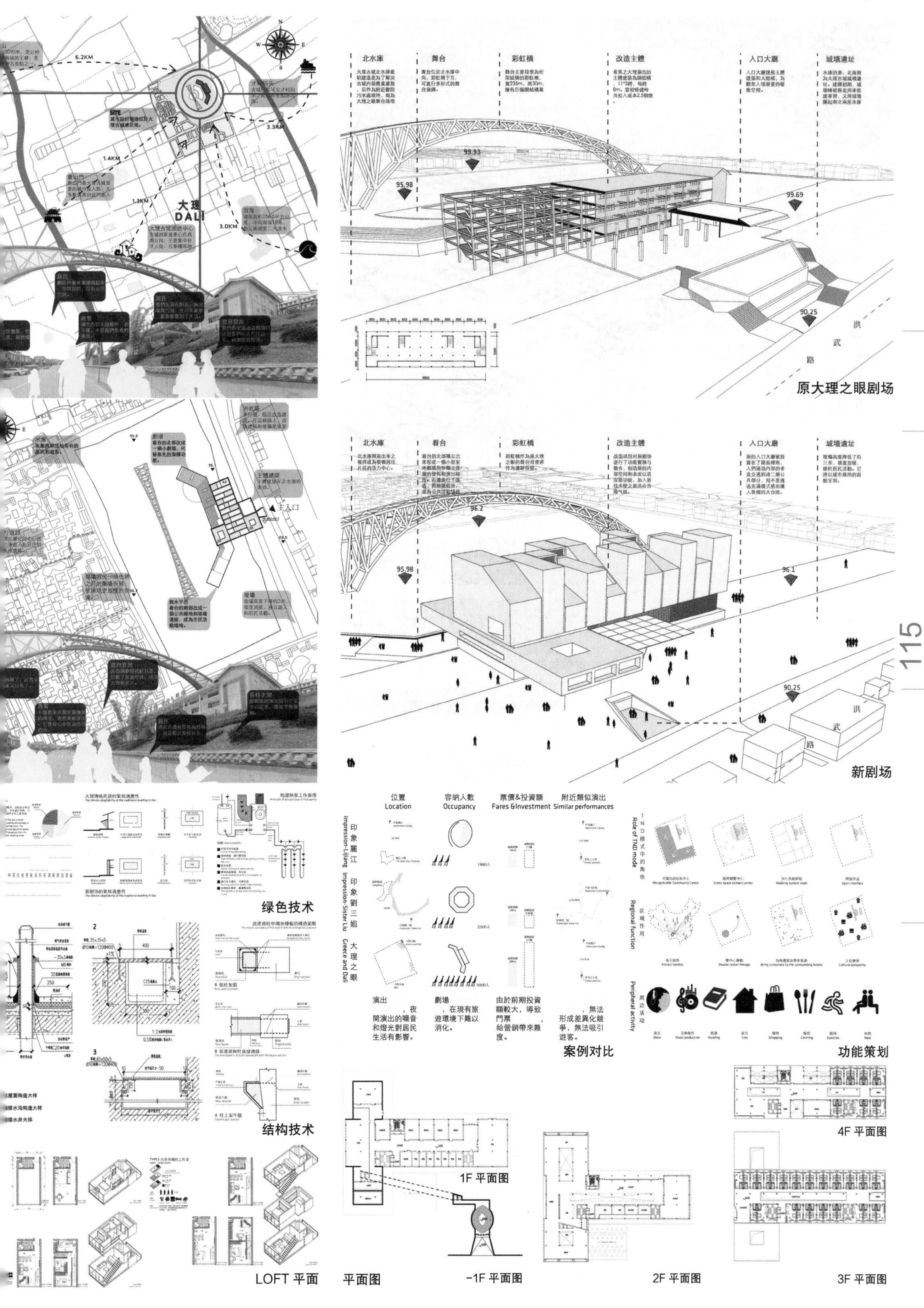

北水庫
舞台
彩虹橋
改造主體
入口大廳
城墻遺址
原大理之眼剧场
新剧场
主入口
绿色技术
结构技术
LOFT 平面
案例对比
功能策划
位置 Location
容納人數 Occupancy
票價&投資額 Fares &Investment
附近類似演出 Similar performances
印象麗江 Impression-Lijiang
印象劉三姐 Impression-Sister Liu
大理之眼 Greece and Dali
平面图
-1F 平面图
1F 平面图
2F 平面图
3F 平面图
4F 平面图

记忆重构 Reconstruct Your Memory

重庆大学
设计：肖威 / 何思琪 / 郑苍民
指导：龙灏

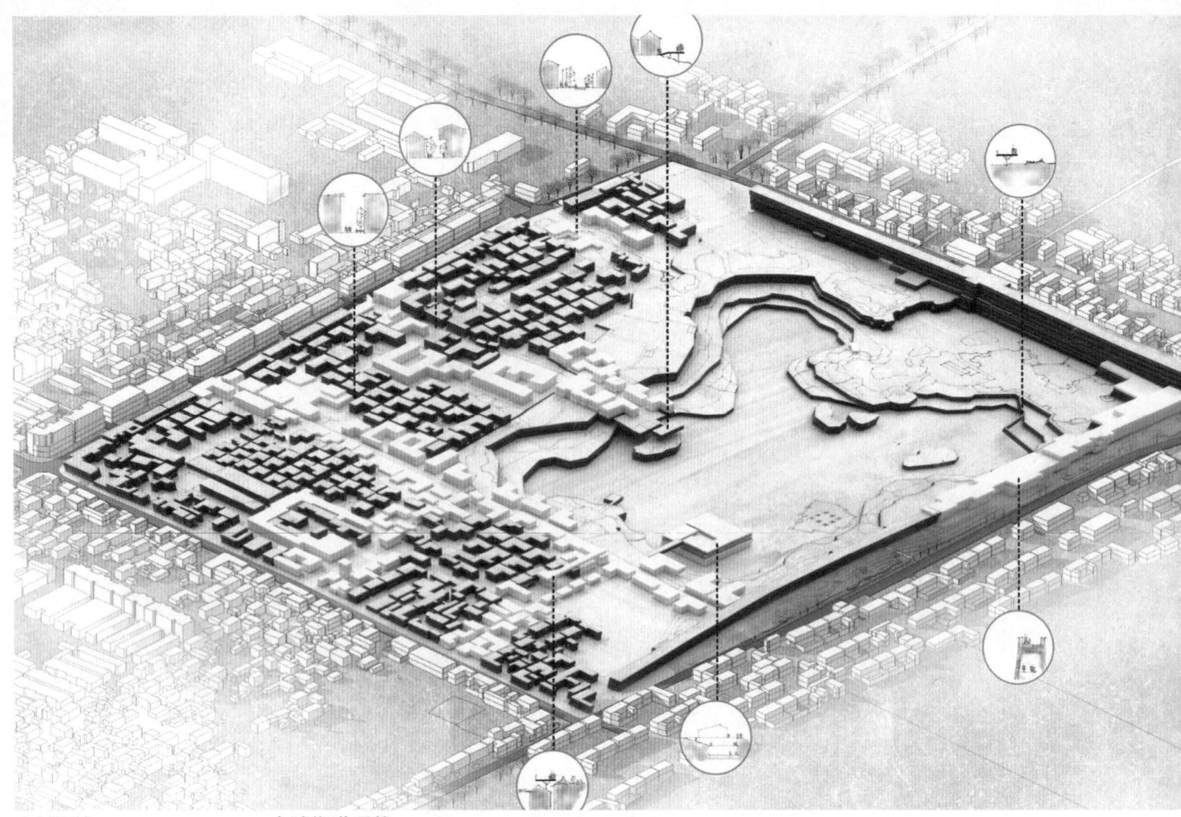

古城印象

区位

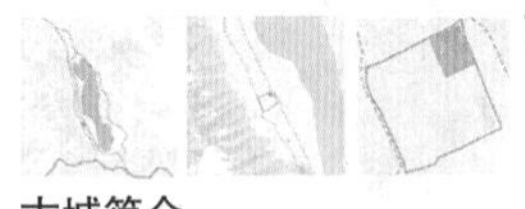

古城简介

大理古城作为我国历史文化名城中的代表，在当前的城市化进程中，不可避免地遇到了传统古城保护与现代城市发展之间，在区域定位、空间布局、居民生活等方面的诸多矛盾。设计课题的基地位于大理古城东北角，东临洪武路，西靠叶榆路，南以玉洱路为界，北以中和路为界。目前，该基地处于使用状态，每晚举行希“夷之大理”的表演。但表演市场不景气。本次设计希望基托于大理古镇发展对于场地现状深入研究古城发展及更新模式。

古城街道现状

古城主街道

古城内主要街道类型比较单一，业态主要以旅游商业和基础服务设施为主。与同类型的商业化古镇并无差别。

基地内巷道

居民区巷道风貌枯燥单一，尺度不宜，缺少特质。

街道

古城业态

复兴路

旅游商业主要以服饰、银器、特产、小吃、餐饮为主，旅游区商业种类繁多，基础设施完善。

叶榆路

居民商业主要以餐饮为主，居民区商业类型单一，商业氛围衰落，基础设施不完善。

业态

古城系统

车行流线　人行流线　区域分布　基础设施分布

开放广场　公共绿地　水系　人群分布

寻找消失的记忆空间

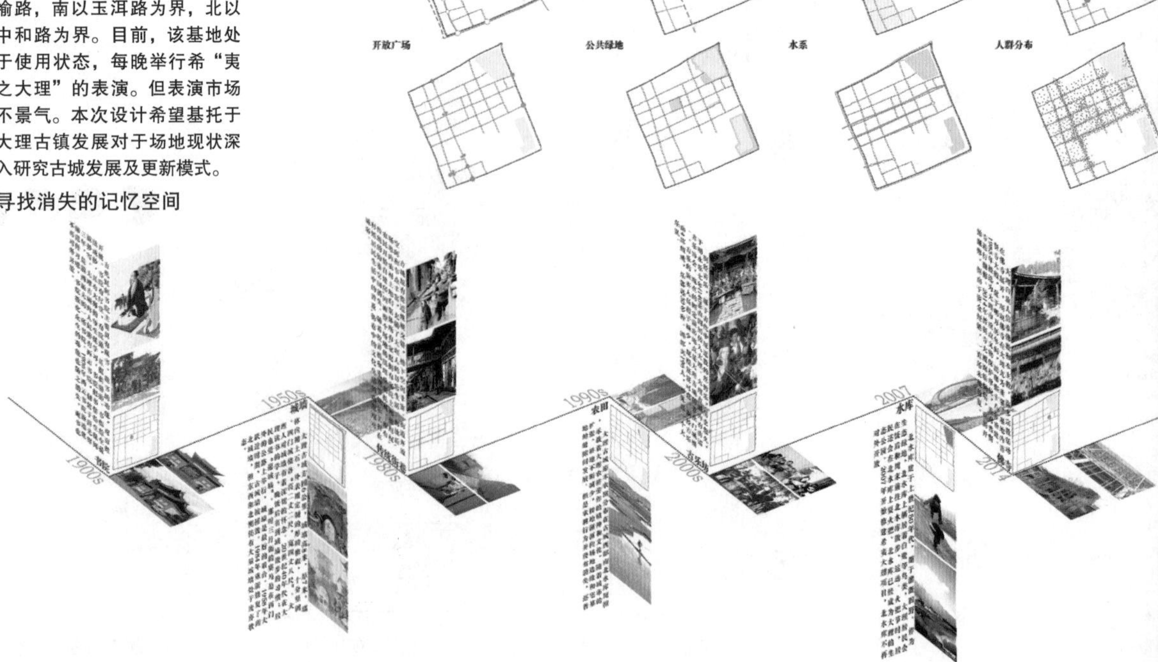

评语：

本组通过对大理古城的公共空间与行为的研究，以城市记忆空间为切入点提出以行为激活空间，重构居民记忆的城市设计概念，用居民公共空间植入和街道改造两个策略完成了城市设计。单体建筑方面，都围绕公共空间与激活城市记忆的关系展开，“树下图书馆”用既有住宅改建探索了公共建筑的公共性、易进入性和连接性，“古乐表演中心”思考了将目前封闭式的“大理之眼”表演活动与居民生活、古乐文化传承相结合，探索人们记忆中大理“巷陌皆垒石为之，连延数里不断”的街道意向，“社区活动中心”则从功能设置与材料运用等建筑设计手法几个角度着手，力图唤起人们的空间记忆并满足居民的生活需求。

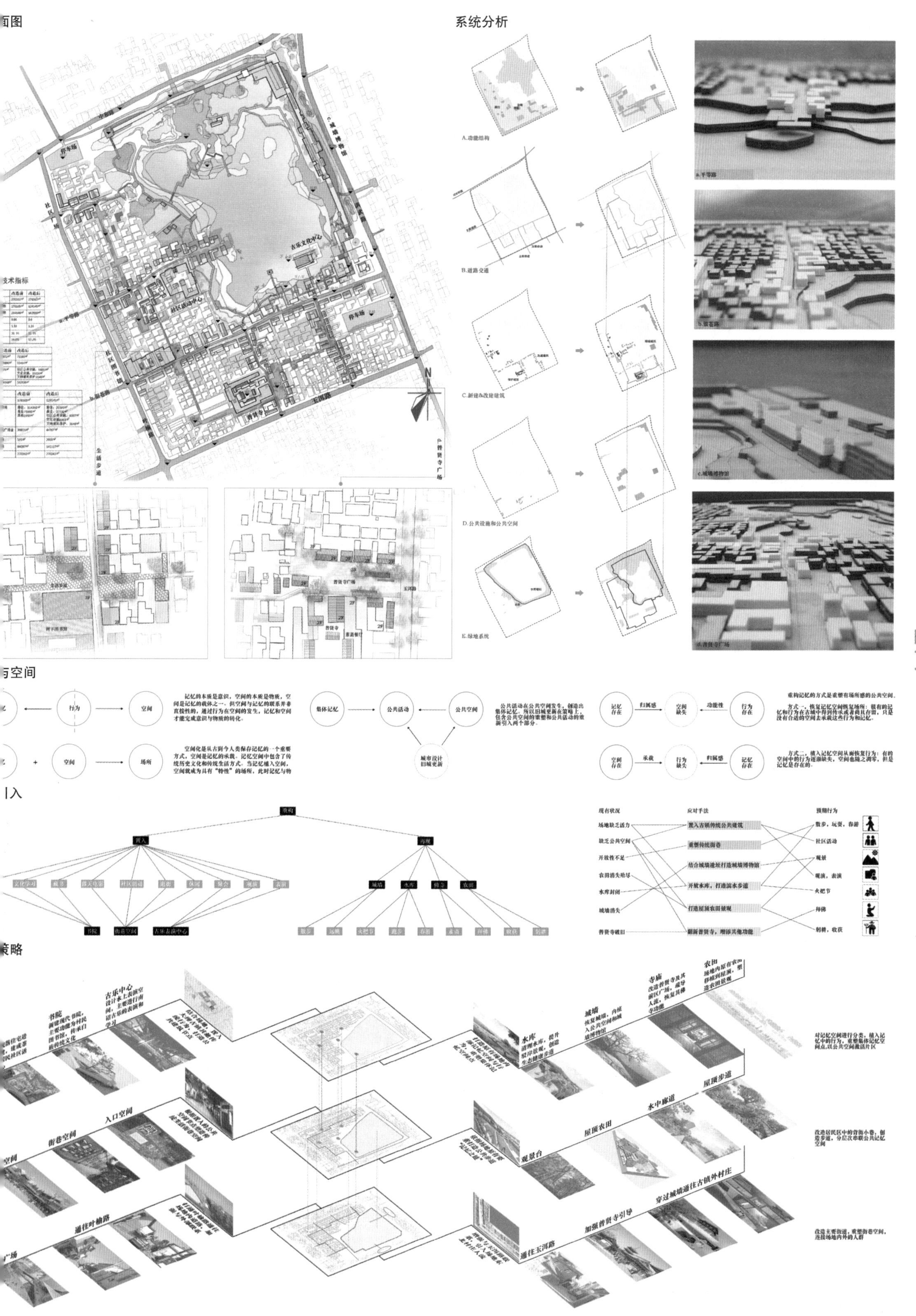
面图
系统分析
A.功能结构
B.道路交通
C.新建&改建建筑
D.公共设施和公共空间
E.绿地系统
a.半导路
b.窑巷路
c.城墙博物馆
d.普贤寺广场
停车场
古乐文化中心
社区活动中心
玉洱路
普贤寺
生活步道
d.普贤寺广场
技术指标
与空间
行为
空间
记忆的本质是意识，空间的本质是物质，空间是记忆的载体之一。但空间与记忆的联系并非直接性的，通过行为在空间的发生，记忆和空间才能完成意识与物质的转化。
空间
场所
空间化是从古到今人类保存记忆的一个重要方式，空间是记忆的承载。记忆空间中包含了传统历史文化和传统生活方式。当记忆植入空间，空间就成为具有“特性”的场所，此时记忆与物
集体记忆
公共活动
公共空间
城市设计
旧城更新
公共活动在公共空间发生，创造出集体记忆。所以旧城更新在策略上，包含公共空间的重塑和公共活动的重新引入两个部分。
记忆存在
归属感
空间缺失
功能性
行为存在
空间存在
承载
行为缺失
归属感
记忆存在
重构记忆的方式是重塑有场所感的公共空间。
方式一，恢复记忆空间恢复场所：很有的记忆和行为在古城中得到传承或者尚且存留，只是没有合适的空间去承载这些行为和记忆。
方式二，植入记忆空间从而恢复行为：有的空间中的行为逐渐缺失，空间也随之凋零，但是记忆是存在的。
入
重构
置入
再现
城墙
水库
佛寺
农田
书院
街巷空间
古乐表演中心
现有状况
场地缺乏活力
缺乏公共空间
开放性不足
农田消失殆尽
水库封闭
城墙消失
普贤寺破旧
应对手法
置入古镇传统公共建筑
重塑传统街巷
结合城墙遗址打造城墙博物馆
开放水库，打造滨水步道
打造屋顶农田景观
翻新普贤寺，增添其他功能
预期行为
散步，玩耍，春游
社区活动
观景
观演，表演
火把节
拜佛
耕耕，收获
策略
书院
古乐中心
水库
城墙
寺庙
改造普贤寺及其前区广场，疏导人流，恢复其佛事功能
农田
场地内原有农田移植到屋顶，塑造农田景观
对记忆空间进行分类，植入记忆中的行为，重塑集体记忆空间点，以公共空间激活片区
街巷空间
入口空间
观景台
屋顶农田
水中廊道
屋顶步道
改造居民区中的背街小巷，创造步道，分层次串联公共记忆空间
广场
通往叶榆路
通往玉洱路
加强普贤寺引导
穿过城墙通往古镇外村庄
改造主要街道，重塑街巷空间，连接场地内外的人群

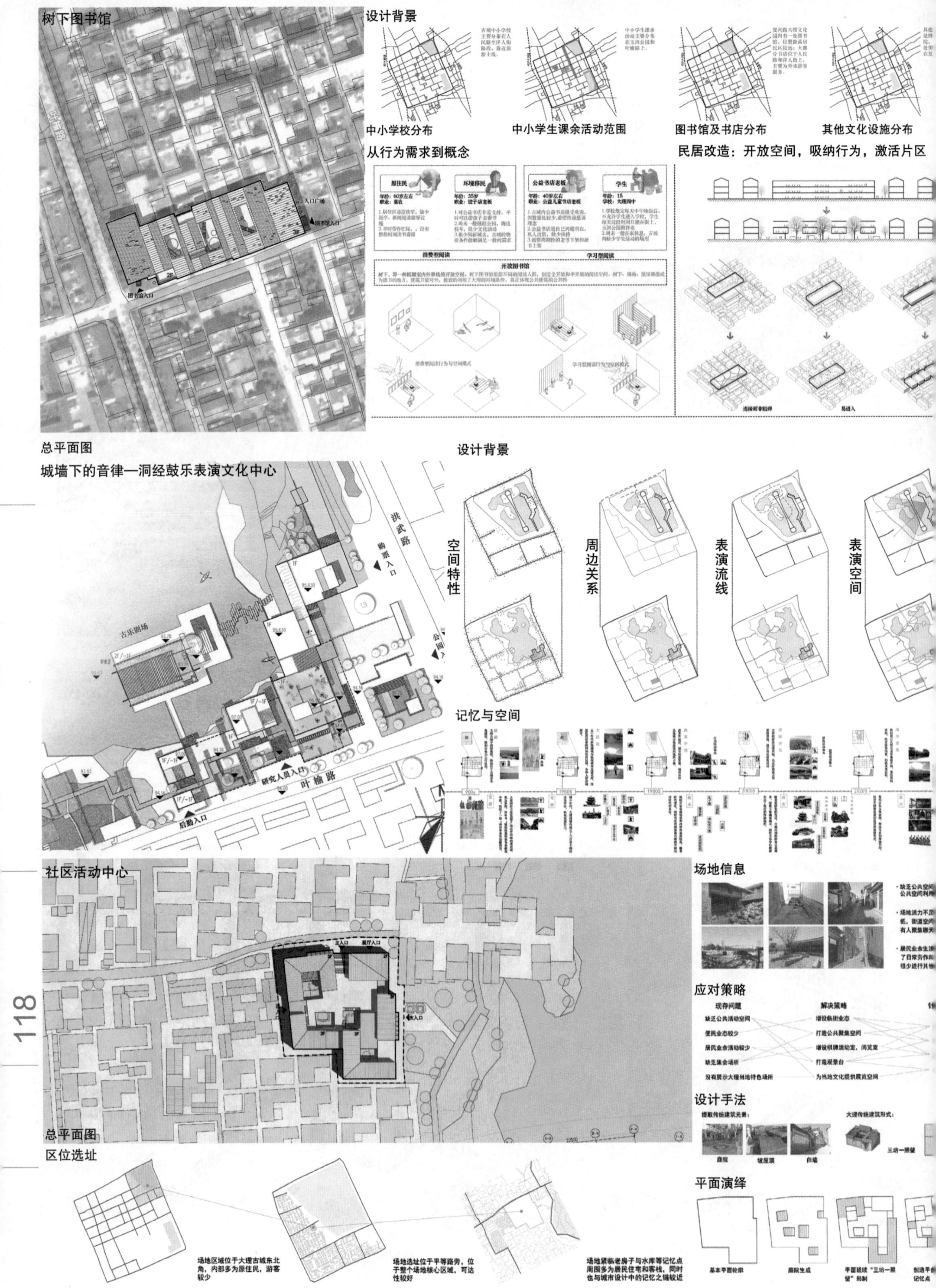
树下图书馆
设计背景
中小学校分布
中小学生课余活动范围
图书馆及书店分布
其他文化设施分布
从行为需求到概念
民居改造：开放空间，吸纳行为，激活片区
原住民
环境移民
公益书店老板
学生
消费型阅读
学习型阅读
开放图书馆
总平面图
城墙下的音律—洞经鼓乐表演文化中心
设计背景
空间特性
周边关系
表演流线
表演空间
古乐剧场
洪武路
购票入口
研究人员入口
叶榆路
后勤入口
记忆与空间
社区活动中心
场地信息
应对策略
现存问题
解决策略
缺乏公共活动空间
便民业态较少
居民业余活动较少
缺乏集会场所
没有展示大理当地特色场所
增设临街业态
打造公共聚集空间
增设棋牌活动室，阅览室
打造观景台
为当地文化提供展览空间
设计手法
提取传统建筑元素：
大理传统建筑形式：
庭院
坡屋顶
白墙
三坊一照壁
平面演绎
基本平面轮廓
庭院生成
总平面图
区位选址
场地区域位于大理古城东北角，内部多为原住民，游客较少
场地选址位于平等路旁，位于整个场地核心区域，可达性较好
场地紧临老房子与水库等记忆点周围多为居民住宅和客栈，同时也与城市设计中的记忆之链较近

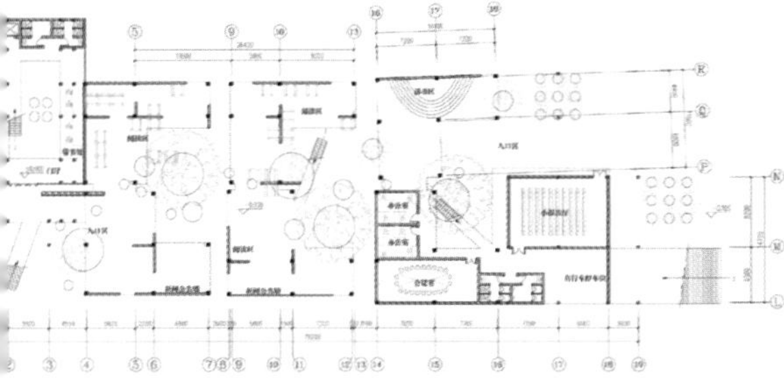

一层平面图 1:200

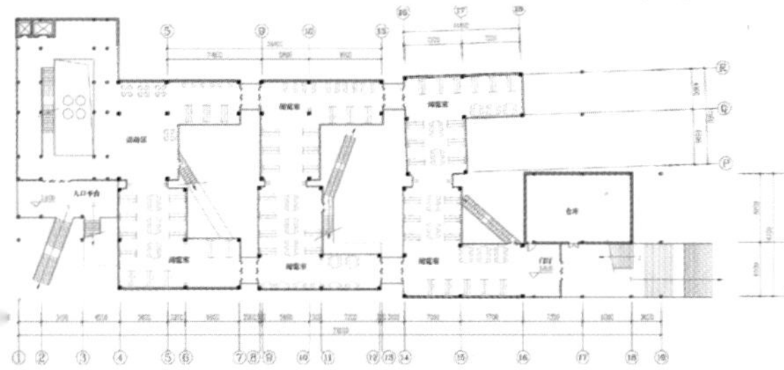

二层平面图 1:200

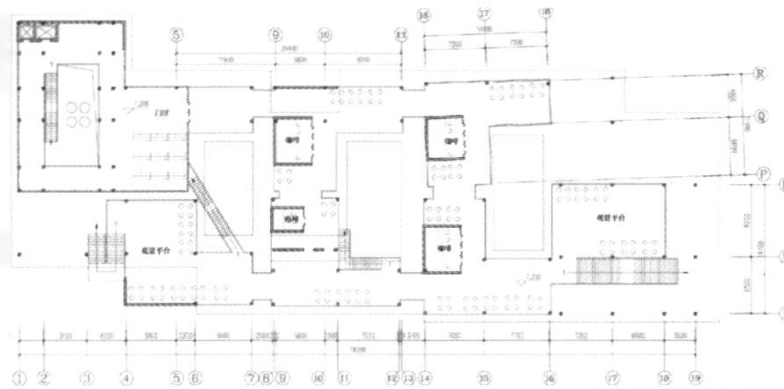

三层平面图 1:200

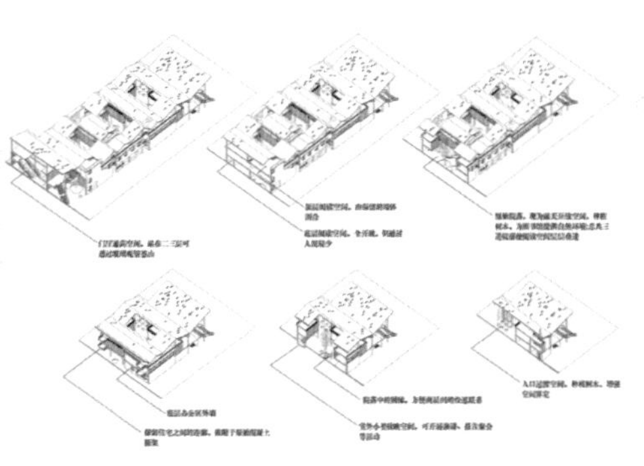

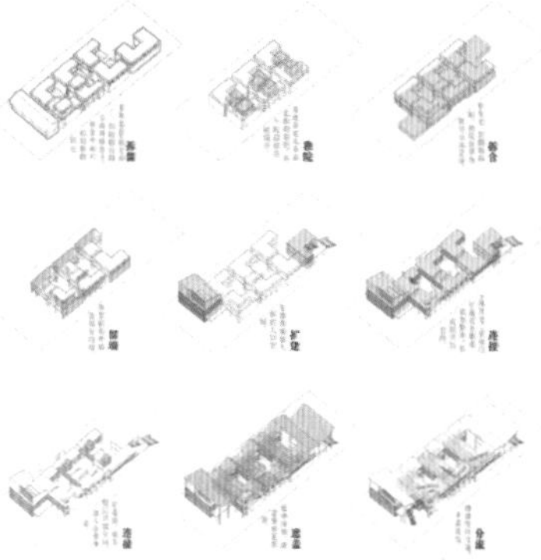

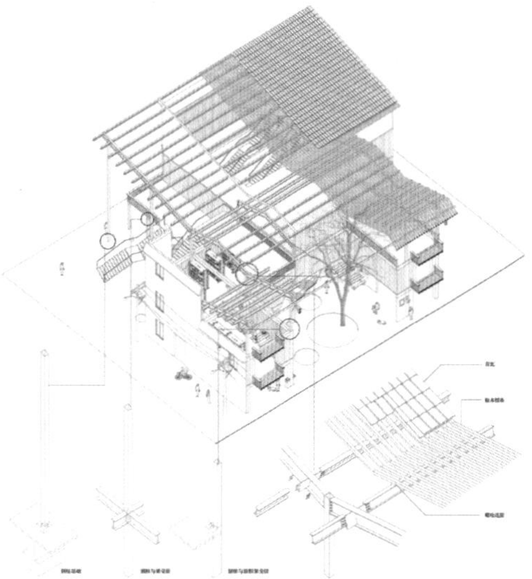

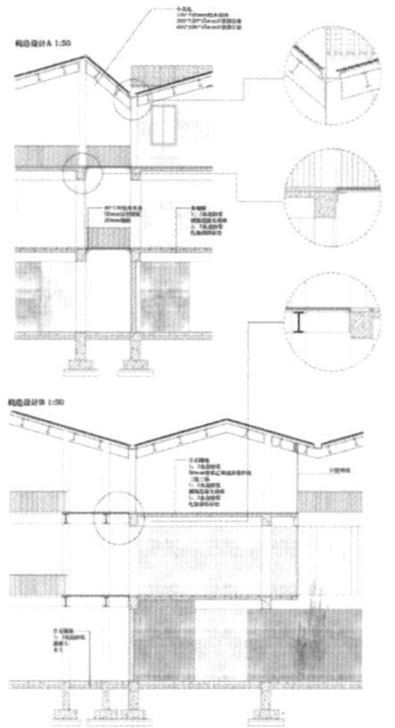

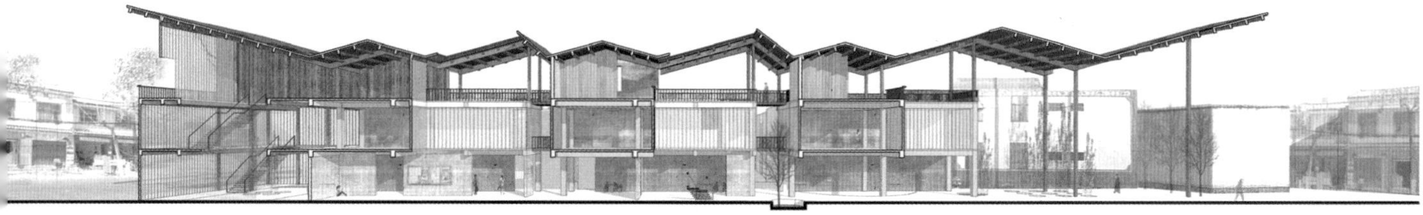

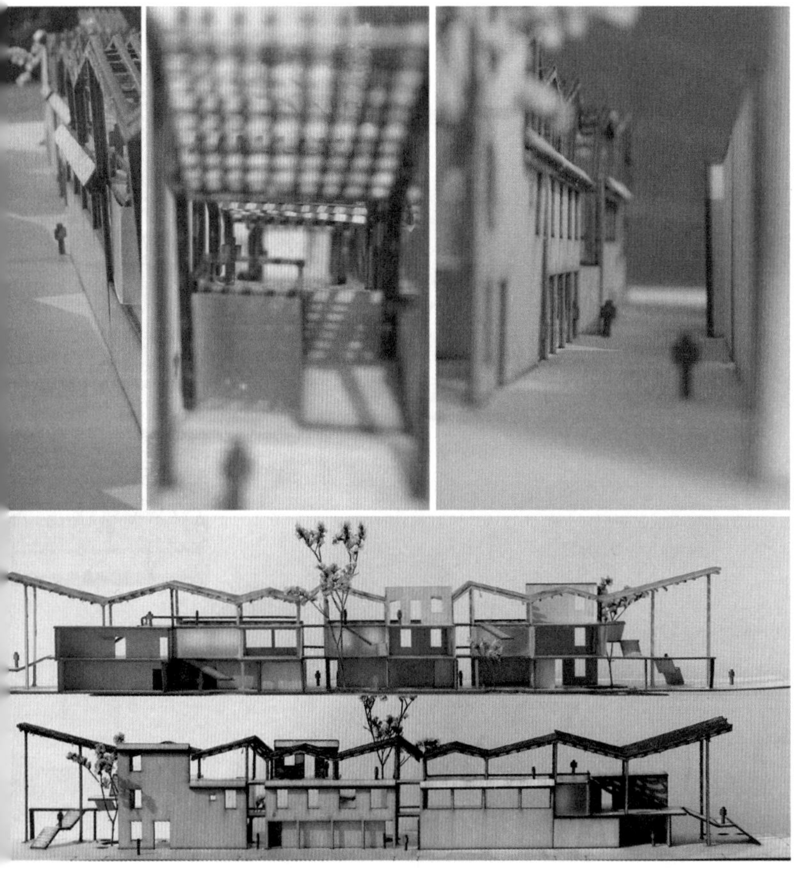

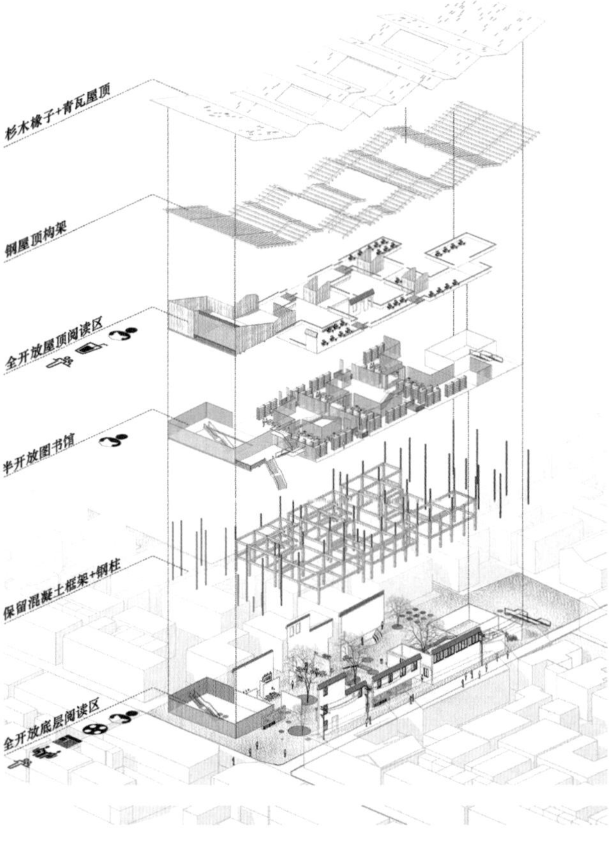

杉木椽子+青瓦屋顶

钢屋顶构架

全开放屋顶阅读区

半开放图书馆

保留混凝土框架+钢柱

全开放底层阅读区

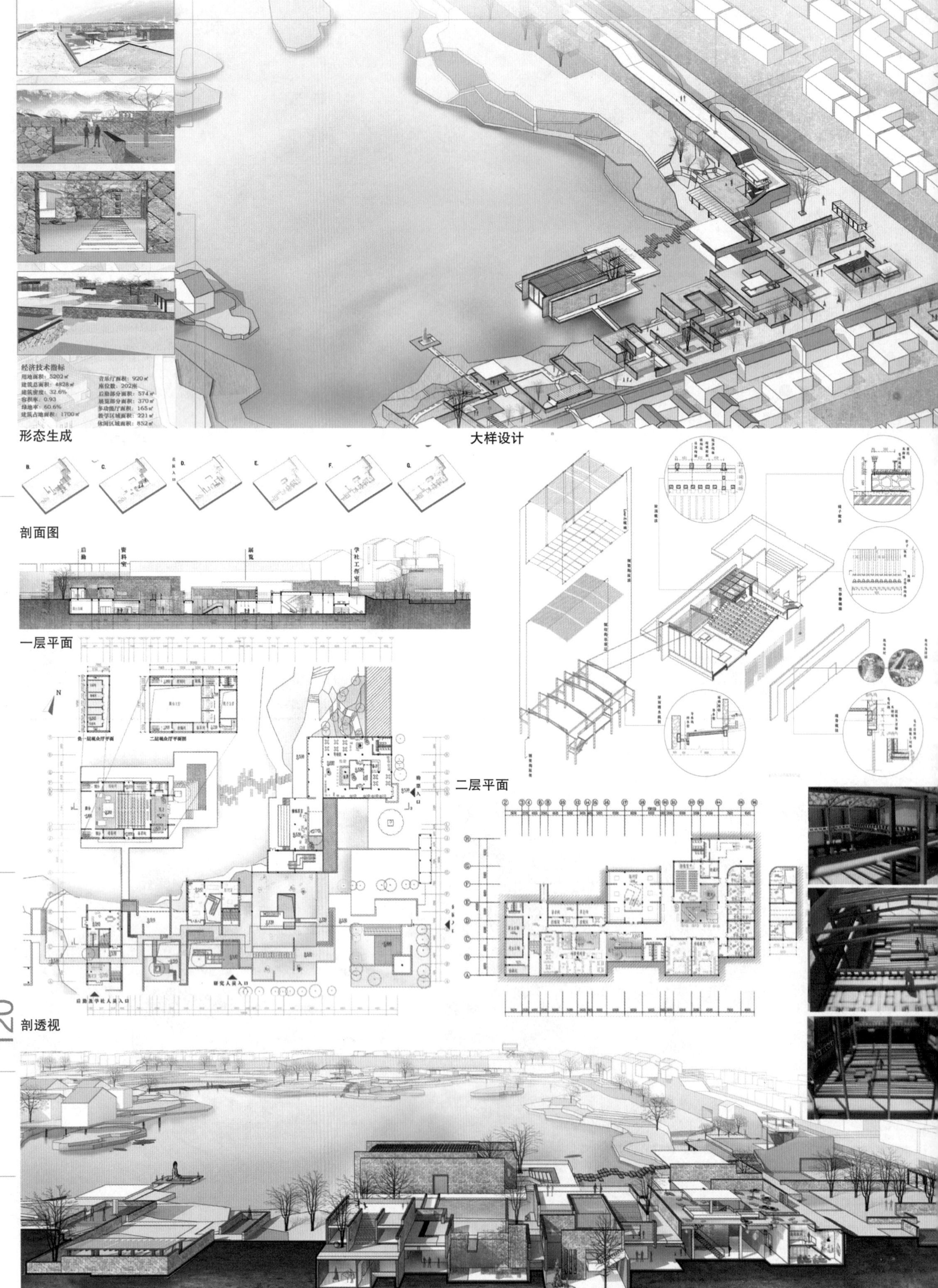
经济技术指标
用地面积：5202㎡
建筑总面积：4828㎡
建筑密度：32.6%
容积率：0.93
绿地率：60.6%
建筑占地面积：1700㎡
音乐厅面积：920㎡
座位数：202座
启励部分面积：574㎡
展览部分面积：370㎡
多功能厅面积：165㎡
教学区域面积：221㎡
休闲区域面积：852㎡
形态生成
B.
C.
D.
E.
F.
G.
剖面图
资料室
展览
学社工作室
一层平面
二层平面
大样设计
剖透视

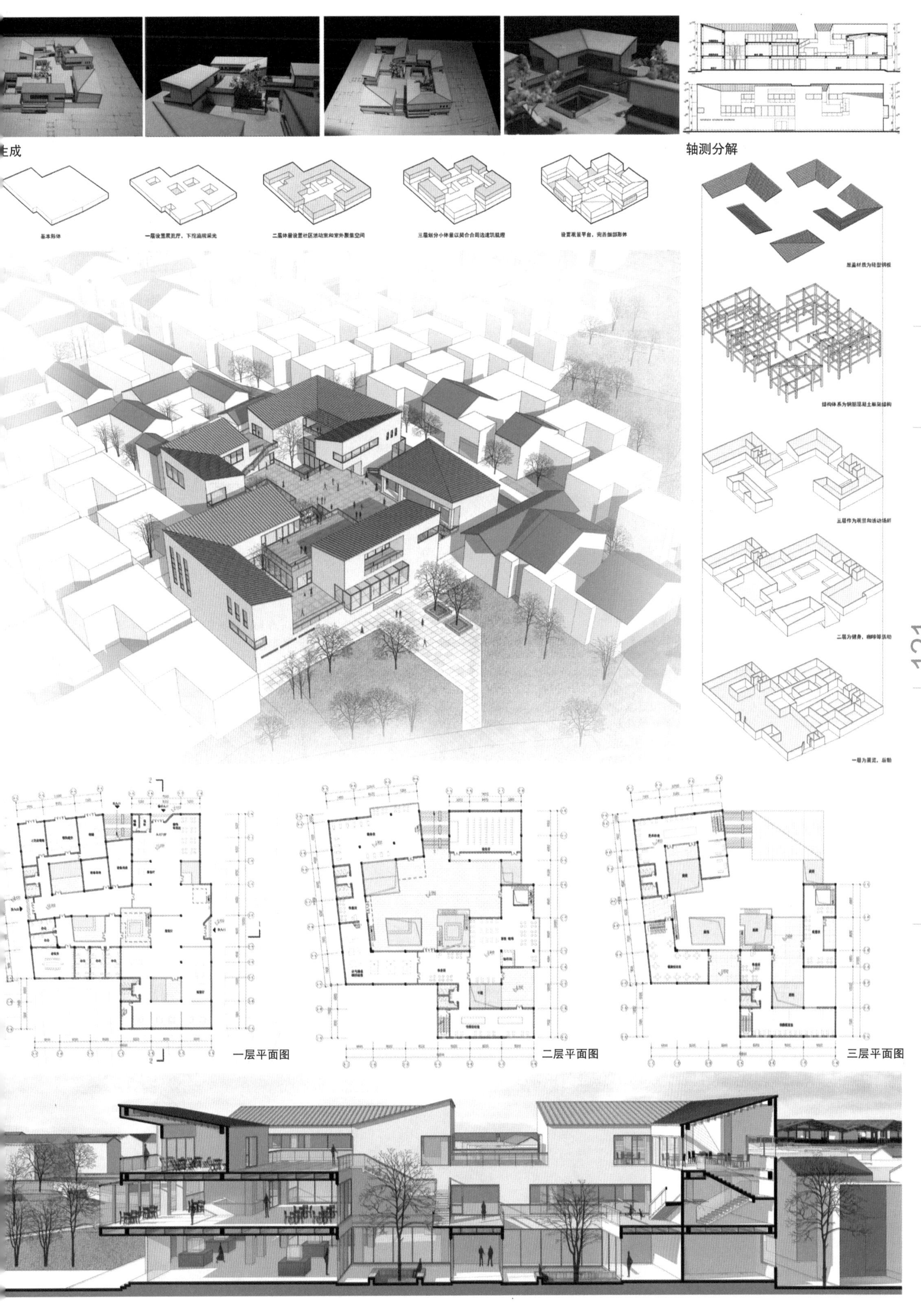

生成
基本形体
一层设置展厅厅，下挖庭院采光
二层体量设置社区活动室和室外聚集空间
三层划分小体量以契合合周边建筑肌理
设置观景平台，完善细部形体
轴测分解
屋盖材质为轻型钢板
结构体系为钢筋混凝土框架结构
三层作为展览和活动场所
二层为健身、咖啡等活动
一层为展览、活动
一层平面图
二层平面图
三层平面图

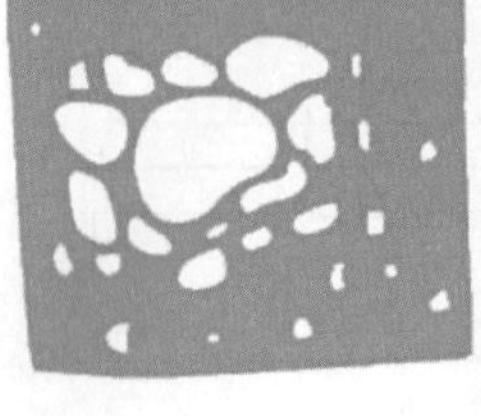

风景的容器 Container of Scenery

重庆大学
设计：范兴雷 / 朱丹 / 李奕阳
指导：龙灏

大理具有非常丰富的自然风景和人文风景资源，并且大理古城城市环境和城市景观具有很强的清晰度和可读性。另外，随着近年来各地雾霾的恶化。大理凭借其好山好水好空气，成为越来越多环境移民的选择。在大理本土的风景之上，旅游和移民还在为大理不断创造更多的风景。因此选择风景作为切入点，希望以此遇见更好的大理。

风景概念解释

风：流动的空气，景：日光。风景的本意即指好空气，好阳光。我们概念中的风景是更广义的风景：包括看得见的风景和看不见的风景，但都是因为人的感觉才有意义。

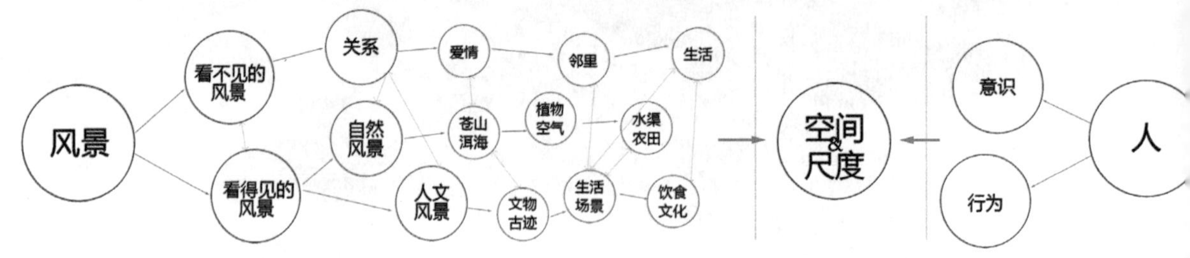

古城简介 BACKGROUND

大理具有非常丰富的自然风景和人文风景资源，并且大理古城城市环境和城市景观具有很强的清晰度和可读性。另外，随着近年来各地雾霾的恶化。大理凭借其好山好水好空气，成为越来越多环境移民的选择。在大理本土的风景之上，旅游和移民还在为大理不断创造更多的风景。因此选择风景作为切入点，希望以此遇见更好的大理。

控制导则

基本的逻辑架构按照发现问题，切入点，理论指导，解决策略，解决问题的思路进行，通过这一过程将“风景”相对感性的概念理性地表达出来，另外采用景观都市主义的理念来指导设计，更多关注的是城市实体之外的虚的部分

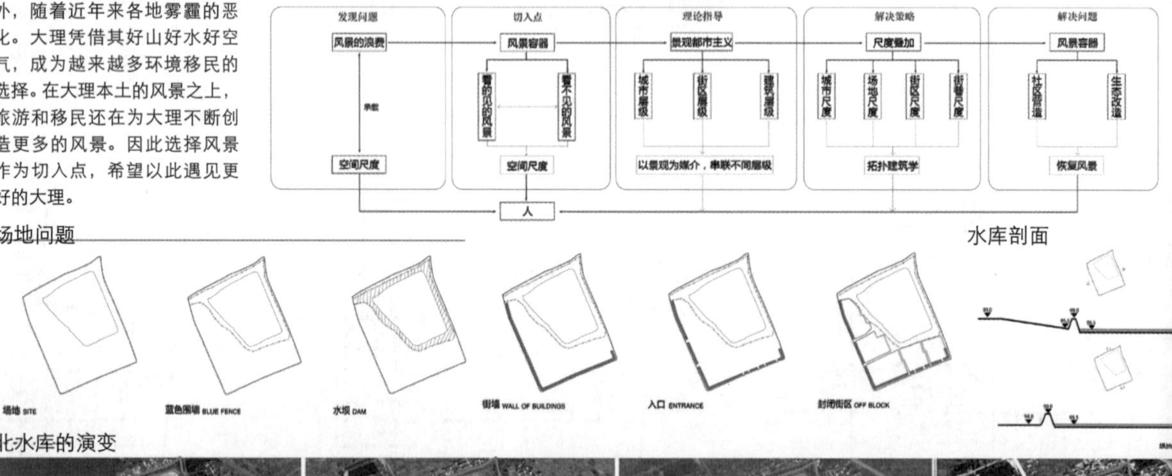

场地问题

场地 SITE　蓝色围墙 BLUE FENCE　水坝 DAM　街墙 WALL OF BUILDINGS　入口 ENTRANCE　封闭街区 OFF BLOCK

水库剖面

北水库的演变

古城发展演变

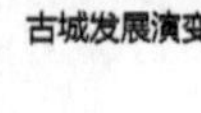

评语：

本组设计以留在世人印象中最深刻的“大理风景”为出发点，以景观都市主义理论为指导，梳理了以场地中的水库为核心的生态系统，调整了场地内的道路和公共空间体系以实现对“风景”的更好呈现。单体也围绕风景的“看与被看”进行类型选择与设计，有连接居民生活风景和城墙人文风景的、被绿化覆盖、本身就是一道风景的混合功能建筑，有试图将古城边界的外部空间开放给市民与游客、整个场所空间模糊、流动、连续以改善场地的风景、城市与人的关系的覆土式音乐文化研究中心，也有以“回归生活的风景”为主题的微社区营造，试图重新整合具有大理特色的看得见风景并承载和呈现更多看不见的风景。

分析

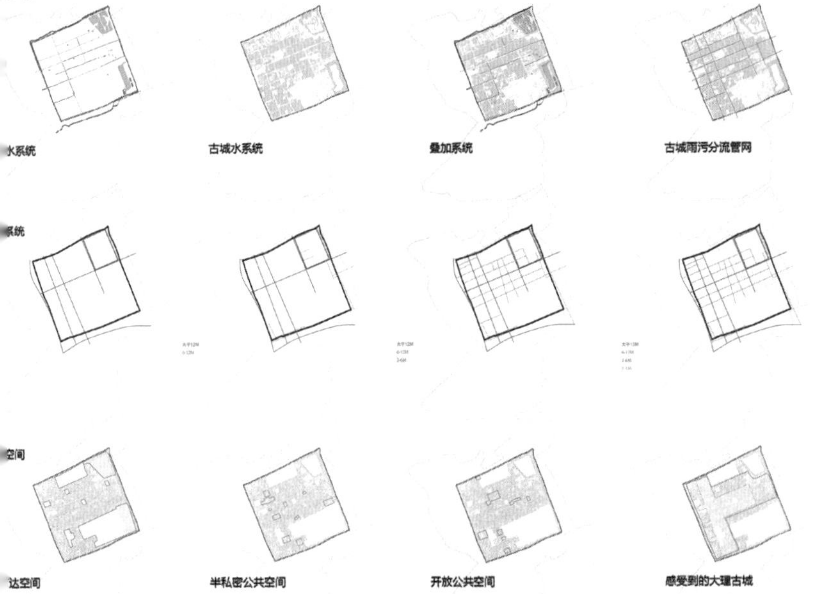

水系统 古城水系统 叠加系统 古城雨污分流管网

系统

空间

达空间 半私密公共空间 开放公共空间 感受到的大理古城

生成分析

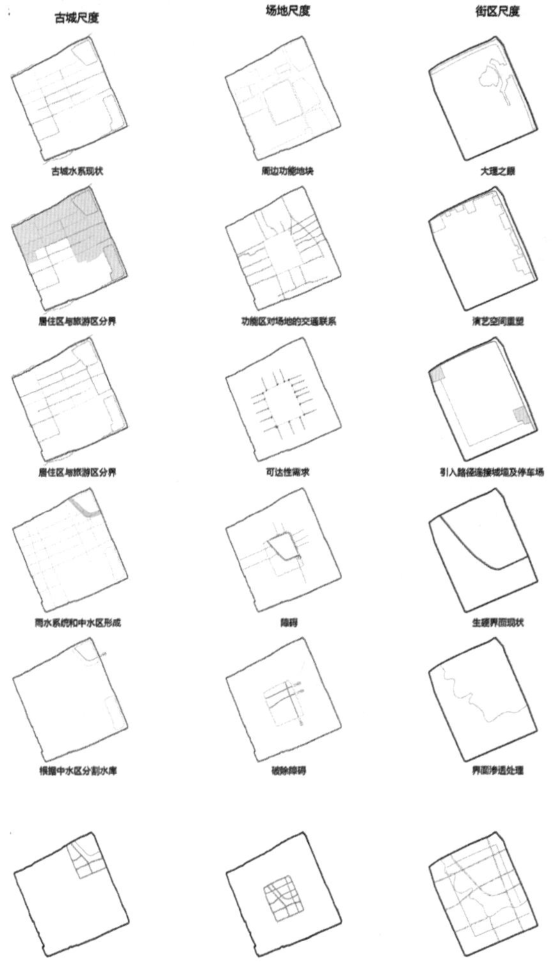

古城尺度 场地尺度 街区尺度

古城水系现状 周边功能地块 大理之眼

居住区与旅游区分界 功能区对场地的交通联系 演艺空间重塑

居住区与旅游区分界 可达性需求 引入路径连接城墙及停车场

雨水系统和中水区形成 障碍 生硬界面现状

横插中水区分割水库 破除障碍 界面渗透处理

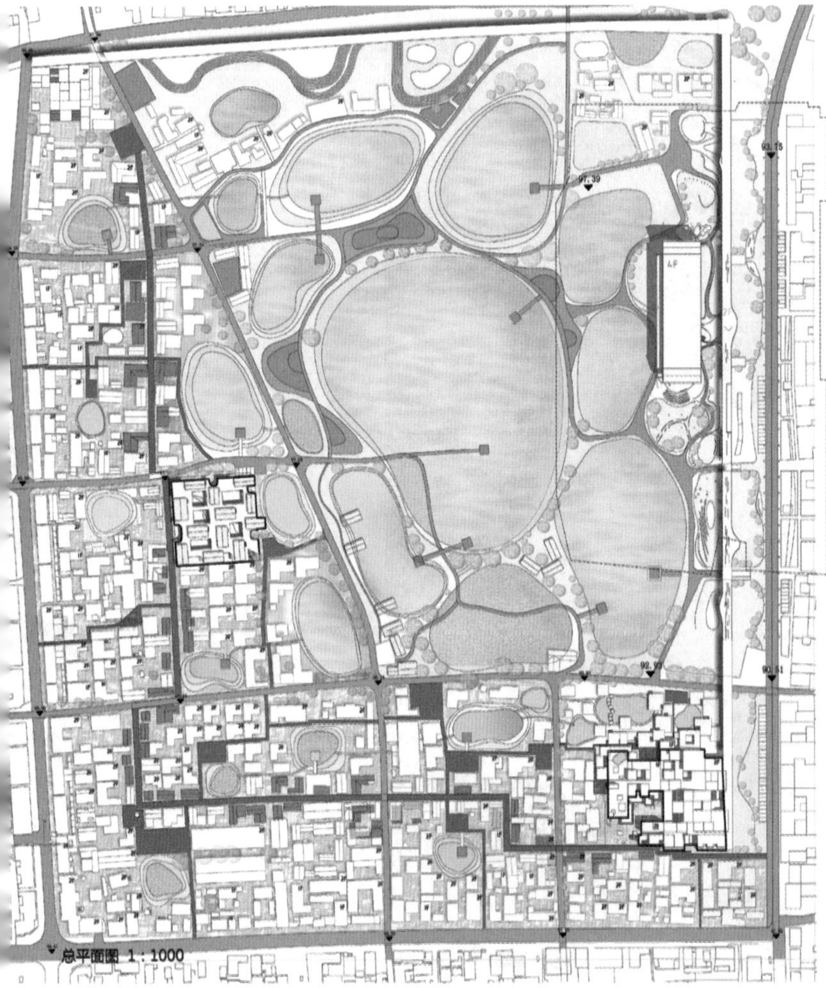

的浪费

尺度 街道尺度

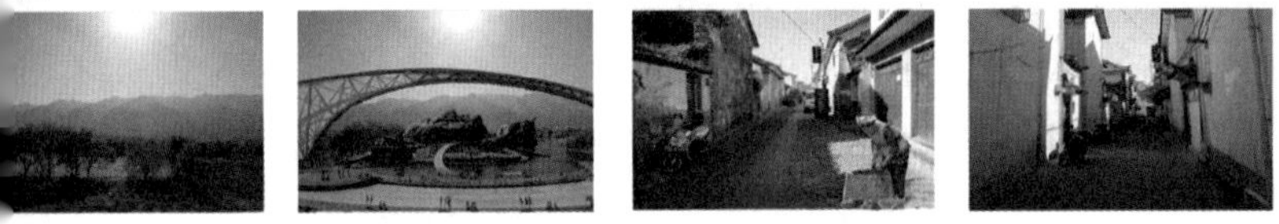

<丽之大理>是陈凯歌2010年的又一大作，投资两亿，参与演出的人员多达500人，
主角凯女郎来自新疆，扎实的舞蹈功底为其充分体会女主角"公主"的情绪打下了
好的基础。
歌曲《珍爱深深》由"音乐诗人"李健延长，由日本著名作曲家久石让作曲，李健
唱，制作人为著名音乐人栾树。两首主题曲分别由刘欢和李健演唱

M刘太太 演员倒是很卖力……但是真的很无聊，整场演出就四个人看，我看了二十多分钟就走掉

hihihahaha 比起场地来说，表演略小气，男女主角跳的很卖力，我去的时候风很大，VIP只有我们一家人，演员比观众多，个人认为值得一看

总平面图 1：1000

模型照片

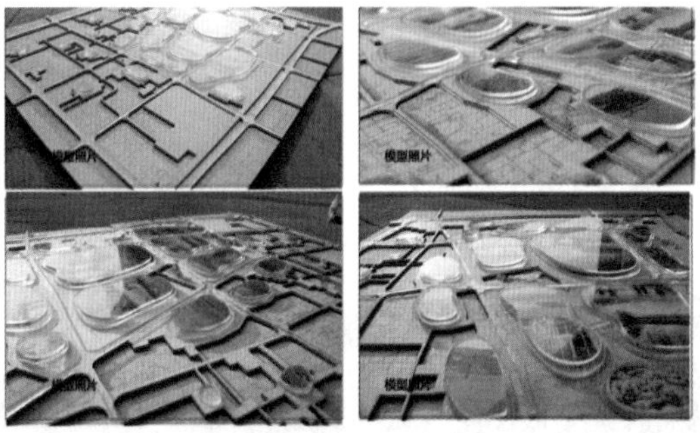

街区大样1:750

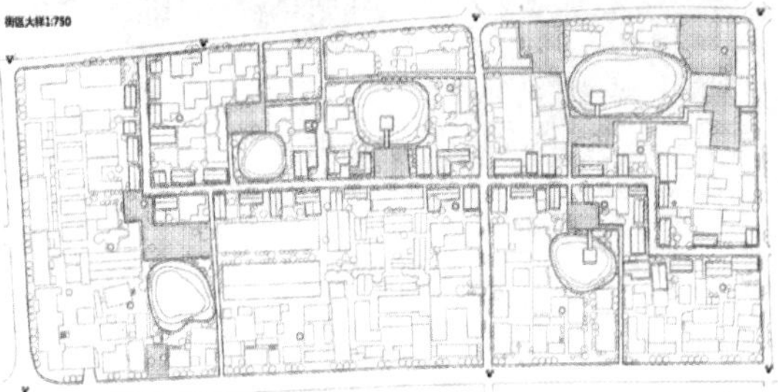

生态：植被、水体设计

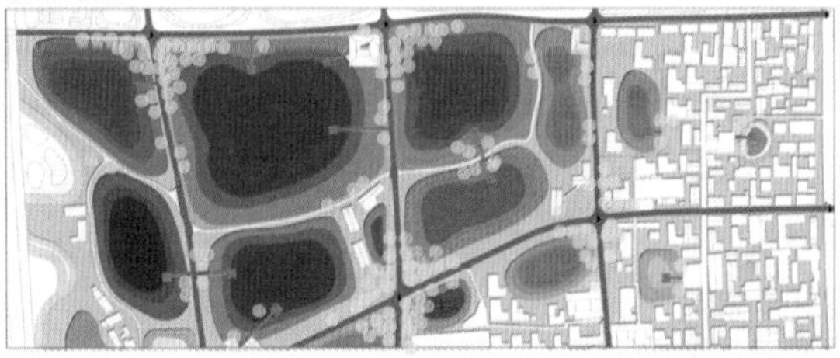

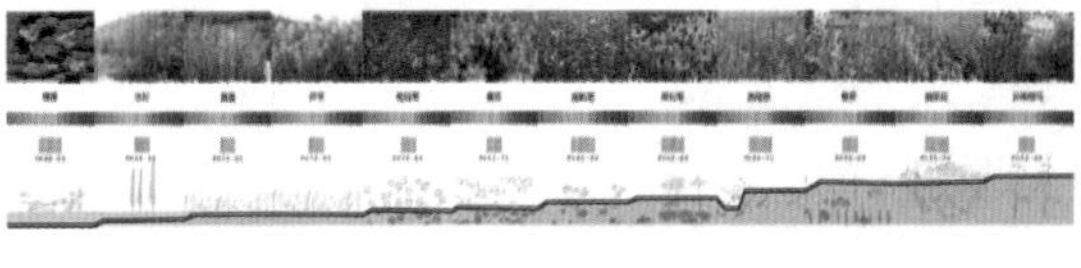

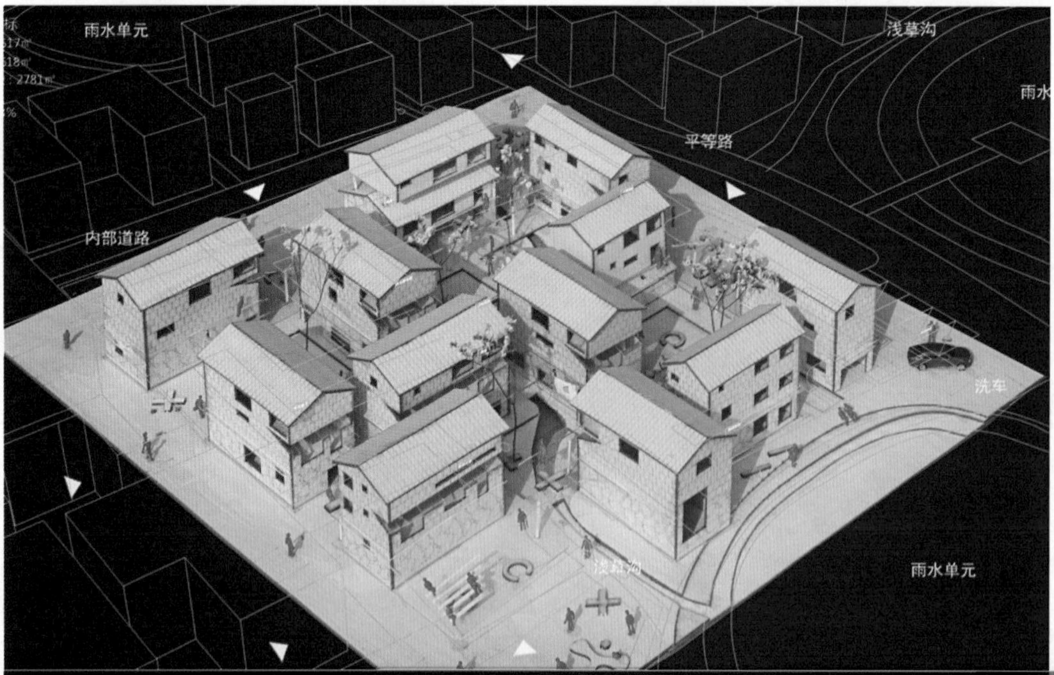

雨水单元
浅草沟
平等路
内部道路
洗车
雨水单元

设计说明：

近来，本地人不断外迁，家家流
活场景在消失。单体建筑的概念是回
的风景——微社区营造。生活的风景
道场景、建筑材料等看得见的风景。
计重新整合这些具有当地特色的风景

院落组织方式：

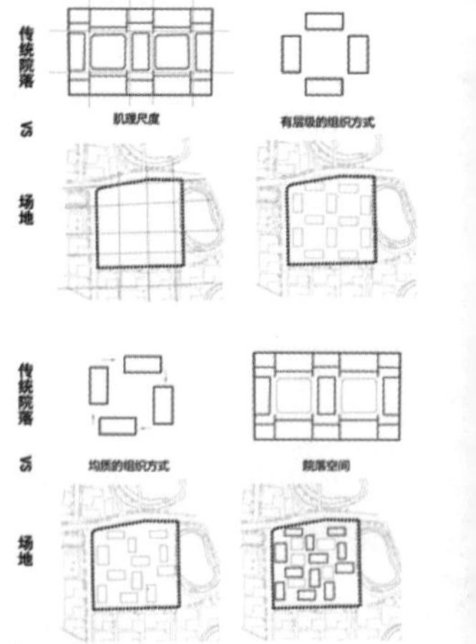

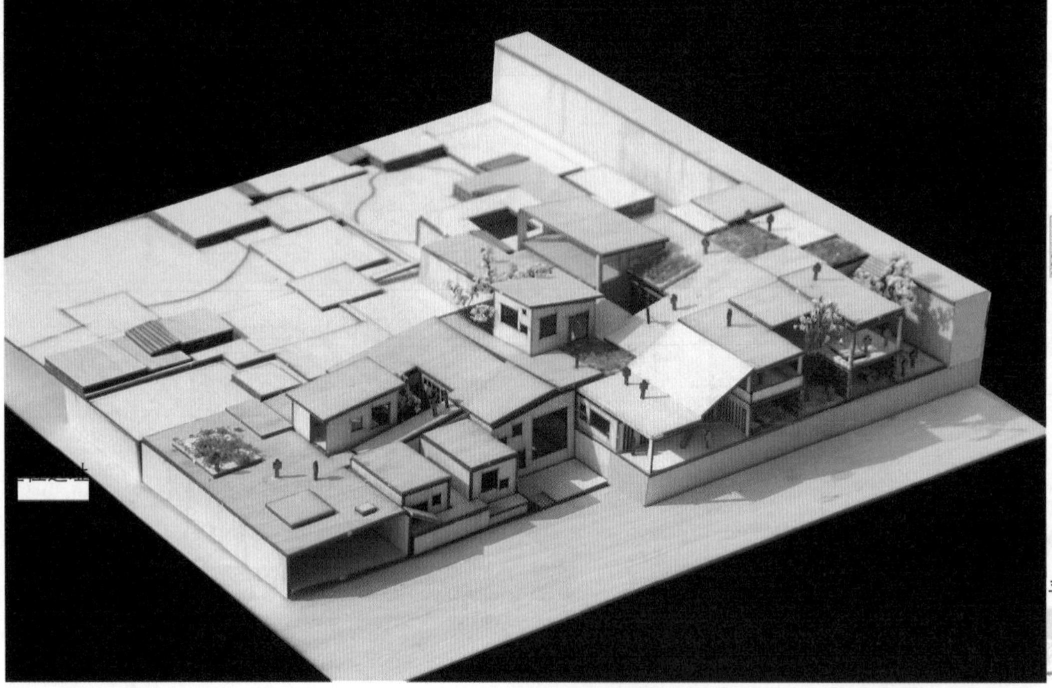

传统院落 VS 场地

肌理尺度
有层级的组织方式

传统院落 VS 场地

均质的组织方式
院落空间

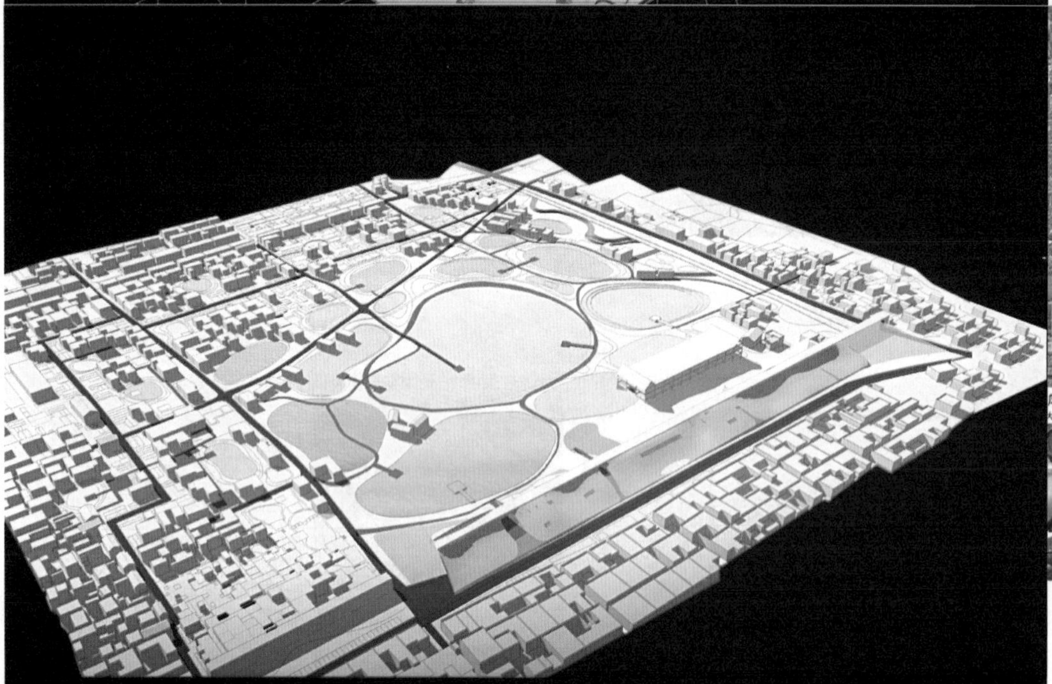

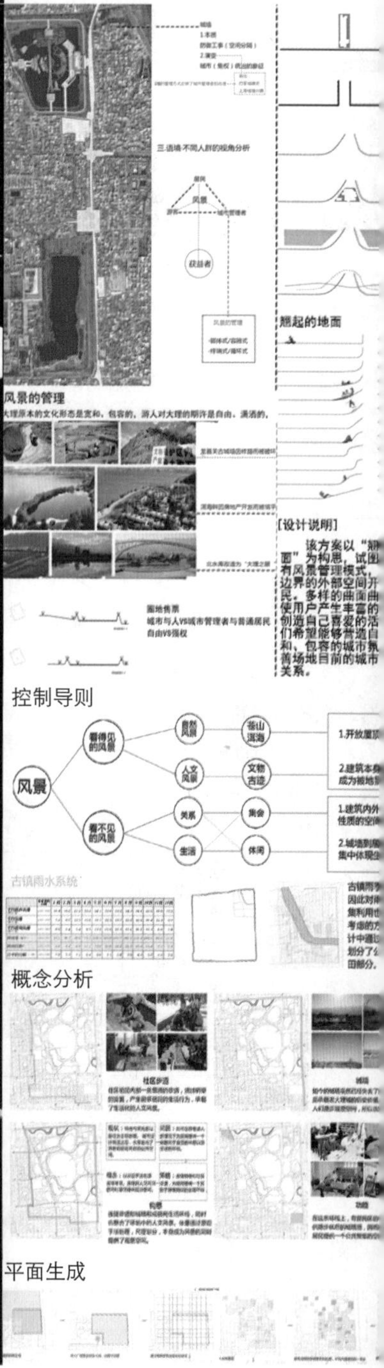

三道墙不同人群的视角分析

获益者

翘起的地面

风景的管理

大理原本的文化形态是宽和、包容的，游人对大理的期许是自由、潇洒的。

圈地售票
城市与人VS城市管理者与普通居民
自由VS强权

[设计说明]

该方案以"翘……面"为构思，试图……有风景管理模式，……边界的外部空间开……民。多样的曲面曲……使用户产生丰富的……创造自己喜爱的活……们希望能够营造自……和、包容的城市氛……善场地目前的城市……关系。

控制导则

风景
看得见的风景
自然风景
苍山洱海
人文风景
文物古迹
看不见的风景
关系
聚会
生活
休闲
1.开放屋顶……
2.建筑本身成为被地……
1.建筑内外……性质的空间……
2.城墙到……面中体现……

古镇雨水系统

概念分析

社区步道

平面生成

城墙内外的风景

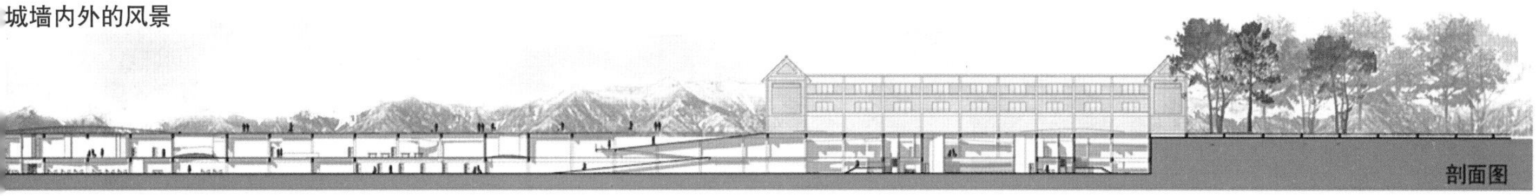

剖面图

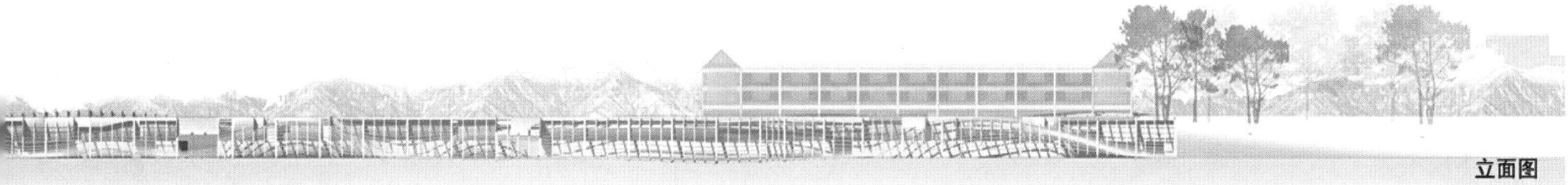

立面图

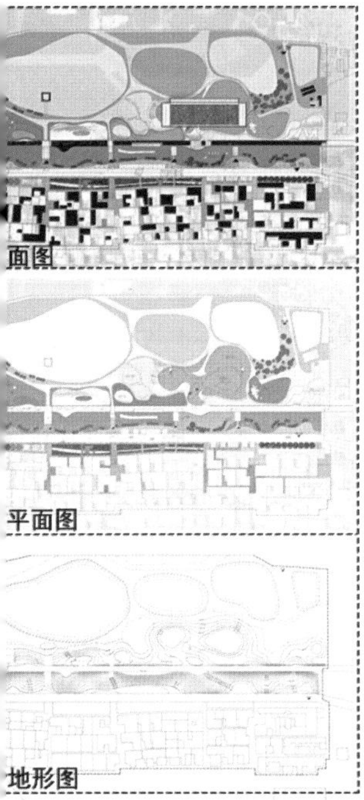

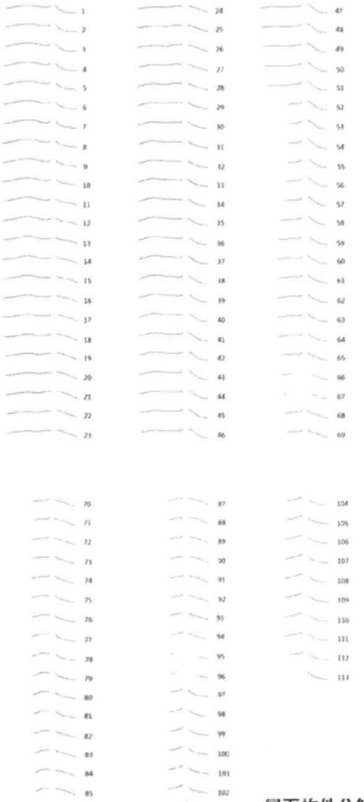

结构分解图

大理之眼建筑结构

既有结构利用

空间网架屋面

主要支撑柱

次要支撑柱

主梁

连系梁

构件大样

轴测分析

屋面构件分解

系统分析

功能

交通

绿地

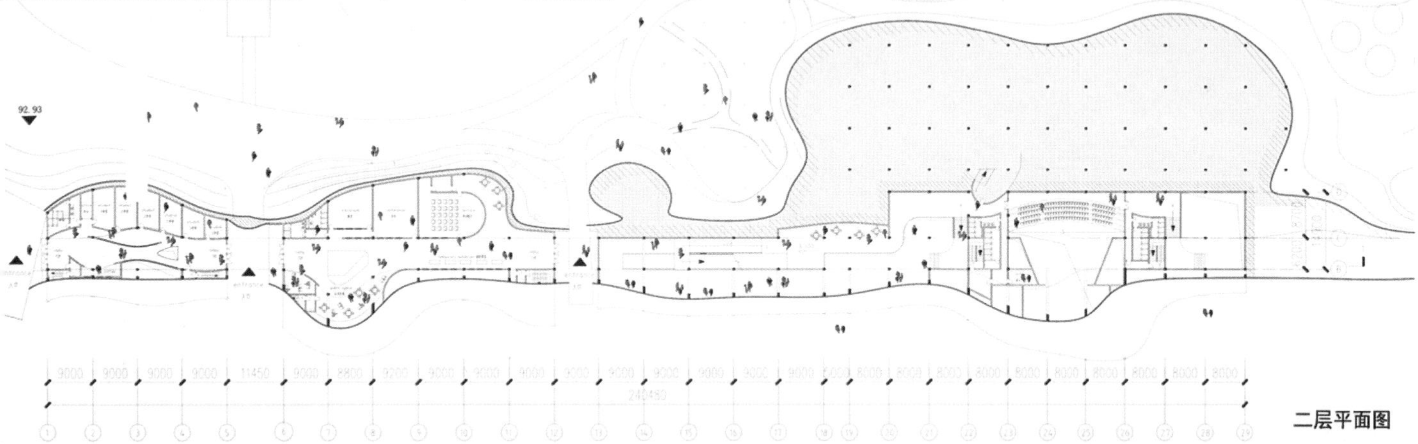

面图

平面图

地形图

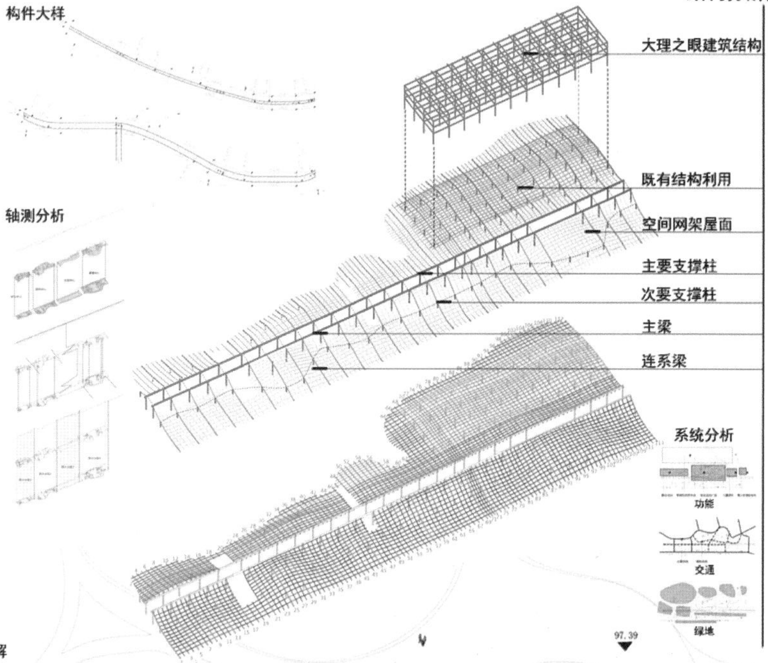

二层平面图

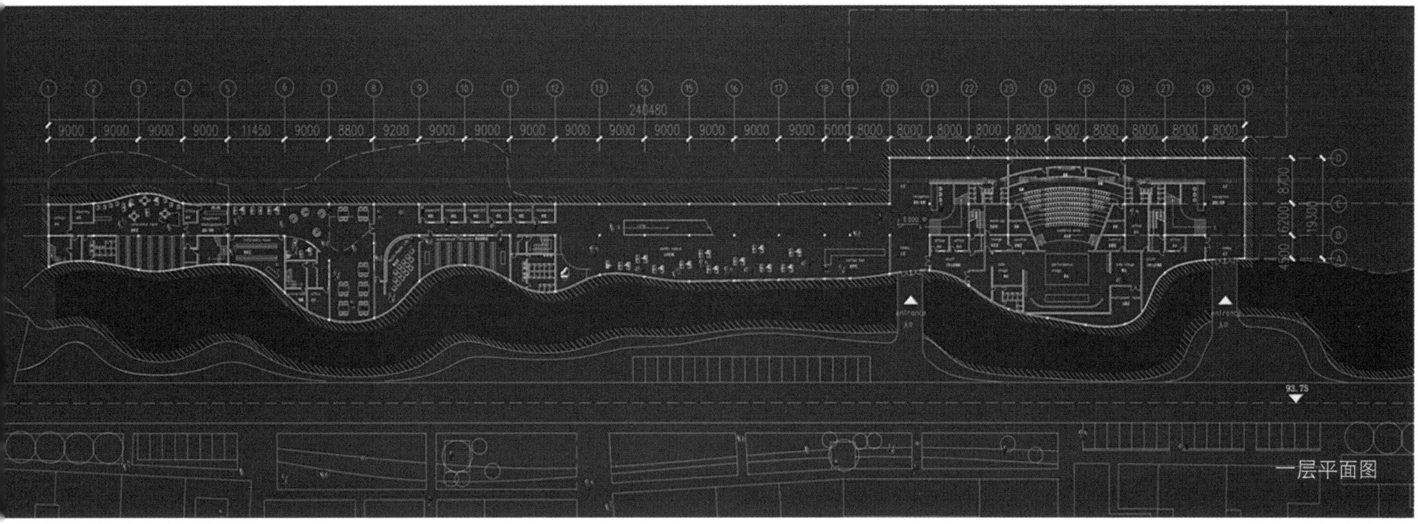

一层平面图

回归生活的风景

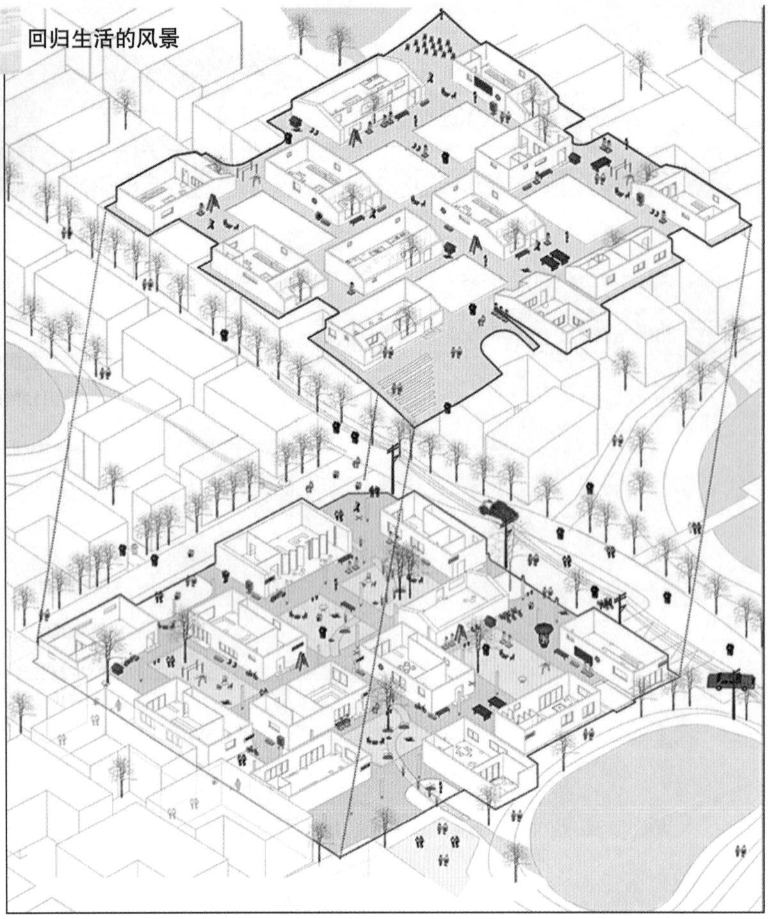

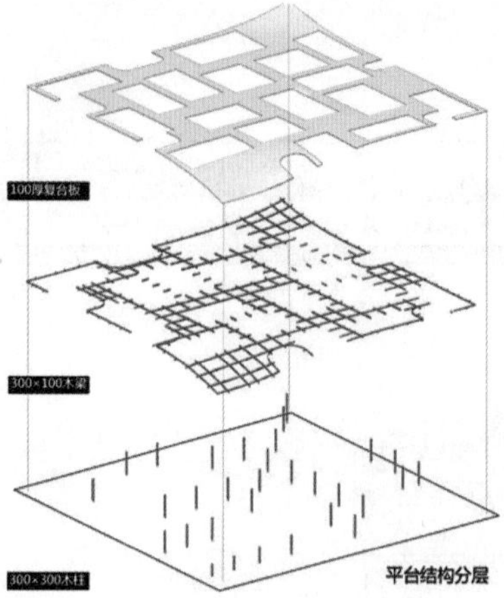

100厚复合板

300×100木梁

300×300木柱

平台结构分层

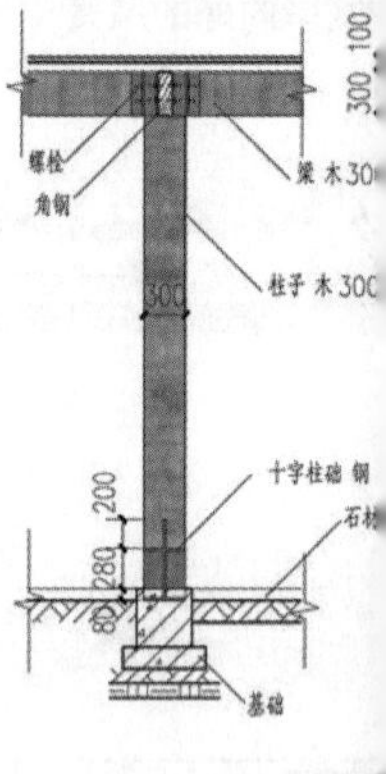

螺栓

角钢

梁 木300

柱子 木300

十字柱础 钢

石材

基础

平台柱子

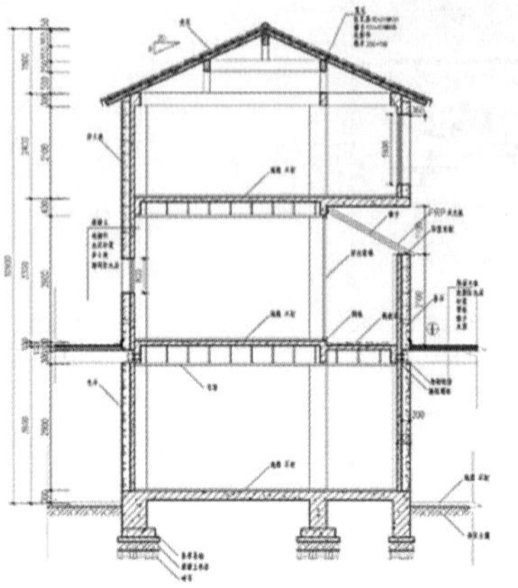

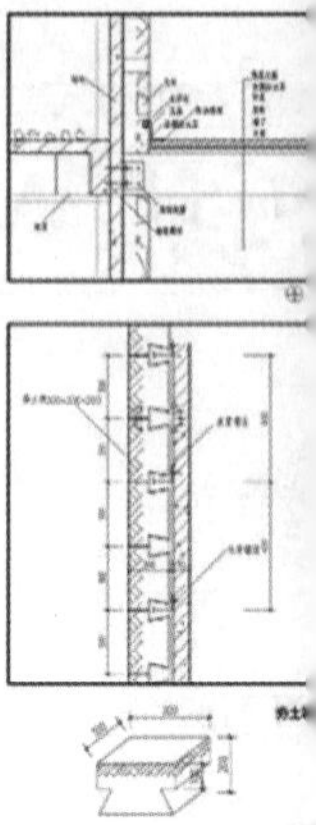

单体剖

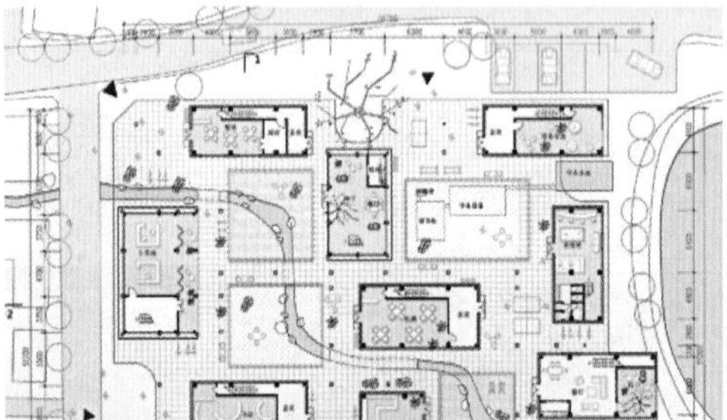

一层平面图

二层平面图

三层平面图

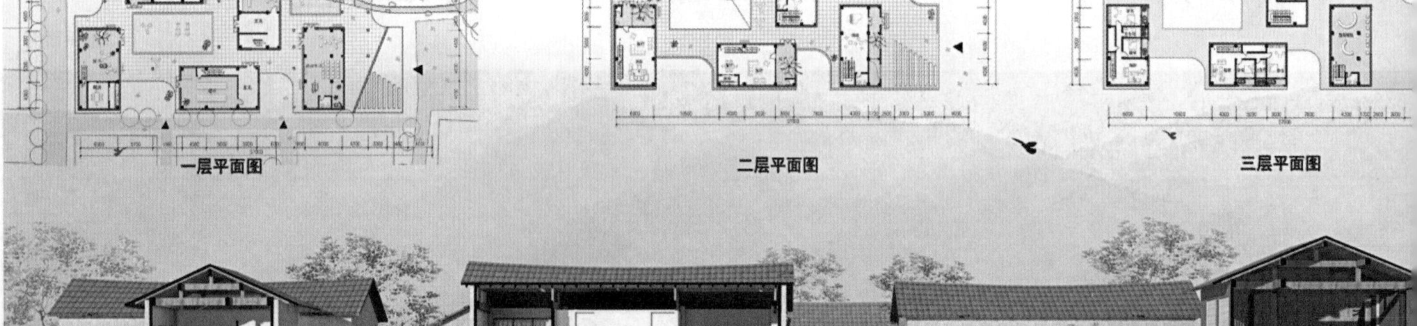

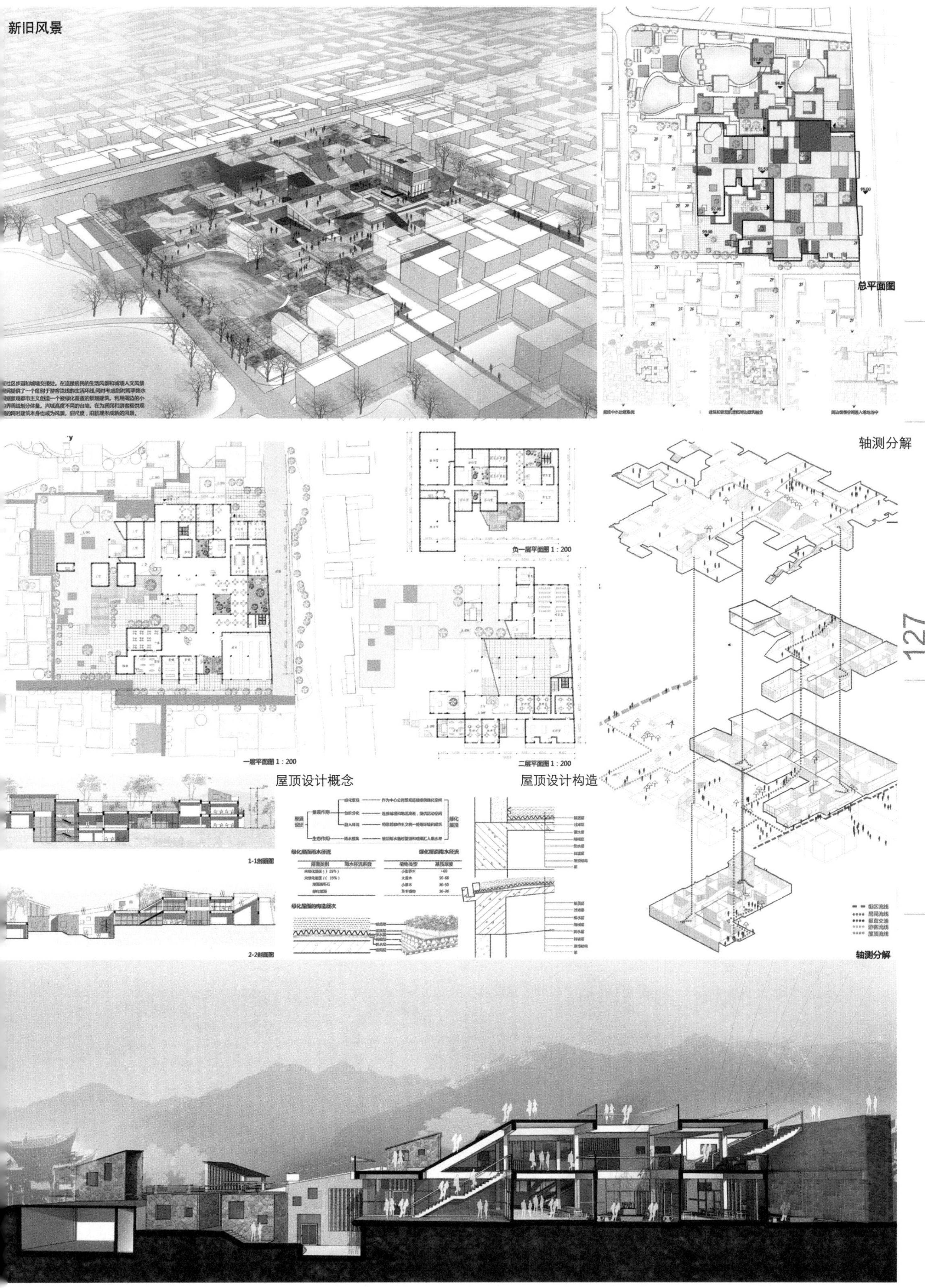

新旧风景
总平面图
轴测分解
负一层平面图 1：200
一层平面图 1：200
二层平面图 1：200
屋顶设计概念
屋顶设计构造
1-1剖面图
2-2剖面图
绿化屋面的构造层次
街区流线
居民流线
垂直交通
游客流线
屋顶流线

浙江大学

ZHEJIANG UNIVERSITY

张毓峰

罗卿平

贺勇

宋夏君

黄楚阳

贾彦琪

周馨怡

设计题目：

一座大理精神的浮岛

An Island of Dali Spirit

设计题目：

旧瓶装新酒

New Wine Old Bottle,

New content Old Frame

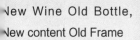

毛影竹

陈艺佳

马竞

唐瑶

周一晗

彭俣

王敏郦

陈小雨

设计题目：

融·居

Integration

一座大理精神的浮岛
An Island of Dali Spirit

浙江大学
设计：宋夏君 / 黄楚阳 / 贾彦琪 / 周馨怡
指导：罗卿平

基地位置　　希夷之大理　　基地内公共设施分布

2007　2009　2011　2012　2013　2014　2015

古城墙遗址　　古城墙旧时照片　　基地内城墙遗址　　基地内城墙遗址现状照片

基地存在主

一：希夷之大
大构筑物，“
亿，至今已入不
表演形式陈旧，
来，败兴而归；
大，影响古城

二：基地内居民
施缺乏。

三：绿地不断
着民宅的扩建
库区域的绿化
2007~2015 年
缩减。整体环境

四：城墙遗址
记忆：基地上
址现在为不可
水坝，缺乏公
历史遗迹处于
态。

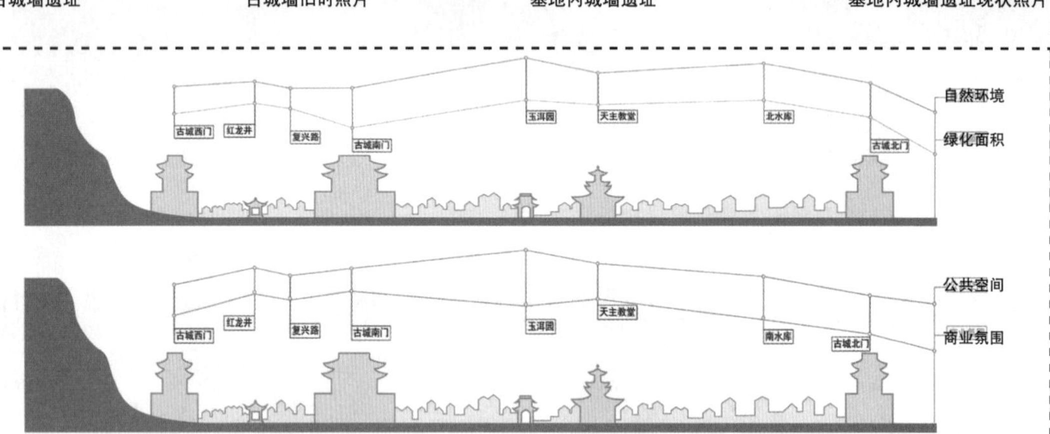

基于古城视
地定位：
文化与自

基地位于古
北角，在整
的区位上刚
自然与公共
间的高点，
和文化的属
极高的挖掘

设

希夷之大理巨构现状

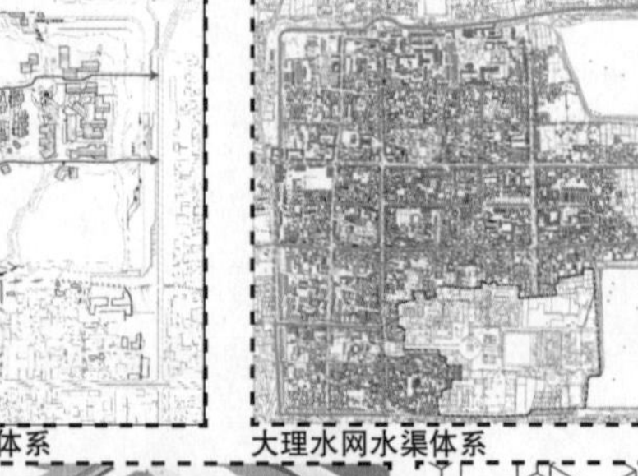

巨构改造轴测图　　巨构改造侧立面　　巨构改造正立面

一：“希夷之
对水库内“希
理”构筑物尊
保留并加以设
景观塔与原有
妙搭接，形成
除五华楼外，
制高点。同时
中心广场的标

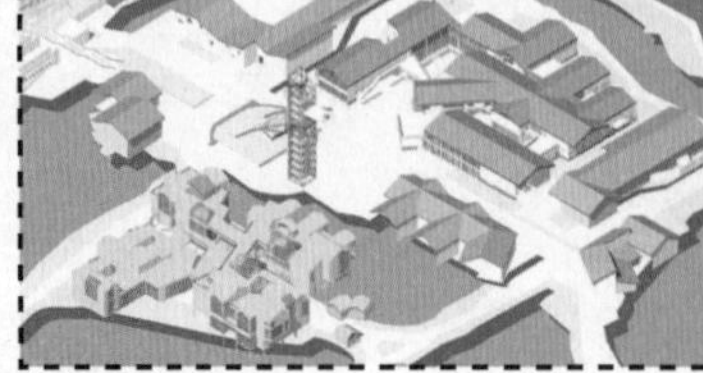

民国时期大理路网系统　　规划恢复路网体系　　大理水网水渠体系　　规划改造水网体系

二：尊重历史
网水系：
在民国时期
在两条贯通
西向路网，后
阻断。而古城
以明显发现
处是断掉的。
规划试图恢复
网，并在基地
城水系。

社区中心　　文化绿岛　　城墙遗址植入文化性功能

三：创建文化
民区增加社区
心。在水中创
岛。并将文化
城墙遗址，形
体文化片区
夷之大理。

评语：

设计分析了古城现状“大理之眼”存在的环境尺度失调，演出形式不适等问题，同时得出其公共性文化活动在目前商业旅游的氛围下存在的必要性，提出了“解决问题保留性质”建设美丽湖心岛的策略，将古城原有的道路系统恢复并衔接到现有的城市道路系统中；开放了古城墙上的游览方式，并将游人的路线与中心岛的活动进行了良好的衔接与互动；中心岛上设立了媒体展示、民俗展览、民俗表演等低密度院落形式建筑，将传统的建筑空间、形式、材料用新的设计加以体现，形成大理古城优美的自然景观和公共文化场所相融合的独特区块。建筑单体的设计流于简单平淡，少许了一些打动人的地方。

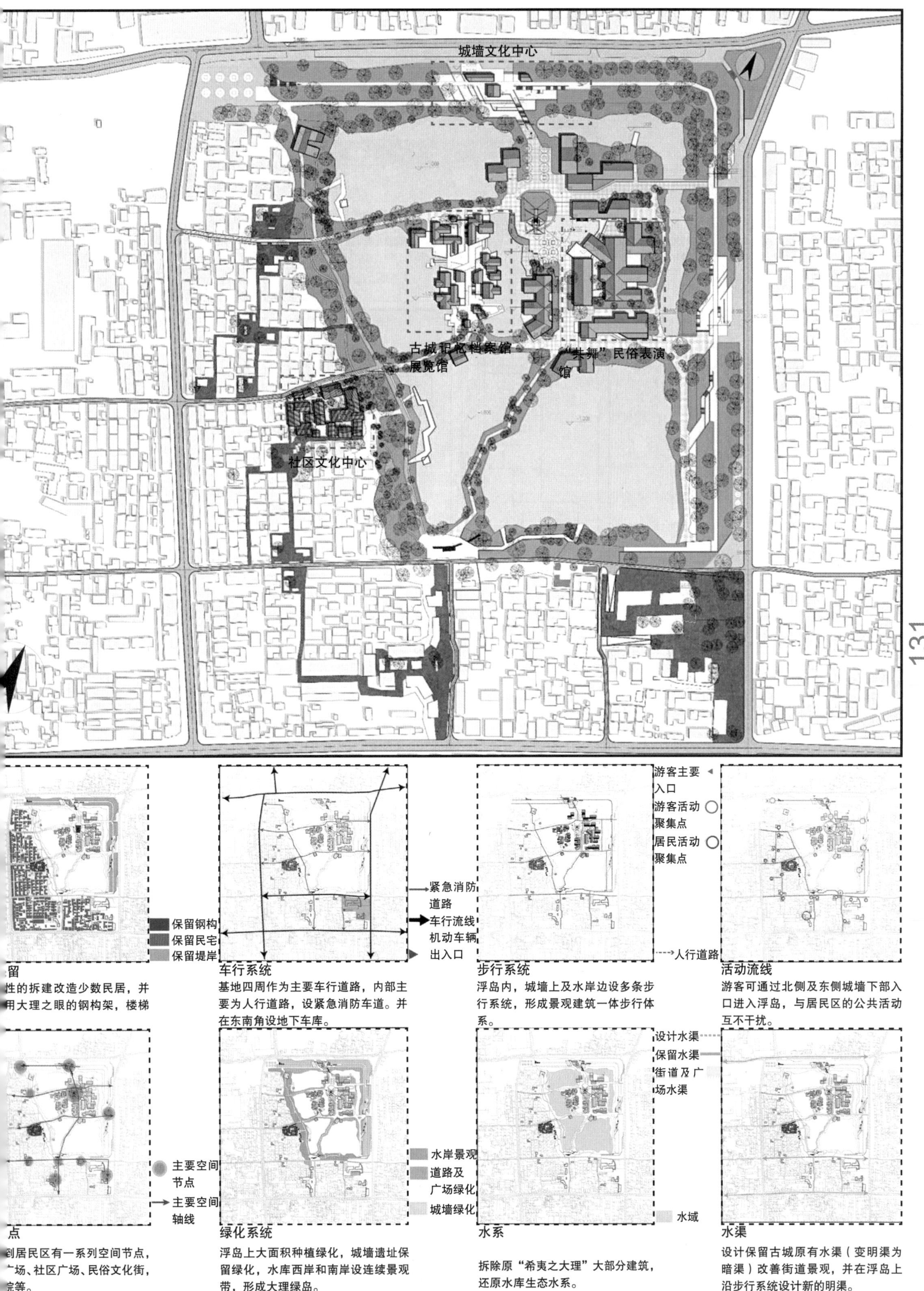
城墙文化中心
古城记忆档案馆
展览馆
"共舞"民俗表演
馆
社区文化中心
保留钢构
保留民宅
保留堤岸
留
性的拆建改造少数民居，并
用大理之眼的钢构架，楼梯
紧急消防
道路
车行流线
机动车辆
出入口
车行系统
基地四周作为主要车行道路，内部主要为人行道路，设紧急消防车道。并在东南角设地下车库。
游客主要
入口
游客活动
聚集点
居民活动
聚集点
人行道路
步行系统
浮岛内，城墙上及水岸边设多条步行系统，形成景观建筑一体步行体系。
活动流线
游客可通过北侧及东侧城墙下部入口进入浮岛，与居民区的公共活动互不干扰。
主要空间
节点
主要空间
轴线
点
到居民区有一系列空间节点，
广场、社区广场、民俗文化街，
院等。
水岸景观
道路及
广场绿化
城墙绿化
绿化系统
浮岛上大面积种植绿化，城墙遗址保留绿化，水库西岸和南岸设连续景观带，形成大理绿岛。
设计水渠
保留水渠
街道及广
场水渠
水域
水系
拆除原"希夷之大理"大部分建筑，还原水库生态水系。
水渠
设计保留古城原有水渠（变明渠为暗渠）改善街道景观，并在浮岛上沿步行系统设计新的明渠。

大理城市记忆档案馆及展览馆设计

宋夏君

自 20 世纪末，大理古城逐渐朝商业化方向发展，居民生活空间与游客游览空间相互交织。文化氛围逐渐削弱，居民生活空间受到挤压。外来游客及“新大理人”逐渐取代了原住民。如何延续城市记忆，保存古城的文化氛围免受侵蚀是设计者主要考虑的问题。建筑选址于原尼姑庵旧址，现已被北水库湮没，于建筑旧址上修建城市记忆的保留场所——城市档案馆及城市历史、文化发展展览馆，旨在唤起人们的城市记忆，营造古城文化氛围。

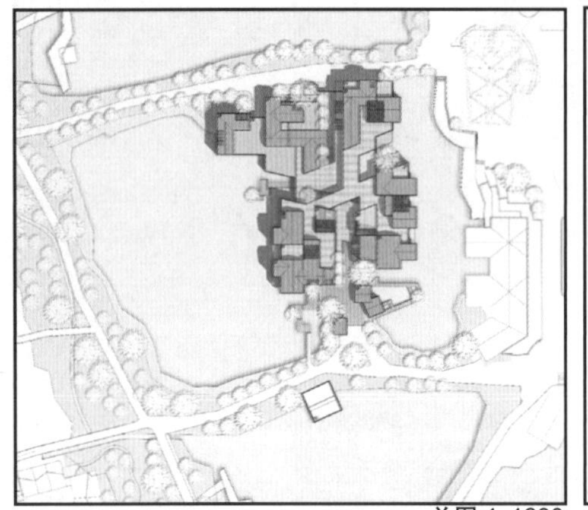

总图 1:1600

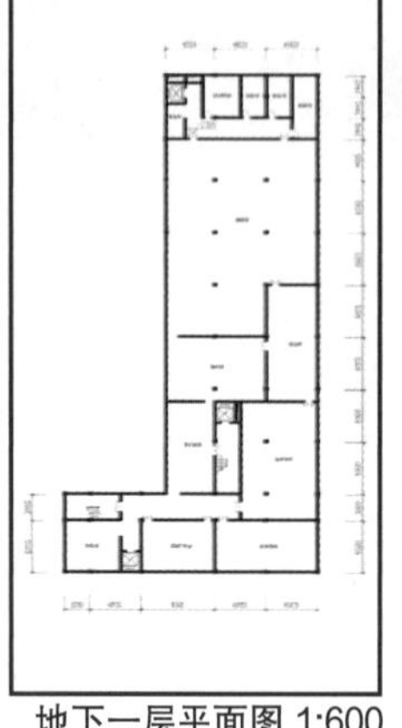

地下一层平面图 1:600

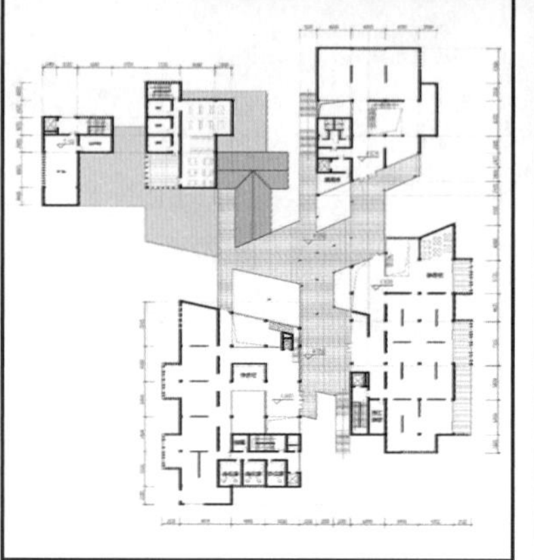

二层平面图 1:600

三层平面图

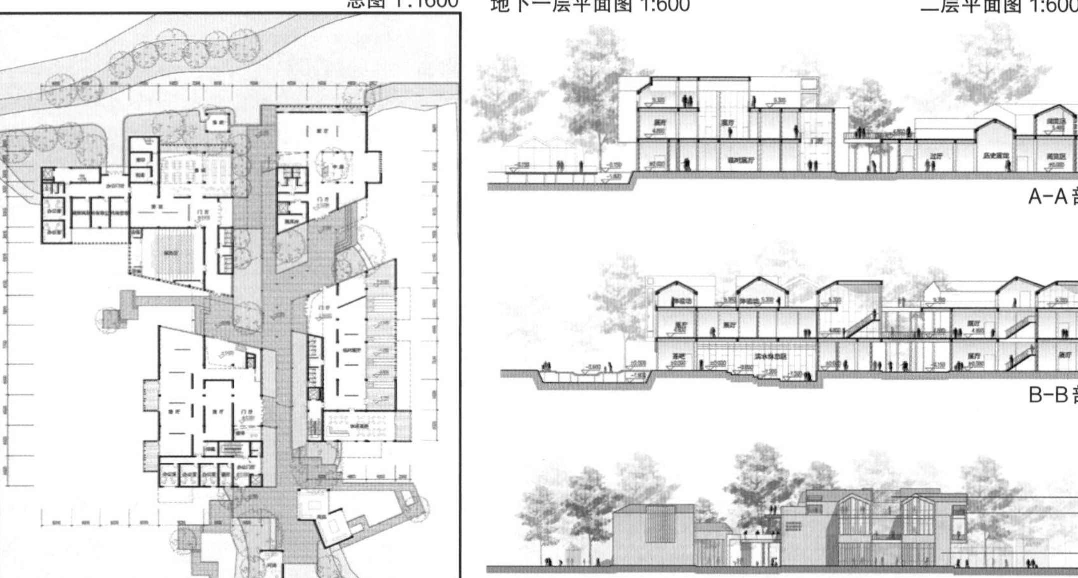

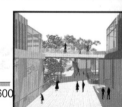

一层平面图 1:600

A-A 剖面图 1:600

B-B 剖面图 1:600

西立面图 1:600

东立面图 1:600

南立面图 1:600

北立面图 1:600

共舞：山水间的民俗表演文化馆

Shall we dance?

黄楚阳

]在水中创造了一个以文化为主岛。因为原有大理之眼的文化和能被大大削弱，同时水库的开放融入带来了机会，这个设计的着在于部分承担原有表演功能的同造一个游客和居民、表演者和观舞的充满活力的新舞台。

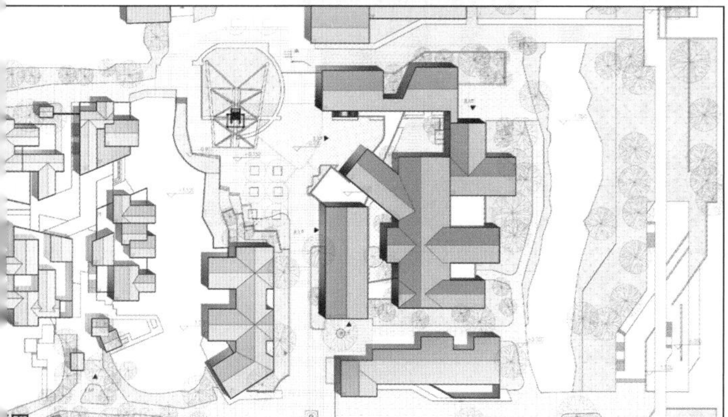

图

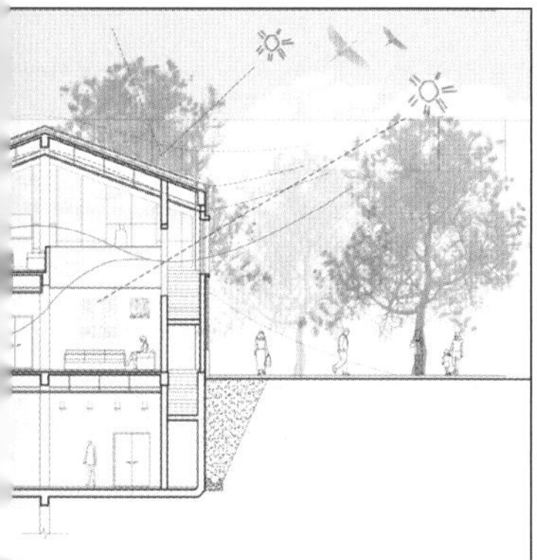

面

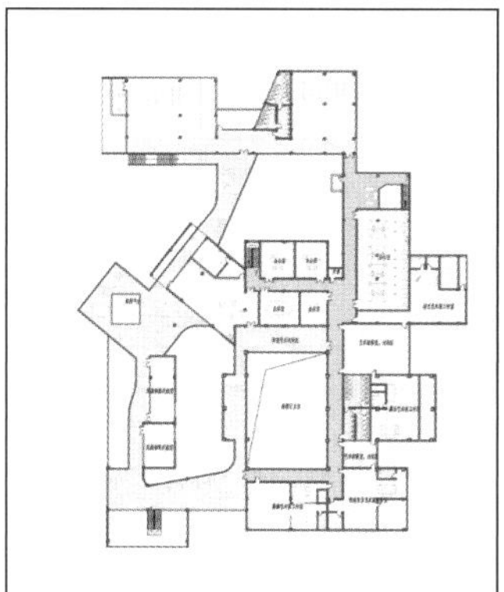

二层平面图

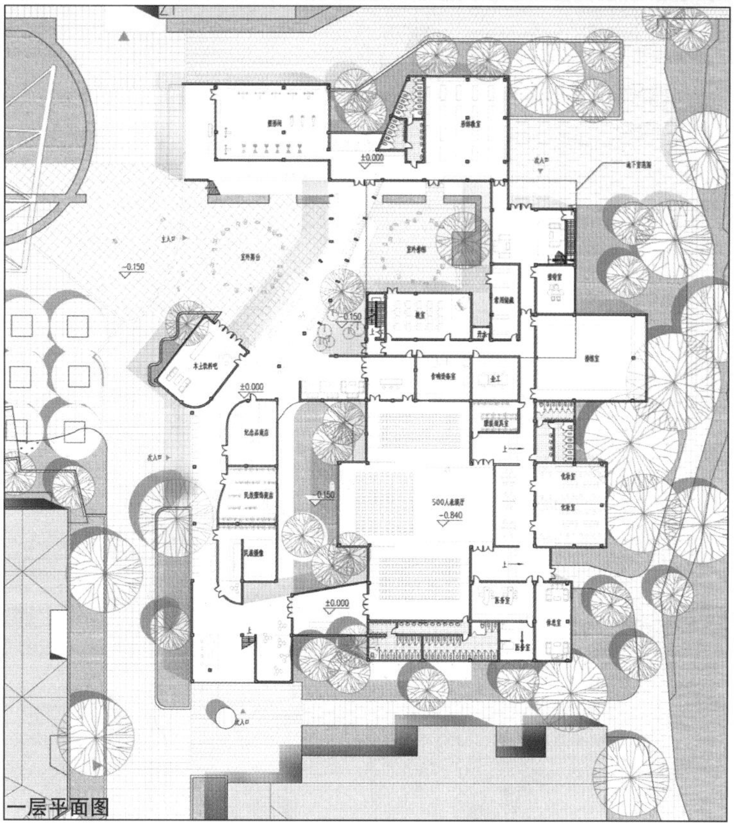

一层平面图

图

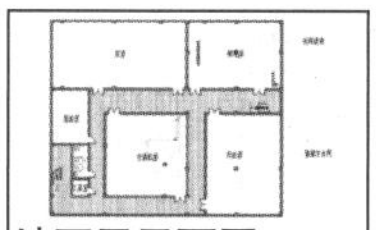

地下层平面图

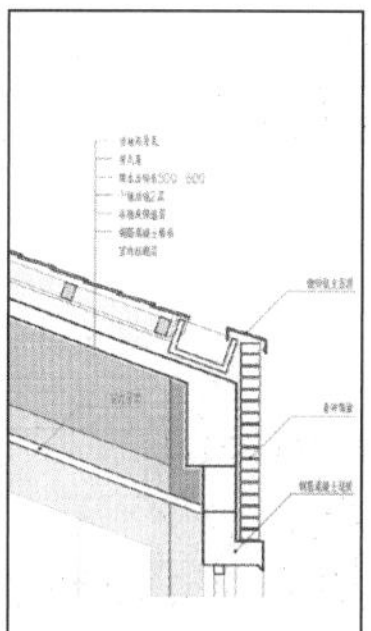

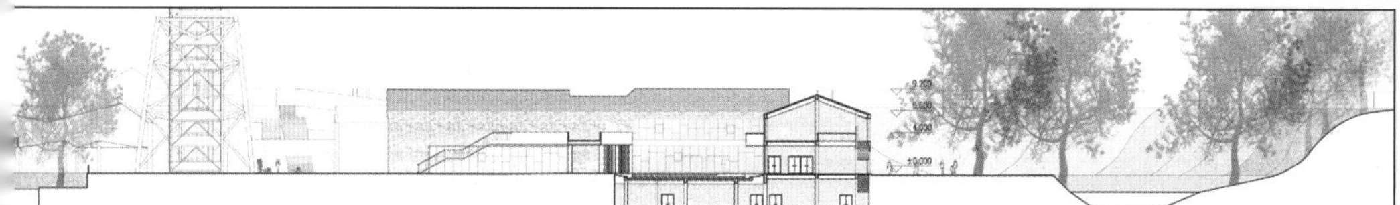

图

大样图

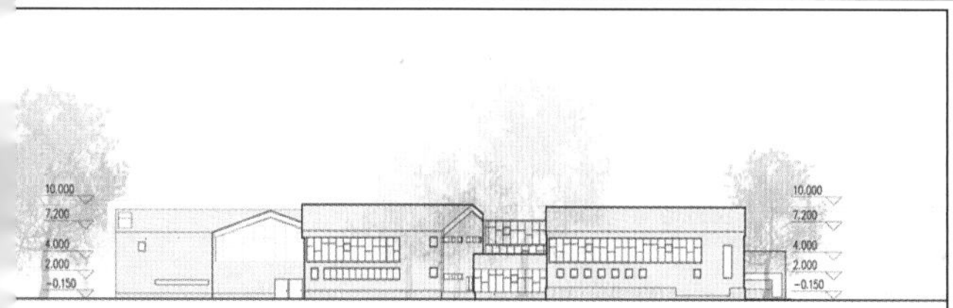

图

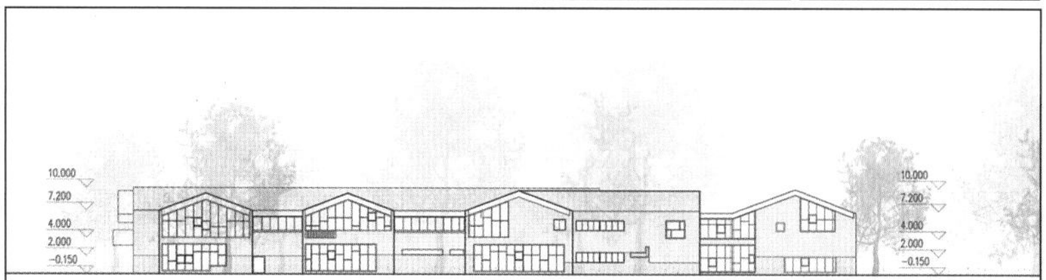

东立面图

图

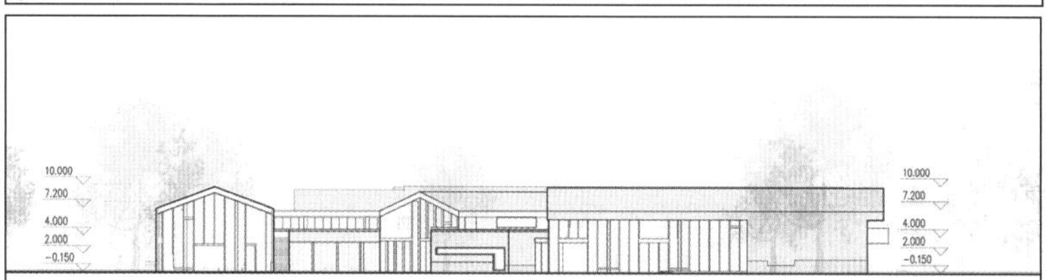

西立面图

城墙文化中心

贾彦琪

我们在水中创造了一个以文化表演为主题的精神浮岛。因此对城墙遗址进行与此有关的文化性改造。1：设置地上公共交通路径，使浮岛与周边环境便捷连接。2：城墙上道路与文化浮岛便捷联系，组织人流。3：城墙内置观影与读书空间，呼应浮岛的文化属性。

总图 1:2500

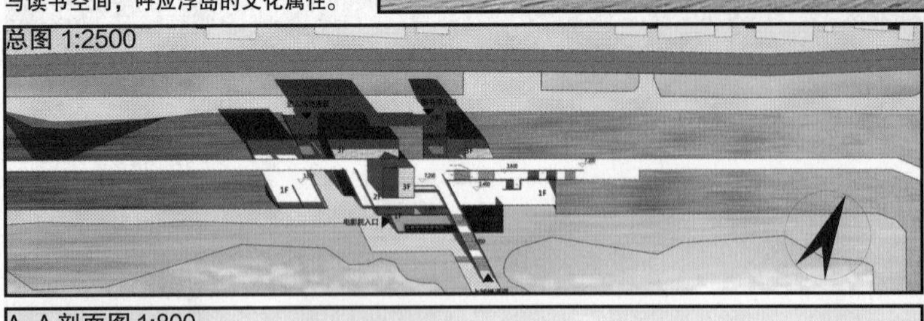

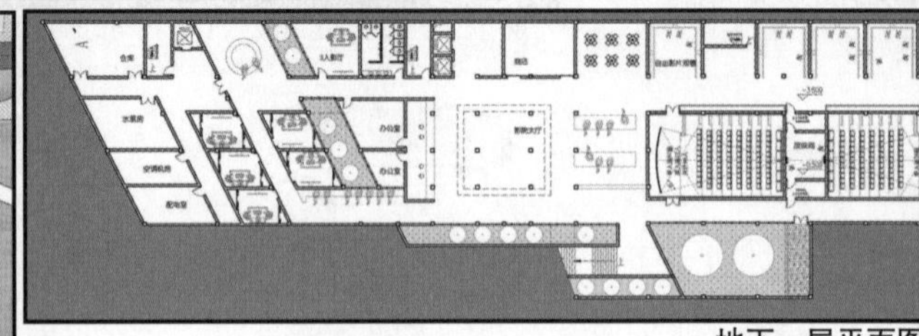

地下一层平面图

A-A 剖面图 1:800

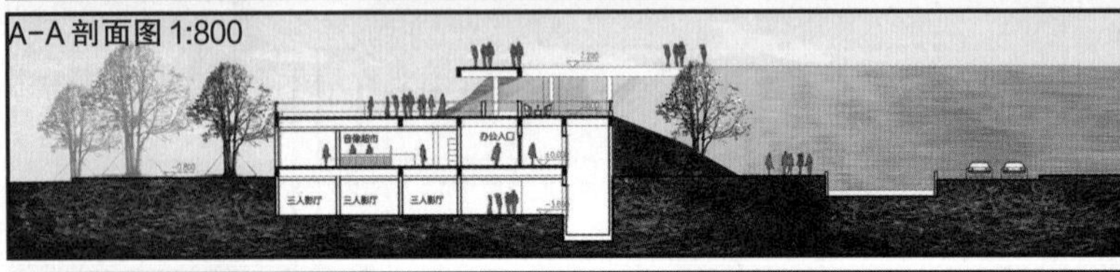

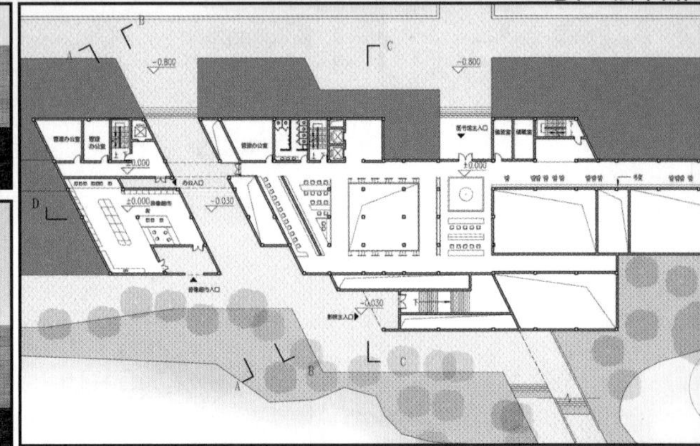

一层平面图

B-B 剖面图 1:800

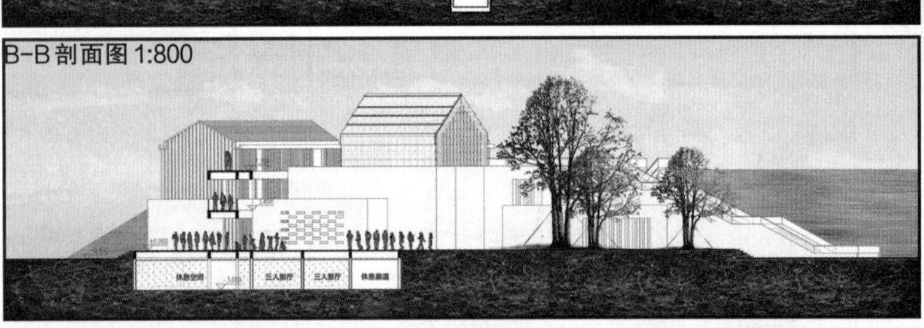

C-C 剖面图 1:800

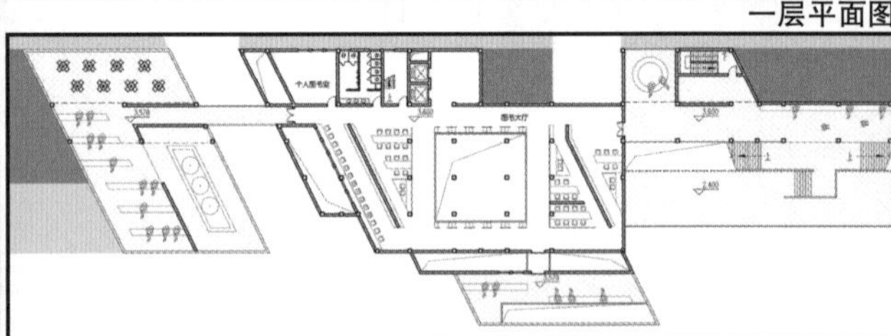

二层平面图

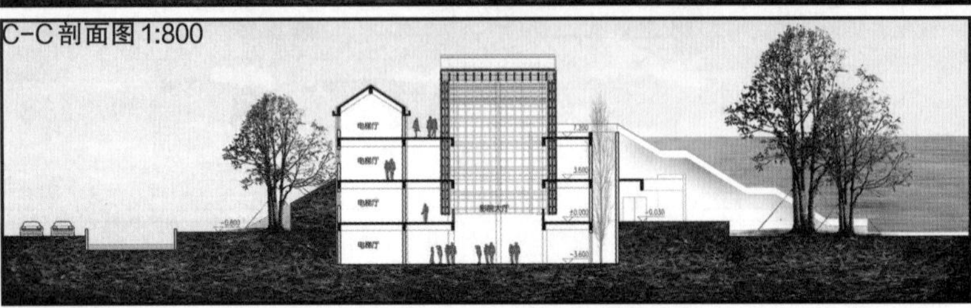

D-D 剖面图 1:800

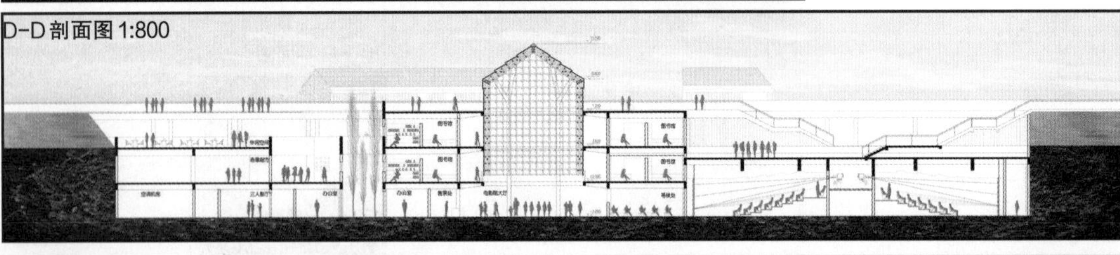

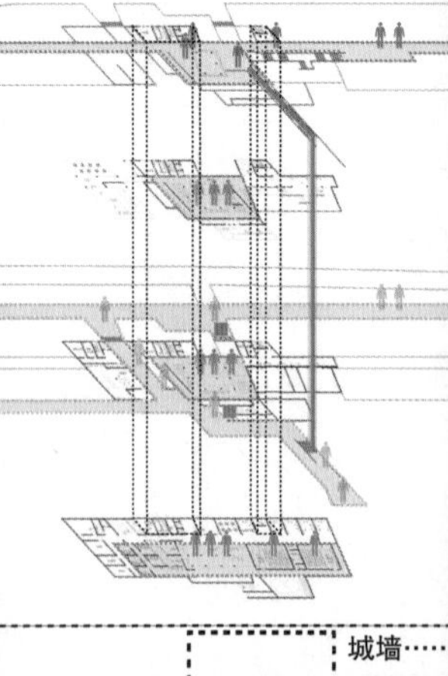

城墙……
城墙……
地面……
地面……
地面……
城墙上活
地面上活
读书区活
电影院活

北立面图 1:800

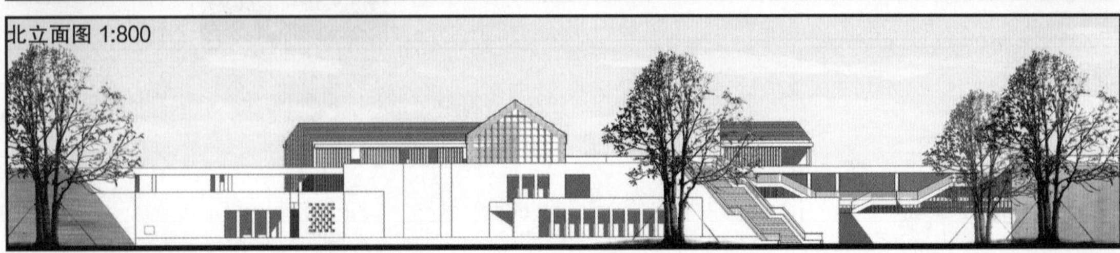

北立面图 1:800

社区活动中心

周馨怡

以传统手法更新老建筑，延续传统民居的生命；从当地民居提炼原型，衍生出新的变体，为老宅赋予新生。

懒懒晒着太阳的老人，看到院子里玩耍的孩童，是否回想起了童年在老宅里的时光？

玩累的游客在社区中心歇歇脚，邂逅几位聊天、喝茶、打牌的古城居民。听他们讲讲自己的生活，然后发自内心地感慨：

大理，我愿意为你驻足。

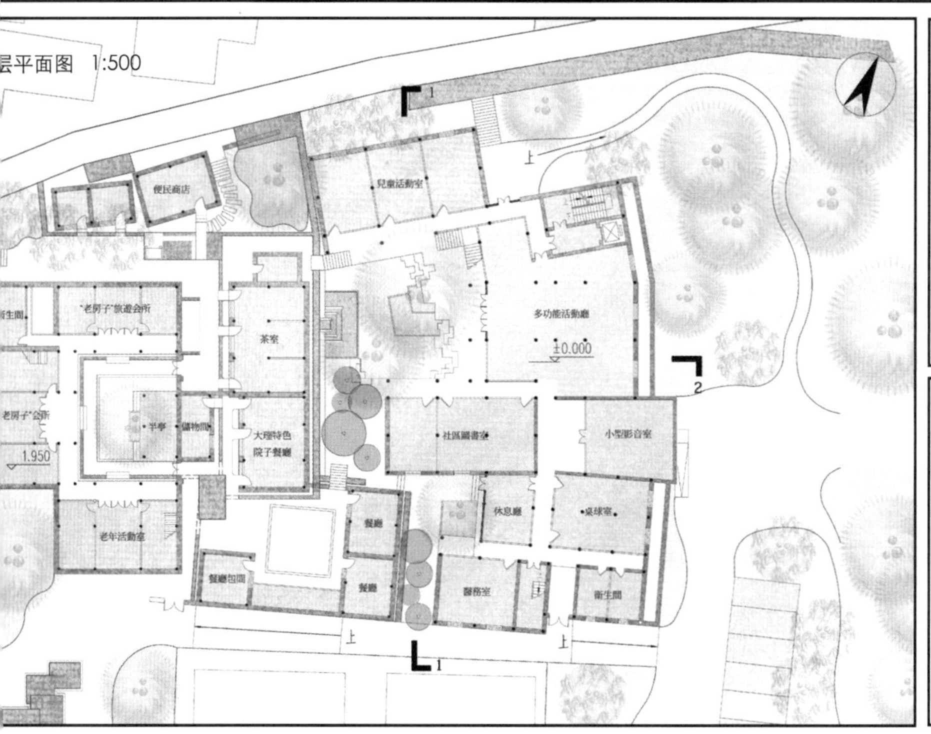

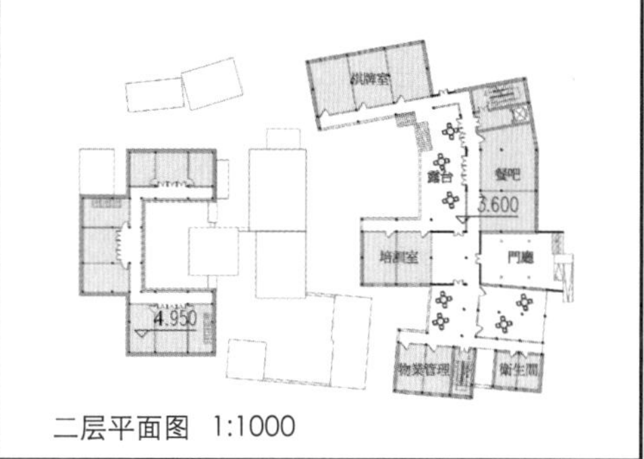

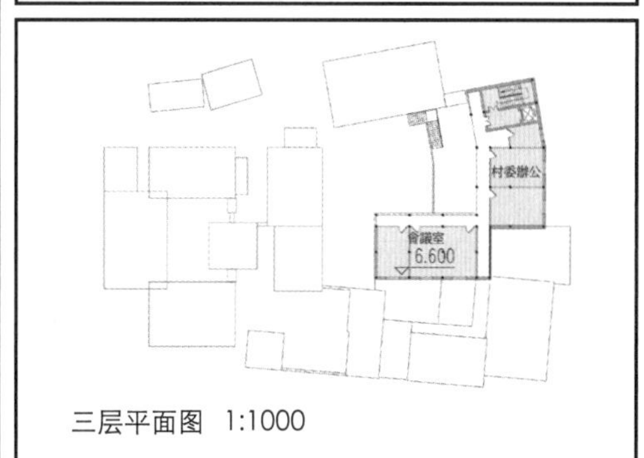

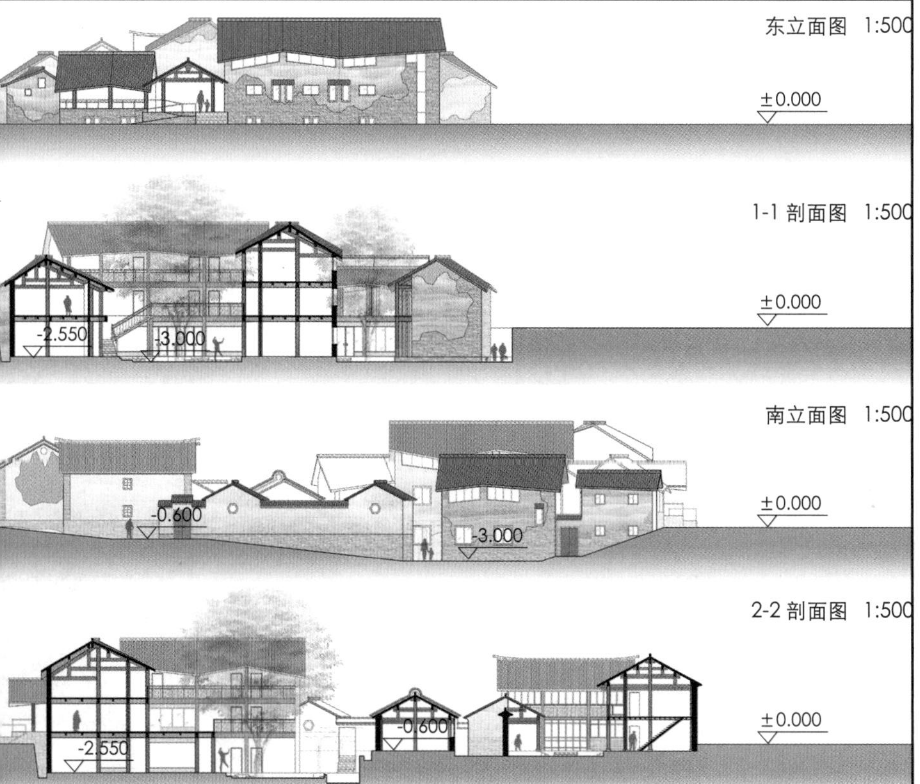

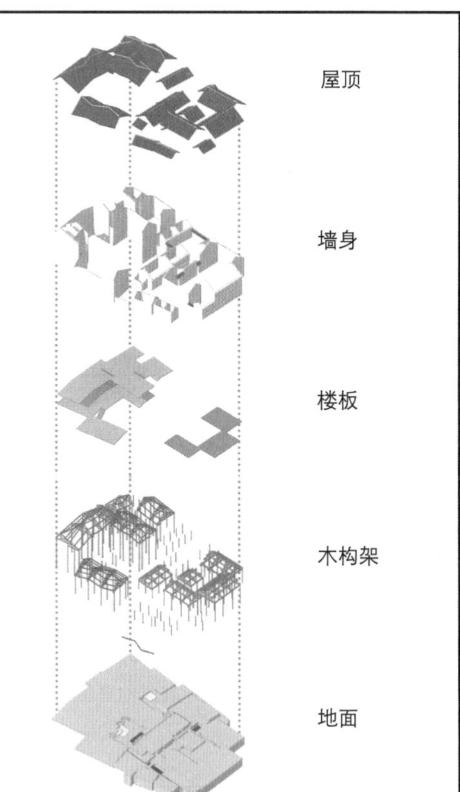

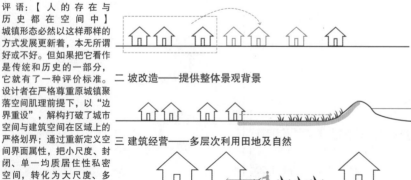

旧瓶装新酒

New Wine Old Bottle, New content Old Frame

浙江大学
设计：毛影竹 / 陈艺佳 / 马竞 / 唐瑶
指导：张毓峰 / 罗卿平 / 贺勇

基地现状——问题

2008 年开始，大理北水库希夷之大理项目开始运作，原本的水库农田似乎一下子变成了潜在旅游的热土。大量快速的标准化建设一下子爆发了，在不到十年的时间里，房屋迅速侵占了本应作为自留地的农田。这种标准化的快速建设给基地带来了很多问题：

- 肌理呆板
- 街道空间缺少活力
- 建筑实体千篇一律
- 水库和聚落割裂
- 生态系统单一
- 希夷之大理体量巨大
- ……

亡羊补牢 or 未雨绸缪 —— 我们的故事从 2008 年开始

1990
2000
2008
2010
2015
2020？

应对策略

经营方式
——试点插入

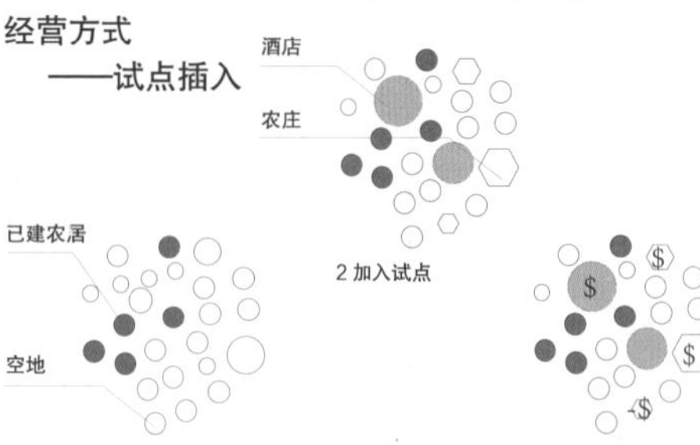
酒店
农庄
已建农居
空地
1 原始状态
2 加入试点
3 试点产生经济效益，某些盈利某些亏本（改造坡地和建筑，提高品质，降低亏本可能性）
4 农民自主选择，农田面积增加、数目增多；酒店扩张；亏本处性质改变 ...

留白式规划
——未完成

2008
无余量规划
自毁生长
留白式规划
有机生长
？

分步操作

一 肌理拼贴——提供发展容量

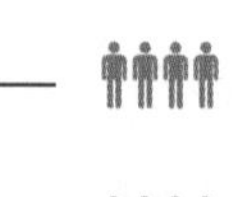

新旧肌理拼贴

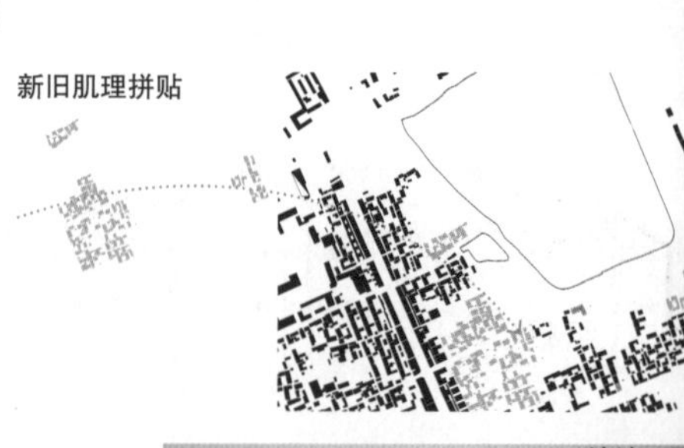

二 坡改造——提供整体景观背景

三 建筑经营——多层次利用田地及自然

农产品、生产过程直接为生态旅游提供收益

农田、坡地景观作为视线对景，营造氛围，提高地块品质

坡地 · 回

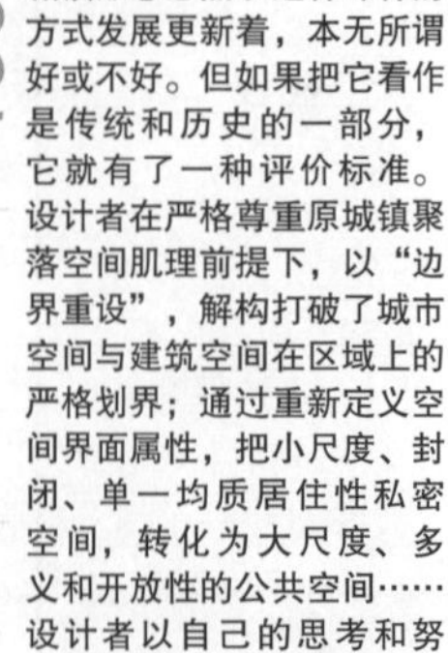

评语：【人的存在与历史都在空间中】城镇形态必然以这样那样的方式发展更新着，本无所谓好或不好。但如果把它看作是传统和历史的一部分，它就有了一种评价标准。设计者在严格尊重原城镇聚落空间肌理前提下，以“边界重设”，解构打破了城市空间与建筑空间在区域上的严格划界；通过重新定义空间界面属性，把小尺度、封闭、单一均质居住性私密空间，转化为大尺度、多义和开放性的公共空间……设计者以自己的思考和努力，做了一件他们该做的分内之事：以专业的视角和手段，让传统与历史的记忆在空间中延续，至少在他们这份美好的图画里。

肌理拼贴

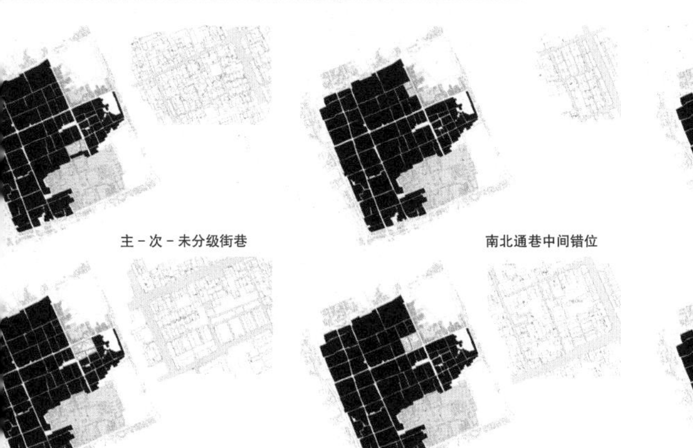
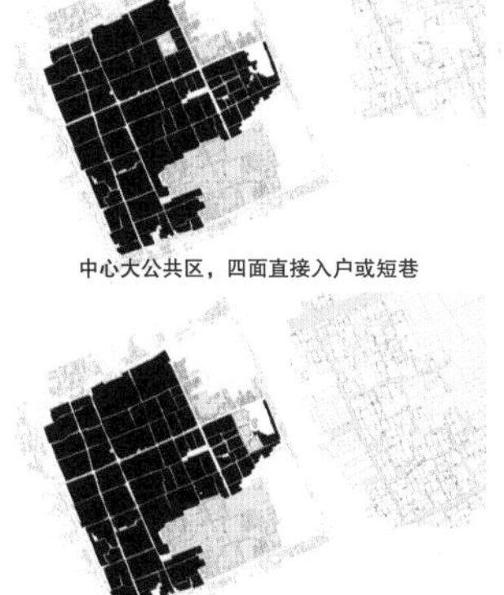

主－次－未分级街巷

南北通巷中间错位

中心大公共区，四面直接入户或短巷

中心点状小公共区，四面入巷

中心公共区，四面尽端式短巷

与东侧农田机理相互交织

可以拼贴肌理到基地的原因：
古城范围内区域小气候、地形变化不大。
类似的周边环境——临街发展、受水面影响。
类似的土地划分——田埂肌理和建筑肌理相似。

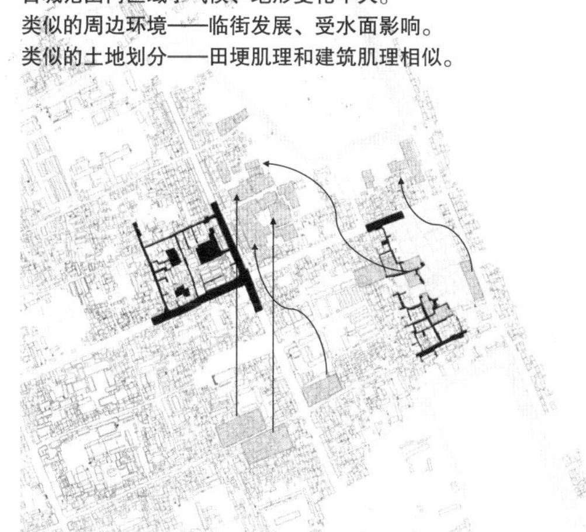

景观改造

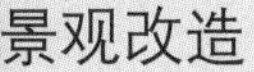
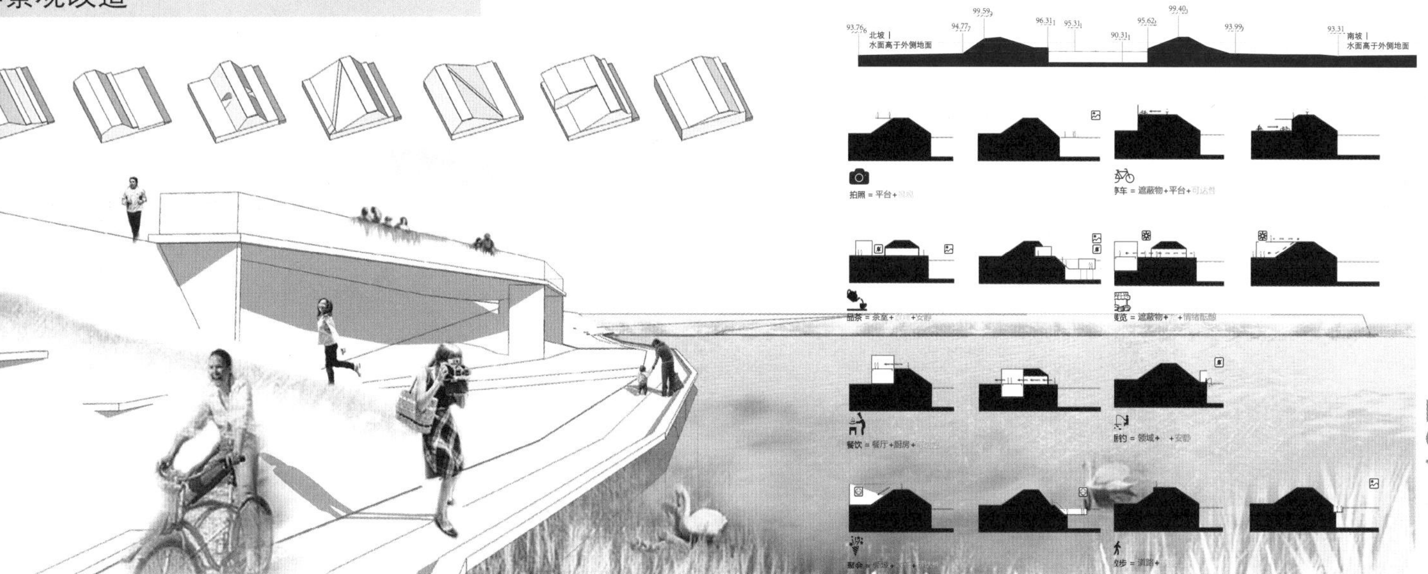

建筑经营——多层次利用田地

生态农场
开放式农场

田间游戏、健身；游客参与式耕作，保留耕地的最直接方法；观赏同时被观赏
几家自留地联盟经营

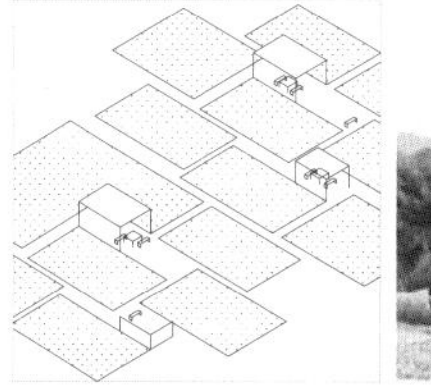

集市
菜场 面店 地摊

夹杂农田的巷道两侧的小摊贩，可以直接地里采来销售，“开放厨房”
利用巷道空间改造

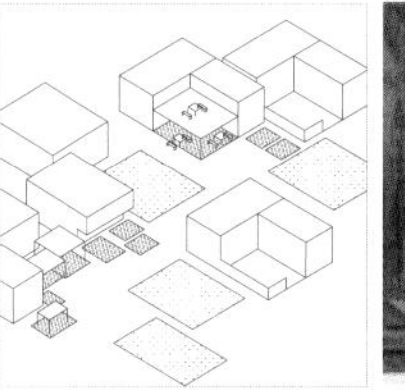

公共活动
对居民 社区活动，休闲
对游客 展示农产品制作工艺的展览空间
对艺术家 制作、展示的工作坊

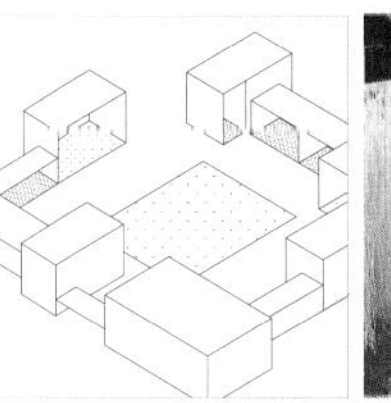

休养
水疗中心
精品酒店

望向田野的景观
几家联合，改造为一组建筑

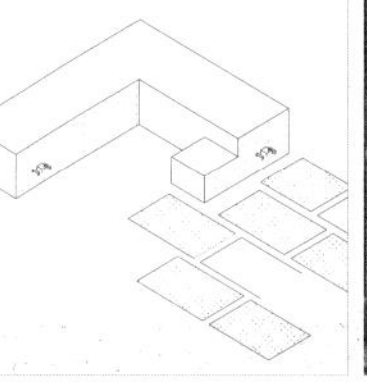

社区文化中心 · 新象

设计：陈艺佳
指导老师：张毓峰

问题的提出

传统聚落语境下的空间更新

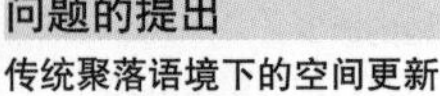

传统聚落：小尺度巷道　现代空间：大尺度，通高　类聚落空间：转译聚落空间为建筑空间？

生成过程

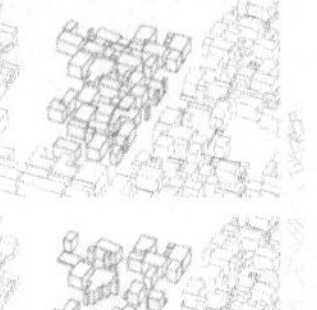

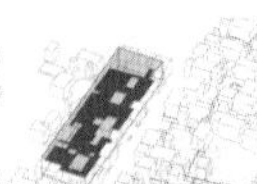

1 原始聚落空间抽象

2 清理部分肌理，提供公共活动空间

3 引入体块，强化轴线和空间序列

4 改变底界面为水面，改变视点和巷道认知

5 玻璃为顶界面，室内的类聚落空间

6 交界面两侧空间互动、渗透

分层和流线

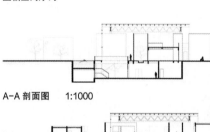

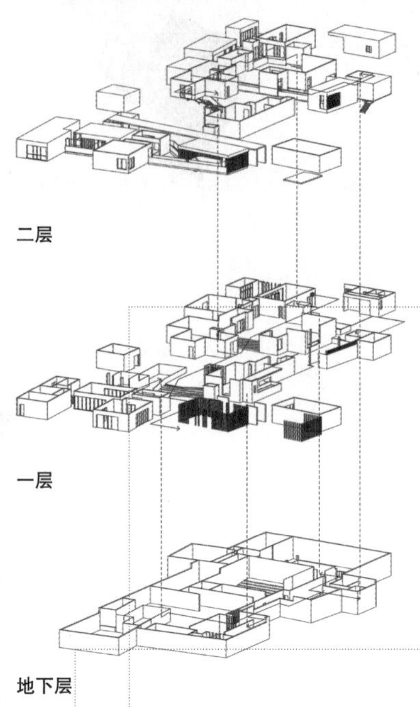

主轴空间序列

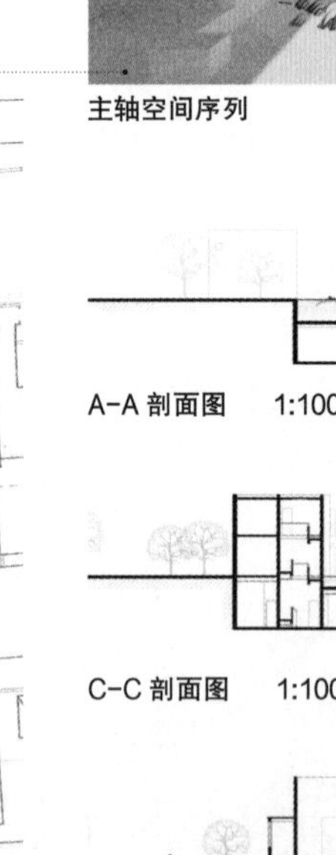

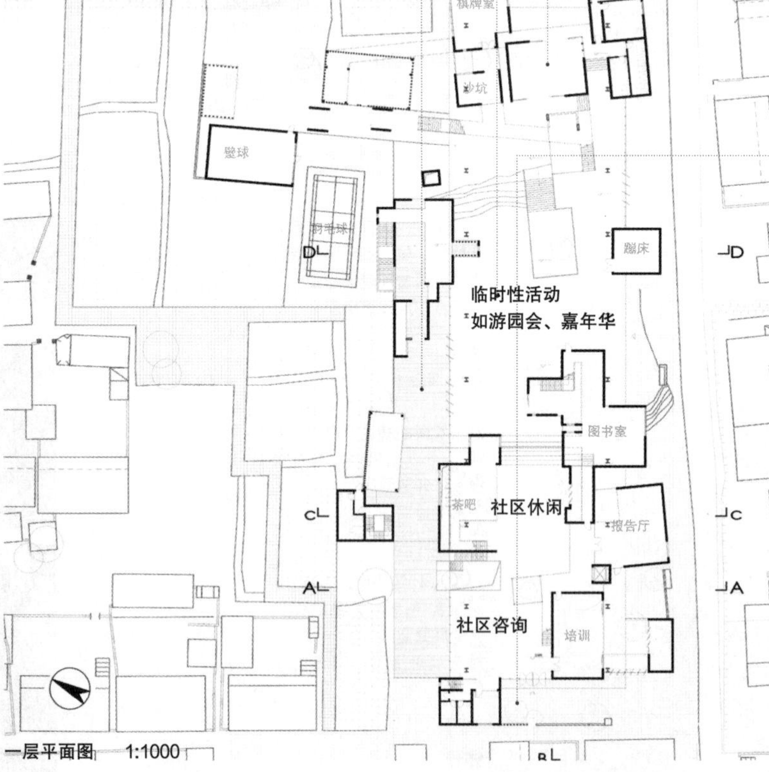

一层平面图　1:1000

西立面图　1:1000　南立面图　1:1000

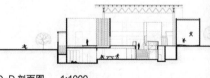

设计概况：

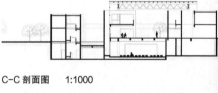

本设计目的在于探究在旧有聚落空间的基础上引入新手法，改变其空间性质的同时，保留有机聚落的空间意味。该社区中心希望创造一个开放的、供居民使用的休闲、娱乐、健身空间，引导人们从旧有街巷走向拥有丰富农田景观的自然空间，成为通往自然景观的过渡和先导。

析

基地

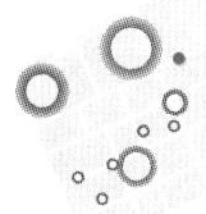

基地周边医疗设施

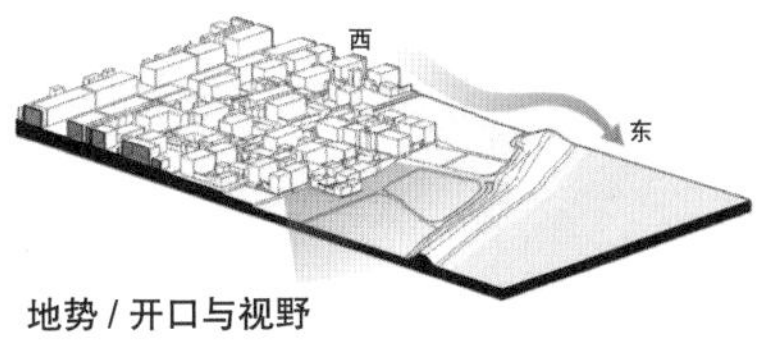

地势 / 开口与视野

街路巷院屋间

新酒·水疗中心设计

1 后勤入口
2 酒店入口
3 水疗入口
4 前台接待
5 大堂
6 客房
7 厨房
8 储藏
9 更衣
10 备餐
11 水吧
12 储物
13 诊疗
14 浴池
15 水疗
16 洗手间
17 会议室

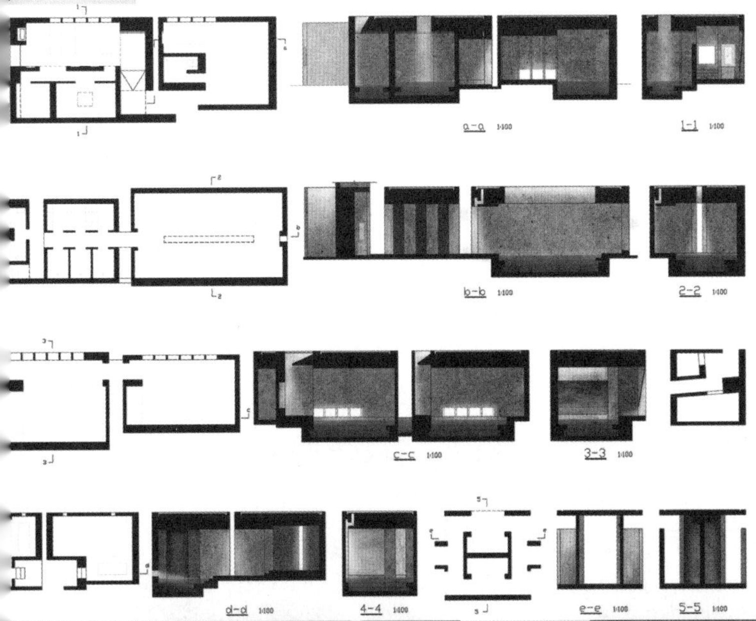

一层平面图 1：1000

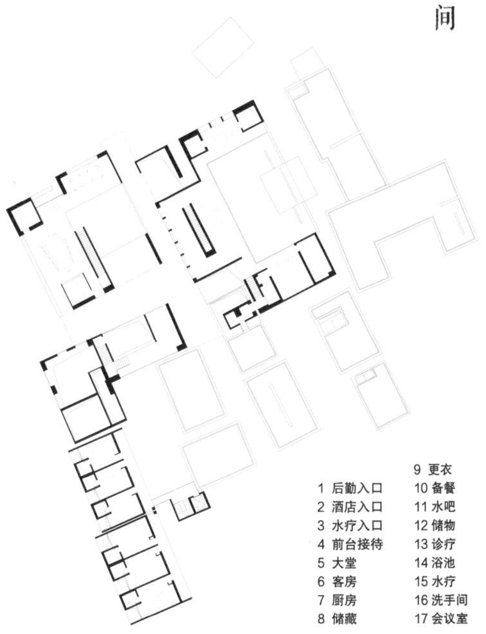

二层平面图 1：1000

a-a 1:100

1-1 1:100

b-b 1:100

2-2 1:100

c-c 1:100

3-3 1:100

d-d 1:100

4-4 1:100

e-e 1:100

5-5 1:100

设计：毛影竹
指导老师：张毓峰

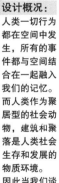

设计概况：

人类一切行为都在空间中发生，所有的事件都与空间结合在一起融入我们的记忆。而人类作为聚居型的社会动物，建筑和聚落是人类社会生存和发展的物质环境。因此当我们谈论延续肌理时，更多的，我们是要延续传统聚落中的空间，塑造具有聚落空间形态的建筑空间和城市空间。

艺术家公社·在微型城市停驻

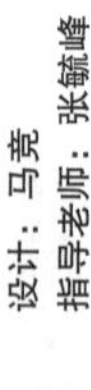

设计：马竞
指导老师：张毓峰

设计概况：

本设计旨在延续城市肌理的过程中达到一种平衡：既保留传统街巷空间的韵味，又满足空间的舒适性和大尺度。自由流动的、不设限的空间，满足多种艺术活动的发生，也可以只是随意逛逛的空间。这是大理艺术一个安身的"家"，也是大理艺术家、居民和游客融合的"场"。

生成过程

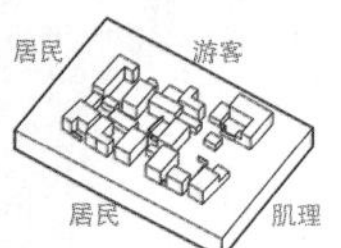

城市肌理是记忆的载体。通过梳理地块原有肌理，形成基本体块关系。

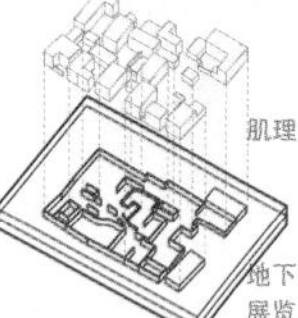

肌理的图底关系投射到地下一层，延续界面、形成下沉与抬升空间。

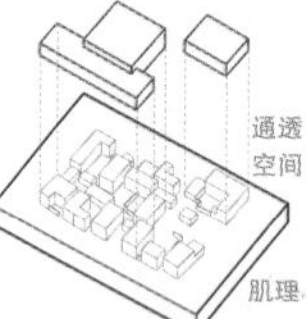

置入大而通透的玻璃体块，将室外街巷空间转变为室内空间。

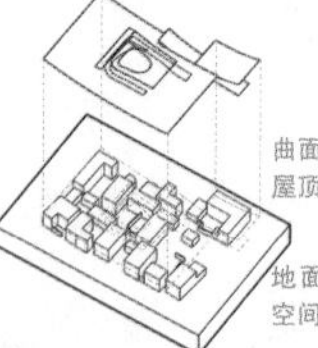

以延续的曲面屋顶将肌理体块进行统一，连续的坡道与屋面交汇。

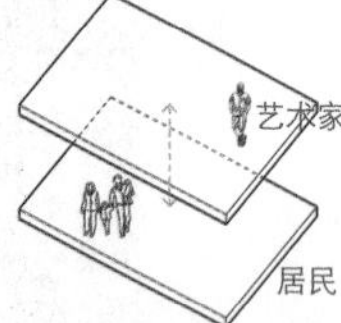

外来艺术家与当地居民之间缺乏自发的交流。

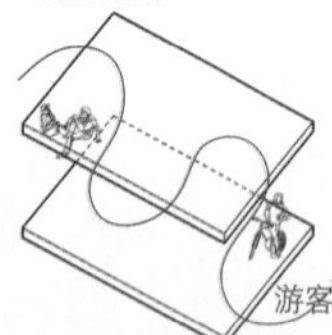

游客在此发挥"穿针引线"的作用，通过文艺活动激发地块的活力。

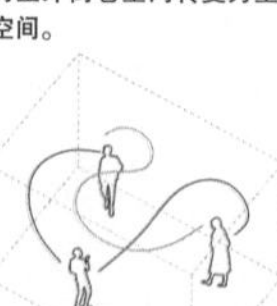
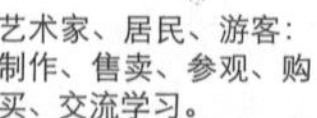

艺术家、居民、游客：制作、售卖、参观、购买、交流学习。

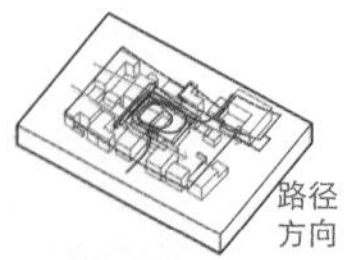

居民区与农田水库之间直接贯通，螺旋上升的坡道垂直串联建筑。

在这片被历史大刀阔斧砍伐过的土地，
我只想保留一点点家园的回忆。
一座房子像是一个街道，
自由穿梭，停留，起舞。

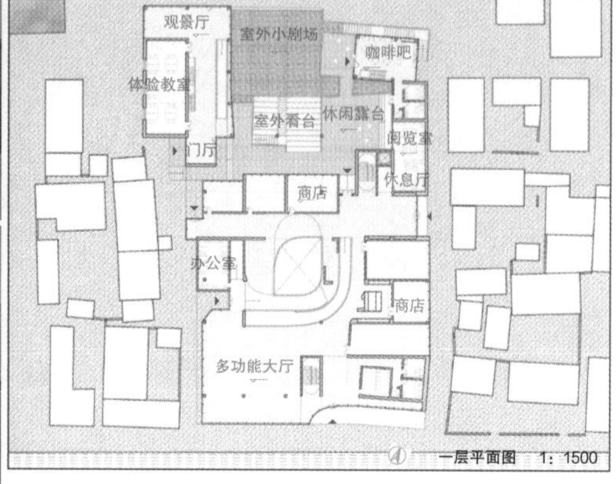

一层平面图 1：1500

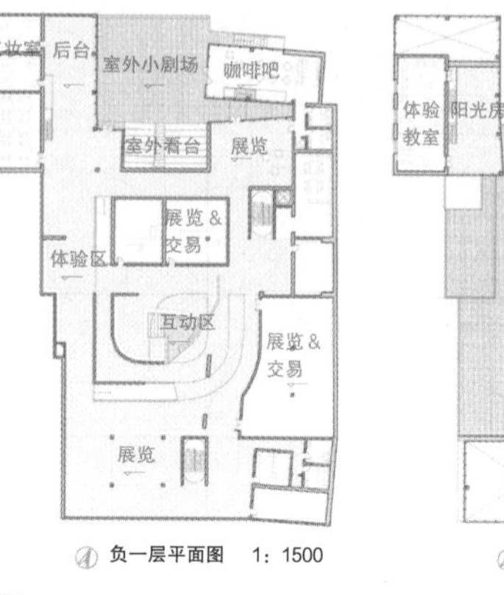

负一层平面图 1：1500

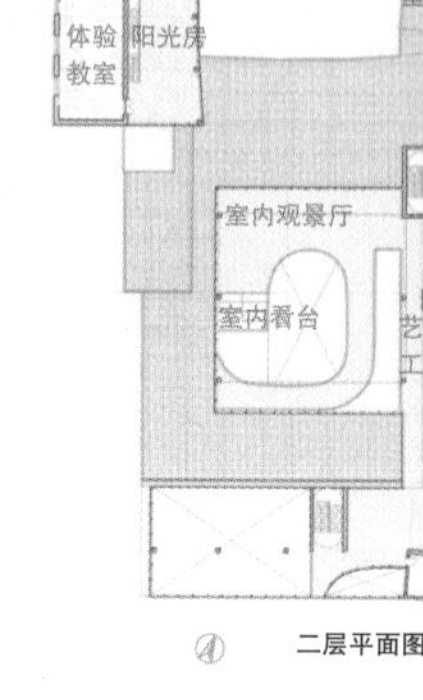

二层平面图

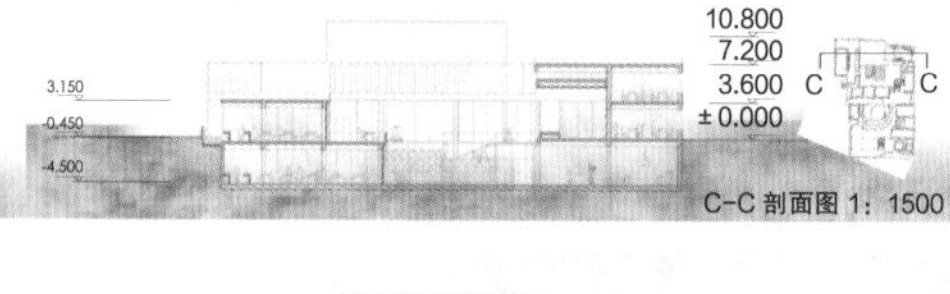

C-C 剖面图 1：1500

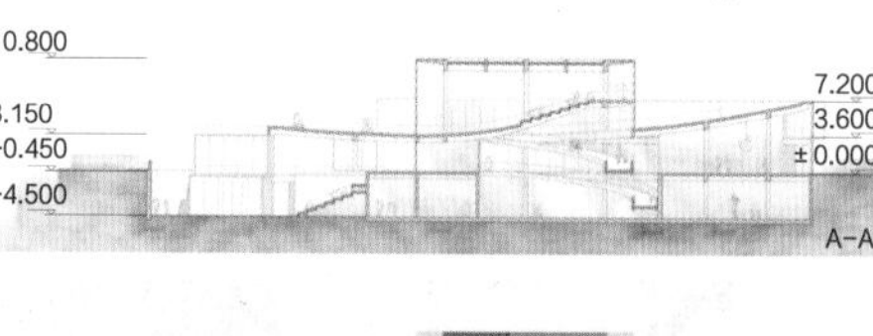

A-A 剖面图

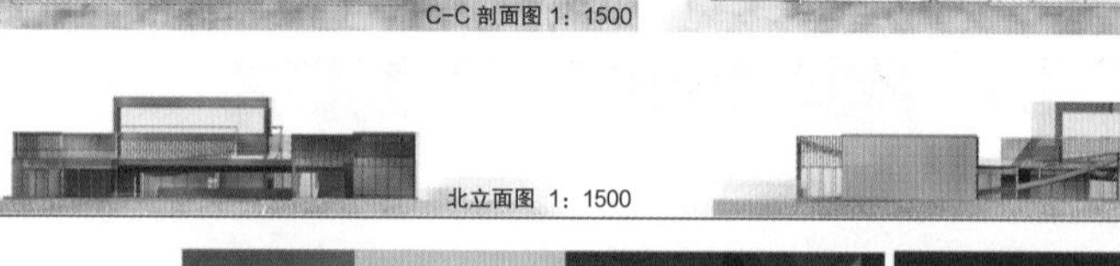

北立面图 1：1500

西立面图

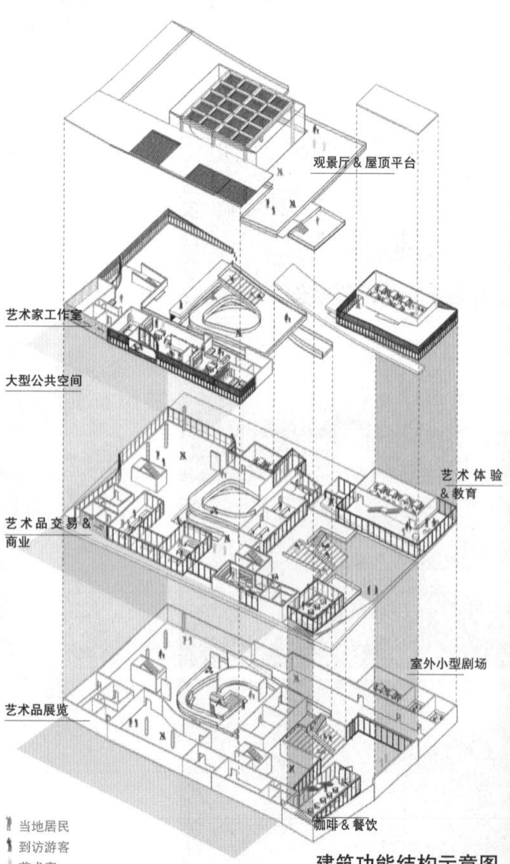

建筑功能结构示意图

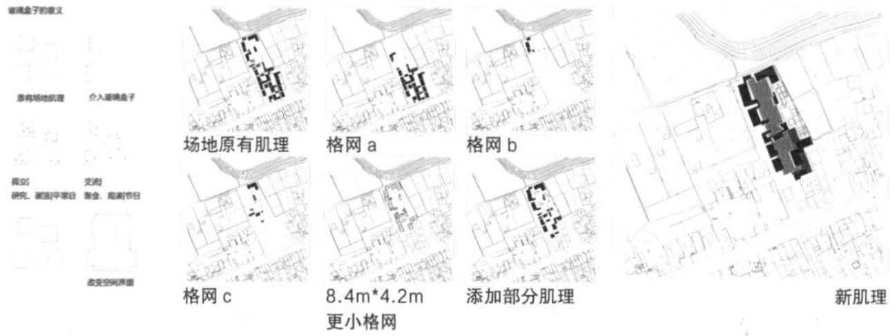

场地原有肌理 格网 a 格网 b

格网 c 8.4m*4.2m 更小格网 添加部分肌理 新肌理

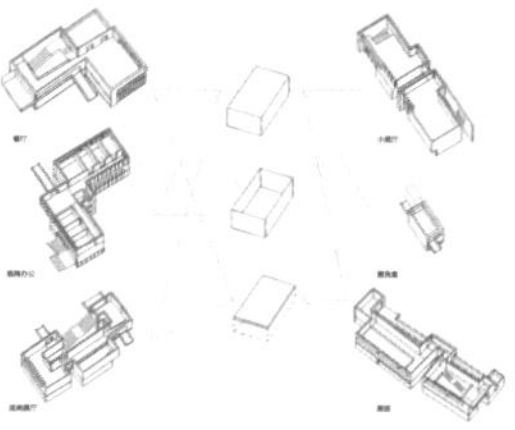

节日类型

青姑娘节：正月十五
庄稼会：二月十五
绕三灵：四月二十二日至二十四日
火把节：六月二十五日
海灯会：七月二十三日
将军洞庙会：八月十五日
渔潭会：八月中旬

葛根会：一月初五
天子庙会：正月十五
三月街：三月十五日至二十一日
栽秧会：栽插季节
卖花会：五月初五
菊花会：九月初九
尝新米节：秋收时节

彝族年节：二月初八
蝴蝶会：四月十五

歌舞表演性质 市集性质 交友聚会性质

节日演变

农事活动 → 祭祀 → 节日 ?

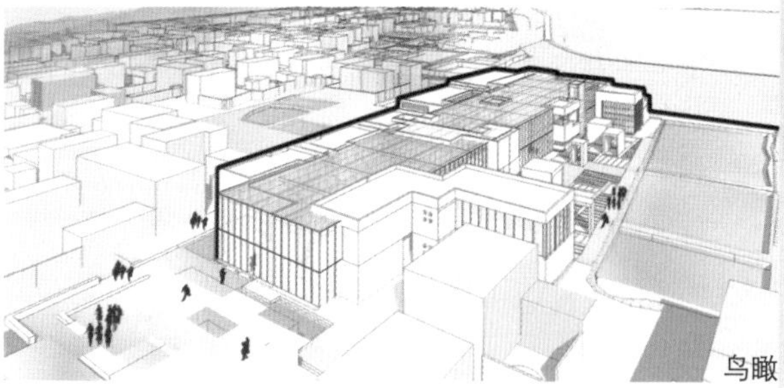

新俗 · 节日会展中心

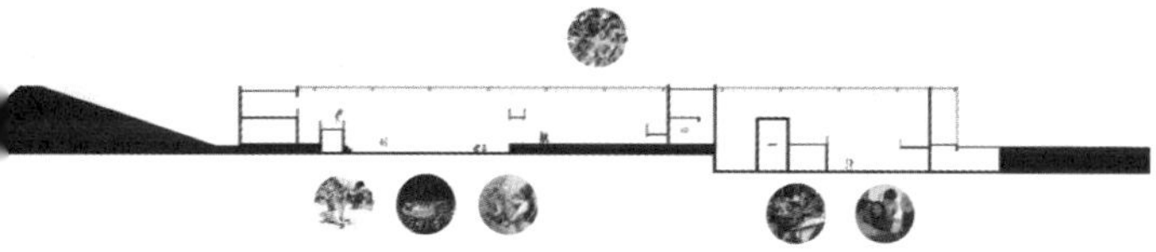

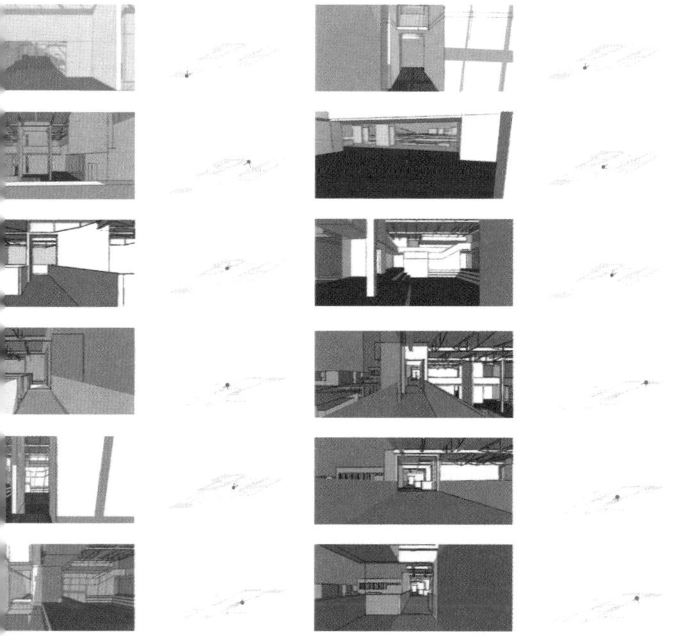

设计：唐瑶 指导老师：张毓峰

鸟瞰

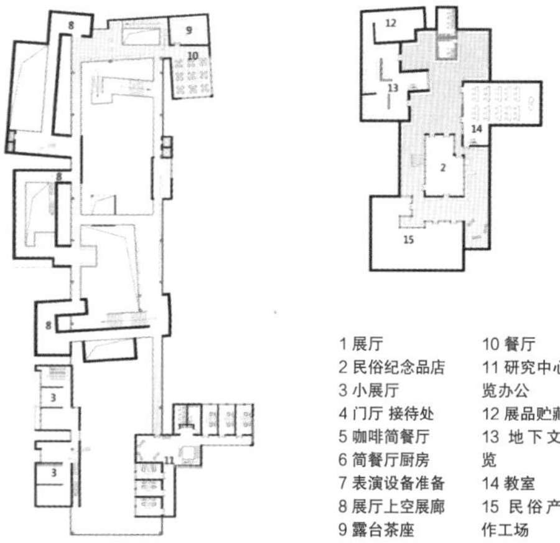

1 展厅
2 民俗纪念品店
3 小展厅
4 门厅 接待处
5 咖啡简餐厅
6 简餐厅厨房
7 表演设备准备
8 展厅上空展廊
9 露台茶座
10 餐厅
11 研究中心、展览办公
12 展品贮藏
13 地下文物展览
14 教室
15 民俗产品制作工场

部格栅 | 歌舞表演 | 平常日

部格栅 | 民俗歌舞表演 | 节日

部格栅 | 市集 | 节日

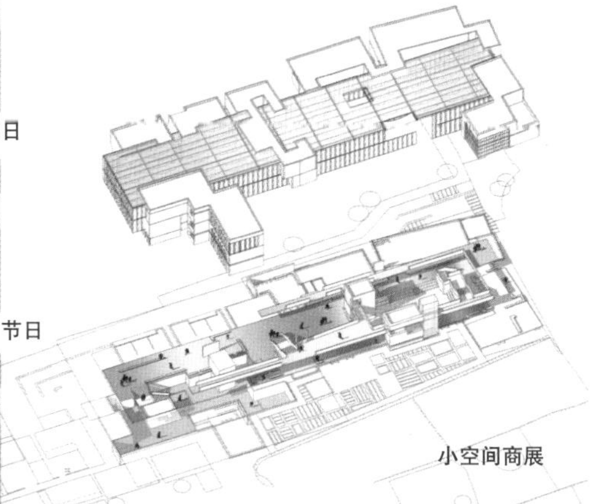

小空间商展

大空间交流表演

门厅透视

设计概况：

空间承载活动，场所承载记忆。

因此，本设计主要关注空间和人在空间中的运动。原有城市街巷是传统生活的载体，开放广场空间是节庆聚会事件的载体。对应本设计，建筑在平常作研究、展览之用，节日时作为游客及当地人聚会、观演、庆祝的场所。形式追随功能，在原有肌理上用玻璃盒子统领独立小空间，创造开放现代大空间，从而满足不同情境下的使用需求。

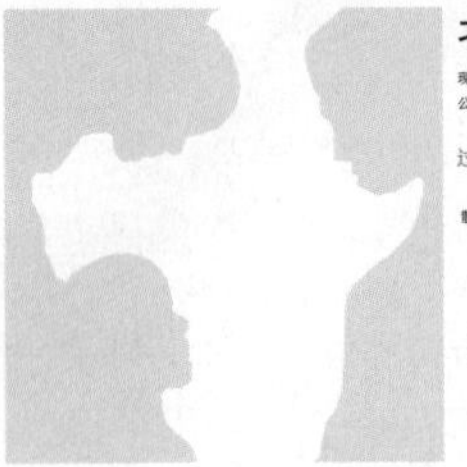

融·居
Integration

浙江大学
设计：周一晗 / 彭僎 / 王敏郦 / 陈小雨
指导：贺勇

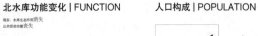

北水库功能变化 | FUNCTION

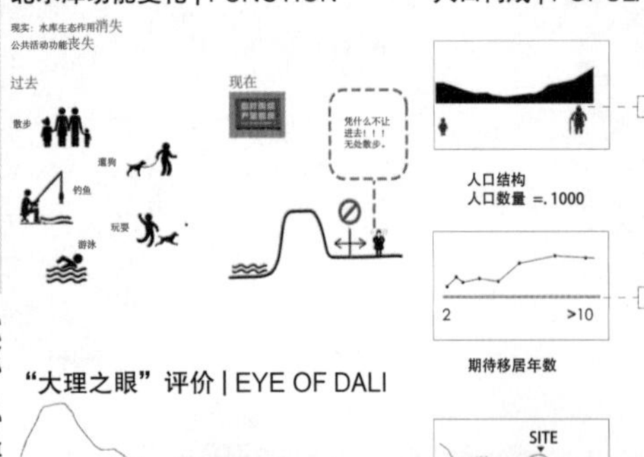

"大理之眼"评价 | EYE OF DALI

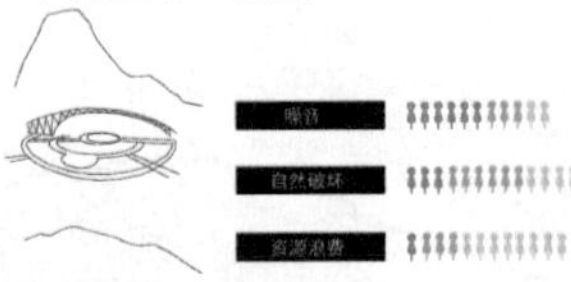

规划定位 |CITY PLANNNING

以居住为主要功能，原住民、新大理人及游客三个群体在场地中的融合共生为目标，缝合基地与大理古城及与周围生活区在氛围和空间上的割裂，使北水库区域形成以多样公共服务和文化艺术休闲相结合的活力中心。

人口构成 | POPULATION

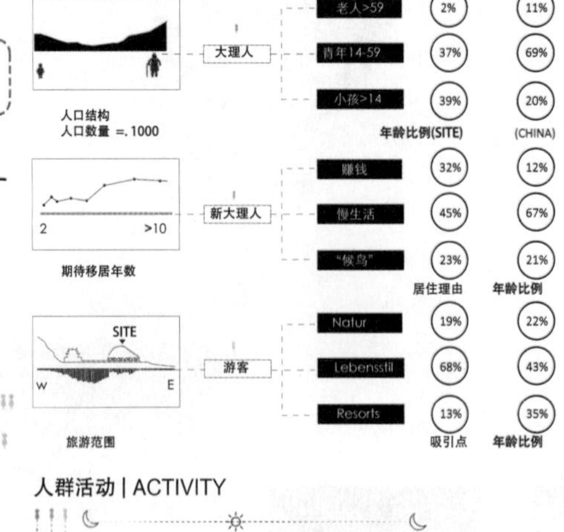

人群活动 | ACTIVITY

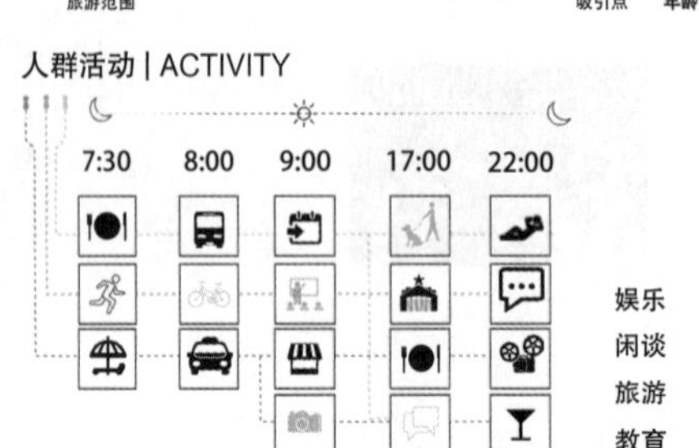

大理古城区位 | LOC

城墙系统

绿地系统

景观系统

街巷系统

水系统

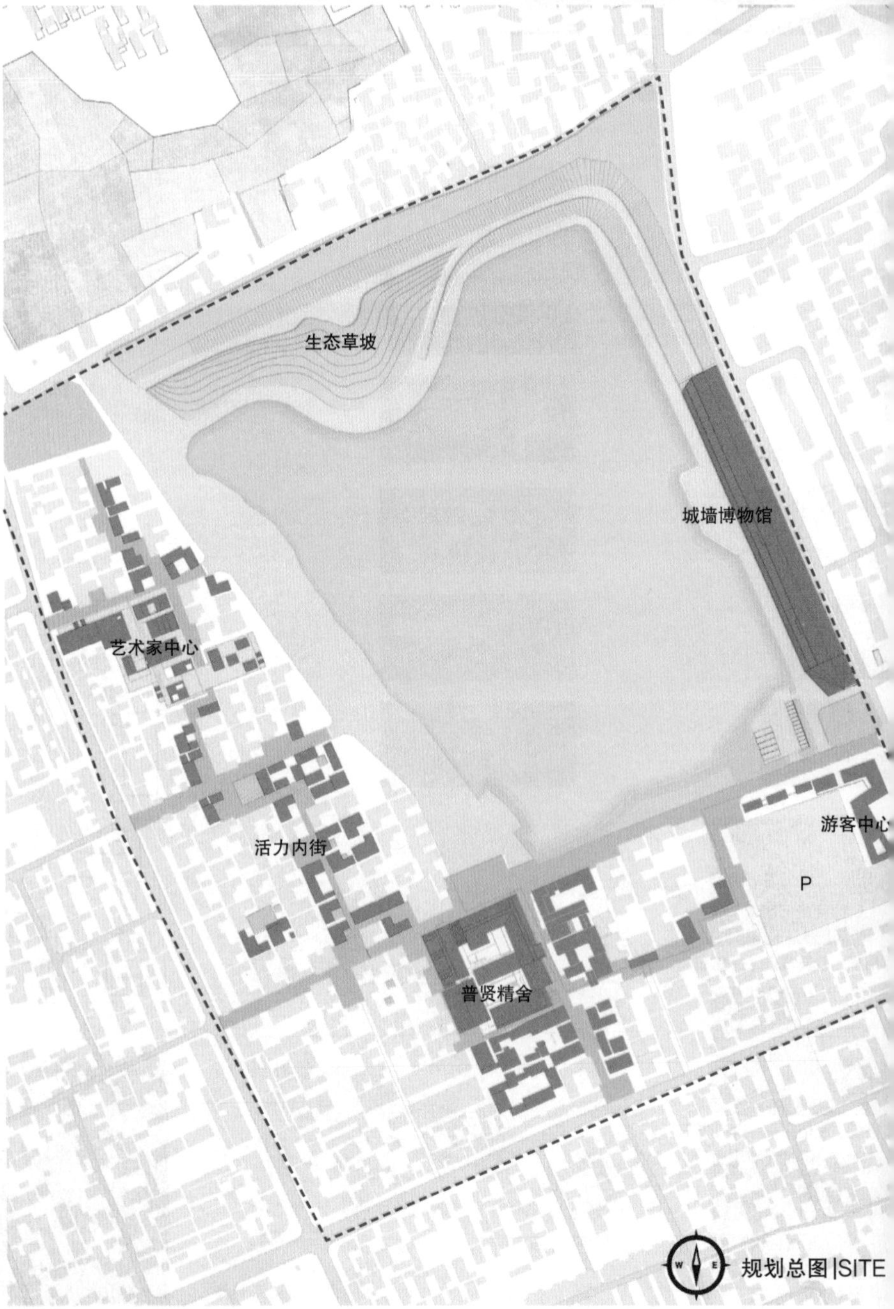

生态草坡

城墙博物馆

艺术家中心

活力内街

游客中心

P

普贤精舍

规划总图 |SITE

评语：

该组同学从区域独特的场地特征以及城市生活出发，提出了"融·居"的概念，以此作为切入点，展开了对于城市功能、交通、设施、景观等多个层面的梳理与组织，并落实在禅修中心、城墙博物馆、社区中心、艺术家聚落等多个项目之上，这些项目相互支撑、互为补充，并创造了多样的城市设施与公共空间，使得原来封闭的北水库区域很好地融入了城市，也为各类人群的交流与融合创造了多种可能。总体来看，该组同学在前期分析、概念提出以及落实等多个阶段显示出了内在清晰、完整的逻辑，令人欣赏，但美中不足的是部分单体方案有待进一步深化。

城分析 | DALI ANALYSIS

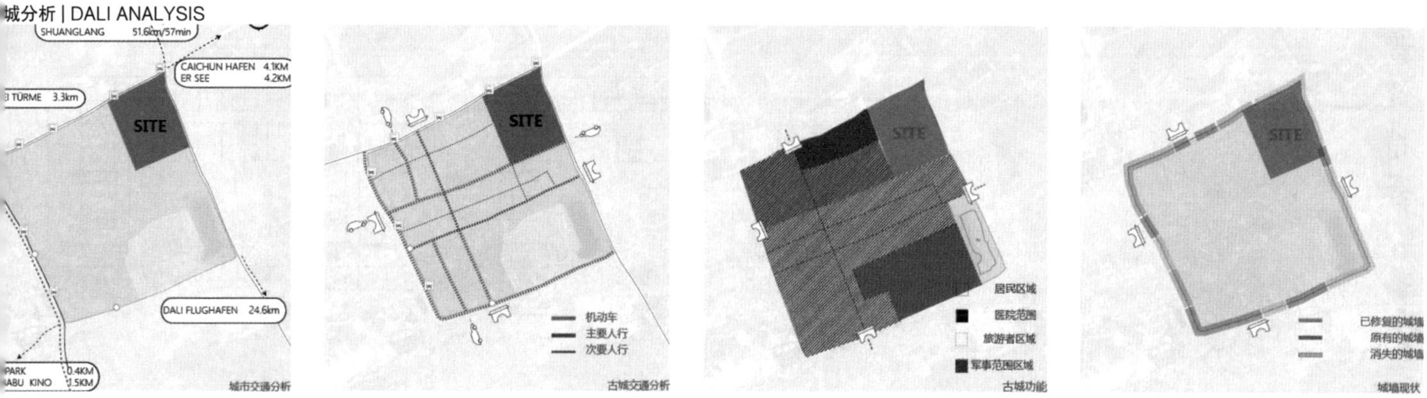

SHUANGLANG 51.6km/57min
CAICHUN HAFEN 4.1KM
ER SEE 4.2KM
I TÜRME 3.3km
SITE
DALI FLUGHAFEN 24.6km
PARK 0.4KM
ABU KINO 1.5KM
城市交通分析

SITE
机动车
主要人行
次要人行
古城交通分析

SITE
居民区域
医院范围
旅游者区域
军事范围区域
古城功能

SITE
已修复的城墙
原有的城墙
消失的城墙
城墙现状

析 | SITE ANALYSIS

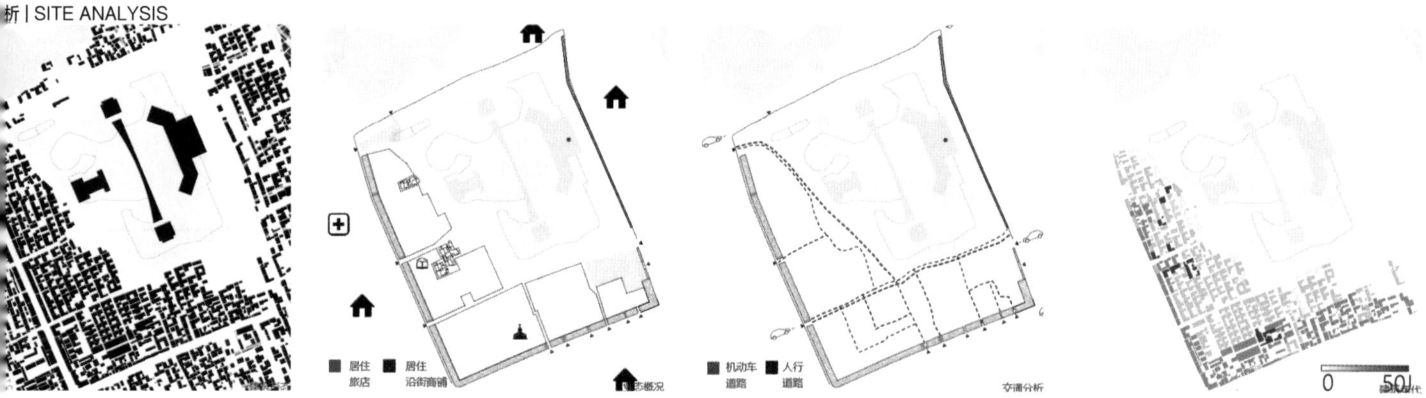

居住 旅店
居住 沿街商铺
业态概况

机动车 道路
人行 道路
交通分析

0 50

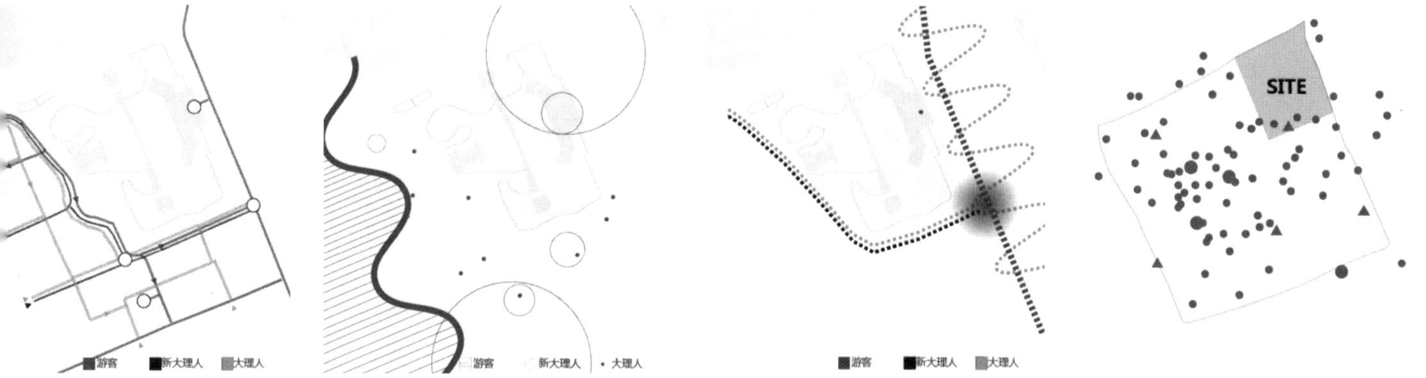

游客 新大理人 大理人

游客 新大理人 大理人

游客 新大理人 大理人

SITE

题 | SITE PROBLEMS

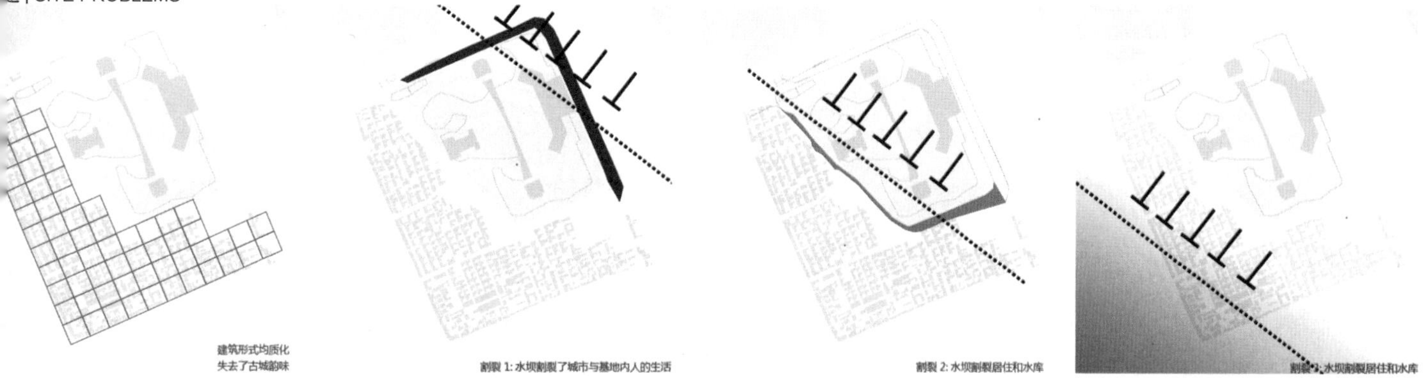

建筑形式均质化
失去了古城韵味

割裂 1: 水坝割裂了城市与基地内人的生活

割裂 2: 水坝割裂居住和水库

割裂 3: 水坝割裂居住和水库

略 | SOLUTIONS

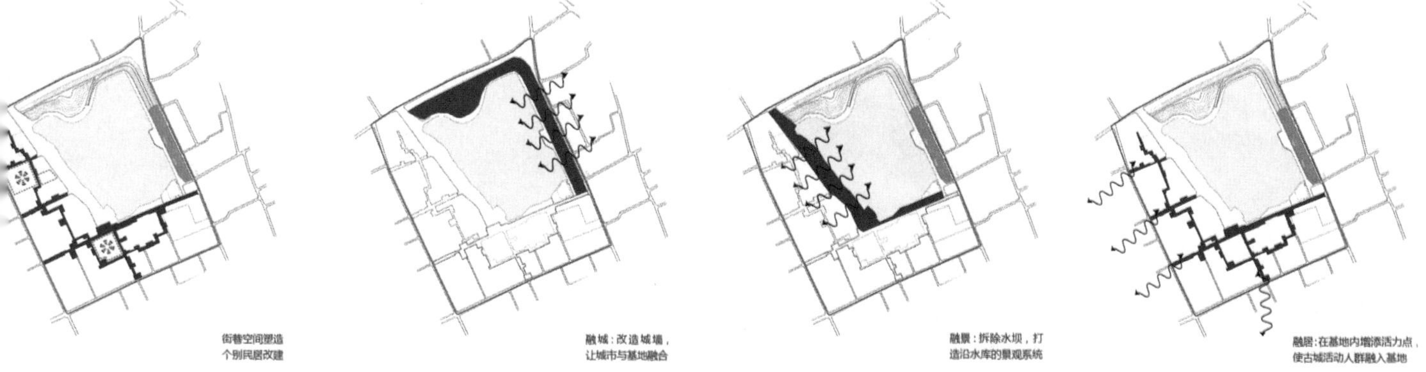

街巷空间塑造
个别民居改建

融城：改造城墙，
让城市与基地融合

融景：拆除水坝，打
造沿水库的景观系统

融居：在基地内增添活力点，
使古城活动人群融入基地

普賢精舍
設計：周一晗
1 主入口
2 后勤入口
3 普贤寺做众入口
4 次入口
5 地面停车位
6 地下车库入口
7 普贤寺寺前广场
8 普贤寺大殿
9 普贤寺内院
10 茶园
11 生活内院
普贤寺场地分析 |SITE ANALYSIS
周围交通
整体封闭
进入路径
人群需求分析 |NEED ANALYSIS
原住民
传统宗教
新大理人
修身养心
游客
旅游景点
齋
茶
宿
讀
悟
禅修
设计说明
本设计位于云南省大理古城北水库区域普贤寺一带。该场地内的普贤寺是历史悠久的宗教建筑，本应成为旅游热点，同时服务居民的宗教需求。但是现状由于居民区过渡占用周边土地等原因，未能形成发展。考虑场地的适用人群有原住民、新大理人、游客三类，分别对这类建筑具有传统宗教需求，修身养性需求以及旅游需求，决定在普贤寺一带设计禅修中心，并且重塑普贤寺入口空间，改造周边建筑业态（由居住改为商住结合的宗教特色商业），使得场地的潜能被充分开发，形成以宗教、禅修体验为主的建筑群落。
二层平面
一层平面
地下平面
功能分布 I PROGRAMM
17 门厅上空
18 图书室
19 禅修小室
20 客房
21 储藏间
22 客房
23 储藏间
24 服务间
25 茶斋
26 地下禅室
27 消防水池
28 水泵房
29 配电间
1 门厅
2 值班室
3 消防控制室
4 斋堂
5 厨房
6 备餐间
7/8 更衣室
9 禅堂
10 控制室
11 瑜伽教室
12 教室
13/14 办公室
15 客房
16 水疗包间
形态生成
1 拆除普贤寺周边过分拥挤建筑
2 重塑普贤寺入口空间
3 确立禅修中心选址
4 维持院落式布局
5 塑造建筑形态
经济技术指标
用地面积：4810 ㎡
建筑面积：地上 5526 ㎡
地下 4220 ㎡
建筑密度：67.3%
容积率： 1.15
绿化率： 8%
建筑高度：最高 12m
地面停车：临时停车位 X3
地下停车：80 辆
电梯
楼梯
院落空间 | Courtyard
竖向交通 | Transportation
流线组织

设计：彭锞

…明

…物馆将服务于三类人，大理人，新大理人和游客，对于游客缺少…引他们驻足的公共设施，对于大理人缺少一个艺术交流的场所，…居住在周边的大理人，水坝的改建使他们缺少一个大型的公共活…

…这里设立城墙博物馆，有如下设想：

…上开设通俗图书馆，多置备各地日报和各种杂志，方便市民取悦。

…的在城墙上举办通俗演讲，通过说实务或道故事普及知识，增长…闻；设置临时展厅和展厅为旅客展示大理文化；设置科研教室供…科研人员交流研究。

…图

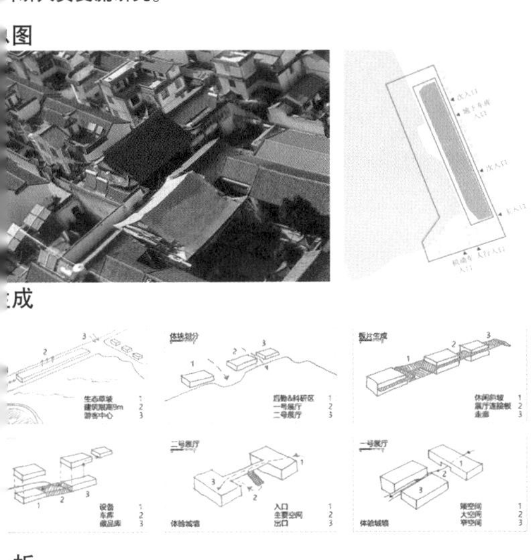

…成

…析

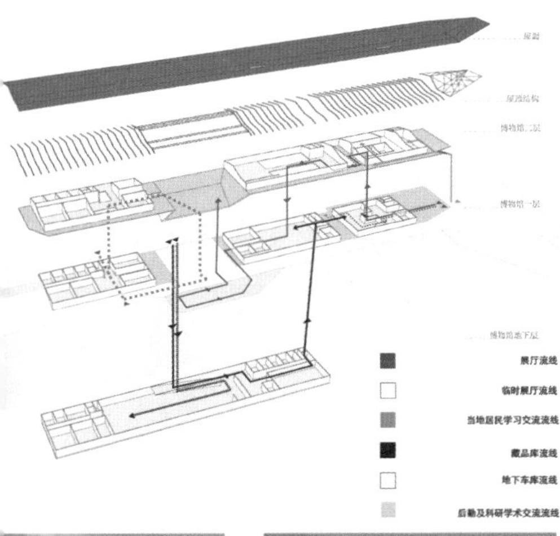

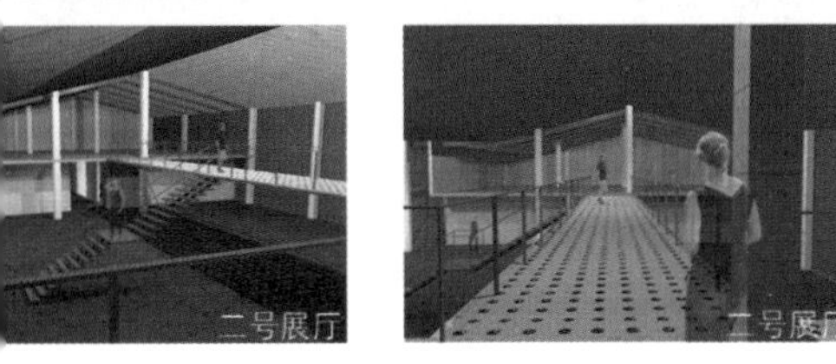

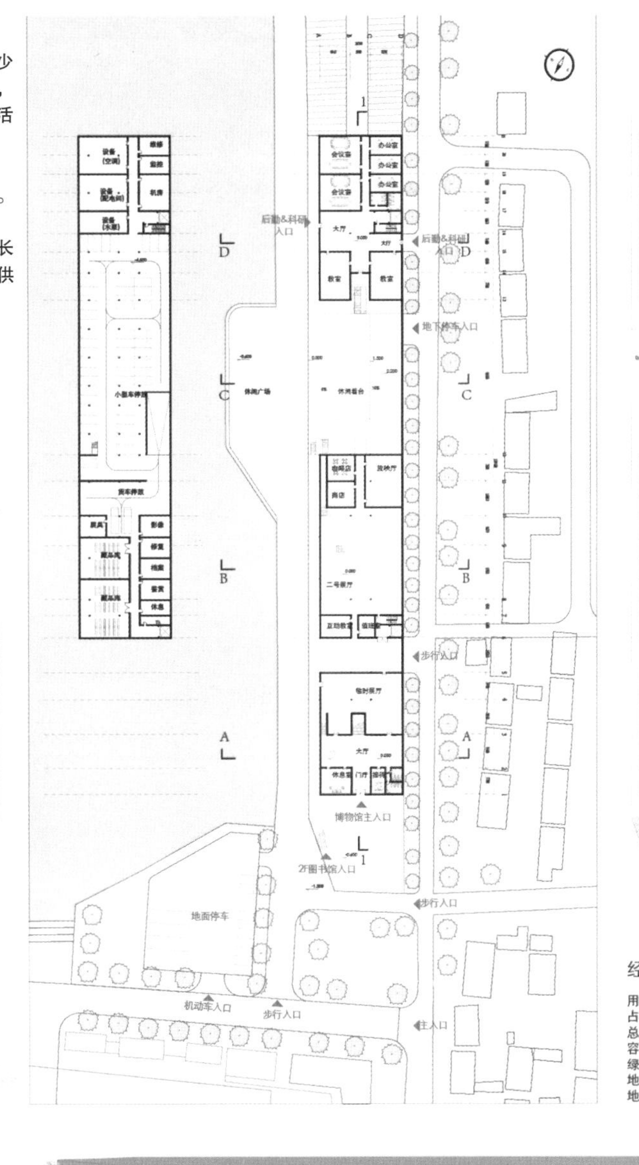

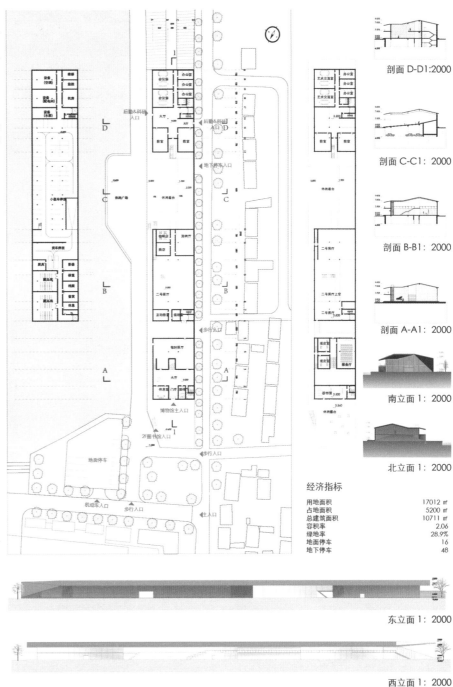

剖面 D-D1:2000

剖面 C-C1：2000

剖面 B-B1：2000

剖面 A-A1：2000

南立面 1：2000

北立面 1：2000

经济指标

用地面积	17012 ㎡
占地面积	5200 ㎡
总建筑面积	10711 ㎡
容积率	2.06
绿地率	28.9%
地面停车	16
地下停车	48

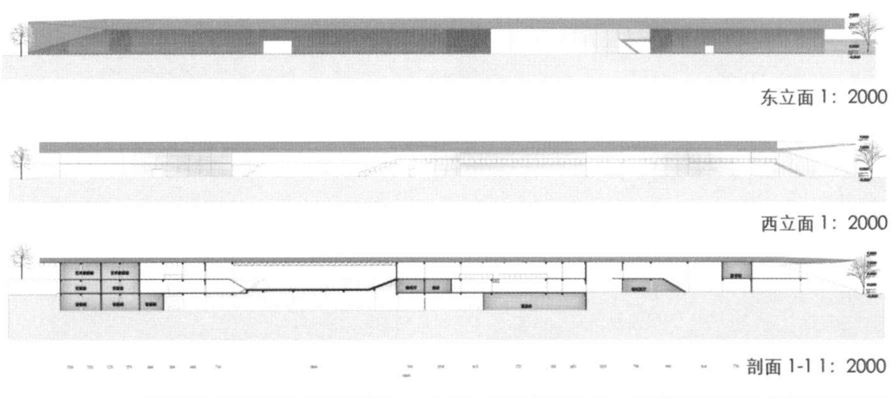

东立面 1：2000

西立面 1：2000

剖面 1-1 1：2000

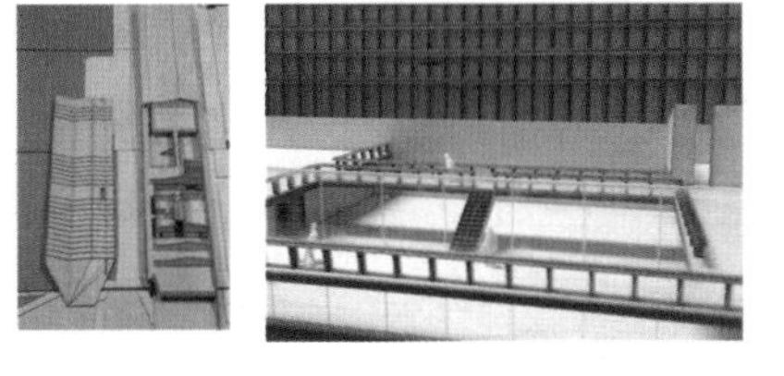

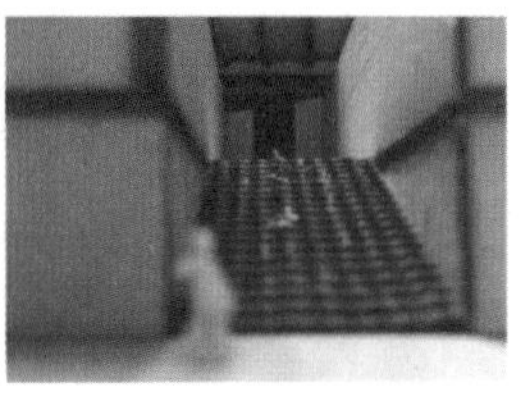

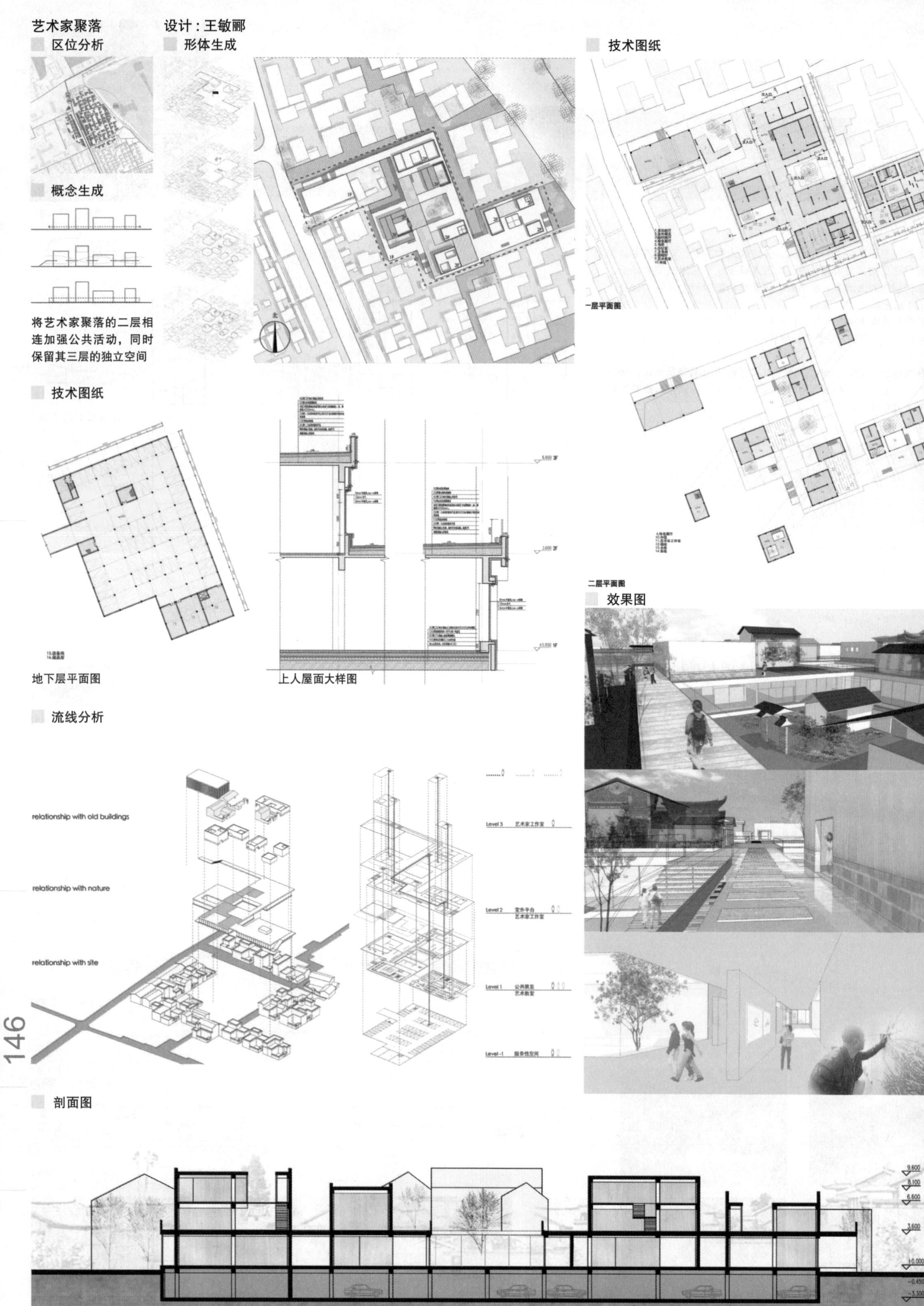
艺术家聚落
设计：王敏郦
区位分析
形体生成
技术图纸
概念生成
将艺术家聚落的二层相连加强公共活动，同时保留其三层的独立空间
技术图纸
地下层平面图
上人屋面大样图
一层平面图
二层平面图
效果图
流线分析
relationship with old buildings
relationship with nature
relationship with site
Level 3 艺术家工作室
Level 2 室外平台 艺术家工作室
Level 1 公共展览 艺术教室
Level -1 服务性空间
剖面图
9.600
8.100
6.600
3.600
±0.000
-0.450
-3.300

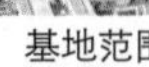

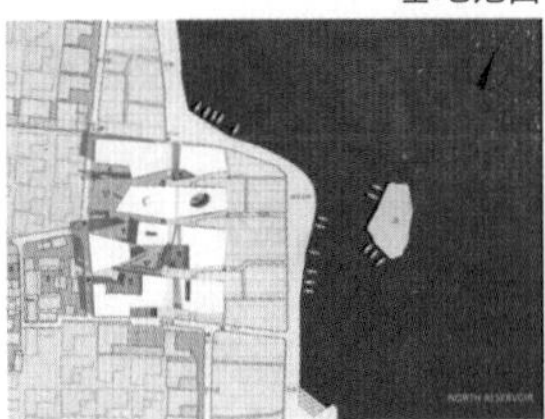

基地范围

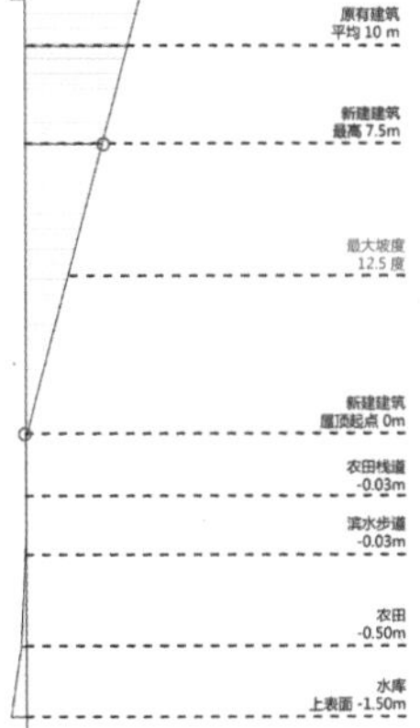

区域社区中心设计

东小雨
师：贺勇

市是不同时代的、地方的、功物的东西叠加起来的。新的旧传统的，总会发生冲突，但为许对话？拼贴城市并非简单粗所欲的拼凑，而是应该受到整构的控制。同时，拼贴为各种、历史片断、社会事件等提供容力和可能性。

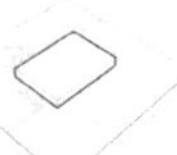

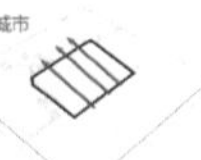

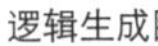

逻辑生成图

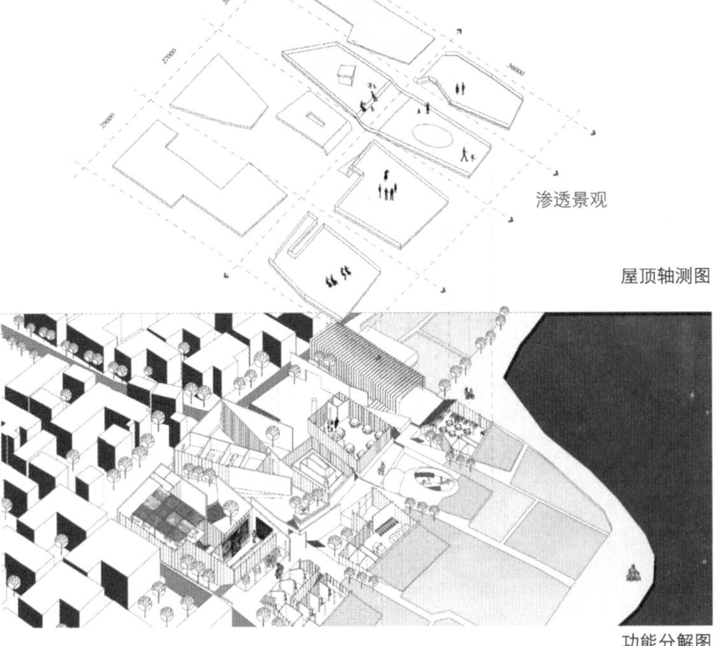

屋顶轴测图

效果图

功能分解图

平面图

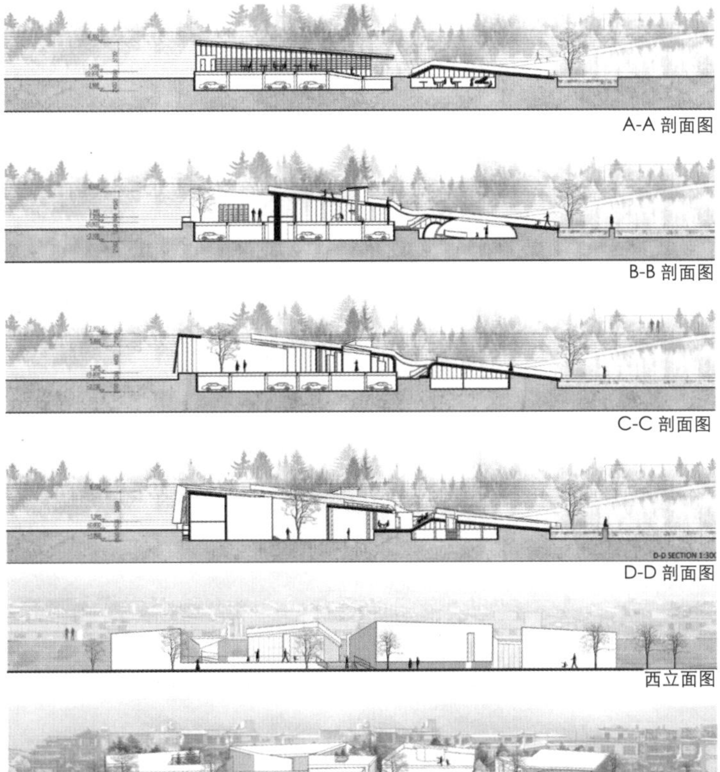

A-A 剖面图

B-B 剖面图

C-C 剖面图

D-D 剖面图

西立面图

东立面图

北京建筑大学

BEIJING UNIVERSITY OF CIVIL ENGINEERING AND ARCHITECTURE

齐莹

晁军

马英

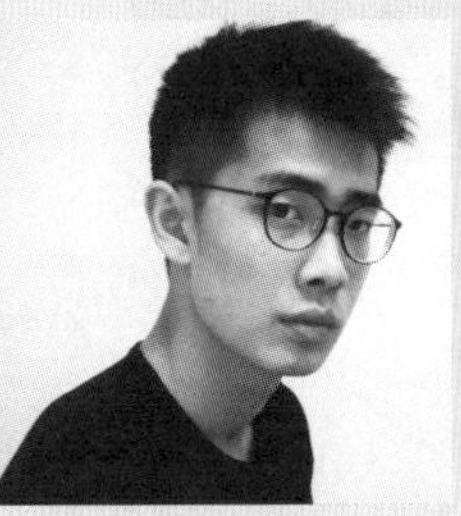
赵璞真

刘英博

设计题目：

共同幻想折射下的乌托邦风景

Under the refraction of common fantasy, an utopian scenery

设计题目：

生态浸润—消解与渗透

Ecologic Invation-Dissolution and Permeation

郭小溪

贺海铭

王潇旋

王凡

郝晓旭

田双豪

设计题目：

换·活

Tranform · Activate

共同幻想折射下的乌托邦风景

Under the refraction of common fantasy, an utopian scenery

北京建筑大学
设计：赵璞真 / 刘英博
指导：马英 / 晁军 / 齐莹

总平面图

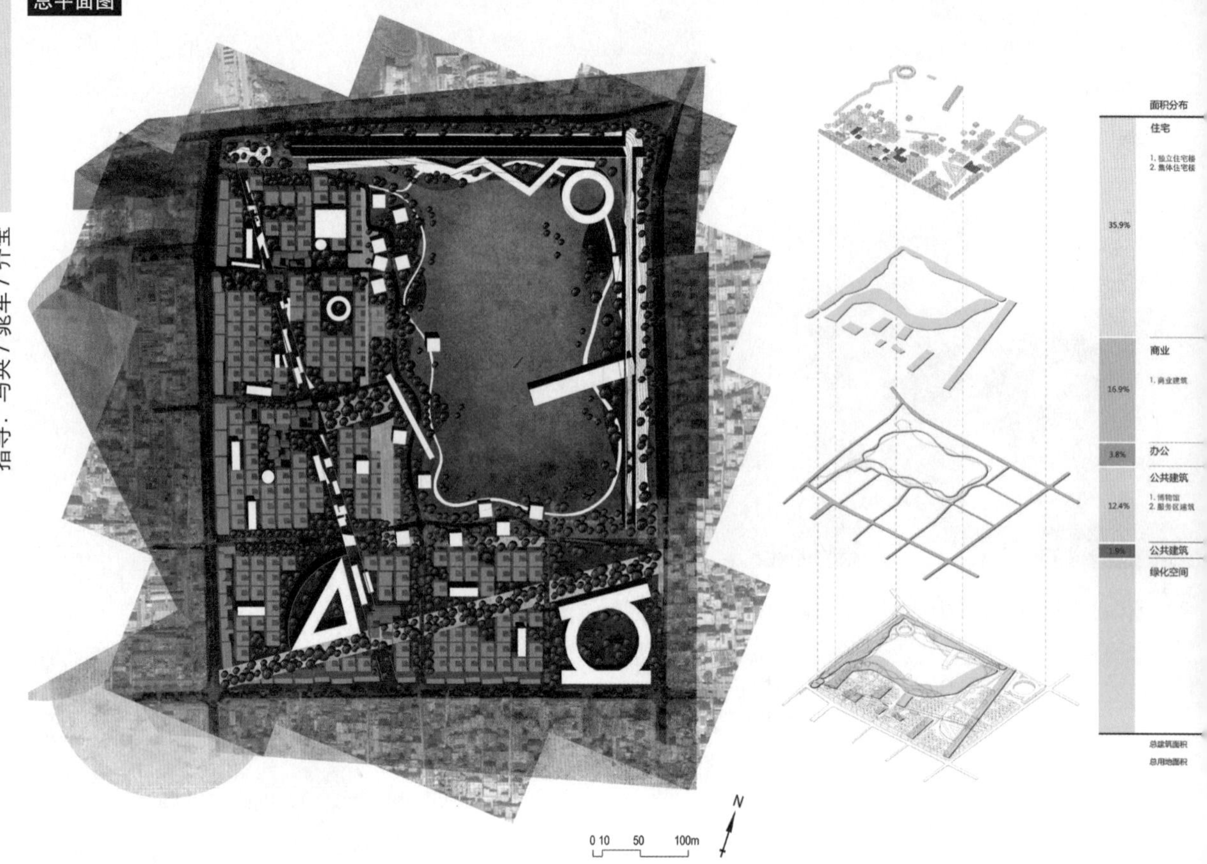

共同幻想

共同幻想创造了每一个聚落与城市。建筑风貌与城市肌理是当地居民脑海中的的共同幻想投射向现实的像，并经过现实的折射。梦想有多种，而只有共同幻想创造了聚落与城市。统治者单从人口数脸更大方面考虑，依据聚落的发展模式进行习惯性的重复活动。

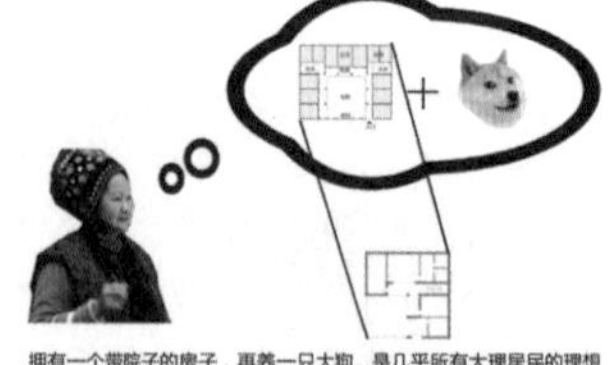

拥有一个带院子的房子，再养一只大狗，是几乎所有大理居民的理想生活状态，或许在他们的脑海中，理想的居住仍是三坊一照壁，四合五天井，但因为政策原因，形成了场地内的 L 型居住模式。

那么当大理居民的共同梦想投射向城市时，又会呈现出怎样的城市形态？

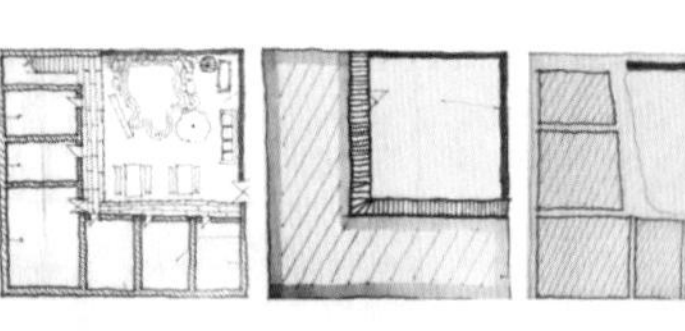

当我们对比场地内的普通住宅平面和整片场地的总平面图的时候，发现当地居民的住和场地成同构关系，这是巧合还是存在隐藏逻辑？因此在这次设计当中我们利用了这一采用不仅仅是平面形式上的同构，而是人们活动行为层面的同构。

烏托邦風景

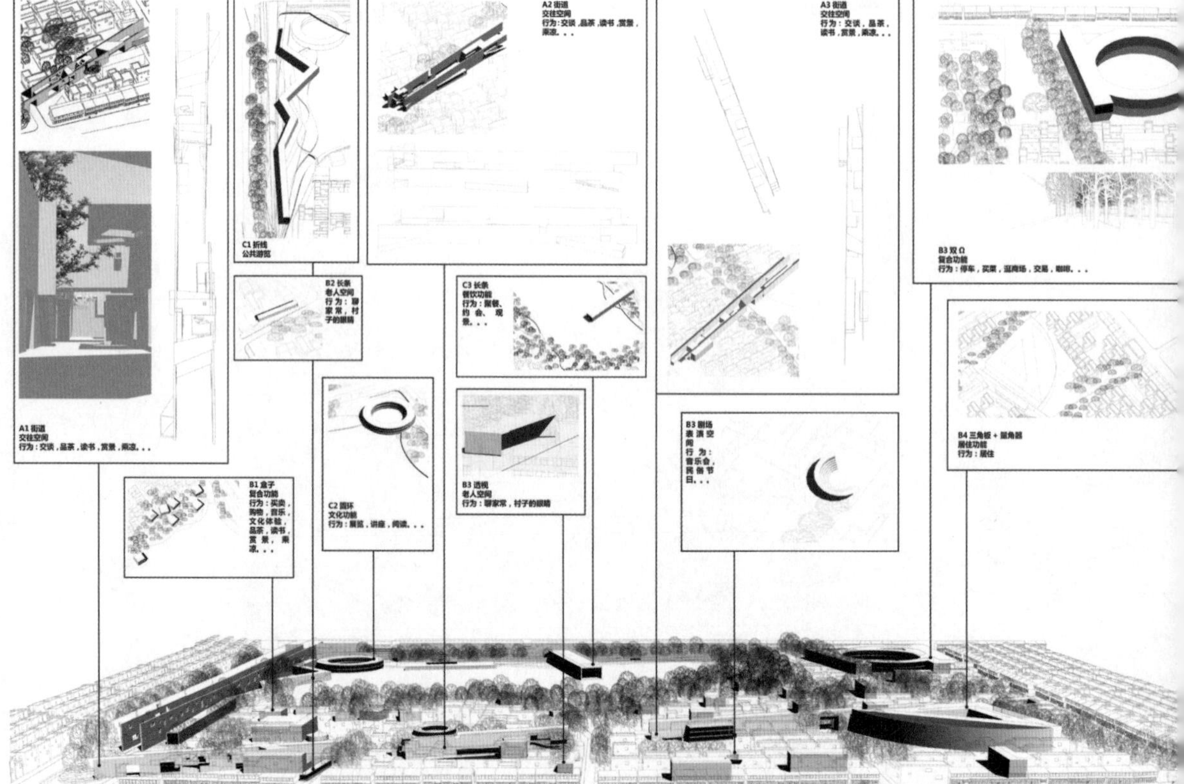

感悟：

毕业设计作为本科阶段最后一个设计，是对本科阶段的总结和对下一阶段的初探。但在漫长的对建筑的求索之路上仍是众多积累的其中之一。比起轻松地越过低矮的栅栏，也许失败能收获更多。我们怀着这样的态度进行毕设，将其视为对未知的一种尝试，而并不是稳健的将本科所学知识分门别类套用在这片场地上。相对应的，在城市设计阶段，由于大量基础数据缺失，不可能做出正确的城市设计，便尝试一种有情感主导的设计方式。最终结果看来，也许并不成功，但是试错也是探索的主要方法之一。

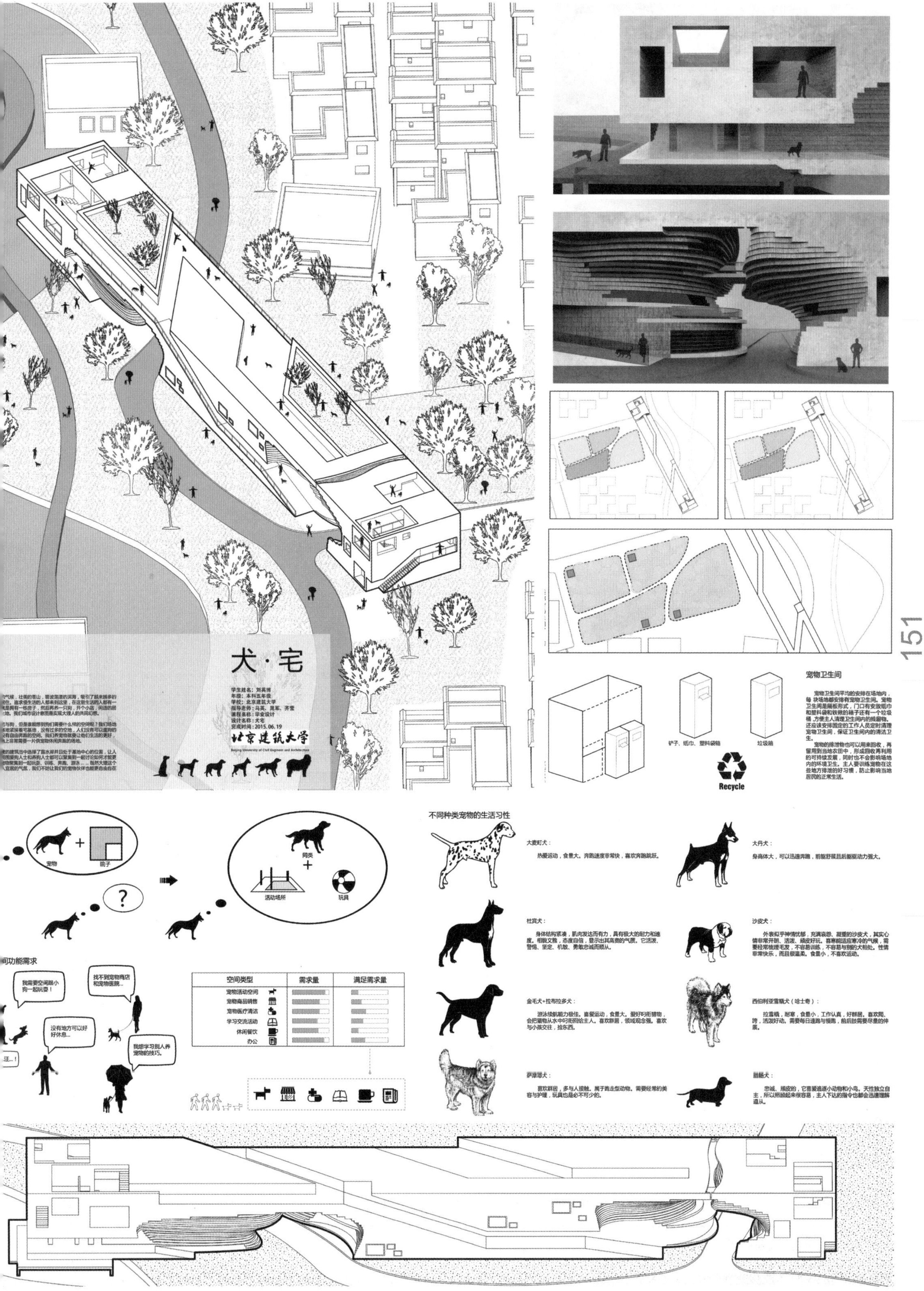

犬·宅
学生姓名：刘英博
年级：本科五年级
学校：北京建筑大学
指导老师：马英、晁军、齐莹
课程名称：毕业设计
设计名称：犬宅
完成时间：2015.06.19
北京建筑大学
Beijing University of Civil Engineer and Architecture
的气候，壮美的苍山，碧波荡漾的洱海，吸引了越来越多的
居住。追求慢生活的人都来到这里，在这里生活的人都有一
就是拥有一栋房子，然后再养一只狗，开个小店，闲适的那
土地。我们城市设计意图是实现大理人的共同幻想。
与狗，但是谁能想到狗们需要什么样的空间呢？我们场地
地紧挨着宅基地，没有过多的空地，人们没有可以遛狗的
没有自由奔跑的空间。我们养宠物就要让他们生活的更好，
地上非常需要一片供宠物休闲奔跑的场地。
的建筑当中选择了靠水岸并且处于基地中心的位置，让人
周围爱狗人士和养狗人士都可以聚集到一起讨论如何才能更
宠物聚集到一起玩耍、训练、奔跑、游泳……既然大理这个
人宜居的气氛，我们不妨让我们的宠物伙伴也能更自由自在
铲子、纸巾、塑料袋箱
垃圾箱
Recycle
宠物卫生间
宠物卫生间平均的安排在场地内，每块场地都安排有宠物卫生间。宠物卫生间是隔板形式，门口有安放纸巾和塑料袋和铁锹的箱子还有一个垃圾桶，方便主人清理卫生间内的残留物。还应该安排固定的工作人员定时清理宠物卫生间，保证卫生间内的清洁卫生。
宠物的排泄物也可以用来回收，再留用到当地农田中，形成回收再利用的可持续发展，同时也不会影响场地内的环境卫生。主人要训练宠物在这些地方排泄的好习惯，防止影响当地居民的正常生活。
宠物
院子
?
同类
+
活动场所
玩具
不同种类宠物的生活习性
大麦町犬：
热爱运动，食量大。奔跑速度非常快，喜欢奔跑跳跃。
大丹犬：
身高体大，可以迅速奔跑，前躯舒展且后躯驱动力强大。
杜宾犬：
身体结构紧凑，肌肉发达而有力，具有极大的耐力和速度。相貌文雅，态度自信，显示出其高贵的气质。它活泼、警惕、坚定、机敏、勇敢忠诚而顺从。
沙皮犬：
外表似乎神情忧郁，充满哀怨、凝重的沙皮犬，其实心情非常开朗、活泼、顽皮好玩。喜寒能适应寒冷的气候，需要经常梳理毛发，不容易训练，不容易与别的犬相处。性情非常快乐，而且很温柔。食量小，不喜欢运动。
金毛犬+拉布拉多犬：
游泳续航能力极佳。喜爱运动，食量大。爱好叼衔猎物，会把猎物从水中叼衔回给主人。喜欢群居，领域观念强。喜欢与小孩交往，捡东西。
西伯利亚雪橇犬（哈士奇）：
拉雪橇，耐寒，食量小，工作认真，好群居。喜欢爬、跨，活泼好动。需要每日速跑与慢跑，前后肢需要尽量的伸展。
萨摩耶犬：
喜欢群居，多与人接触。属于跑走型动物。需要经常的美容与护理，玩具也是必不可少的。
腊肠犬：
忠诚、顽皮的，它喜爱追逐小动物和小鸟。天性独立自主，所以照顾起来很容易，主人下达的指令也都会迅速理解遵从。
间功能需求
我需要空间跟小狗一起玩耍！
找不到宠物商店和宠物医院..
没有地方可以好好休息...
我想学习别人养宠物的技巧。
汪..！
空间类型
需求量
满足需求量
宠物活动空间
宠物商品销售
宠物医疗清洁
学习交流活动
休闲餐饮
办公

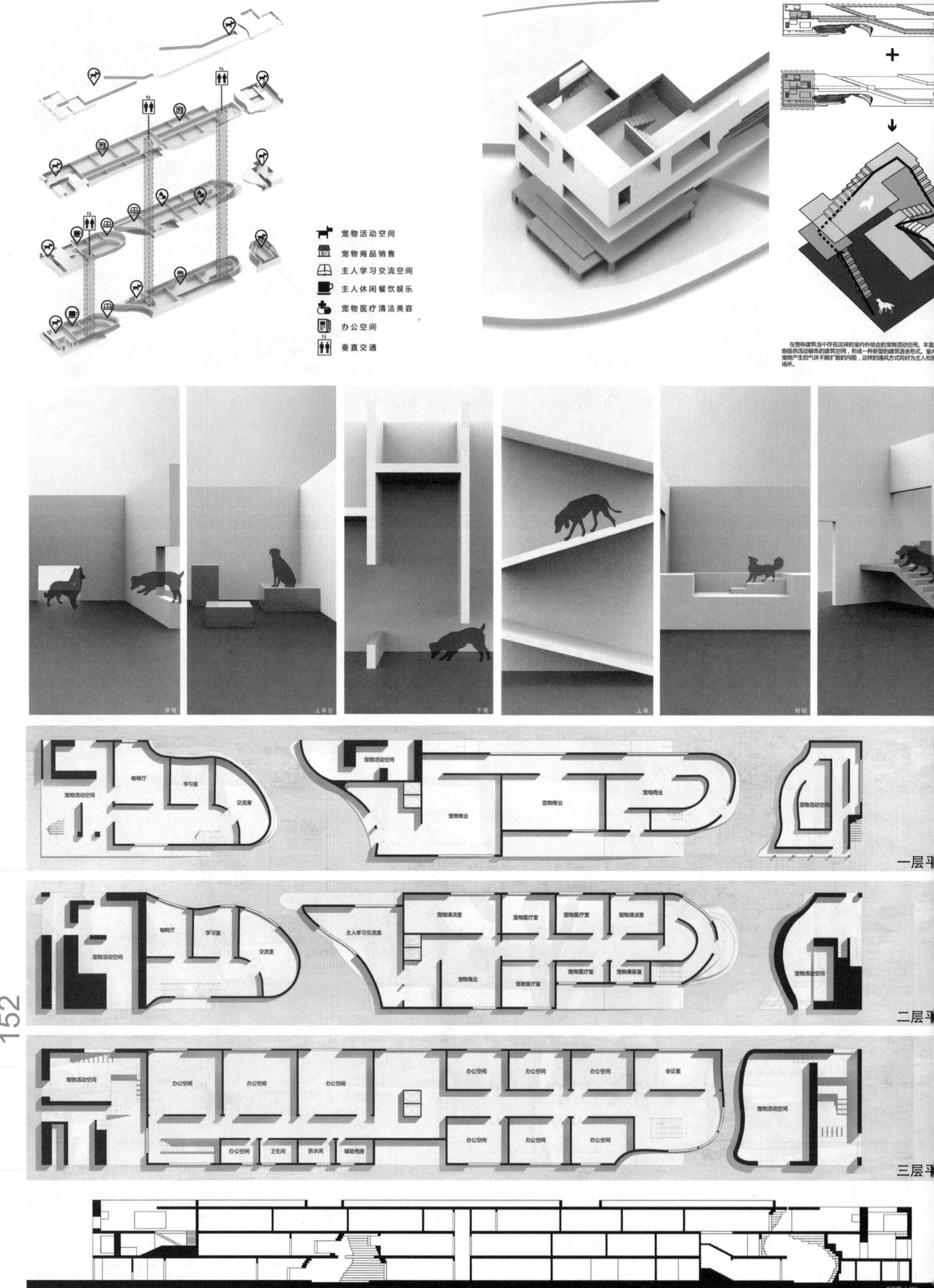

宠物活动空间
宠物商品销售
主人学习交流空间
主人休闲餐饮娱乐
宠物医疗清洁美容
办公空间
垂直交通
在整栋建筑当中存在这样的室内外结合的宠物活动空间，丰富
物提供活动锻炼的建筑空间，形成一种新型的建筑语言形式。室内
宠物产生的气体不能扩散的问题，这样的通风方式同时为主人和宠
场所。
穿墙
上高台
下爬
上坡
宠物活动空间
咖啡厅
学习室
交流室
宠物商业
一层
宠物清洁室
宠物医疗室
主人学习交流室
宠物美容室
二层
办公空间
会议室
卫生间
茶水间
辅助用房
三层
剖面图 1:200

152

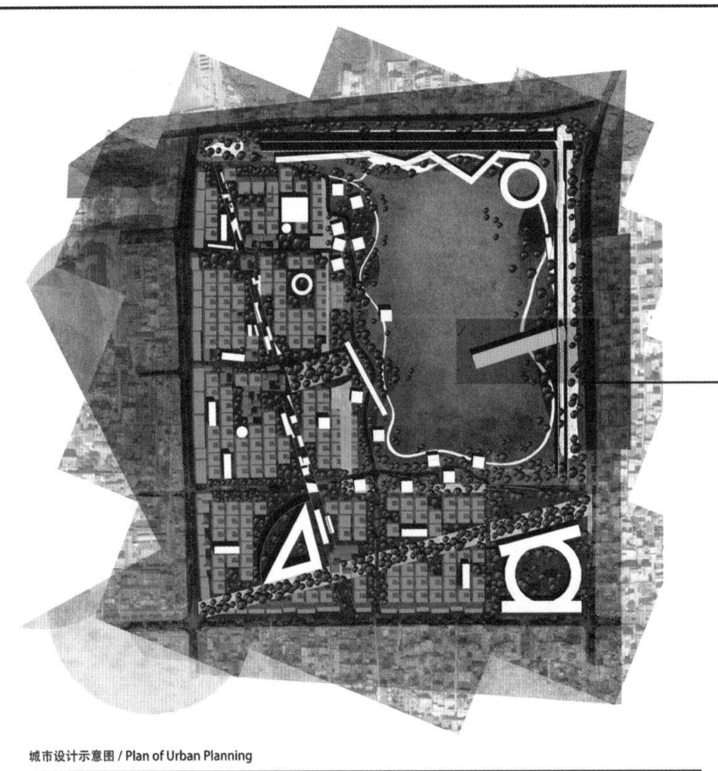

城市设计示意图 / Plan of Urban Planning

总平面图 /site plan

0 10 50m

设计说明 / Design notes

大理古城卫星图 1 天主教堂 2 清真寺 3 清真寺 4 普贤寺 5 天主教堂

图中白色圆点标示出了大理古城内的宗教场所，这是我们在调研的过程中发现的有趣的现象。既在小小的大理古城内，同时存在多个，多种宗教场所。形成这种现象的原因和大理古城在历史中作为茶马古道中重要的一座贸易城市有关。从古至今，来自世界各地的商人路过这里，进行商品的交易和文化的交互，多种文化共存成为大理古城的独特魅力。这里独特度乌托邦气质让我想到了 John Lennon 的 'Imagine'，'imagine there's no heaven......above us only sky' 因此这次的设计试图对三种宗教的空间进行陈述，并将之统一在一个建筑内。

场地条件 / Site condition

左图为场地内路网和公园的示意图，加入一个一字型体块，这个一字型体块从视觉上将公园以及其游览路线切分成两部分，一部分向外开场，一部分向内封闭。

形体生成 / Formation

形体生成有一个一字型体块分为三段进行不动的宗教空间陈述，之后再用连续的立面以及屋顶将三段空间整合为一个完整的空间。

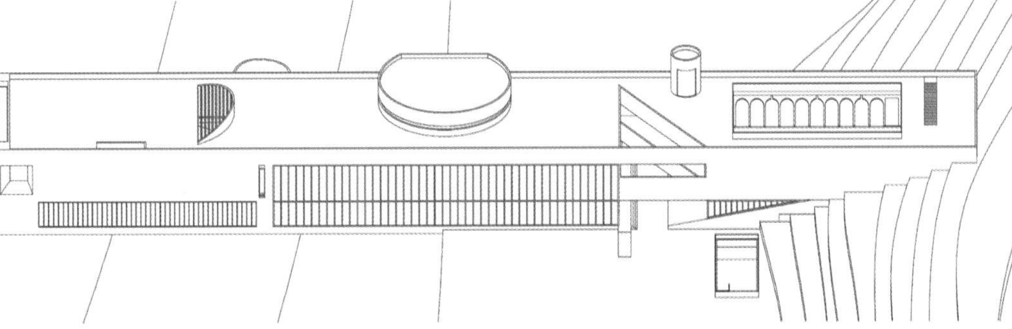

正轴测 /parallel vision

'IMAGINE'

IMAGINE

by : John lennon

Imagine there's no heaven
It's easy if you try
No hell below us
Above us only sky
Imagine all the people
Living for today...

Imagine there's no countries
It isn't hard to do
Nothing to kill or die for
And no religion too
Imagine all the people
Living life in peace...

You may say I'm a dreamer
But I'm not the only one
I hope someday you'll join us
And the world will be as one

Imagine no possessions
I wonder if you can
No need for greed or hunger
A brotherhood of man
Imagine all the people
Sharing all the world...

You may say I'm a dreamer
But I'm not the only one
I hope someday you'll join us
And the world will live as one

学生姓名：赵璞真
年级：本科五年级
学校：北京建筑大学
指导老师：马英、晁军、齐莹
课程名称：毕业设计
设计名称：'IMAGINE'
三个宗教的空间陈述
完成时间：2015.06.19

Beijing University of Civil Engineer and Architecture

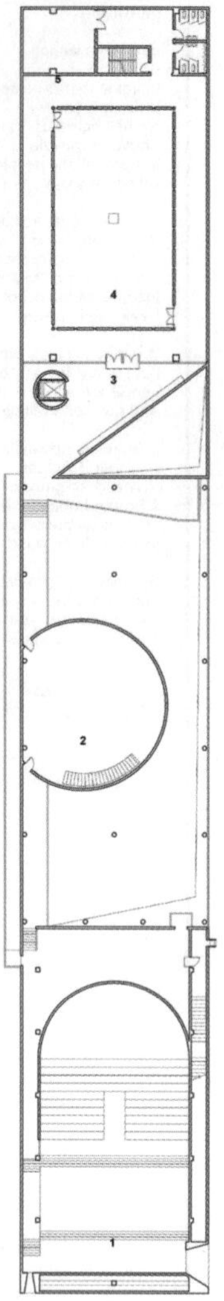

1 小剧场 / 基督教空间
2 排练房 / 佛教空间
3 展览回廊 / 伊斯兰空间
4 展览庭院 / 伊斯兰空间
5 库房

二层平面图 / 2ed floor plan

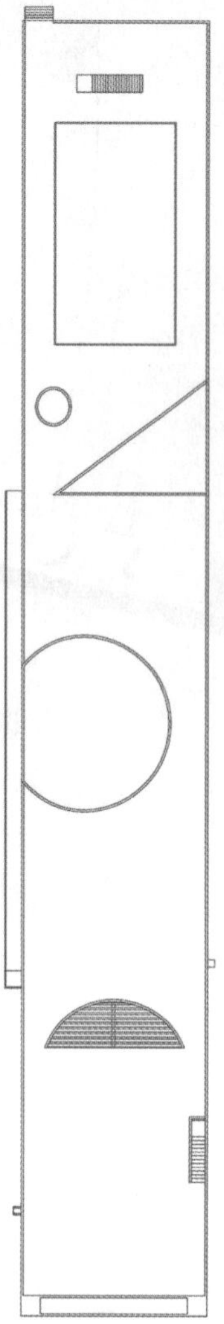

0 1 5m

屋顶平面 / Roof plan

0 1 5m

场景 1 透视图 / Perspective of scene 1

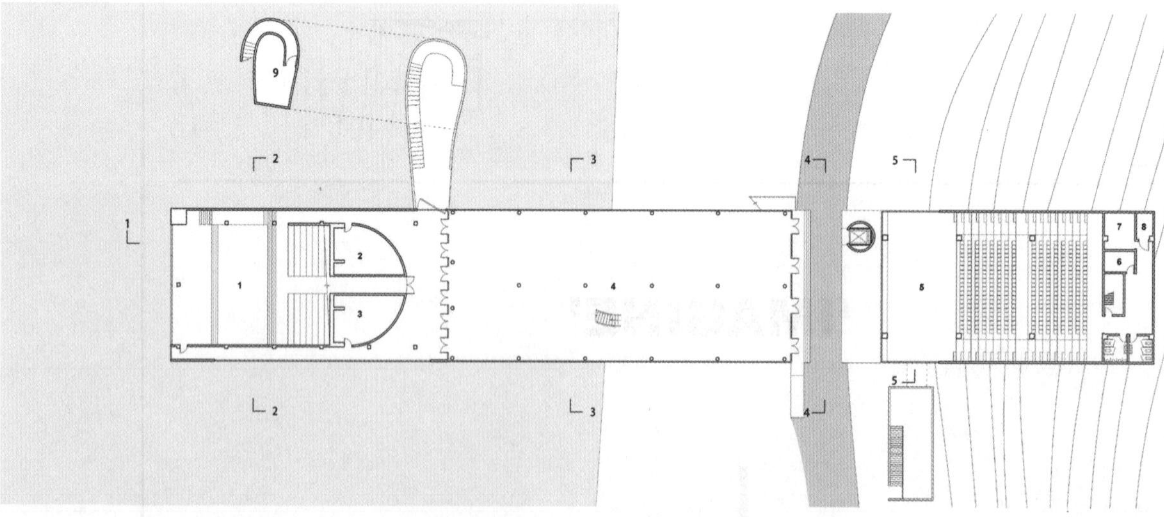

一层平面图 / The 1st floor plan

1 小剧场 / 基督教空间
2 剧务
3 准备室
4 展览厅
5 多功能活动厅
6 放映室
7 休息室
8 设备间
9 冥想空间

0 1 5m

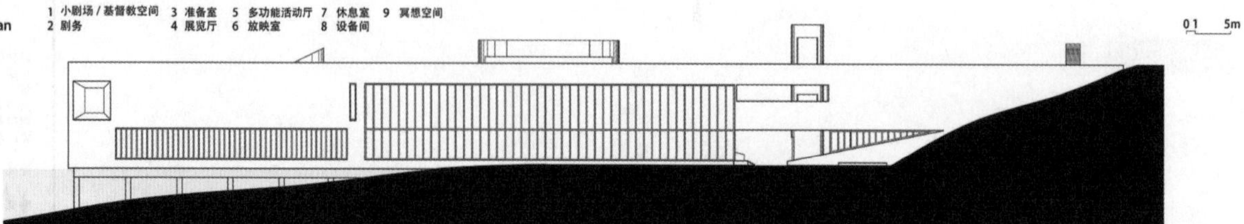

南立面图 / South elevation

0 1 5m

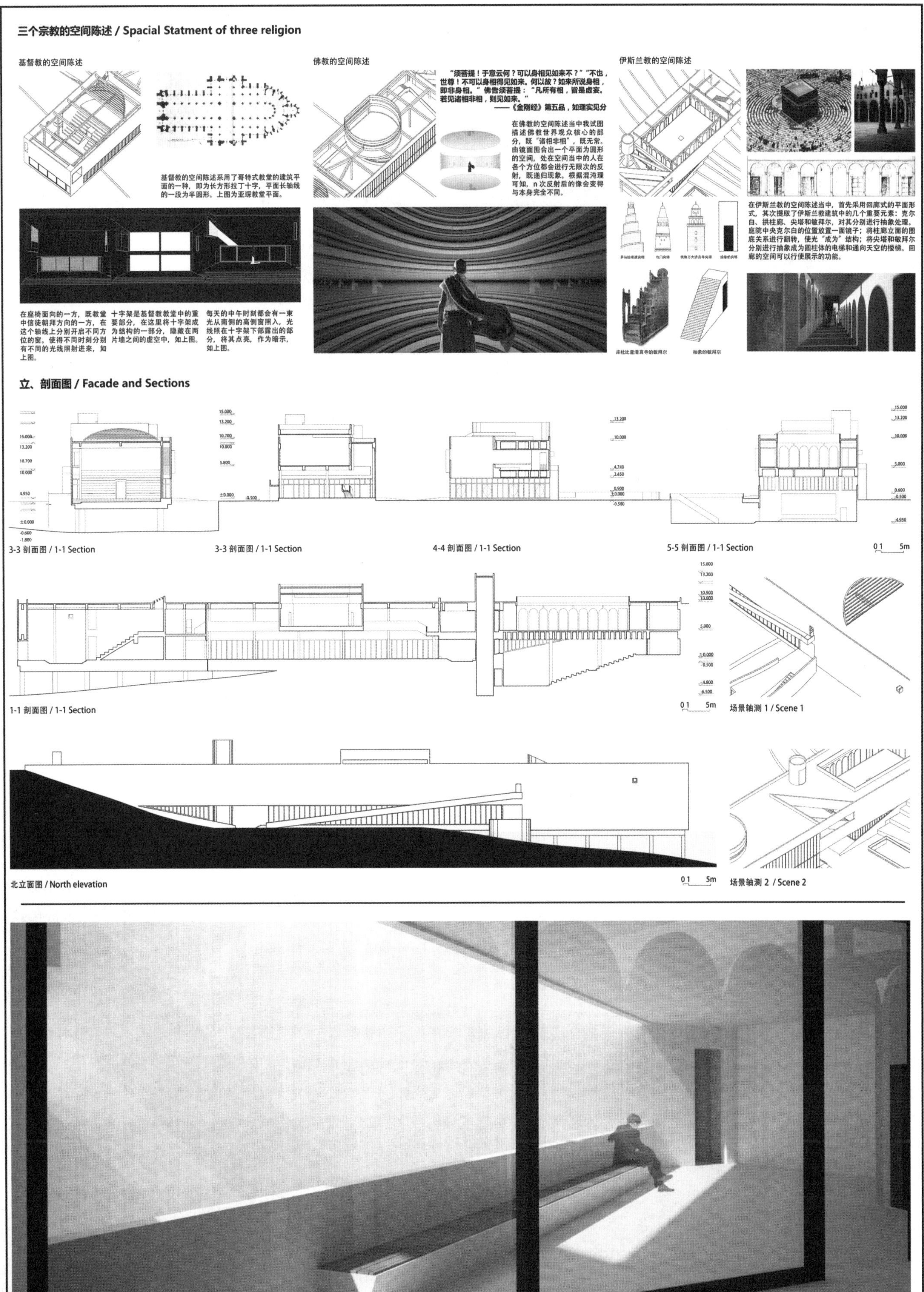

三个宗教的空间陈述 / Spacial Statment of three religion

基督教的空间陈述

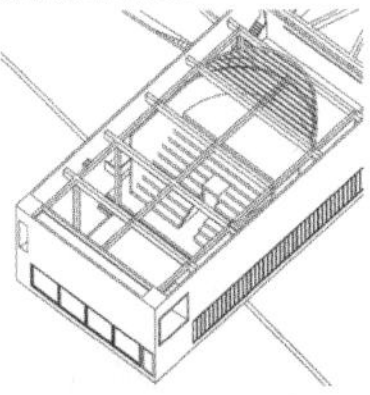

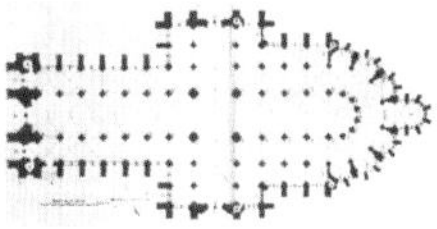

基督教的空间陈述采用了哥特式教堂的建筑平面的一种，即为长方形拉丁十字，平面长轴线的一段为半圆形。上图为亚琛教堂平面。

在座椅面向的一方，既教堂中信徒朝拜方向的一方，在这个轴线上分别开启不同方位的窗。使得不同时刻分别有不同的光线照射进来，如上图。

十字架是基督教教堂中的重要部分，在这里将十字架成为结构的一部分，隐藏在两片墙之间的虚空中，如上图。

每天的中午时刻都会有一束光从南侧的高侧窗照入，光线照在十字架下部露出的部分，将其点亮，作为暗示，如上图。

佛教的空间陈述

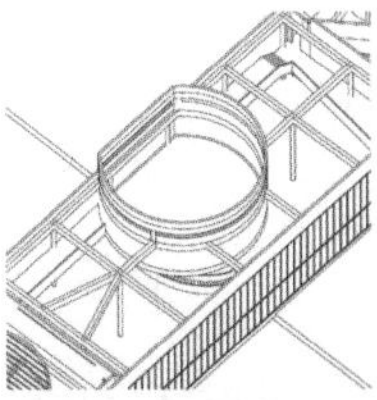

“须菩提！于意云何？可以身相见如来不？”“不也，世尊！不可以身相得见如来。何以故？如来所说身相，即非身相。”佛告须菩提：“凡所有相，皆是虚妄。若见诸相非相，则见如来。”

——《金刚经》第五品，如理实见分

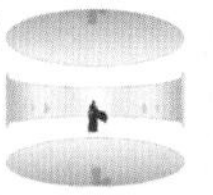

在佛教的空间陈述当中我试图描述佛教世界观众核心的部分，既“诸相非相”，既无常。由镜面围合出一个平面为圆形的空间，处在空间当中的人在各个方位都会进行无限次的反射，既递归现象。根据混沌理可知，n 次反射后的像会变得与本身完全不同。

伊斯兰教的空间陈述

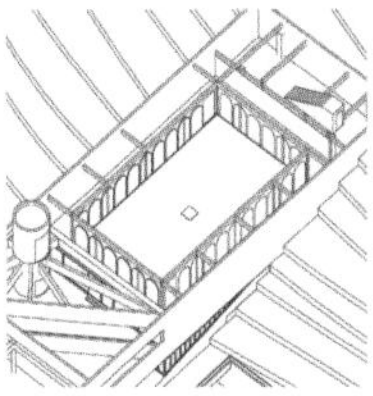

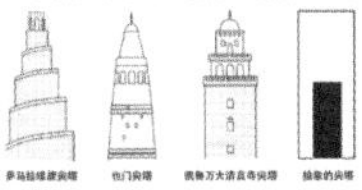

库杜比亚清真寺的敏拜尔

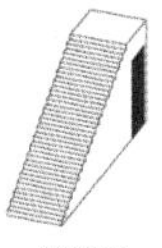

抽象的敏拜尔

在伊斯兰教的空间陈述当中，首先采用回廊式的平面形式，其次提取了伊斯兰教建筑中的几个重要元素：克尔白、拱柱廊、尖塔和敏拜尔，对其分别进行抽象处理。庭院中央克尔白的位置放置一面镜子；将柱廊立面的图底关系进行翻转，使光“成为”结构；将尖塔和敏拜尔分别进行抽象成为圆柱体的电梯和通向天空的楼梯。回廊的空间可以行使展示的功能。

立、剖面图 / Facade and Sections

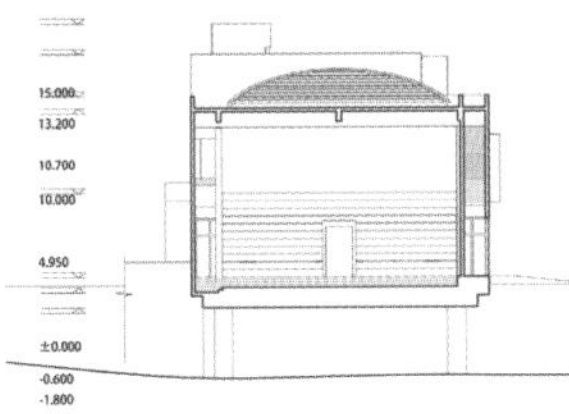

3-3 剖面图 / 1-1 Section

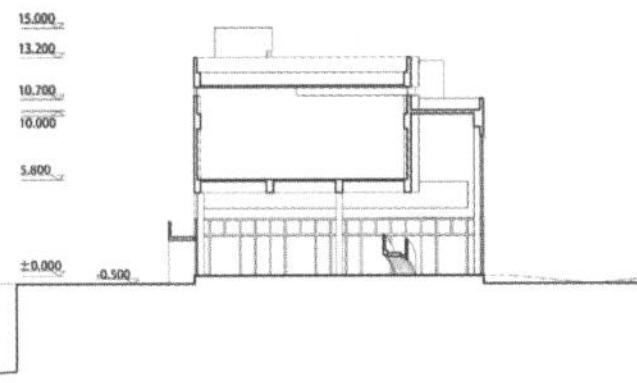

3-3 剖面图 / 1-1 Section

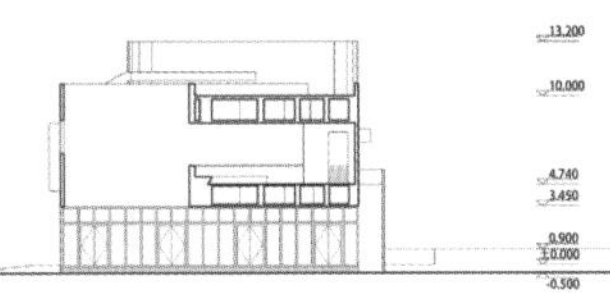

4-4 剖面图 / 1-1 Section

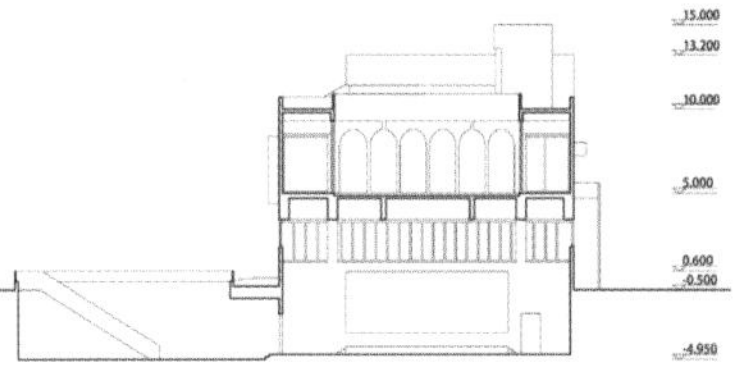

5-5 剖面图 / 1-1 Section

0 1 5m

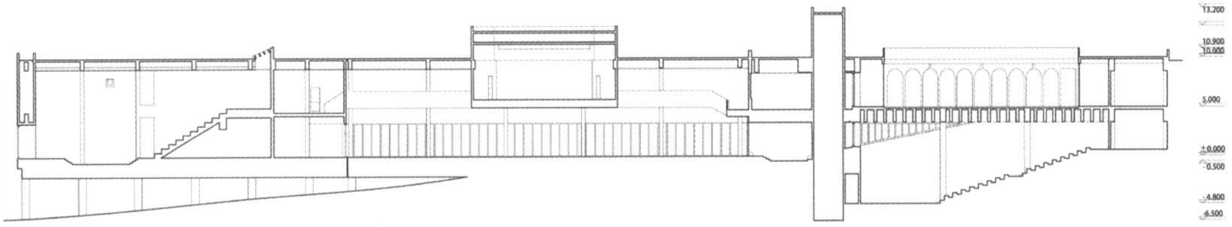

1-1 剖面图 / 1-1 Section

0 1 5m

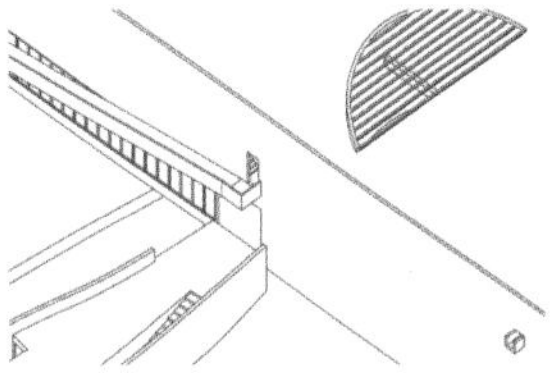

场景轴测 1 / Scene 1

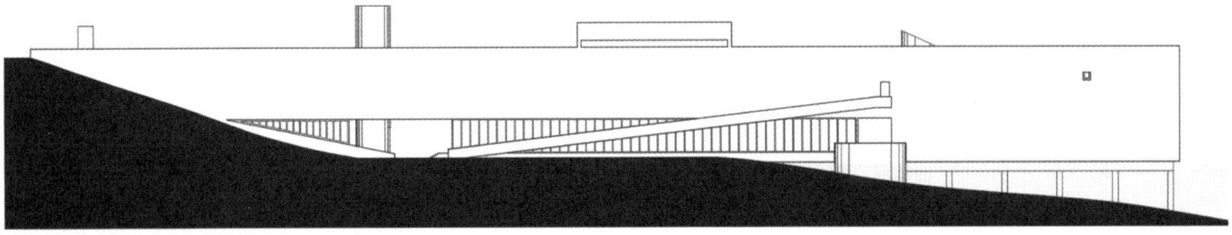

北立面图 / North elevation

0 1 5m

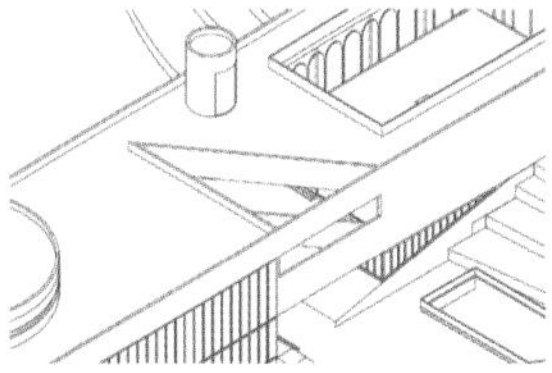

场景轴测 2 / Scene 2

场景 2 透视图 / Perspective of scene 2

生态浸润—消解与渗透

Ecologic Invation- Dissolution and Permeation

北京建筑大学
设计：郭小溪 / 贺海铭 / 王潇旋
指导：马英 / 晁军 / 齐莹

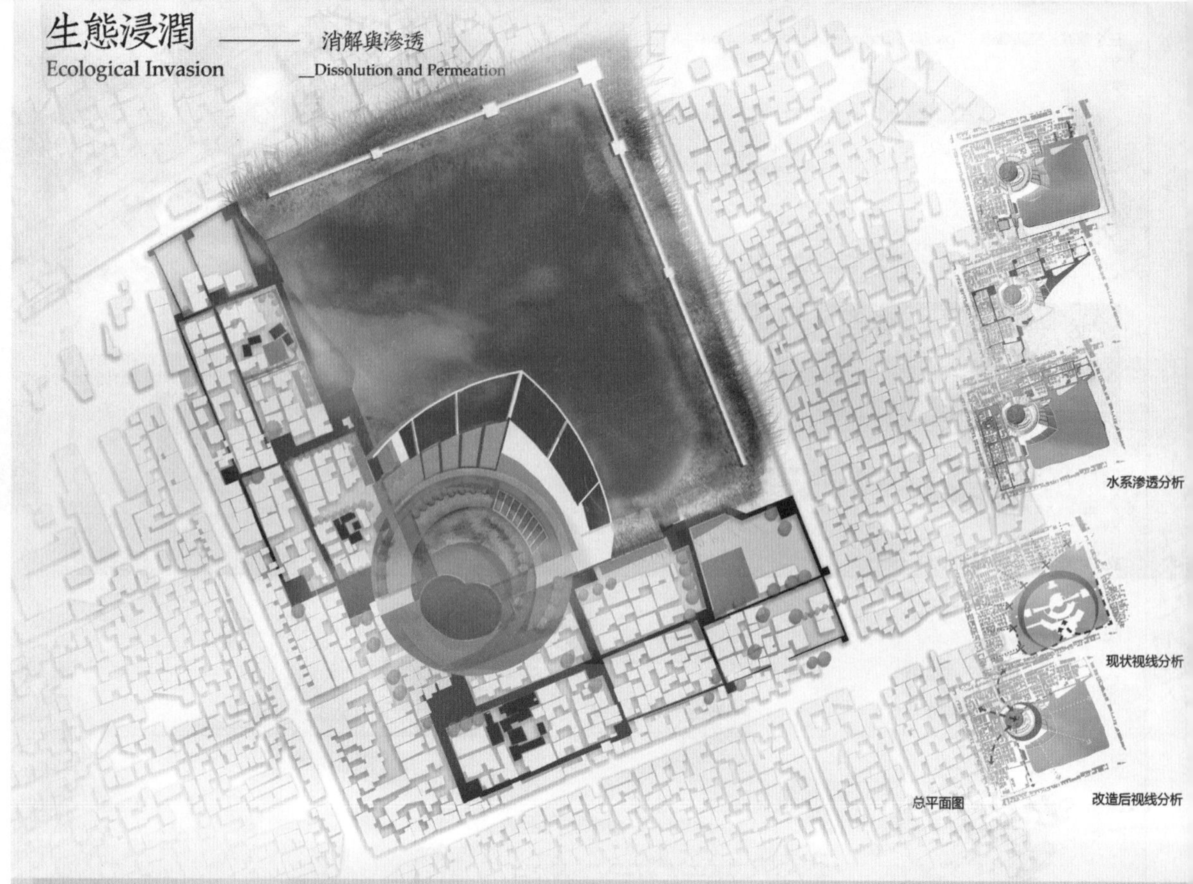

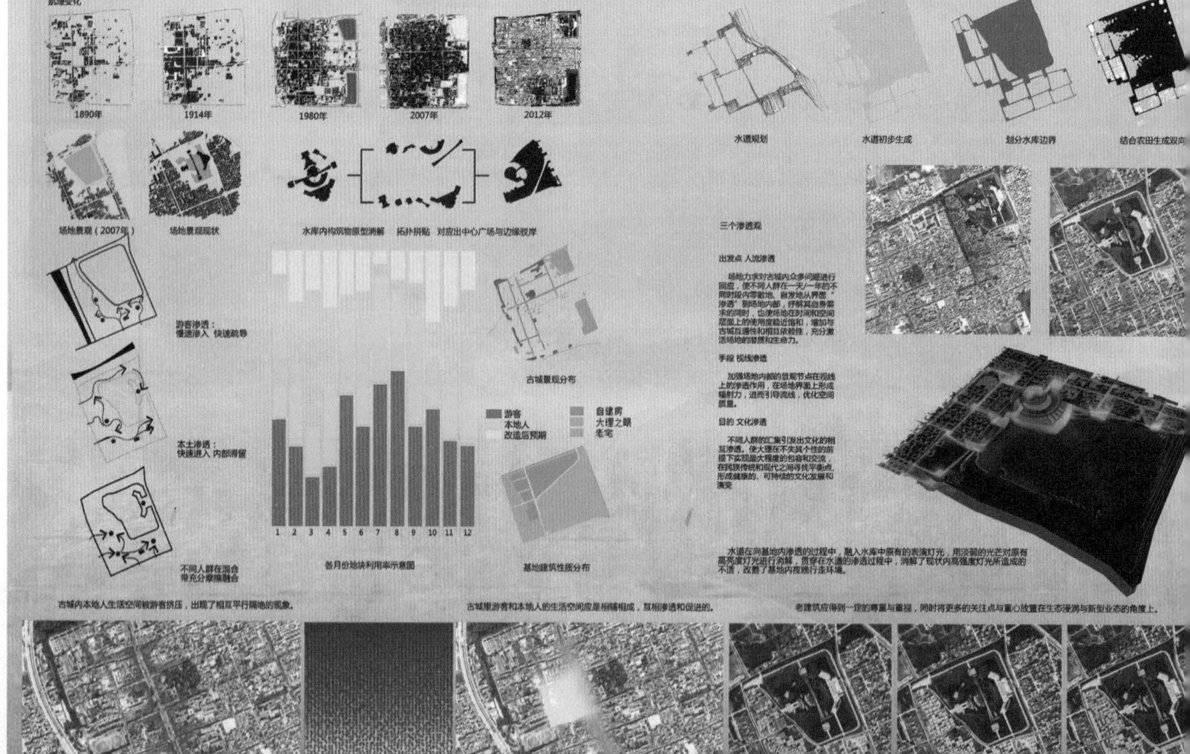

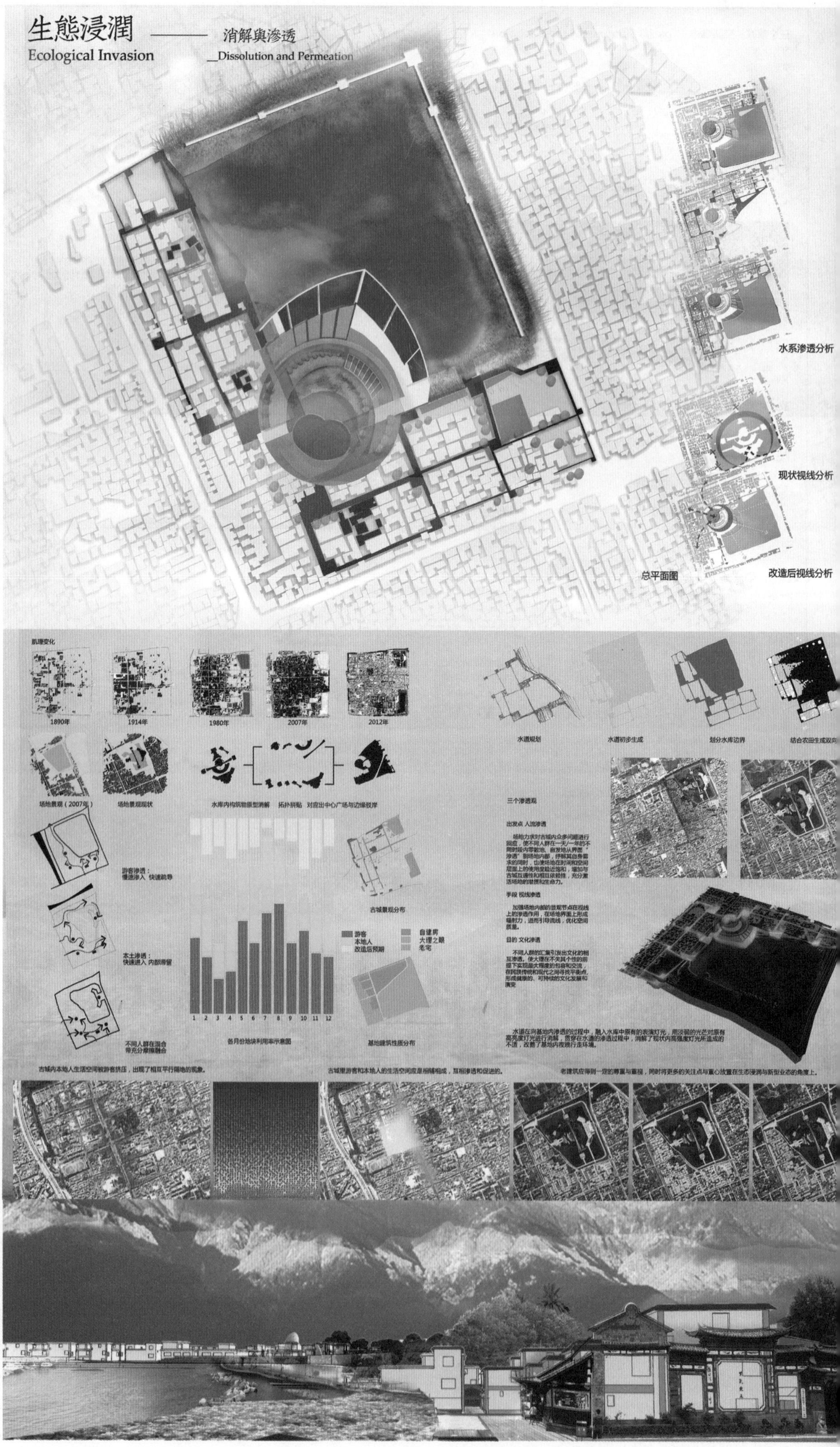

阐述：

我们试图尝试一种健康的共生模式：人流渗透，保持本地生态的完整；消解钢构转化为桥梁、链接平台与绿地；分形软化水陆边界，穿插咬合；对此我们置入三种单体：民俗体验街，转化消极堤坝为观湖的大片绿地，形成异于主街的质地自然、视野极佳的步行系统。村落综合体，采用收纳的概念，应对游客侵蚀，使游客在综合体内向本地人转化。通过盒与格的形式，糅合生物、公共空间、居民与游客。博物馆，消解与重构“大理之眼”，坐落于水库堤坝内，前后消融其体量，临水窗口随山势灵动，呼应了自然环境。

生态浸润，归还古城一片净土。

合泽·格物

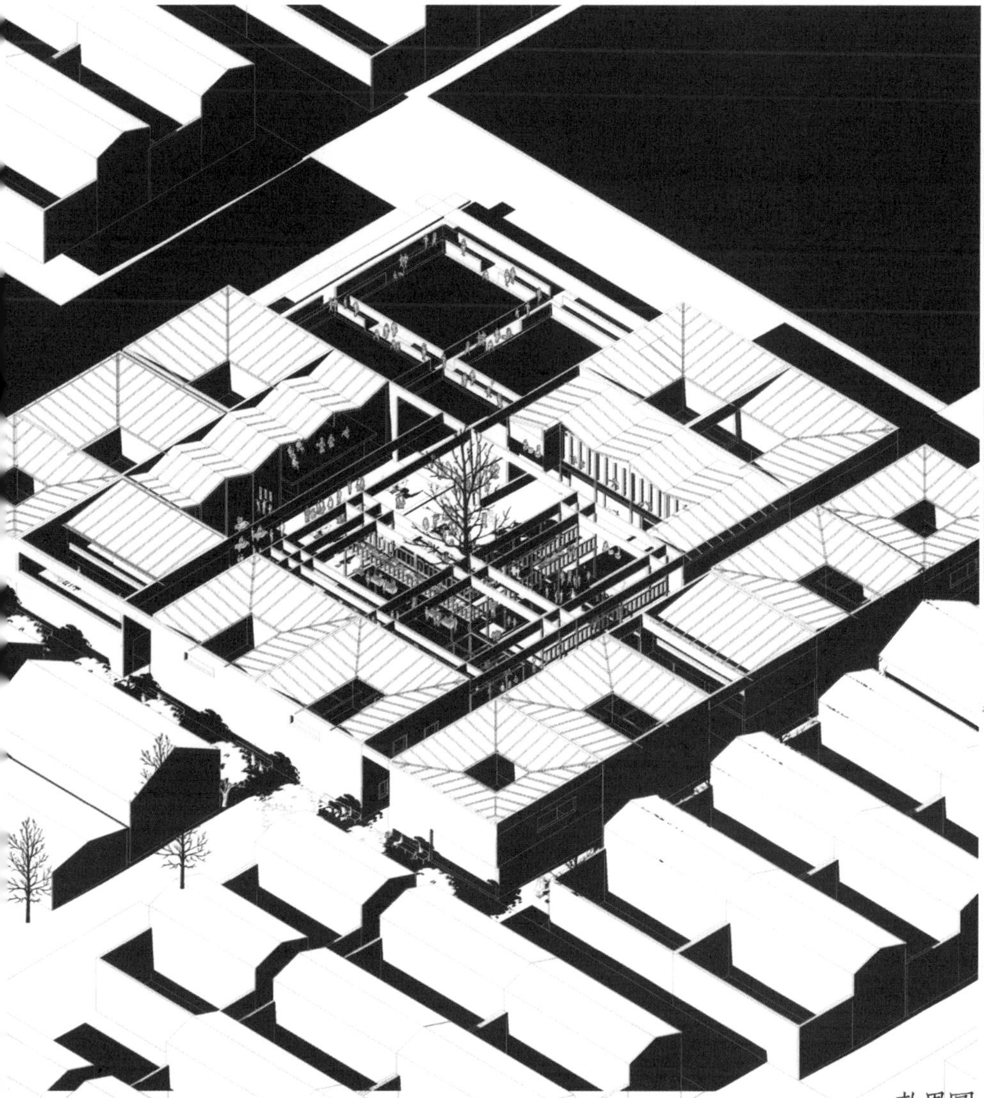

规划定位

問題分析

大理區位

地塊定位

提出問題

1.古城活動空間的顯著缺失。

2.地塊街道空間乏態无趣。

3.地塊碎片綠地未被合理利用。

4.建筑界面凌亂，私自搭建影響了建筑立面。

5.游客侵蝕。

基地定位

基地選取

大理古城整體呈現出明確的方格网基調，伴隨着古城的快速發展，新建筑的建造呈現出了向更加明確的格网狀發展的趨勢，基于此背景下我希望能夠延續它發展的狀態。

肌理提取

解决問題

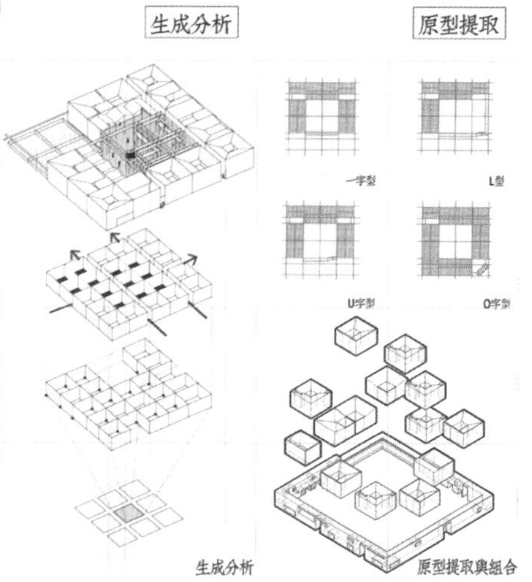

生成分析

原型提取

一字型

L型

U字型

O字型

生成分析

原型提取與組合

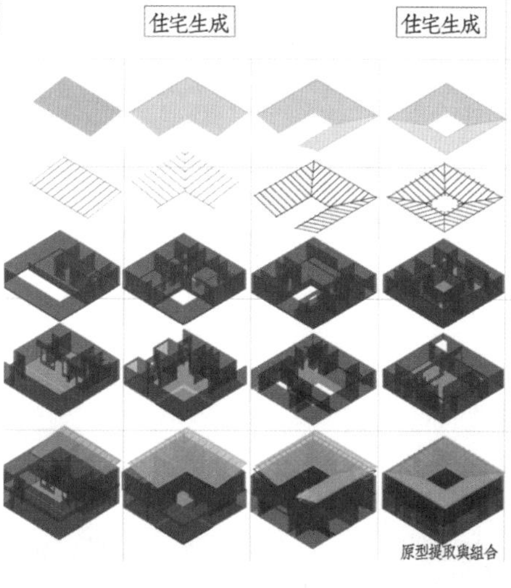

效果圖

住宅生成

住宅生成

茶室

座堂

戲台

墨軒

原型提取與組合

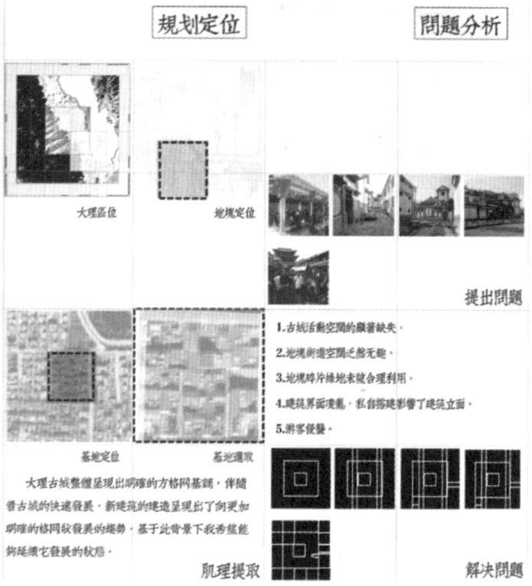

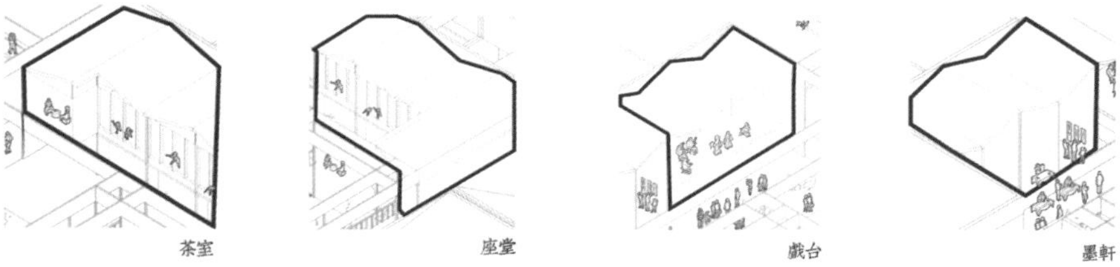

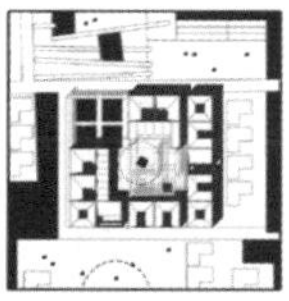

大理古城村落综合体设计

设计说明

伴隨對城市發展的探索與針對這些問題的研究，我將"收納"這一概念置入設計之中。

通過盒 與格的形式將水澤、植物、居民、游客等等一系列事物糅合，保留大理傳統圍合院宅意向，但將邊界由阻隔，轉化為僅僅作為划分功能的象征。

【收納】的意味，也是面對大理古城的飛速發展，在游客侵蝕下的古城居民的人居狀態的思考，與將游客在綜合體內向本地人轉化的一種嘗試。

· 提取傳統建筑內部的【合】 匯合水庫盈流而出的水流，圍合建筑與公共空間。

· 延續城市地塊基調的【格】 格納古城居民與外來游客，進行身份轉換

【收納】

剖面圖 1:100

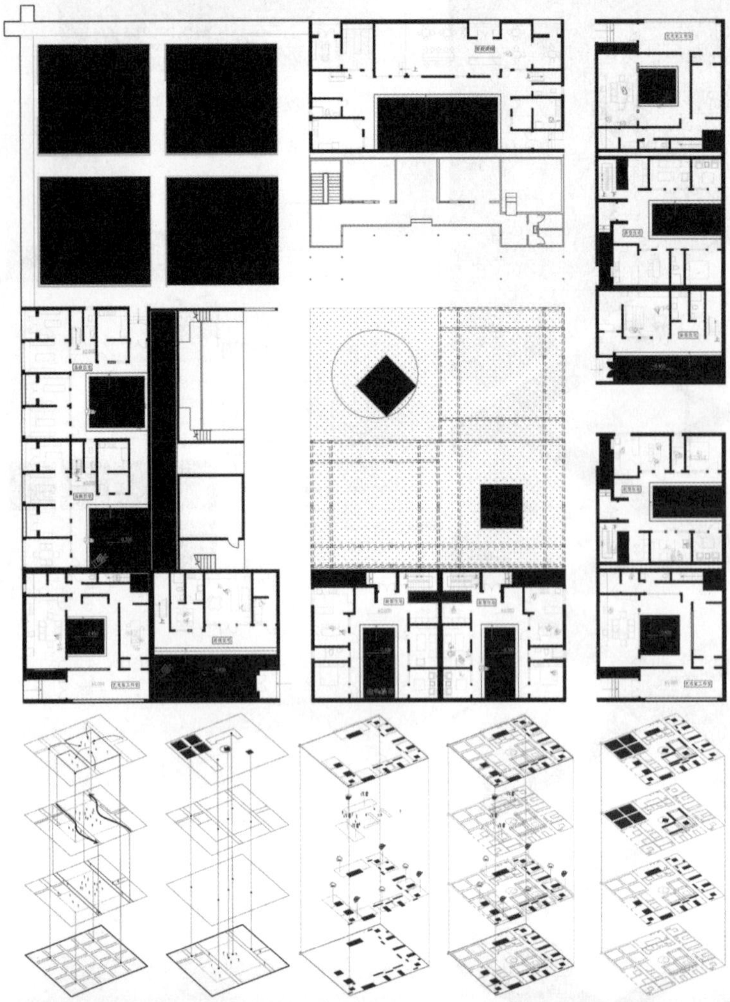

公共空間

城市更新

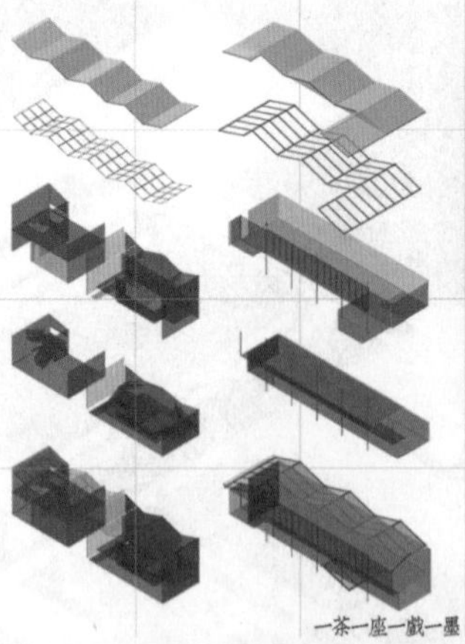

一茶一座一戲一墨

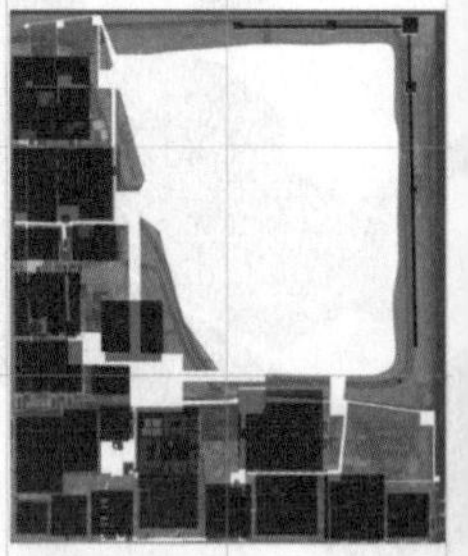

反向生成

通過格网狀的綜合體設計希望能夠形成一種普適性的，能夠被復制但卻富有自我个性的綜合性村落，根据每个地塊的每个綜合體區域內所需功能，將公共活動功能塊內置，被服務空間外繞，隨着居民與游客共同通過中心的道路進行居民自發的活動，能夠達到對游客定位的轉換。

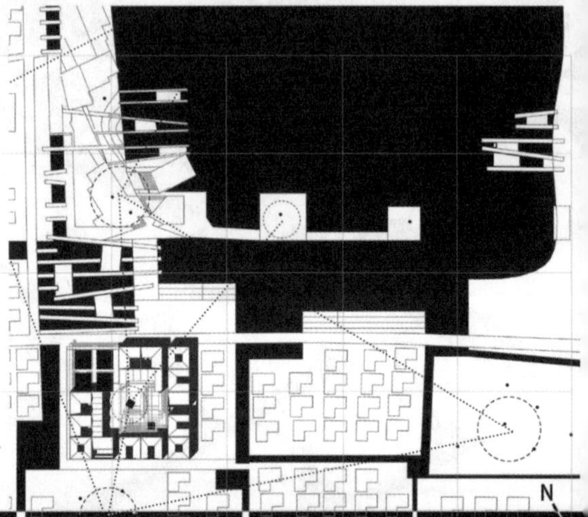

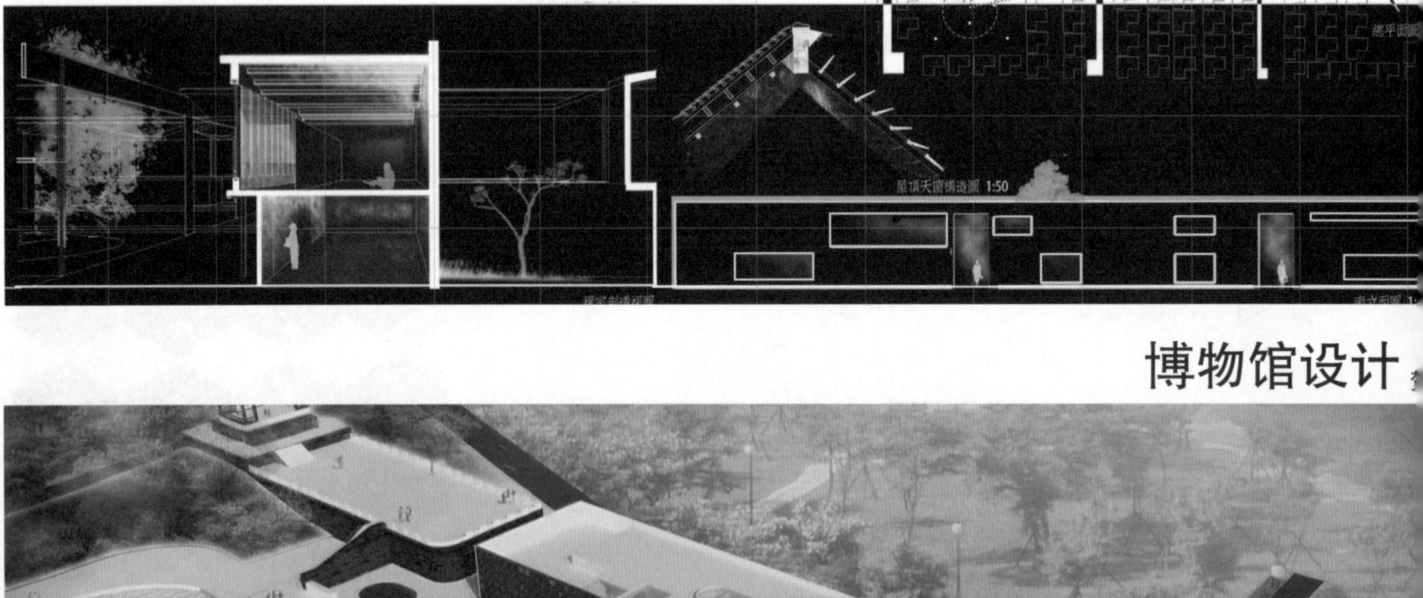

總平面圖

屋頂天窗構造圖 1:50

博物馆设计

158

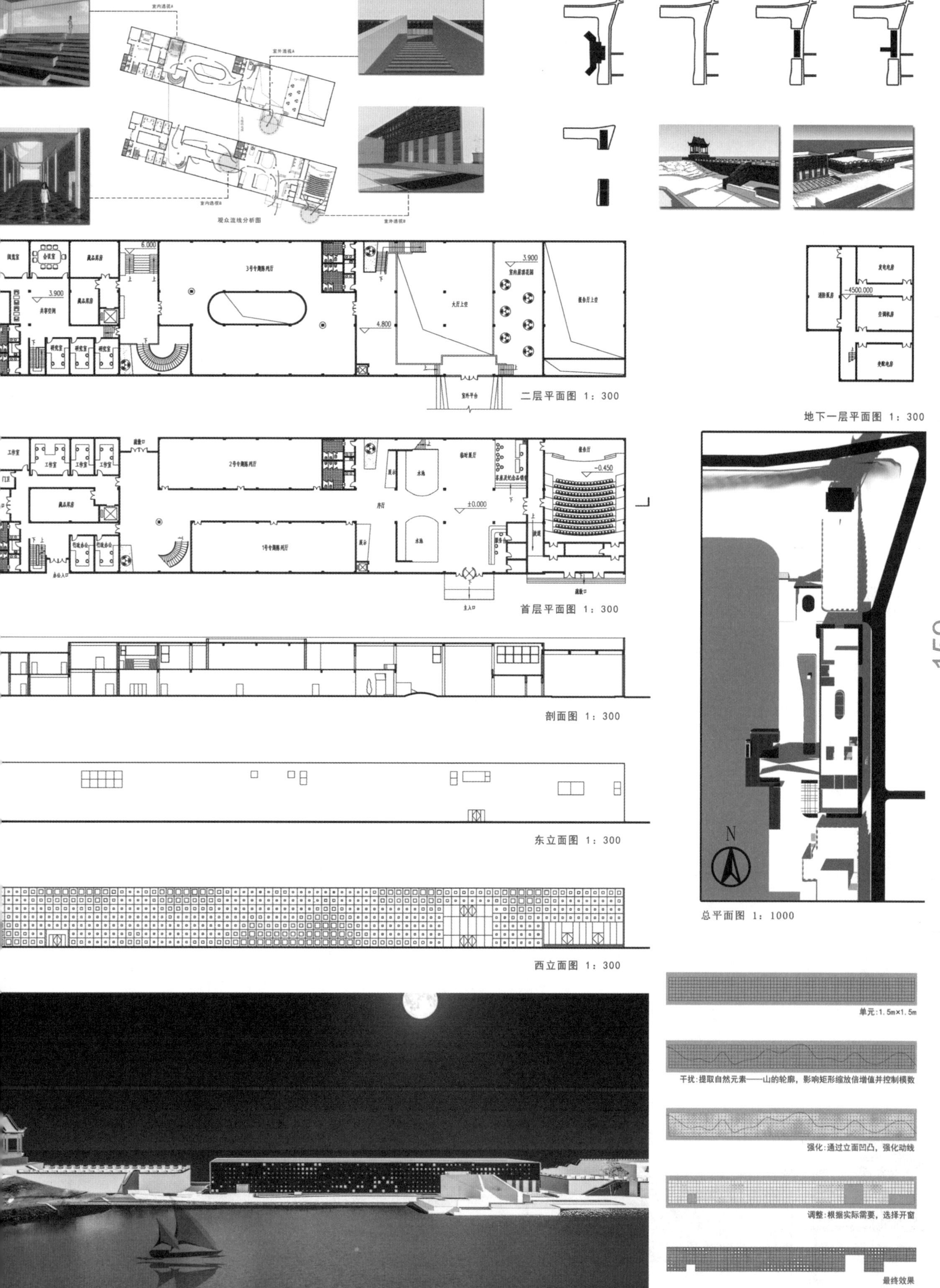
观众流线分析图
二层平面图 1：300
地下一层平面图 1：300
首层平面图 1：300
剖面图 1：300
东立面图 1：300
西立面图 1：300
总平面图 1：1000
单元:1.5m×1.5m
干扰:提取自然元素——山的轮廓，影响矩形缩放倍增值并控制模数
强化:通过立面凹凸，强化动线
调整:根据实际需要，选择开窗
最终效果
临水立面生成过程

场所复原

王潇旋

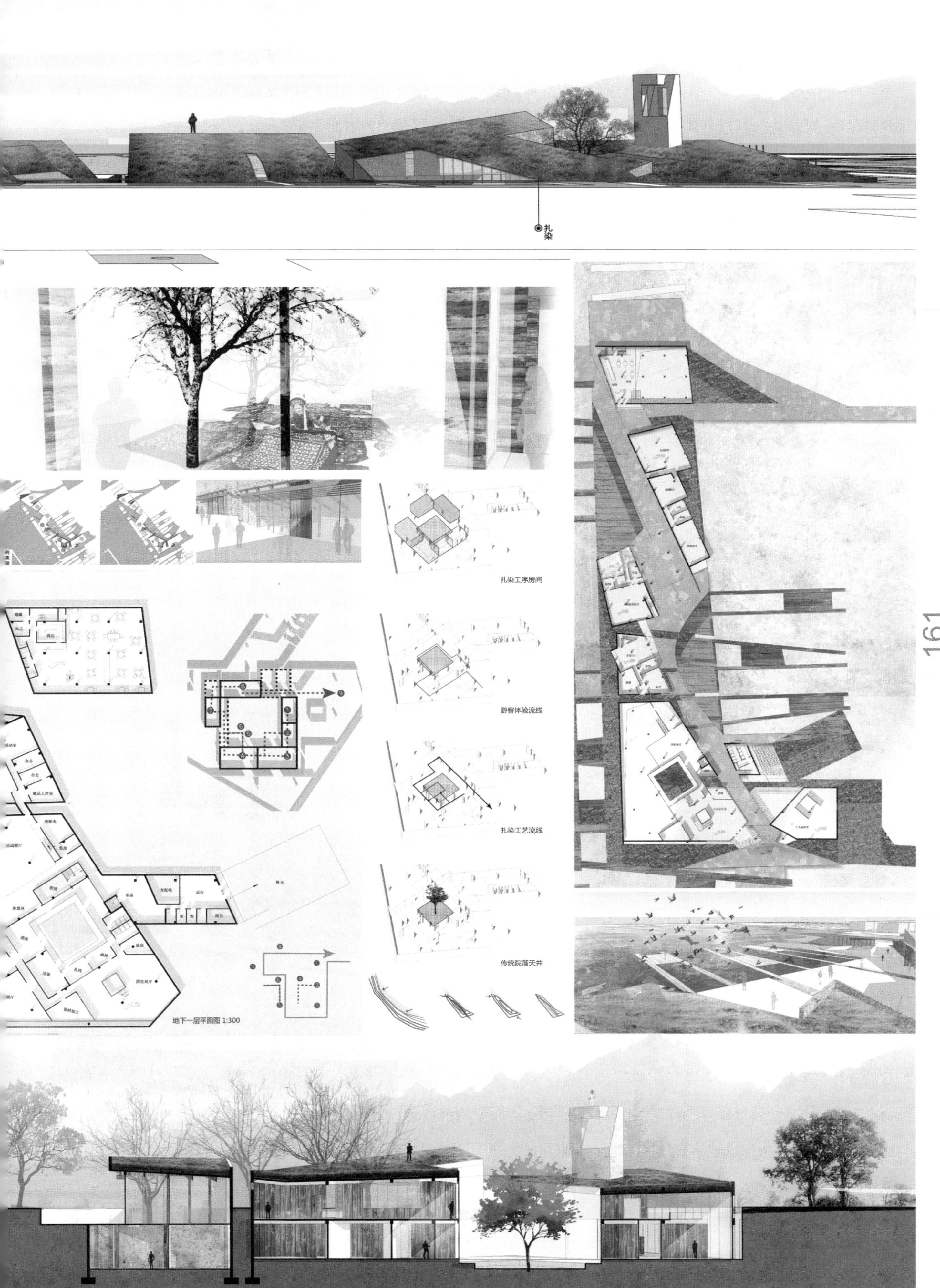
扎染
扎染工序房间
游客体验流线
扎染工艺流线
传统院落天井
地下一层平面图 1:300

换·活
Tranform · Activate

北京建筑大学
设计：王凡 / 郝晓旭 / 田双豪
指导：马英 / 晁军 / 齐莹

换·活

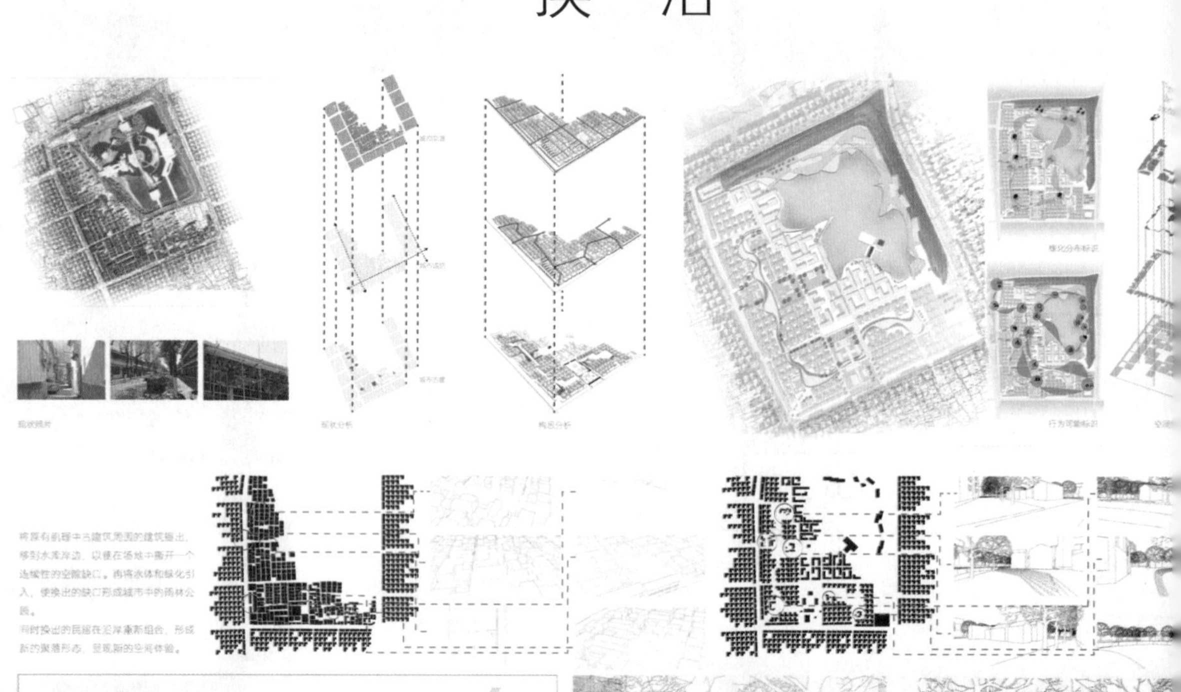

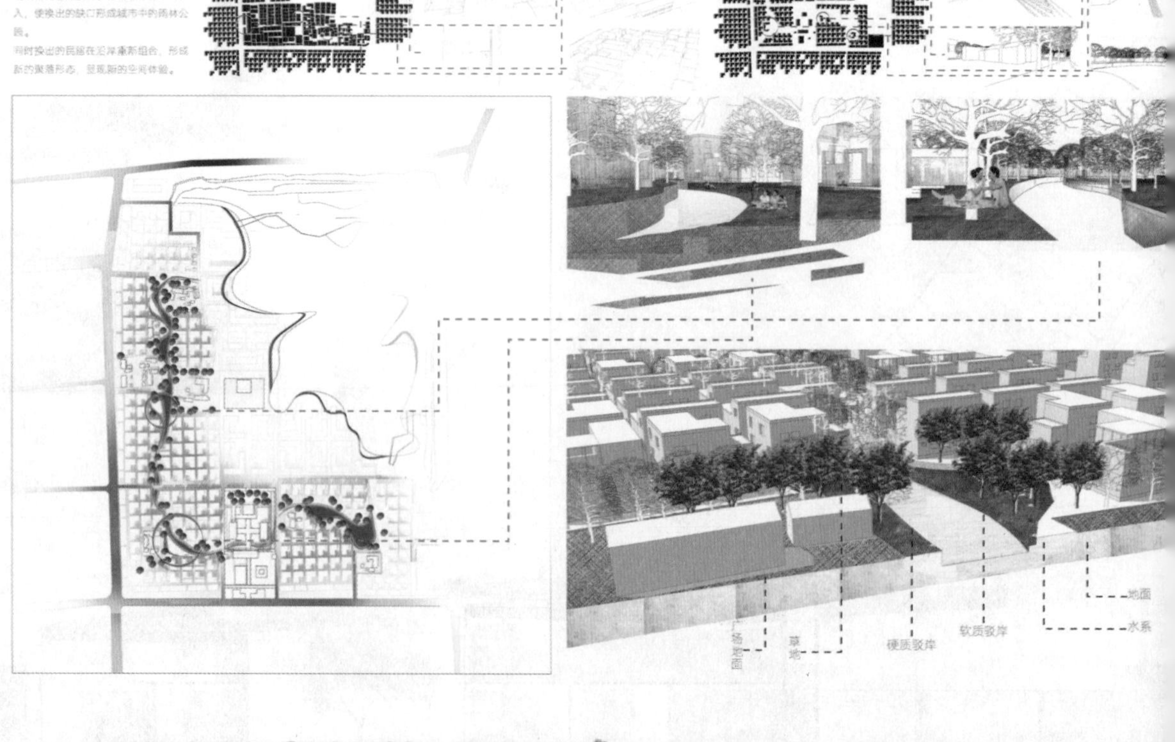

感悟：

很开心能够在毕业设计阶段加入到十校联合的课题中来，因为交流的可贵，也因为题目的挑战。

初春，我们带着从书籍、网络中整理的信息来到大理，经过近十天的实地调研，从印象中的气候、风土深入至理解中的生活、情绪。我们发现在大理古城的这片场地缺乏活力，缺少的并不是古城商业区的喧嚣，而是匀质空间带来的活动可能性的缺失以及人群老化带来的生气不足。

于是我们通过古建筑的线索打开原有肌理引入水系，增加活动空间；而后将去除掉的原有建筑，置换为新社区、商业、展览三种功能空间，得以成功置换活力。

古城聚宅 王凡

首层平面图

二层平面图

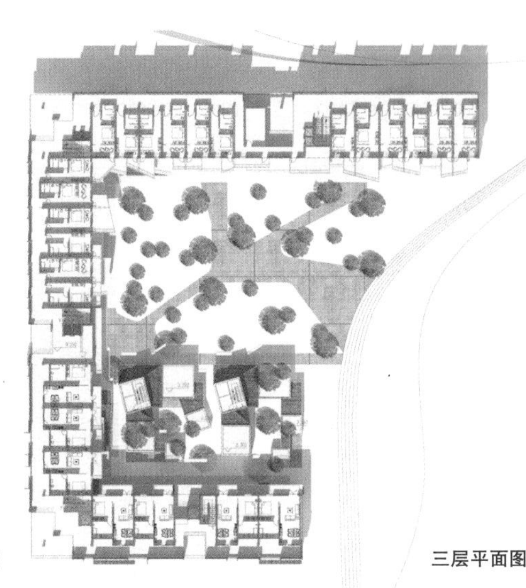

三层平面图

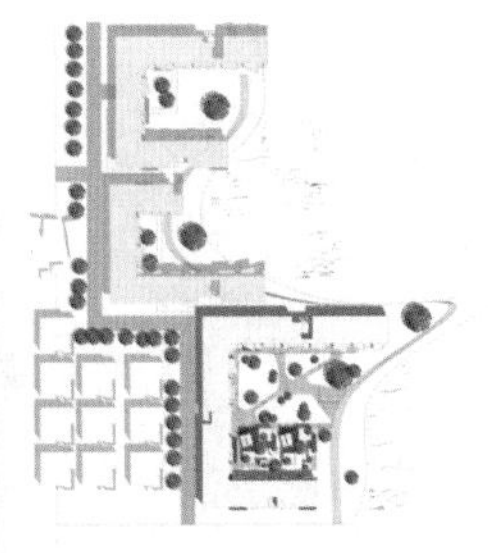

聚

走在这座古城里，你会得到各种各样的画面，就此生成各种各样的情感，不同的情感便会生成不同的问题。
我无法在一个建筑中解答所有，只能去试探自己关注更多的点。

有些地方熙熙攘攘，热闹非凡；有些地方安宁似水，气氛冰凉。但是如此割裂，以至于热闹到拥挤、宁静至冷清。所以便以"聚"为题，汇聚自然人工，增强空间的场所感；汇聚功能空间，增强社区空间的社会性；汇聚不同人群，丰富人与人之间的生活感。

很美的画景，但那个掩面，我有了另外的情感。

南立面图

剖透视图 2-2

剖透视图 1-1

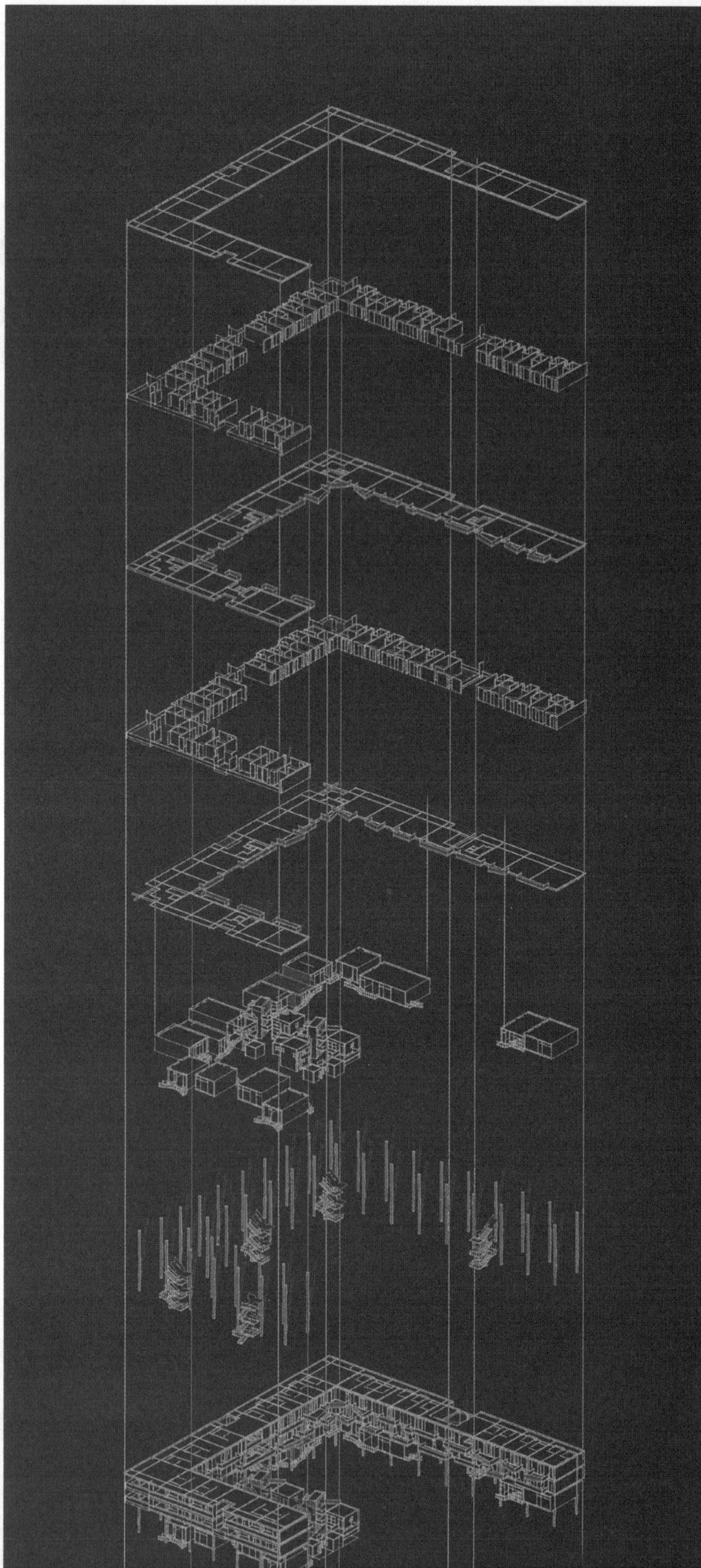

南立面图

行走·大理·故事

WALK·DALI·STORY

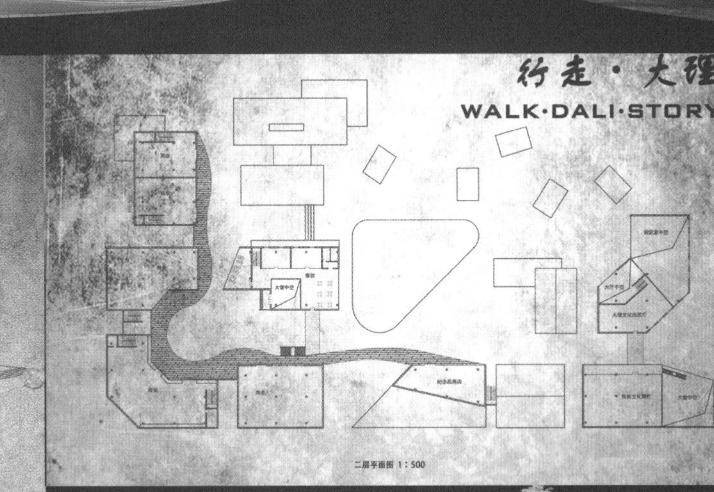

首层平面图 1：600

东立面 1：500

北立面 1：500

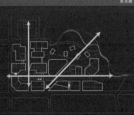

建筑规划布局形成三条主要轴线

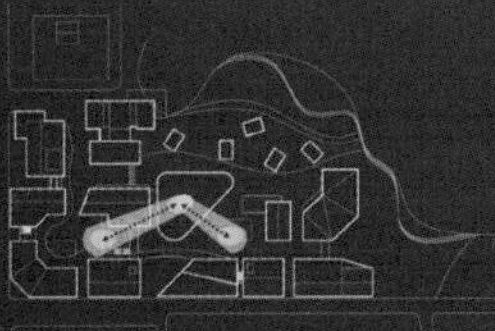

小剧场将两部分开放空间有机地联系起来

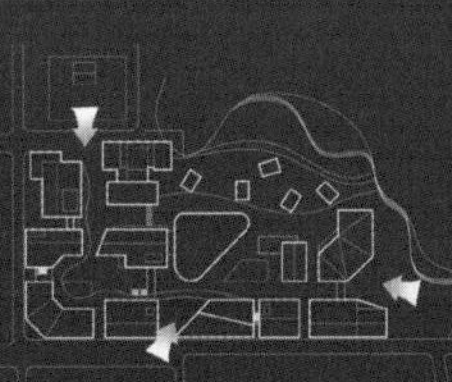

通入基地的三个主要入口

紧邻剧场的小广场

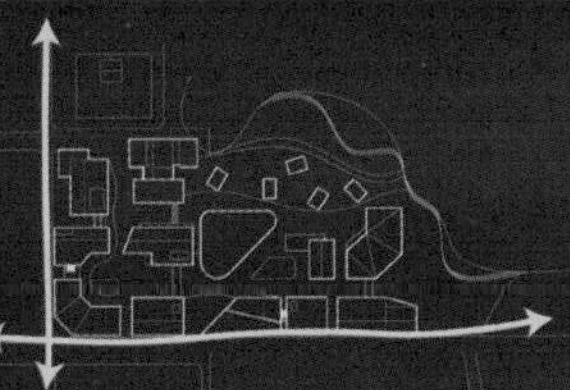

沿基地周边穿行的两条主要道路

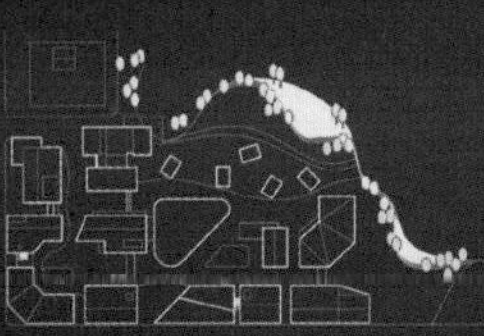

基地面向开阔北水库开阔水域的滨水绿化带

斜向轴线划分出动静态公共空间

连接商业动态的二层连廊

街区入口街道

剖面图1 1：500

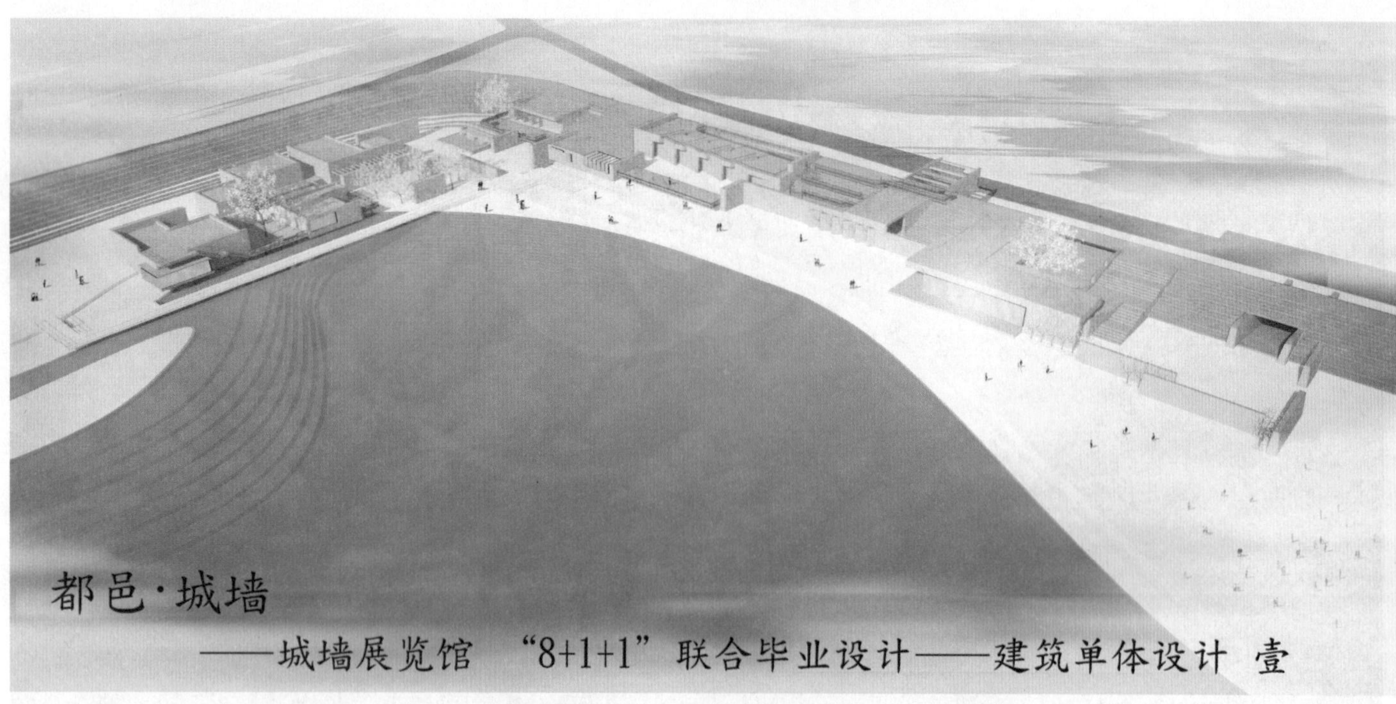

都邑·城墙

——城墙展览馆 “8+1+1”联合毕业设计——建筑单体设计 壹

设计说明：

“都邑”—— 城市

本次设计由古城出发，在城市设计方面，将北水库沿水部分做成公共步行空间，水库北部作为城市湿地公园，以此为基础，沿原城墙角做一个展览公共空间设计，并借以弥补希夷大理之眼的拆除对传播大理文化上的缺失。

设计沿城墙角而立，用墙围挡，加长了流线空间，其间将建筑体，展馆穿插依附与城墙遗址的土坡亦或者埋入地下。其体量取自书法大家王羲之《都邑贴》中“错落法”的运用，即有大有小，有长有短，有宽有窄，有伸有缩，有开有合，有仰有俯，有欹有正，有草有形，有繁有简。大小宽窄伸缩互相交织，从而组成丰富的游览空间。

区位分析：

云南云南省滇西中心城市

背靠苍山中和峰面迎洱海

城市设计阶段用地红线

建筑单体设计阶段用地红线

经济技术指标

占地面积：27000 ㎡

建筑面积：2733 ㎡

绿化率 ：70.8%

容积率 ：0.1

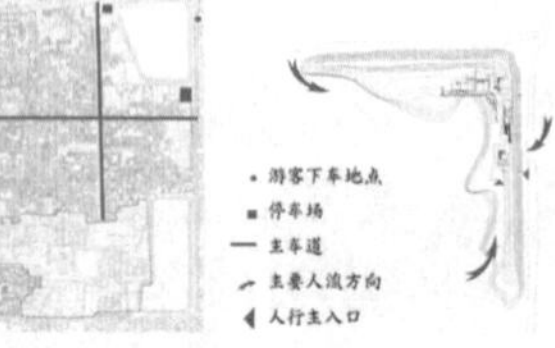

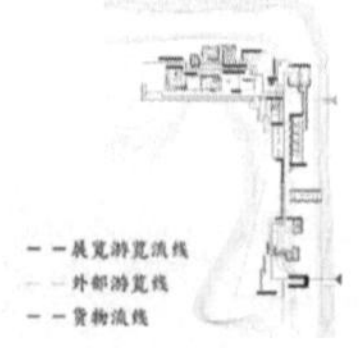

学术交流区

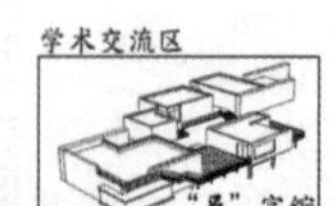

展览区

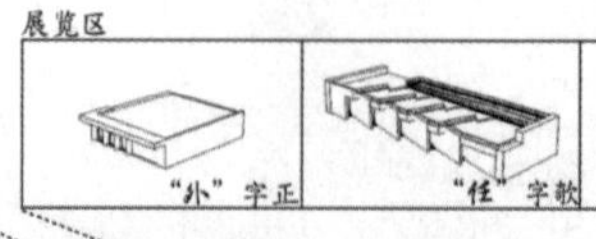

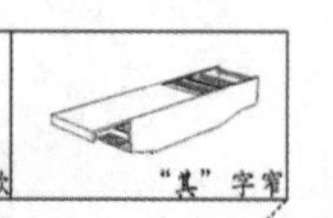

公共服务区

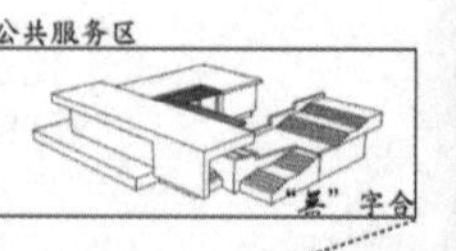

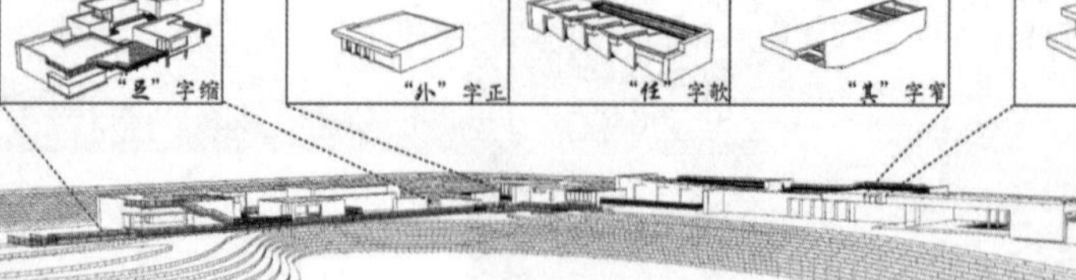

展览区视线

通过土墙、玻璃、格栅，使得游客在进入展览馆后对面水景观的一个愈看愈不得，若即若离的感官体验后，如陶渊明《桃花源记》中——从“初极狭，才通人”到“复行数十步，豁然开朗”的视觉体验。

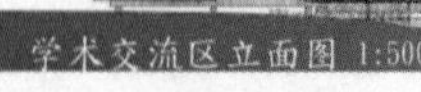

学术交流区立面图 1:500

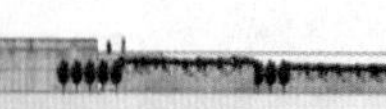

展览区立面图 1:500

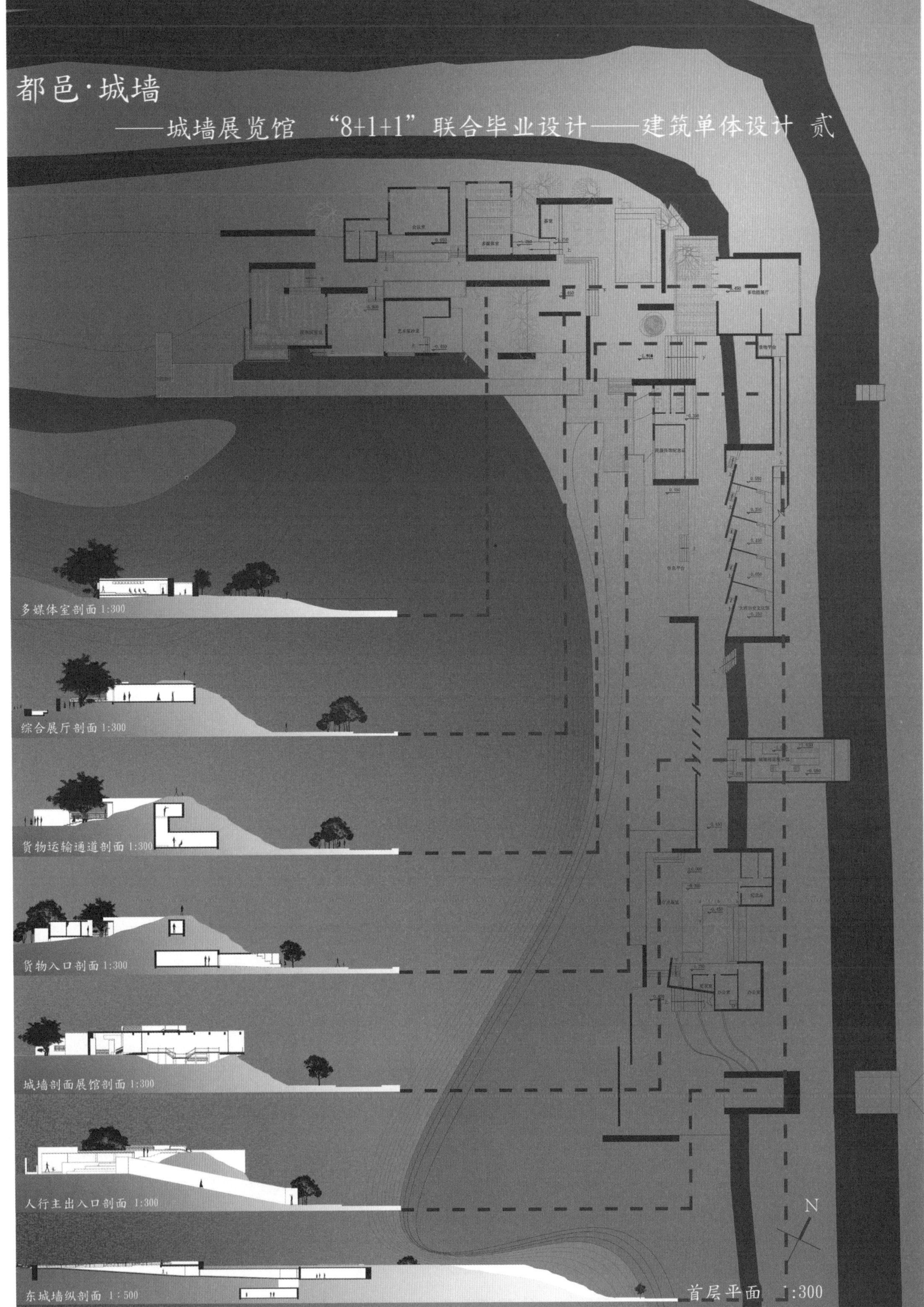
都邑·城墙
——城墙展览馆 "8+1+1"联合毕业设计——建筑单体设计 贰
多媒体室剖面 1:300
综合展厅剖面 1:300
货物运输通道剖面 1:300
货物入口剖面 1:300
城墙剖面展馆剖面 1:300
人行主出入口剖面 1:300
东城墙纵剖面 1:500
首层平面 1:300
N

中央美术学院

CHINA CENLRAL ACADEMY OF FINE ARTS

虞大鹏

李琳

苏勇

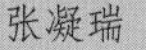
张凝瑞

晏萌

高诗雨

贾雪迪

设计题目：

城隅・田居

Farming in the corner of old town

设计题目：

逆侵蚀——北水库城市发展之路

Reverse Erosion

康丽

顾潇

井思源

苏曼

城隅·田居

Farming in the corner of old town

中央美术学院
设计：张凝瑞 / 晏萌 / 高诗雨 / 贾雪迪
指导：虞大鹏 / 李琳 / 苏勇

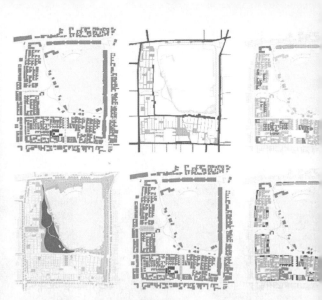

保留基地内部道路、建筑空间肌理，置入农田。保留普贤寺，恢复寺庙在古
生活中的重要作用，为居民提供集会的空间。将居住建筑设计在东侧和北侧
之下，保证基地内部整体的建筑量和容积率并不会因为大面积扩大农田而降
基地的西侧、南侧设立入口，使水库周边的景色渗透到周围的城市之中。开
面积的居民角落，为居民的交流休闲提供场所。在水岸周围设计一连串的小
和社区活动空间，便利周围居民和来此体验大理慢生活的旅游人群的日常需

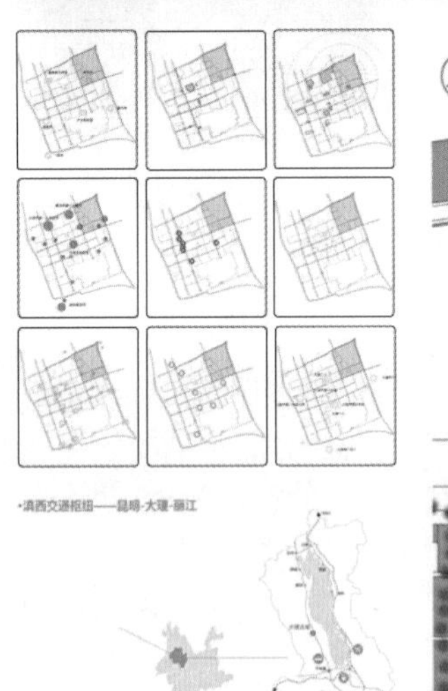

滇西交通枢纽——昆明·大理·丽江

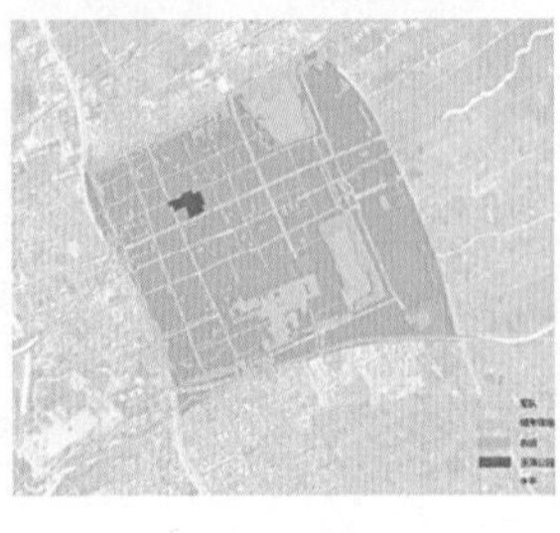

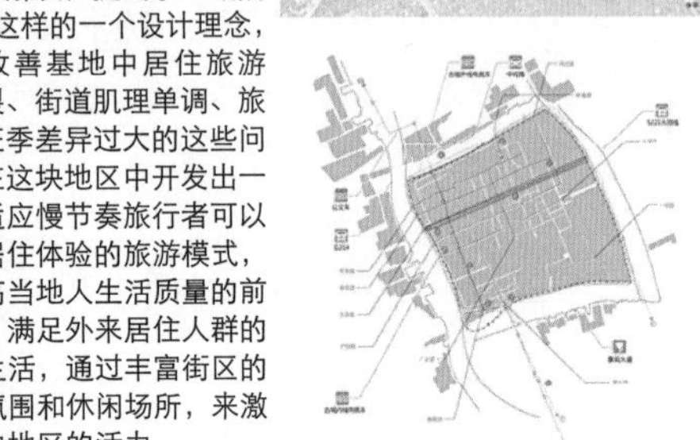

评语：

中央美术学院的这组同学通过对当地居民大量的调研，从实际问题入手，即旅游带来的淡旺季反差巨大以及游客居民混合碰撞带来的矛盾问题，从规划到单体逐步分析解决，提出了“城隅田居”这样的一个设计理念，希望改善基地中居住旅游被割裂、街道肌理单调、旅游淡旺季差异过大的这些问题，在这块地区中开发出一种以适应慢节奏旅行者可以长期居住体验的旅游模式，在提高当地人生活质量的前提下，满足外来居住人群的日常生活，通过丰富街区的生活氛围和休闲场所，来激发整块地区的活力。

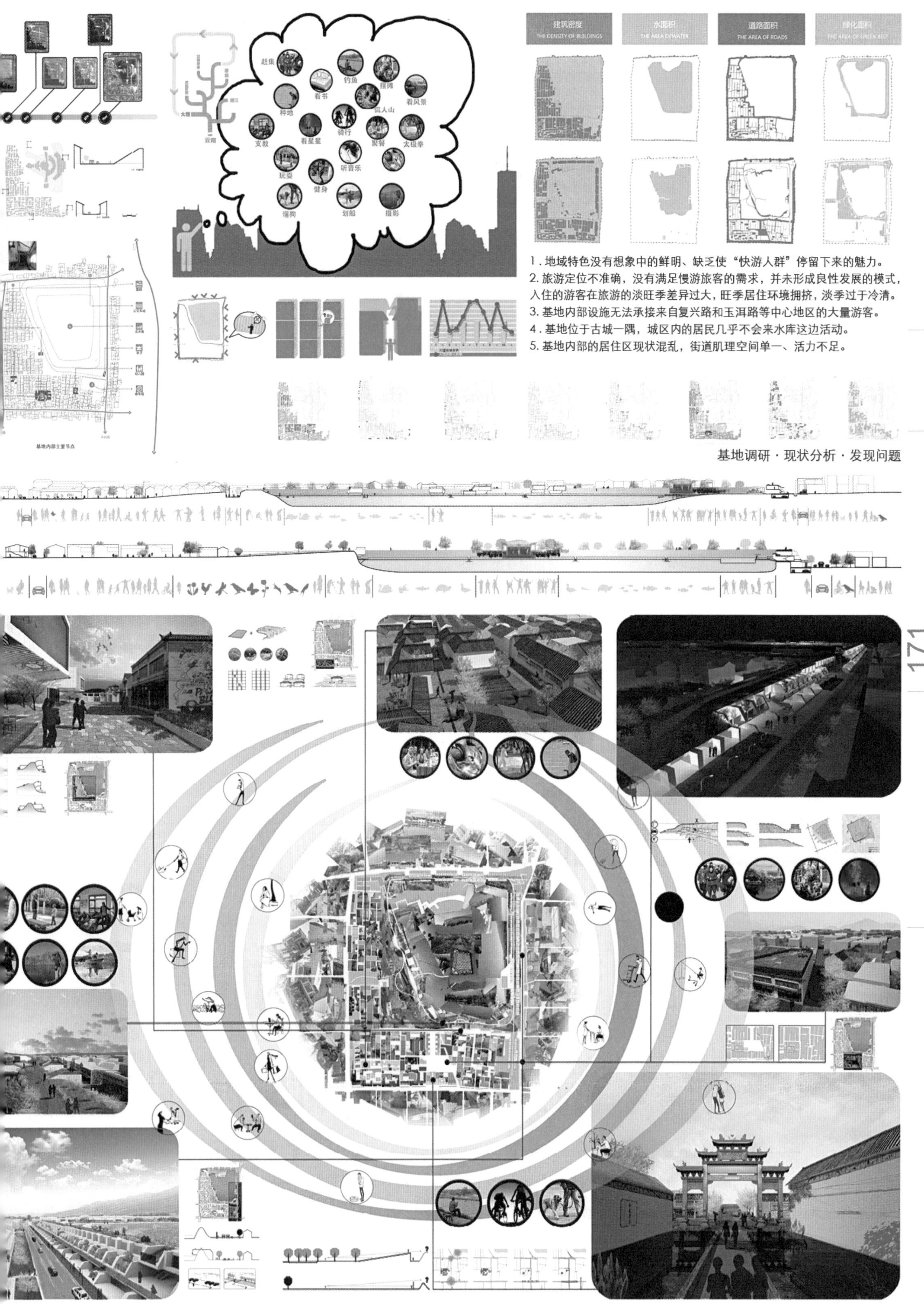

1．地域特色没有想象中的鲜明、缺乏使“快游人群”停留下来的魅力。
2. 旅游定位不准确，没有满足慢游旅客的需求，并未形成良性发展的模式，入住的游客在旅游的淡旺季差异过大，旺季居住环境拥挤，淡季过于冷清。
3. 基地内部设施无法承接来自复兴路和玉洱路等中心地区的大量游客。
4．基地位于古城一隅，城区内的居民几乎不会来水库这边活动。
5. 基地内部的居住区现状混乱，街道肌理空间单一、活力不足。

基地调研·现状分析·发现问题

文化体验和日常生活的共鸣

田 . 水 . 街

大理文化体验馆及居民活动中心设计

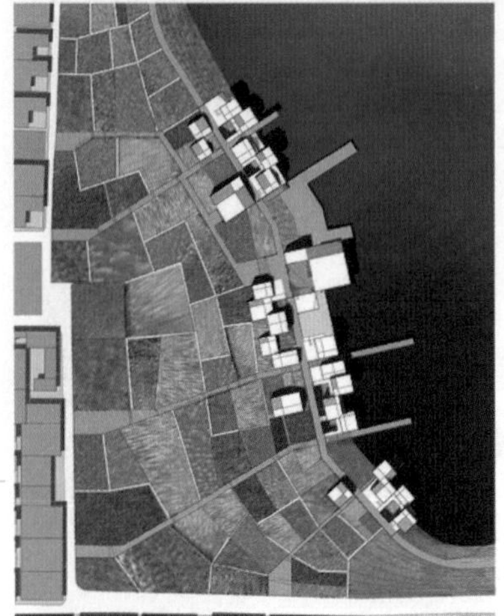

总平面图 1:4000

田、水、街是以街道模式，结合北水库地区优良的自然风景条件，来同时满足游客和当地居民的使用。建筑内部设立了供游客尽情体验大理传统民俗文化的茶文化体验馆，花艺体验馆，云南特色饮食体验馆，银器、木雕、扎染等手工艺作坊和供文化人士进行讨论交流的展览和沙龙空间。在建筑外部环绕水库的街道两边又设立了满足当地居民活动使用的各类功能空间，如小型放映厅、活动室、社区图书馆等。

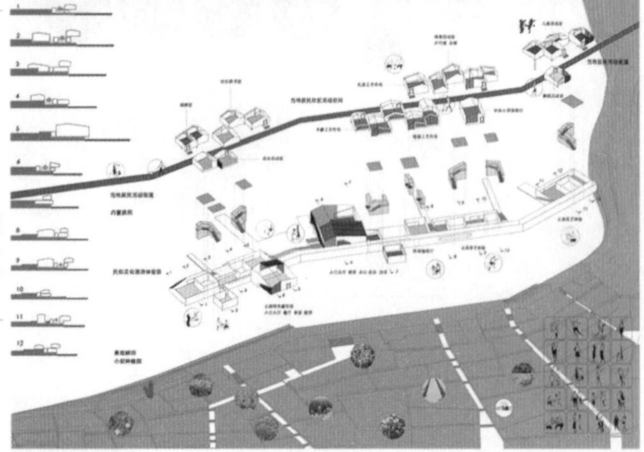

功能分解轴测图

西立面图 1:2000

东立面图 1:2000

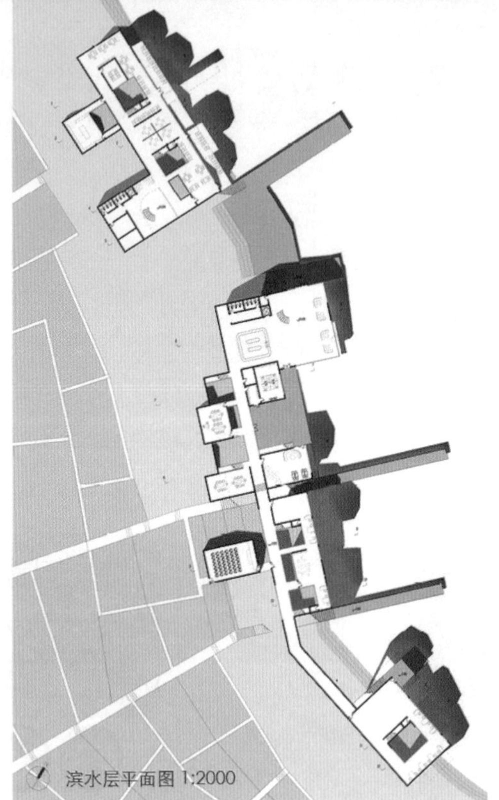

滨水层平面图 1:2000

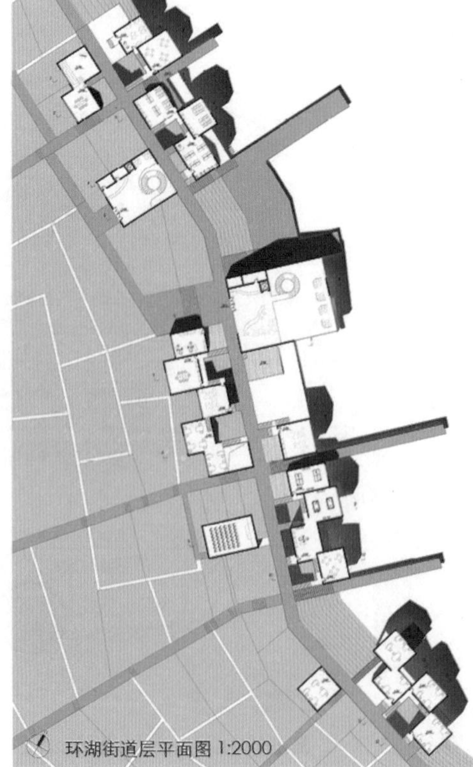

环湖街道层平面图 1:2000

在设计中利用大坝的地
筑设计为主要针对游客使
地下滨水文化体验馆和大
两侧紧邻景观梯田的的居
中心两部分。通过周边的
观和道路的设计加强了周
与水库开阔水面的联系，
大坝之前对于居民亲水的
游客和居民可以通过梯田
路，慢慢走到视线开阔的
路欣赏苍山的景色，并可
建筑延伸出的平台和栈道
加强烈的亲水体验。

学生姓名：张

和”——大理慢生活旅居型社区设计　学生姓名：晏萌

总平面图

基地选择

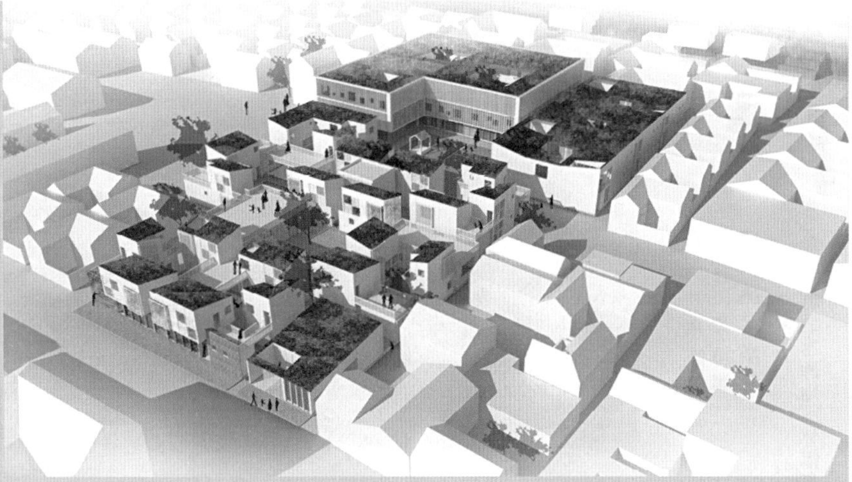

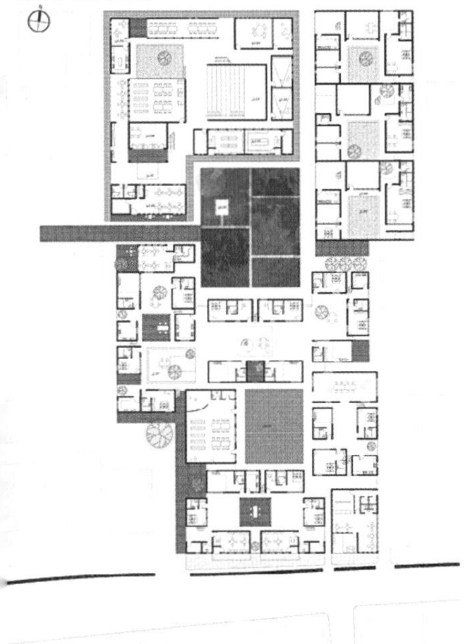

首层平面图

二层平面图

三层平面图

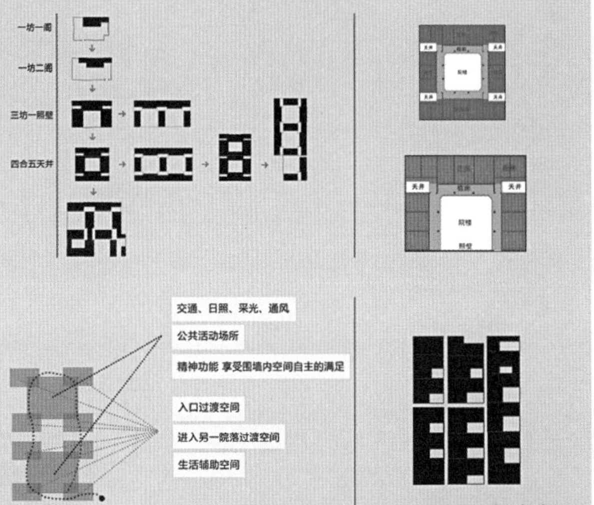

一坊一阁

一坊二阁

三坊一照壁

四合五天井

交通、日照、采光、通风

公共活动场所

精神功能 享受围墙内空间自主的满足

入口过渡空间

进入另一院落过渡空间

生活辅助空间

概念来源

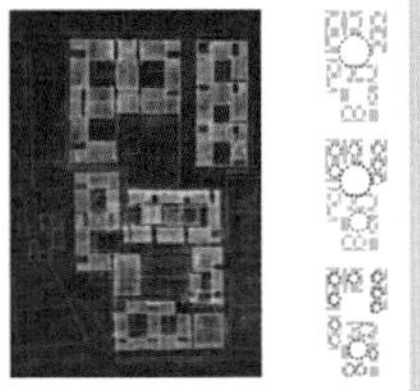

在上层的城市设计之下，我的关注点更多的是在于对居民区内部的一种“生活状态”的讨论。而基于对大理的人的自身性格的考量，他们似乎可以共同经营一些可以为双方提供便利的“存在”。于是我认为这块区域有潜力进行一种新型旅居模式的探索。为外来者提供自我角落、群体角落；为居民提供与外来者共同生存、共同经营的角落。

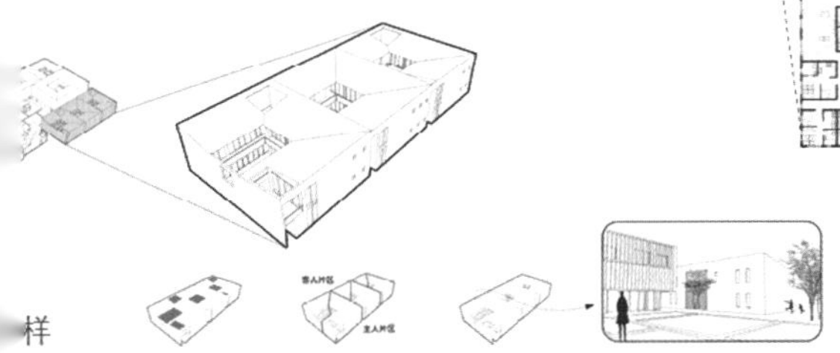

样

西立面图

东立面图

栈抽样

南立面图

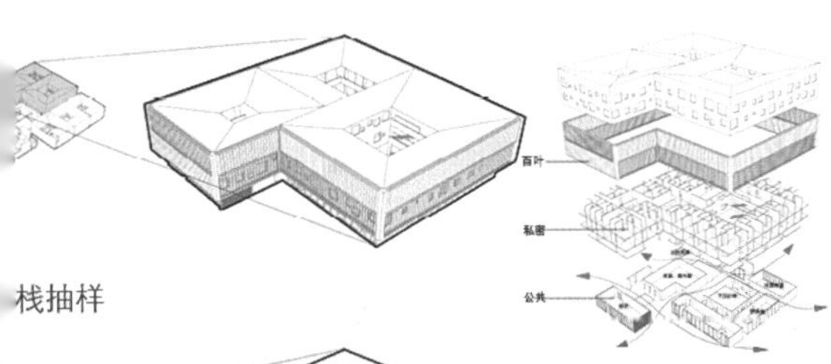

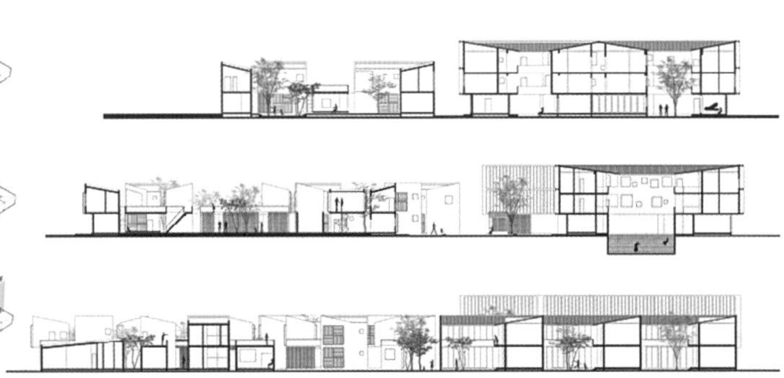

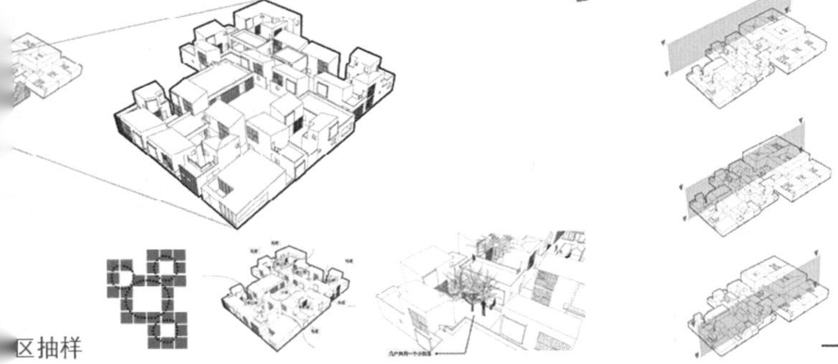

区抽样

十亩之间

大理古城北水库地区休闲度假中心

指导：虞大鹏／李琳／苏勇
设计：高诗雨
中央美术学院

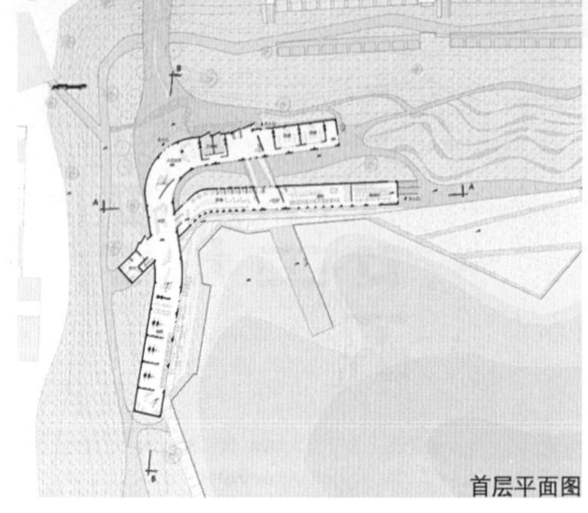

首层平面图

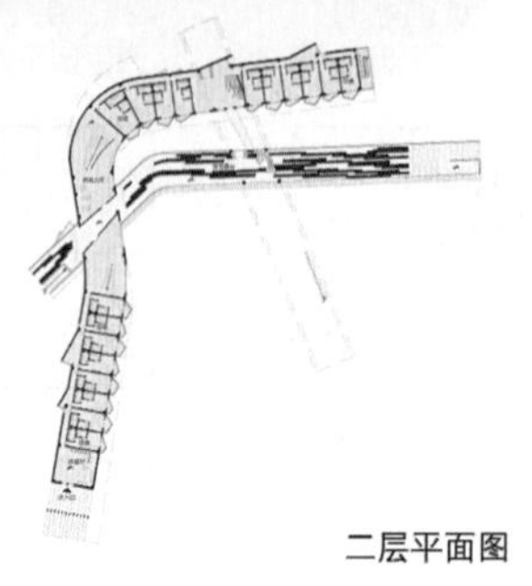

二层平面图

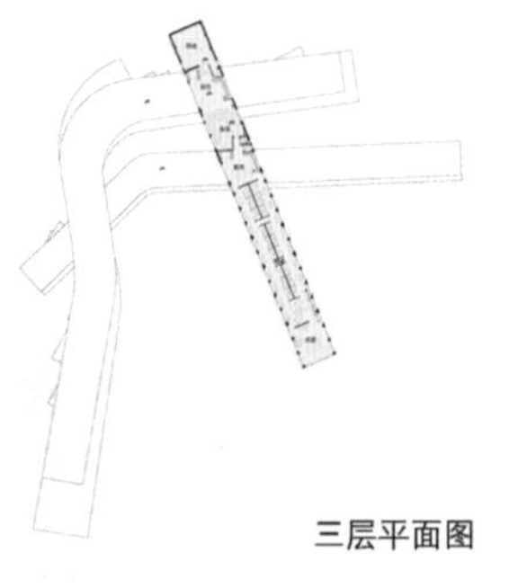

三层平面图

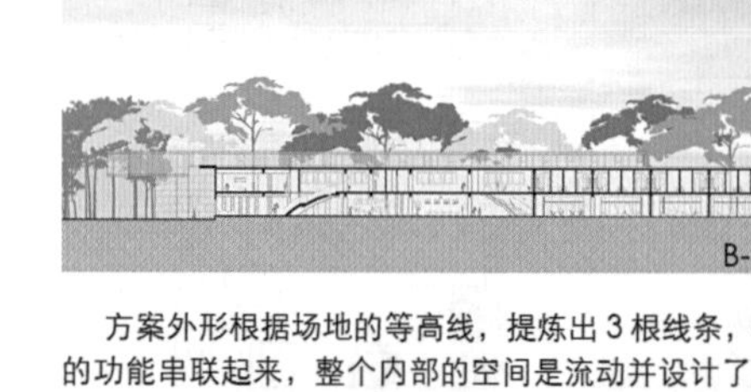

方案外形根据场地的等高线，提炼出 3 根线条，根
的功能串联起来，整个内部的空间是流动并设计了大
共休闲和交流空间，以提供更大面积的休息场所。方
约 3300 ㎡，建筑总面积约 6500 ㎡，在这约十亩地的
设计更多的娱乐、交流、观景等休闲功能和空间，为
体验慢生活旅游的人们提供一个非常休闲舒适的场所。

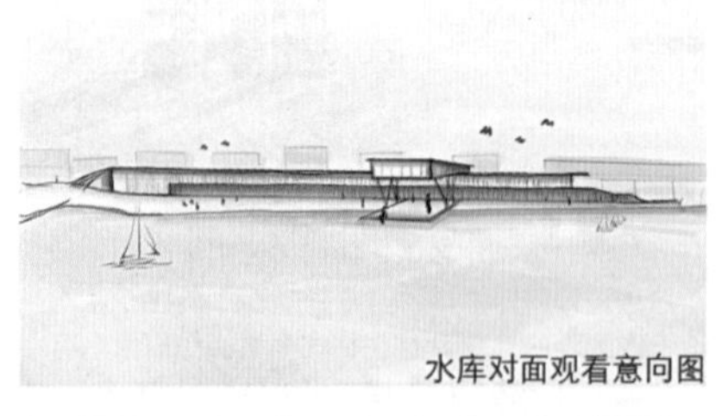

水库对面观看意向图

三层观景台意向图

视线关系

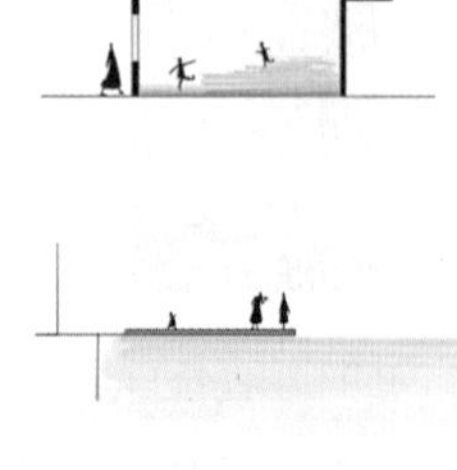

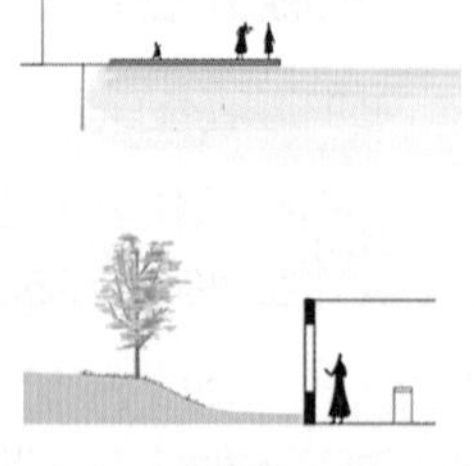

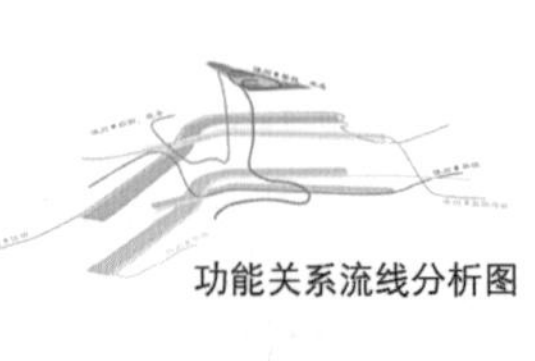

功能关系流线分析图

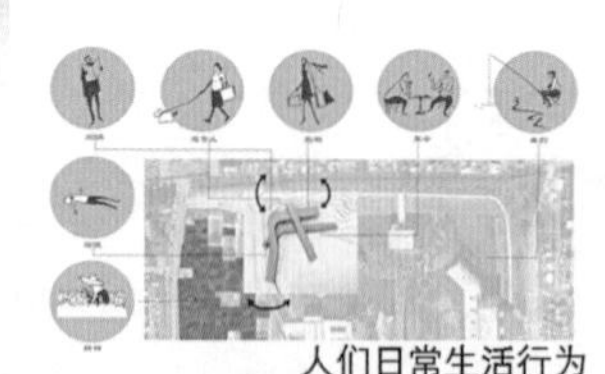

人们日常生活行为

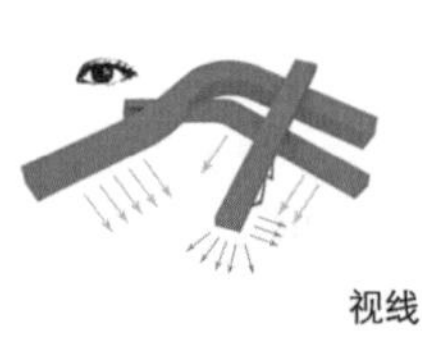

视线

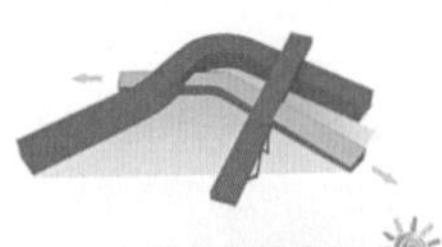

公共绿地空间

东立面图

西立面图

中央美术学院

学生姓名：贾雪迪

指导教师：虞大鹏 李琳 苏勇

盘城花开

——大理残古城墙：水库土坝的更新再设计

城

盘绕

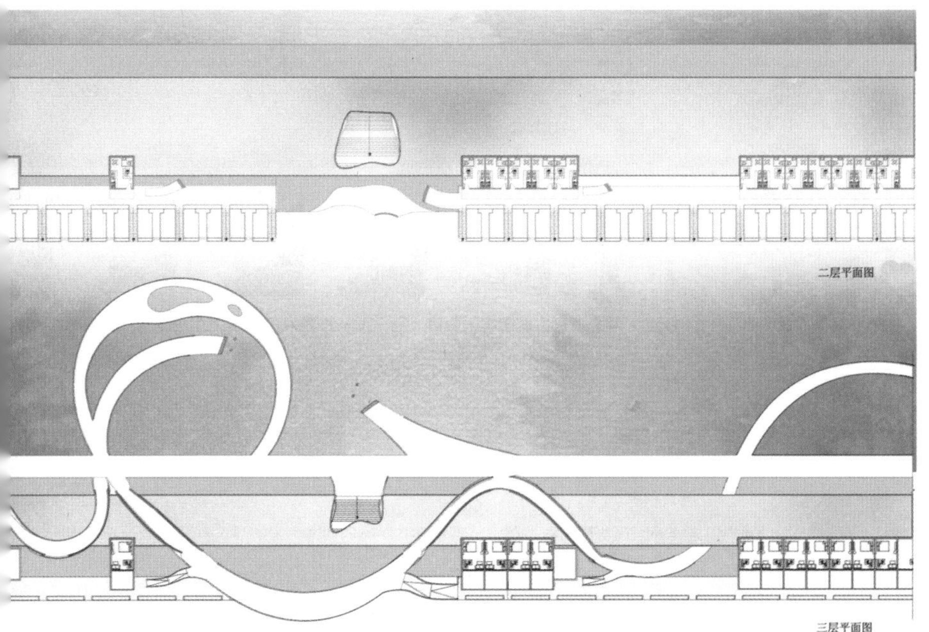

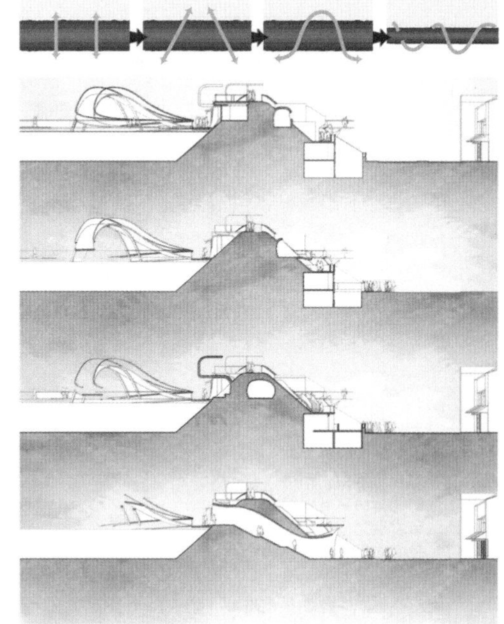

剖面图

总平面图

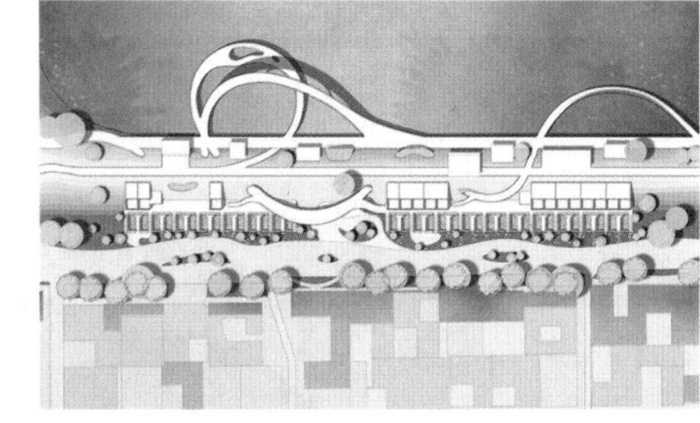

开

整个建筑设计分为三个部分。

首先在体量上保持大坝原本的高大形态和空间上的阻隔性，置入连续的有规律的整排集合住宅建筑。然后是一条连续的、穿梭盘绕与大坝内、外、上、下的、如同藤蔓一样有活力的路径，提高水库内外的通达性，在功能上打破原本的阻隔。最后临水的公共建筑则如同“藤蔓”上盛开的花朵，聚合在茎中穿梭的人群。

游览路径是整个建筑设计的活力所在。大坝上边原本的一整条路径被保留，环绕大坝。整个“藤蔓”路径即是串联各部分功能和空间的枢纽，将外部空间、集合住宅、坝上道路和面水公共建筑串联起来，提供休憩、散步、运动、游玩的功能。

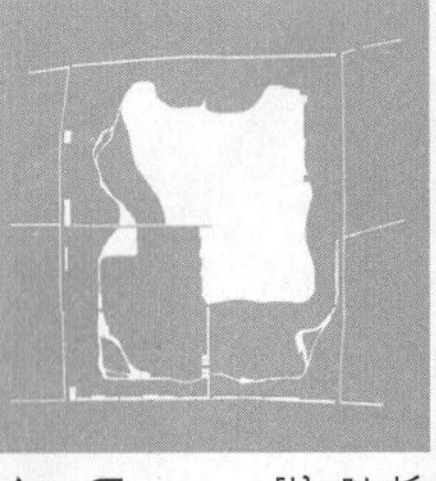

逆侵蚀——北水库城市发展之路 Reverse Erosion

中央美术学院
设计：康丽 / 顾潇 / 井思源 / 苏曼
指导：虞大鹏 / 苏勇 / 李琳

Q:
1. 对大理喜爱的地方?
2. 对基地存在的问题如何解决?
空间和功能的单一导致内部环境单调;
水、山、环境和生活的割裂导致人居和自然的割裂;
公共空间的缺失导致生活没有活力;
3. 如何创造一种新型的旅游式古城，同时满足居民和游客，让人们能留在此处，真正感受大理的生活，体验大理的文化?
中国——云南
云南——大理
苍山——洱海
苍山之势
古城机理

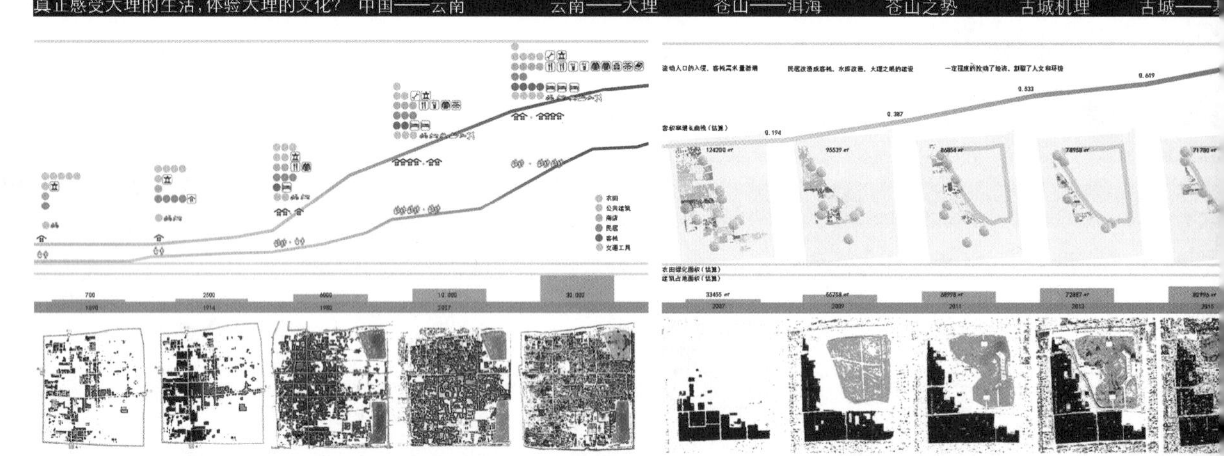

侵蚀：人口的增长，城市的发展一步步侵蚀着古城的肌理　侵蚀：为了满足古城游客的数量，为了服务旅游业的发展，步步走向人文环境旅游的

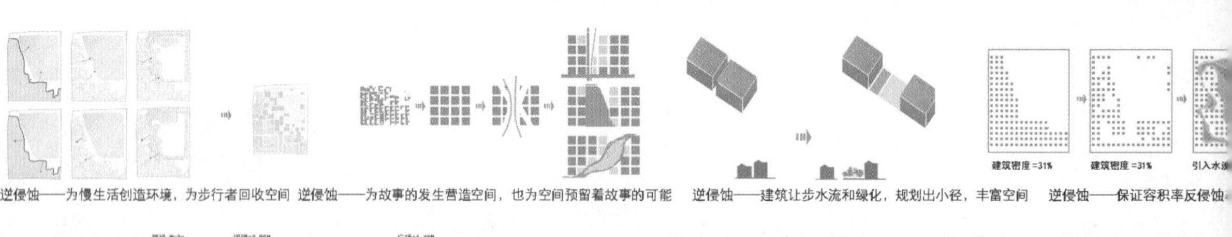

逆侵蚀——为慢生活创造环境，为步行者回收空间
逆侵蚀——为故事的发生营造空间，也为空间预留着故事的可能
逆侵蚀——建筑让步水流和绿化，规划出小径，丰富空间
逆侵蚀——保证容积率反侵蚀
建筑密度 =31%
建筑密度 =31%

评语：

大理古城作为我国历史文化名城中的一个代表，在当前的城市化进程中，不可避免地遇到了传统古城保护与现代城市发展之间，在区域定位、空间布局、居民生活等方面的诸多矛盾。

在历史文化名城的更新与发展过程中，我们通过城市设计与建筑设计，从规划学与建筑学的角度对城市，空间进行思考与反馈，对古城墙遗迹的保护和价值研究，对希夷之大理对基地的影响评估，对北水库于居民生活的影响要素，对居民与游客的生活状态、业态的分析，空间的感受进行调研和设计，希望营造一种城市被侵蚀以后的新的古城发展之路。

逆侵蚀——为了一种空间和肌理的继承，一种生态和活动的丰富，一种人居和环境的和谐……

FA 逆浸蚀

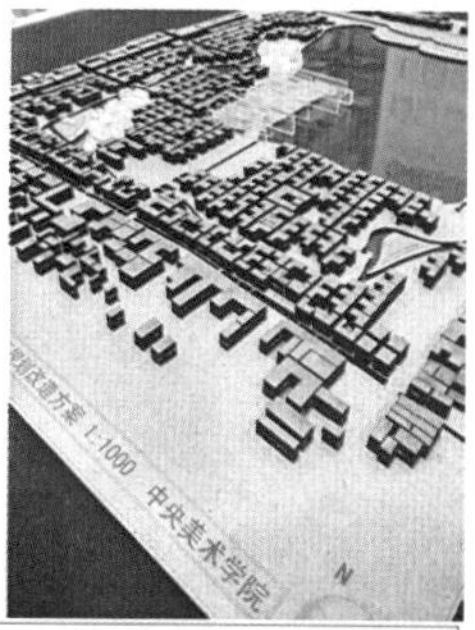

总用地面积 259057m²	
建筑占地面积 74300m²	半商业半居住 4360m² 36户
	半客栈半居住 63615m² 357户
	公共建筑 6325m²（其中小商业3600m²）
总建筑面积 193180m²	容积率 0.746
绿化面积 64960m²	绿化率 25.1%
水域面积 92912m²	
停车面积 5123m²	

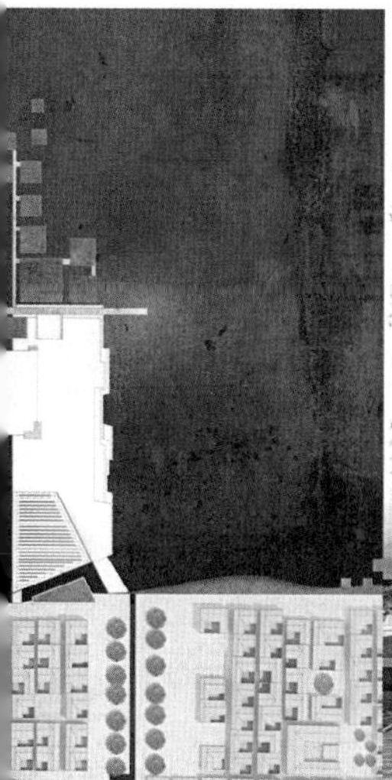

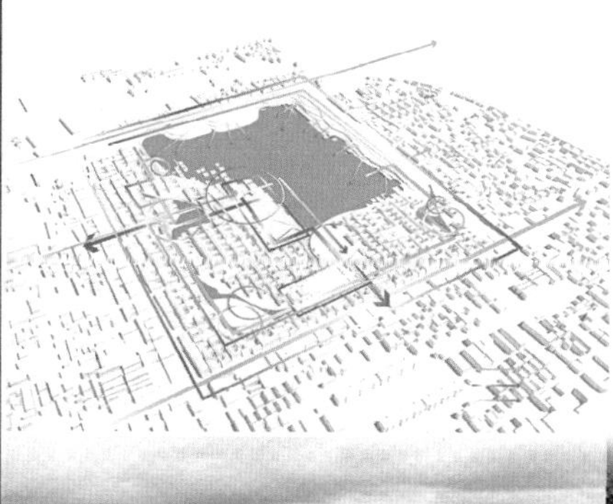

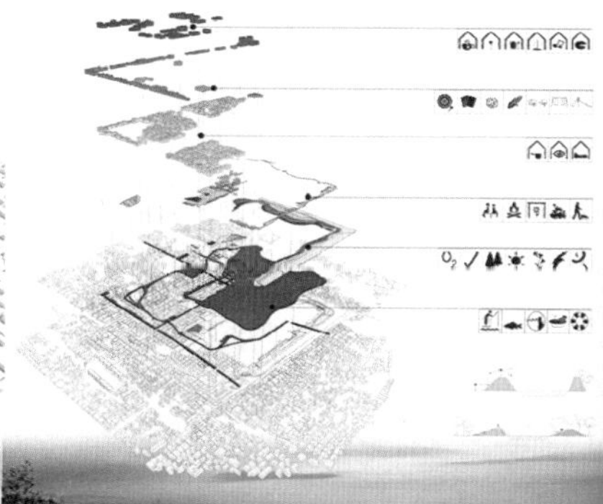

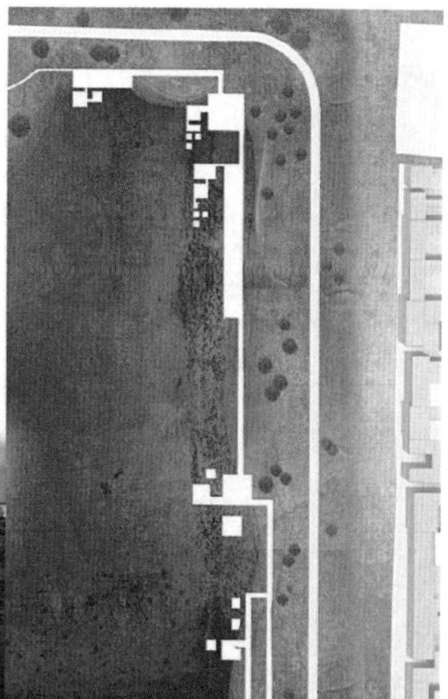

体量生成过程

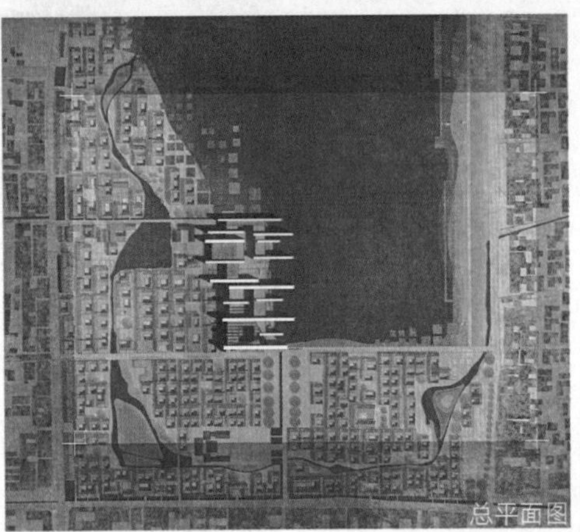
总平面图

半山——广场综合体设计

姓名：井思源

大理有着属于它独自的灵性。狭长的河流与山谷奠定了横断山脉地区最基本的自然地貌。处于山与水间的一片祥和，就唯有古城大理。“日暮苍山远”，古大理的天际线便是由苍山十九峰构成，它们无时无刻不与秀丽的洱海风光形成强烈的对照。基地的位置位于大理古城北水库岸边。大理之所以是大理，无疑是因为苍山和洱海。而地基恰位于苍山洱海之中。苍山与洱海间的十八溪构成了连接这二者的强烈的线性的媒介。它不仅指向洱海，更指向苍山，这种媒介的线性趋向更来自于横断山脉的作用。新的建筑不仅承载着苍山对于大理精神的塑造，也是对于苍山洱海间线性媒介的可视化塑造。

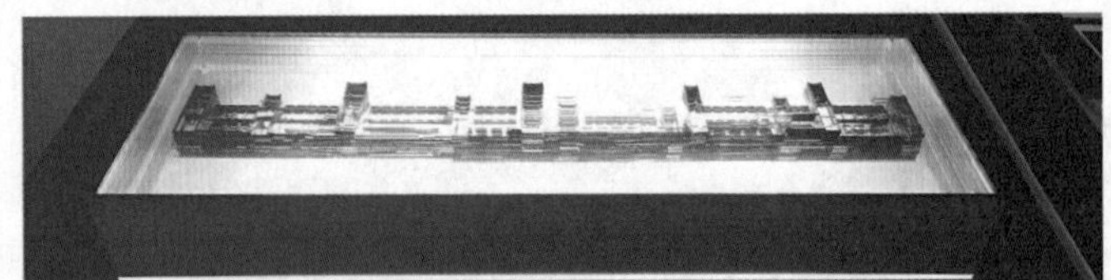

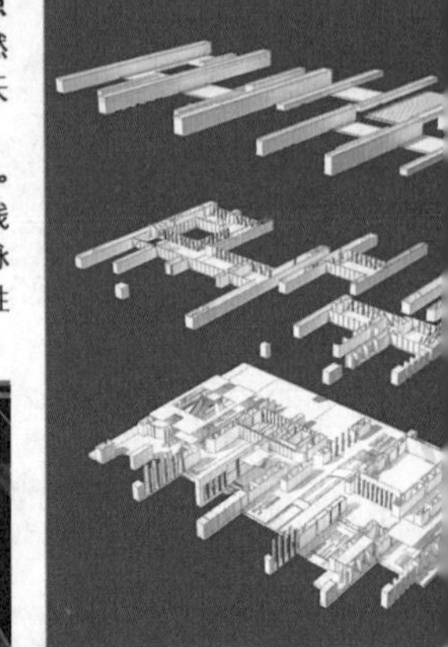

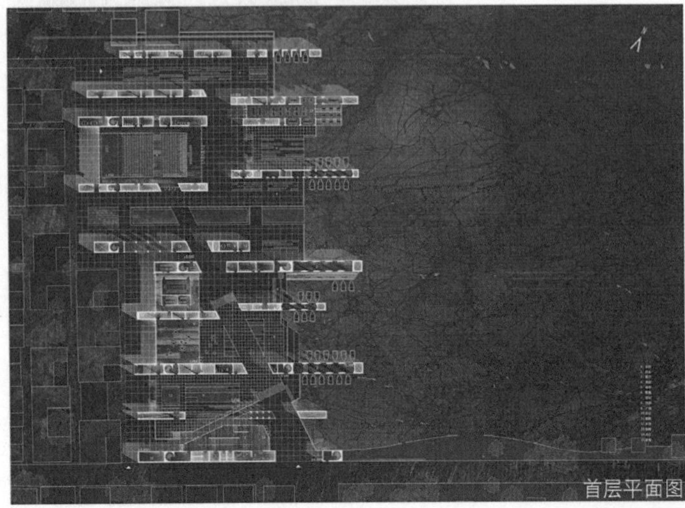
首层平面图

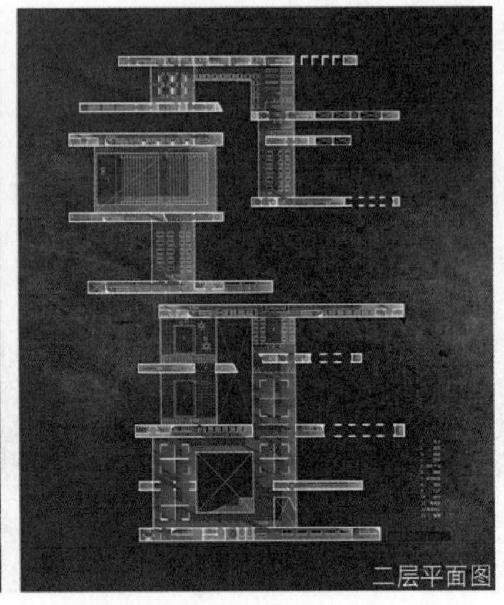
二层平面图

"赶集"是古城村镇最主要也最常见的贸易活动。人们在集市上交换物品、交流生活。集市没有特定的场所，固定的时间。大理的生活正像是一个大规模的集市，这里生活着各式各样的人，少数民族、隐居白领、背包客、艺术家……他们在这里共同生活，互相交流，包容各种思想，没有界限，这就是大理最深入人心的特点。

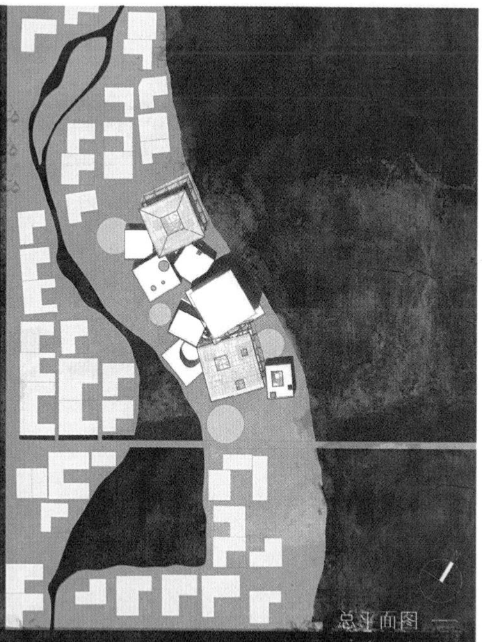

总平面图

"集"——大理古城北水库区域文化集市设计

首层平面图

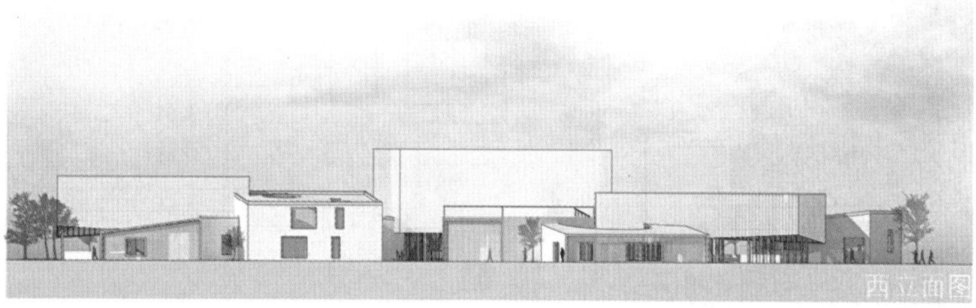

西立面图

北立面图

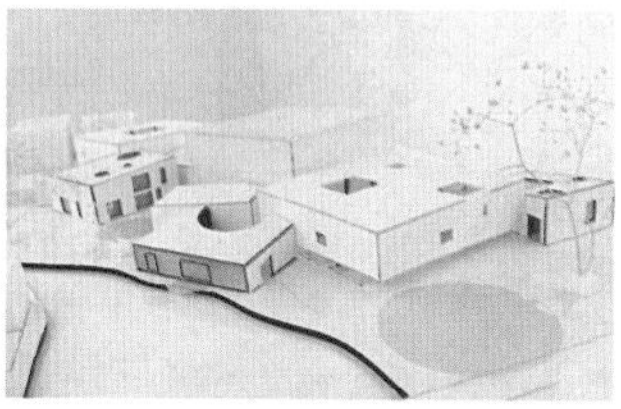

南立面图

B-B 剖面图

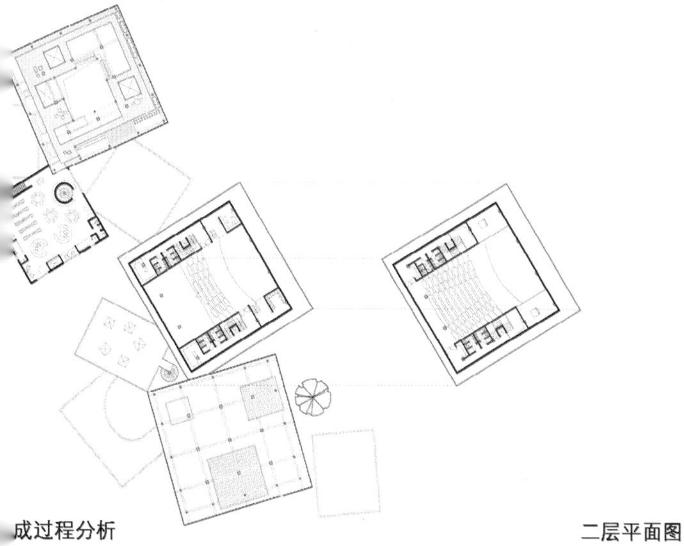

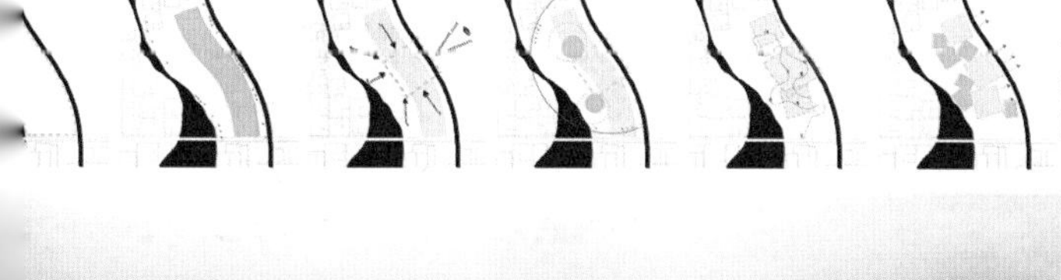

成过程分析

二层平面图

"集"是借鉴古城四方街的传统，希望通过设计一个文化集市来为杂居在大理的人提供一个自由交流的场所，也重新赋予北水库这片相对闭塞内向的居民区新的活力。

东立面图

A-A 剖面图

中央美术学院

学生姓名：顾潇

指导老师：虞大鹏 李琳 苏勇

断·片

——大理古城北水库艺术家SOHO工作室展厅

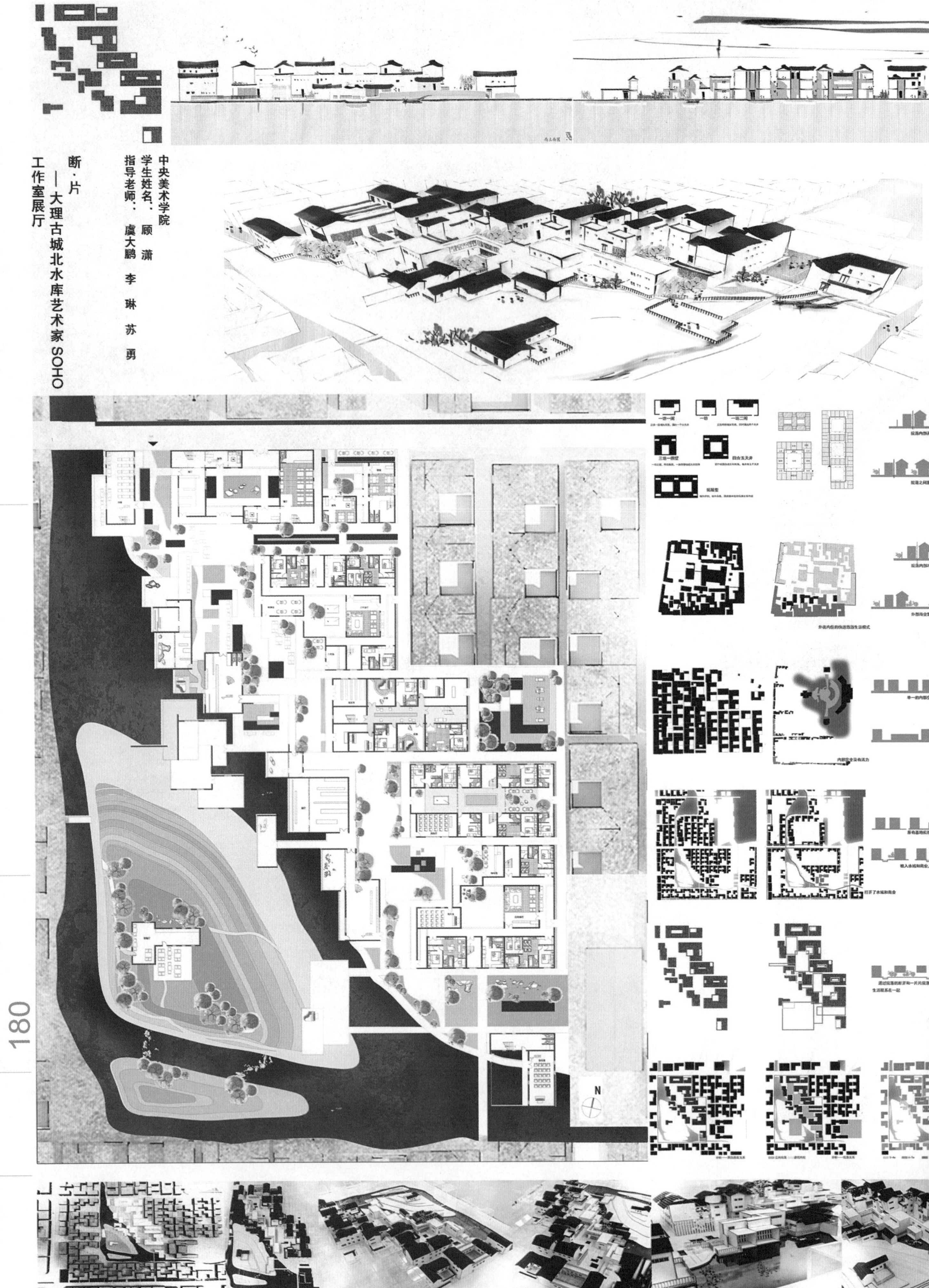

中央美术学院　苏曼

设计人：

——移步换“境”

社区活动中心设计

云南大理古城北水库区域——

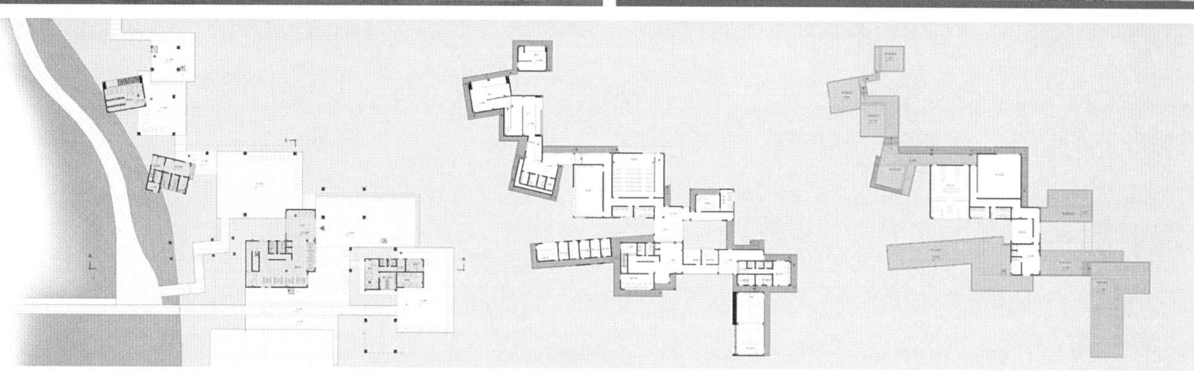

为解决基地内空间单一乏味、公共活动空间缺失这一问题，在基地内选取中心滨水地段，针对于当地居民、常住游客、短期观光游客等人群，设计社区活动中心在功能上设置休闲、娱乐、健身、展览、商业、阅览、表演、园艺、观景等场所；形式上在原居民区建筑方格体块的基础上进行变换扭转，用高低错落、进进出出的廊道串联起来；空间丰富，增加建筑趣味性，使人们在满足使用的基础上能够得到移步换“境”的多方面游览体验。

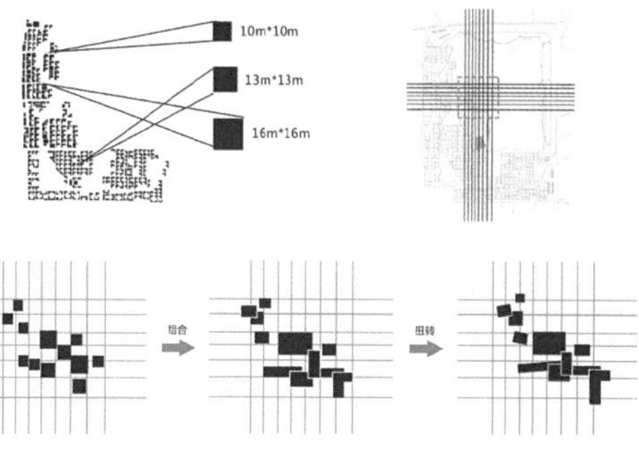

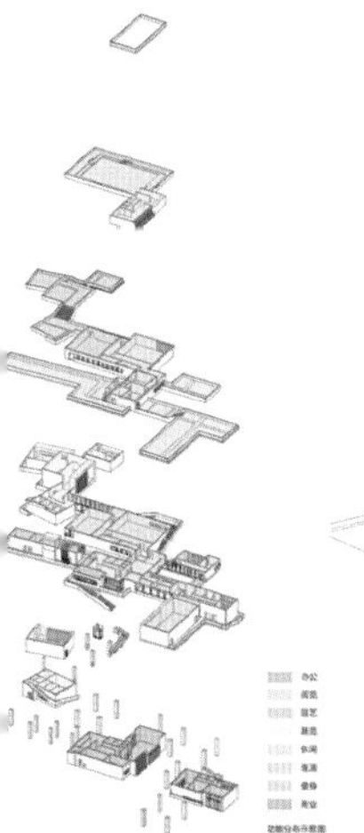

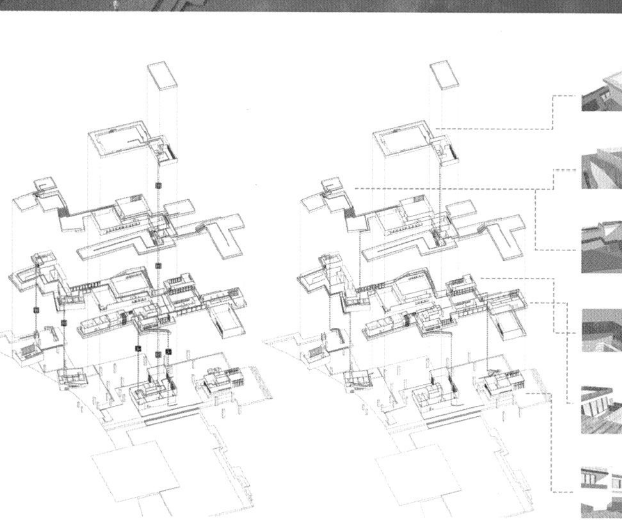

合肥工业大学

HEFEI UNIVERSITY OF TECHNOLOGY

苏剑明

李早

刘阳

陈垦

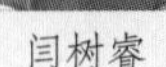

闫树睿

赵映东

钟尧

设计题目：

融

Fushion

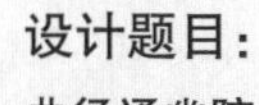

设计题目：

曲径通幽院

Winding homes

孔维薇

岳阳

张宇卿

李莎

闫昆

江龙

设计题目：

脉动

Pulsation

融 Fushion

合肥工业大学
设计：陈昱 / 闫树睿 / 赵映东 / 钟尧
指导：李早 / 苏剑鸣 / 刘阳

设计说明

经济发展的趋势不可逆转，造成大理古城物质文化侵蚀的同时，也为其创造了城市发展更新的机会。在这样的大趋势下，思考并解决古城在新兴结构下的定位和问题显得尤为重要。

一方面，大理市及古城居民有增加经济收入的需求，这就决定了古城商业化的必然趋势；另一方面，不当的商业化也在一定程度上限制了旅游商业的发展，旅游旺季大量游客的压力在一定程度上破坏了古城“慢生活”的氛围。这就构成了古城普遍存在的矛盾：物质上体现为古城商业化同慢生活间的矛盾；居民生活上体现为本地居民同外来游客的矛盾。本设计希望缓解甚至解决此矛盾。

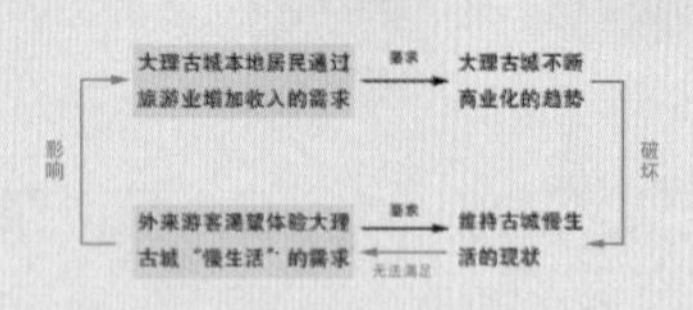

措施

总体规划层面：

· 从规划上对本地居民与外来游客流线及密度分布界定

· 基地业态与公共场所分布的设置

街区内部改造层面：

· 街区内部民宅向商业转变的改造策略

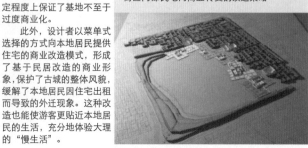

大理古城居民经济收入来源

旅游业对大理古城的重要性

古城吸引游客

少数民族风情
传统工艺
美丽的自然风光
慢节奏的生活氛围
慢生活

大理古城基本空间品质评估

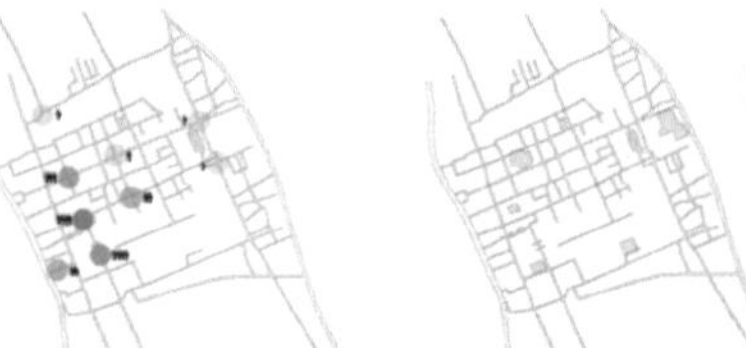

游客密度分布示意　游憩场所分布示意　旅游景点分布示意

道路步行舒适度

应对古城现有问题的解决思路

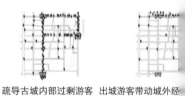

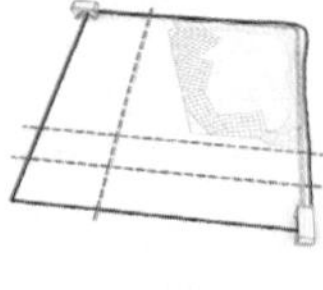

依托北水库连接两城门

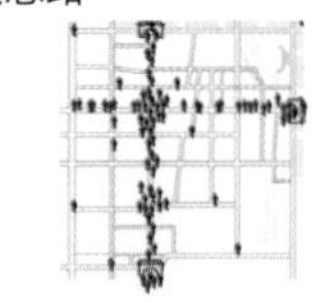

完善古城外环步行系统

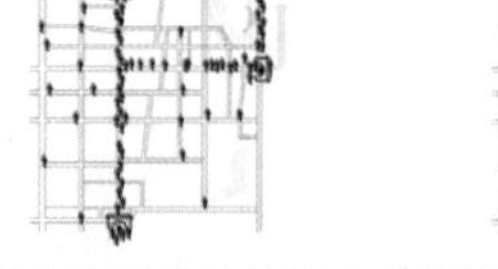

疏导古城内部过剩游客　出城游客带动城外经

大理古城基本空间品质评估

建筑类型

公共空间与公共建筑服务半径

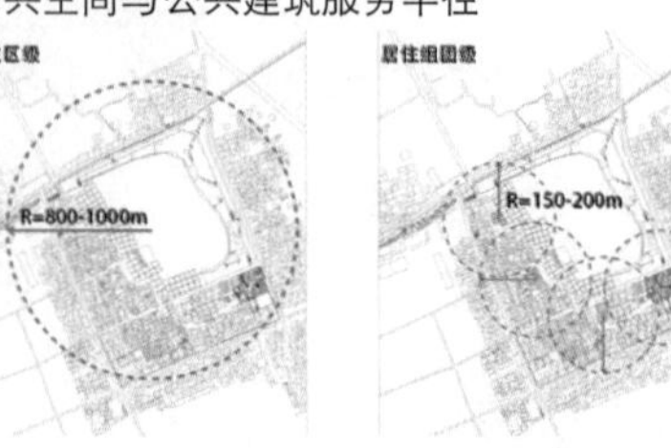

评语：

大理古城商业化同古城“慢生活”之间的矛盾反映了大理本地居民需求同外来游客需求之间的矛盾。于是设计者提出了“共生”这一概念——在推进古城商业化的同时充分地保护古城“慢生活”的状态，从而在一定程度上同时满足本地居民和外来游客各自的需求。

设计者利用北水库的自然条件优势建造市民公园，并利用这一契机梳理基地的交通关系，调整基地的空间形态和业态分布，改善基地内基础设施建设。一方面形成了服务于游客的一套系统，另一方面也改善了本地居民的基础性生活设施和生存环境。同时，通过对商业分布和密度进行控制，在一定程度上保证了基地不至于过度商业化。

此外，设计者以菜单式选择的方式向本地居民提供住宅的商业改造模式，形成了基于民居改造的商业形象，保护了古城的整体风貌，缓解了本地居民因住宅出租而导致的外迁现象。这种改造也能使游客更贴近本地居民的生活，充分地体验大理的“慢生活”。

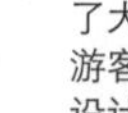

入口
停车
入口
入口
入口
入口
社区服务中心
社区商业 剧场 广场
普贤寺
停车

空间生成

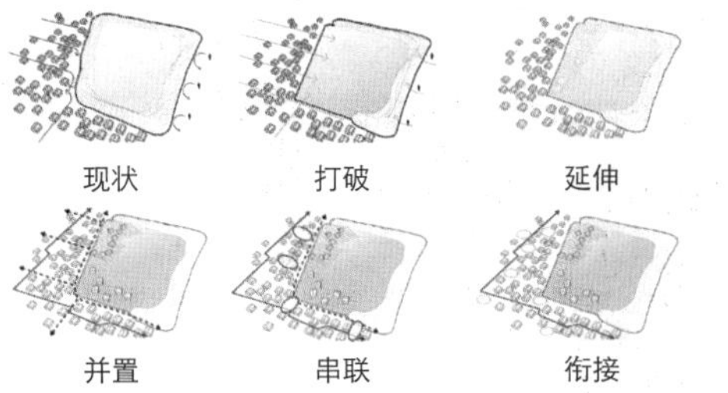

现状　　打破　　延伸

并置　　串联　　衔接

规划轴测

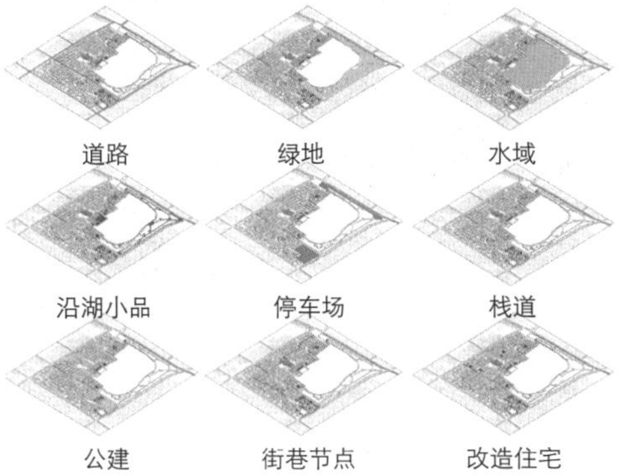

道路　　绿地　　水域

沿湖小品　　停车场　　栈道

公建　　街巷节点　　改造住宅

规划轴测

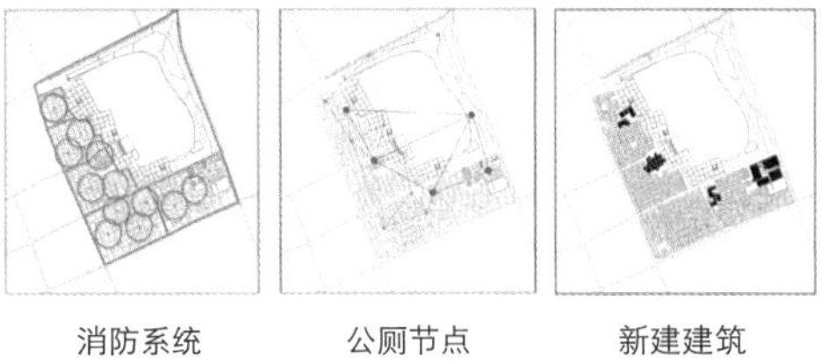

消防系统　　公厕节点　　新建建筑

]商业化改造

发现，很多居民将自家住宅改造成旅店或商铺，出租给外地人经营。伴随着商业的发展，民将自家住房改造成商业功能的现象将是一种长久趋势。由此，我们认为，为居民出目的自发改建其住宅提供策略参考是必要的。基地中 L 型居住建筑在场地中占主对其提供改造策略具有普遍性。基地中 L 型居住建筑在场地中占主流，固对其提供改具有普遍性。

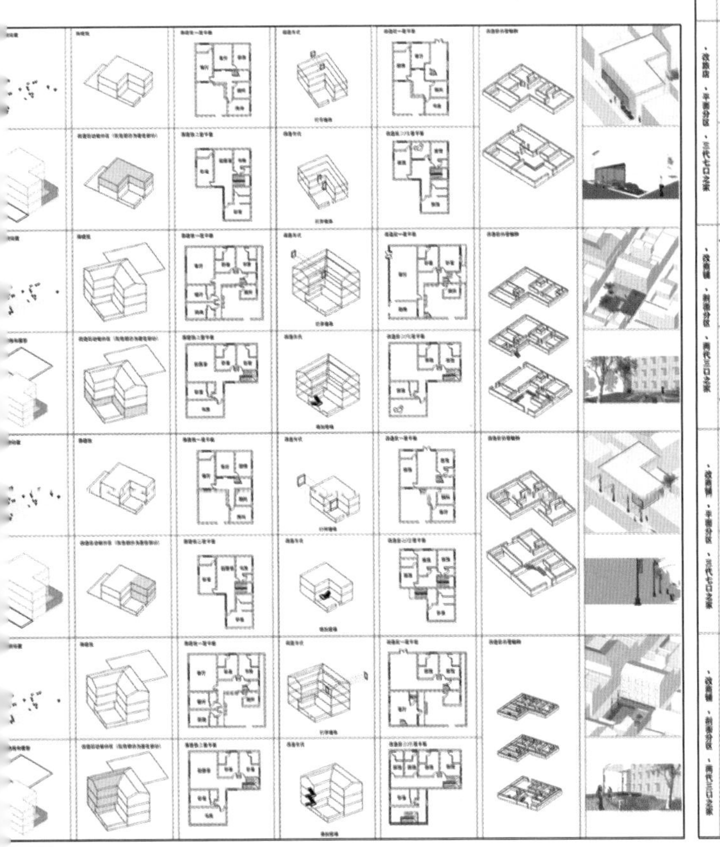

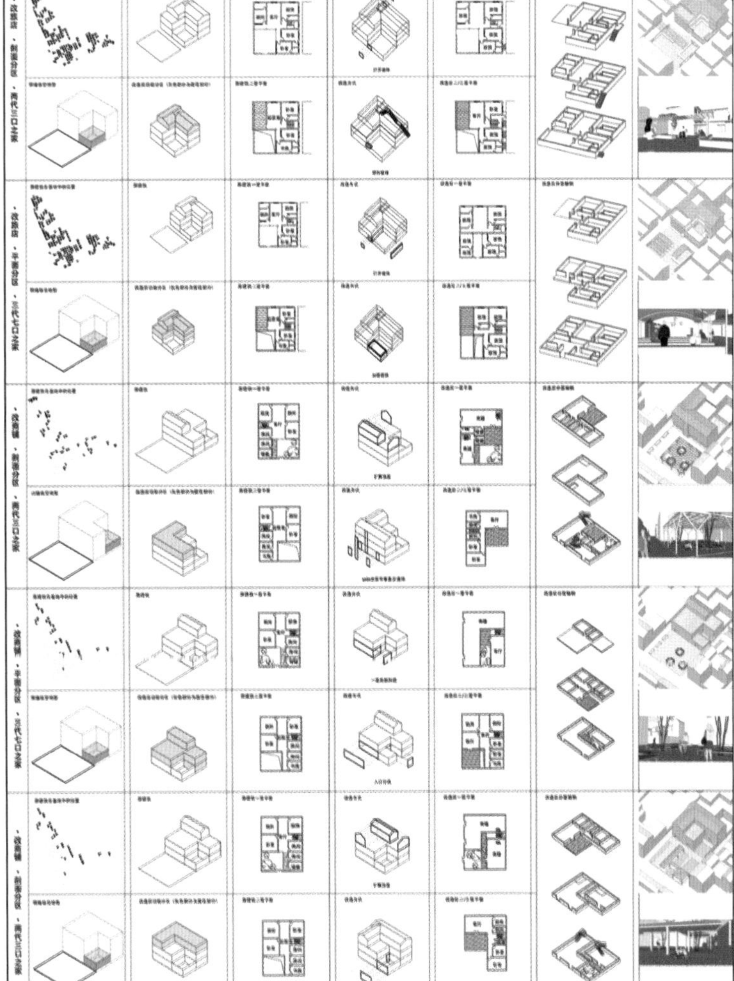

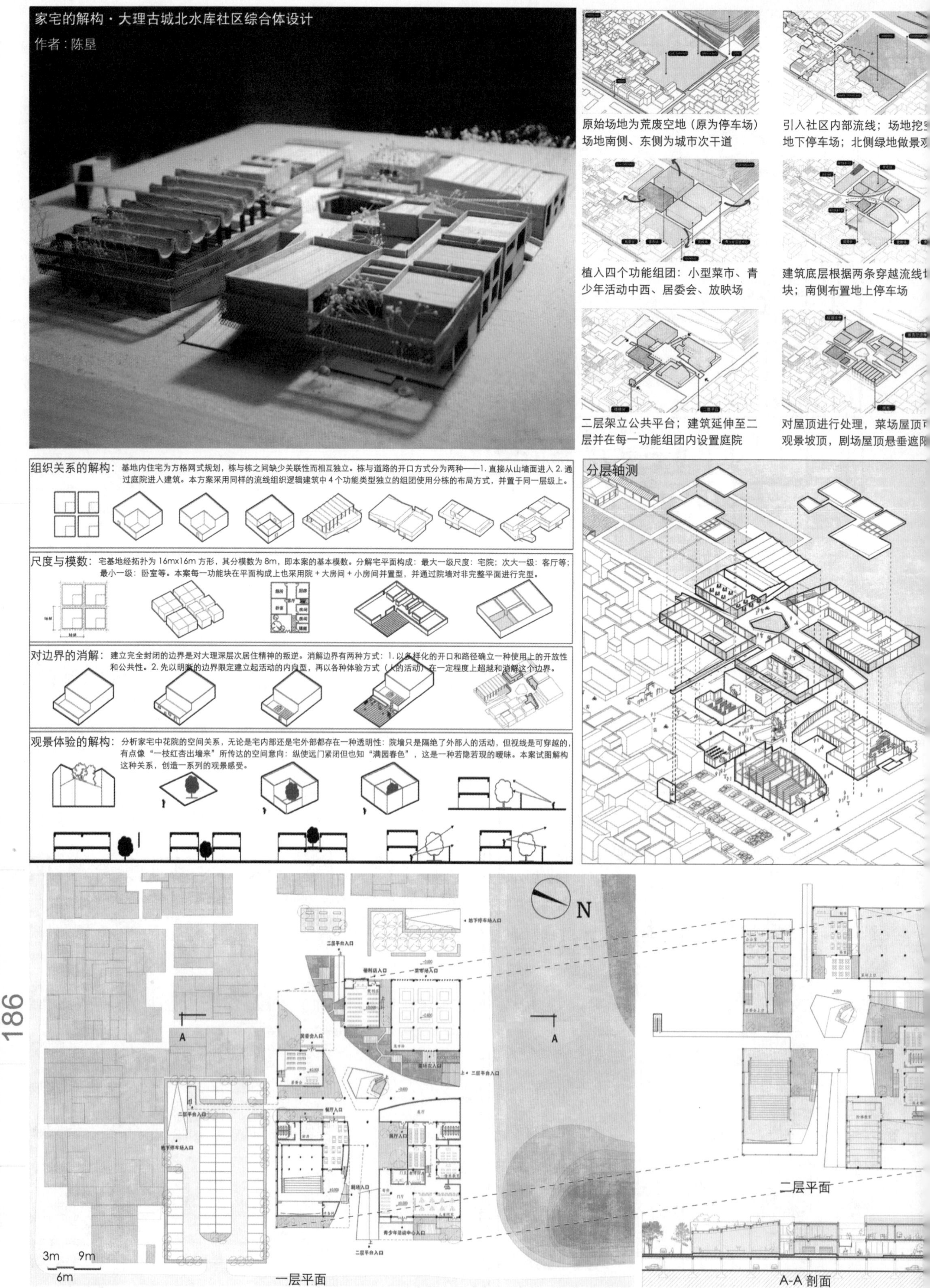
家宅的解构·大理古城北水库社区综合体设计
作者：陈垦
原始场地为荒废空地（原为停车场）场地南侧、东侧为城市次干道
引入社区内部流线；场地挖
地下停车场；北侧绿地做景观
植入四个功能组团：小型菜市、青少年活动中西、居委会、放映场
建筑底层根据两条穿越流线
块；南侧布置地上停车场
二层架立公共平台；建筑延伸至二层并在每一功能组团内设置庭院
对屋顶进行处理，菜场屋顶
观景坡顶，剧场屋顶悬垂遮
组织关系的解构：基地内住宅为方格网式规划，栋与栋之间缺少关联性而相互独立。栋与道路的开口方式分为两种——1. 直接从山墙面进入 2. 通过庭院进入建筑。本方案采用同样的流线组织逻辑建筑中 4 个功能类型独立的组团使用分栋的布局方式，并置于同一层级上。
尺度与模数：宅基地经拓扑为 16mx16m 方形，其分模数为 8m，即本案的基本模数。分解宅平面构成：最大一级尺度：宅院；次大一级：客厅等；最小一级：卧室等。本案每一功能块在平面构成上也采用院 + 大房间 + 小房间并置型，并通过院墙对非完整平面进行完型。
对边界的消解：建立完全封闭的边界是对大理深层次居住精神的叛逆。消解边界有两种方式：1. 以多样化的开口和路径确立一种使用上的开放性和公共性。2. 先以明晰的边界限定建立起活动的内向型，再以各种体验方式（人的活动）在一定程度上超越和消解这个边界。
观景体验的解构：分析家宅中花院的空间关系，无论是宅内部还是宅外部都存在一种透明性：院墙只是隔绝了外部人的活动，但视线是可穿越的，有点像“一枝红杏出墙来”所传达的空间意向：纵使远门紧闭但也知“满园春色”，这是一种若隐若现的暧昧。本案试图解构这种关系，创造一系列的观景感受。
分层轴测
N
A
A
3m 9m
6m
一层平面
二层平面
A-A 剖面

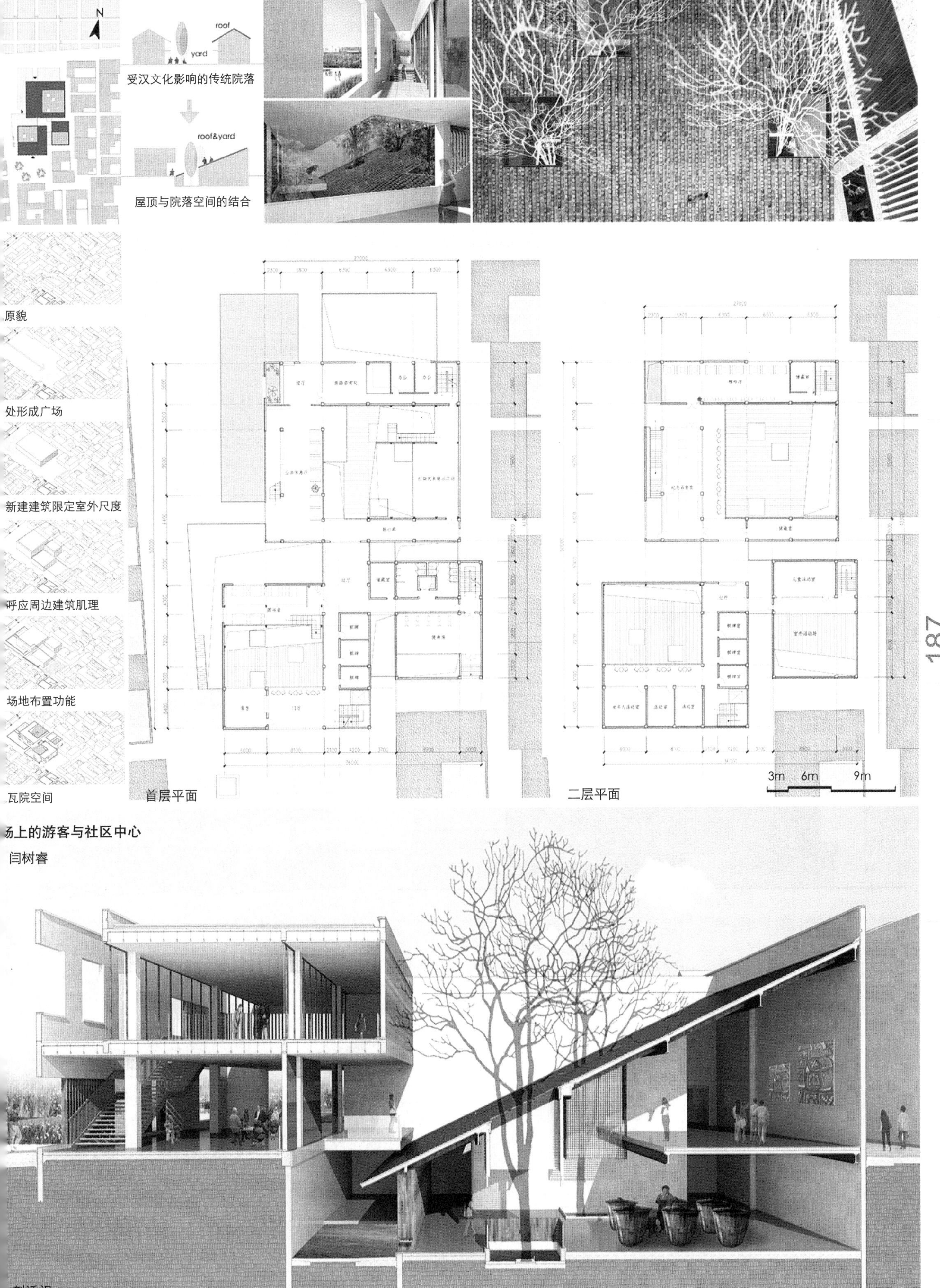
N
roof
yard
受汉文化影响的传统院落
roof&yard
屋顶与院落空间的结合
原貌
处形成广场
新建建筑限定室外尺度
呼应周边建筑肌理
场地布置功能
瓦院空间
首层平面
二层平面
3m
6m
9m
场上的游客与社区中心
闫树睿
剖透视

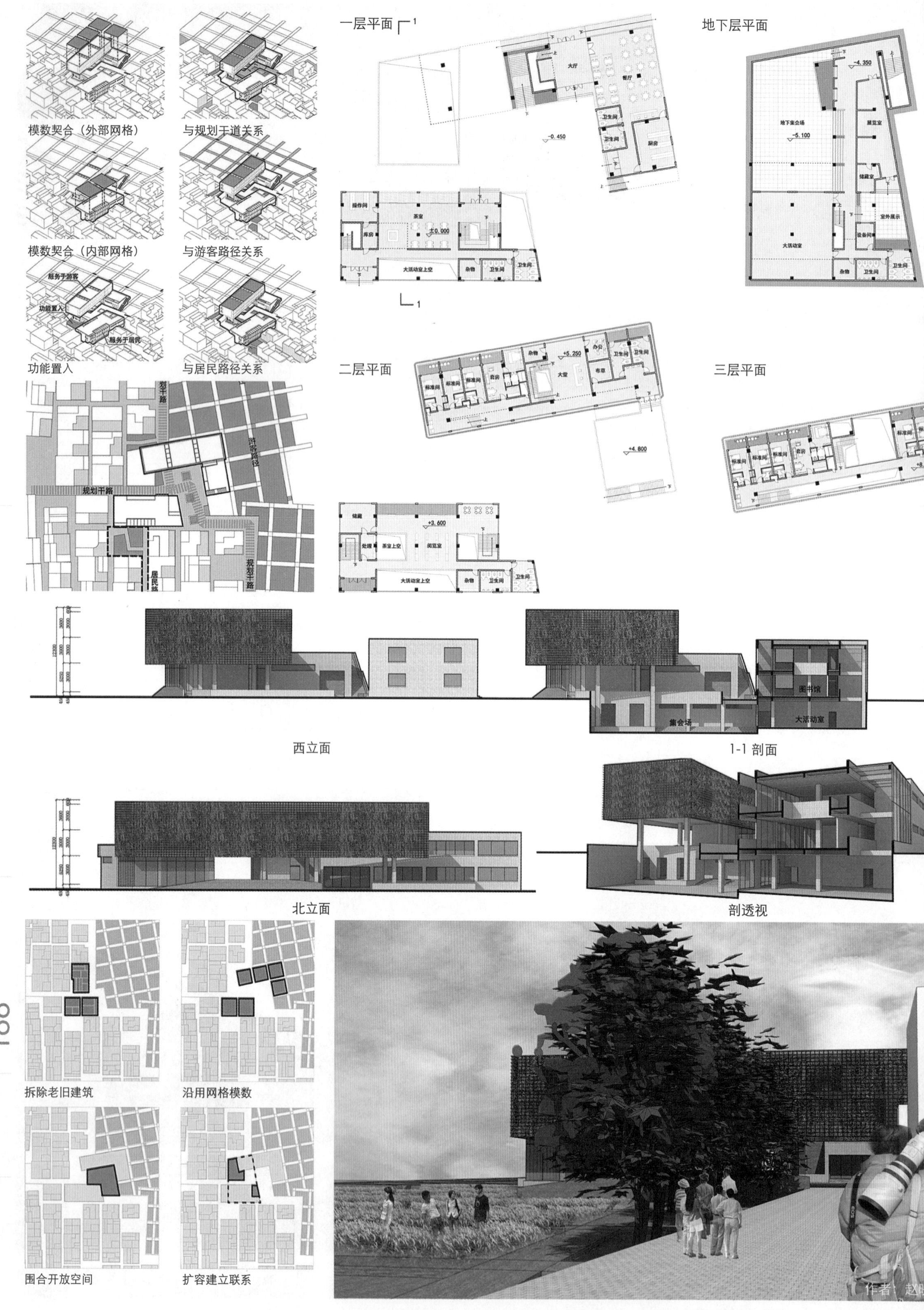

模数契合（外部网格）
与规划干道关系
模数契合（内部网格）
与游客路径关系
服务于游客
功能置入
服务于居民
功能置入
与居民路径关系
规划干路
游客路径
规划干路
居民路
一层平面
大厅
餐厅
卫生间
厨房
-0.450
操作间
茶室
库房
±0.000
大活动室上空
杂物
卫生间
地下层平面
-4.350
地下集会场
-5.100
展览室
储藏室
室外展示
大活动室
设备间
杂物
卫生间
二层平面
杂物
+5.250
办公
卫生间
标准间
套房
大堂
布草
+4.800
三层平面
标准间
套房
储藏
+3.600
处理
茶室上空
阅览室
大活动室上空
杂物
卫生间
西立面
1-1 剖面
图书馆
集会场
大活动室
北立面
剖透视
拆除老旧建筑
沿用网格模数
围合开放空间
扩容建立联系
作者：赵

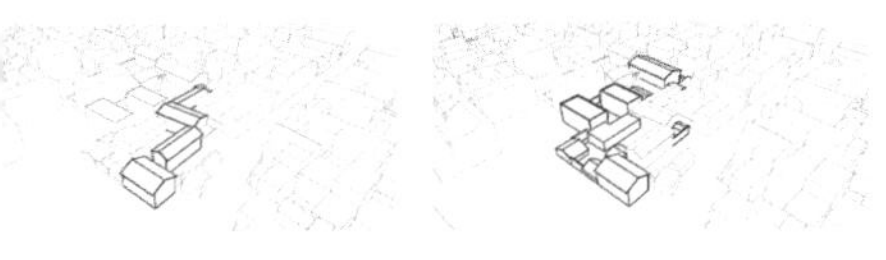

地内现存的传统风貌建筑　移除风貌差的老建筑和活动板房

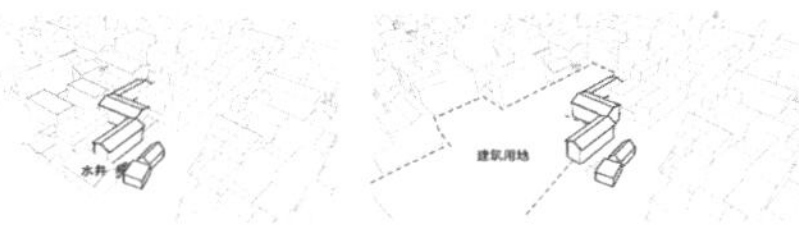

选取结构相对完好的建筑进行改建和功能置换

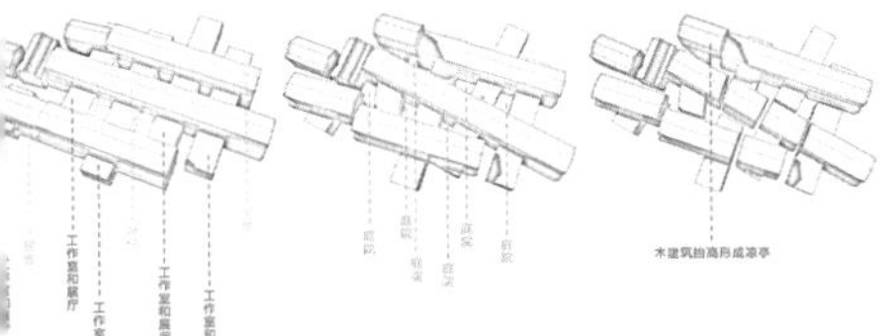

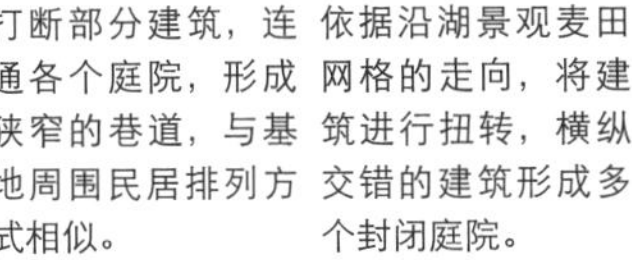

沿湖景观麦田的，建筑设计采用条状体量相互穿织的形态，呼应规划。

打断部分建筑，连通各个庭院，形成狭窄的巷道，与基地周围民居排列方式相似。

依据沿湖景观麦田网格的走向，将建筑进行扭转，横纵交错的建筑形成多个封闭庭院。

设计说明：

在位于住宅区的基地上设计一栋以居住功能为主，展示和工作为辅助功能的建筑，保证了居住舒适性的同时，满足了游离的艺术家们找到同类的愿望。

测

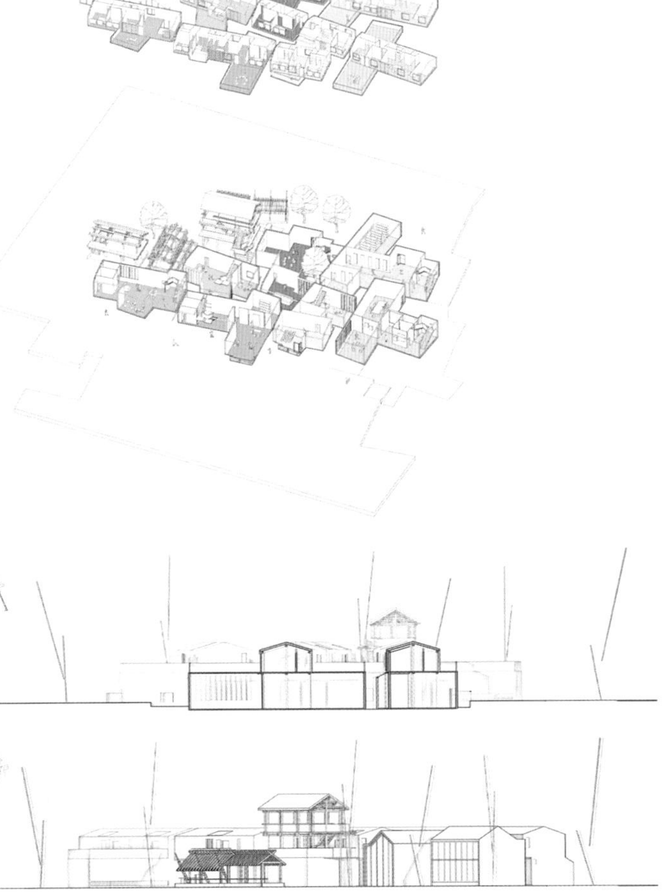

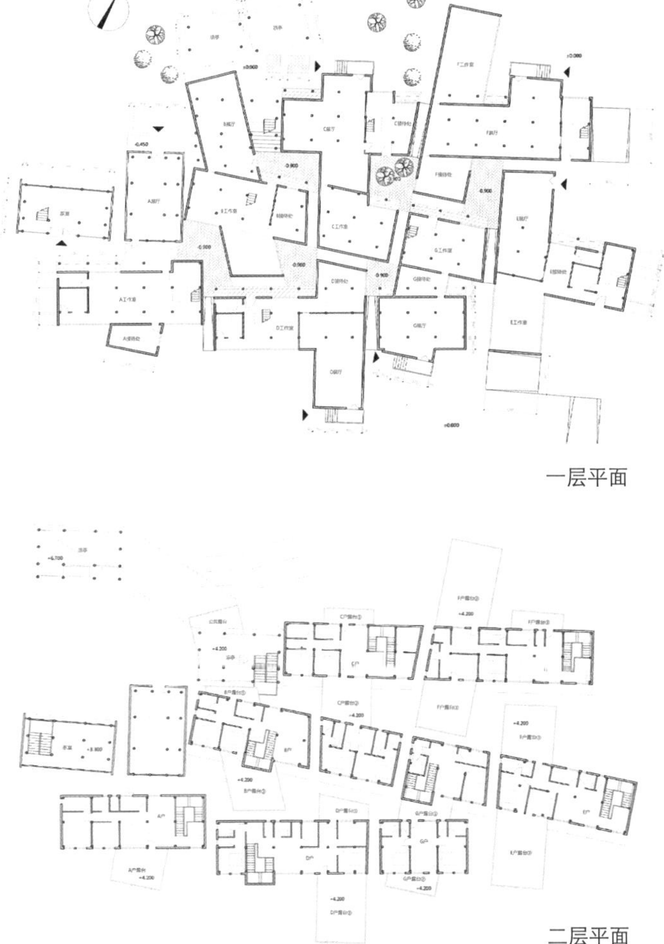

一层平面

二层平面

作者：钟尧

曲径通幽院

Winding homes

合肥工业大学
设计：孔维薇 / 岳阳 / 张宇卿
指导：苏剑鸣 / 刘阳 / 李早

曲径通幽院，湖光映花田
———云南大理古城北水库区域城市更新设计

停车场
街巷节点
社区节点
问题1：游客——交通流线在旅游旺季发生碰撞与冲突
VS
首先我们以游客的角度出发，感受一下大理旅游的实况……
旅游车把我们送到南门：
我们一路向北（或中间拐入小巷又拐回主路）然后到达北门：
开始我们向北，之后拐进了人民路到达了东门：
开始我们向北之后到达玉洱路，我们游览玉洱园后不知不觉的走到了叶渝路和玉洱路的交叉口……
然后，原路返回？
在淡季，我们可能感受不出来什么，
在旺季，原路返回的人流将会发生什么……
“激烈的流线碰撞”
问题2：居民——传统工艺难以延续与展示
然后我们以北水库周边居民的角度出发，发现问题……
曾经：我们是居住在周边的村民，以农业种植为生，
有的家庭出租了自己的房屋，自己搬到了新城下关；
有的家庭改造了自家的房屋，变身为客栈商住；
有的家庭由于失去了自己的农田，所以就在自家种一小片菜地，自给自销……
那么，未来呢？
离开古城的人们的后代还会大理的传统手工艺吗？
还在古城的人们，他们该以什么为生计来源……
“传统手工艺难以延续”
问题3：居民——基本生活建筑空间质量问题
公共空间缺失
1. 水库不可达
2. 街巷无节点
3. 社区公建不完善
基础设施不完善
1. 停车用地不足
2. 垃圾处理
3. 无公厕
地域特色丧失
1. 建筑风貌：乱搭建
2. 空间特质：街巷院
3. 节日活动缺乏场所
“生活建筑空间品质”

评语：

大理是著名的历史文化名城，同时又是旅游热点地区，导致在城市建设与发展中存在着诸多复杂而又独特的问题与矛盾，诸如社会经济发展与历史文化名城的保护之间的矛盾、原住民、“新居民”与游客的各自不同需求之间的矛盾等等。该设计在城市设计层面上针对这些问题，分别在城市层面、社区层面、邻里层面提出一系列解决对策。在城市层面，通过在北水库与该区域原有住区之间设置特色农业景观带，不仅协调了北水库与城市住区之间的生态景观与空间形态关系，同时解放了原来较为封闭的北水库区域将其变成富有民族与地域特色的城市公共场所；在社区层面，通过整合设立乐活集市、社区活动中心、乡建培训中心等一系列公共空间，改善了原有住区中公共空间缺失、公共设施不足、住区特色不足等问题，并很好协调了居民与游客各自的不同需求之间的矛盾，达到多方共赢的设计目标；在微观的邻里层面，通过对于部分街巷空间的微改造提升了街道空间与居民的日常生活的品质。总体而言，这是一份浪漫富有想象力而又具有现实可行性的设计方案。

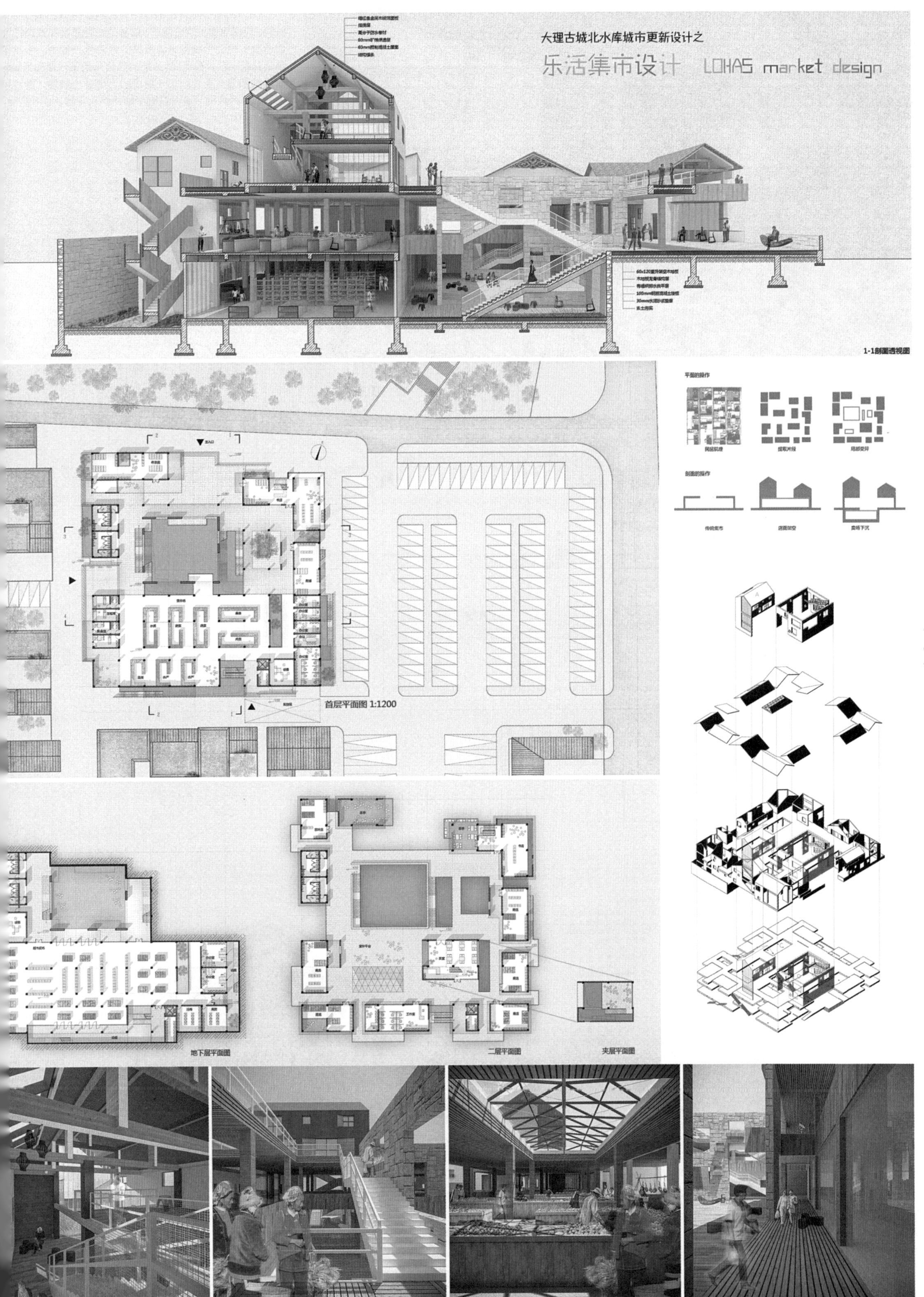

大理古城北水库城市更新设计之
乐活集市设计 LOHAS market design
1-1剖面透视图
首层平面图 1:1200
平面的操作
剖面的操作
地下层平面图
二层平面图
夹层平面图

191

为了防止当地传统的建造方式继续没落，设立一个机构，传授当地的建造技艺，倡导地域性建设和改造行为创造就业机会，提高当地居民的经济生产能力。乡建培由三栋院宅改扩建而成。改造的部分采用干作业和预制的新建的部分将基础施工开挖出的土壤夯土成墙，并利用旧建筑时回收的砖块，在夯土墙外砌筑花墙，保护夯土。

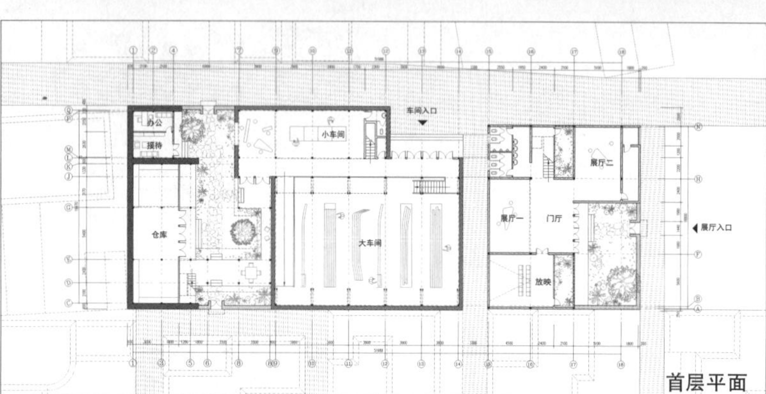

首层平面

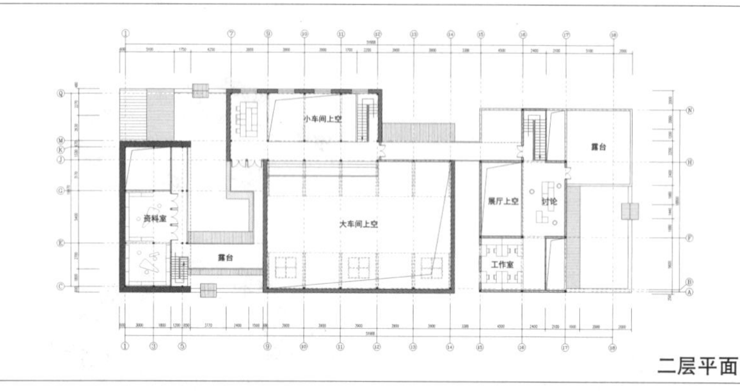

二层平面

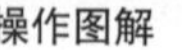

操作图解

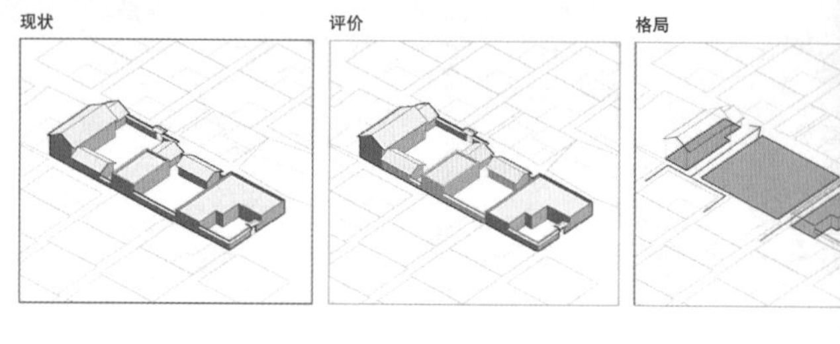

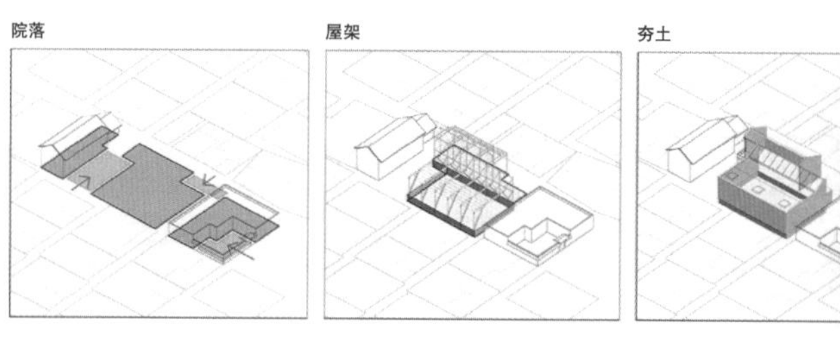

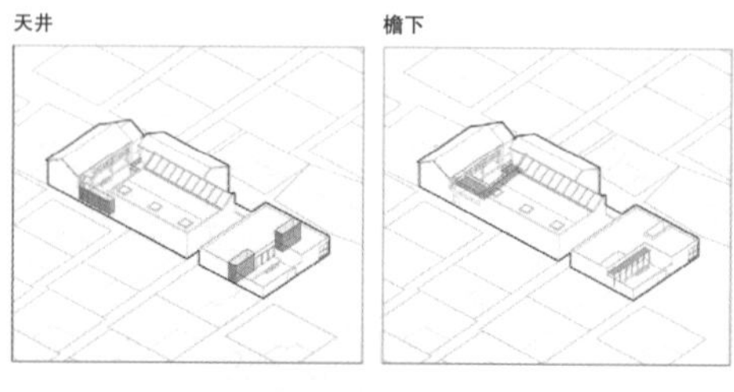

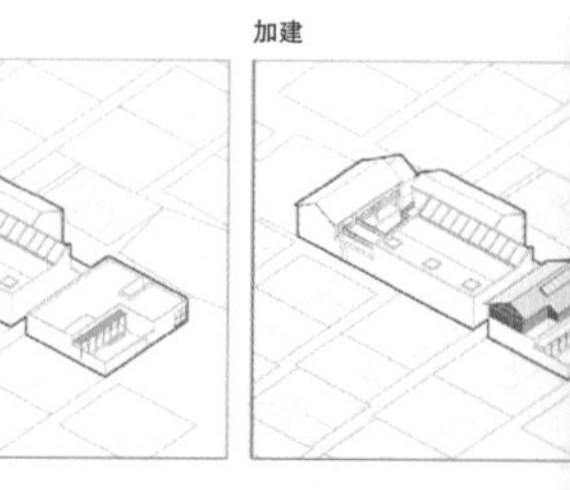

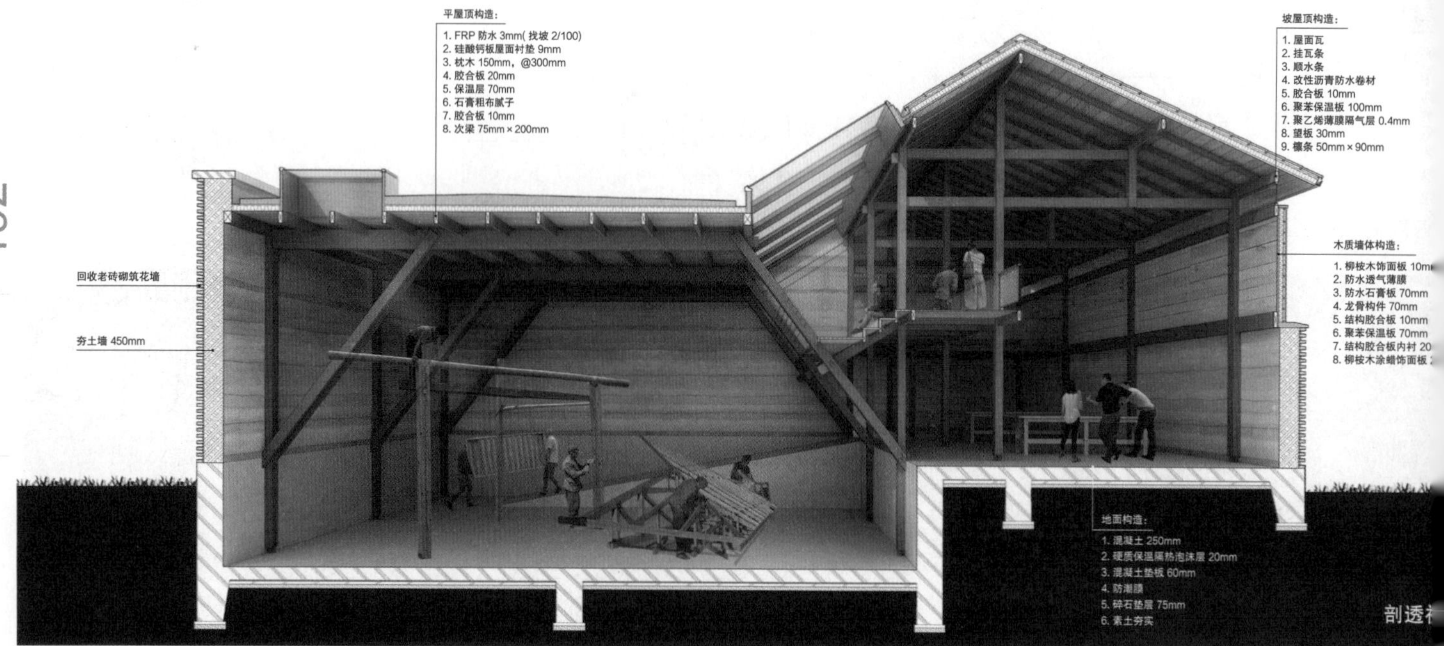

剖透

散亭——扎染技艺体验式工坊设计

操作图解

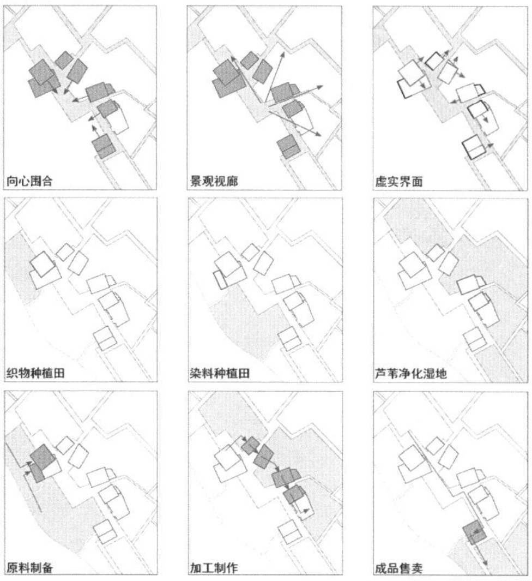

向心围合

景观视廊

虚实界面

织物种植田

染料种植田

芦苇净化湿地

原料制备

加工制作

成品售卖

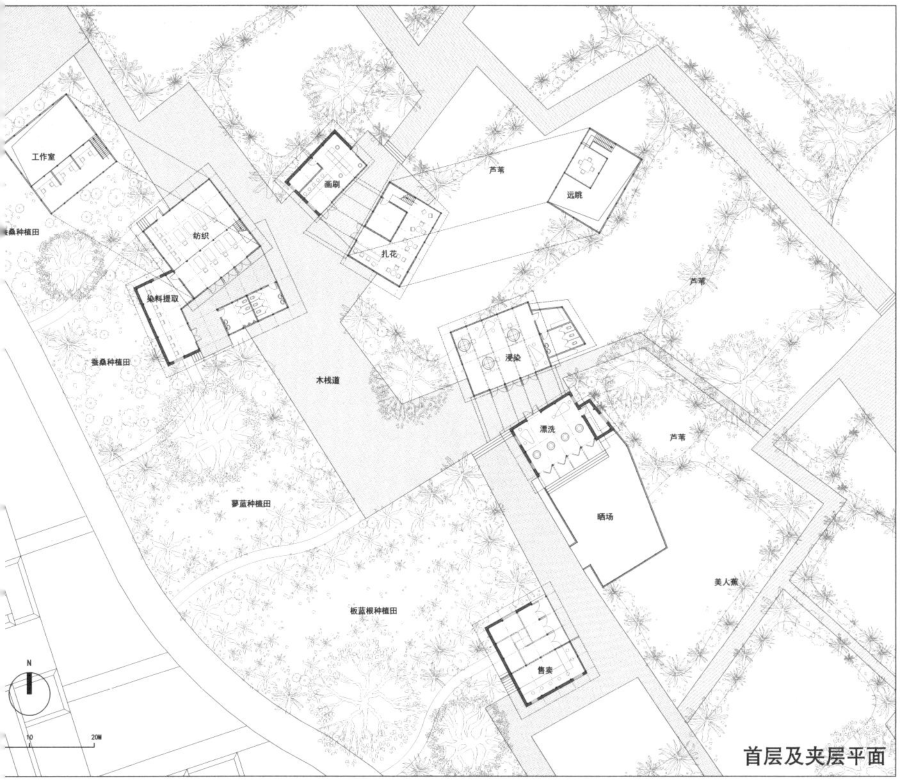

工作室

蚕桑种植田

纺织

染料提取

画刷

扎花

芦苇

远眺

木栈道

浸染

漂洗

晒场

蓼蓝种植田

板蓝根种植田

美人蕉

售卖

N

10 20M

首层及夹层平面

工艺流程

工序一：原料制备

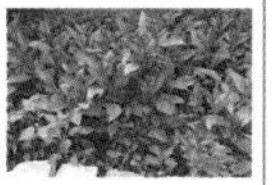

在该单元两侧种植苎麻和板蓝根，用于布料纺织和染料提取，兼顾储藏功能。

该空间选择石墙外围护，可防止西晒、抵御强风，但由于考虑染料提取过程中的浸泡腐蚀等步骤可能会产生刺激性气味，需设置高窗通风换气。

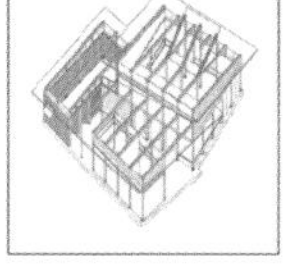

工序二：织布

在该单元主要有两种行为发生：手工纺织和产品设计。

由于考虑织布机的尺寸较高，所以内部空间为设计人员增设夹层，通高部分为织布所用；为减少夹层空间的压抑感，增设天窗，打开北部视野。

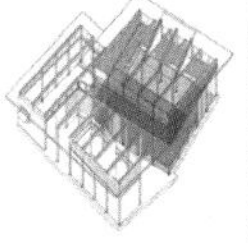

工序三：画刷

在该单元主要是将手工编扎的图案通过事先在布料上覆盖一层带有小孔的塑料布，用植物染料将图案印刷到布料上，以便于大批量重复呈现某一图案。

由于考虑到为了放置布匹的长桌，室内空间较为完整和家具布置也较为简单。

工序四：扎花

该单元主要是由当地工匠进行图案缝扎以及对参与体验的外来游客进行手工指导的教学空间。

由于功能对光线要求较高，因此打开东南角部景观，并增设夹层休息空间，以便工匠休息放松眼睛。

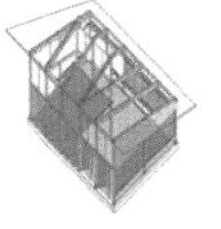

工序五：浸染

在该单元主要有两种浸染方式：冷染和热染，染缸直径达一米多，考虑到散热问题，空间需要通风良好。

为了方便工匠对颜色的把控，尽可能采用自然光，所以利用屋顶增设采光井向北采光，改善室内空间的光线。

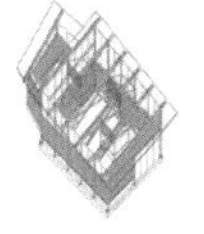

工序六：漂洗晾晒

该单元主要是将浸染后的布料进行浸泡漂洗，以及后续的拆线、漂洗、甩干、碾平，晾晒等步骤。

在封闭的石墙体量内利用多扇折叠门打造一个较为开敞的空间与晒场相连通，晒场中悬挂的布匹成为景观驻足点。

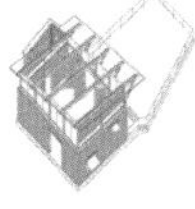

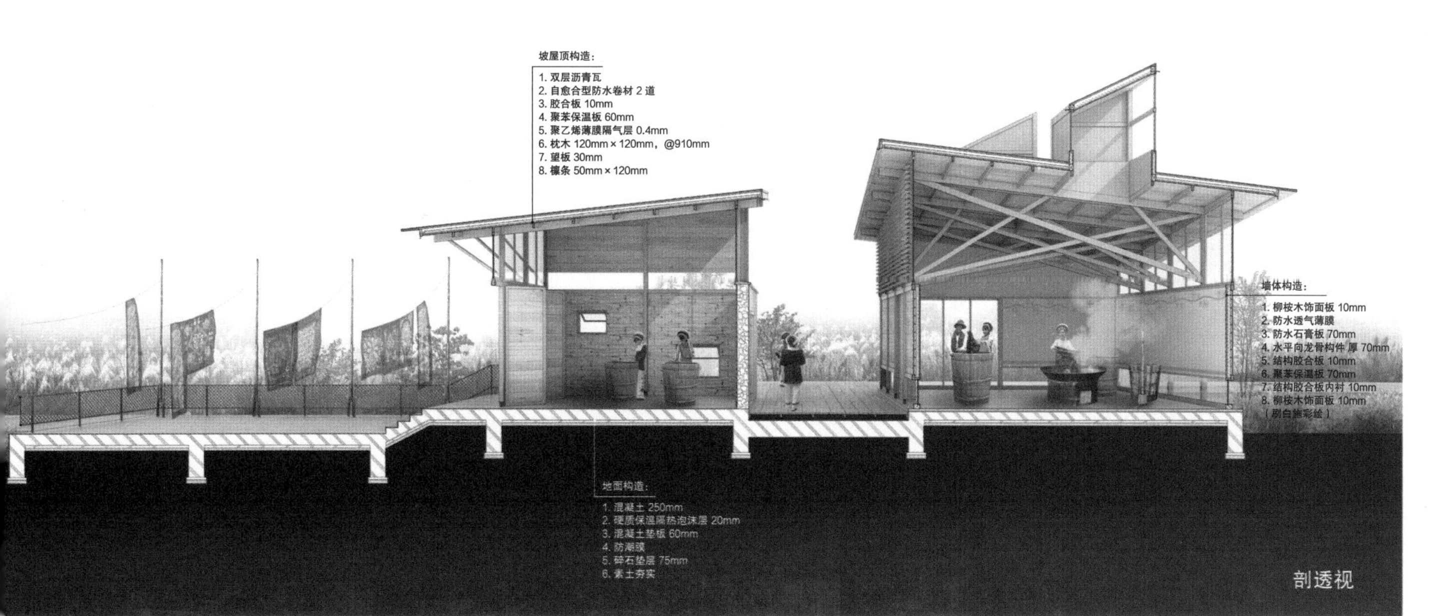

新院·旧院　大理古城北水库城市更新设计

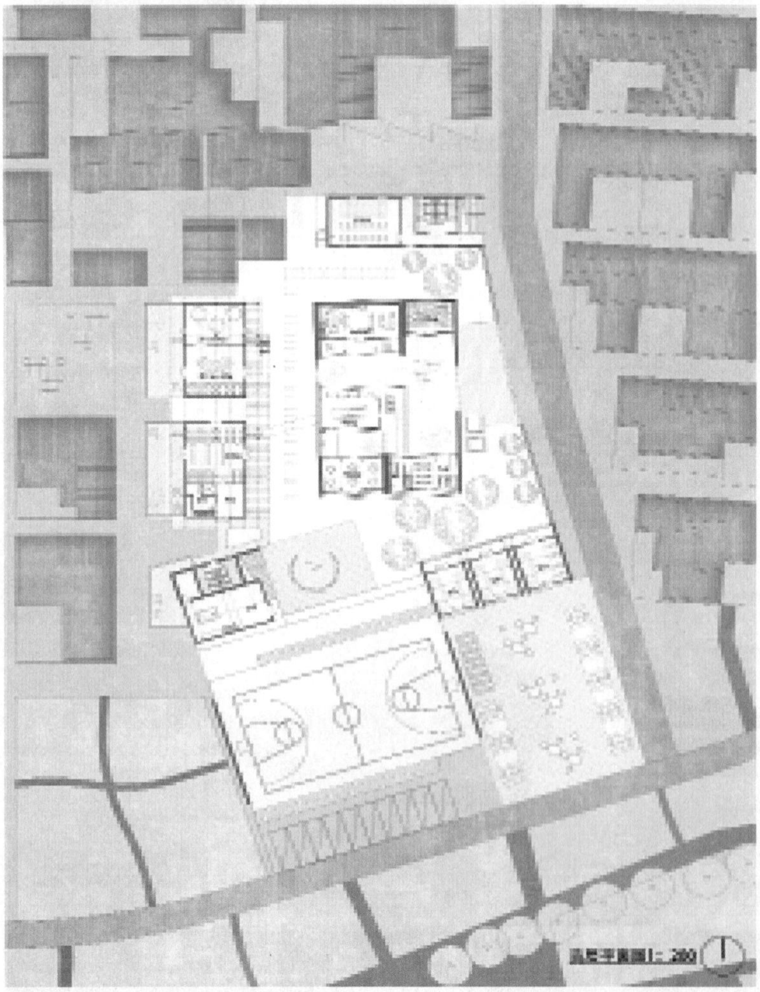

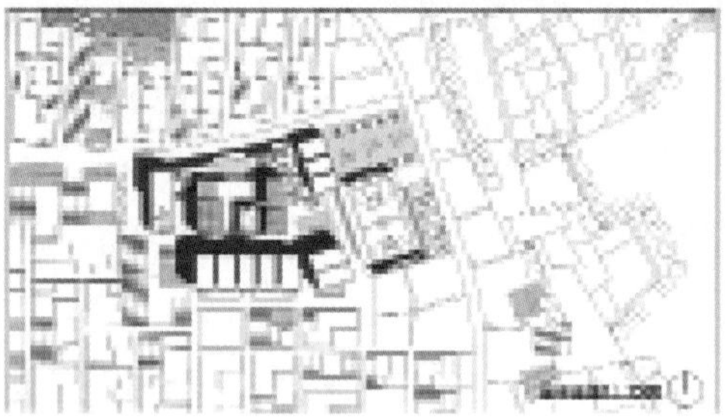

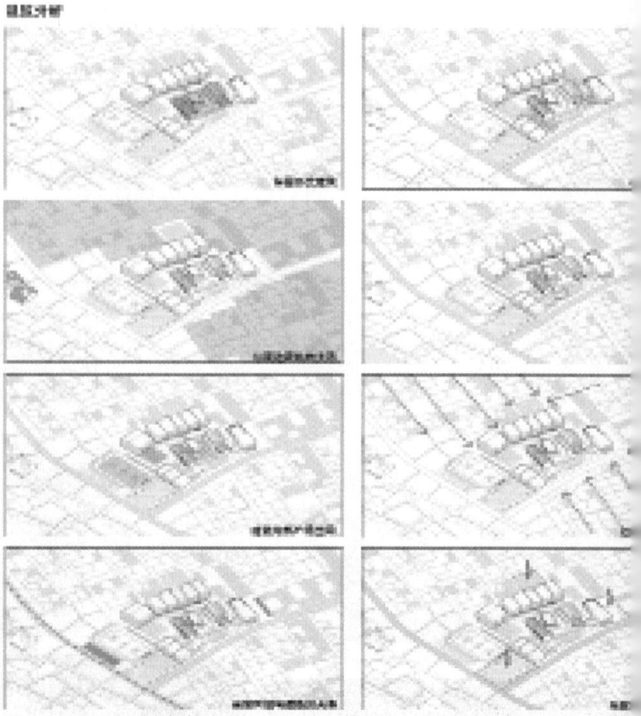

新院·旧院 大理古城北水库城市更新设计

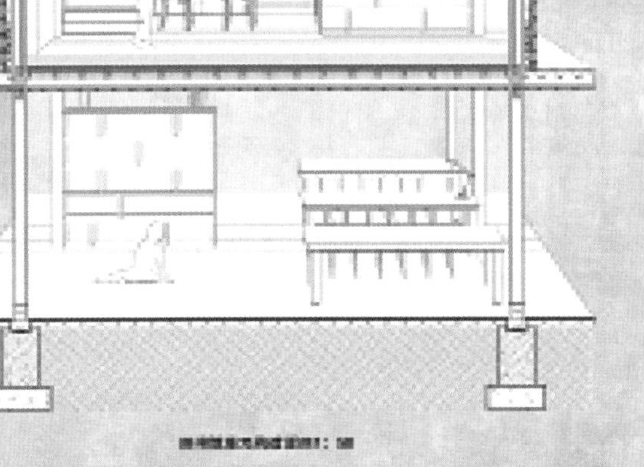

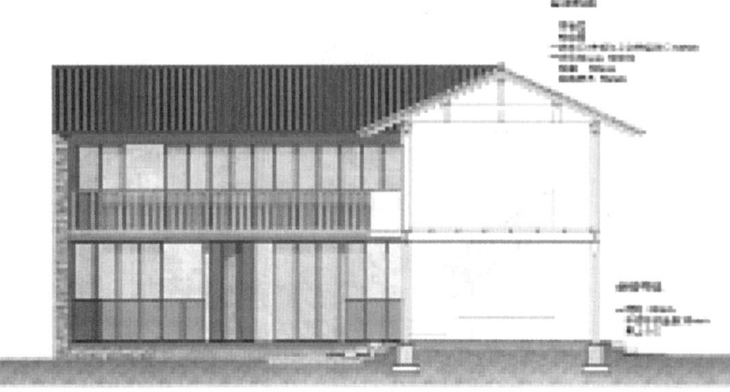

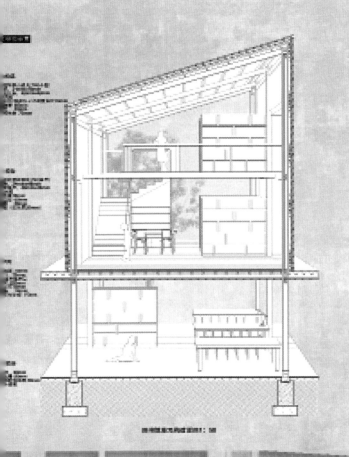

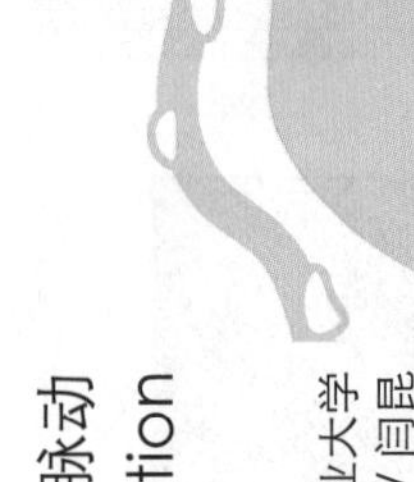

脉动 Pulsation

合肥工业大学
设计：江龙 / 李莎 / 闫昆
指导：刘阳 / 苏剑鸣 / 李早

基地与古城的关系

基地与周边的关系

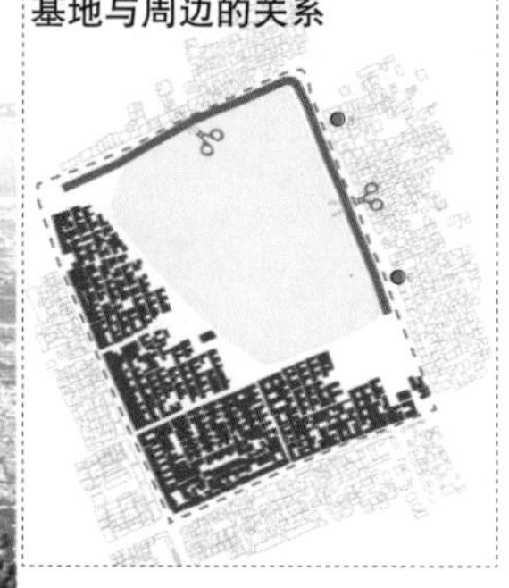

基地图底关系

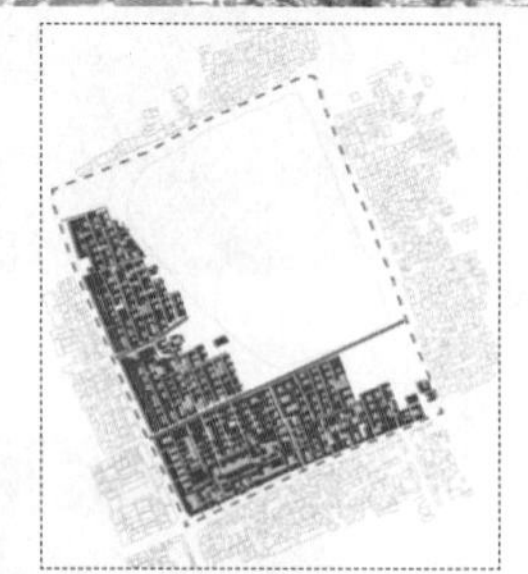

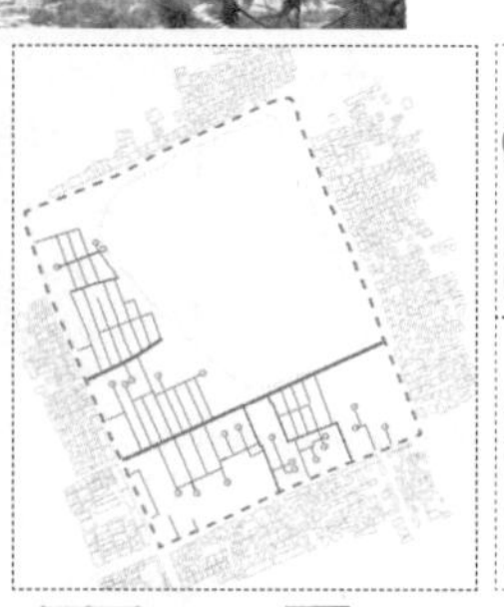

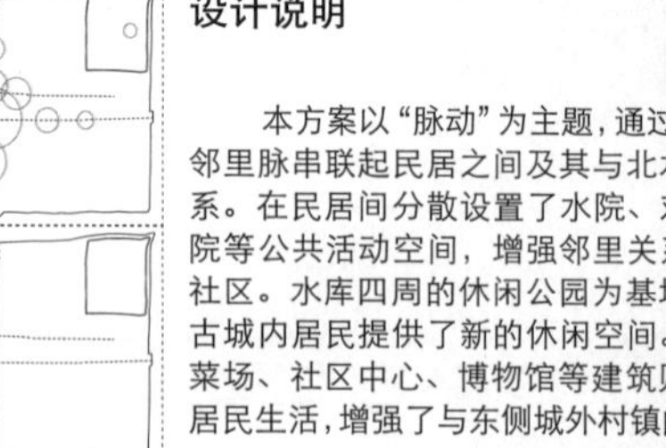

设计说明

本方案以“脉动”为主题，通过仆邻里脉串联起民居之间及其与北水系。在民居间分散设置了水院、戏院等公共活动空间，增强邻里关系社区。水库四周的休闲公园为基地古城内居民提供了新的休闲空间。菜场、社区中心、博物馆等建筑则居民生活，增强了与东侧城外村镇的

规划总平面

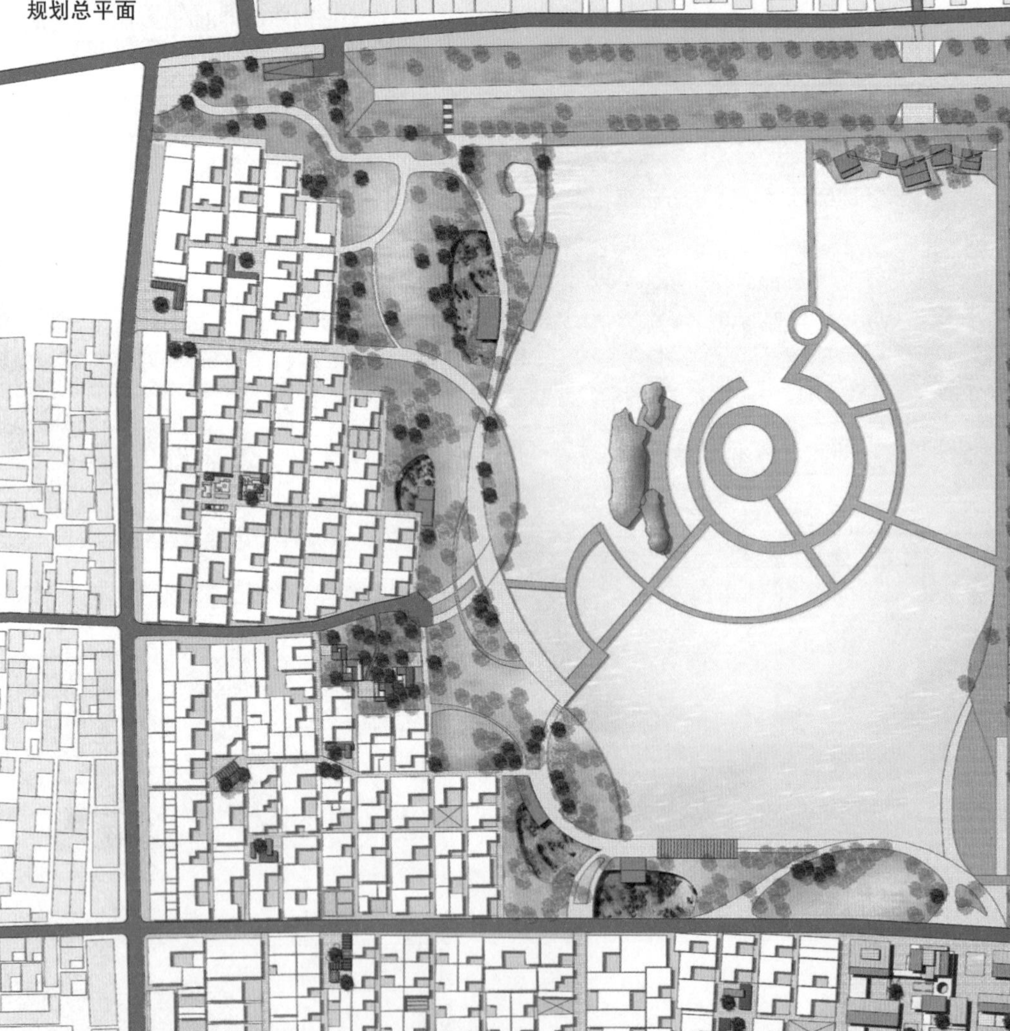

评语：

该规划设计对城市化进程中，如何解决古城保护和城市发展之间矛盾进行了有益的尝试。在实地调研分析的基础上，关注大理古城北水库区域周边居住人群的生活，提出“脉动”概念，“脉”是古城文脉，“动”指城市发展。方案从生活、邻里、休闲等方面着手，采用了保留、改造、拆除、新建的方式，以完善生活设施，优化外部公共空间，增进邻里关系，激发区域活力，并提升城市品质。三位同学依此为依据展开单体设计，探讨了社区活动中心、集市、展览馆等建筑的空间演变模式，单体与规划相辅相成，深入连贯。

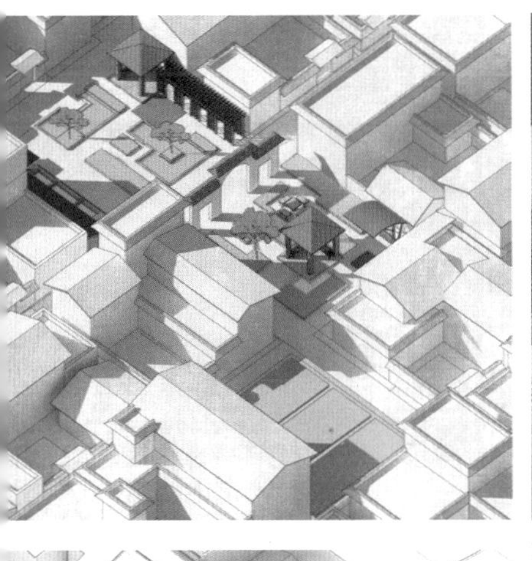

地下车库节点

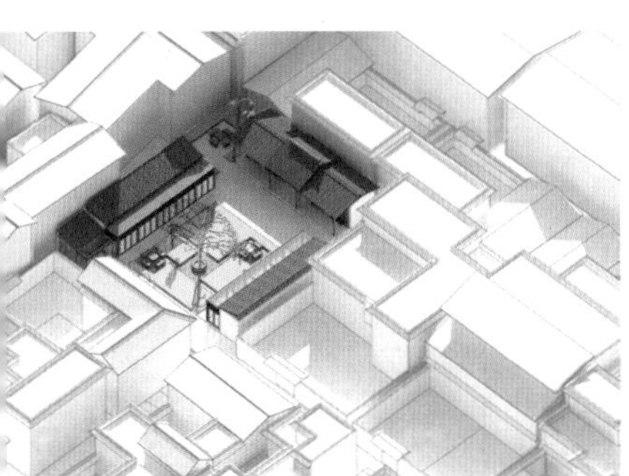

台阶看台节点

垂钓平台节点

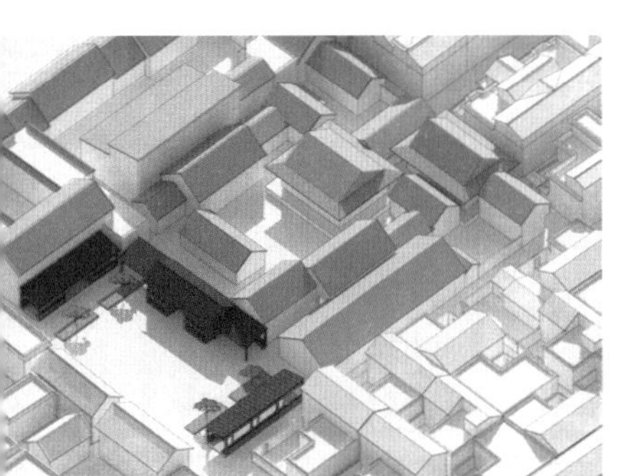

停车现状

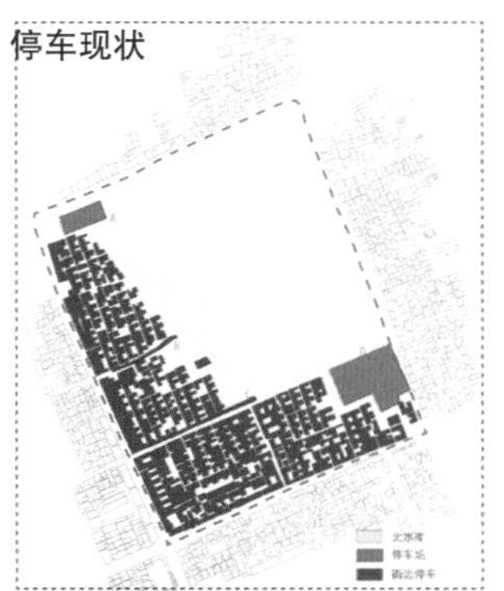

公共服务

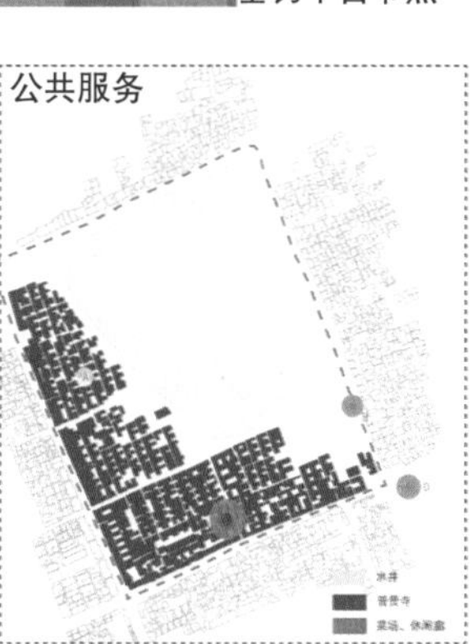

197

策略

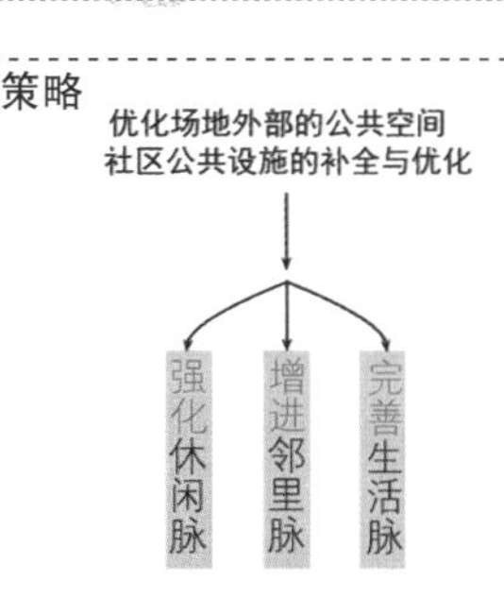

1. 拆除大理之眼的桁架和建筑，保留舞台和部分巨石

4. 置入功能，在北侧和东侧古城墙堤坝内新建茶室、儿童游乐山洞等

2. 重塑岸线，将西侧和南侧的堤坝降低，土方回填，使堤坝顶和住区道路等高

3. 规划环湖路，连接舞台，增加水面的可达性

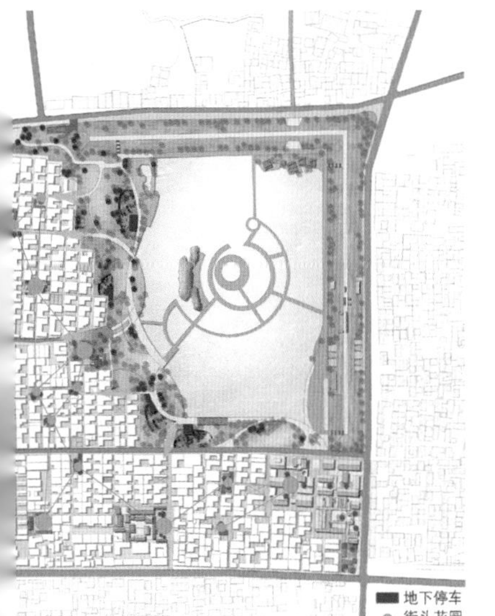

休闲脉

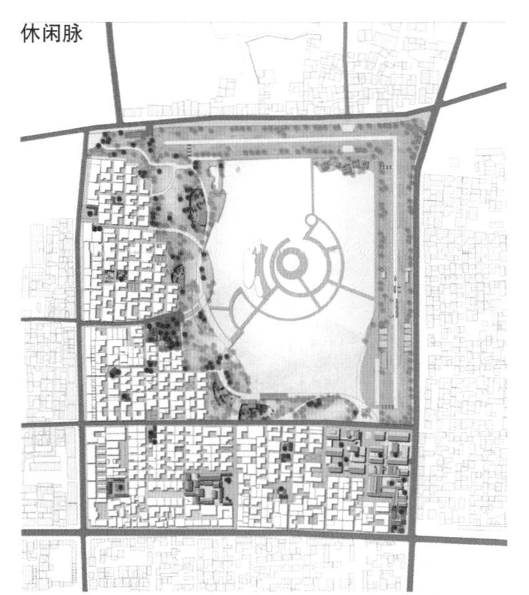

生活脉

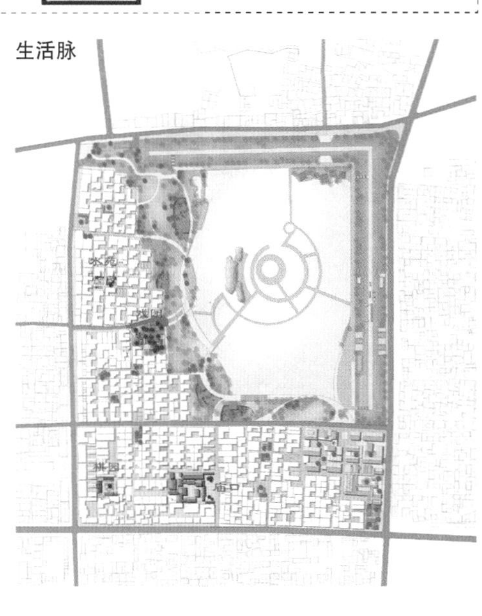

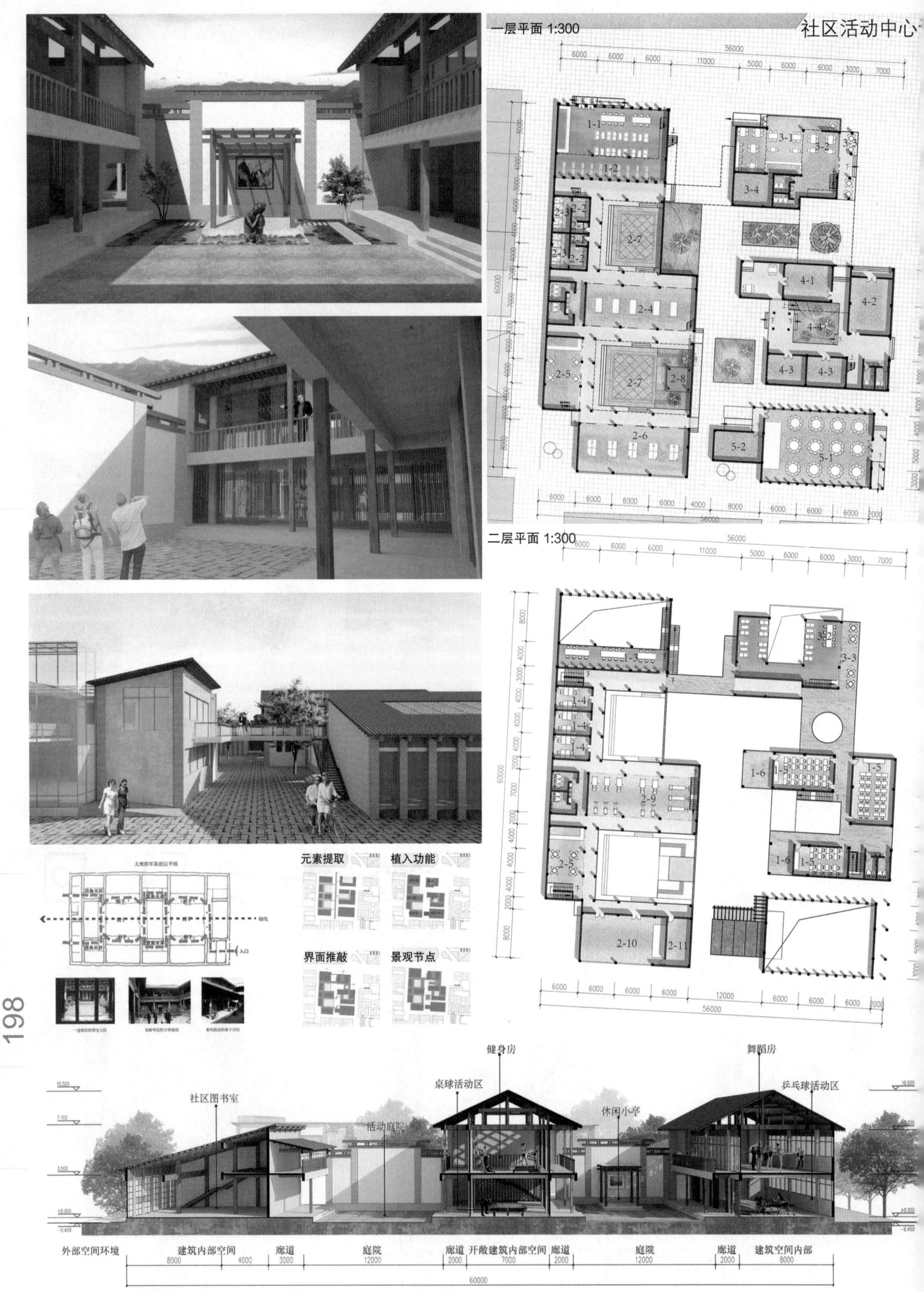
社区活动中心
一层平面 1:300
二层平面 1:300
元素提取
植入功能
界面推敲
景观节点
健身房
舞蹈房
桌球活动区
乒乓球活动区
社区图书室
休闲小亭
活动庭院
外部空间环境
建筑内部空间
廊道
庭院
廊道
开敞建筑内部空间
廊道
庭院
廊道
建筑空间内部
60000

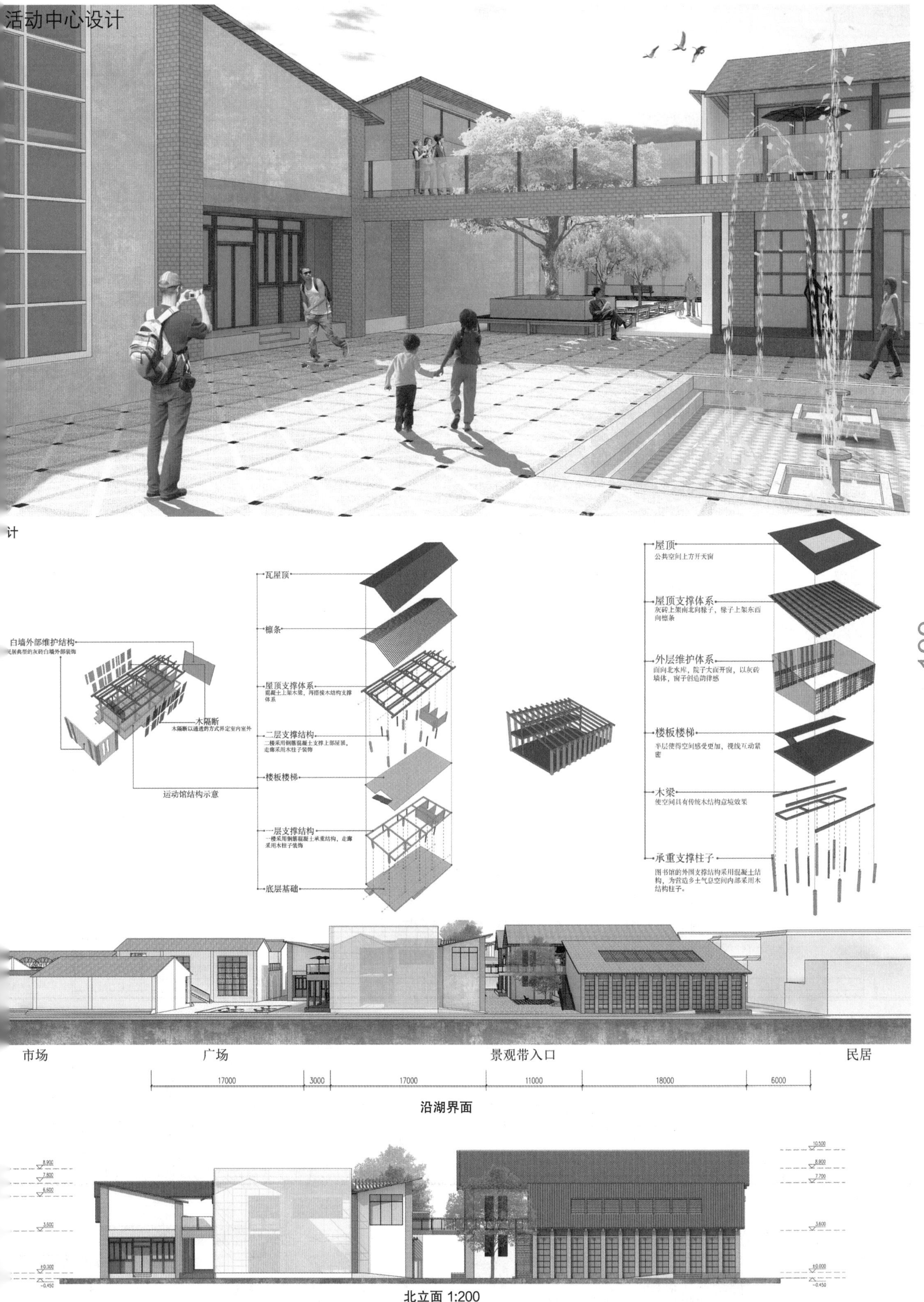
活动中心设计
计
白墙外部维护结构
民居典型的灰砖白墙外部装饰
木隔断
木隔断以通透的方式界定室内室外
运动馆结构示意
瓦屋顶
檩条
屋顶支撑体系
混凝土上架木梁，再搭接木结构支撑体系
二层支撑结构
二楼采用钢筋混凝土支撑上部屋顶，走廊采用木柱子装饰
楼板楼梯
一层支撑结构
一楼采用钢筋混凝土承重结构，走廊采用木柱子装饰
底层基础
屋顶
公共空间上方开天窗
屋顶支撑体系
灰砖上架南北向椽子，椽子上架东西向檩条
外层维护体系
面向北水库，院子大面开窗，以灰砖墙体，窗子创造韵律感
楼板楼梯
半层使得空间感受更加，视线互动紧密
木梁
使空间具有传统木结构意境效果
承重支撑柱子
图书馆的外围支撑结构采用混凝土结构，为营造乡土气息空间内部采用木结构柱子。
市场
广场
景观带入口
民居
17000
3000
17000
11000
18000
6000
沿湖界面
8.900
7.800
6.600
3.600
±0.000
-0.450
10.500
8.900
7.700
3.600
±0.000
-0.450
北立面 1:200

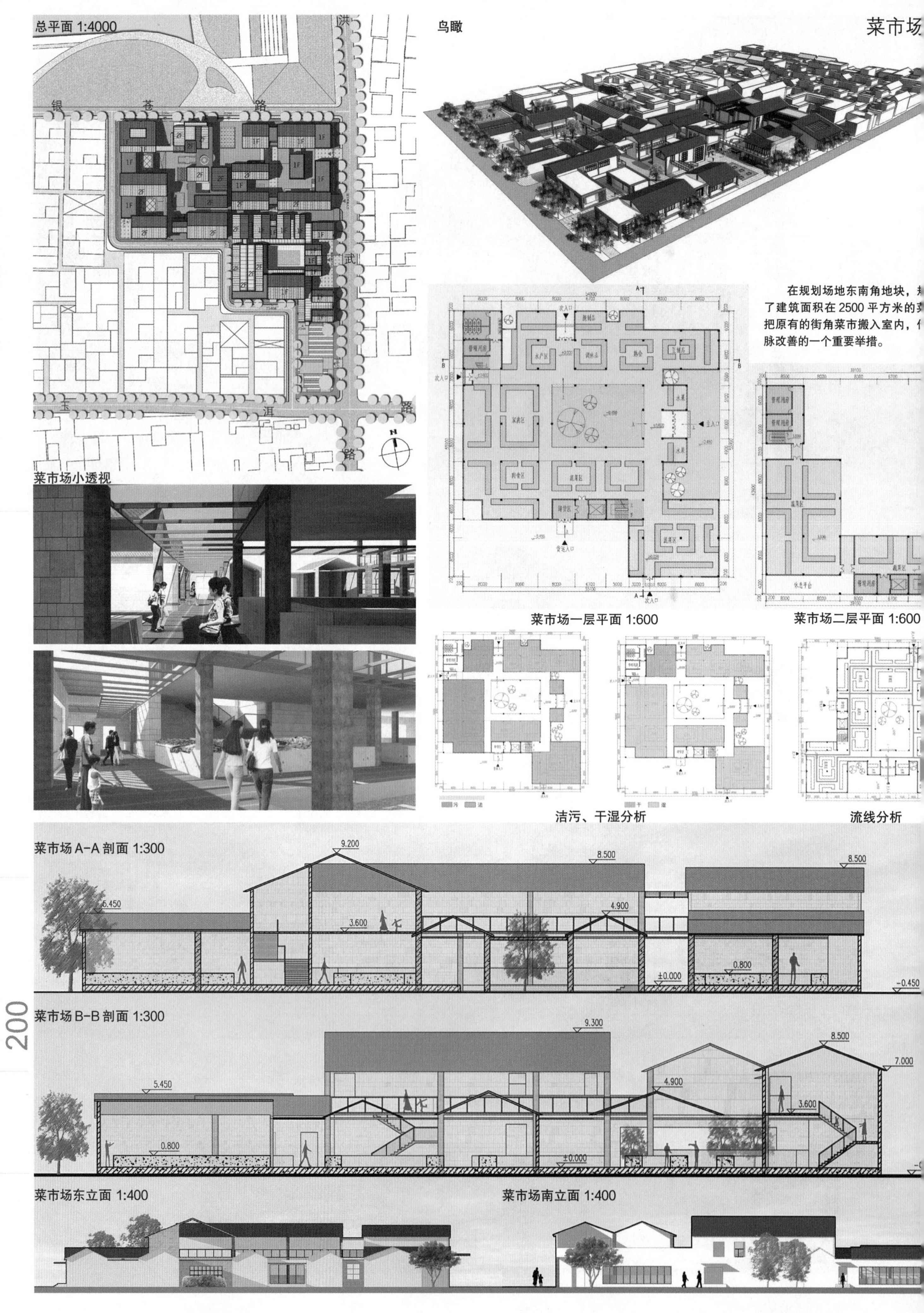

菜市场
总平面 1:4000
银苍路
洪武路
玉洱路
鸟瞰
在规划场地东南角地块，
了建筑面积在 2500 平方米的
把原有的街角菜市搬入室内，
脉改善的一个重要举措。
菜市场小透视
菜市场一层平面 1:600
菜市场二层平面 1:600
洁污、干湿分析
流线分析
菜市场 A-A 剖面 1:300
9.200
8.500
8.500
5.450
4.900
3.600
0.800
±0.000
-0.450
菜市场 B-B 剖面 1:300
9.300
8.500
7.000
5.450
4.900
3.600
0.800
±0.000
菜市场东立面 1:400
菜市场南立面 1:400

结构分解图

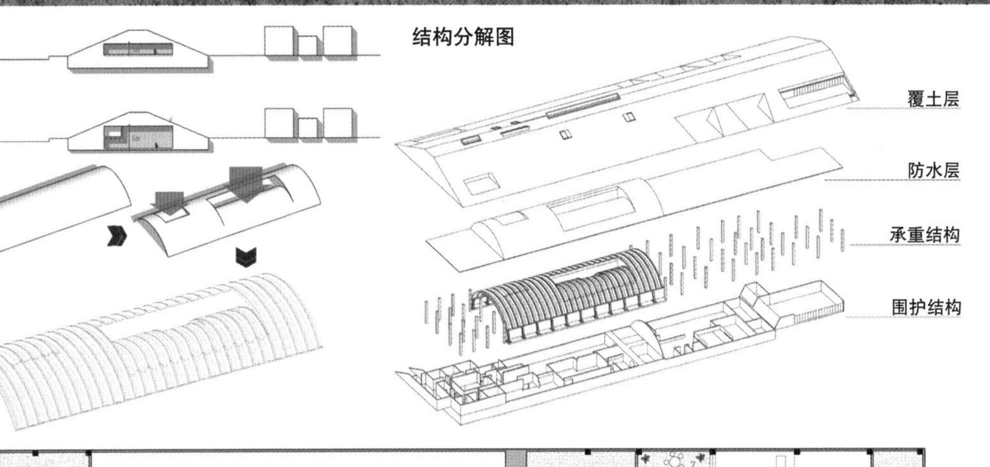

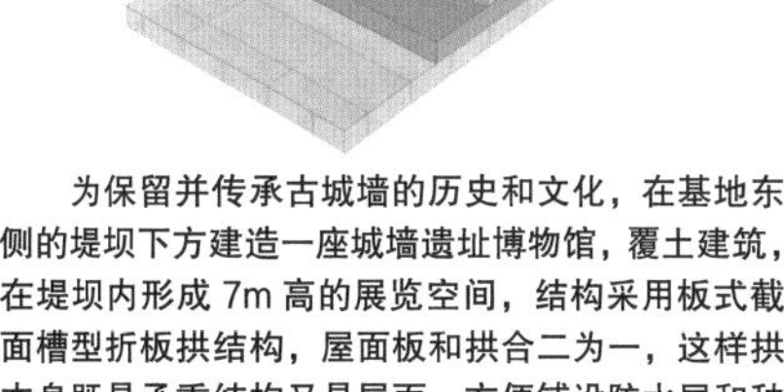

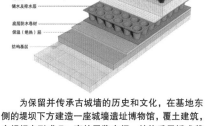

为保留并传承古城墙的历史和文化，在基地东侧的堤坝下方建造一座城墙遗址博物馆，覆土建筑，在堤坝内形成 7m 高的展览空间，结构采用板式截面槽型折板拱结构，屋面板和拱合二为一，这样拱本身既是承重结构又是屋面，方便铺设防水层和种植植被。

1 博物馆入口
2 服务台
3 消防室
4 变配电室
5 保安
6 值班
7 接待
8 展区入口
9 展区一（前厅）
10 展区二（城墙遗址区）
11 休息平台
12 图书资料室
13 小放映室
14 展区三
15 展区四
16 纪念品销售
17 展区出口
18 工作人员入口
19 自行车停放处
20 办公室
21 会议室
22 库藏
23 茶室

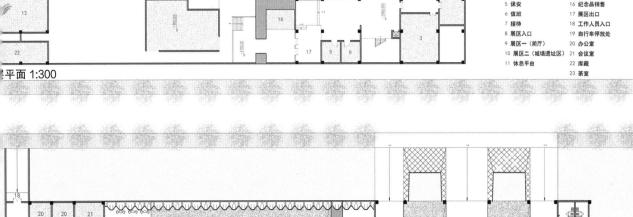

层平面 1:300

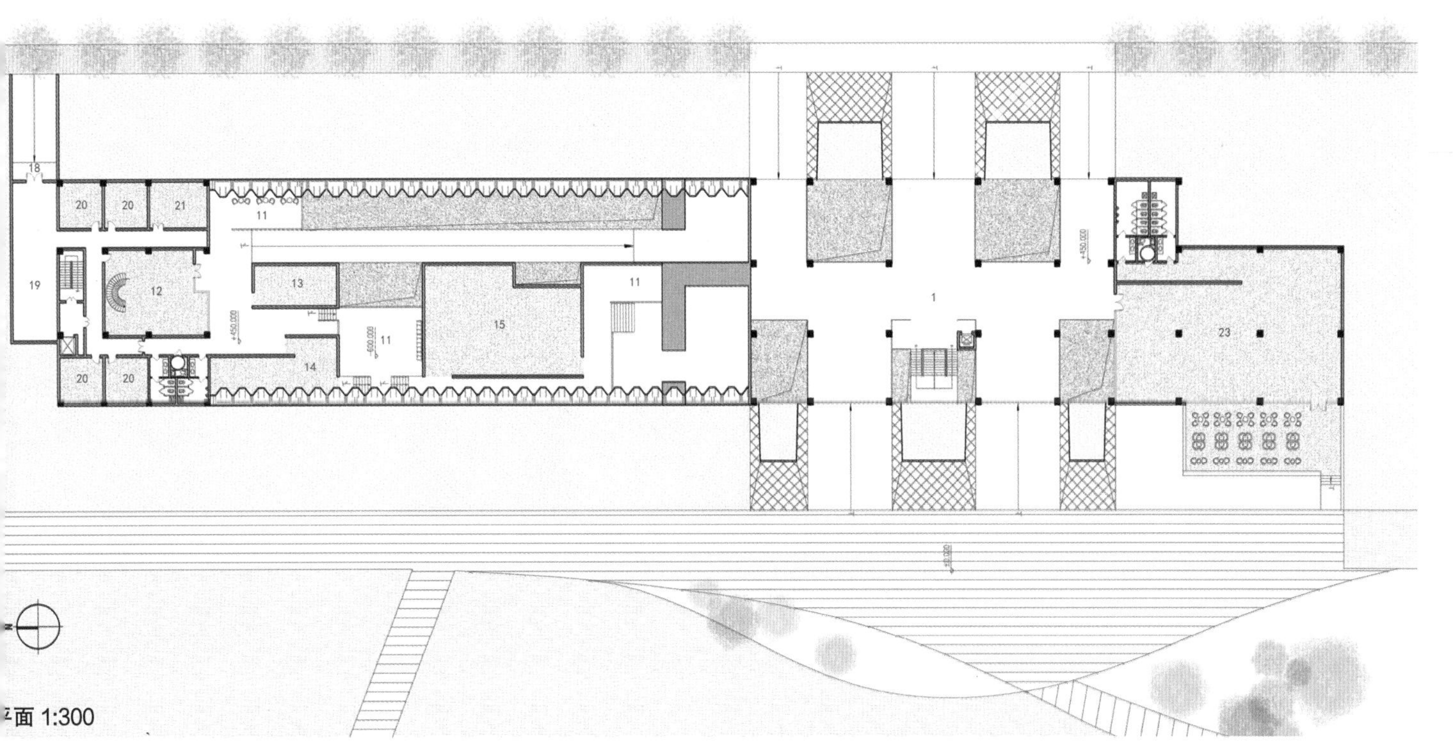

面 1:300

昆明理工大学
KUNMING UNIVERSITY OF SCIENCE AND TECHNOLOGY

翟辉

张欣雁

陈力

董珏

潘雪梅

设计题目：

隐城·隐市

A Village About and Me

设计题目：

筑桥，造林 & 田园生活

Bridge, Forest & Rurality

郭骏超

祁祺

王策

查竹君

於超奇

曹佳伟

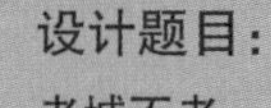

设计题目：

老城不老

Old City Is Not Old

桑蓉棋

王润义

常影

设计题目：

自发式交流——城市活力发生器设计

Spontaneous Community ——City Energy Generator Design

隐城 · 隐市

A Village About and Me

设计：陈力 / 董珏 / 潘雪梅　昆明理工大学

指导：翟辉 / 张欣雁

历史脉络

公元109年—739年　大厘城
公元739年—779年　太和城
公元779年—1253年　阳苴咩城
1382年至新中国成立　明大理城
新中国成立至今　今大理城

大厘城　龙首关（防御要塞）　三阳城（防御要塞）　羊苴咩城（都城）　明大理城　太和城（都城）　龙尾关（防御要塞）　上关　喜洲　湾桥　银桥　今大理古城　下关

古城演变

社会问题

1920S　建国后　2008年　现今

土地利用

人口总数与结构　外来人口　本地人口

人口年龄结构　老人小孩　其他

实体模型

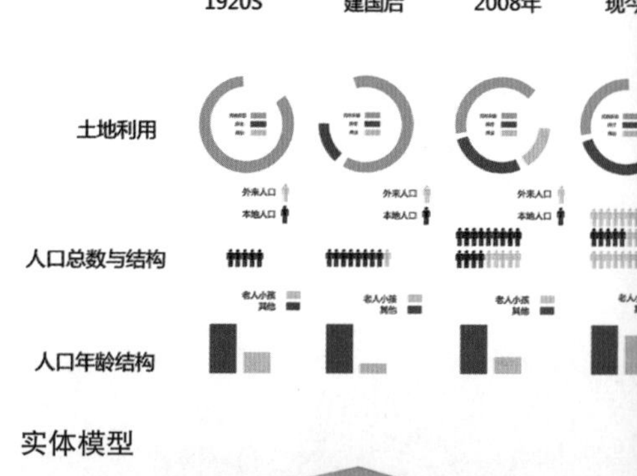

理念生成　隐

小隐隐于城，大隐隐于市。“隐”非隐没，而是在发展中“隐”，容融—容纳、包容；融合，融和。而基地内所存在的问题也可以归咎为没有做到“隐”。

城市设计分析

功能分区

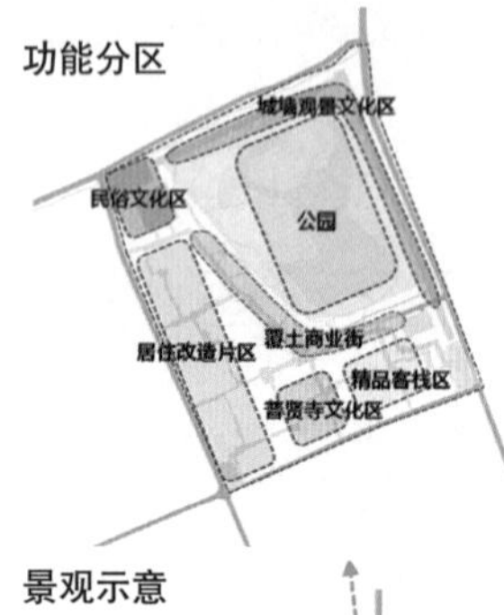

景观示意

流线分析

方案生成

PLAN GENERATE

总平面图

创造的空间，活动：隐于市井
外来文化，本土文化碰撞之后：隐于大理
不同人群的生活：隐于古城

街巷尺度，街坊空间布局，城市肌理：隐于大理古城
建筑的材料，风貌，空院落形式：隐于白族民居聚落
在苍山洱海强大的自然环境：隐于自然

经济技术指标

经济技术指标		
城市设计用地面积		27ha
建筑密度		38%
绿地率		50%
容积率		0.62
总建筑面积		16.62万平米
其中	居住	7.32万平米
	商业服务	8.1万平米
	公共管理及服务	1.2万平米
	道路交通服务	1.4万平米
拆建比		1:2.3

用地一览表

用地性质		用地面积（公顷）	比例
居住用地		5.6	
商业服务用地		4.9	
公共管理与公共服务用地		1.7	
道路与交通设施用地		1.4	
绿地	绿地与广场用地	9.8	
	公园水域面积	3.6	
城市设计总用地		27	

评语：

“大隐隐于市”是本案最想阐述的内容。古城的魅力也正是古城生活的“混合”“多样”。小而多样的商业＋居住＋公园，是本案的设计特点。“传统”的建筑组合模式（商住混合模式）是一种对古城历史的呼应，同时也是旅游产业发展的需求。

活动强度

8:00
8:00
12:00
18:30
D
A
H
B
C
G
F
I
E
时间轴
活动轴
A B C D E F G H I

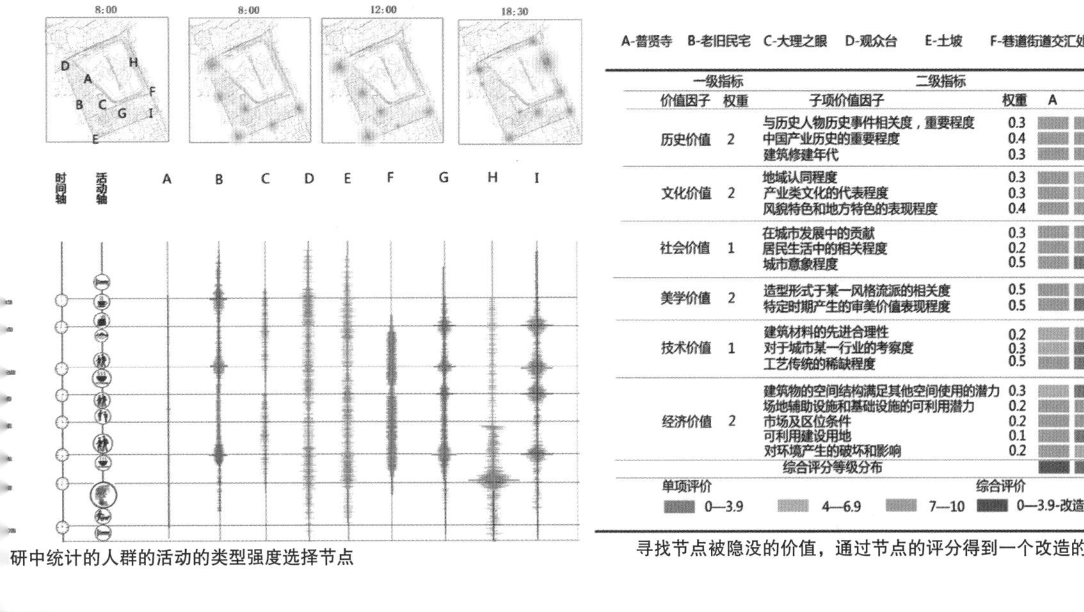

研中统计的人群的活动的类型强度选择节点

节点改造选择

A-普贤寺　B-老旧民宅　C-大理之眼　D-观众台　E-土坡　F-巷道街道交汇处　G-客栈群　H-叶榆路临街建筑　I-苍洱路临街建筑

一级指标		二级指标											
价值因子	权重	子项价值因子	权重	A	B	C	D	E	F	G	H	I
历史价值	2	与历史人物历史事件相关度，重要程度	0.3									
		中国产业历史的重要程度	0.4									
		建筑修建年代	0.3									
文化价值	2	地域认同程度	0.3									
		产业类文化的代表程度	0.3									
		风貌特色和地方特色的表现程度	0.4									
社会价值	1	在城市发展中的贡献	0.3									
		居民生活中的相关程度	0.2									
		城市意象程度	0.5									
美学价值	2	造型形式于某一风格流派的相关度	0.5									
		特定时期产生的审美价值表现程度	0.5									
技术价值	1	建筑材料的先进合理性	0.2									
		对于城市某一行业的考察度	0.3									
		工艺传统的稀缺程度	0.5									
经济价值	2	建筑物的空间结构满足其他空间使用的潜力	0.3									
		场地辅助设施和基础设施的可利用潜力	0.2									
		市场及区位条件	0.2									
		可利用建设用地	0.1									
		对环境产生的破坏和影响	0.2									
		综合评分等级分布										

单项评价：0—3.9　4—6.9　7—10

综合评价：0—3.9-改造利用　4—6.9-保护利用　7—10-原真保护

寻找节点被隐没的价值，通过节点的评分得到一个改造的选择

剖面

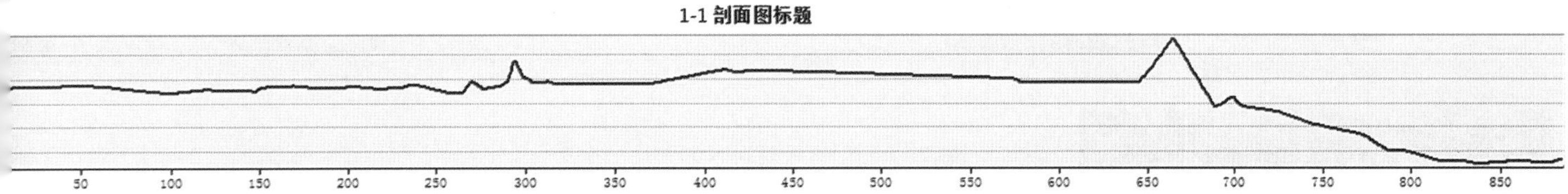

1-1 剖面图标题
50
100
150
200
250
300
350
400
450
500
550
600
650
700
750
800
850

策略："隐"——挤出机理，植入活动

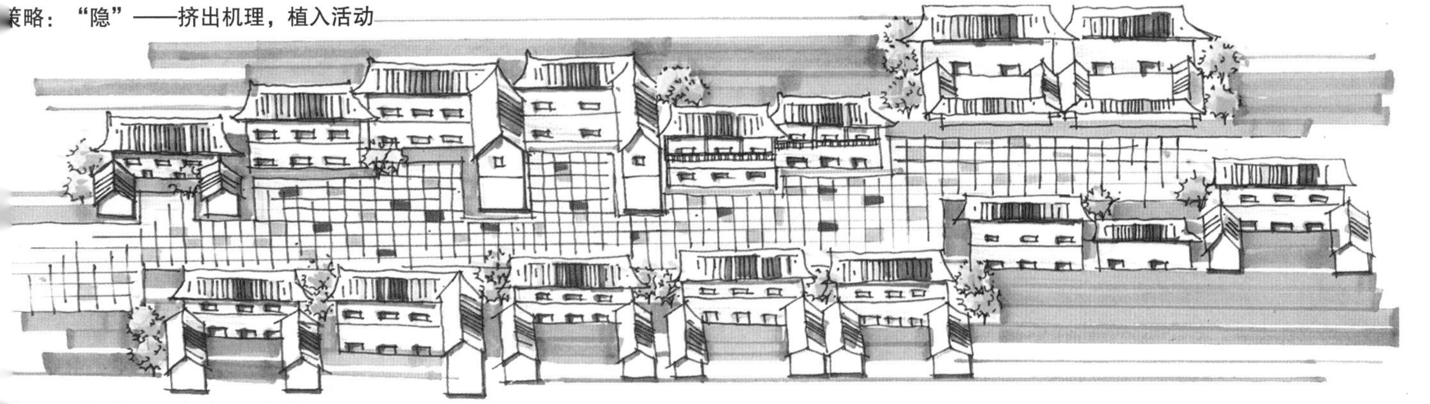

策略："隐"——新建 · 改造

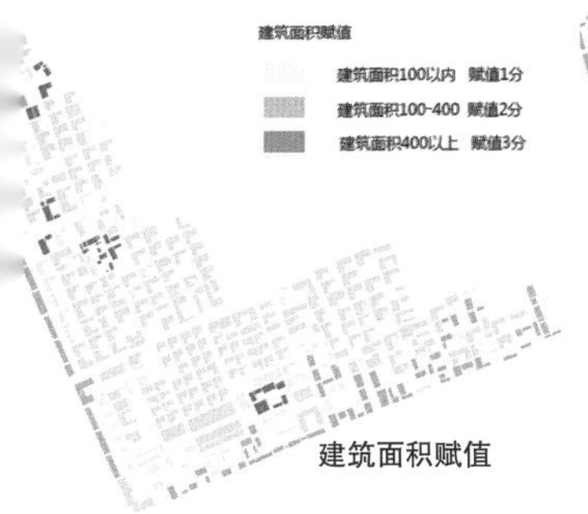

建筑面积赋值
建筑面积100以内 赋值1分
建筑面积100~400 赋值2分
建筑面积400以上 赋值3分

建筑面积赋值

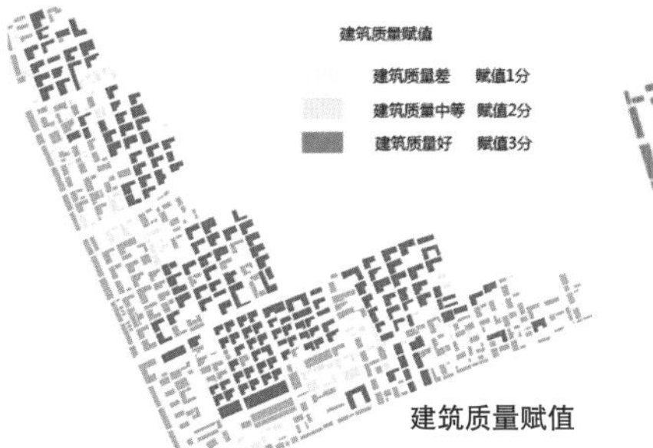

建筑质量赋值
建筑质量差 赋值1分
建筑质量中等 赋值2分
建筑质量好 赋值3分

建筑质量赋值

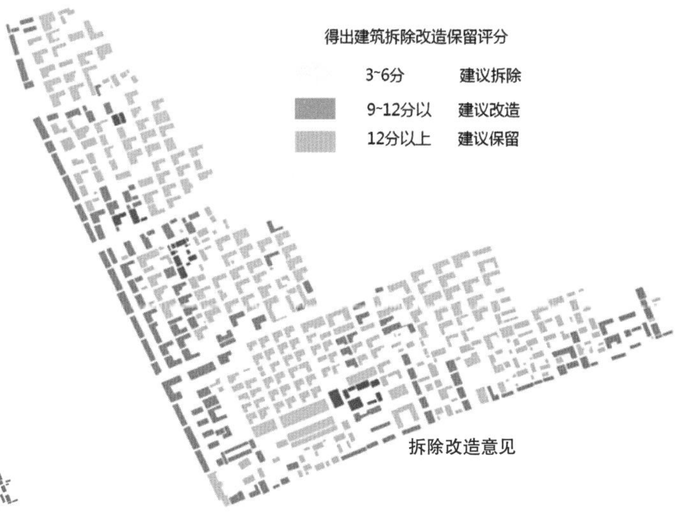

得出建筑拆除改造保留评分
3~6分 建议拆除
9~12分以 建议改造
12分以上 建议保留

拆除改造意见

建筑业态赋值
居住 赋值1分
商业 赋值2分
公服 赋值3分

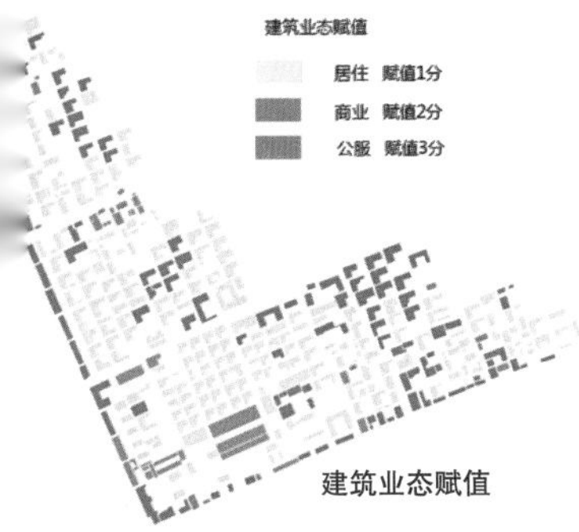

建筑业态赋值

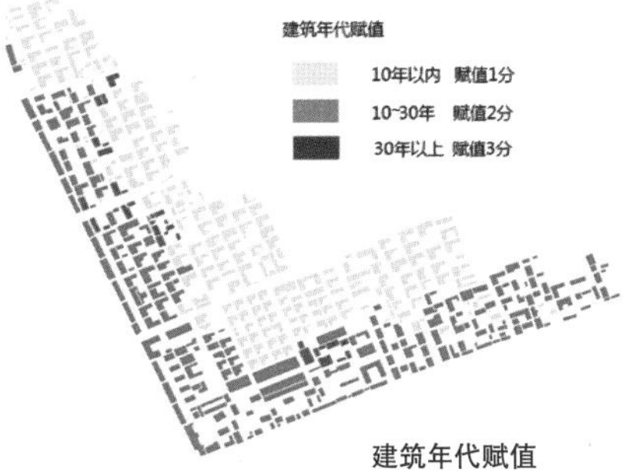

建筑年代赋值
10年以内 赋值1分
10~30年 赋值2分
30年以上 赋值3分

建筑年代赋值

通过 GIS 对基地内建筑的 建筑年代、建筑风格、建筑业态、建筑质量、建筑面积进行评分后，相互叠加后得到一个数值，数值的高低会给我们一个是否拆除的一个参考。

隐城 隐市
创艺文化商业街设计
CREATIVE CULTURAL COMMERCIAL STREET DESIGN
商业街策略——传统商业街模式？ or 创意文化模式？
传统商业模式：
创意文化模式商业街：
大理古城复兴路是最典型的传统商业模式，也是古城最兴旺的一条街，他的优势不可取代。若在北水库模仿这样的形式建造一条商业街是不会吸引太多游客的。复兴路周边也有几条传统商业街，但它的光顾程度远远小于复兴路。因此，传统商业模式行不通。
由上海田子坊分析得出：根据自己的艺术特长来维持自己的产业，同时创造就业机会，老房子风貌焕然一新。大理隐居了很多民间艺术家，他们逃离北上广就是要享受大理悠然自得的生活，但他们的艺术品也希望得到人们的欣赏。同时大理的文化，手工艺品，生活方式也需要以一种悠然的方式展示出来而不仅限于博物馆。因此该商业街采用创意文化模式进行。
根据人群活动地点得出靠近水库西，南侧人流量较大
地块控制指标一览表
总计
30825
根据人群活动地点得出靠近水库西，南侧人流量较大
基地分析
A-A剖面图
根据场地剖面图得出：水库坝埂与外面场地高差约在3~4m之间坝埂处适合做覆土商业，将外部场地与水库公园相连。商业街同时为公园引入人流。
基地周边状况
覆土建筑生成
公园
建筑用地
水景
减去部分
挖出中庭形后成好的景观庭院，同时更好的采光和通风。
覆土建筑用地
覆土建筑根据水景边界变化成折线形
院落生成
减去部分
增加部分
商业形体都是通过一字形、L形、U形和传统四合院变形而来。
景观生成
室外景观区种植几棵大树，为亲水休闲区增添几丝阴凉。
根据树的位置设计亲水平台和圆形水上休息区。
根据树设计二层廊道，让在二层行走的人能观赏下面的景观。
总平面图
二层平面图1:500
一层平面图1:500

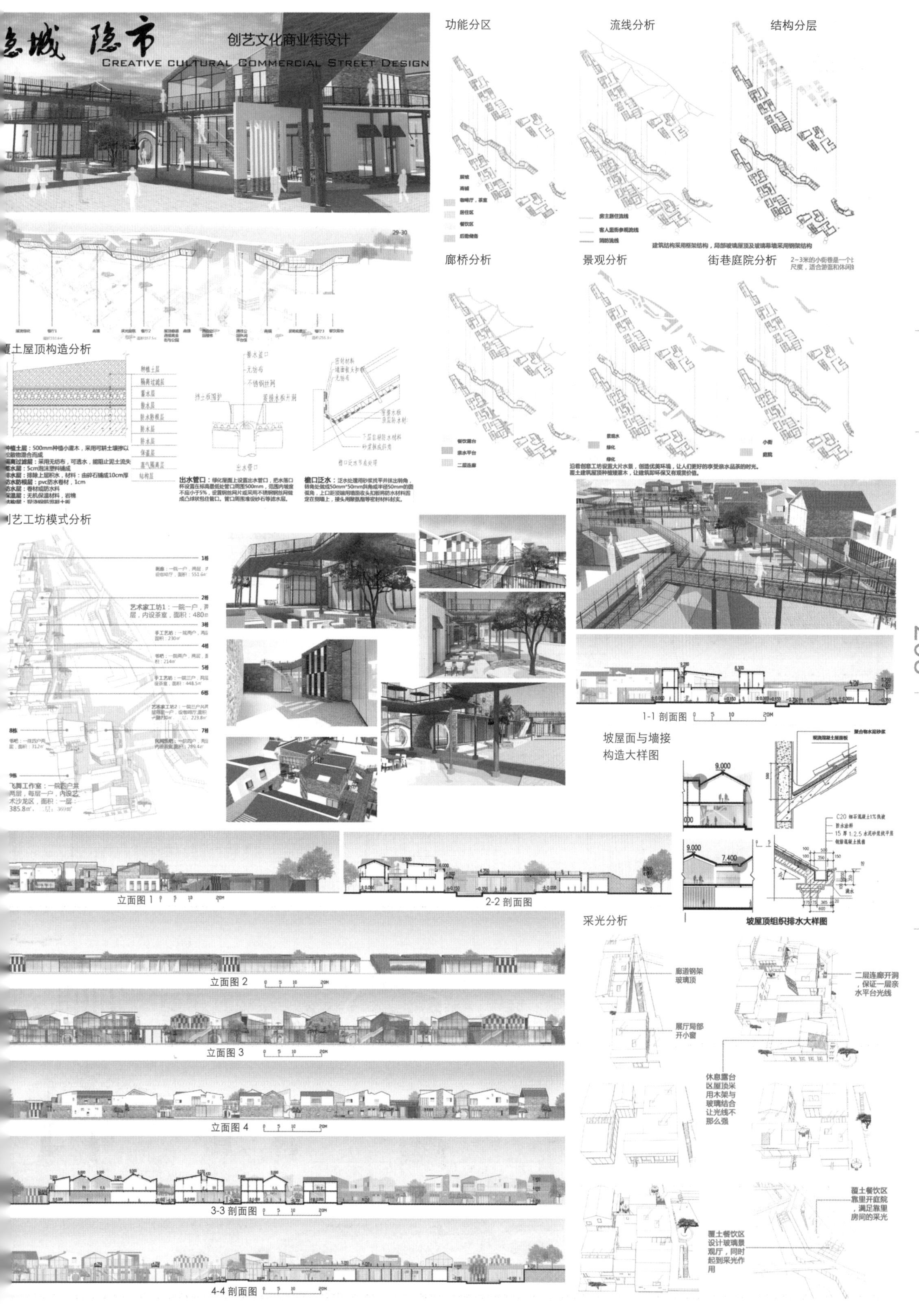

隐城 隐市
创艺文化商业街设计
CREATIVE CULTURAL COMMERCIAL STREET DESIGN
功能分区
流线分析
结构分层
建筑结构采用框架结构，局部玻璃屋顶及玻璃幕墙采用钢架结构
廊桥分析
景观分析
街巷庭院分析
2~3米的小街巷是一个
尺度，适合游憩和休闲
覆土屋顶构造分析
种植土层
过滤层
蓄水层
防水层
防水卷材
防水层
保温层
结构层
出水管口
檐口泛水
创艺工坊模式分析
1栋
2栋
3栋
4栋
5栋
6栋
7栋
8栋
9栋
艺术家工坊1：一院一户，两层，内设茶室，面积：480㎡
飞舞工作室：一院四户共两层，每层一户，内设艺术沙龙区，面积：一层：385.8㎡，二层：369㎡
沿着创意工坊设置大片水景，创造优美环境，让人们更好的享受亲水品茶的时光。
覆土建筑屋顶种植灌木，让建筑即环保又有观赏价值。
1-1 剖面图
坡屋面与墙接
构造大样图
9.000
7.400
C20 细石混凝土1%找坡
防水涂料
15 厚 1:2.5 水泥砂浆找平层
钢筋混凝土挑檐
坡屋顶组织排水大样图
立面图 1
2-2 剖面图
立面图 2
立面图 3
立面图 4
3-3 剖面图
4-4 剖面图
采光分析
廊道钢架玻璃顶
展厅局部开小窗
二层连廊开洞，保证一层亲水平台光线
休息露台区屋顶采用木架与玻璃结合让光线不那么强
覆土餐饮区靠里开庭院，满足靠里房间的采光
覆土餐饮区设计玻璃景观厅，同时起到采光作用

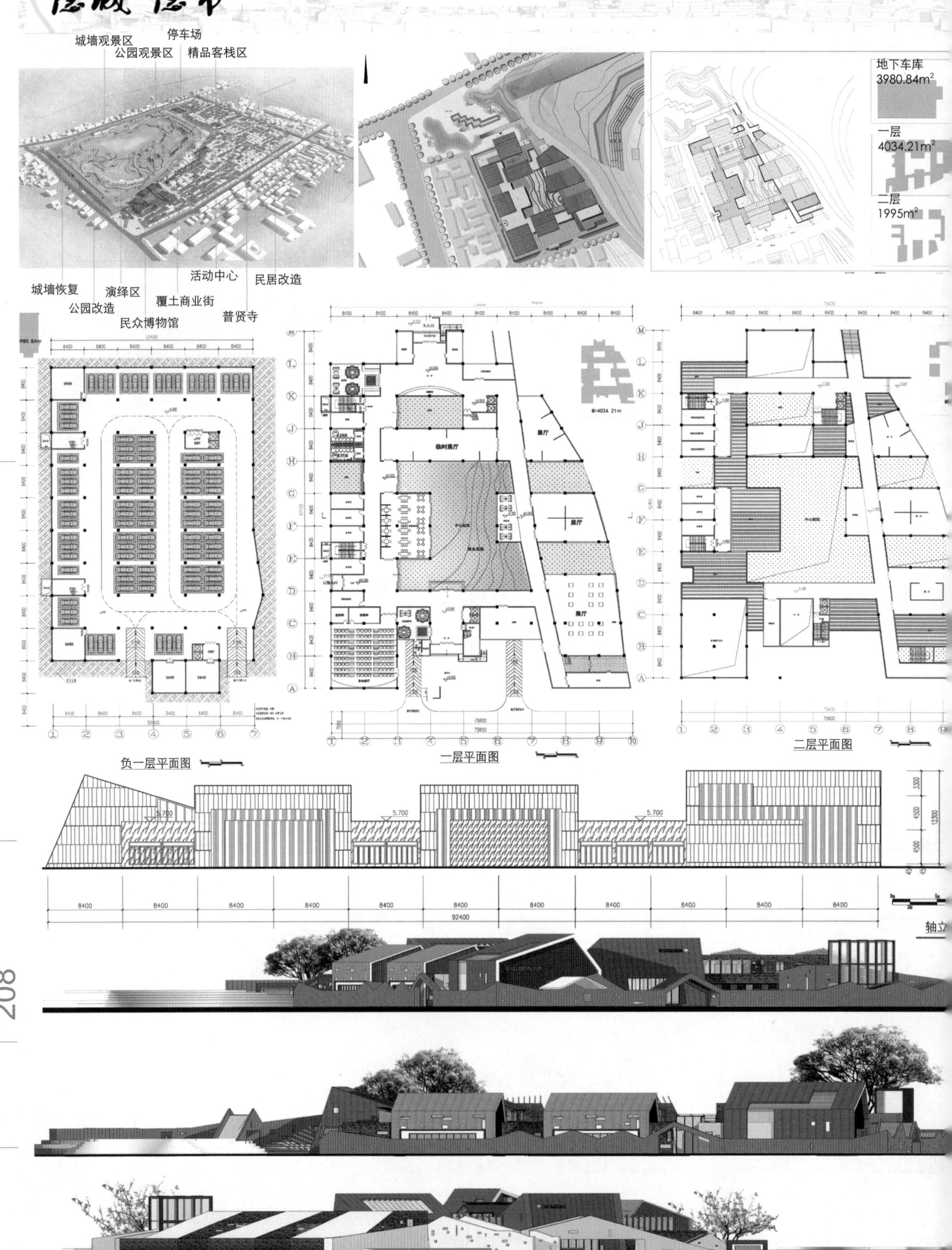

隐城 隐市
城墙观景区
停车场
公园观景区
精品客栈区
城墙恢复
公园改造
演绎区
民众博物馆
覆土商业街
活动中心
普贤寺
民居改造
地下车库
3980.84m²
一层
4034.21m²
二层
1995m²
临时展厅
展厅
负一层平面图
一层平面图
二层平面图
5.700
8400
92400
轴立

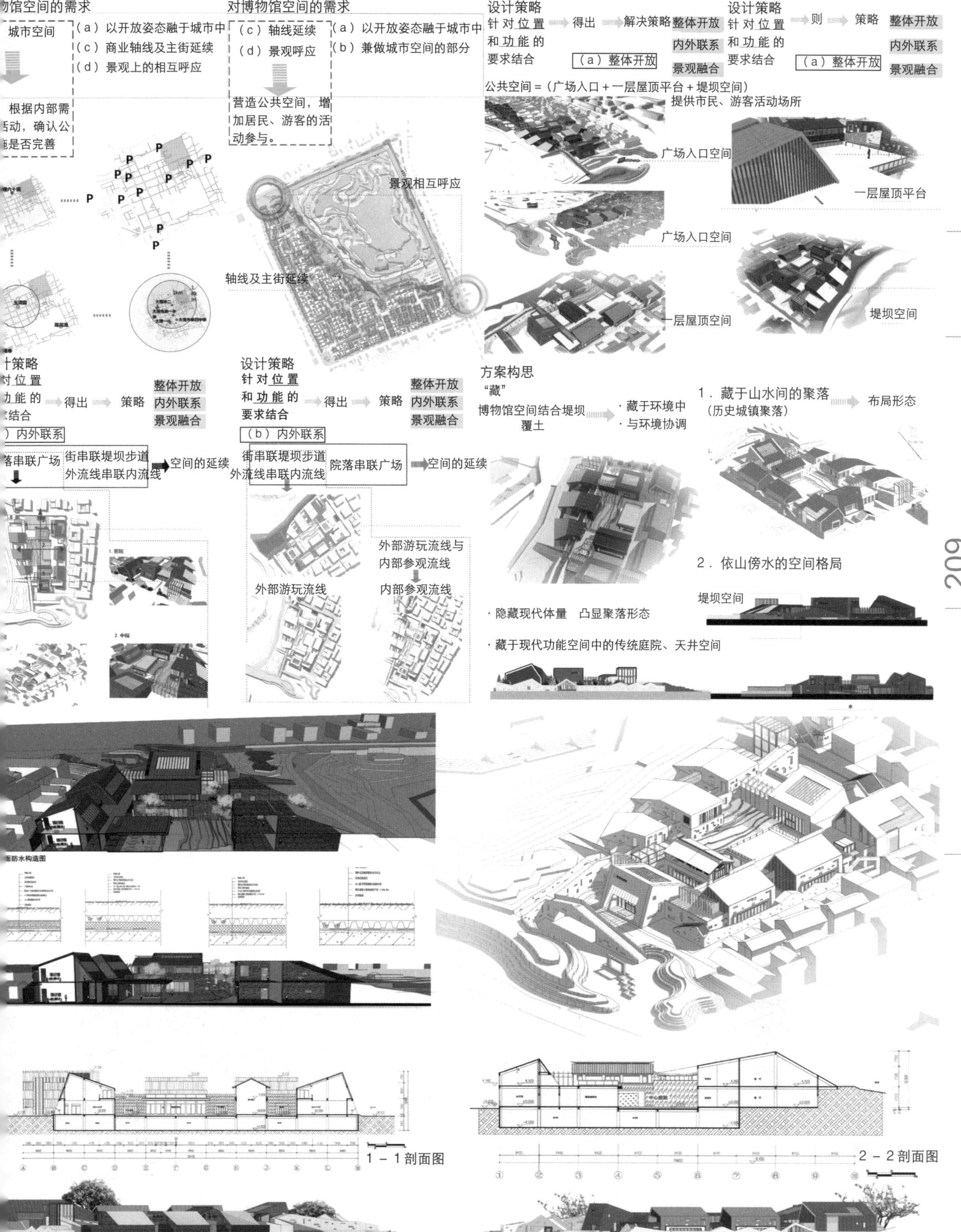
隐城 隐市
大理民俗博物馆
ETHNIC CUSTOMS MUSEUM OF DALI
对博物馆空间的需求
城市空间
(a) 以开放姿态融于城市中
(c) 商业轴线及主街延续
(d) 景观上的相互呼应
根据内部需
活动，确认公
施是否完善
(c) 轴线延续
(d) 景观呼应
营造公共空间，增加居民、游客的活动参与。
(a) 以开放姿态融于城市中
(b) 兼做城市空间的部分
景观相互呼应
轴线及主街延续
设计策略
针对位置和功能的要求结合
得出
解决策略
(a) 整体开放
整体开放
内外联系
景观融合
则
策略
公共空间 =（广场入口 + 一层屋顶平台 + 堤坝空间）
提供市民、游客活动场所
广场入口空间
一层屋顶平台
一层屋顶空间
堤坝空间
(b) 内外联系
落串联广场
街串联堤坝步道
外流线串联内流线
空间的延续
院落串联广场
外部游玩流线
外部游玩流线与内部参观流线
内部参观流线
方案构思
“藏”
博物馆空间结合堤坝覆土
· 藏于环境中
· 与环境协调
1. 藏于山水间的聚落（历史城镇聚落）
布局形态
2. 依山傍水的空间格局
堤坝空间
· 隐藏现代体量　凸显聚落形态
· 藏于现代功能空间中的传统庭院、天井空间
面防水构造图
1－1剖面图
2－2剖面图

209

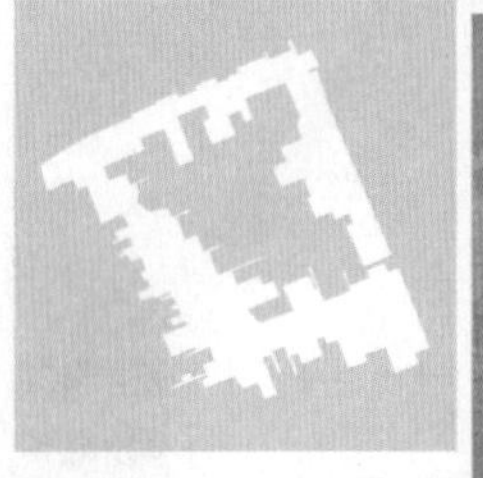

筑桥，造林 & 田园生活
Bridge, Forest & Rurality

昆明理工大学
设计：郭骏超 / 祁祺 / 王策
指导：翟辉 / 张欣雁

Forest, Bridge & Rurality
SUSTAINABLE-AFFORDINGG SOCIAL-WHILE ENHANCING DIVERSE ECOLOGIES

Forest, Bridge & Rurality
SUSTAINABLE-AFFORDINGG SOCIAL-WHILE ENHANCING DIVERSE ECOLOGIES
Er Hai Lake
Antiquity City
Cang Mountain

区域分析

总剖面

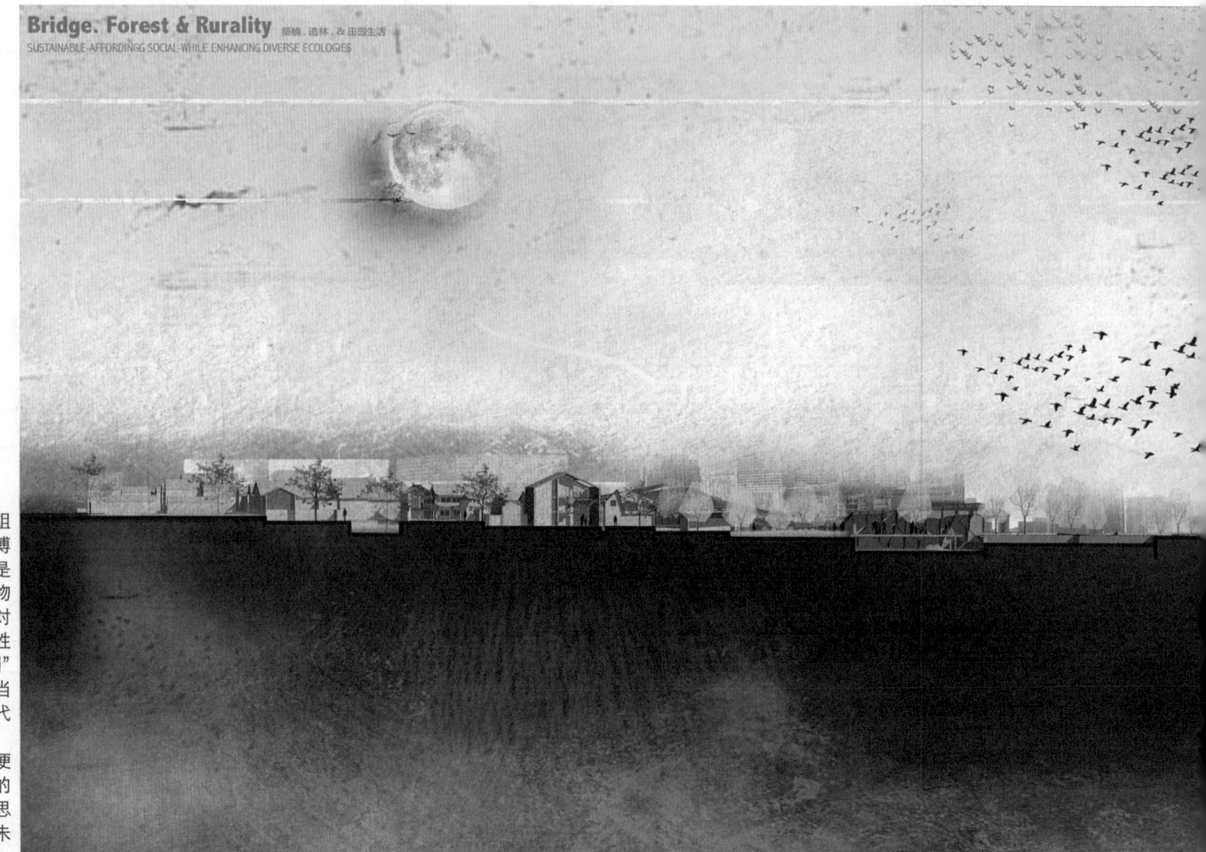

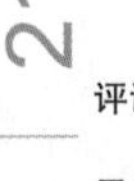

评语：

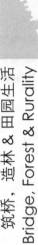

本组的成果是设计大组里最新锐的一组。表演、博物馆、公园是旅游者，也是本地居民、新移民需要的物质空间。“大理之眼”对于大理古城而言是有破坏性的。古城的发展常常“受制”于历史建筑，文物建筑。当地经济的发展有赖于与时代的渐进。

那么，“大理之眼”便成为“破坏”或“转型”的代名词，这是本案提出的思辨，亦是创新点。也许，未来的古城会是这样的景象。

Bridge. Forest & Rurality 筑桥 . 造林 . & 田园生活

SUSTAINABLE-AFFORDINGG SOCIAL-WHILE ENHANCING DIVERSE ECOLOGIES

WHILE ENHANCING DIVERSE ECOLOGIES

人有居所，鸟有落处，多样化立体生态系统

Bridge. Forest & Rurality

SUSTAINABLE-AFFORDINGG SOCIAL-WHILE ENHANCING DIVERSE ECOLOGIES

总平面图

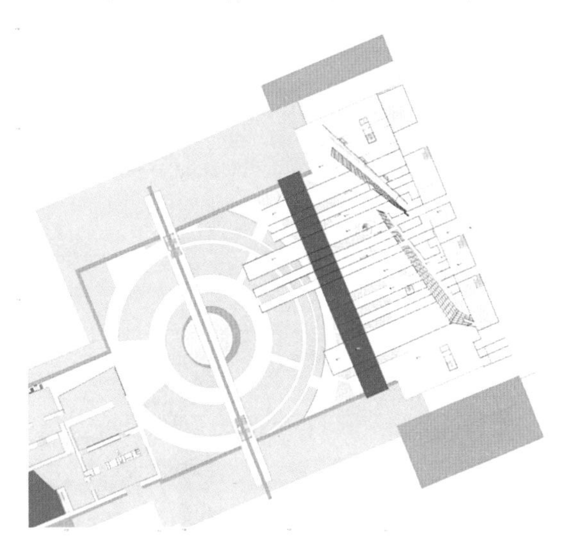

CITYWALL Memory

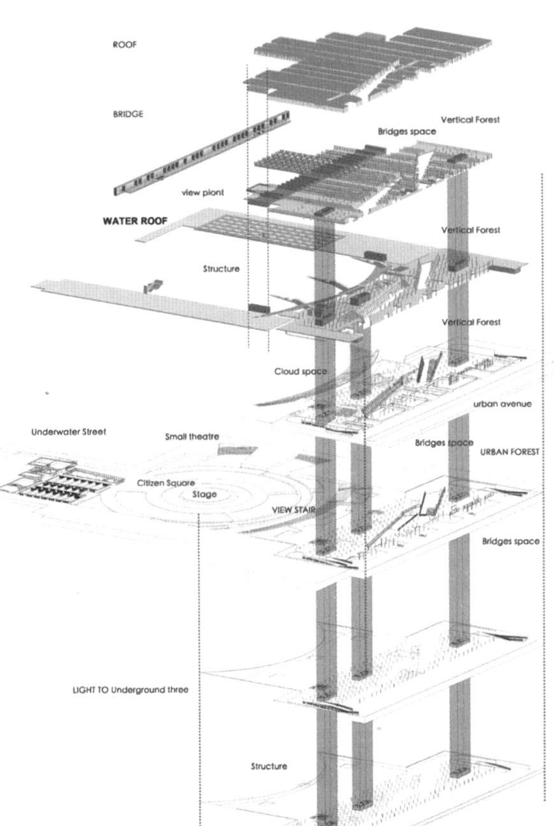

Roof

WAST STREET
GROUND

EAST +5000MM

EAST Avenue
GROUND

UNDERGROUND

UNDERGROUND
Garage I

UNDERGROUND
Garage II

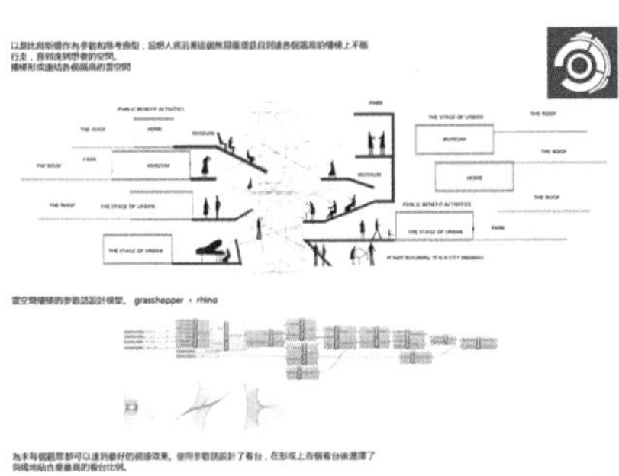

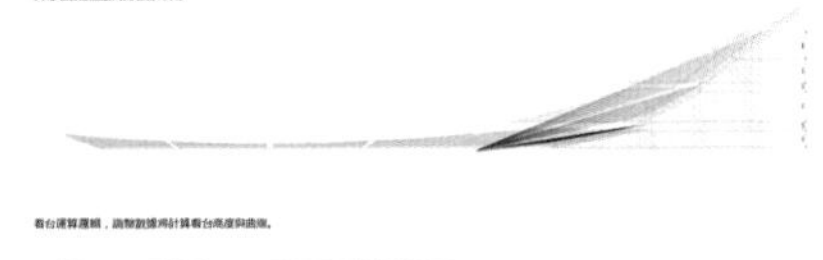

CT OF Theatre

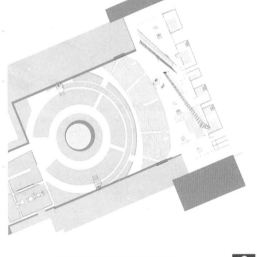

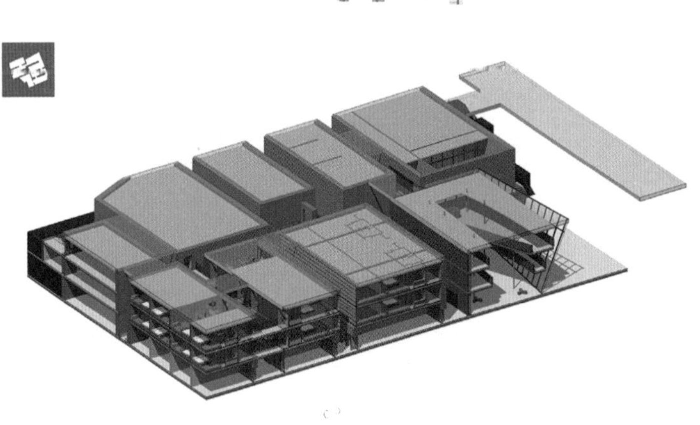

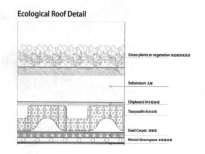

Ecological Roof Detail

Green plants or vegetation 绿色植物或蔬菜

Substratum 土层

Chipboard 碎木胶合板

Taurpaulin 防水油布

Used Carpet 旧地毯

Mental downspout 金属落水管

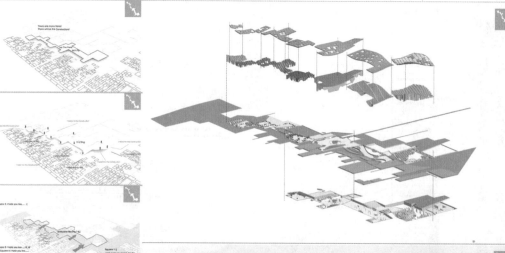

本次设计中将这个地景建筑看行
常重要。

对于区域而言，它时连接南北的村
连接树林于田野的桥梁、连接人
活和农业生产空间的桥梁。

桥在我们设计中被看为一个介质
的可发生多种活动的联络体。

所以在整体设计中，舞台的空间
酒店，地景建筑，和城市社区，
参与到整体城市的连接中来。

从而以一种较为现代的手段，延
保留了古城的文化和脉络。

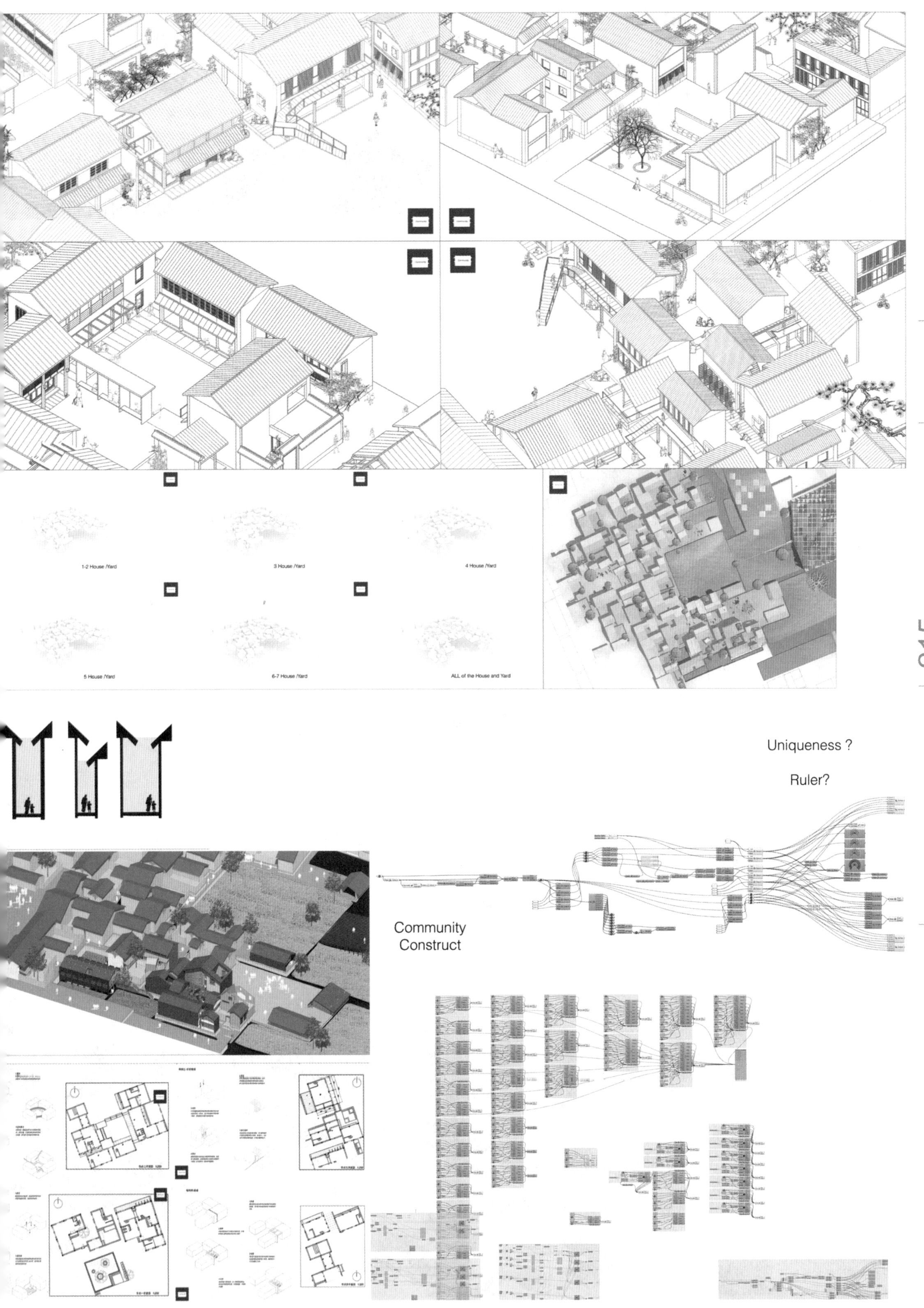
1-2 House /Yard
3 House /Yard
4 House /Yard
5 House /Yard
6-7 House /Yard
ALL of the House and Yard
Uniqueness ?
Ruler?
Community
Construct

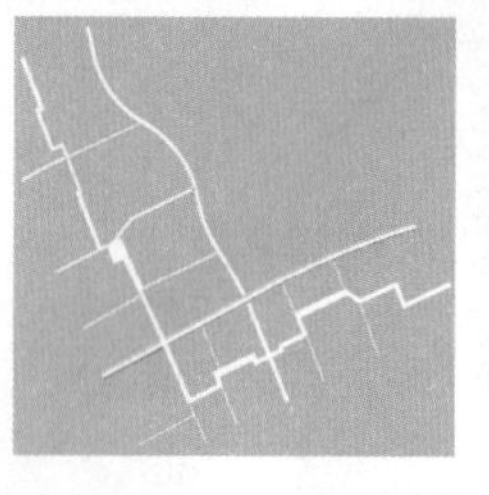

老城不老

Old City Is Not Old

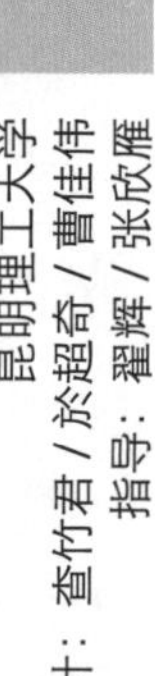

昆明理工大学

设计：查竹君 / 於超奇 / 曹佳伟

指导：翟辉 / 张欣雁

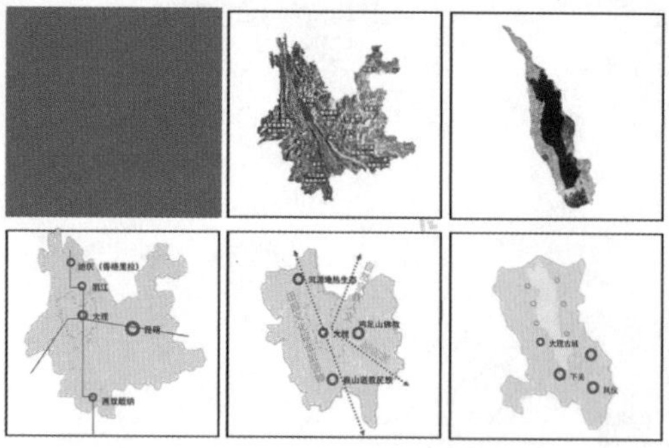

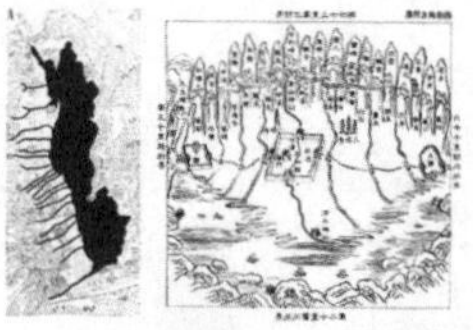

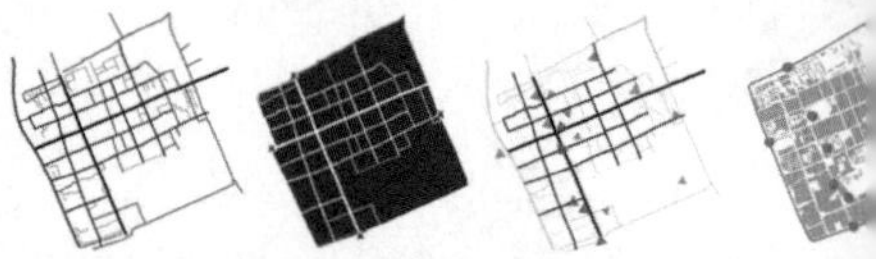

一水绕苍山，苍山抱古城　九街十八巷

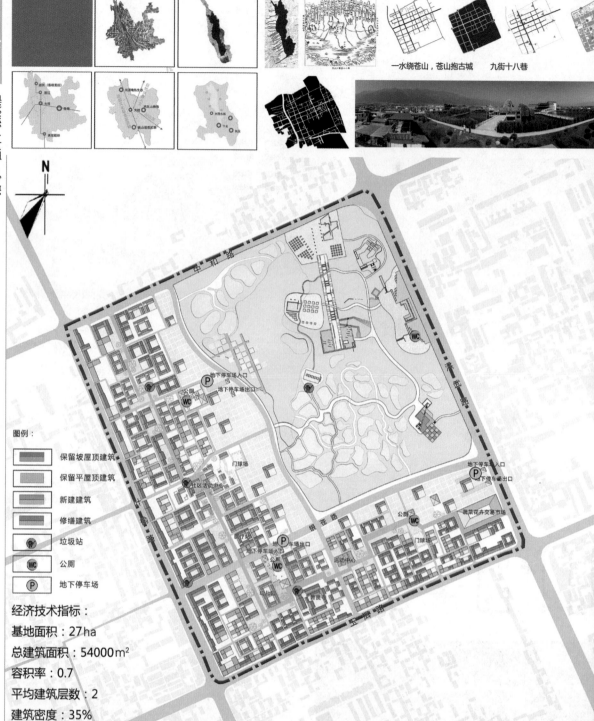

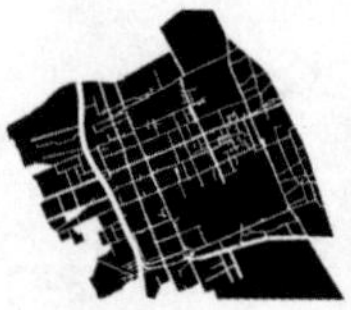

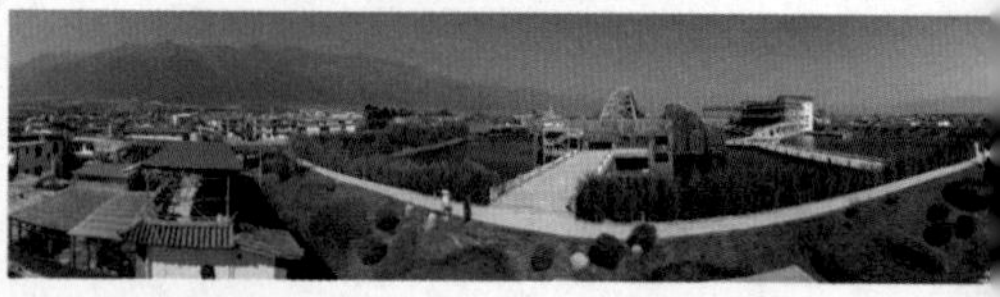

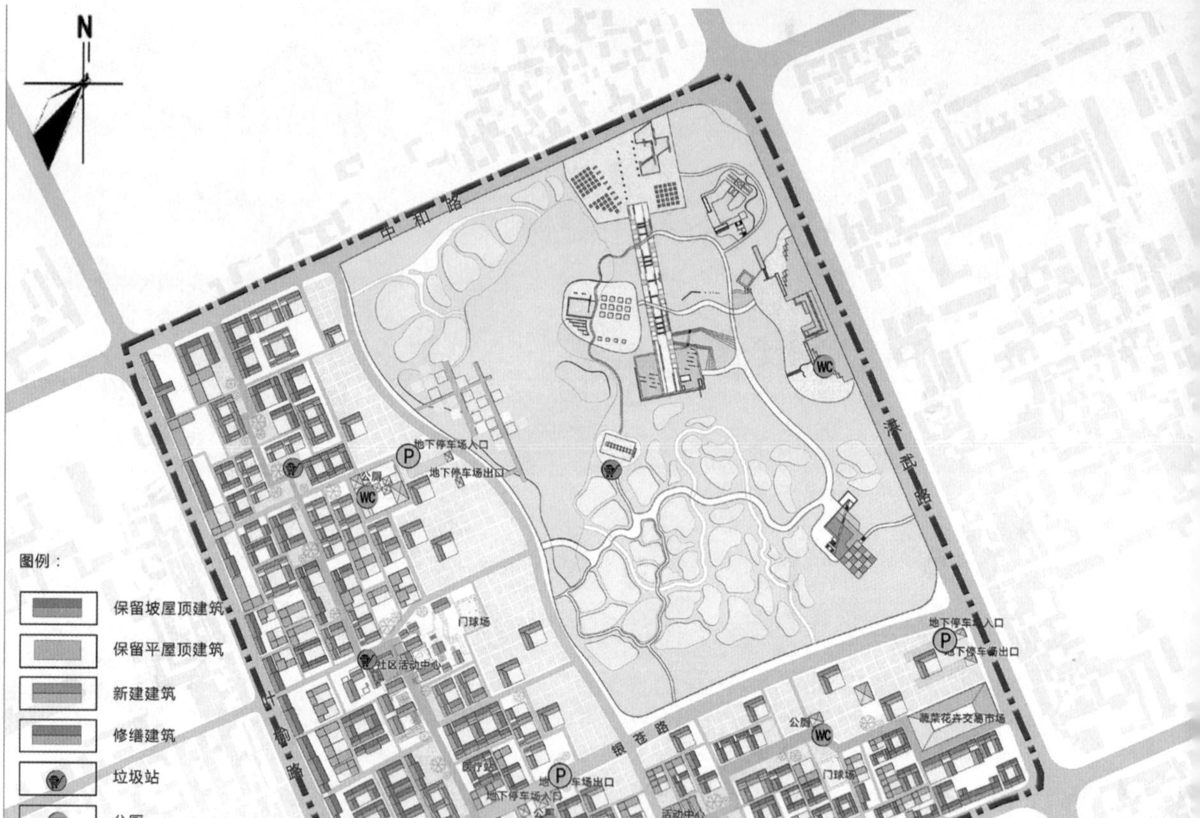

N
中和路
洱武路
地下停车场入口
地下停车场出口
公厕
门球场
社区活动中心
蔬菜花卉交易市场
活动中心
图例：
保留坡屋顶建筑
保留平屋顶建筑
新建建筑
修缮建筑
垃圾站
公厕
地下停车场

经济技术指标：

基地面积：27ha

总建筑面积：54000m²

容积率：0.7

平均建筑层数：2

建筑密度：35%

拆建比：1:1

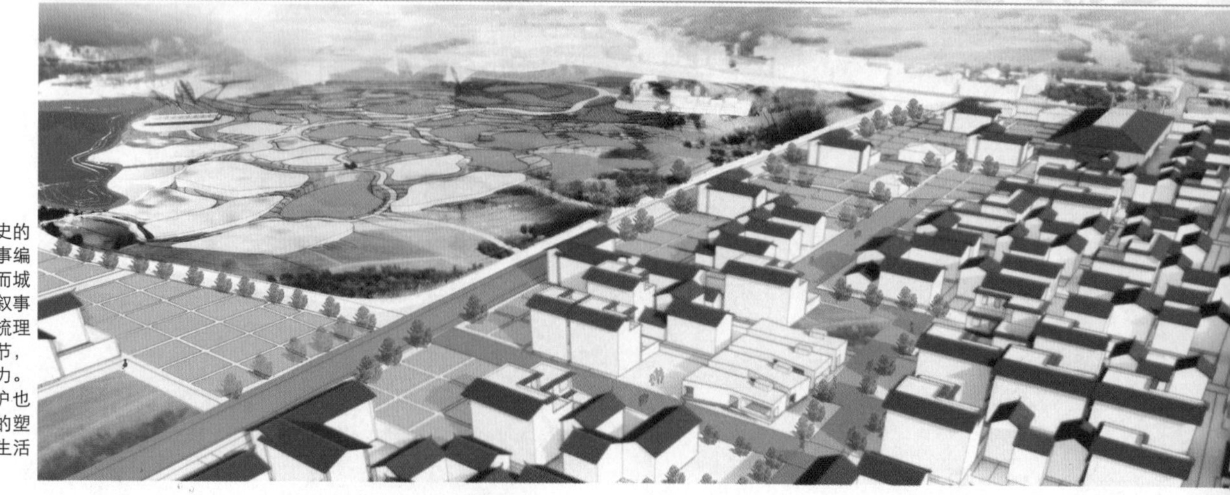

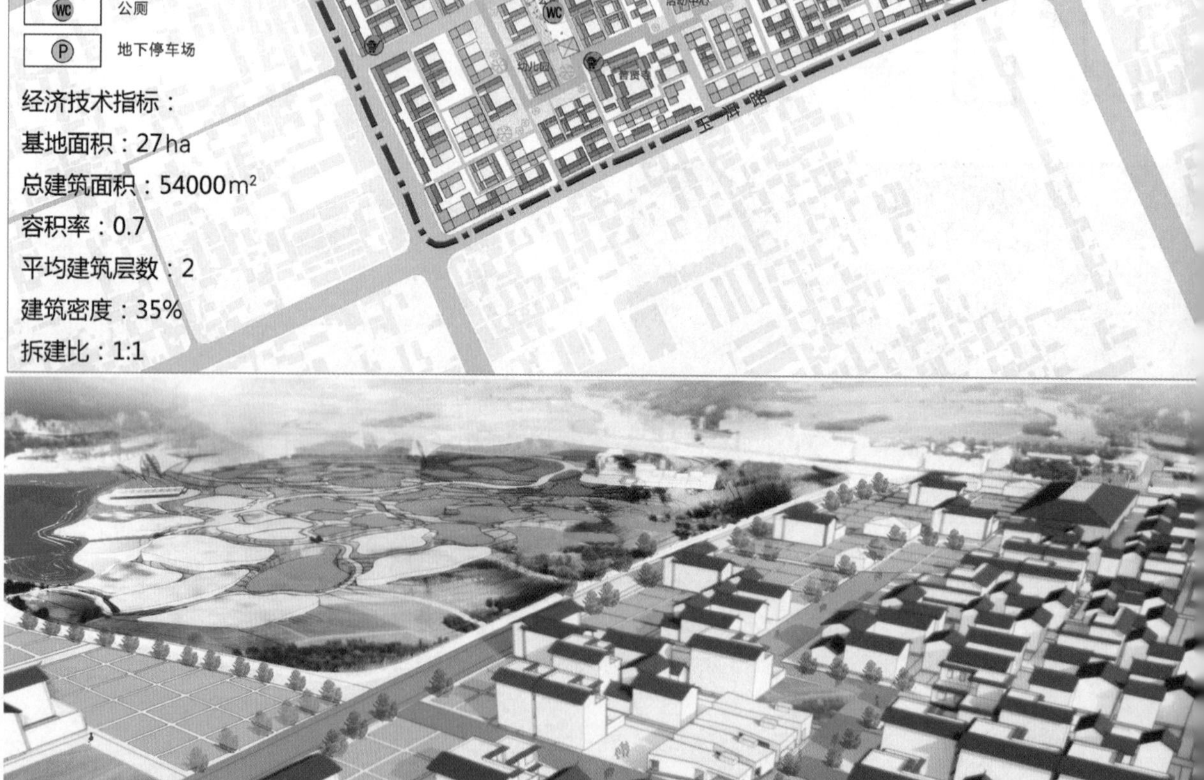

评语：

古城的魅力在于历史的久远，古城中的人及故事编制出古城的“活力”。而城市的发展，使得古城的叙事力越来越低。本案通过梳理社区的“平凡”生活细节，恢复古城的“叙事”能力。由本案看，古城的保护也许不是建筑及物质空间的塑造，更多的应该是古城生活的延续。

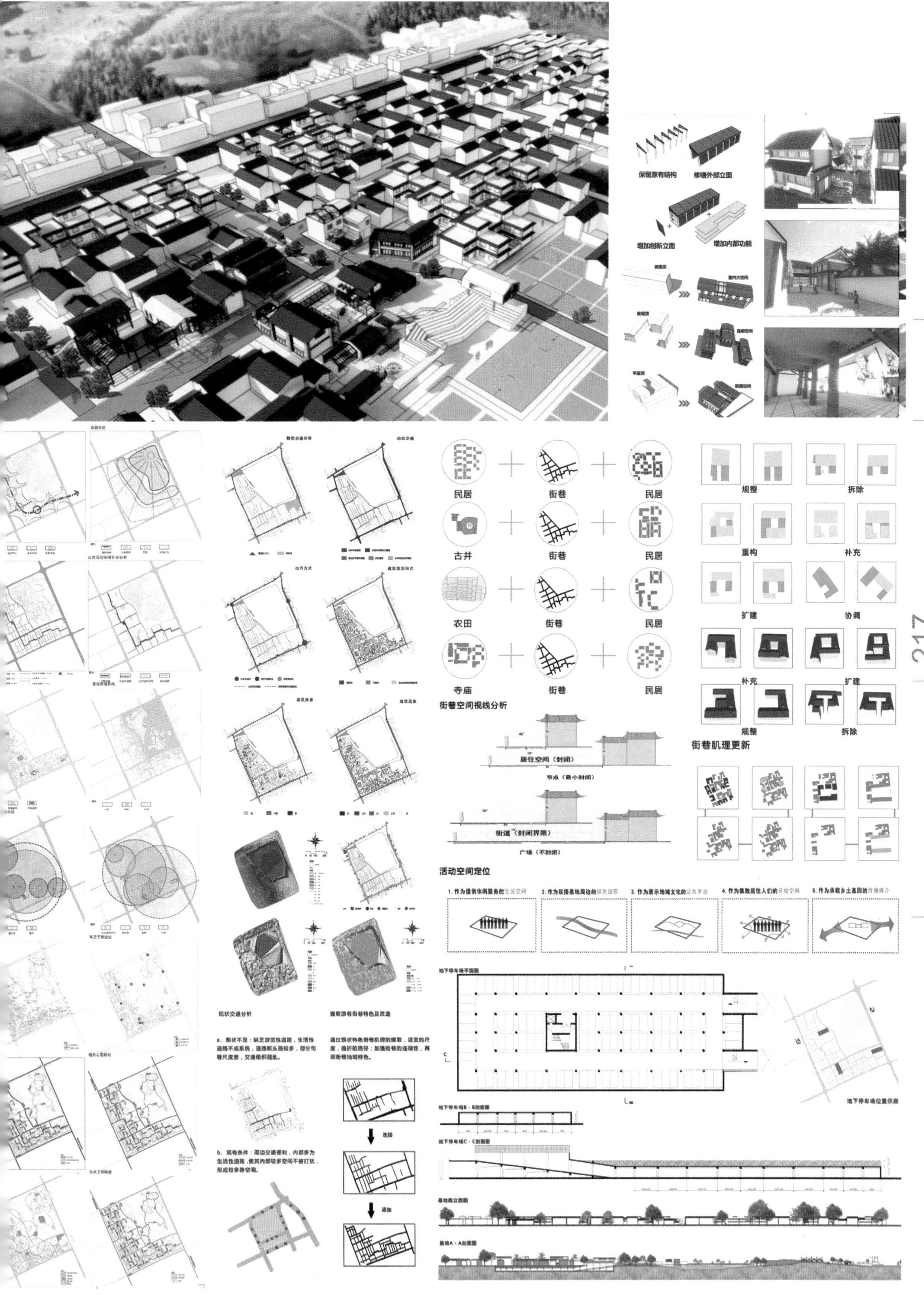

保留原有结构
修缮外部立面
增加创新立面
增加内部功能
民居
街巷
民居
古井
街巷
民居
农田
街巷
民居
寺庙
街巷
民居
规整
拆除
重构
补充
扩建
协调
补充
扩建
规整
拆除
街巷空间视线分析
居住空间（封闭）
节点（最小封闭）
街道（封闭界限）
广场（不封闭）
街巷肌理更新
活动空间定位
1、作为提供休闲服务的生活空间
2、作为联接基地周边的绿色纽带
3、作为展示地域文化的公共平台
4、作为集散居住人们的开放空间
5、作为承载乡土基因的传播媒介
地下停车场平面图
地下停车场位置示意
地下停车场B－B剖面图
地下停车场C－C剖面图
基地南立面图
基地A－A剖面图
功能分区
静态交通分析
动态交通
出行方式
建筑屋顶形式
建筑质量
建筑层数
现状交通分析
a、现状不足：缺乏游览性道路，生活性道路不成系统，道路断头路较多，部分街巷尺度差，交通组织混乱。
b、现有条件：周边交通便利，内部多为生活性道路，使其内部较多空间不被打扰，形成较多静空间。
提取原有街巷特色及改造
通过现状特色街巷肌理的提取，适宜的尺度，曲折的路径：加强街巷的连续性，再现街巷地域特色。
连接
添加

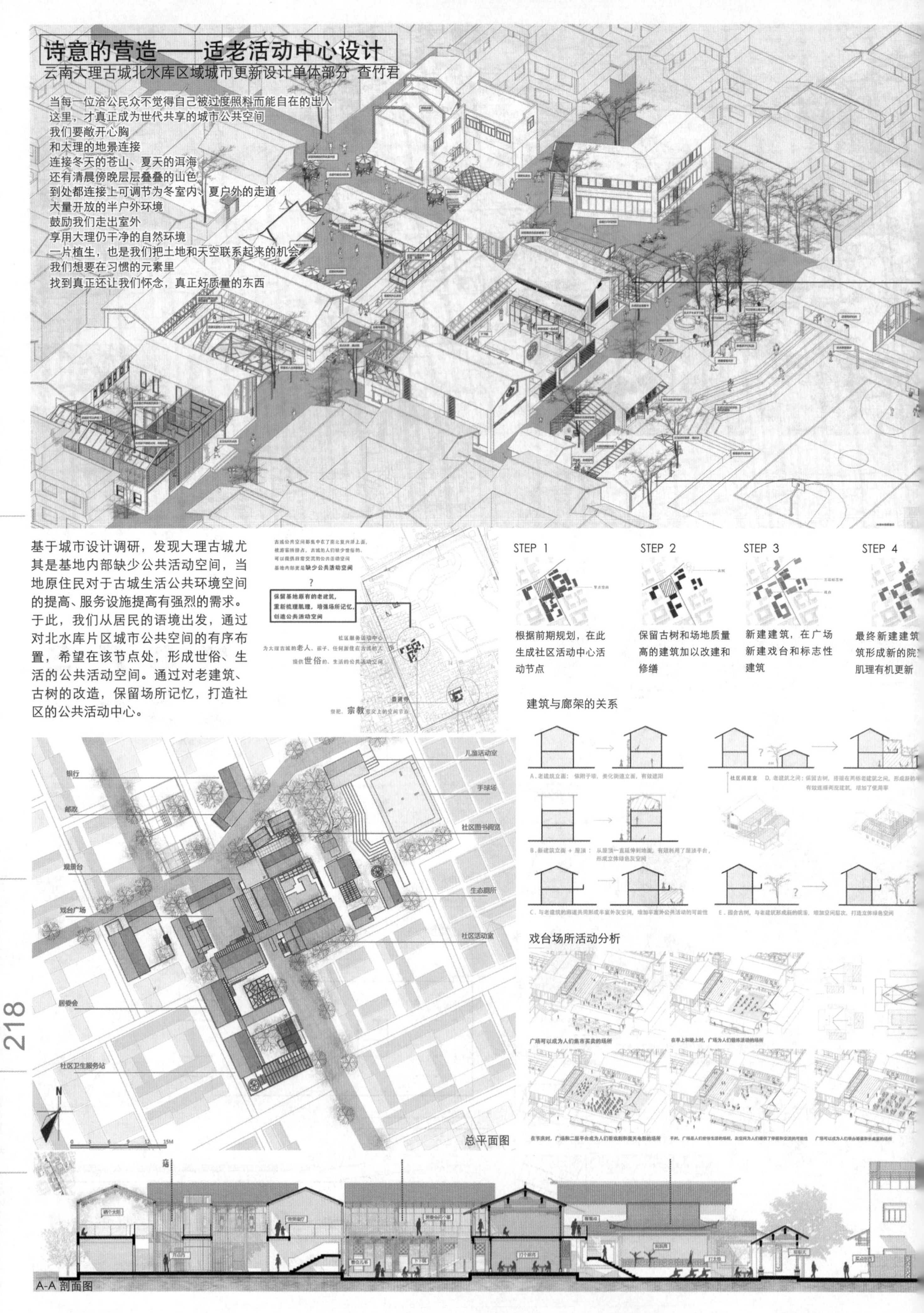

诗意的营造——适老活动中心设计
云南大理古城北水库区域城市更新设计单体部分 查竹君
当每一位治公民众不觉得自己被过度照料而能自在的出入
这里，才真正成为世代共享的城市公共空间
我们要敞开心胸
和大理的地景连接
连接冬天的苍山、夏天的洱海
还有清晨傍晚层层叠叠的山色
到处都连接上可调节为冬室内、夏户外的走道
大量开放的半户外环境
鼓励我们走出室外
享用大理仍干净的自然环境
一片植生，也是我们把土地和天空联系起来的机会
我们想要在习惯的元素里
找到真正还让我们怀念，真正好质量的东西
基于城市设计调研，发现大理古城尤其是基地内部缺少公共活动空间，当地原住民对于古城生活公共环境空间的提高、服务设施提高有强烈的需求。于此，我们从居民的语境出发，通过对北水库片区城市公共空间的有序布置，希望在该节点处，形成世俗、生活的公共活动空间。通过对老建筑、古树的改造，保留场所记忆，打造社区的公共活动中心。
保留基地原有的老建筑，重新梳理肌理，培强场所记忆，创造公共活动空间
STEP 1
根据前期规划，在此生成社区活动中心活动节点
STEP 2
保留古树和场地质量高的建筑加以改建和修缮
STEP 3
新建建筑，在广场新建戏台和标志性建筑
STEP 4
最终新建建筑形成新的院落肌理有机更新
建筑与廊架的关系
戏台场所活动分析
儿童活动室
手球场
社区图书阅览
生态厕所
社区活动室
银行
邮政
观景台
戏台广场
居委会
社区卫生服务站
0 3 6 9 12 15M
总平面图
A-A 剖面图

工字钢加固原有夯土墙
工字钢对夯土墙残缺部分的拆除与加固
首层平面图
二层平面图
PVC落雨管
B
C
D
径体验
路径体验
社区活动场
活动中心
戏台广场
B-B 剖面图

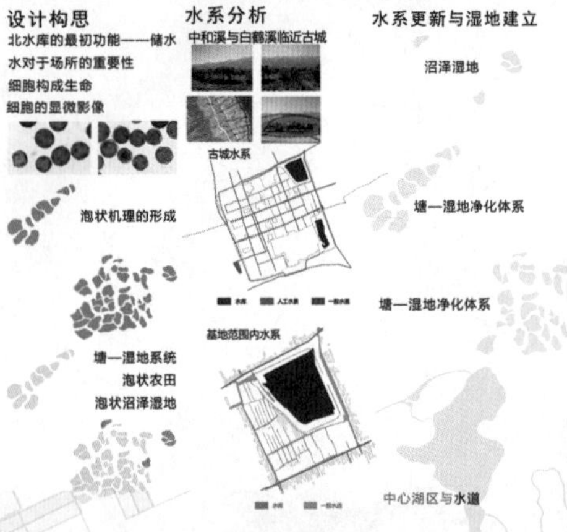

设计构思

北水库的最初功能——储水
水对于场所的重要性
细胞构成生命
细胞的显微影像

泡状机理的形成

塘—湿地系统
泡状农田
泡状沼泽湿地

水系分析

中和溪与白鹤溪临近古城

古城水系

基地范围内水系

水系更新与湿地建立

沼泽湿地

塘—湿地净化体系

塘—湿地净化体系

中心湖区与水道

古城城墙体系现状

城墙体系分析

城墙是古城军事防御系统中最重要的要素。

大理古城城墙始建于明洪武十五年。原南诏大理时城墙只有南北城墙，新建的大理城的城墙"城方三里，周二十里，高二丈五，厚二丈，砖表石里"，"上置敌楼十五座，铺三十九所。周围七里三分。垛口一千四百八十个，越墙垛口八十个，统计一千五百六十个"。城墙外还有有宽为四丈，深七八尺的城壕。如今，南城墙段残存300米，m城墙的中段和北段共存800米，m城墙残存300米，m存的城墙基本勾勒出明代大理城的范围和规模。

城墙体系的现状

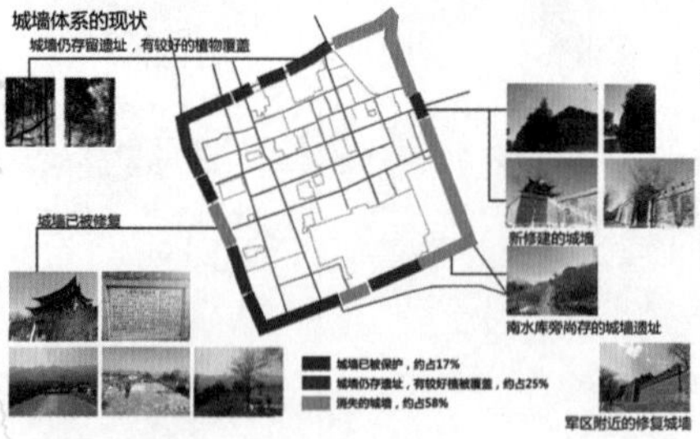

城墙仍存留遗址，有较好的植物覆盖

城墙已被修复

新修建的城墙

南水库旁尚存的城墙遗址

军区附近的修复城墙

古城城墙体系更新

城墙体系更新的解读

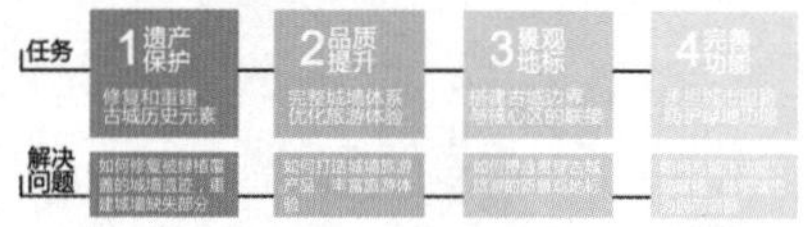

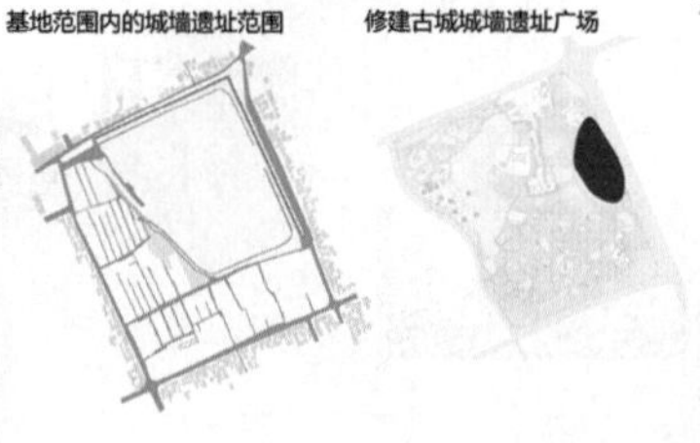

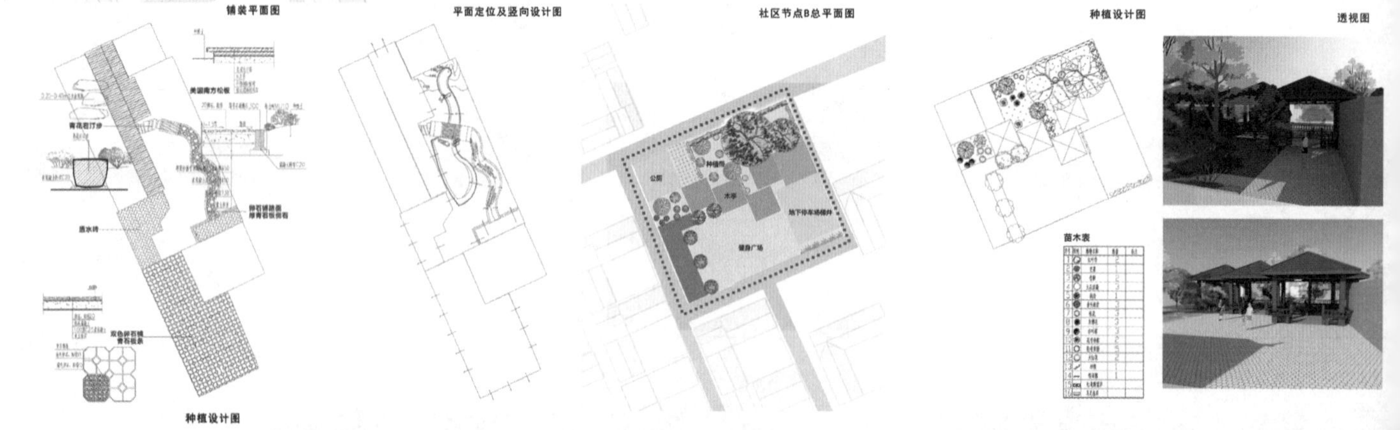

任务：1 遗产保护　2 品质提升　3 景观地标　4 完善功能

1 修复和重建古城历史元素

2 完整城墙体系 优化旅游体验

解决问题：如何修复被绿植覆盖的城墙遗迹，重建城墙缺失部分

基地范围内的城墙遗址范围

修建古城城墙遗址广场

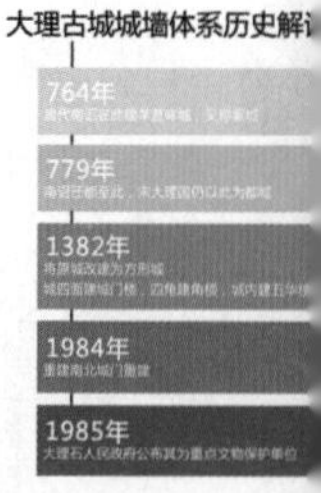

大理古城城墙体系历史解读

764年

779年

1382年

1984年

1985年

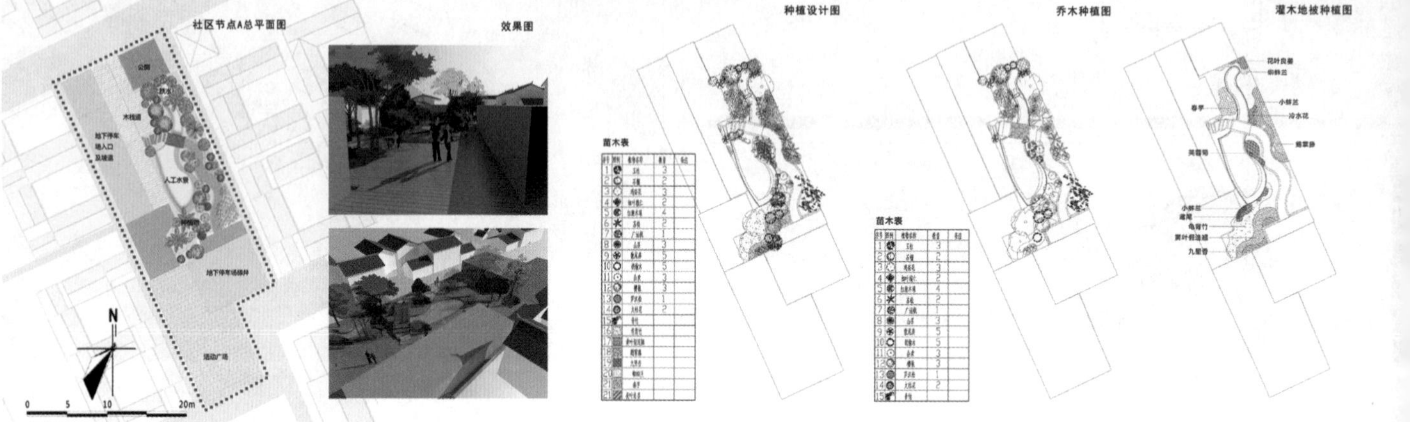

社区节点A总平面图

效果图

种植设计图

乔木种植图

灌木地被种植图

苗木表

0　5　10　20m

铺装平面图

平面定位及竖向设计图

社区节点B总平面图

种植设计图

透视图

苗木表

种植设计图

植被季相变化与视线分析

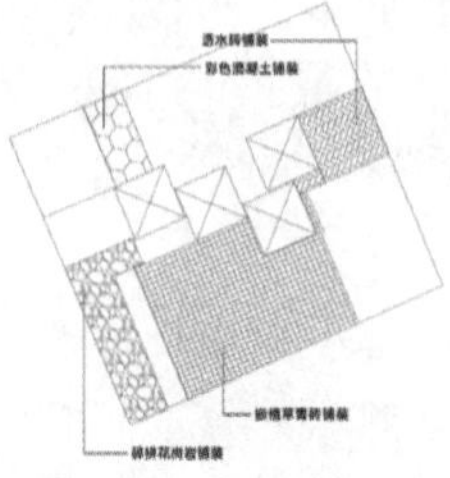

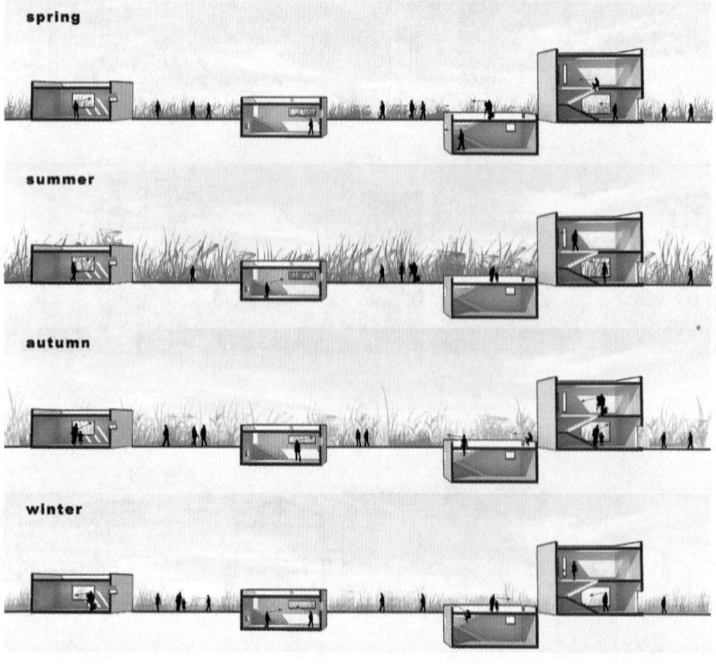

spring

summer

autumn

winter

不同季节中，随着芦苇高度的变化，盒子之间呈现出不同的藏与露的景致；在场所中的观景视线也随之改变，形成丰富的观赏体验。

玻璃盒子观景小筑的平剖面图

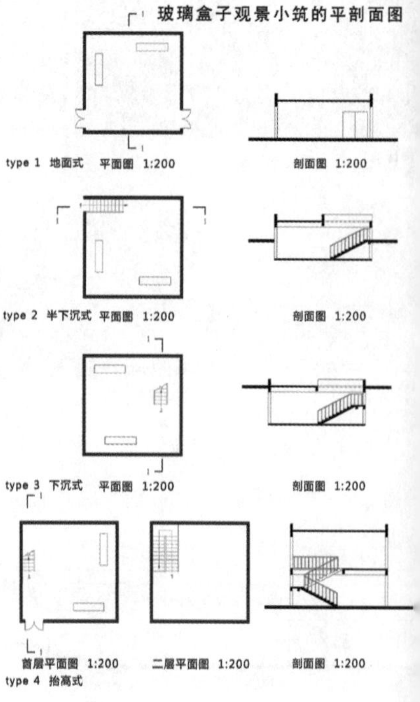

type 1　地面式　平面图 1:200　　剖面图 1:200

type 2　半下沉式　平面图 1:200　　剖面图 1:200

type 3　下沉式　平面图 1:200　　剖面图 1:200

首层平面图 1:200　　二层平面图 1:200　　剖面图 1:200

type 4　抬高式

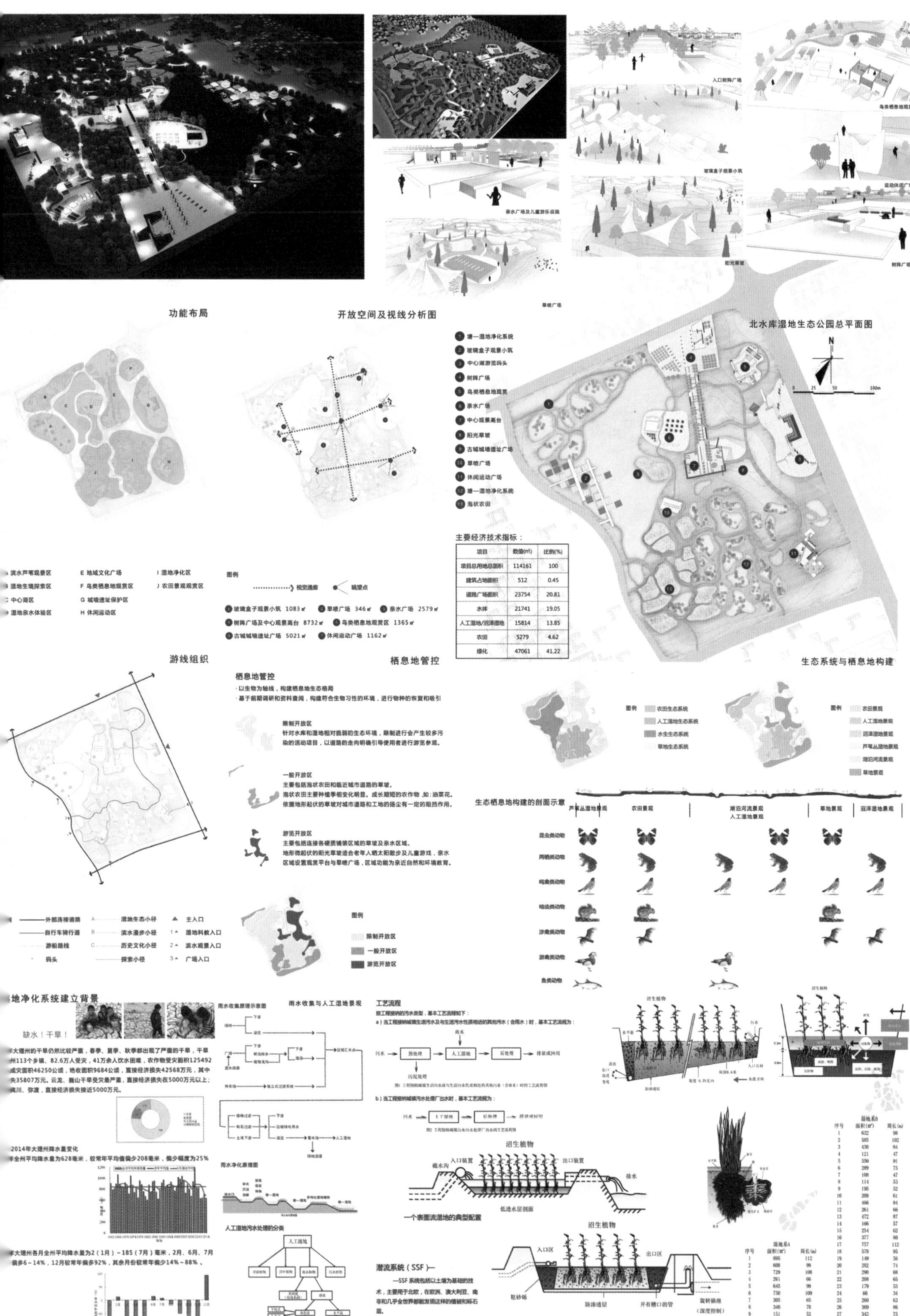

主要经济技术指标：

项目	数值(㎡)	比例(%)
项目总用地总面积	114161	100
建筑占地面积	512	0.45
道路广场面积	23754	20.81
水体	21741	19.05
人工湿地/沼泽湿地	15814	13.85
农田	5279	4.62
绿化	47061	41.22

湿地系A

序号	面积(㎡)	周长(m)
1	895	112
2	608	99
3	729	108
4	261	66
5	645	99
6	750	109
7	305	65
8	340	78
9	151	53
平均值	520.4444444	87.66666667
总计	4684	789

湿地系B

序号	面积(㎡)	周长(m)
1	632	98
2	585	102
3	430	84
4	121	47
5	550	91
6	289	75
7	108	47
8	114	53
9	195	52
10	209	61
11	466	84
12	261	66
13	472	87
14	166	57
15	254	62
16	377	80
17	757	112
18	578	95
19	149	56
20	282	74
21	290	68
22	208	65
23	179	53
24	66	34
25	260	63
26	369	86
27	343	75
平均值	322.5925926	71.37037037
总计	8710	1927

自发式交流——城市活力发生器设计

Spontaneous Community——City Energy Generator Design

昆明理工大学
设计：桑蓉棋 / 王润义 / 常影
指导：翟辉 / 张欣雁

语境互动：

语境三方互动

新地
空权转移
回馈
政府
文化
企业
商业
原住民
传统
生活
协调三方
商住发展
开放与私密
动静分区
交融方式
共生条件
建筑模式
环境营造

通过分析三方的互动，更多的发现语境间的交流，包括古城内部人群，人与环境之间，古城内部和外部之间等形成的自发式交流。

企业提供政府公益性用地的资金支持，公益性项目服务居民且吸引客源，客源支持民众自发商业和企业的形成。

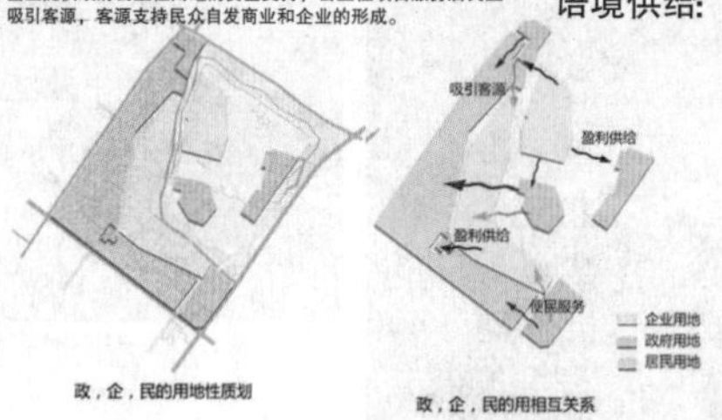

政，企，民的用地性质划

语境供给：

政，企，民的用相互关系

需求与

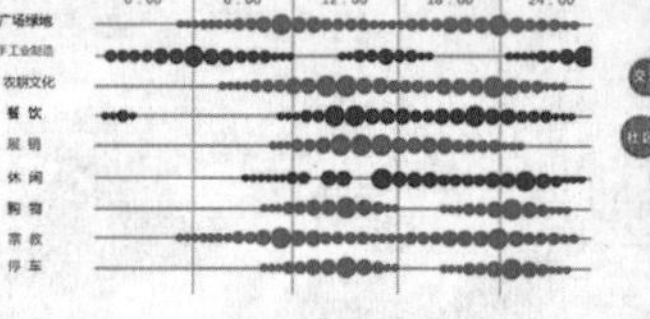

通过实地调研分析得出，基地人群一天内所需功能的时常中，广场地和宗教、农耕文化做多，次之为休闲和餐饮，有较大的开发价值于语境的互动。

产业引入

人员流动

协调解决好政府，企业，原住民的关系，在古城内设计"城市发生器"，为整个古城注入活力，让古城内部之间，内部与外部之间，形成自发式交流，是本设计的语境。

原住民民居沿商业步行街改建成商住模型，弘扬当地文化，也为留守原住民带来经济效益。

政府在基地主要出入口处设广场，引来游客，企业用地沿湖岸布置，带来最佳商业效益。

政府方建博物馆等文化性质建筑，公园岛屿等公共空间，休憩历史性建筑，吸引游客。企业家和做生意的原住民也应向政府交税支持公益建筑。

语境与古城割裂：

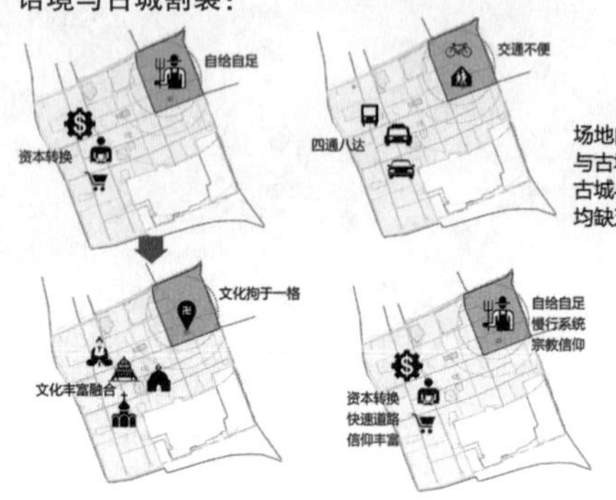

场地内人群之间、与古城人群之间、古城与外界之间均缺乏交流。

语境对话：

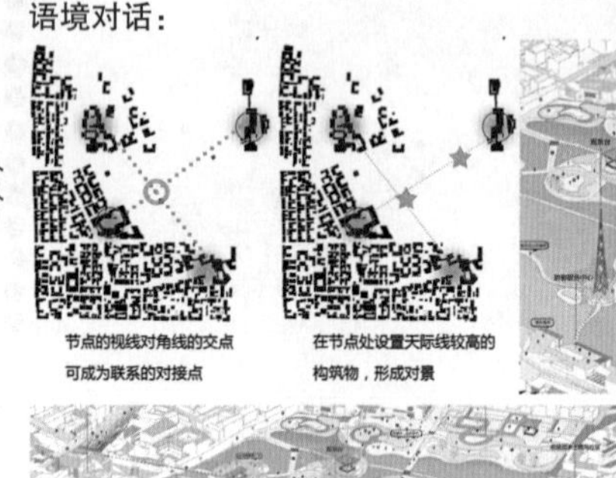

节点的视线对角线的交点可成为联系的对接点

在节点处设置天际线较高的构筑物，形成对景

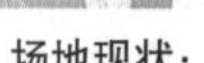

为了使不同语境间更流，设计恢复观景作用和角楼遗址，并采用对式将"场地－水库－城串联起来，使场地更多城内外自发形成交流。

总平面展示：

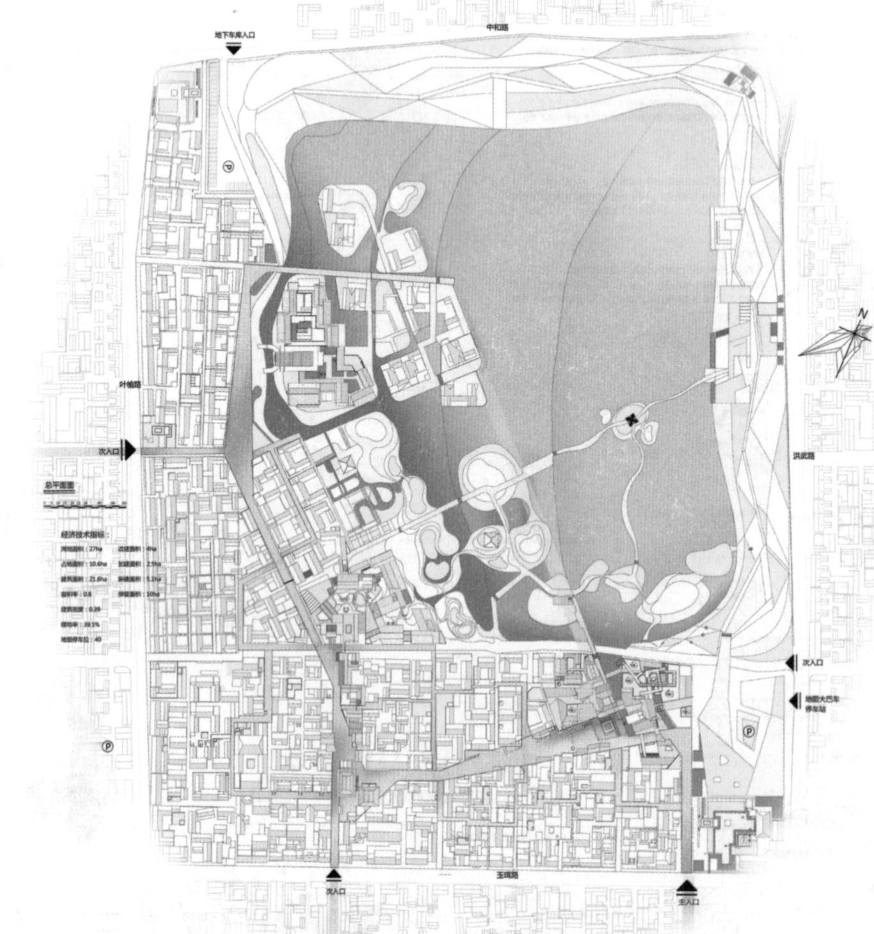

场地现状：

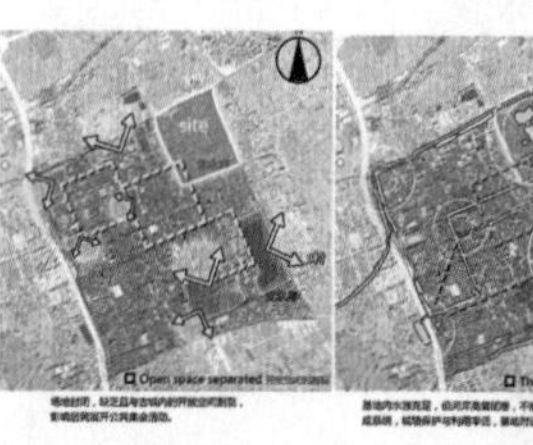

现状居民的式、加建方式取之处，但建和防火、道路题需要可控制设计导则来指自发形成。

评语：

本案以一种"流行"的设计语境，解决古城中的发展建设行为。新风土建筑＋旅游产品，构成古城旅游、生活的发展模式语言。设计成果最接近现实操作需要。创新点正如案名，设计过程释译出规划管理与新移民的需求，表达了古城需要"进化"的愿望。

理念

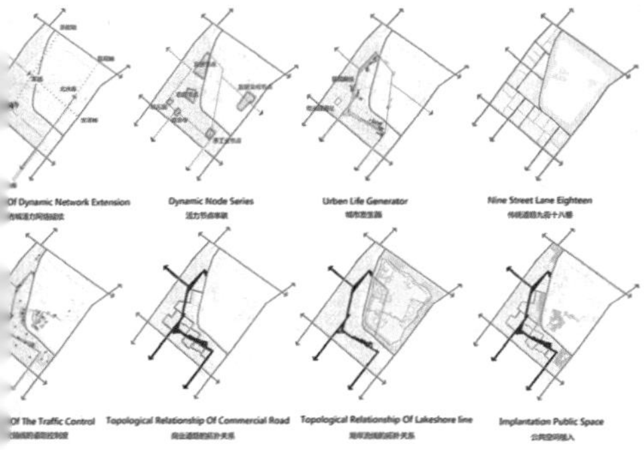

空间句法

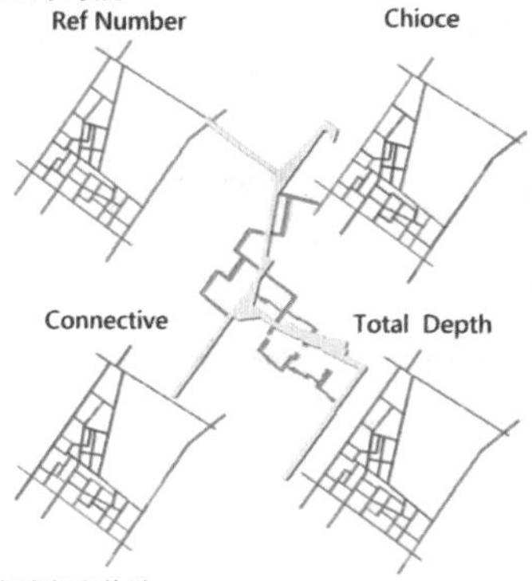

Ref Number

Chioce

Connective

Total Depth

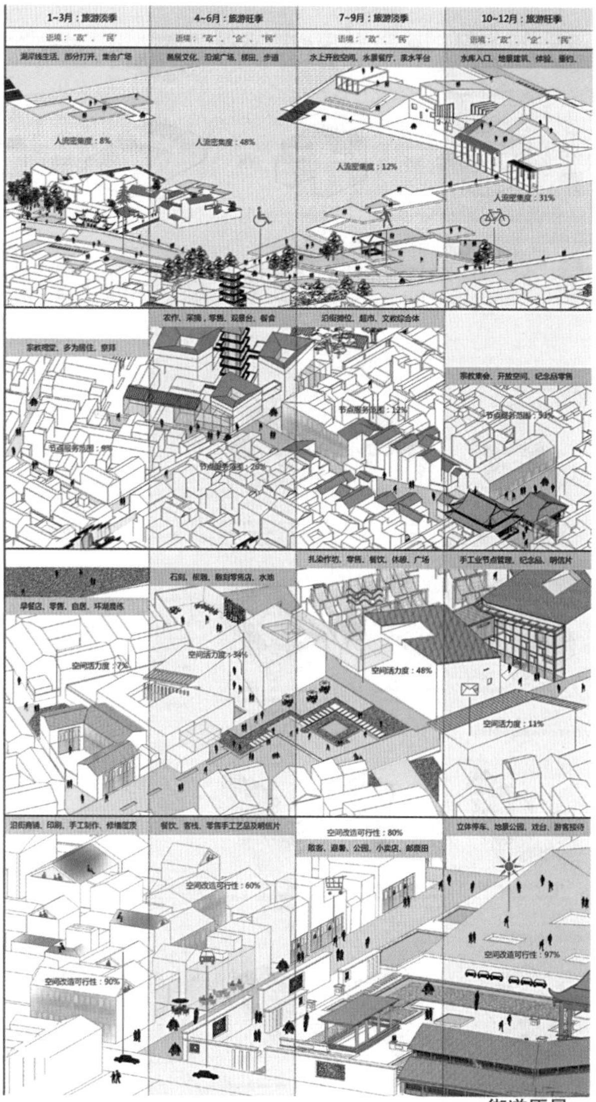

策略：

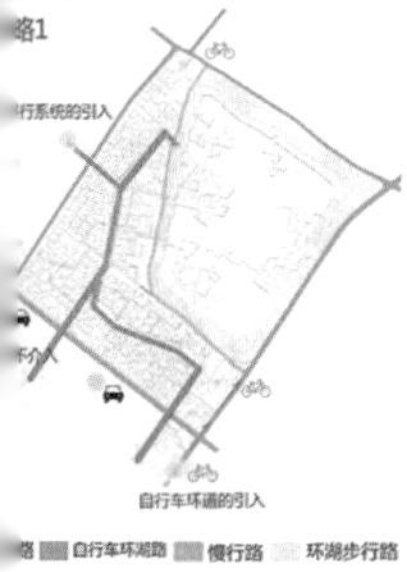

规划后肌理：

规划后道路：

街道断面：

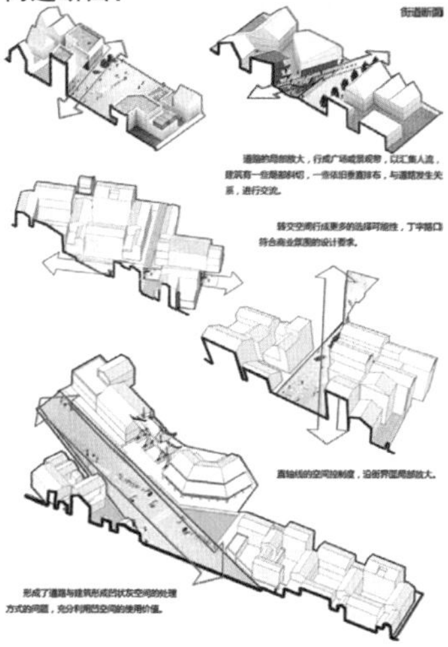

堤岸开敞：

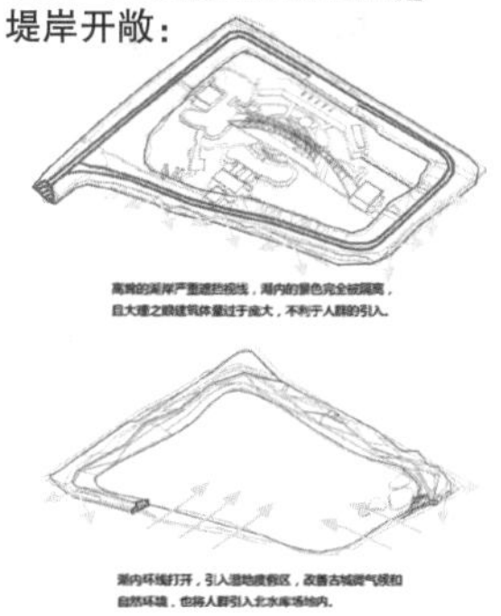

主体街区依性质不同进行功能分布，呈现各个街区的特色，但功能充足的商业点状散落于基地内的各个街区中，使得每个街区既保证了自身特色，又满足公共设施的充分服务性。

街道愿景：

业态服务直径根据规模与尺度分为 50m 到 100m 不等，呈单元状散落于基地内，单元功能业态服务半径满足人群 5 分钟内走到任何功能区域。

SPONTANEOUS COMMUNITY 自发式交流

City energy generator design 城市活力发生器设计

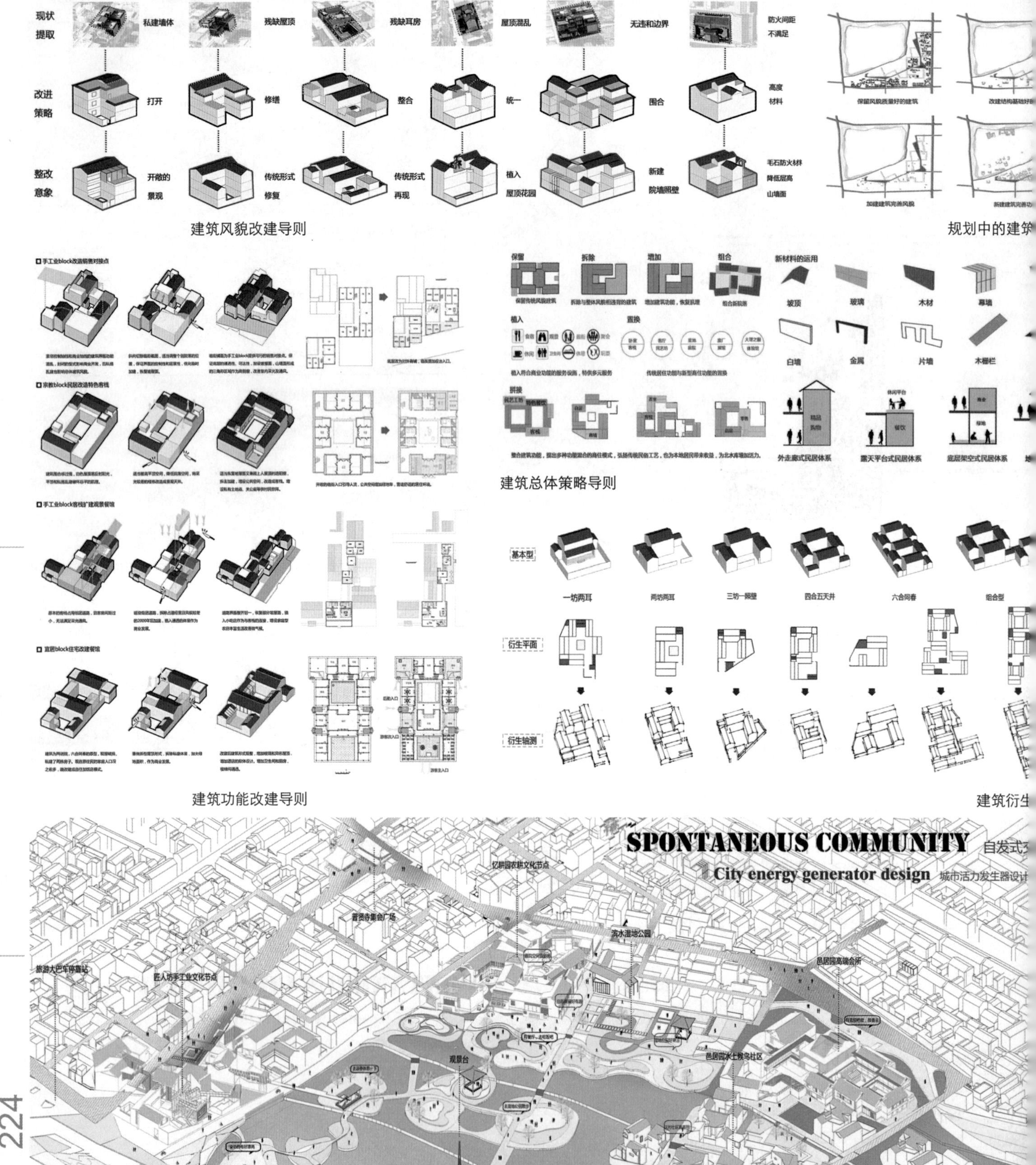
建筑风貌改建导则
规划中的建筑
建筑总体策略导则
建筑功能改建导则
建筑衍生
SPONTANEOUS COMMUNITY
City energy generator design
城市活力发生器设计

EOUS COMMUNITY 自发式交流
erator design 城市活力发生器设计

忆「耕园」——农耕文化节点设计

A Memory Of Farmland — Agricultural Culture Node Design

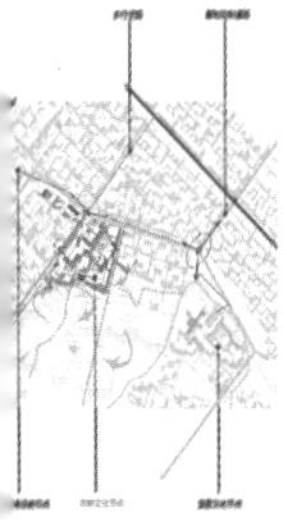

对场地的认知

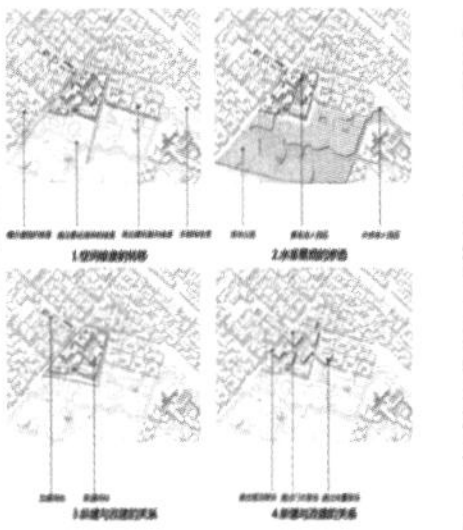

设计理念

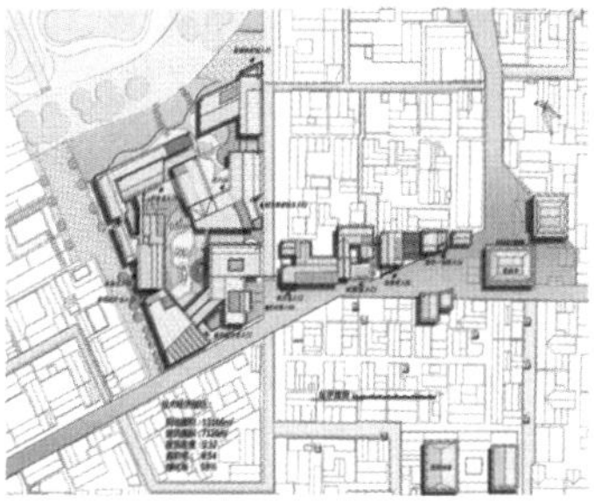

总平面图

块之前为农田农地，现已被居民的私搭乱建建筑填了大半。本设计在功能定位上定位为
化节点——忆耕园。寓意为保留原来的农田记忆，留住乡愁。同时作为重要的人群活力
在功能定位上，定位为以体验为主的茶室和餐饮公共功能空间，结合提供给当地居民活
动室和多功能厅，加之以展览性质的部分展厅，在语境上满足政府、企业、民众三方互
划宗旨。在建筑形式上，由于此地块位于多个维度的转移地段，根据空间句法的演算，
的维度加以转移，已获得最好的景观朝向和空间体验。同时满足地域性的建筑设计。

延续文脉
留住乡愁

鸟瞰图

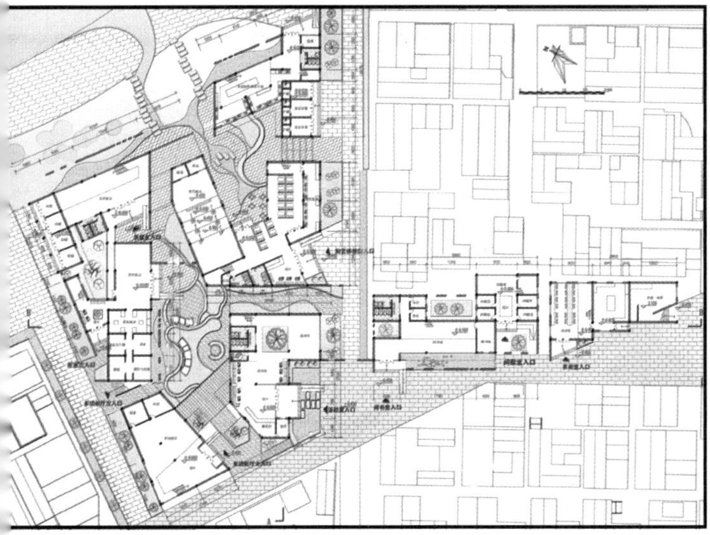

首层平面图

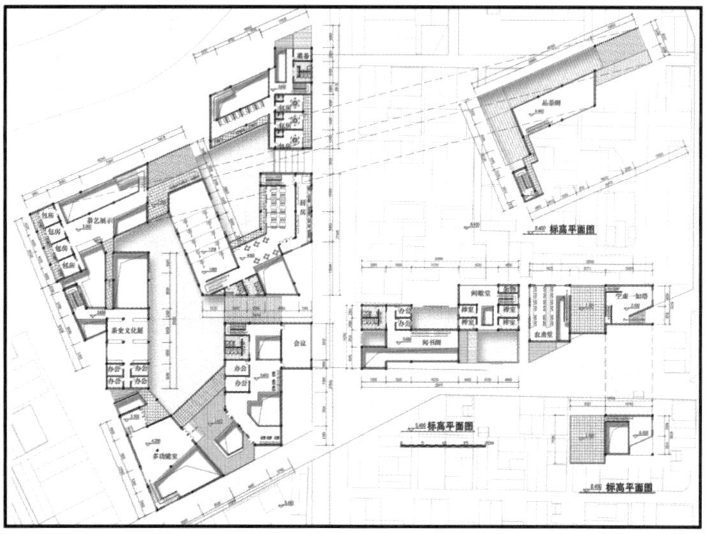

二，三层平面图

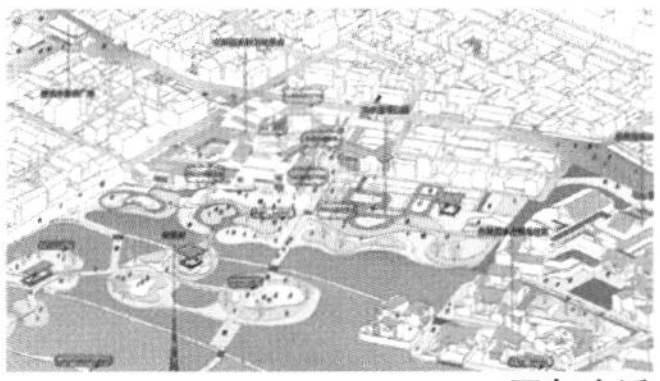

回归生活

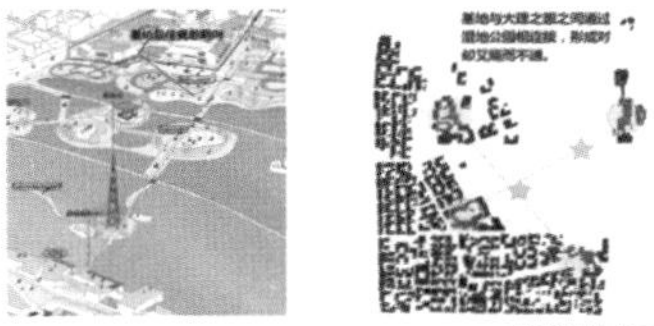

景观分析

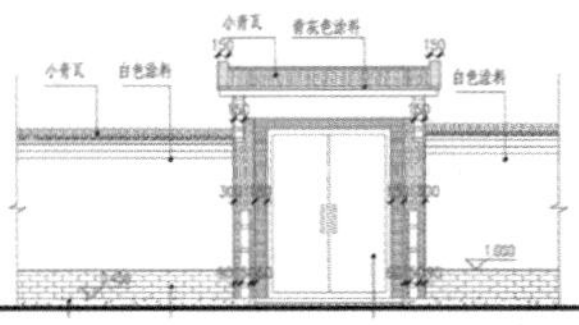

墙体大样

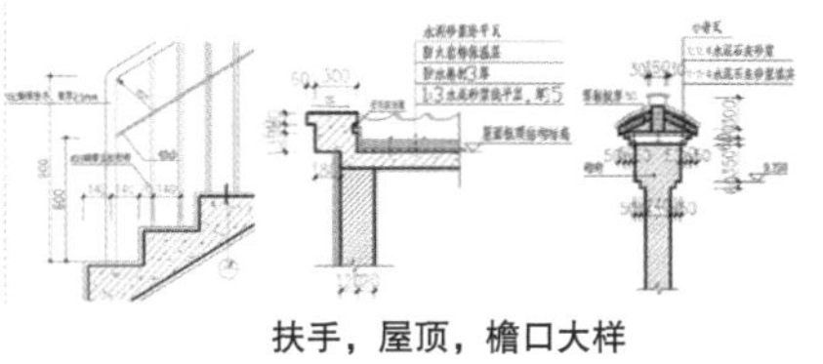

扶手，屋顶，檐口大样

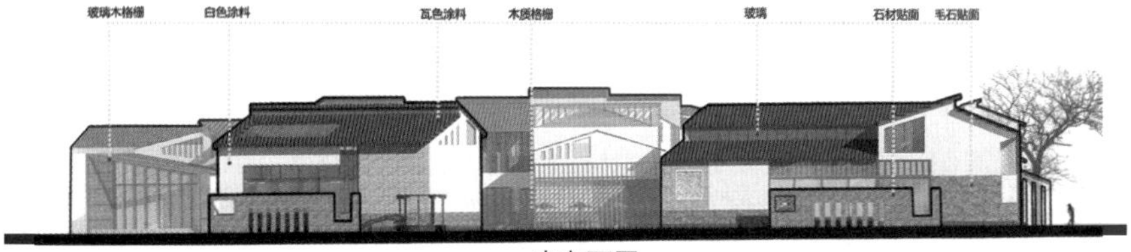
玻璃木格栅
白色涂料
瓦色涂料
木质格栅
玻璃
石材贴面
毛石贴面

南立面图

西立面图

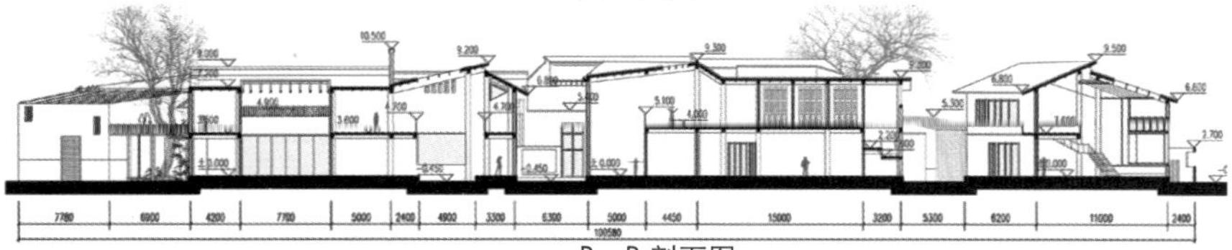

B—B 剖面图

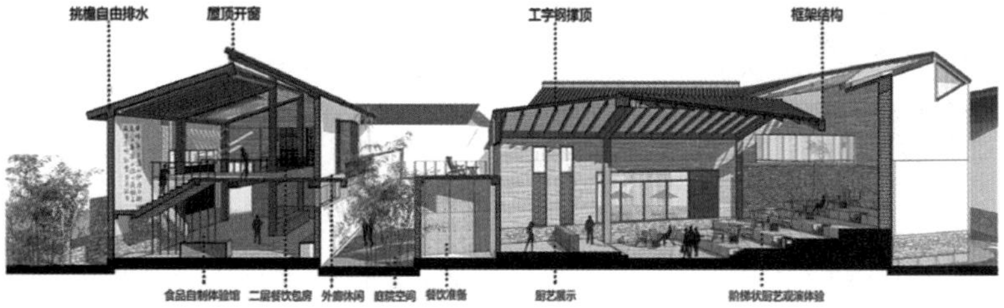
挑檐自由排水
屋顶开窗
工字钢撑顶
框架结构
食品自制体验馆
二层餐饮包房
外廊休闲
庭院空间
餐饮准备
厨艺展示
阶梯状厨艺观演体验

首层平面图

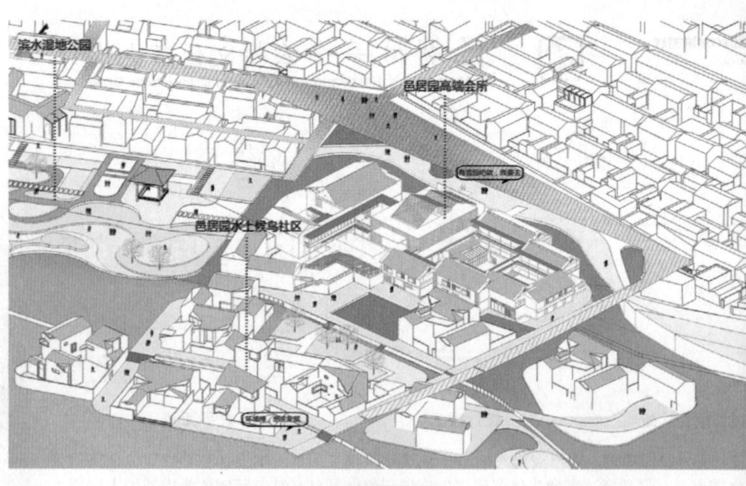

规划愿景图

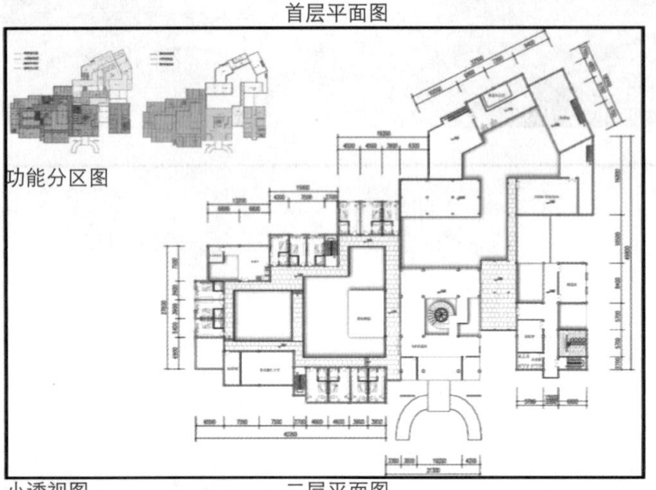
功能分区图

二层平面图

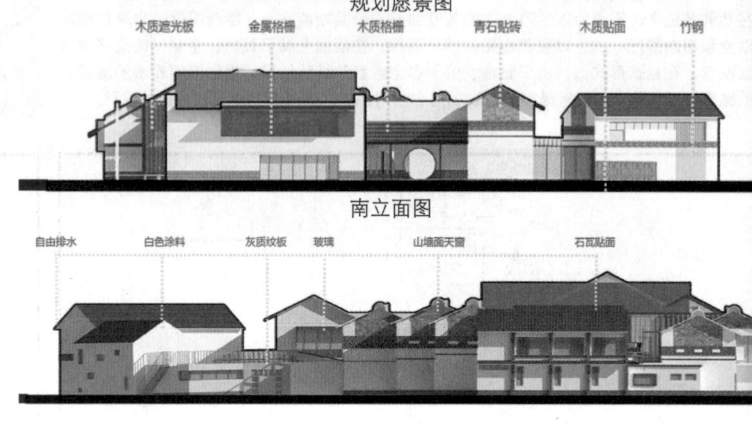

南立面图

北立面图

A—A 剖面图

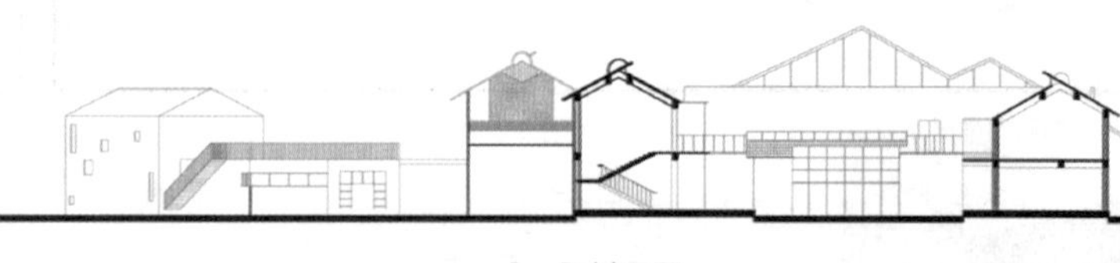
B—B 剖面图

总平面图

小透视图

设计理念：本设计位于大理古城北水库西岸，视野开阔，周边有湖水湿地，临宜居园高档社区。这个设计的功能定位为高档休闲会所以作为社套设施，内含会议中心、阅览室、会客厅、高档客房、酒吧区、烟酒文化展馆、雪茄吧、品酒室、地上酒窖等。平面空间布置灵活，建筑体量的大屋顶覆盖，从而做到地面空间充分灵活，增进人群间的交流，充分发挥空间混合性，这一特点也符合大理古城的发展模式。

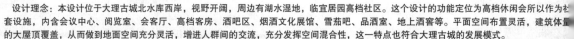

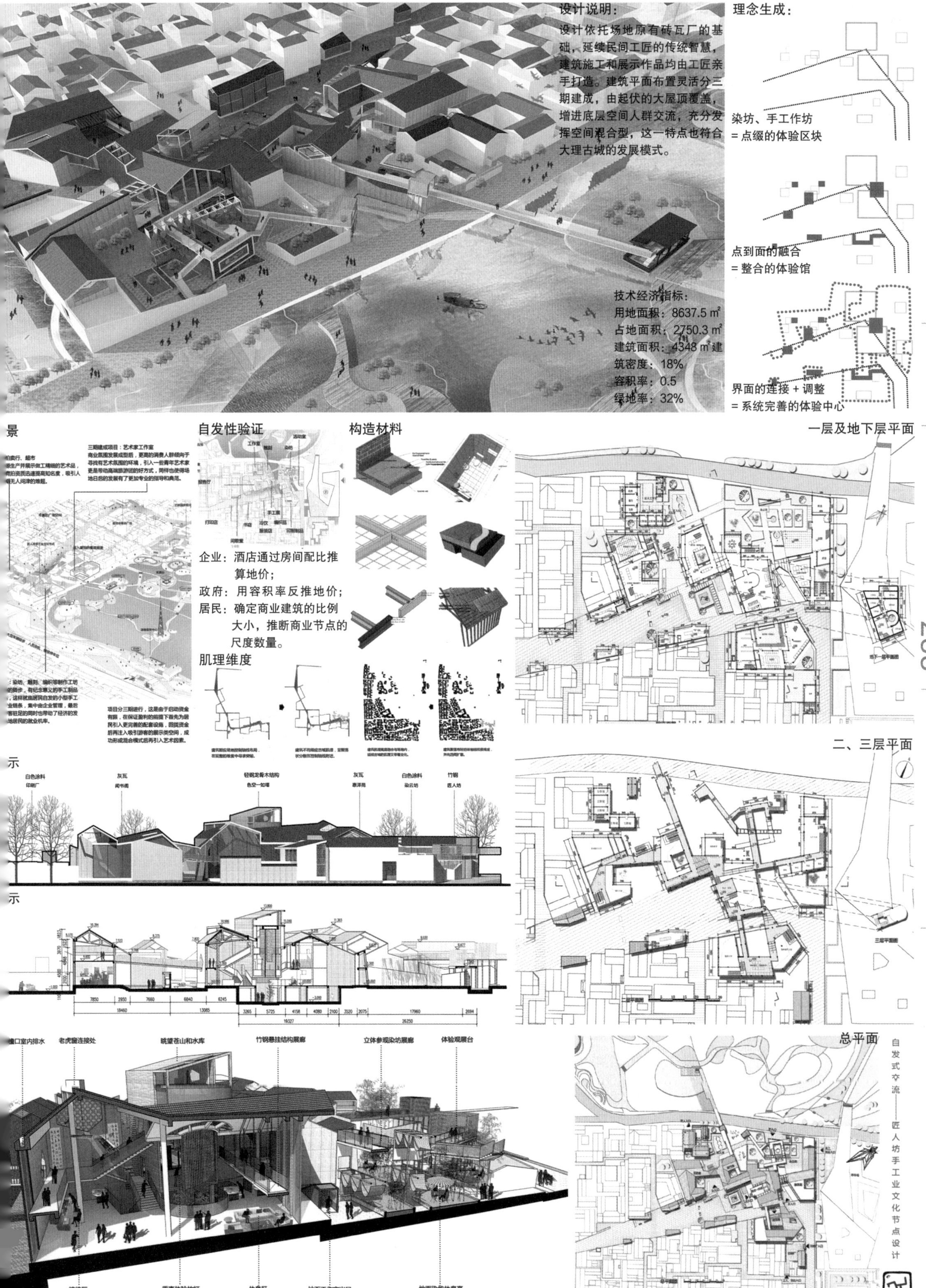

设计说明：
设计依托场地原有砖瓦厂的基础，延续民间工匠的传统智慧，建筑施工和展示作品均由工匠亲手打造。建筑平面布置灵活分三期建成，由起伏的大屋顶覆盖，增进底层空间人群交流，充分发挥空间混合型，这一特点也符合大理古城的发展模式。
理念生成：
染坊、手工作坊
= 点缀的体验区块
点到面的融合
= 整合的体验馆
界面的连接 + 调整
= 系统完善的体验中心
技术经济指标：
用地面积：8637.5 m²
占地面积：2750.3 m²
建筑面积：4348 m²
建筑密度：18%
容积率：0.5
绿地率：32%
自发性验证
企业：酒店通过房间配比推算地价；
政府：用容积率反推地价；
居民：确定商业建筑的比例大小，推断商业节点的尺度数量。
构造材料
肌理维度
一层及地下层平面
二、三层平面
总平面
白色涂料
灰瓦
轻钢龙骨木结构
竹钢
接待厅
垂直体验竹灯
休息区
地下工作室出口
地面染坊休息亭
老虎窗连接处
眺望苍山和水库
竹钢悬挂结构展廊
立体参观染坊展廊
体验观展台
自发式交流——匠人坊手工业文化节点设计

教学总结

同济大学
孙澄宇

作为一名年轻的建筑学专业教师，有幸自 2010 年开始参与到国内“八校联合毕业设计”的教学活动中来。今年在这一平台上，同济共有 3 名教师，指导了 12 名四年制本科生的毕业设计。此次的设计题目继去年以来，再次选择出离学生们熟悉的大都市。这次是选在了风景优美人文特色的云南大理古城，对东北角的古城墙转角处的北水库片区进行更新设计，并对其中的关键建筑进行单体设计。

其实作为一名带教教师，似乎更应该谈论一下在本校教学过程中自身对于教学教法的心得体会，但我却觉得更想探讨一下国内本科学制设计对广大学生在“毕业设计”期间学习心态的影响，以及由此为毕业设计教学所带来的“非技术性障碍”，甚至有把它推到“鸡肋”境地的可能。

目前国内本科的毕业设计是在整个学制的最后一个学期，之前的学期则是设计院实习。这样的学制安排在面对时下流行的“精致利己主义”时，就可能被按“个人短期视角下的低投入高产出原则”转译为如下安排：

对策可能一，如果在实习学期已经确定成功保研，那么在毕业设计中只要确保不出现“失误”即可，而国内按“橄榄状”比例划分成绩的评分体系，对于这种水平的学生，他时间充裕，只要出勤正常，一个中规中矩、满足指导书表达要求的设计作业，基本就可以确保“良”，即不太可能出现“失误”。

对策可能二，如果在实习阶段已经开始申请国外学校研究生入学资格的，那么毕业设计末才得到的设计成果是无法编入其设计作品集的，而且毕业设计的成绩都不会出现在他的申请材料中，所以最后一个学期中，他首先要确保足够的时间与精力去制作作品集、联系推荐信、完成各种网上申报。而毕业设计对他来说只是拿到学分即可（如果挂掉，拿不到学位证书，后续国外入学注册可能会有问题）。所以相较上一种可能，这种情况下他可以以一个非常平庸的设计成果来获取一个大于等于“及格”的成绩即可。

对策可能三，如果他直接找工作，那么从实习到毕业设计的近两个学期（国内高校的招聘活动从毕业前一年的 10 月份开始启动）都需要用来制作作品集、投简历、参加面试笔试、进行试工，甚至参加试工企业的各种实际投标项目的加班加点。这样他投入毕业设计的时间是最没有保障的，而且毕业设计的结果也是只要通过即可。

如果将上述三种可能拼凑起来就会发现，最有可能出现一个优秀教学成果的人群依然是保研人群。他们有时间保障，有良好的素质保证，教师需要的是通过个人感染力，使他们认同毕业设计在长期视角下的重要意义，才可能使他们产生尽可能好的结果。而对于大量存在的后两种学生群体，既没有时间保障，设计能力又良莠不齐，教师的工作就十分困难了。从中可见，在毕业设计中教师面临的属于设计范畴的技术性问题已经不是主要障碍，而这种由于学制安排带来的学生内心的“非技术性障碍”才是工作的焦点。

可能我们还无法像欧美大学那样，要么在紧凑的本科学制中不设立“实习”环节，要么设立实习年来分割完整的本科与硕士贯通学制，要么在毕业设计的评分体系中真正做到宽进严出以确立自身学校品牌的质量。但作为一线教师，我觉得必须对这一困局展开讨论，呼吁各种有益的尝试与探索！

始于问题定义的设计

清华大学
韩孟臻

“Wicked problem（狡猾性问题）”是人类所面临的问题中最复杂的一类。问题需求的不完整、动态变化、甚至相互矛盾，使得我们无法确切把握问题，致使问题难以甚或不可能被解决。从方法论的角度，建筑设计问题也属于狡猾性问题，必然具有如下特点:

① 发散、开放的评价标准

建筑三原则“经济、适用、美观”无法加权统一；而且它们各自又可细分为更多发散的评价标准。比如适用即可细分为：适用→某类使用者的适用→某位使用者的适用→某位使用者在某个时间段的适用……。面对如此复杂的设计问题，建筑师只能依据自身的经验和直觉选择出自己的核心评价标准，对问题进行阐述性的定义，“武断地”将狡猾性问题转化（简化）为自己能够把握的问题。

② 问题解决与问题定义相互依存

基于建筑师个体理解的问题定义将建筑设计问题转化为迥然不同的子问题，再经建筑师的问题解决努力，提出的方案自然大相径庭。问题定义帮助建筑师将无法把握的问题转化为可期解决的问题的同时，也限定了其解决问题的视野。通行的设计竞赛机制的目的即在于收集、选拔复数个建筑师团队基于不同问题切入点（问题定义）的方案，这是解决狡猾性问题的有效途径。

③方案无绝对的对错，只有从某评价标准出发的相对的好坏

该点在近期关于现实北京城发展道路与历史上“梁陈方案”的讨论中体现得淋漓尽致，从不同的评价标准去评判方案的优劣，结论甚至是相反的。这是狡猾性问题的固有特点。

基于上述建筑设计问题的特点可以推知：建筑师须同时具备问题定义与问题解决两类能力。从解决狡猾性问题的角度，问题定义能力更类似于战略性的决策能力，而问题解决能力偏重于战术性的攻坚技巧。该比喻绝非要厚“定义”薄“解决”，而是要强调两者之并重。为了有效地、甚至创造性地解决“狡猾性”建筑设计问题，建筑师必须综合运用前述两种能力，即从“问题定义”开始寻求“问题解决”。

毕业设计作品的所谓“研究性”，可以从“问题定义”和“问题解决”两个方面加以考察。“问题定义”要求学生在扎实的研究基础之上，将复杂、发散的设计问题逐步转化为相对清晰、明确的子问题，该过程能够清晰地体现出研究能力的高下。“问题解决”过程需要学生针对自己聚焦的子问题发展出具有一定创造性的建筑学解决方案，其中体现出的是学生研究能力与设计能力的综合水平。

值得说明的是，并非所有关于设计问题的定义都能够找到有效的建筑学解决方案。用于定义问题的核心评价标准距离建筑学越远，往往建筑设计手段就越失效。本次大理古城北水库片区的选题具有相当的开放性，在历史、文化、社会、经济、地域性、建构等各方面都蕴含着丰富的可能性。从社会、经济、文化等相对远离建筑学核心知识的视角去尝试定义问题之时，或会在问题解决阶段困惑于无法发展出具备空间形态辨识度的方案。尽管如此，跨越建筑学边界的、更广泛的思考显然是有益的，偶尔甚至是革命性的。

建筑学专业联合毕业设计倏然之间已经走过了9个年头，针对设计教学的讨论交流和实验探索贯彻始终。寄厚望于2016年度第十届联合毕业设计在开题阶段的革新和探索，期待由此能够涌现出更多的始于问题定义的毕业设计。

东南大学 夏兵

从2010年重庆大学主办起，这已经是我连续第5次参与指导“8校联合毕业设计”教学项目了。在这个圈子里，各校都派出最具有经验的教师和最具有实力的学生，力争将本校在建筑学本科教学中的特色、积累与探索通过这样一个一年一度的交流平台加以呈现、通过检阅。

五年时间如白驹过隙，每次都有些点滴的想法，却从未系统成文。借这个机会，我把本人的一些零星感想总结一下，并不成熟，望兄弟院校同行批评指正！

1. 关于选题

从大西南重庆十八梯、苏杭天堂西溪湿地、皇城天桥到皖南山村、大理古城，8校毕设的选题从来都不缺乏地理上的多样性和社会担当，这也是8校毕设最具有魅力的一点，无论对教师还是学生而言都是不可多得的体验，机遇与挑战并存。随着“8+1+1”机制的更新，新鲜血液不断注入，相信这种多样性和社会责任感将得到持续增强。

2. 关于内容

在这5年里，几乎每年课题内容均包含了城市（乡村更新）设计部分和单体建筑设计部分，两部分工作在时间分配比重上基本相当。学生第一周投入紧张的现场调研，随后提出城市设计策略并在中期答辩中完成汇报，之后再投入选地设计单体建筑的后半段，时间并不宽裕。同时，为了达到建筑学本科毕业设计要求，对设计成果的深度是有明确规定的。

从我个人这几年参与8校毕设指导的教学经历来看，各校对城市设计阶段的要求和认识各不相同，而单体建筑设计又往往深度不够。建议将城市设计简化为城市认知研究，使之成为单体设计的设计基础和依据，而不是从技术角度上要求学生提出一套完成的城市设计策略，这样有利于学生集中精力解决单体建筑设计问题，提高最终成果的深度和水准。

3. 关于质量把控

毕业设计的质量似乎一直困扰着各校的教师，对于东南大学亦是如此。在本科的最后阶段，学生面临毕业、升学、出国、工作等等各方面的抉择，这是不争的事实。面对模糊的未来，学生无法把注意力100%集中到眼前的毕业设计学习上，本身也无可厚非。而毕业设计本身的质量对他们的未来已经确实不再具有现实的重要性。对于这一个问题，东南大学的解决方案是：首先保证教师的教学投入，通过认真负责、有计划的教学行为规范学生的学习；其次通过激发学生荣誉意识，带动其学习内力的觉醒。好在本校参与8校毕设的大部分学生都能够投入相当大的时间精力，令人欣慰。

4. 关于成果评价

8校毕业设计的成果呈现和评价包括分阶段答辩、最终的展览以及作品集的出版等形式。各校保持自身教学的特点，成果的价值取向和技术策略也各有千秋。在成果评价上，很难使用整齐划一的标准。我们要求学生必须针对特定的设计问题进行研究，有的放矢，在不同的阶段都具有明确的问题导向，以保证设计目标的整体一致，并且为技巧和方法的研讨提供基础。另外需要强调的是，作为建筑设计专业毕业设计的深度要求，对材料及构造细节的描绘是必不可少的内容。

对我本人而言，通过8校毕设认识了很多兄弟院校的同行，工作内外都建立了深厚的感情。最后，感谢昆明理工大学建筑工程学院与同济大学建筑与城市规划学院在本届联合毕业设计中的辛勤组织工作。

真实与他者的想象

天津大学
张昕楠

当本次“8+”联合设计以一种开放的方式，要求学生进行一个由城市设计到建筑设计的过程，其间考察的重点就并不是其设计的技巧或方法，而是其以一个“负责任”的建筑师的身份去敏感的理解真实的能力了。

设计伊始调研的那些场所，无论大理古城、北水库地块、希夷之大理项目还是喜洲双廊都可以为学生之于真实的解读提供足够的素材。

大理古城的真实，体现于环境的真实和其建城的仪轨方面：古城植根于苍洱山水体系，水系统和日照通风的“风水”要求，自然使得其巷路的密度在东西向度上远高于南北向，更不用说这种东西向带来的产业（山 – 城 – 田 – 海）和景观（西山 – 东海）上的便利。

北水库地块的真实，表现于社会现实的层面：场地的现状，因着宅基地划分的“公平”原则以及对于古城风貌的“尊重”，成为一个填充着“L”型新农村样板房的方格网。

希夷之大理项目的真实，以政府发展旅游的企图为结果：从旅游策划的角度出发，以此项目为核心产品，将周边旅游资源进行整合，形成以大理古城为游客落脚点、周边地区为子旅游目的地的系列产品，从而提高旅游经济的收入。以策划目的性判断，其计划的合理性未必如同项目的结果这般失败。

喜洲和双廊的真实，阅读自其丰富空间所体现出的传统伦理：以祠堂、戏台为公共空间核心，以十字街为规划架构满足功能性和交通的需求，发自十字街的蜿蜒窄巷通往近端的宅院，宅院户门的相互退让又形成了最后一个层级的公共性空间节点。这样的一个充满了丰富空间伦理层级的系统，与其说是设计的结果，不如说是因着宗族伦理的制约自然生长而成的人工果实。

其实在大理大学的系列讲座中，几位教师和建筑师在讲座中有意无意提到了设计中真实的意义，例如赵扬建筑师设计的两户旅馆和台湾曾老师介绍的在设计中如何于政策和地权之间进行的博弈。然而令人遗憾的是，在几次评图的过程中，尽管学生的设计从形式操作的角度足以让教师“满意”，但上述的这些真实并未引起学生足够的设计兴趣，尽管有些学生的设计看似锚固着真实的问题，但在深化过程中又陷入了主观臆想的自我满足。无论是在城市设计还是在建筑设计过程中，学生的设计很难让人感知到其是在大理进行的基于真实虚拟的实践、立足真实的大胆试验或是某种直指真实的宣言。

某种程度上，建筑设计是一种之于真实的他者的想象，他者自然指代的是建筑师，而真实则包含了设计需立足真实的场地、满足真实的行为或活动的需要、解决真实的建造问题。当然，如果对建筑真实性进行拓展的话，又可以统论为社会的真实性、生活的真实性、环境的真实性、技术的真实性和历史的真实性。而想象则是属于建筑师的一种特权，想象以何种态度进行设计的回应、想象以何种姿态对应环境、想象以何种机制组织城市或建筑的功能、想象以何种空间去创造生活、想象以何种结构材料去进行建造。然而，当想象与真实割裂，想象便成为自我满足的主观臆语，既丧失了其现实性的根基，也失去了打动人心的力量。

一点思考与建言

浙江大学
张毓峰

想起一个段子：有个文艺青年掉进河里。一开始文质彬彬，冒出个头朝岸上人招手："能不能救我一下？"沉没又浮起时喊："救一下！"待头再钻出水面，只听得一声惨叫："救命啊！" 文字原本是人类为交流互通信息而创造的，但是由于种种原因，它也可能把人自个绕进去而不可自拔，甚至掉了性命。

故以下文字尽求明白易懂，若有不周全或生误解之处，还望读到此文的同行海量，在此先礼了。

【什么是"旧城改造"】

几乎与"改革开放经济发展"同步的中国城市化进程，使城市与乡镇急剧恶性膨胀。其中确有自发无序的产物，但以我国现行体制，这种乱搭乱建、失控的"违章建筑"只可能占极少数；更多是在正当学术或专业的名义下，并经各级官方 + 权威反复论证核查后作为法规性文件立案执行的，可留下的却大都是一堆遗憾。更不可思议的是，这种遗憾还在不断被拷贝复制没消停的迹象，尤其在"旧城改造"或"城市更新"方面。

再来看 8 校联合毕业设计。就我所参加各届，除了一次为纯建筑设计题 (2012 年浙江大学)，其余 5 届皆为旧城改造的课题 (据说 2011 年重庆大学那届也是)：2010 年东南大学 – 南京老城南；2013 年北建工 / 央美 – 北京天桥演艺区；2014 年清华大学 / 合肥工大 – 皖南季村；2015 年 (本届) 同济大学 / 昆明理工 – 大理古城。

同一类课题，在拟题的各校讨论中不断被选取而重复，显然说明，这课题的现实意义和普遍性；从毕设效果看，尽管每届出题学校、出题形式、选址地点、参加学生不同，学生参与度、设计水平也有高低起伏，同一个"旧城改造"课题历经数届，即便在学术或教学层面上也很难看到对课题本身的解读思考上有真正意义上的新认识和解题上的突破，这足见其难度和挑战性。两者正与上述国情现状契合。

这到底是个啥题？以期求解的是什么？解题的逻辑前提、约束条件、专业工具是什么？它所蕴含的真正的问题、难点又何在？……这就是一直困惑我的问题，我越来越清楚的是，这些基本问题，本该在毕设开始之初就应以各种方式引导学生思考予以澄清明确；同时，也作为毕设结果的评价的客观依据。

再有，这些年在上海 (恕本人对北京不熟) 浦西老城区改造中屡见境外高手不露声色的化境之笔，让人汗颜叹息之余，我们真该以此为鉴好好剖析反思：这个事 (旧城改造或城市更新) 真的这么犯难？真的要这么标新立异大动干戈的折腾？不作不死？我们究竟做对了多少？而哪些又是做歪做偏、用力过猛了？

【何谓"城市设计"】

指导过 5 届"旧城改造"课题了，我还是没太搞明白、但觉得很重要的一个词，就是"城市设计"。自从参加联合毕设，我就再也绕不过这个耳熟能详的词，因为每次中期汇报交流的内容就是"城市设计"，毕设的前 1/2 时间精力就是耗在这东西上，更要命的是余下 1/2 毕设内容 ("单体设计") 恰恰也是建立在这个基础上的。

不怕见笑，从第一次联合毕设开始，每次现场发题、踏勘调研后回校的第一堂课，我都会问学生同一个问题(不是考他们，实在是我不懂而没法指导):“你们知道什么是‘城市设计’吗?” 这些见多识广的学生每次都会被这问题问傻掉！随后都会有手疾眼快的学生不由分说上网翻查各类百科，然后告诉我：“张老师，只有一个写得最明白，就是你说的，’它既不是建筑设计，也不属规划设计’。”把我气得，“那不就是个废话么！”

尽管我很当回事，问遍我所能问到的，让学生查遍所能查到的各种教科书和文献资料，但到现在为止，我对此还是糊涂。

这“城市设计”的内涵、外延到底是什么?我只好用排除法：它肯定不是“建筑设计”的地盘，也不属“规划设计”的范畴，也不可能为“景观设计”所涵盖。道理很简单，如果是上述其中一项，那要这个“城市设计”干嘛?如果有人说是上述三项的综合汇总，那这话就更扯了!

当学生反问道，那“城市设计”是什么?我没法给出定义，我只好对学生说：它应该在建筑、规划和景观的知识体系、职责范围都“搭”不到、解释不了的地方；它应该还是关于空间(确切说是城市空间)的，似乎是一个如何控制城市空间边界的问题，但至今还不知它如何来控制、由谁来控制?最后我不忘提醒学生：这也许是一个子虚乌有的伪问题，如果城市空间边界原本就是，且只能自发自然形成的话。

我自认我给学生讲得够好了，但每次在这个教学环节，总磕磕碰碰不尽如人意。当中期交流看到各校各组也都半斤八两，我也就不去追究他们了。但是在我心里，联合毕设只要“旧城改造”的课题继续，中期交流的内容还是“城市设计”，那么，什么是“城市设计”?还是得给学生解释清楚的。

【8+ 联合毕设给我们提供了什么】

以往每次校内毕设选题分组动员宣讲，更多的是鼓动学生去 pk 的意味。各阶段出征前都要反复叮嘱别给浙大建筑系丢脸，吓唬他(她)们“是马是驴终究是要拉出去遛遛的”！慢慢体会其实联合毕设，8+ 师生在一起互相切磋的意义远远大过于 pk 的意义。

显然，它不只是 8+ 师生每年一次、耗时一学期的嘉年华狂欢，更重要的是，它为参与者提供了教学和学术的共同交流讨论的一个巨大平台。

我想，既然它是就同一课题的共同交流讨论的平台，那么，它必须具备或应逐步形成相同的价值取向和评价标准，否则各说各话、互不认账，那么，也就失去了这个平台存在的意义了。比如，设计推演的前提必须锁定，设计的方向必须明确，即各阶段设计成果应该有一种可比性。一味强调开放性、多元化，大家又如何互相交流讨论、参照反馈?不也就丧失了一次再学习的机会?而它正是这个平台所能提供的最有价值的东西了。

需解释的是，我丝毫没否定开放性、多元化的意思，只是觉得它更像是一种态度，设计或教学中那些客观理性的基础或评价标准才是我们必须遵守的原则，否则我们将永远走不出“建筑”这座迷宫。

最后谈下个人尚不成熟的一个看法：“旧城改造”或建筑学的其他课题，都隐藏着专业上的玄机，有待我们去探寻，任重道远。“上帝归上帝，恺撒归恺撒”，不要让学生把有限精力无谓耗在那些非专业的问题上，比如项目业态的分析、论证和确立。因为它实在不是我们这个专业的知识或学养素质所能理解和解决的，更无法作客观评价。故建议，此项还是由出题方作为设计条件预设为好(提供多选)，包括项目的基本业态、规模和大致内容。至于具体“任务书”中细则，即分项及其面积等，可由学生自拟，给予设计构思的灵活性。

其实，通篇我想表达的意思是：好好珍惜利用 8+ 联合毕设这个平台，把什么是“旧城改造”、什么是“城市设计”搞搞清楚，也许大家一直所期待的现实与理论、设计与学术上的突破就在这里了。

联合毕业设计总结

北京建筑大学
晁军

时间飞逝，已经到了初秋白露节气，而初春云南樱烁烁其华的美景似乎还在眼前。三月中旬，十校的百余师生齐聚在大理古城，参加第九次联合毕业设计。

建筑学专业联合毕业设计是各校毕业设计指导教师联合发起的大规模、连续性教学实验与交流活动，自2007年始办以来，迄今已是第九次举办。设计课题的选择地点从都市到乡村、从平原到山地、从厂区到古城，丰富多样的类型和场地挑战为学生们提供了极好的锻炼机会。

此次大理古城历史街区的选题紧密结合传统街区现实问题和地域文化特征，在传统建筑学教育以功能为导向的设计训练之外，增加了城市设计和人文环境的调研解析，拓展了学生对项目理解的广度与深度。

我校的八位毕业班同学分成三组，完成从“团队合作——独立工作——磨合互动”的几个阶段。方案虽有考虑不周之处，但更多的也借此展现了他们的大胆设想及别致理解。

赵璞真与刘英博同学组，表现出对人的精神需求和生活乐趣的极大关注。他们观察到了当地很特殊的一些亮点：大理的院落空间形式多呈现为类似同构形态，精神文化上则拥有多元的宗教信仰，古城需要宠物友善型的公共空间。基于他们的独立观察，在城市设计部分规划了一个新的格构，但依然依循传统中的“L”形院落结构。

在单体设计中，方案定位极有创新精神，赵璞真同学的单体建筑是一个宗教展示与体验场所，在调查了大理教众数量和教堂分布前提下，作者作出了一个探索性的尝试，旨在促进大众与游客对不同宗教的了解，同时提供一个休憩与文化交流空间。刘英博同学用丰富的空间手法打造了一个多尺度的动物友好型环境。也许有些理念过于理想，不够现实，但却是是对精神空间设计的一个有价值的探索。而从特殊客群的特殊需求出发，是本组设计的一个闪光点。

郭小溪、王潇玄、贺海铭同学组将“人文与环境”的综合考虑贯彻了城市设计和单体设计始终。城市设计中，以可持续发展的社会生活模式为规划目标，在原有街区脉络下，丰富拓展了水体、绿化等景观元素，形成了一个自然地域的可浸润结构。单体建筑设计中，本组同学均选择了不同类型的展馆建筑，各单体建筑均与大场地的水环境形成对话。郭小溪同学的方案，选自城中的一个住宅驿馆，设计围绕一个内向的生活小院和一个半开敞的水面展开。作者重视驿馆的文化氛围营造，形成了数个不同文化生活主题。建筑空间设计合理，形式新颖而又不失协调。图面表达简洁明快，富有意境。

王凡、郝晓旭、田双豪同学组以“针灸、激活”为出发点，从城市设计阶段就在强调通过功能的植入和整合带动街区活力，以一种积极的态度去面对历史城市，通过城市功能空间的互换，形成新的肌理和空间，焕发城市生活活力。单体内容分别选取了复合的老年社区、文创街区和古城墙改造，深入考量了不同人群使用的通用设计要求。方案重视地域性材料的使用和空间模式的创造。

联合毕业设计，不仅仅是学生层面的融合协作，在校际、在教师间都提供了多层面的交流计划。其综合价值不仅在于丰富了学生的认知，也为我们各校老师建立起了一个广阔的平台。希望联合毕业设计在合作性、题目的社会性、交流的国际化与广泛化上，在各校的努力下能有更好的发展。

8+1+1 联合毕业设计之后

中央美术学院
虞大鹏

作为联合毕业设计的发起院校之一，中央美术学院参加了自 2007 起至今的每一次联合毕业设计。但对于我们这个教学团队（中央美术学院建筑学院 7 工作室）来说，今年是我们第一次参加，在完成教学任务之余，也有不少感悟和思考。

1. 联合的意义

联合毕业设计，从最初的 6 校发展到 8 校再到现在的 10 校（8+1+1），规模和形式均基本趋于稳定，各个学校也积累了不少经验和教训。从最初草创带来的新鲜刺激与慌乱到现在的按部就班、熟视无睹，也许联合毕业设计已经发展到了一个瓶颈期，我们需要重新思考一下“联合”的意义是什么?

诚然，联合毕业设计加深了学校之间的交流与沟通，加深了老师们之间的认识与友谊。但是日趋流于形式的“联合”，可能已经偏离了联合的初心。从开题、现场踏勘到中期评审、最终评审，交流活动次数太少，导致不同学校学生之间很少能有设计思路、设计认知等方面的交流，不同学校的老师对于其他学校的教学情况也只能片面的了解一些表面。所以，仅就以上情况而言，联合毕业设计在操作方式上应该做一定的调整，比如将各校学生混编分组?（当然这个实际操作起来相当困难）；此外，每年参加联合毕业设计的各校老师更新率太低，是否可以每年更换一些新面孔来参加，以期达到“联合”的真正目的。

2. 关于“不同”

此次联合毕业设计在大理开题之时，黄一如老师在发言中提到，中央美术学院在第一次联合毕业设计时给了各个学校很大的刺激，感觉到了明显的“不一样”，但是这种“不一样”在后面的联合毕业设计活动中逐渐在减弱……希望能看到更多的“不一样”（大意如此）。黄一如老师的这个观点，引发了我们教学团队的思考与讨论：中央美院最初的“不同”体现在哪里？现在的“不同”变得不明显是为什么？这样是好还是不好？如果仅仅是通过怪异的形式或者特殊的表达而产生的“不同”，也许并不是我们想要的。中央美术学院建筑学院院长吕品晶老师认为建筑考虑的不仅仅是它的形式问题、空间问题，和周边环境的关系、和人的关系更应该值得我们重视。建筑应该符合人类行为方式，满足人的不仅仅是功能方面的需求，还有精神方面的追求。

在教育体系、教学方式如此接近，信息传达如此迅捷的今天，我们应该怎样去“不同”？建筑教育，不仅仅是技术的教育，也是能力的培养，更是思维的训练。从我国传统的建筑老八校到现在的百花齐放，建筑学教育的基本框架是相对固定的，在一个统一的框架下，如何做到“不同”，是每一个院校都应该思考并具体实践的问题。但是，应该如何追求“不同”，是为“不同”而“不同”，还是在“共同”的基础上产生“不同”，这可能是个价值观的问题，值得大家思索。

3. 毕业设计的意义

在大多数院校，由于学生的前途已定，毕业设计变成了很“鸡肋”的一个环节。但在中央美术学院，这一点有明显的“不同”。由于每年中央美院都会举办毕业大展，因此毕业创作成为美院教学的重中之重，尤其今年举办了空前的“毕业季”展览，在社会上产生了很大的影响，甚至可以认为成为一起社会“事件”。在这样的大背景下，中央美术学院建筑学院师生对于毕业设计可能比大多数院校都要更重视。毕业这个环节，是我们整个教育的一个重要部分，是对一名学生整个四、五年学习最重要的一个总结。在这个总结中，学生通过一个学期的努力进行创作，有来自评委老师的点评、评述，还有来自社会各界的检阅，以及同学之间的相互交流。对整个教学是一个非常有效，非常深入的检阅过程，非常有价值，非常有意义。

感悟生活

合肥工业大学
刘阳

喜欢在大理的短暂。

喜欢苍山的巍峨雄壮；喜欢洱海的清澈秀丽。

喜欢天空的蔚蓝；喜欢空气的清新。

喜欢古城的遗韵；喜欢生活的悠然。

合肥工业大学建筑与艺术学院有幸两次参加联合毕业设计，有了和众多优秀建筑院校师生交流与学习的机会。第一次是作为联合承办方，高兴与压力同在。此次是作为参与方，心态有了些许的轻松，更多了享受和思考。

联合毕业设计的任务具有挑战性。与前一次聚焦徽州村落的陌生相比，此次来到了熟悉的城市生活环境。“语境——云南大理古城北水库区域城市更新设计”。从建筑学视角探寻传统古城保护和现代城市发展矛盾的应对之策，课题设置是开放的，问题选择可多角度的，解决方式是多途径的。

联合毕业设计的过程具是充实感。有红火的实地调研，有拓展的村镇考察，有多场的专题讲座，有全面的作品展览，有激情的个性汇报，有精彩的互动点评。

联合毕业设计的成果具有丰富度。有多元多彩的理念，有制作精美的模型，有表达漂亮的图纸，有个性鲜明的文本，还有即将印刷出版的专辑。

应该说此次联合毕业设计在一定程度上较好地完成了建筑学专业本科教育的目标。从同学们沉甸甸的作业中我们看到了创新的思维、多元的理念、完美的形式、多样的空间、精细的构造、娴熟的表现技巧……细细品味，内容很多却又感到稍许的迷惑：是否应答了联合毕业设计任务提出的问题?

城市更新是对客观存在实体的改造，对各种生态环境、空间环境、文化环境、视觉环境、游憩环境等的改造与延续；更是生活的延续，对邻里的社会网络结构、心理定式、情感依恋等的延续与更新。课题中无论古城墙遗址保护需求的价值研究、希夷之大理项目对基地的影响评估、北水库对于居民生活的影响要素，还是政府控规的定位期许，都与人们的生活息息相关。生活一直静静地展现在那里。

一方面受多校联合毕业设计任务选址和各校距离的限制，不可能期待同学们在短时间内能深入了解当地的生活。一次性调研难免信息收集不全，又缺少必要的补缺手段，致使调研结果的主观性过强，而缺少对生活的深入了解、体验。一方面过于关注建筑形式、设计技巧，而选择性遗忘了更重要的关注生活，关注多样人群生活的现实情状和预设影响。建筑不仅仅只是容器，更是生活的发生器。或许正是感悟生活的不足，使我们在部分作业中看到了调研与设计的脱节，规划与单体的脱节，理念与生活的脱节。

建筑是生活的产物，生活是建筑的源泉。感悟生活是了解建筑、学习建筑、设计建筑的重要内容。为了“建筑功能的表演登上生活的舞台”（贝聿铭），建筑教育是否应该加强引导学生去感悟生活，从生活中学习？建筑教育是否应该回归丰富而本真的生活，以此去找寻可能的新的空间创造?

2015 年的联合毕业设计结束了。合肥工业大学建筑与艺术学院暂时告别联合毕业设计这个大家庭。两次参与联合毕业设计收获良多，接触了不同院校的学习特点和教学风格，了解了不同院校的教学理念和教学目标，更结交了热心于建筑教育的朋友。参与联合毕业设计应该只是开始，期待与各建筑院校全方位多维度的交流与合作。

2015年8+1+1联合毕业设计心得

昆明理工大学
张欣雁

本次联合毕业设计从3月开始，连续大致4个月的时间。从选题到调研，从中期考核到终期答辩，在10校师生的多次交流中，我们看到了自身的不足，也学到了许多东西。这是一段弥足珍贵的经历。

全球化与地区性，保护与发展，传统与现代，这三对矛盾在大理古城的持续发展中必将面对的，而如何平衡这些矛盾即是本案的重点与难点。第一个关键词是“平衡适度”。

大理古城在“南丝绸之路”的古道途中，融合“走马”过程中带来的外来事物（建筑，石雕，生活方式）。如今的大理也如以往，大理古城中居住的、来往的也不缺少“外来”的各种人们（游客、新移民）。大理“接受”新事物，大理也“呈现”传统。第二个关键词是“多样融合”。

大理古城中，传统建筑并没有严格的类型区分，它们都是肌理相似的“合院”，各院划地自成，又与街巷紧密相连。形式整体化一，功能混合并行。第三个关键词是“和而不同”。

设计题目用“语境”（context）来界定设计的重点与特点。我们希望设计思考多样化：老人在古城中的处境及生活空间是什么样的？新移民在古城中生活空间模式？现代城市建筑语言在古城中的生存？古城需要怎样的公共空间？在设计的过程中遵循“传统”的模式，还是接受现代城市的“革新”，成为教学与设计的讨论点及思考点，也是一个逻辑思考的过程。年轻人的新思路、新方法，有可能成为古城保护更新的新模式。

古城的保护更新不仅是物质空间的设计，也是人文空间的编织。“八股”的设计模式影响着多数设计，设计仍然摆脱不了从设计者角度出发的“异邦的想象”，设计成果总是烙上设计者的文化气息。在古城，创新显得更加困难和冒风险。

在联合交流过程中，设计的多样性大致可以分为三大方向：保留为主（“传统”化社区），发展与保护兼顾（商业与社区结合），发展为主（“时代化”空间设计）。保护与发展是一体的，而不是二元对立的，只是不同时空其间的“配比”不同罢了。

昆明理工大学本次是第一次参加联合，与同济大学联合主办。昆工的同学设计成果，图面与各校差别不大，而就设计的思考与探讨还显得不够。中期成果比图发现（城市设计部分），同学的思考大多停留在“物质空间”的设计上，特别关注建筑的形式和景观空间的塑造。虽然在前期部分突出了人群的特点，但深入到中期设计便不再以人群特点为设计出发点。中期过后，城市设计基本完成定案，各组针对“典型单体”，“重要空间节点”进行设计。最终交流过程我们的同学更体会到了自己的不足：不仅设计过程的逻辑有所欠缺，在综合表达能力和细节关注度方面也均有不足，方案的介绍多“照本宣科”，汇报形式比较死板，成果的表现手段也比较单一。

对于大理古城而言，“控制性”的发展也许是目前比较“现实”的手法。而在交流过程中，同学们或“超前”或“保守”的成果却引发着我们对古城未来的思考。古城的魅力在于长时间的“物”与“事”的沉淀，或许我们需要做的只是能够导向“渐渐融合”的“轻微介入”，从中反映出发展过程中文化的交融和空间的渐变。

大音希声，大象无形；大器晚成，大理无痕。对大理这块宝玉的认真的“顺纹理剖析”（所谓“大之理”），如果真能“无痕”，大理即是晚成的“大器”。内敛缓慢、多样融合是大理宜人的气质，保持这样的内涵，也许大理才会更加“大理无痕”。